高 等 数 学

上 册

主　编　肖胜中

副主编　姚新钦　李汉荣

谭旭平　符传宏

东北大学出版社

·沈　阳·

图书在版编目（CIP）数据

高等数学(上册) / 肖胜中主编. — 沈阳 ：东北大学出版社，2006.8（2017.8 重印）

ISBN 978-7-81102-040-3

Ⅰ. 高… Ⅱ. 肖… Ⅲ. 高等数学—高等学校—教材 Ⅳ. O13

中国版本图书馆 CIP 数据核字（2005）第 077625 号

出 版 者：东北大学出版社
地址：沈阳市和平区文化路 3 号巷 11 号
邮编：110004
电话：024—83687331（市场部） 83680267（社务室）
传真：024—83680180（市场部） 83680265（社务室）
E-mail：neuph @ neupress.com
http：//www.neupress.com
印 刷 者：沈阳市第二市政建设工程公司印刷厂
发 行 者：东北大学出版社
幅面尺寸：184mm × 260mm
印 张：18
字 数：449 千字
出版时间：2006 年 8 月第 2 版
印刷时间：2017 年 8 月第 5 次印刷
责任编辑：刘乃义 刘宗玉
封面设计：唯 美
责任校对：薛 平
责任出版：唐敏志

ISBN 978-7-81102-040-3 定 价：56.00 元（本册 36.00 元）

前　言

高等数学是高职高专院校各专业的公共必修课，是一门重要的基础课；既是学习后续课程必须掌握的基础知识，也是日后开展工作、解决问题应学会的基本方法．进入21世纪以后，我国的高职高专教育发展迅猛，教育改革不断深入，但教材建设却稍显滞后，教材体系改革迫在眉睫．目前已经出版的一批高职高专数学教材虽然在稳定教学秩序、主导教学方向方面起到了一定的作用，但细看起来，许多教材内容偏难、偏多、偏深，形式单一，与高职高专所要求的“必须、够用”有一定的差距．为了改变这一现状，我们在总结多年数学教学经验、探索数学教学发展动向的基础上，借鉴了高职院校数学教材改革中一些成功的实践，根据高职高专教育人才培养目标和教育部新修订的《高职高专教育高等数学教学的基本要求》，优选教学内容，编写了这套《高等数学》教材．

在编写过程中，我们以教育部关于三年制高职高专教育的教学大纲为重要依据，以“必须、够用”为原则，以满足专业需要为目标，力争让这套书能在教学水平、科学水平、思想水平上符合人才培养目标及课程教学的基本要求．这套教材取材合适、深度适宜，题量能够达到巩固数学基本理论和掌握基本方法之目的，教材体系符合认知规律，富有知识性、可读性和趣味性，有利于激发学生学习数学的兴趣和能力的培养．

本书为这套教材的上册，不但吸收了同类教材的优点，还具有如下特色：

(1) 注意结合各专业的特点，设定内容模块，各模块的内容比较精炼，不同专业的学生可以选取不同的模块．

(2) 在内容的编排上力求打破传统的教材体系，做到“精选内容、突出重点、主次分明、注重应用、讲求实效．”

(3) 不片面追求理论上的系统性，删除繁琐理论的推导和证明，以解释清楚有关理论为度，或给出几何直观解释．

(4) 注重培养学生把实际问题转化成数学模型的能力，使学生消化数学思想和方法．

本书主编为肖胜中，副主编为姚新钦、李汉荣、谭旭平、符传宏．其中第 1 章由符传宏编写，第 2 章由谭旭平编写，第 3 章由李汉荣编写，第 4 章由姚新钦编写，第 5 章由王树勇和肖胜中编写，第 6～9 章由肖胜中编写．最后由肖胜中从教材的自身体系出发，进行了统稿、修改和整理．

在编写过程中，得到了学校和东校区领导的大力支持和帮助，熊炎副教授、钟前明讲师进行了校对并提出了建议，李东梅为该书的出版做了大量的工作，在此表示衷心的感谢．

由于编者水平所限，书中可能存在不少疏漏，恳请广大读者批评指正．

编　者

2006 年 3 月

目 录

第一模块 微积分

第二模块 线性代数

第三模块 概率统计初步

第一模块　微积分

第1章　函数、极限与连续

1.1　函　数

在千姿百态的物质世界中，变化的量随处可见．这些变化的量往往不是孤立地存在的，而是普遍存在着相互制约的关系，这种关系用数学的方法加以抽象和描述便得到一个重要的概念——函数．函数是数学中重要的概念之一，是研究各种变化的量的一个非常重要的工具．本章在中学数学已有函数知识的基础上，帮助读者进一步理解函数的概念，并介绍反函数、复合函数及初等函数等基本概念，以及它们的一些主要性质，为微积分的学习奠定基础．

1.1.1　函数的概念

(1) 常量与变量

在某一变化过程中始终保持不变的量称为常量．例如，物体的重力加速度、圆周率 π 都是常量，某种商品的价格、搭乘公交车的票价是在某一段时间内保持不变的量．常量通常用字母 a，b，c，d 等来表示．

把在某一变化过程中可以取不同数值的量称为变量．例如，室外的温度、行驶中的汽车速度、股票市场的指数都是在不断变化的，因此它们都是变量．对于一个变量，它可能取得的数值所构成的集合称为这个变量的变动区域，简称变域．变量通常用字母 x，y，z，s，t 等来表示；变域常用大写字母来表示，如 X 表示变量 x 的变域．当某些变量有特定的经济含义时，也用大写字母表示，比如常用 C 表示成本、R 表示收入、L 表示利润等．

特别地，常量与变量的概念是相对的．同一个量，在某个过程中是常量而在另一过程中则可能是变量，反之亦然．例如，某商品的价格在一段较短的时间内是常量，但在一段较长的时间内则是变量．

(2) 函数的定义

定义1　设 D 是一非空实数集，如果对于 D 中的每一个 x，按照某种对应法则 f，y 都有确定的数值与之相对应，则称 y 为定义在数集 D 上 x 的函数，记作 $y=f(x)$．x 称为自变量，数集 D 称为函数的定义域，y 称为因变量或函数，当 x 取遍 D 中的一切实数值时，与之相对应的函数值的集合 $M=\{y\mid y=f(x),\ x\in D\}$ 称为函数的值域，f 是函数的对应法则．

在定义 1 中，若对于每一个 $x\in D$，都有唯一的 $y\in M$ 与之相对应，则称之为单值函数，否则称为多值函数.

(3) 函数与函数值的记号

根据定义 1，y 是 x 的函数可记为 $y=f(x)$，但在同一个问题中，如需要讨论几个不同的函数，就要用不同的函数记号来表示．比如，以 x 为自变量的函数可以表示为 $F(x)$，$\Phi(x)$，$y(x)$，$s(x)$ 等.

函数 $y=f(x)$，当 $x=x_0\in D$ 时，对应的函数值可记为 $y\big|_{x=x_0}$ 或 $f(x_0)$.

例 1 若 $f(x)=\dfrac{2x-1}{x+3}-1$，求 $f(2)$，$f(a)$.

解

$$f(2)=\frac{2\times 2-1}{2+3}-1=-\frac{2}{5},$$

$$f(a)=\frac{2a-1}{a+3}-1=\frac{2a-1-(a+3)}{a+3}=\frac{a-4}{a+3}.$$

例 2 已知某种产品的成本 C(单位：元)与产量 q(单位：件)之间的函数关系式为 $C(q)=1\,000+\dfrac{q^2}{2}$，求产量为 60 件时的成本是多少元?

解 根据题意得，

$$C(60)=1\,000+\frac{60^2}{2}=2\,800(\text{元}).$$

(4) 函数的两个决定性要素

根据定义 1 可见，函数的两个决定性要素是(1) 定义域；(2) 对应法则.

若两个函数的定义域和对应法则完全相同，则称这两个函数是同一函数．例如当 x，u 的变化范围相同时，$y=3x-1$ 和 $y=3u-1$ 就是相同的函数．由此可见，函数与表示其变量的字母无关.

(5) 函数的表示法

(a) 解析法(又称公式法) 用数学式子来表示两个变量之间的对应关系．如函数 $y=\dfrac{2x+1}{x^2-1}$ 和 $y=|3x+1|-x^2$ 都是用解析法来表示的函数.

对于用解析法来表示的函数，需要注意以下几个问题：

① 若没有加以特殊的限制，则该函数的定义域就是使表达式有意义的所有点构成的集合，这种定义域又称为函数的自然定义域．求函数的自然定义域要注意以下几点：

(ⅰ) 在分式中，分母不能为零；

(ⅱ) 在根式中，负数不能开偶次方根；

(ⅲ) 在对数中，真数要大于 0；

(ⅳ) 在三角函数式中，要符合三角函数的定义域；

(ⅴ) 对于实际问题要结合实际情况进行分析.

若函数表达式中含有分式、根式、对数式或三角函数式，则函数的定义域应取各个部分定义域的交集．这就是求函数的定义域的方法.

例 3 求下列函数的定义域：

(1) $f(x)=\dfrac{\sqrt{x+2}}{x^2-4}$；(2) $f(x)=\ln\dfrac{x-2}{x-3}$；(3) $f(x)=\arccos\dfrac{2x+1}{3}$.

解　(1) 由 $\begin{cases}x+2\geqslant 0,\\ x^2-4\neq 0\end{cases}$ 得 $-2<x<2$ 或 $2<x<+\infty$，即函数的定义域为 $(-2,2)\cup(2,+\infty)$；

(2) 由 $\dfrac{x-2}{x-3}>0$ 得 $x>3$ 或 $x<2$，即函数的定义域为 $(-\infty,2)\cup(3,+\infty)$；

(3) 由 $-1\leqslant\dfrac{2x+1}{3}\leqslant 1$ 得 $-2\leqslant x\leqslant 1$，即函数的定义域为 $[-2,1]$.

② 若函数 y 可以用含自变量 x 的关系式来表示，如 $y=3x-x^2$，$y=e^{2x}-x$ 等，这种形式的函数称为显函数. 若函数是由一个含和的方程所确定的，如 $y+2x-3=0$，$\dfrac{x^2}{a^2}+\dfrac{y^2}{b^2}=1$ 等，这种形式的函数称为隐函数. 某些隐函数可以通过变化变成显函数，这个变化过程称为隐函数的显化.

③ 有些问题中，两个变量之间的关系无法只用一个数学式子表达，需要用两个或两个以上的式子才能表达完整，这样的函数称为分段函数.

例如，某超级市场举行优惠活动，某种饮料原价为 3 元，若顾客一次性购买该种饮料 5 瓶或 5 瓶以上，则获得 8 折优惠. 那么销售收入 R 与销售量 Q 之间的关系函数为

$$R=\begin{cases}3Q, & 0\leqslant Q<5,\\ 3Q\cdot 0.8, & Q\geqslant 5.\end{cases}$$

这是一个分段函数. 其定义域是各段自变量取值集合的并集. 分段函数是微积分中常见的一种函数. 求分段函数的函数值时，应把自变量的值代入相应取值范围的表达式中进行计算.

例 4　已知 $f(x)=\begin{cases}-x, & -\infty<x\leqslant 0,\\ x-2, & 0<x\leqslant 2,\\ 2-x, & 2<x<+\infty,\end{cases}$ 求 $f(-1)$，$f(1)$，$f(3)$.

解　函数的定义域是 $(-\infty,+\infty)$.

因为 $-1\in(-\infty,0]$，所以 $f(-1)=-(-1)=1$；

因为 $1\in(0,2]$，所以 $f(1)=1-2=-1$；

因为 $3\in(2,+\infty)$，所以 $f(3)=2-3=-1$.

用解析法表示两个经济量之间的函数关系，便于利用相应的数学方法进行研究，可以比较全面地反映出两个经济量之间的内在联系. 这种函数解析式，在经济学中称为经济方程.

(b) 表格法(又称列表法)　用一个表格来表达函数关系式的方法.

例 5　某电视台每天都播发天气预报，据统计某地方 2004 年 9 月 9 日～18 日每天的最高气温如表 1-1 所示：

表 1-1

日　期	9	10	11	12	13	14	15	16	17	18
最高气温(℃)	29	27	28	26	24	25	27	26	25	24

这是用表格表示的函数．表 1-1 表示温度是日期的函数，这里不存在任何计算温度的公式，但每一天都会产生出唯一的最高温度，对每个日期都有一个与之相对应的唯一最高气温．

(c) 图式法(又称图像法) 在坐标平面上用一条曲线来表示函数关系的方法．

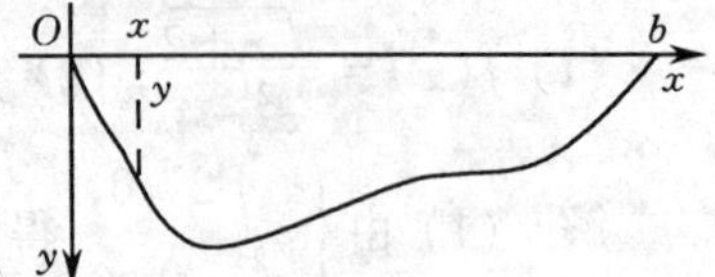

图 1-1

例 6 某河道的一个断面图形如图 1-1 所示．其深度 y 与 O 点到测量点的距离 x 之间的对应关系可由图 1-1 中的曲线表示．这里深度 y 与测距 x 的函数关系是用图形来表示的，它的定义域是 $D=[0, b]$．

1.1.2 函数的几种特性

(1) 函数的奇偶性

定义 2 设函数 $y=f(x)$，其定义域 D 是关于原点对称的，若对 D 内的任意 x，总有 $f(-x)=-f(x)$，则称 $f(x)$ 是 D 上的奇函数．

若对 D 内的任意 x，总有 $f(-x)=f(x)$，则称 $f(x)$ 是 D 上的偶函数．

若函数 $f(x)$ 对于 D 内的任意 x 既非奇函数，也非偶函数，则称 $f(x)$ 是 D 上的非奇非偶函数．

奇函数和偶函数都具有对称性，从图像可知，奇函数的图像是关于原点对称的，而偶函数的图像是关于 y 轴对称的，只要知其一半，便可知其全部．

例 7 判断下列函数的奇偶性：

(1) $f(x)=x^2-1$；(2) $f(x)=\dfrac{e^{-x}-e^x}{5}$；(3) $f(x)=\ln\dfrac{1-x}{1+x}$．

解 (1) 函数的定义域为 $(-\infty, +\infty)$，关于原点对称，对于 $\forall x\in(-\infty, +\infty)$，

$$f(-x)=(-x)^2-1=x^2-1=f(x),$$

所以 $f(x)=x^2-1$ 是 $(-\infty, +\infty)$ 上的偶函数；

(2) 函数的定义域为 $(-\infty, +\infty)$，关于原点对称，对于 $\forall x\in(-\infty, +\infty)$，

$$f(-x)=\frac{e^x-e^{-x}}{5}=-\frac{e^{-x}-e^x}{5}=-f(x),$$

所以 $f(x)=\dfrac{e^{-x}-e^x}{5}$ 是 $(-\infty, +\infty)$ 上的奇函数；

(3) 函数的定义域为 $(-1, 1)$，关于原点对称，对于 $\forall x\in(-1, 1)$，

$$f(-x)=\ln\frac{1+x}{1-x}=\ln\left(\frac{1-x}{1+x}\right)^{-1}=-\ln\frac{1-x}{1+x}=-f(x),$$

所以 $f(x)=\ln\dfrac{1-x}{1+x}$ 是 $(-1, 1)$ 上的奇函数．

(2) 函数的单调性

定义 3 设函数 $y=f(x)$ 在区间 (a, b) 内有定义，若对于 (a, b) 内的任意两点 x_1，x_2，当 $x_1<x_2$ 时，有 $f(x_1)<f(x_2)$，则称函数 $y=f(x)$ 在区间 (a, b) 内是单调增加的，(a, b) 称为函数的单调增加区间；当 $x_1<x_2$ 时，有 $f(x_1)>f(x_2)$，则称函数 $y=f(x)$ 在区间 (a, b) 内是单调减少的，(a, b) 称为函数的单调减少区间．

单调增加函数与单调减少函数统称为单调函数. 单调增加区间和单调减少区间统称为单调区间. 单调增加函数的图像是沿 y 轴正向逐渐上升的，如图 1-2 所示；单调减少的函数的图像是沿 y 轴正向逐渐下降的，如图 1-3 所示.

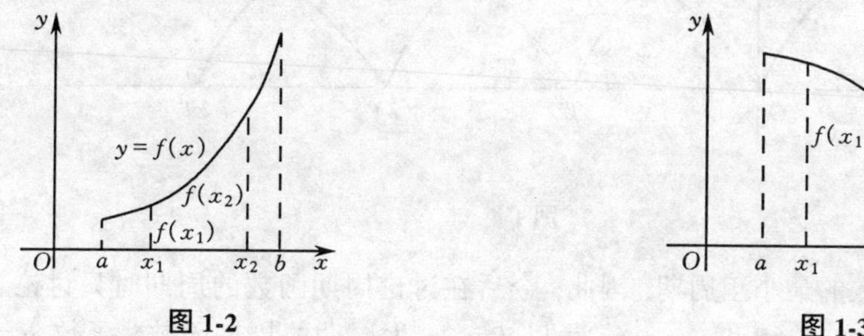

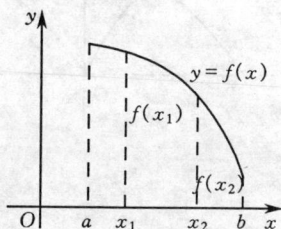

图 1-2　　图 1-3

例 8　证明函数 $f(x)=\dfrac{1}{x}$在区间$(-1,\ 0)$内是单调减少的.

解　在区间$(-1,\ 0)$内任取两点 x_1，x_2，设 $x_1<x_2$，那么 $x_1-x_2<0$，因为

$$f(x_2)-f(x_1)=\frac{1}{x_2}-\frac{1}{x_1}=\frac{x_1-x_2}{x_1x_2}<0,$$

所以

$$f(x_1)>f(x_2).$$

根据函数单调减少的定义可知，函数 $f(x)=\dfrac{1}{x}$在区间$(-1,\ 0)$内是单调减少的.

(3) 函数的有界性

定义 4　设函数 $y=f(x)$在区间$(a,\ b)$内有定义，若存在一个正数 M，使得对于区间$(a,\ b)$内的一切 x 值，对应的函数值 $y=f(x)$都有$|f(x)|\leqslant M$ 成立，则称函数 $y=f(x)$在区间$(a,\ b)$内有界. 若这样的 M 不存在，则称函数 $y=f(x)$在区间$(a,\ b)$内无界.

定义 4 同样适用于其他有限区间与无限区间.

例如，函数 $f(x)=\cos x$ 在定义域$(-\infty,\ +\infty)$内是有界的，因为对于任意的 $x\in(-\infty,\ +\infty)$，都有$|\cos x|\leqslant 1$ 成立，这里 $M=1$. 又如，函数 $f(x)=\dfrac{1}{x}$在区间$[1,\ 2]$上是有界的，因为对于任意的 $x\in[1,\ 2]$，都有$\left|\dfrac{1}{x}\right|\leqslant 1$ 成立，这里 $M=1$. 但 $f(x)=\dfrac{1}{x}$在区间$(0,\ 1)$上是无界的，因为对于任意的 $x\in(0,\ 1)$，不存在正数 M，使得$\left|\dfrac{1}{x}\right|\leqslant M$ 成立.

在实际问题中，一些用解析法表示的函数，由于问题的要求，常常成为有界函数. 比如，某种商品的市场需求量 Q 与该商品的价格 P 满足关系式 $Q=20-2P$，由于 Q 表示需求量，$Q\geqslant 0$，于是当 $0<P<10$ 时，则$|Q|<20$，这说明它是一个有界函数.

(4) 函数的周期性

定义 5　对于函数 $y=f(x)$，若存在一个不为零的正数 T，使得对于定义域 D 内的一切 x，都有$(x\pm T)\in D$，且等式 $f(x+T)=f(x)$都成立，则称函数 $y=f(x)$为周期函数. T 称为这个函数的一个周期.

一个以 T 为周期的周期函数，它的图像在定义域内每个长度为 T 的相邻区间上，有相同的形状. 如图 1-4 所示.

由定义 5 可知，若 T 是周期函数的一个周期，则 T 的任意整数倍也是$f(x)$的周期. 最

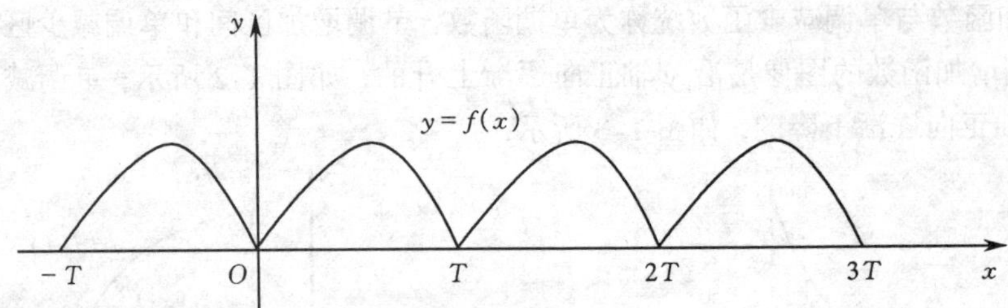

图 1-4

小正数T称为周期函数的最小正周期. 因此，今后在讨论周期函数的周期时只讨论它的最小正周期. 例如，函数 $y=\sin x$ 和 $y=\cos x$ 是以 $T=2\pi$ 为周期的周期函数，函数 $y=\tan x$ 和 $y=\cot x$是以 $T=\pi$ 为周期的周期函数.

1.1.3 反函数

设某种商品的单价为 P(常数)，销售量为 Q，则收入 R 是销售量Q 的函数$R=P\cdot Q$. 这时 Q 是自变量，R 是Q 的函数. 若已知收入R，反过来求销售量Q，则有 $Q=\dfrac{R}{P}$. 这时R是自变量，Q 变成R 的函数.

定义 6 设函数 $y=f(x)$，其定义域为 D，值域为 M. 若对于 M 中的每一个y 值，都可以从关系式确定唯一的 $x(x\in D)$值与之相对应，这样由 y 确定x 的函数称为函数$y=f(x)$的反函数，记作 $x=f^{-1}(y)$. 其定义域为 M，值域为 D，并称 $y=f(x)$为直接函数. 当然也可以说 $y=f(x)$是 $x=f^{-1}(y)$的反函数，也就是说它们互为反函数.

通常，用 x 表示函数的自变量，用 y 表示函数的因变量，所以在理论反函数式 $x=f^{-1}(y)$中，将字母 x，y 互换，得到实际应用的反函数关系式 $y=f^{-1}(x)$.

函数的图像与其反函数的图像关于直线 $y=x$ 对称.

例 9 求函数 $y=e^x+1$ 的反函数.

解 由 $y=e^x+1$ 得 $y-1=e^x$，$x=\ln(y-1)$.

交换 x 和y，得 $y=\ln(x-1)$，即 $y=\ln(x-1)$是 $y=e^x+1$ 的反函数.

1.1.4 初等函数

(1) 基本初等函数

以下 6 种函数称为基本初等函数.

① 常数函数：$y=c$（c 为常数).

② 幂函数：$y=x^\alpha$(α 为任意实数).

③ 指数函数：$y=a^x$($a>0$ 且 $a\neq 1$).

④ 对数函数：$y=\log_a x$($a>0$ 且 $a\neq 1$). 特别地，当 $a=e$ 时，$y=\ln x$ 称为自然对数；当 $a=10$ 时，$y=\lg x$ 称为常用对数.

⑤ 三角函数：$y=\sin x$，$y=\cos x$，$y=\tan x$，$y=\cot x$，$y=\sec x$，$y=\csc x$.

⑥ 常用反三角函数：$y=\arcsin x$，$y=\arccos x$，$y=\arctan x$，$y=\arccot x$.

这些函数在中学都已学过，它们是微积分中所研究对象的基础．

(2) 复合函数

在经济活动中，经常会遇到这样的问题：一般来说，销售收入 R 可看做是销售量 Q 的函数，而销售量 Q 又可以看做是时间 t 的函数，时间 t 通过销售量 Q 间接地影响销售收入 R，则销售收入 R 可以看做是时间 t 的函数．R 与 t 的这种函数关系在数学上称做一种复合的函数关系．

定义 7　设 y 是 u 的函数 $y=f(u)$，u 是 x 的函数 $u=\varphi(x)$，若 $u=\varphi(x)$ 的值域与 $y=f(u)$ 的定义域的交集非空，则 y 通过变量 u 构成 x 的函数，称为 x 的复合函数，记作 $y=f(\varphi(x))$．其中，x 是自变量，u 是中间变量．

复合函数 $y=f(\varphi(x))$ 的定义域与 $u=\varphi(x)$ 的值域不一定相同，有时只是 $u=\varphi(x)$ 的值域的一部分．例如，$y=\sqrt{u}$，$u=x^3+1$ 能构成复合函数 $y=\sqrt{x^3+1}$，因为 $u=x^3+1$ 的值域为 $(-\infty, +\infty)$，而 $y=\sqrt{u}$ 的定义域为 $[0, +\infty)$，前者函数的值域部分包含在后者函数的定义域中；又如，$y=\ln u$，$u=-x^2$ 不能构成复合函数，因为 $u=-x^2$ 的值域为 $(-\infty, 0]$，而 $y=\ln u$ 的定义域为 $(0, +\infty)$，前者函数的值域完全没有被包含在后者函数的定义域中．

例 10　已知 $y=\ln u$，$u=\arccos x$，将 y 表示成 x 的函数．

解　$y=\ln\arccos x$．

例 11　指出下列函数的复合过程：

(1) $y=\sqrt{x^2-1}$；(2) $y=\tan^2 2x$；(3) $y=e^{\sqrt{x+1}}$．

解　(1) $y=\sqrt{x^2-1}$ 是由 $y=\sqrt{u}$，$u=x^2-1$ 复合而成的；

(2) $y=\tan^2 2x$ 是由 $y=u^2$，$u=\tan v$，$v=2x$ 复合而成的；

(3) $y=e^{\sqrt{x+1}}$ 是由 $y=e^u$，$u=\sqrt{v}$，$v=x+1$ 复合而成的．

(3) 初等函数

由基本初等函数经过有限次的四则运算及有限次复合而成并且可以用一个式子表示的函数称为初等函数．例如，$y=\ln\arccos x$，$y=\tan^2 2x$，$y=e^{\sqrt{x+1}}$ 等都是初等函数，但

$$y=\begin{cases} x+1, & x<0, \\ 2x, & x\geqslant 0 \end{cases}$$

是不能用一个解析式表示的函数，所以不是初等函数，而

$$y=|x|=\begin{cases} -x, & x<0, \\ x, & x\geqslant 0 \end{cases}$$

是初等函数．

(4) 经济类函数举例

在一项经济活动中往往会涉及多个经济量，这些经济量之间，存在着各种各样的依存关系，其中一个量的变化与其他多个量的变化有关．用数学方法解决经济问题时，必须找出经济量之间的函数关系，建立数学模型．

① 需求函数

某一商品的需求量是指在一定的价格水平下，消费者愿意而且有能力支付购买的商品

量. 消费者对商品的需求量是由多种因素决定的, 而商品的价格是影响需求量的一个主要因素, 当然消费者收入的增减、季节的变换等都会影响需求量. 现假定除价格以外的其他因素均为常量, 只是研究需求量与价格的关系.

设商品的价格为 P, 需求量为 Q, 那么 $Q=f(P)$称为需求函数. 在一般情况下, 商品的价格越高, 需求量就会越小; 商品的价格越低, 需求量就会越大. 也就是说, 需求函数是单调减少函数.

根据经济中的统计数据, 常见的需求函数有以下几种类型:

① 线性函数: $Q=a-bP \quad (a>0,\ b>0)$;

② 幂函数: $Q=kP^{-a} \quad (k>0,\ a>0)$;

③ 指数函数: $Q=a\mathrm{e}^{-bP} \quad (a>0,\ b>0)$.

例 12 某商场内某种品牌的影碟机每台售价为 500 元时, 每月的销售量为 2 000 台; 若每台售价为 450 元时, 每月可多销 400 台. 试求该品牌影碟机的线性需求函数.

解 设该种品牌影碟机的需求函数为 $Q=a-bP$, 则

$$\begin{cases}2\,000=a-500b,\\ 2\,000+400=a-450b.\end{cases}$$

解得 $a=6\,000$, $b=8$. 所以该品牌影碟机的需求函数为

$$Q=6\,000-8P.$$

② 供给函数

某一商品的供给量是指在一定的价格水平下, 生产者愿意生产并可供出售的商品量. 与需求量一样, 供给量也是由多种因素决定的. 同样假定除价格以外的其他因素均为常量, 则供给量 Q 就是价格 P 的函数, 记作 $Q=\varphi(P)$. 在一般情况下, 商品价格低, 生产者不愿意生产, 供给就少; 商品的价格高, 生产者愿意生产并且能够向市场提供的商品就多, 所以供给函数是单调增加的.

根据经济学中的统计数据, 常见的供给函数有以下几种类型:

① 线性函数: $Q=aP-b \quad (a>0,\ b>0)$;

② 幂函数: $Q=kP^{a} \quad (k>0,\ a>0)$;

③ 指数函数: $Q=a\mathrm{e}^{bP} \quad (a>0,\ b>0)$.

若市场上某一商品的需求量恰好等于供给量, 则称此时市场处于供需平衡状态, 此时的商品价格称为均衡价格. 市场上的商品价格将围绕均衡价格上下波动.

例 13 某商品的需求函数和供给函数分别为 $Q=36-4P$, $Q=-12+8P$, 求出该商品的均衡价格以及此时的供给量.

解 市场达到均衡价格时, 供给量与需求量相等, 即

$$36-4P=-12+8P,$$

解得 $P=4$, 则 $Q=20$.

③ 成本函数

成本是生产一定数量产品所需要的各种生产要素投入的总费用, 通常分为固定成本和可变成本. 固定成本是指支付固定生产要素的费用, 包括厂房、机器设备的折旧费、广告费等, 记作 C_1; 可变成本是指支付可变生产要素的费用, 包括原材料、能源消耗、工人工资等, 它是随着产量的变化而变化的, 记作 $C_2(Q)$.

设某产品的产量为 Q，总成本为 C，总成本函数记为

$$C=C(Q)=C_1+C_2(Q).$$

例 14　已知某种产品的成本函数为 $C=4\,000+\dfrac{Q^2}{4}$，求当生产 100 个此产品时的总成本和平均成本.

解　当 $Q=100$ 时，则

$$C=4\,000+\frac{100^2}{4}=6\,500,$$

$$\overline{C}=\frac{C}{Q}=\frac{6\,500}{100}=65.$$

④ 收益函数

总收益是指生产者出售一定产量产品所得到的全部收入；平均收益是指生产者出售一定量产品，平均每出售单位产品所得到的收入，即单位产品的售价.

用 Q 表示出售的产品量，R 表示总收益，$\overline{R}$ 表示平均收益，则

$$R=R(Q),\ \overline{R}=\frac{R(Q)}{Q}.$$

若产品的价格为 P，则

$$R(Q)=PQ,\ \overline{R}=P.$$

⑤ 利润函数

利润是生产中获得的总收益与总成本之差，即

$$L(Q)=R(Q)-C(Q).$$

例 15　某厂每批生产某种产品 x 单位时费用为 $C(x)=5x+200$(元)，得到的收入为 $R(x)=10x-0.01x^2$(元)，求每批生产多少单位时，才能使利润最大?

解　总利润为

$$\begin{aligned}L(x)&=(10x-0.01x^2)-(5x+200)\\&=5x-0.01x^2-200\\&=-(25-0.1x)^2+425,\end{aligned}$$

所以当 $x=250$ 时，才能获得最大利润为 425 元.

习题 1.1

1. 判断下列各题中的两个函数是否相同：

(1) $f(x)=\dfrac{x^2-1}{x+1}$与 $f(x)=x-1$；　　(2) $f(x)=x$ 与 $f(x)=\sqrt{x^2}$；

(3) $f(x)=x$ 与 $f(x)=(\sqrt{x})^2$；　　(4) $f(x)=|x|$与 $f(x)=\sqrt{x^2}$；

(5) $f(x)=\arccos x$ 与 $f(x)=\dfrac{\pi}{2}-\arcsin x$；

(6) $f(x)=\ln\sqrt{x+1}$与 $f(x)=\dfrac{1}{2}\ln(x+1)$；

(7) $f(x)=|x-2|$ 与 $f(x)=\begin{cases}2-x, & x<2,\\ 0, & x=2,\\ x-2, & x>2.\end{cases}$

2. 求下列函数的定义域:

(1) $f(x)=\dfrac{-1}{x^2-3x-4}$; (2) $f(x)=\dfrac{x}{x^2+4}$;

(3) $f(x)=\sqrt{9-x^2}$; (4) $f(x)=\lg\dfrac{1+x}{1-x}$;

(5) $f(x)=\dfrac{1}{1-x^2}+\sqrt{x+2}$; (6) $f(x)=\arcsin\dfrac{\sqrt{x}}{4}$;

(7) $f(x)=\dfrac{2x}{\tan x}$; (8) $f(x)=1-\mathrm{e}^{1-x^2}$.

3. 设 $f(x)=\arccos\dfrac{x}{2}$, 求 $f(0)$, $f(1)$, $f(-\sqrt{2})$, $f(\sqrt{3})$, $f(-2)$.

4. 设 $f(x)=\begin{cases}-1, & x<0,\\ x, & 0\leqslant x<1,\\ 2x, & 1\leqslant x<2,\\ 0, & x\geqslant 2.\end{cases}$ 作出其图像, 并求 $f(-1)$, $f(0)$, $f\left(\dfrac{1}{2}\right)$, $f(1)$, $f\left(\dfrac{3}{2}\right)$, $f(10)$.

5. 确定下列函数的奇偶性:

(1) $f(x)=\dfrac{1}{x^2}$; (2) $f(x)=\tan x$; (3) $f(x)=x\cos x$;

(4) $f(x)=a^x$; (5) $f(x)=\dfrac{a^x+a^{-x}}{2}$; (6) $f(x)=x+\sin x$;

(7) $f(x)=x\mathrm{e}^x$; (8) $f(x)=\dfrac{\mathrm{e}^{-x}+1}{\mathrm{e}^{-x}-1}$.

6. 判断下列函数的单调性:

(1) $f(x)=2x+1$; (2) $f(x)=\left(\dfrac{1}{2}\right)^x$;

(3) $f(x)=\log_a x$; (4) $f(x)=1-x^2$.

7. 指出下列函数中, 哪些在区间$(-\infty, +\infty)$内有界?

(1) $f(x)=\sin\dfrac{x}{2}+\cos\dfrac{x}{2}$; (2) $f(x)=-2x$;

(3) $f(x)=\dfrac{1}{1+\tan x}$.

8. 指出下列函数的最小正周期:

(1) $f(x)=\cos 3x$; (2) $f(x)=\sin^2 x$;

(3) $f(x)=\sin x+\cos x$; (4) $f(x)=1+\tan x$.

9. 指出下列各复合函数的复合过程:

(1) $y=\sqrt{3x}$; (2) $y=\sqrt{a-x^2}$; (3) $y=\mathrm{e}^{\cos x}$;

(4) $y=\tan^2(3x-2)$; (5) $y=\ln\sin\mathrm{e}^x$;

(6) $y=\arctan\sqrt{1-x^2}$；　　(7) $y=e^{\arctan\frac{1}{x^2}}$.

10. 设 $f(x)=\dfrac{x}{1-x}$，求 $f(f(x))$.

11. 求下列函数的反函数：

(1) $f(x)=3x-1$；　　(2) $f(x)=\dfrac{x+1}{x-1}$；

(3) $f(x)=x^3-2$；　　(4) $f(x)=1+\lg(x+2)$.

12. 已知当 $P=3$ 时，$Q=46$；当 $P=6$ 时，$Q=42$，求商品的需求量与价格之间的线性关系函数.

13. 某地区某天对肉鸡的需求函数为 $Q=65-9P$，供给函数为 $Q=5P-5$(单位：Q 为 t，P 为元/kg)，求均衡价格，并求出此时的供给量与需求量.

14. 已知某商品的成本函数为 $C(Q)=200+\dfrac{Q^2}{2}$，求产量 Q 为多少时，平均成本最小？此时最小平均成本是多少？

15. 已知某产品的需求函数为 $P=10-\dfrac{Q}{5}$，成本函数为 $C=50+2Q$，求产量 Q 为多少时，总利润最大？

1.2　数列及其极限

极限是研究自变量在某一变化过程中函数的变化趋势. 由于数列是定义在自然数集上的函数，也称为整标函数，记为 $x_n=f(n)$，$n=1, 2, 3, \cdots$. 所以在研究函数的极限之前，先研究它的特殊形式——数列的极限.

1.2.1　数列的极限

定义 1　一个定义在正整数集合上的函数 $x_n=f(n)$，当自变量 n 按正整数 1, 2, 3, … 依次增大的顺序取值时，函数值按相应的顺序排成一列数 $f(1)$, $f(2)$, $f(3)$, …, $f(n)$, … 称为一个无穷数列，简称数列. 数列中的每一个数称为数列的项，x_n 称为数列的通项.

例 1　观察以下 3 个数列当自变量 n 无限增大时，数列的变化趋势：

(1) $x_n=-\dfrac{1}{2^n}$：$-\dfrac{1}{2}$, $-\dfrac{1}{4}$, $-\dfrac{1}{8}$, $-\dfrac{1}{16}$, …

(2) $x_n=\dfrac{n+1}{n}$：2, $\dfrac{3}{2}$, $\dfrac{4}{3}$, $\dfrac{5}{4}$, …

(3) $x_n=\dfrac{n+(-1)^{n+1}}{n}$：2, $\dfrac{1}{2}$, $\dfrac{4}{3}$, $\dfrac{3}{4}$, …

解　为观察各数列的变化情况，现将它们的前几项分别在数轴上表示出来.

根据图 1-5 可知，当 n 无限增大时，表示数列(1)的点逐渐密集在 $x=0$ 的左侧，即数列 $x_n=\left\{-\dfrac{1}{2^n}\right\}$无限接近于 0；表示数列(2)的点逐渐密集在 $x=1$ 的右侧，即数列 $x_n=\left\{\dfrac{n+1}{n}\right\}$无限接近于 1；表示数列(3)的点逐渐密集在 $x=1$ 的附近，即数列 $x_n=$

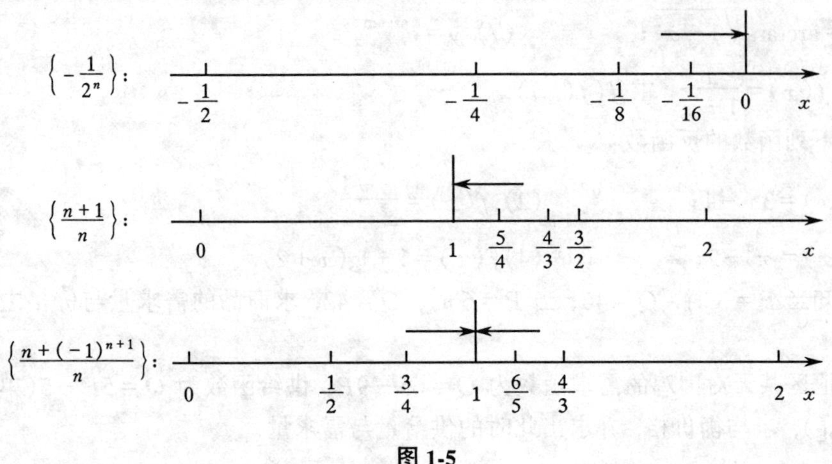

图 1-5

$\left\{\frac{n+(-1)^{n+1}}{n}\right\}$无限接近于 1.

归纳以上 3 个数列的变化趋势可得：当 n 无限增大时，都分别无限接近于一个确定的常数.

定义 2 数列$\{x_n\}$当 n 无限增大时，x_n 的值无限接近于一个确定的常数A，那么就称 A 为数列$\{x_n\}$当 $n\to\infty$时的极限，记作$\lim\limits_{n\to\infty}x_n=A$，或当 $n\to\infty$时，$x_n\to A$.

根据定义 2 可得，例 1 中,数列(1)的极限是 0，记作$\lim\limits_{n\to\infty}\left(-\frac{1}{2^n}\right)=0$；数列(2)的极限是 1，记作$\lim\limits_{n\to\infty}\frac{n+1}{n}=1$；数列(3)的极限是 1，记作$\lim\limits_{n\to\infty}\left[\frac{n+(-1)^{n+1}}{n}\right]=1$.

必须要注意的是：并不是任何数列都有极限，有些数列是没有极限的，也就是说其极限不存在. 例如，数列 $x_n=\{2n\}$，当 n 无限增大时，x_n 也无限增大，所以它不可能趋近于任何常数，因此极限不存在；又如，数列 $x_n=\left\{\frac{1+(-1)^{n-1}}{2}\right\}$，当 n 无限增大时，x_n 在 0 与 1 两个数上来回跳跃，x_n 不会向任何一个常数无限接近，因此这个数列也没有极限.

例 2 观察下列数列的变化趋势，写出它们的极限：

(1) $x_n=\frac{1}{n^2}$； (2) $x_n=3-\frac{1}{n}$； (3) $x_n=\frac{(-1)^{n-1}}{n}$；

(4) $x_n=1$； (5) $x_n=\frac{n-1}{n+1}$.

解 列出表 1-2 考察这 5 个数列的前几项及当 $n\to\infty$时的变化趋势.

根据表 1-2 中各数列的变化趋势，可得

(1) $\lim\limits_{n\to\infty}x_n=\lim\limits_{n\to\infty}\frac{1}{n^2}=0$； (2) $\lim\limits_{n\to\infty}x_n=\lim\limits_{n\to\infty}\left(3-\frac{1}{n}\right)=3$；

(3) $\lim\limits_{n\to\infty}x_n=\lim\limits_{n\to\infty}\frac{(-1)^{n-1}}{n}=0$； (4) $\lim\limits_{n\to\infty}x_n=\lim\limits_{n\to\infty}1=1$；

(5) $\lim\limits_{n\to\infty}x_n=\lim\limits_{n\to\infty}\frac{n-1}{n+1}=1$.

表 1-2

x_n \ n	1	2	3	4	…	$n\to\infty$
$x_n=\frac{1}{n^2}$	1	$\frac{1}{4}$	$\frac{1}{9}$	$\frac{1}{16}$	…	$\to 0$
$x_n=3-\frac{1}{n}$	$3-1$	$3-\frac{1}{2}$	$3-\frac{1}{3}$	$3-\frac{1}{4}$	…	$\to 3$
$x_n=\frac{(-1)^{n-1}}{n}$	1	$-\frac{1}{2}$	$\frac{1}{3}$	$-\frac{1}{4}$	…	$\to 0$
$x_n=1$	1	1	1	1	…	$\to 1$
$x_n=\frac{n-1}{n+1}$	0	$\frac{1}{3}$	$\frac{1}{2}$	$\frac{3}{5}$	…	$\to 1$

根据以上例题，可归纳出

(1) $\lim\limits_{n\to\infty}\frac{1}{n^{\alpha}}=0$ ($\alpha>0$)；

(2) $\lim\limits_{n\to\infty}q^{n}=0$ ($|q|<1$)；

(3) $\lim\limits_{n\to\infty}c=c$ (c 为常数).

1.2.2　数列极限的四则运算

对于一些简单的数列，可用观察法来求出其极限，而对于一些较复杂的数列，其极限就不易观察得出，所以就必须研究数列的运算.

数列极限的四则运算法则如下：

设有数列 x_n 和 y_n，且 $\lim\limits_{n\to\infty}x_n=a$，$\lim\limits_{n\to\infty}y_n=b$，则

① $\lim\limits_{n\to\infty}(x_n\pm y_n)=\lim\limits_{n\to\infty}x_n\pm\lim\limits_{n\to\infty}y_n=a\pm b$；

② $\lim\limits_{n\to\infty}cx_n=c\lim\limits_{n\to\infty}x_n=ca$ (c 为常数)；

③ $\lim\limits_{n\to\infty}(x_ny_n)=\lim\limits_{n\to\infty}x_n\cdot\lim\limits_{n\to\infty}y_n=ab$；

④ $\lim\limits_{n\to\infty}\frac{x_n}{y_n}=\frac{\lim\limits_{n\to\infty}x_n}{\lim\limits_{n\to\infty}y_n}=\frac{a}{b}$ ($b\neq 0$).

例 3　已知 $\lim\limits_{n\to\infty}x_n=-3$，$\lim\limits_{n\to\infty}y_n=6$，求

(1) $\lim\limits_{n\to\infty}(-3x_n)$；　(2) $\lim\limits_{n\to\infty}(-3x_n-y_n)$；　(3) $\lim\limits_{n\to\infty}\frac{y_n}{2x_n}$.

解　(1) $\lim\limits_{n\to\infty}(-3x_n)=-3\lim\limits_{n\to\infty}x_n=9$；

(2) $\lim\limits_{n\to\infty}(-3x_n-y_n)=\lim\limits_{n\to\infty}(-3x_n)-\lim\limits_{n\to\infty}y_n=3$；

(3) $\lim\limits_{n\to\infty}\frac{y_n}{2x_n}=\frac{\lim\limits_{n\to\infty}y_n}{\lim\limits_{n\to\infty}2x_n}=-1$.

例 4　求下列各极限：

(1) $\lim\limits_{n\to\infty}\left(5+\frac{2}{n}-\frac{5}{n^3}\right)$；　(2) $\lim\limits_{n\to\infty}\frac{2n^3-n+3}{1-n^3}$.

解 (1) $\lim\limits_{n\to\infty}\left(5+\dfrac{2}{n}-\dfrac{5}{n^3}\right)=\lim\limits_{n\to\infty}5+\lim\limits_{n\to\infty}\dfrac{2}{n}-\lim\limits_{n\to\infty}\dfrac{5}{n^3}=5+2\lim\limits_{n\to\infty}\dfrac{1}{n}-5\lim\limits_{n\to\infty}\dfrac{1}{n^3}=5$;

(2) $\lim\limits_{n\to\infty}\dfrac{2n^3-n+3}{1-n^3}=\lim\limits_{n\to\infty}\dfrac{2-\dfrac{1}{n^2}+\dfrac{3}{n^3}}{\dfrac{1}{n^3}-1}=\dfrac{\lim\limits_{n\to\infty}2-\lim\limits_{n\to\infty}\dfrac{1}{n^2}+\lim\limits_{n\to\infty}\dfrac{3}{n^3}}{\lim\limits_{n\to\infty}\dfrac{1}{n^3}-\lim\limits_{n\to\infty}1}=\dfrac{2-0+0}{0-1}=-2$.

1.2.3 无穷递缩等比数列的求和公式

等比数列 a_1, a_1q, a_1q^2, $\cdots$, a_1q^{n-1}, $\cdots$, 当 $|q|<1$ 时, 称为无穷递缩等比数列. 无穷递缩等比数列的前 n 项和当 $n\to\infty$ 时的极限, 称为这个无穷递缩等比数列的和, 用符号 S 表示. 现来求它的前 n 项和 S_n 当 $n\to\infty$ 时的极限. 因为

$$S_n=\frac{a_1(1-q^n)}{1-q},$$

所以

$$\lim_{n\to\infty}S_n=\lim_{n\to\infty}\frac{a_1(1-q^n)}{1-q}=\lim_{n\to\infty}\frac{a_1}{1-q}\lim_{n\to\infty}(1-q^n)=\frac{a_1}{1-q}(\lim_{n\to\infty}1-\lim_{n\to\infty}q^n).$$

又因为当 $|q|<1$ 时, $\lim\limits_{n\to\infty}q^n=0$, 则

$$\lim_{n\to\infty}S_n=\frac{a_1}{1-q}(1-0)=\frac{a_1}{1-q},$$

即

$$S=\frac{a_1}{1-q}.$$

这个公式称为无穷递缩等比数列的求和公式.

例 5 求等比数列 1, $\frac{1}{2}$, $\frac{1}{4}$, $\frac{1}{8}$, $\cdots$的前 n 项和 S_n 及 S.

解 已知此等比数列是首项为 $a_1=1$, 公比 $q=\frac{1}{2}$的无穷递缩等比数列, 根据前 n 项和公式及无穷递缩等比数列的求和公式,得

$$S_n=\frac{1-\left(\frac{1}{2}\right)^n}{1-\frac{1}{2}}=2\left[1-\left(\frac{1}{2}\right)^n\right],$$

$$S=\frac{1}{1-\frac{1}{2}}=2.$$

例 6 将下列循环小数化为分数:

(1) $0.\dot{3}$; (2) $1.\dot{1}0\dot{1}$.

解 (1) $0.\dot{3}=0.333\cdots=0.3+0.03+0.003+\cdots=\dfrac{3}{10}+\dfrac{3}{100}+\dfrac{3}{1\,000}+\cdots$

$$=\frac{\frac{3}{10}}{1-\frac{1}{10}}=\frac{1}{3};$$

$$(2)\ 1.1\dot{0}\dot{1}=1.1+0.001+0.000\,01+\cdots=\frac{11}{10}+\frac{1}{1\,000}+\frac{1}{100\,000}+\cdots$$

$$=\frac{11}{10}+\frac{\frac{1}{1\,000}}{1-\frac{1}{100}}=\frac{109}{99}.$$

1.2.4　数列极限的性质

① 若一个数列有极限，则此极限是唯一的.

② 数列有无极限，极限是何值，与该数列的任意有限项无关. 例如，数列

$$100,\ 90,\ 50,\ 1,\ \frac{1}{2},\ \frac{1}{3},\ \frac{1}{4},\ \cdots$$

是数列$\left\{\frac{1}{n}\right\}$增加了有限项后所得的数列，其极限仍是 0. 也就是说数列增加或减少有限项并不影响数列随 n 的变化而变化的趋势.

③ 有极限的数列一定有界，而有界的数列不一定有极限，无界数列一定无极限. 例如，数列$\left\{\frac{1}{n}\right\}$，$\{1\}$等数列有极限则有界；数列 $x_n=\left\{\frac{1+(-1)^{n-1}}{2}\right\}$虽有界，但无极限；数列 $x_n=\{2n\}$是无界的，所以无极限.

习题 1.2

1. 当 $n\to\infty$时，观察下列数列的变化趋势，并写出它们的极限：

(1) $x_n=2-\frac{1}{n^2}$；　(2) $x_n=\frac{1}{2^n}+1$；　(3) $x_n=\frac{n}{n-1}$；

(4) $x_n=\frac{(-1)^n}{3n}$；　(5) $x_n=(-1)^n n$；　(6) $x_n=\sin n\pi$；

2. 求下列极限：

(1) $\lim\limits_{n\to\infty}\left(3+\frac{1}{n^3}\right)$；　(2) $\lim\limits_{n\to\infty}\frac{3n-5}{2n}$；　(3) $\lim\limits_{n\to\infty}\frac{1-n^2}{1+n^2}$；

(4) $\lim\limits_{n\to\infty}\frac{3n^3-n^2+3}{4-n^3}$；　(5) $\lim\limits_{n\to\infty}\left(1+\frac{1}{2}+\frac{1}{4}+\cdots+\frac{1}{2^n}\right)$.

3. 求下列无穷递缩等比数列的和：

(1) $3,\ 1,\ \frac{1}{3},\ \frac{1}{9},\ \cdots$；　(2) $\frac{\sqrt{2}+1}{\sqrt{2}-1},\ 1,\ \frac{\sqrt{2}-1}{\sqrt{2}+1},\ \frac{3-2\sqrt{2}}{3+2\sqrt{2}},\ \cdots$；

(3) $-x,\ x^2,\ -x^3,\ x^4,\ \cdots$.

4. 将下列循环小数化为分数：

(1) $0.\dot{2}$；　(2) $0.\dot{3}1\dot{5}$.

1.3 函数的极限

本节将对一般函数的极限问题进行讨论.

对于整标函数 $x_n=f(n)$的自变量 n 来说，因为它是自然数，所以其变化趋势只有一种，就是无限增大. 因此整标函数 $x_n=f(n)$的极限是否存在只是指当 $n\to\infty$时的情况下 x_n 是否无限接近于某一常数. 而对于一般函数的自变量 x 来说，它的变化趋势就复杂得多. 现先把自变量 x 的变化趋势分成以下两种情况：

① $x\to\infty$，即自变量 x 的绝对值无限增大. 若 x 从某一时刻起只取正值且无限增大，记作 $x\to+\infty$；若 x 从某一时刻起只取负值且无限增大，记作 $x\to-\infty$.

② $x\to x_0$，即自变量 x 无限趋近于定值x_0，但不等于 x_0. 若 x 只取比x_0大的值且趋近于 x_0，记作 $x\to x_0+0$；若 x 只取比x_0 小的值且趋近于 x_0，记作 $x\to x_0-0$.

由以上的分析可知，一般函数的极限问题要比整标函数的极限问题复杂得多. 以下将对一般函数的极限存在问题逐一讨论.

1.3.1 当 $x\to\infty$时，函数 $y=f(x)$的极限

例 1 考察函数 $y=\dfrac{1}{x}$当$x\to\infty$时的变化趋势.

解 根据图 1-6 可知，当 x 取正值且无限增大即$x\to+\infty$时，函数 $y=\dfrac{1}{x}$的值无限接近于常数 0；当 x 取负值且无限增大即$x\to-\infty$时，函数 $y=\dfrac{1}{x}$的值无限接近于常数 0. 所以，当 x 的绝对值无限增大时，$f(x)$的值无限接近于 0.

由例 1 可归纳得：

定义 1 若当 $x\to+\infty$(或 $x\to-\infty$)时，函数 $f(x)$无限接近于某一个确定的常数 A，那么称 A 为函数$f(x)$当 $x\to+\infty$(或 $x\to-\infty$)时的极限，记作 $\lim\limits_{x\to+\infty}f(x)=A$，简记为 $x\to+\infty, f(x)\to A$(或 $\lim\limits_{x\to-\infty}f(x)=A$，简记为 $x\to-\infty$，$f(x)\to A$).

根据定义 1 得，$\lim\limits_{x\to+\infty}\dfrac{1}{x}=0$ 及 $\lim\limits_{x\to-\infty}\dfrac{1}{x}=0$. 又如，如图 1-7 所示.

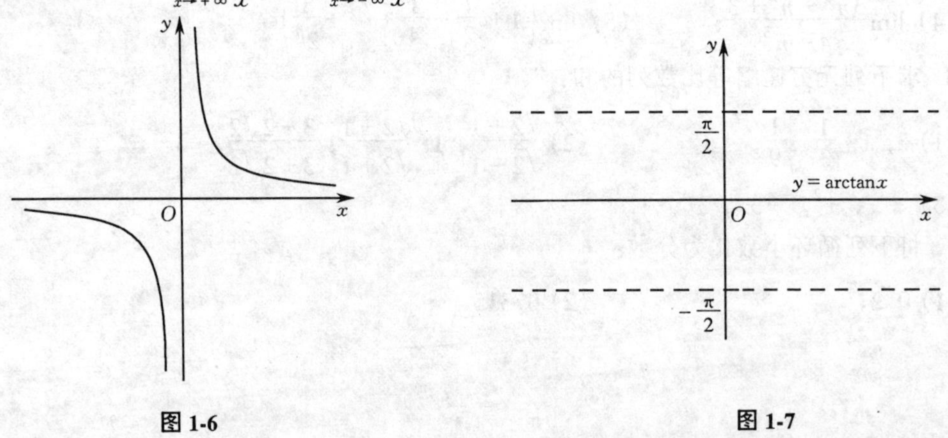

图 1-6　　图 1-7

$$\lim_{x\to+\infty}\arctan x=\frac{\pi}{2},\quad \lim_{x\to-\infty}\arctan x=-\frac{\pi}{2}.$$

定义 2　若当 x 的绝对值无限增大(即 $x\to\infty$)时，函数 $f(x)$无限接近于某一个确定的常数 A，那么称 A 为函数 $f(x)$当 $x\to\infty$ 时的极限，记为 $\lim\limits_{x\to\infty}f(x)=A$，简记为 $x\to\infty$，$f(x)\to A$.

根据定义 2 可得，$\lim\limits_{x\to\infty}\frac{1}{x}=0$；而由于当 $x\to+\infty$ 和 $x\to-\infty$ 时，函数 $y=\arctan x$ 不是接近于同一个确定的常数，所以 $\lim\limits_{x\to\infty}\arctan x$ 不存在. 由以上两例可知：

如果 $\lim\limits_{x\to+\infty}f(x)$和 $\lim\limits_{x\to-\infty}f(x)$都存在且相等，那么 $\lim\limits_{x\to\infty}f(x)$存在且与它们相等；

如果 $\lim\limits_{x\to+\infty}f(x)$和 $\lim\limits_{x\to-\infty}f(x)$有一个不存在，或都存在但不相等，那么 $\lim\limits_{x\to\infty}f(x)$就不存在.

例 2　求 $\lim\limits_{x\to+\infty}\left(\frac{1}{10}\right)^x$ 和 $\lim\limits_{x\to-\infty}10^x$.

解　如图 1-8 所示，可得

$$\lim_{x\to+\infty}\left(\frac{1}{10}\right)^x=0,\quad \lim_{x\to-\infty}10^x=0.$$

图 1-8

例 3　讨论当 $x\to\infty$ 时，函数 $y=\operatorname{arccot}x$ 的极限.

解　因为 $\lim\limits_{x\to+\infty}\operatorname{arccot}x=0$，$\lim\limits_{x\to-\infty}\operatorname{arccot}x=\pi$，

即

$$\lim_{x\to+\infty}\operatorname{arccot}x\neq\lim_{x\to-\infty}\operatorname{arccot}x,$$

所以 $\lim\limits_{x\to\infty}\operatorname{arccot}x$ 不存在.

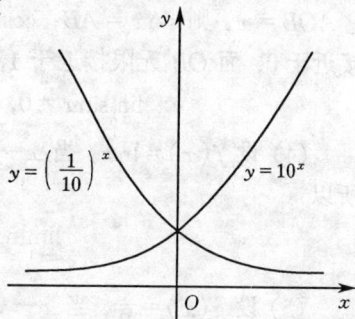

1.3.2　当 $x\to x_0$ 时，函数 $y=f(x)$的极限

例 4　考察函数 $y=\frac{x}{2}+2$ 当 $x\to2$ 时的变化趋势.

解　当 x 从 2 的左侧无限接近于 2 时：

若 x 取 1.99，1.999，1.999 9，…，→2 时，则对应的函数值为

$$2.995,\ 2.999\,5,\ 2.999\,95,\ \cdots,\ \to3;$$

当 x 从 2 的右侧无限接近于 2 时：

若 x 取 2.1，2.01，2.001，…，→2 时，则对应的函数值为

$$3.05,\ 3.005,\ 3.000\,5,\ \cdots,\ \to3.$$

由此可知，当 $x\to2$ 时，函数 $y=\frac{x}{2}+2$ 的值无限接近于 3.

由例 4 可得以下定义.

定义 3　设函数 $y=f(x)$在点 x_0 的左右近旁有定义(点 x_0 可除外)，若当 $x\to x_0$ 时，函数 $y=f(x)$无限接近于某一个确定的常数 A，那么称 A 为函数 $y=f(x)$当 $x\to x_0$ 时的极限，记作 $\lim\limits_{x\to x_0}f(x)=A$，简记为 $x\to x_0$，$f(x)\to A$.

根据定义 3 可知，函数 $y=\frac{x}{2}+2$ 在 $x\to2$ 时的极限可表示为 $\lim\limits_{x\to2}\left(\frac{x}{2}+2\right)=3$. 要注意的

是：函数 $y=f(x)$ 的极限只考虑 x 无限接近于 x_0 时的变化趋势，而与在 x_0 是否有定义无关.

例 5 观察并写出下列函数的极限：

(1) $\lim\limits_{x\to 1}(3x-2)$；　(2) $\lim\limits_{x\to 0}\sin x$；　(3) $\lim\limits_{x\to 0}\cos x$；

(4) $\lim\limits_{x\to 1}\ln x$；　(5) $\lim\limits_{x\to x_0}\frac{x}{2}$；　(6) $\lim\limits_{x\to x_0}c$（c 为常数）.

解 (1) 当 x 无限接近于 1 时，$(3x-2)\to 1$，所以

$$\lim_{x\to 1}(3x-2)=1;$$

(2)，(3) 如图 1-9 所示，用单位圆表示 $\sin x$，$\cos x$，取 $\angle AOB=x$，则 $\sin x=AB$，$\cos x=OB$，当 $x\to 0$ 时，AB 无限接近于 0，而 OB 无限接近于 1，所以

$$\lim_{x\to 0}\sin x=0,\ \lim_{x\to 0}\cos x=1;$$

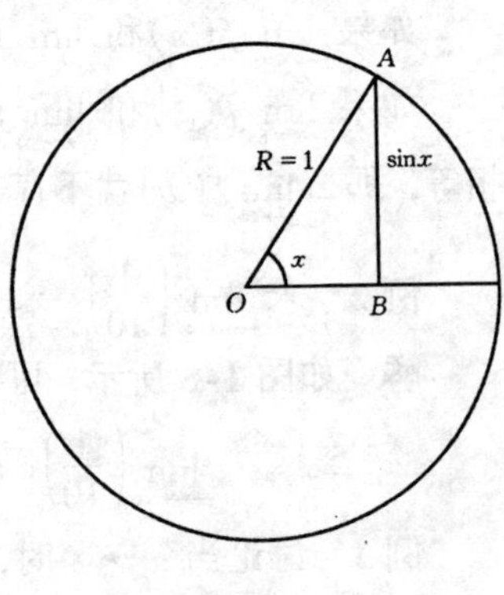

图 1-9

(4) 设 $f(x)=\ln x$，当 $x\to 1$ 时，$f(x)$ 的值无限接近于 0，所以

$$\lim_{x\to 1}\ln x=0;$$

(5) 设 $g(x)=\frac{x}{2}$，当 $x\to x_0$ 时，$g(x)$ 的值无限接近于 $\frac{x_0}{2}$，所以

$$\lim_{x\to x_0}\frac{x}{2}=\frac{x_0}{2};$$

(6) 设 $h(x)=c$，当 $x\to x_0$ 时，$h(x)$ 的值恒为 c，所以

$$\lim_{x\to x_0}h(x)=\lim_{x\to x_0}c=c.$$

1.3.3 左极限与右极限

上述讨论的当 $x\to x_0$ 时函数 $y=f(x)$ 的极限中，既有 x 从 x_0 的左侧无限接近于 x_0（记为 $x\to x_0-0$，或者 $x\to x_0^-$），又有 x 从 x_0 的右侧无限接近于 x_0（记为 $x\to x_0+0$，或者 $x\to x_0^+$），当从单侧无限接近于 x_0 时则有如下的定义.

定义 4 当自变量 $x\to x_0^-$ 时，函数 $y=f(x)$ 无限接近于某一个确定的常数 A，则称 A 为函数 $y=f(x)$ 当 $x\to x_0$ 时的左极限，记为

$$\lim_{x\to x_0^-}f(x)=A\ \text{或}\ f(x_0-0)=A.$$

若当自变量 $x\to x_0^+$ 时，函数 $y=f(x)$ 无限接近于某一个确定的常数 A，则称 A 为函数 $y=f(x)$ 当 $x\to x_0$ 时的右极限，记为

$$\lim_{x\to x_0^+}f(x)=A\ \text{或}\ f(x_0+0)=A.$$

函数 $f(x)=\frac{x}{2}+2$ 当 $x\to 2$ 时的左极限为 $\lim\limits_{x\to 2^-}f(x)=\lim\limits_{x\to 2^-}\left(\frac{x}{2}+2\right)=3$，右极限为 $\lim\limits_{x\to 2^+}f(x)=\lim\limits_{x\to 2^+}\left(\frac{x}{2}+2\right)=3$，即 $\lim\limits_{x\to 2^-}f(x)=\lim\limits_{x\to 2^+}f(x)$，它们都等于函数 $f(x)=\frac{x}{2}+2$ 当

$x\to 2$时的极限．所以根据左右极限的定义可得：函数 $y=f(x)$当 $x\to x_0$ 时极限存在的充分必要条件是它的左极限和右极限都存在且相等，即

$$\lim_{x\to x_0} f(x)=A \Leftrightarrow \lim_{x\to x_0^-} f(x)=\lim_{x\to x_0^+} f(x)=A.$$

例 6　讨论函数

$$f(x)=\begin{cases} 3x, & x<0, \\ x+1, & x\geqslant 0 \end{cases}$$

当 $x\to 0$ 时的极限．

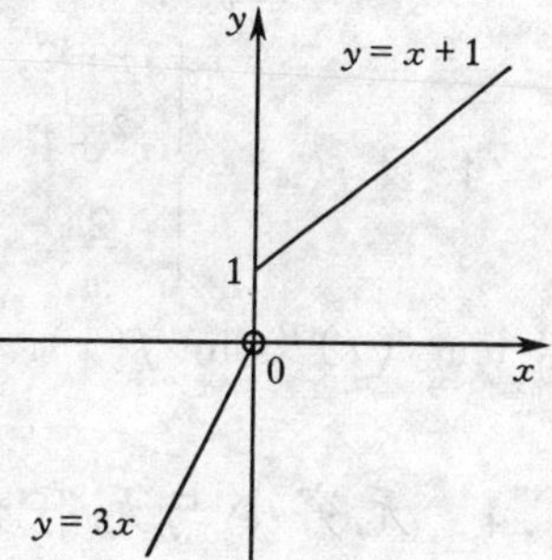

图 1-10

解　作出此函数的图像，如图 1-10 所示，从图中可知函数 $f(x)$当 $x\to 0$ 时的左极限为

$$\lim_{x\to 0^-} f(x)=\lim_{x\to 0^-} 3x=0,$$

而右极限为

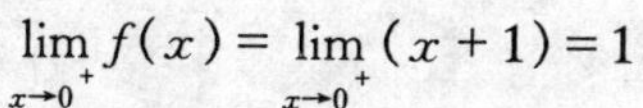

$$\lim_{x\to 0^+} f(x)=\lim_{x\to 0^+}(x+1)=1.$$

因为 $\lim\limits_{x\to 0^-} f(x)\neq \lim\limits_{x\to 0^+} f(x)$，所以$\lim\limits_{x\to 0} f(x)$不存在．

1.3.4　函数极限的性质

与数列极限一样，函数的极限有如下几个性质：

① 唯一性：若函数的极限存在，则极限值是唯一的．

② 有界性：若 $\lim\limits_{\substack{x\to x_0\\(\text{或}x\to\infty)}} f(x)=A$，则必存在一个正数 M，使得函数 $y=f(x)$在点 x_0(不包括点 x_0)的某一邻域内(或存在一正数 N，当$|x|>N$ 时)总有$|f(x)|<M$，即有极限的函数局部有界．

③ 保号性：若$\lim\limits_{x\to x_0} f(x)=A$，$\lim\limits_{x\to x_0} g(x)=B$，并且在点 x_0 的某一邻域内(不含点 x_0)总有 $f(x)\leqslant g(x)$，那么 $A\leqslant B$；若$\lim\limits_{x\to x_0} f(x)=A$，$\lim\limits_{x\to x_0} g(x)=B$，且 $A<B$，则在点 x_0 的某一邻域内(不含点 x_0)总有 $f(x)<g(x)$．

④ 夹逼性质：设在 x_0 的某一邻域内有 $g(x)\leqslant f(x)\leqslant h(x)$，且

$$\lim_{x\to x_0} g(x)=\lim_{x\to x_0} h(x)=A,$$

则$\lim\limits_{x\to x_0} f(x)$必存在，且$\lim\limits_{x\to x_0} f(x)=A$．

习题 1.3

1．通过观察写出下列极限：

(1) $\lim\limits_{x\to\infty}\dfrac{1}{x^3}$；　(2) $\lim\limits_{x\to+\infty}\left(\dfrac{1}{2}\right)^x$；　(3) $\lim\limits_{x\to\infty}\left(3-\dfrac{1}{x}\right)$；

(4) $\lim\limits_{x\to-\infty} 3^x$；　(5) $\lim\limits_{x\to+\infty}\left(\dfrac{1}{x^2}+1\right)$；　(6) $\lim\limits_{x\to+\infty}\dfrac{2x-1}{x}$.

2．通过观察写出下列极限：

(1) $\lim\limits_{x\to 2}(3x-1)$； (2) $\lim\limits_{x\to 0}e^{-x}$； (3) $\lim\limits_{x\to \pi}\cos x$；

(4) $\lim\limits_{x\to 0^{+}}x^{3}$； (5) $\lim\limits_{x\to 1^{-}}\ln x$.

3. 证明：$\lim\limits_{x\to 0}\dfrac{|x|}{x}$不存在.

4. 设 $f(x)=\begin{cases}3x+2, & x\leqslant 0,\\ x^{2}+1, & 0<x\leqslant 1,\\ \dfrac{2}{x}, & x>1,\end{cases}$ 讨论当 $x\to 0$ 及 $x\to 1$ 时，$f(x)$的极限是否存在，并求 $\lim\limits_{x\to -\infty}f(x)$及 $\lim\limits_{x\to +\infty}f(x)$.

1.4 无穷小与无穷大

1.4.1 无穷小的定义

经过试验可知，单摆在空气中的摆动，由于空气阻力与机械摩擦力的作用，其振幅会随着时间的增加而逐渐减小并且趋向于零；而电容放电也有类似的现象，其电压也会随着时间的增加而逐渐减小并且趋向于零. 类似于这种以零为极限的变量，有如下定义：

定义 1 若当 $x\to x_0$(或 $x\to\infty$)时，函数 $y=f(x)$的极限为零，则称 $y=f(x)$为当 $x\to x_0$(或 $x\to\infty$)时的无穷小量，简称无穷小.

例如，因为$\lim\limits_{x\to\infty}\dfrac{1}{x}=0$，所以函数 $f(x)=\dfrac{1}{x}$是当$x\to\infty$时的无穷小；又如，因为$\lim\limits_{x\to 1}(x-1)=0$，所以函数 $f(x)=x-1$ 是当 $x\to 1$ 时的无穷小.

对于无穷小要注意：

若要说一个函数 $y=f(x)$是无穷小，必须指明其自变量的变化趋势. 例如函数 $f(x)=x^2-1$ 是当 $x\to 1$ 时的无穷小，而 x 趋近于其他数值时，函数 $f(x)$就不是无穷小.

趋向于零的快慢相仿的两个无穷小(比如 $3x$ 与 x)的商的极限是一个不为零的常数. 根据这个规律，就引出了无穷小的阶的概念.

定义 2 设 α 和 β 都是当$x\to 0$(或 $x\to\infty$)时的无穷小，$\lim\dfrac{\alpha}{\beta}$也是在这一变化过程中的极限.

① 若 $\lim\dfrac{\alpha}{\beta}=0$，则称 α 是比 β 较高阶的无穷小，β 是比 α 较低阶的无穷小；

② 若 $\lim\dfrac{\alpha}{\beta}=c\neq 0$，则称 α 与 β 是同阶的无穷小；

③ 若 $\lim\dfrac{\alpha}{\beta}=1$，则称 α 与 β 是等价无穷小，记作 $\alpha\sim\beta$.

根据无穷小的阶的概念可得，当 $x\to 0$ 时，x^2 是比 $3x$ 较高阶的无穷小；$3x$ 是比x^2 较低阶的无穷小；$3x$ 与 x 是同阶的无穷小.

必须指出的是：并非任意两个无穷小都可以进行比较. 如 x 和 $x\sin\dfrac{1}{x}$，当 $x\to 0$ 时，就不可以比较，这是因为

$$\lim_{x\to 0}\frac{x\sin\frac{1}{x}}{x}=\lim_{x\to 0}\sin\frac{1}{x}$$

不存在，所以对于类似的情况，一般不予以讨论.

例 1　当 $x\to 0$ 时，比较无穷小 $\frac{1}{1-x}-1-x$ 与 x^2 的阶数的高低.

解　因为 $\lim\limits_{x\to 0}\frac{\frac{1}{1-x}-1-x}{x^2}=\lim\limits_{x\to 0}\frac{1-(1+x)(1-x)}{x^2(1-x)}=\lim\limits_{x\to 0}\frac{x^2}{x^2(1-x)}=\lim\limits_{x\to 0}\frac{1}{1-x}=1$，

所以当 $x\to 0$ 时，$\frac{1}{1-x}-1-x$ 与 x^2 是等价无穷小.

1.4.2　无穷小的性质

(1) 无穷小与函数极限之间的关系

设 $\lim\limits_{x\to x_0}f(x)=A$，即当 $x\to x_0$ 时，函数 $y=f(x)$ 无限接近于常数 A. 也就是说，$f(x)-A$ 无限接近于常数 0，即当 $x\to x_0$ 时，$f(x)-A$ 的极限为零. 那么，根据无穷小的定义可得，当 $x\to x_0$ 时，$f(x)-A$ 为无穷小量，用 $\alpha(x)$ 来表示 $f(x)-A$，则有

$$f(x)=A+\alpha(x).$$

反之，若 $f(x)=A+\alpha(x)$，其中 $\alpha(x)$ 为当 $x\to x_0$ 时的无穷小量，显然有

$$\lim_{x\to x_0}f(x)=A.$$

对于当 $x\to\infty$ 时，同样也有一样的情形，所以有以下定理.

定理 1　函数 $f(x)$ 以 A 为极限的充要条件是 $f(x)$ 等于 A 与一个无穷小量之和.

定理 1 描述了函数、函数极限及无穷小三者之间的重要关系.

(2) 无穷小的性质及推论

性质 1　有限个无穷小的代数和仍是无穷小.

性质 2　有限个有界函数与无穷小的乘积仍是无穷小.

推论 1　常数与无穷小的乘积仍是无穷小.

性质 3　有限个无穷小的乘积仍是无穷小.

推论 2　无穷小的正整数次幂仍是无穷小.

例 2　求 $\lim\limits_{x\to 0}x\cos\frac{1}{x}$.

解　当 $x\to 0$ 时，$\cos\frac{1}{x}$ 的极限不存在，但 $\left|\cos\frac{1}{x}\right|\leqslant 1$，即 $\cos\frac{1}{x}$ 是有界函数，且当 $x\to 0$ 时，x 为无穷小，所以根据性质 2 可得

$$\lim_{x\to 0}x\cos\frac{1}{x}=0.$$

例 3　求 $\lim\limits_{x\to+\infty}\frac{1}{x}\cdot 2^{-x}$.

解　当 $x\to+\infty$ 时，$\frac{1}{x}$ 和 2^{-x} 均为无穷小，根据性质 3 可得

$$\lim_{x\to+\infty}\frac{1}{x}\cdot 2^{-x}=0.$$

1.4.3 等价无穷小的性质及其应用

(1) 同阶无穷小与等价无穷小都具有反身性、对称性与传递性. 两者相比, 等价无穷小比同阶无穷小应用更广泛. 因此, 以下着重讨论的是等价无穷小的性质.

等价无穷小具有如下性质:

① 反身性: $\alpha\sim\alpha$;

② 对称性: 若 $\alpha\sim\beta$, 则 $\beta\sim\alpha$;

③ 传递性: 若 $\alpha\sim\beta$, $\beta\sim\gamma$, 则 $\alpha\sim\gamma$.

(2) 高阶无穷小的概念在微分学中有着重要的应用, 而等价无穷小在求极限时能化繁为简.

定理 2 设 α, β, α', β' 为同一变化过程中的无穷小量, 且 $\alpha\sim\alpha'$, $\beta\sim\beta'$, 而 $f(x)$, $g(x)$是上述变化过程相同条件下的两个函数, 若 $\lim\dfrac{\alpha' f(x)}{\beta' g(x)}$存在(或为∞), 则 $\lim\dfrac{\alpha f(x)}{\beta g(x)}$也存在(或为∞), 且

$$\lim\frac{\alpha f(x)}{\beta g(x)}=\lim\frac{\alpha' f(x)}{\beta g(x)}=\lim\frac{\alpha f(x)}{\beta' g(x)}=\lim\frac{\alpha' f(x)}{\beta' g(x)}.$$

证明 因为

$$\alpha\sim\alpha',\ \beta\sim\beta',$$

即

$$\lim\frac{\alpha}{\alpha'}=1,\ \lim\frac{\beta}{\beta'}=1,$$

所以

$$\begin{aligned}\lim\frac{\alpha f(x)}{\beta g(x)}&=\lim\frac{\alpha}{\alpha'}\cdot\frac{\beta'}{\beta}\cdot\frac{\alpha' f(x)}{\beta' g(x)}\\&=\lim\frac{\alpha}{\alpha'}\cdot\lim\frac{\beta'}{\beta}\cdot\lim\frac{\alpha' f(x)}{\beta' g(x)}\\&=\lim\frac{\alpha' f(x)}{\beta' g(x)}.\end{aligned}$$

定理 2 说明, 在求商式或乘积的极限时, 若分子或分母有无穷小量的因子, 可用与其等价的无穷小进行替换. 利用无穷小的替换可使求极限的运算简化. 但要注意的是, 这种替换必须是在乘或除式中才可以应用, 而对于加式、减式或幂等方面的函数中出现的无穷小的求极限过程, 一般不能直接应用等价无穷小进行替换.

推论 3 若在某个过程中 $\alpha\sim\alpha'$且 $\lim\alpha' f(x)$存在(或为∞), 则

$$\lim\alpha f(x)=\lim\alpha' f(x).$$

(3) 一些常用的等价无穷小: 当 $x\to0$ 时, 有

① $x\sim\sin x\sim\tan x\sim\arcsin x\sim(\mathrm{e}^x-1)\sim\ln(1+x)$;

② $(1-\cos x)\sim\dfrac{x^2}{2}$;

③ $[(1+x)^\mu-1]\sim\mu x$ (μ 为实数, $\mu\neq0$).

例 4 求$\lim\limits_{x\to0}\dfrac{\tan ax}{\sin bx}$, 其中 $ab\neq0$.

解　当 $x\to 0$ 时，$\tan ax\sim ax$，$\sin bx\sim bx$，所以

$$\lim_{x\to 0}\frac{\tan ax}{\sin bx}=\lim_{x\to 0}\frac{ax}{bx}=\frac{a}{b}.$$

例 5　求$\lim\limits_{x\to 0}\dfrac{\tan x-\sin x}{3x^2\sin x}$.

解

$$\lim_{x\to 0}\frac{\tan x-\sin x}{3x^2\sin x}=\lim_{x\to 0}\frac{\tan x(1-\cos x)}{3x^2\cdot x}=\lim_{x\to 0}\frac{x\cdot\frac{x^2}{2}}{3x^3}=\frac{1}{6}.$$

例 6　求$\lim\limits_{x\to 0}\dfrac{1-\cos mx}{x^2}$.

解
$$\lim_{x\to 0}\frac{1-\cos mx}{x^2}=\lim_{x\to 0}\frac{\frac{(mx)^2}{2}}{x^2}=\frac{m^2}{2}.$$

例 7　求$\lim\limits_{x\to 0}\dfrac{\sqrt[3]{1+x}-1}{x}$.

解
$$\lim_{x\to 0}\frac{\sqrt[3]{1+x}-1}{x}=\lim_{x\to 0}\frac{(1+x)^{\frac{1}{3}}-1}{x}=\lim_{x\to 0}\frac{\frac{1}{3}x}{x}=\frac{1}{3}.$$

1.4.4　无穷大

定义 3　设函数 $y=f(x)$ 在 x_0 的某一去心邻域内有定义(或 $|x|$ 大于某一正数时有定义)．如果对于任意给定的正数 M(不论它多大)，总存在正数 δ(或正数 X)，只要 x 适合不等式 $0<|x-x_0|<\delta$(或 $|x|>X$)，对应的函数值 $f(x)$ 总满足不等式 $|f(x)|>M$，则称函数 $f(x)$ 为当 $x\to x_0$(或 $x\to\infty$)时的无穷大．

定理 3　在自变量的同一变化过程中，如果 $f(x)$ 为无穷大，则$\dfrac{1}{f(x)}$为无穷小；反之，如果 $f(x)$ 为无穷小，且 $f(x)\neq 0$，则$\dfrac{1}{f(x)}$为无穷大．

习题 1.4

1．指出下列题中的无穷小量是同阶无穷小、等价无穷小还是高阶无穷小?

(1) 当 $\Delta x\to 0$ 时，$(\Delta x)^3$ 与 $3(\Delta x)^2$；　(2) 当 $x\to 1$ 时，$1-x$ 与 $1-x^3$；

(3) 当 $x\to 1$ 时，$\dfrac{1-x}{1+x}$与 $1-\sqrt{x}$；　(4) 当 $x\to\infty$时，$\dfrac{\cos x}{x^2}$与$\dfrac{1}{x}$.

2．试证当 $x\to 0$ 时，$\sqrt{4+x}-2$ 与 $\sqrt{9+x}-3$ 是同阶无穷小．

3．试证当 $x\to 0$ 时，$\sqrt{1+x}-1\sim\dfrac{x}{2}$.

4．利用等价无穷小替换，计算下列极限：

(1) $\lim\limits_{x\to 0}\dfrac{\arcsin\alpha x}{\tan\beta x}$；　(2) $\lim\limits_{x\to 0}\dfrac{\ln(1+\alpha x)}{\sin 3x}$；

(3) $\lim\limits_{x\to 0}\dfrac{\sin(x^n)}{(\sin x)^m}$ (n, m 为正整数且 $n>m$);

(4) $\lim\limits_{x\to 0}\dfrac{\sqrt[3]{(1+x)^2}-1}{\tan x}$; (5) $\lim\limits_{x\to 0}\dfrac{e^{3x}-1}{\sin 2x}$.

1.5 极限的运算法则

与数列极限相似，对于一些复杂的函数，也需要有极限的运算法则来进行运算.

设 $\lim\limits_{x\to x_0}f(x)=A$，$\lim\limits_{x\to x_0}g(x)=B$，则

法则 1 $\lim\limits_{x\to x_0}[f(x)\pm g(x)]=\lim\limits_{x\to x_0}f(x)\pm\lim\limits_{x\to x_0}g(x)=A\pm B$;

法则 2 $\lim\limits_{x\to x_0}[f(x)g(x)]=\lim\limits_{x\to x_0}f(x)\cdot\lim\limits_{x\to x_0}g(x)=AB$;

特别地，$\lim\limits_{x\to x_0}cf(x)=c\lim\limits_{x\to x_0}f(x)=cA$;

法则 3 $\lim\limits_{x\to x_0}\dfrac{f(x)}{g(x)}=\dfrac{\lim\limits_{x\to x_0}f(x)}{\lim\limits_{x\to x_0}g(x)}=\dfrac{A}{B}$ $(B\neq 0)$;

法则 4 $\lim\limits_{x\to x_0}[f(x)]^n=[\lim\limits_{x\to x_0}f(x)]^n=A^n$.

上述法则对于 $x\to\infty$ 时的情形同样适用，并且上述法则还可以推广到有限个函数的情形.

例 1 求 $\lim\limits_{x\to 2}(2x^2-3x+1)$.

解

$$\begin{aligned}\lim_{x\to 2}(2x^2-3x+1)&=\lim_{x\to 2}2x^2-\lim_{x\to 2}3x+\lim_{x\to 2}1\\&=2(\lim_{x\to 2}x)^2-3\lim_{x\to 2}x+1\\&=8-6+1=3.\end{aligned}$$

根据上题可得

$$\lim_{x\to x_0}(a_0x^n+a_1x^{n-1}+\cdots+a_n)=a_0x_0^n+a_1x_0^{n-1}+\cdots+a_n.$$

例 2 求 $\lim\limits_{x\to 1}\dfrac{x^2+1}{x^3-2x+2}$.

解 因为 $\lim\limits_{x\to 1}(x^3-2x+2)\neq 0$，所以可直接应用商的极限运算法则，即

$$\lim_{x\to 1}\frac{x^2+1}{x^3-2x+2}=\frac{\lim\limits_{x\to 1}(x^2+1)}{\lim\limits_{x\to 1}(x^3-2x+2)}=\frac{1^2+1}{1^3-2+2}=2.$$

例 3 求 $\lim\limits_{x\to 2}\dfrac{x^2-x-2}{x^2-4}$.

解 因为当 $x\to 2$ 时，$\lim\limits_{x\to 2}(x^2-4)=0$，所以不能直接应用商的极限运算法则，但在 $x\to 2$ 的过程中，由于 $x\neq 2$，即 $x-2\neq 0$，而 $x-2$ 是分子分母的公因子，故可先约去分式中的不为零的公因子，再应用法则，因此

$$\lim_{x\to 2}\frac{x^2-x-2}{x^2-4}=\lim_{x\to 2}\frac{(x+1)(x-2)}{(x+2)(x-2)}=\lim_{x\to 2}\frac{x+1}{x+2}=\frac{2+1}{2+2}=\frac{3}{4}.$$

例 4 求 $\lim\limits_{x\to \frac{\pi}{2}}\left(\dfrac{\pi}{2}-x\right)\cos\left(\dfrac{\pi}{2}-x\right)$.

解　$\lim\limits_{x\to\frac{\pi}{2}}\left(\frac{\pi}{2}-x\right)\cos\left(\frac{\pi}{2}-x\right)=\lim\limits_{x\to\frac{\pi}{2}}\left(\frac{\pi}{2}-x\right)\cdot\lim\limits_{x\to\frac{\pi}{2}}\cos\left(\frac{\pi}{2}-x\right)=0\times 1=0.$

例 5　求 $\lim\limits_{x\to\infty}\frac{x^3+2x^2-1}{3x^3-4x+5}$.

解　当 $x\to\infty$ 时，分子与分母的绝对值都无限增大，因此不能直接应用商的极限运算法则．先用 x^3 同除分子、分母，使得分母的极限存在且不为零，然后再利用法则求极限，即

$$\lim_{x\to\infty}\frac{x^3+2x^2-1}{3x^3-4x+5}=\lim_{x\to\infty}\frac{1+\frac{2}{x}-\frac{1}{x^3}}{3-\frac{4}{x^2}+\frac{5}{x^3}}=\frac{\lim\limits_{x\to\infty}1+\lim\limits_{x\to\infty}\frac{2}{x}-\lim\limits_{x\to\infty}\frac{1}{x^3}}{\lim\limits_{x\to\infty}3-\lim\limits_{x\to\infty}\frac{4}{x^2}+\lim\limits_{x\to\infty}\frac{5}{x^3}}$$

$$=\frac{1+0-0}{3-0+0}=\frac{1}{3}.$$

例 6　求 $\lim\limits_{x\to\infty}\frac{3x^2+x}{x^3-2x+3}$.

解　与例 5 同理，先用 x^3 同除分子、分母，使得分母的极限存在且不为零，然后再利用法则求极限，即

$$\lim_{x\to\infty}\frac{3x^2+x}{x^3-2x+3}=\lim_{x\to\infty}\frac{\frac{3}{x}+\frac{1}{x^2}}{1-\frac{2}{x^2}+\frac{3}{x^3}}=\frac{\lim\limits_{x\to\infty}\frac{3}{x}+\lim\limits_{x\to\infty}\frac{1}{x^2}}{\lim\limits_{x\to\infty}1-\lim\limits_{x\to\infty}\frac{2}{x^2}+\lim\limits_{x\to\infty}\frac{3}{x^3}}$$

$$=\frac{0+0}{1-0+0}=0.$$

例 7　求 $\lim\limits_{x\to\infty}\frac{x^3+x+2}{2x^2-1}$.

解　先用 x^3 同除分子、分母，使得分母的极限存在且不为零，然后再利用法则求极限，即

$$\lim_{x\to\infty}\frac{x^3+x+2}{2x^2-1}=\lim_{x\to\infty}\frac{1+\frac{1}{x^2}+\frac{2}{x^3}}{\frac{2}{x}-\frac{1}{x^3}}=\infty.$$

总结例 5，例 6，例 7 三个例题，可归纳得到以下结论：

当 $a_0\neq 0$，$b_0\neq 0$ 时，

$$\lim_{x\to\infty}\frac{a_0x^m+a_1x^{m-1}+\cdots+a_m}{b_0x^n+b_1x^{n-1}+\cdots+b_n}=\begin{cases}\frac{a_0}{b_0}, & n=m,\\ 0, & n>m,\\ \infty, & n<m.\end{cases}$$

必须要注意的是，此法则仅适用于当 $x\to\infty$ 时有理函数的极限．

例 8　求 $\lim\limits_{x\to 1}\left(\frac{1}{1-x}-\frac{3}{1-x^3}\right)$.

解　因为当 $x\to 1$ 时，$\frac{1}{1-x}$ 和 $\frac{3}{1-x^3}$ 都是无穷大，所以不能直接应用差的极限运算法则，但在 $x\to 1$ 时，

$$\frac{1}{1-x}-\frac{3}{1-x^3}=\frac{(1+x+x^2)-3}{(1-x)(1+x+x^2)}=\frac{(x+2)(x-1)}{-(x-1)(x^2+x+1)}=-\frac{x+2}{x^2+x+1},$$

所以 $\lim\limits_{x\to1}\left(\dfrac{1}{1-x}-\dfrac{3}{1-x^3}\right)=\lim\limits_{x\to1}\left(-\dfrac{x+2}{x^2+x+1}\right)=-\dfrac{1+2}{1+1+1}=-1.$

例 9 求$\lim\limits_{n\to\infty}\dfrac{e^n-1}{e^{2n}+1}$.

解
$$\lim_{n\to\infty}\frac{e^n-1}{e^{2n}+1}=\lim_{n\to\infty}\frac{\frac{1}{e^n}-\frac{1}{e^{2n}}}{1+\frac{1}{e^{2n}}}=\frac{0}{1}=0.$$

例 10 求$\lim\limits_{n\to\infty}\dfrac{1+2+3+\cdots+n}{(n-2)(n+1)}$.

解
$$\lim_{n\to\infty}\frac{1+2+3+\cdots+n}{(n-2)(n+1)}=\lim_{n\to\infty}\frac{\frac{n(n+1)}{2}}{n^2-n-2}=\lim_{n\to\infty}\frac{n^2+n}{2n^2-2n-4}=\frac{1}{2}.$$

习题 1.5

1. 计算下列极限:

(1) $\lim\limits_{x\to1}(3x^2-2x+5)$; (2) $\lim\limits_{x\to-2}\dfrac{x+1}{x^2+1}$; (3) $\lim\limits_{x\to2}\dfrac{x^2-x-2}{x^2-2}$;

(4) $\lim\limits_{x\to-3}\dfrac{x+3}{x^2-9}$; (5) $\lim\limits_{x\to2}\dfrac{x^2-2x}{x^2-3x+2}$; (6) $\lim\limits_{x\to4}\dfrac{\sqrt{x}-2}{x-4}$;

(7) $\lim\limits_{x\to0}\dfrac{x^3-2x^2+3x}{4x^2+3x}$; (8) $\lim\limits_{x\to0}\dfrac{x^2}{1-\sqrt{x^2+1}}$;

(9) $\lim\limits_{h\to0}\dfrac{(x+h)^3-x^3}{h}$; (10) $\lim\limits_{x\to4}\dfrac{\sqrt{2x+1}-3}{\sqrt{x-2}-\sqrt{2}}$.

2. 计算下列极限:

(1) $\lim\limits_{x\to\infty}\dfrac{x+1}{x-1}$; (2) $\lim\limits_{x\to\infty}\dfrac{x^3+2x}{2x^3-3x^2+5}$; (3) $\lim\limits_{x\to\infty}\dfrac{x^2+1}{3x^3-2x-1}$;

(4) $\lim\limits_{x\to\infty}\dfrac{3x^4+2x^3-x}{x^3-x}$; (5) $\lim\limits_{x\to\infty}\dfrac{(1+x)^5-(1+5x)}{x^2+x^5}$;

(6) $\lim\limits_{n\to\infty}\dfrac{2^{n+1}+3^{n+1}}{2^n+3^n}$; (7) $\lim\limits_{n\to\infty}\left[\dfrac{1}{1\times2}+\dfrac{1}{2\times3}+\cdots+\dfrac{1}{n(n+1)}\right]$;

(8) $\lim\limits_{x\to+\infty}\dfrac{\sqrt[4]{1+x^3}}{x+1}$; (9) $\lim\limits_{x\to\infty}\dfrac{(2x+1)^{20}(2x-3)^{30}}{(2x-1)^{50}}$.

3. 计算下列极限:

(1) $\lim\limits_{x\to2}\dfrac{x^3+2x^2}{(x-2)^2}$; (2) $\lim\limits_{x\to-2}\left(\dfrac{1}{x+2}-\dfrac{12}{x^3+8}\right)$;

(3) $\lim\limits_{x\to0^+}\dfrac{e^{\frac{1}{x}}-e^{-\frac{1}{x}}}{e^{\frac{1}{x}}+e^{-\frac{1}{x}}}$; (4) $\lim\limits_{n\to\infty}\dfrac{2^n+1}{4^n-1}$.

1.6　两个重要极限

1.6.1　第一个重要的极限：$\lim\limits_{x\to 0}\dfrac{\sin x}{x}=1$

证明　因为$\dfrac{\sin(-x)}{-x}=\dfrac{-\sin x}{-x}=\dfrac{\sin x}{x}$，即当 x 改变符号时，$\dfrac{\sin x}{x}$的值不变，因此只需讨论 x 由正值无限趋近于 0 的情形即可.

作单位圆，见图 1-11. 设圆心角 $\angle AOB=x$ $\left(0<x<\dfrac{\pi}{2}\right)$，则

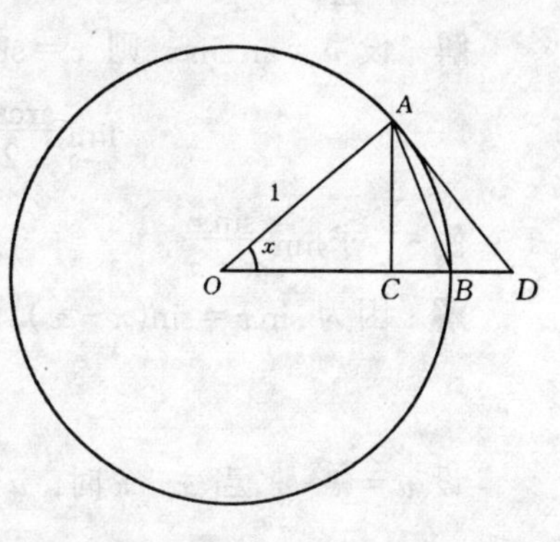

图 1-11

$\triangle AOB$ 的面积＜扇形 AOB 的面积＜$\triangle AOD$ 的面积.

因为　$\triangle AOB$ 的面积$=\dfrac{1}{2}OB\cdot AC=\dfrac{1}{2}\cdot 1\cdot\sin x=\dfrac{\sin x}{2}$，

扇形 AOB 的面积$=\dfrac{1}{2}\cdot 1^2\cdot x=\dfrac{x}{2}$，

$\triangle AOD$ 的面积$=\dfrac{1}{2}AO\cdot AD=\dfrac{1}{2}\cdot 1\cdot\tan x=\dfrac{\tan x}{2}$，

所以
$$\frac{\sin x}{2}<\frac{x}{2}<\frac{\tan x}{2},$$
即
$$\sin x<x<\tan x.$$
同除以 $\sin x$ 得
$$1<\frac{x}{\sin x}<\frac{1}{\cos x},$$
即
$$\cos x<\frac{\sin x}{x}<1.$$
由于$\lim\limits_{x\to 0}\cos x=\lim\limits_{x\to 0}1=1$，所以根据夹逼性质得
$$\lim_{x\to 0}\frac{\sin x}{x}=1.$$

例 1　求$\lim\limits_{x\to 0}\dfrac{\sin 3x}{x}$.

解
$$\lim_{x\to 0}\frac{\sin 3x}{x}=\lim_{x\to 0}\frac{\sin 3x}{3x}\times 3=3\lim_{x\to 0}\frac{\sin 3x}{3x}.$$
设 $t=3x$，当 $x\to 0$ 时，$t\to 0$，所以
$$\lim_{x\to 0}\frac{\sin 3x}{x}=3\lim_{t\to 0}\frac{\sin t}{t}=3\times 1=3.$$

例 2　求$\lim\limits_{x\to 0}\dfrac{\tan x}{x}$.

解
$$\lim_{x\to 0}\frac{\tan x}{x}=\lim_{x\to 0}\left(\frac{\sin x}{x}\times\frac{1}{\cos x}\right)=\lim_{x\to 0}\frac{\sin}{x}\cdot\lim_{x\to 0}\frac{1}{\cos x}=1.$$

注　$\lim\limits_{x\to 0}\dfrac{\tan x}{x}=1$ 可当作公式用.

例 3　求$\lim\limits_{x\to 0}\dfrac{1-\cos x}{x^2}$.

解 $\lim\limits_{x\to 0}\dfrac{1-\cos x}{x^2}=\lim\limits_{x\to 0}\dfrac{1}{2}\times\dfrac{\sin^2\dfrac{x}{2}}{\left(\dfrac{x}{2}\right)^2}$

$$=\frac{1}{2}\left(\lim_{x\to 0}\frac{\sin\dfrac{x}{2}}{\dfrac{x}{2}}\right)^2=\frac{1}{2}\times 1^2=\frac{1}{2}.$$

例 4 $\lim\limits_{x\to 0}\dfrac{\arcsin x}{2x}$.

解 设 $u=\arcsin x$，则 $x=\sin u$，当 $x\to 0$ 时，$u\to 0$，所以

$$\lim_{x\to 0}\frac{\arcsin x}{2x}=\lim_{u\to 0}\frac{u}{2\sin u}=\frac{1}{2}\lim_{u\to 0}\frac{u}{\sin u}=\frac{1}{2}.$$

例 5 求$\lim\limits_{x\to\pi}\dfrac{\sin x}{\pi-x}$.

解 因为 $\sin x=\sin(\pi-x)$，所以

$$\lim_{x\to\pi}\frac{\sin x}{\pi-x}=\lim_{x\to\pi}\frac{\sin(\pi-x)}{\pi-x}.$$

设 $u=\pi-x$，当 $x\to\pi$ 时，$u\to 0$，则

$$\lim_{x\to\pi}\frac{\sin x}{\pi-x}=\lim_{u\to 0}\frac{\sin u}{u}=1.$$

利用第一个重要极限求极限时，要掌握如下的普遍规律及工具性知识：

(1) $\lim\limits_{\alpha(x)\to 0}\dfrac{\sin\alpha(x)}{\alpha(x)}=1$；

(2) 分式的性质及三角恒等式.

1.6.2 第二个重要的极限：$\lim\limits_{x\to\infty}\left(1+\dfrac{1}{x}\right)^x=\mathrm{e}$ (或$\lim\limits_{x\to 0}(1+x)^{\frac{1}{x}}=\mathrm{e}$)

自然对数的底 e 无论在数学理论或实际问题应用中都有着重要的作用. 对于这个重要极限不予理论的证明，只是列出$\left(1+\dfrac{1}{x}\right)^x$ 的数值表，见表 1-1，用以观察其变化趋势.

表 1-1

x	1	2	3	4	5	10	100	1 000	10 000	…
$\left(1+\dfrac{1}{x}\right)^x$	2	2.250	2.370	2.441	2.488	2.594	2.705	2.717	2.718	…

从表 1-1 可以看出，当 $x\to\infty$，函数$\left(1+\dfrac{1}{x}\right)^x$ 变化的大致趋势. 足以证明当 $x\to\infty$时，$\left(1+\dfrac{1}{x}\right)^x$ 的极限确实存在，并且是一个无理数，其值为 $\mathrm{e}=2.718\,281\,828\,459\,045\cdots$.

例 6 求$\lim\limits_{x\to\infty}\left(1+\dfrac{3}{x}\right)^x$.

解 设 $u=\dfrac{x}{3}$，则 $x=3u$，当 $x\to\infty$时，$u\to\infty$，所以

$$\lim_{x\to\infty}\left(1+\frac{3}{x}\right)^x=\lim_{u\to\infty}\left(1+\frac{1}{u}\right)^{3u}=\lim_{u\to\infty}\left[\left(1+\frac{1}{u}\right)^u\right]^3=\mathrm{e}^3.$$

例 7　求$\lim\limits_{x\to 0}(1-x)^{\frac{2}{x}}$.

解　$\lim\limits_{x\to 0}(1-x)^{\frac{2}{x}}=\lim\limits_{x\to 0}[1+(-x)]^{\frac{1}{-x}\times(-2)}=\lim\limits_{x\to 0}\{[1+(-x)]^{\frac{1}{-x}}\}^{-2}=\mathrm{e}^{-2}$.

例 8　求$\lim\limits_{x\to\infty}\left(\dfrac{2x-1}{2x+1}\right)^{x+\frac{3}{2}}$.

解　$\lim\limits_{x\to\infty}\left(\dfrac{2x-1}{2x+1}\right)^{x+\frac{3}{2}}=\lim\limits_{x\to\infty}\left(\dfrac{2x+1-2}{2x+1}\right)^{x+\frac{3}{2}}=\lim\limits_{x\to\infty}\left(1-\dfrac{2}{2x+1}\right)^{x+\frac{3}{2}}$.

设 $u=-\dfrac{2}{2x+1}$,则 $x=-\dfrac{1}{2}-\dfrac{1}{u}$,当 $x\to\infty$时，$u\to 0$，所以

$$\lim_{x\to\infty}\left(\frac{2x-1}{2x+1}\right)^{x+\frac{3}{2}}=\lim_{u\to 0}(1+u)^{1-\frac{1}{u}}=\lim_{u\to 0}\frac{1+u}{(1+u)^{\frac{1}{u}}}$$

$$=\frac{\lim\limits_{u\to 0}(1+u)}{\lim\limits_{u\to 0}(1+u)^{\frac{1}{u}}}=\frac{1}{\mathrm{e}}.$$

利用第二个重要极限求极限时，要掌握如下的普遍规律及工具性知识:

(1) $\lim\limits_{\alpha(x)\to\infty}\left(1+\dfrac{1}{\alpha(x)}\right)^{\alpha(x)}=\mathrm{e}$　或　$\lim\limits_{\alpha(x)\to 0}(1+\alpha(x))^{\frac{1}{\alpha(x)}}=\mathrm{e}$;

(2) 幂函数的性质.

习题 1.6

1. 计算下列极限:

(1) $\lim\limits_{x\to 0}\dfrac{\sin\frac{x}{2}}{x}$;　(2) $\lim\limits_{x\to 0}\dfrac{x}{\tan 3x}$;　(3) $\lim\limits_{x\to 0}\dfrac{\sin 5x}{\sin 3x}$;

(4) $\lim\limits_{x\to 0}x\cot 2x$;　(5) $\lim\limits_{x\to 0}\dfrac{1-\cos 2x}{x\sin x}$;　(6) $\lim\limits_{x\to 0}\dfrac{5x}{3\arcsin x}$;

(7) $\lim\limits_{x\to 0}\dfrac{x(x+4)}{\sin x}$;　(8) $\lim\limits_{x\to 0}\dfrac{\sin 2x\tan x}{x^2}$;　(9) $\lim\limits_{x\to 0}\dfrac{\tan x-\sin x}{x}$;

(10) $\lim\limits_{x\to 0}\dfrac{x-\sin x}{x+\sin x}$;　(11) $\lim\limits_{x\to a}\dfrac{\sin x-\sin a}{x-a}$;

(12) $\lim\limits_{h\to 0}\dfrac{\cos(x+h)-\cos x}{h}$;　(13) $\lim\limits_{x\to 0}\dfrac{\tan x-\sin x}{x^3}$.

2. 计算下列极限:

(1) $\lim\limits_{x\to\infty}\left(1+\dfrac{2}{x}\right)^{2x}$;　(2) $\lim\limits_{x\to 0}(1+2x)^{\frac{1}{x}}$;

(3) $\lim\limits_{x\to\infty}\left(\dfrac{1+x}{x}\right)^{kx}$;　(4) $\lim\limits_{x\to 0}\left(\dfrac{2-x}{2}\right)^{\frac{2}{x}}$;

(5) $\lim\limits_{x\to\infty}\left(1-\dfrac{2}{x}\right)^{\frac{x}{2}-1}$;　(6) $\lim\limits_{x\to 0}\left(1+\dfrac{x}{2}\right)^{2-\frac{1}{x}}$;

(7) $\lim\limits_{x\to\infty}\left(\dfrac{x-1}{x+1}\right)^{x}$;　(8) $\lim\limits_{x\to\infty}\left(\dfrac{2x+3}{2x+1}\right)^{x+\frac{1}{2}}$;

(9) $\lim\limits_{x\to\infty}\left(\dfrac{x^2}{x^2-1}\right)^x$.

1.7 函数的连续性与间断性

1.7.1 函数连续性的概念

在现实世界中，有许多变量的变化是连续不断的，如气温、物体运动的路程、金属丝受热时的长度等，它们都是随着时间在连续变化的. 这些现象反映在数学上就是函数的连续性. 连续性是函数的重要性质，也是微积分的又一重要概念. 本节将利用极限来定义函数的连续性，而要弄清楚连续性的概念，必须先掌握函数改变量的概念.

(1) 函数的改变量

定义 1 在函数 $y=f(x)$中，当 x 由初值x_0改变到终值 x_1 时，终值与初值的差 x_1-x_0 称为自变量的改变量，记作 Δx，即 $\Delta x=x_1-x_0$ 或 $x_1=x_0+\Delta x$.

相应地，函数值也从 $f(x_0)$变到 $f(x_0+\Delta x)$，把差 $f(x_0+\Delta x)-f(x_0)$称为函数的改变量，记作 Δy，即 $\Delta y=f(x_0+\Delta x)-f(x_0)$.

必须要注意的是，改变量可以是正的，也可以是负的，也可以为零.

例 1 设 $y=2x^2+1$，求适合下列条件的自变量的改变量 Δx 及函数的改变量 Δy:

(1) 当 x 由 1 变到 2；(2) 当 x 由 3 变到 2；(3) 当 x 由 1 变到 $1+\Delta x$.

解 (1) $\Delta x=2-1=1$，$\Delta y=f(2)-f(1)=9-3=6$；

(2) $\Delta x=2-3=-1$，$\Delta y=f(2)-f(3)=9-19=-10$；

(3) $\Delta x=(1+\Delta x)-1=\Delta x$,

$\Delta y=f(1+\Delta x)-f(1)=[2(1+\Delta x)^2+1]-3=2(\Delta x)^2+4\cdot\Delta x$.

(2) 函数的连续性

(a) 函数在 $x=x_0$ 处的连续性

从图 1-12 中可以看出，函数 $y=f(x)$的图像是一条连续不断的曲线；而图 1-13 中的函数 $y=g(x)$，其图像在 $x=x_0$ 处是断开的. 显然，函数 $y=f(x)$在 $x=x_0$ 处是连续的，而函数 $y=g(x)$在 $x=x_0$ 处是断开的. 从函数改变量的角度来看，函数 $y=g(x)$在 $x=x_0$ 处是间断的，是由于当 x 经过x_0时，函数值发生跳跃性的变化. 即当 x 由x_0 有一个改变量 Δx 时，函数值也有相应的改变量 Δy，且当 $\Delta x\to 0$ 时，曲线上的点 N 沿着曲线趋近于点M_0，并不是趋近于点 M，显然有 Δy 不趋近于零. 但对于函数 $y=f(x)$来说就没有这种现象，即当 $\Delta x\to 0$ 时，曲线上的点 N 沿着曲线趋近于点M，即 $\Delta y\to 0$. 由此可见，函数 $y=f(x)$在 $x=x_0$ 处连续的特征是：当 $\Delta x\to 0$ 时，$\Delta y\to 0$，即 $\lim\limits_{\Delta x\to 0}\Delta y=0$. 而当 $\lim\limits_{\Delta x\to 0}\Delta y\neq 0$ 时，则函数 $y=g(x)$在 $x=x_0$ 处一定是间断的.

定义 2 设函数 $y=f(x)$在点 x_0 及其左右近旁有定义，若当自变量 x 在x_0 处的改变量 Δx 趋近于零时，函数 $y=f(x)$相应的改变量 $\Delta y=f(x_0+\Delta x)-f(x_0)$也趋近于零，即

$$\lim_{\Delta x\to 0}\Delta y=\lim_{\Delta x\to 0}[f(x_0+\Delta x)-f(x_0)]=0,$$

那么，就称函数 $y=f(x)$在点 x_0 处连续，x_0 称为函数的连续点.

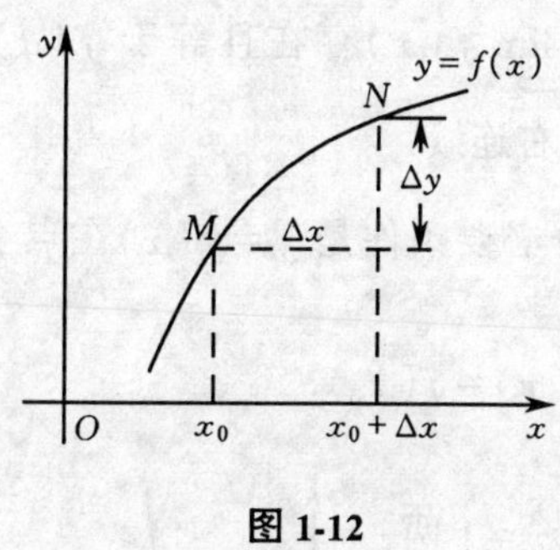

图 1-12

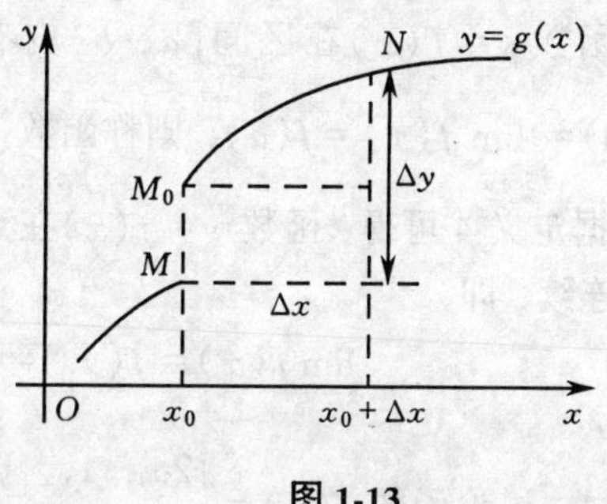

图 1-13

定义 2 说明了连续的本质：当自变量变化微小时，函数值相应的变化也很微小.

例 2　证明函数 $y=3x^2-2$ 在点 $x=1$ 处是连续的.

解　因为 $y=3x^2-2$ 的定义域是$(-\infty,+\infty)$，所以 $y=3x^2-2$ 在 $x=1$ 及其左右近旁有定义.

设自变量 x 在点 $x=1$ 处有改变量 Δx，函数的相应改变量为

$$\Delta y=3(1+\Delta x)^2-2-(3-2)=3(\Delta x)^2+6\cdot\Delta x,$$

因为

$$\lim_{\Delta x\to 0}\Delta y=\lim_{\Delta x\to 0}[3(\Delta x)^2+6\cdot\Delta x]=0,$$

所以根据定义 2 可得，函数 $y=3x^2-2$ 在点 $x=1$ 处是连续的.

在定义 2 中，若用 x 来表示 $x_0+\Delta x$，则 $\Delta y=f(x)-f(x_0)$. 当 $\Delta x\to 0$ 时，有 $x\to x_0$；当 $\Delta y\to 0$ 时，有 $f(x)\to f(x_0)$. 所以，函数 $y=f(x)$在点 x_0 处连续的定义还有另一种描述方式.

定义 3　设函数 $y=f(x)$在点 x_0 及其左右近旁有定义，若函数 $f(x)$当 $x\to x_0$ 时的极限存在，且等于它在点 x_0 处的函数值，即 $\lim\limits_{x\to x_0}f(x)=f(x_0)$，则称函数 $y=f(x)$在点 x_0 处连续.

根据定义 3，函数 $y=f(x)$在点 x_0 处连续要满足如下三个条件：

① 函数 $f(x)$在 x_0 及其左右近旁有定义；

② $\lim\limits_{x\to x_0}f(x)$存在；

③ $\lim\limits_{x\to x_0}f(x)=f(x_0)$.

例 3　利用定义 3 证明函数 $y=3x^2-2$ 在点 $x=1$ 处连续.

解　① $y=3x^2-2$ 的定义域是$(-\infty,+\infty)$，所以函数在点 $x=1$ 及其左右近旁有定义，且 $f(1)=1$；

② $\lim\limits_{x\to 1}f(x)=\lim\limits_{x\to 1}(3x^2-2)=1$；

③ $\lim\limits_{x\to 1}f(x)=1=f(1)$.

根据定义 3 可知，函数 $y=3x^2-2$ 在点 $x=1$ 处连续.

(b) 函数在区间的连续性

定义 4　设函数 $y=f(x)$在区间$(a,b]$内有定义，若左极限 $\lim\limits_{x\to b^-}f(x)$存在且等于 $f(b)$，即 $f(b-0)=\lim\limits_{x\to b^-}f(x)=f(b)$，则称函数 $f(x)$在点 $x=b$ 处左连续；

设函数 $y=f(x)$ 在区间 $[a, b)$ 内有定义，若右极限 $\lim\limits_{x\to a^+}f(x)$ 存在且等于 $f(a)$，即 $f(a+0)=\lim\limits_{x\to a^+}f(x)=f(a)$，则称函数 $f(x)$ 在点 $x=a$ 处右连续.

根据定义 4 可得：函数 $y=f(x)$ 在点 x_0 处连续的充分必要条件是 $y=f(x)$ 在点 x_0 处左、右连续. 即

$$\lim_{x\to x_0}f(x)=f(x_0)\Leftrightarrow \lim_{x\to x_0^+}f(x)=\lim_{x\to x_0^-}f(x)=f(x_0).$$

例 4 讨论函数 $f(x)=\begin{cases}2x-1, & 0\leqslant x\leqslant 1,\\ 2x^2, & x>1\end{cases}$ 在 $x=0$, $x=1$ 两点处的连续性，并画出其图像.

解 分段函数 $f(x)$ 在区间 $[0, +\infty)$ 内有定义，函数的图像如图 1-14 所示.

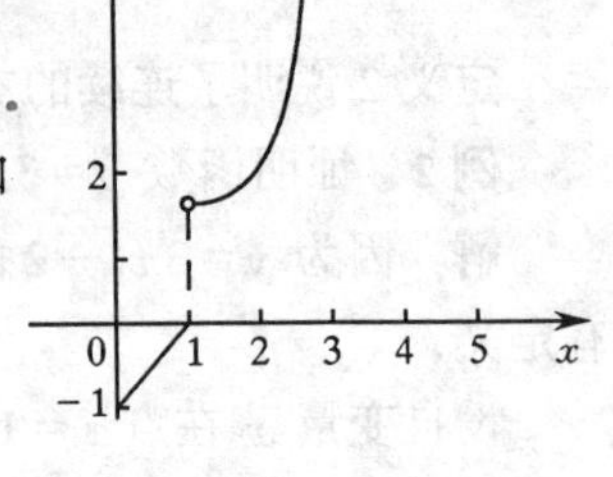

图 1-14

因为

$$\lim_{x\to 0^+}f(x)=\lim_{x\to 0^+}(2x-1)=-1,$$

而 $f(0)=-1$，所以函数 $f(x)$ 在点 $x=0$ 处是右连续.

又因为

$$\lim_{x\to 1^-}f(x)=\lim_{x\to 1^-}(2x-1)=1,\ \lim_{x\to 1^+}f(x)=\lim_{x\to 1^+}2x^2=2,$$

左极限不等于右极限，所以 $\lim\limits_{x\to 1}f(x)$ 不存在，即函数 $f(x)$ 在点 $x=1$ 处不连续. 但由于

$$\lim_{x\to 1^-}f(x)=\lim_{x\to 1^-}(2x-1)=1=f(1),$$

所以函数 $f(x)$ 在点 $x=1$ 处是左连续.

定义 5 设函数 $y=f(x)$ 在开区间 (a, b) 内有定义，其中 a 可以是 $-\infty$，b 可以是 $+\infty$，若 $f(x)$ 在 (a, b) 内每一点处都连续，则称函数 $y=f(x)$ 为该区间内的连续函数，区间 (a, b) 称为函数的连续区间.

定义 6 若函数 $y=f(x)$ 在区间 $[a, b]$ 上有定义，若 $y=f(x)$ 在开区间 (a, b) 内连续，并在左端点 a 处右连续，在右端点 b 处左连续，则称函数 $y=f(x)$ 在闭区间 $[a, b]$ 上连续.

显然，在某一区间内，连续函数的图像是一条连续不断的曲线，这是连续函数的几何特性.

1.7.2 函数的间断点

(1) 间断点的定义

根据定义 3 可知，函数要在某点连续必须同时满足三个条件. 若三个条件至少有一个不满足，那么就会出现间断的现象.

定义 7 若函数 $y=f(x)$ 有下列情形之一：

(1) 在 $x=x_0$ 处的近旁有定义，但在 $x=x_0$ 处无定义；

(2) 虽在 $x=x_0$ 处有定义，但 $\lim\limits_{x\to x_0}f(x)$ 不存在；

(3) 虽在 x_0 处有定义，且 $\lim\limits_{x\to x_0}f(x)$ 存在，但 $\lim\limits_{x\to x_0}f(x)\neq f(x_0)$.

则函数在点 $x=x_0$ 处不连续，x_0 称为函数的不连续点或间断点.

例如函数 $f(x)=\dfrac{x^2-1}{x-1}$，由于在 $x=1$ 处无定义，所以 $x=1$ 是其间断点；又如函数 $f(x)=\begin{cases}1-x, & x\geqslant 1,\\ x+1, & x<1,\end{cases}$ 虽在点 $x=1$ 处有定义，但因为 $\lim\limits_{x\to 1}f(x)$ 不存在，所以 $x=1$ 是其间断点；又如函数 $f(x)=\begin{cases}3x-1, & x\neq 1,\\ 1, & x=1,\end{cases}$ 虽在点 $x=1$ 处有定义且 $\lim\limits_{x\to 1}f(x)=2$ 存在，但 $\lim\limits_{x\to 1}f(x)\neq f(1)$，因此 $x=1$ 也是它的间断点.

(2) 间断点的分类

定义 8　设 x_0 是函数 $y=f(x)$ 的一个间断点，若当 $x\to x_0$ 时，$f(x)$ 的左右极限都存在，则称 x_0 为函数 $f(x)$ 的第一类间断点；

若当 $x\to x_0$ 时，$f(x)$ 的左右极限至少有一个不存在，则称 x_0 为函数 $f(x)$ 的第二类间断点.

在第一类间断点当中，若 $\lim\limits_{x\to x_0^+}f(x)=\lim\limits_{x\to x_0^-}f(x)$，即 $\lim\limits_{x\to x_0}f(x)$ 存在，则称 x_0 为函数 $f(x)$ 的可去间断点；若 $\lim\limits_{x\to x_0^+}f(x)\neq\lim\limits_{x\to x_0^-}f(x)$，即 $\lim\limits_{x\to x_0}f(x)$ 不存在，则称 x_0 为函数 $f(x)$ 的跳跃间断点.

根据定义 8 可知，$x=1$ 是函数 $f(x)=\dfrac{x^2-1}{x-1}$ 及 $f(x)=\begin{cases}3x-1, & x\neq 1,\\ 1, & x=1\end{cases}$ 的可去间断点；$x=1$ 是函数 $f(x)=\begin{cases}1-x, & x\geqslant 1,\\ x+1, & x<1\end{cases}$ 的跳跃间断点.

例 5　求下列函数的间断点，并确定其类型：

(1) $f(x)=\begin{cases}\dfrac{\sin x}{x}, & x\neq 0,\\ 2, & x=0;\end{cases}$　　(2) $f(x)=\dfrac{|x-1|}{x-1}$；

(3) $f(x)=\dfrac{x^2-1}{x^2-3x+2}$.

解　(1) 函数 $f(x)=\begin{cases}\dfrac{\sin x}{x}, & x\neq 0,\\ 2, & x=0\end{cases}$ 在 $(-\infty,+\infty)$ 内有定义，且根据重要极限可知 $\lim\limits_{x\to 0}\dfrac{\sin x}{x}=1$，但 $f(0)=2$，即 $\lim\limits_{x\to 0}f(x)\neq f(0)$，所以 $x=0$ 是函数 $f(x)$ 的可去间断点；

(2) 可将原函数化为分段函数 $f(x)=\begin{cases}\dfrac{-(x-1)}{x-1}=-1, & x<1,\\ \dfrac{x-1}{x-1}=1, & x\geqslant 1,\end{cases}$ 此函数在 $x=1$ 的近旁有定义，但在 $x=1$ 无定义，且当 $x\to 1$ 时，

$$\lim_{x\to 1^+}f(x)=1,\ \lim_{x\to 1^-}f(x)=-1,$$

即 $\lim\limits_{x\to 1^+}f(x)\neq\lim\limits_{x\to 1^-}f(x)$，所以 $x=1$ 是函数 $f(x)$ 的跳跃间断点；

(3) 函数 $f(x)=\dfrac{x^2-1}{x^2-3x+2}$ 在 $x=1$，$x=2$ 两点处均无定义.

当 $x\to1$ 时,

$$\lim_{x\to1^+}f(x)=\lim_{x\to1^-}f(x)=-2,$$

即$\lim\limits_{x\to1}f(x)$存在, 所以 $x=1$ 是其可去间断点;

当 $x\to2$ 时,

$$\lim_{x\to2^+}f(x)=+\infty,\ \lim_{x\to2^-}f(x)=-\infty,$$

所以 $x=2$ 是其第二类间断点.

习题 1.7

1. 设函数 $f(x)=x^3-2x+5$, 求适合下列条件的自变量的改变量 Δx 和对应的函数的改变量 Δy:

(1) 当 x 由 1 变到 2;　　(2) 当 x 由 2 变到 0;

(3) 当 x 由 1 变到 $1+\Delta x$;　　(4) 当 x 由 x_0 变到 x.

2. 当自变量 x 有任意改变量 Δx 时, 求函数 $f(x)=\sin x$ 的改变量.

3. 讨论函数 $f(x)=3x+1$ 在点 $x=2$ 处的连续性.

4. 讨论函数 $f(x)=\begin{cases}x-1, & x\leqslant0,\\ 2x, & x>0\end{cases}$ 在点 $x=0$ 处是否连续? 并作出图形.

5. 讨论函数 $f(x)=\begin{cases}x^2-1, & 0\leqslant x\leqslant1,\\ x+3, & x>1\end{cases}$ 在 $x=0$, $x=\dfrac{1}{2}$, $x=1$, $x=2$ 各点的连续性, 并作出其图形.

6. 设函数 $f(x)=\begin{cases}\dfrac{\sin2x}{x}, & x\neq0,\\ k, & x=0,\end{cases}$ 试问 k 为何值时, 函数 $f(x)$在其定义域内连续?

7. 讨论函数 $f(x)=\dfrac{x^3+3x^2-x-3}{x^2+x-6}$的连续区间, 并求$\lim\limits_{x\to0}f(x)$, $\lim\limits_{x\to2}f(x)$, $\lim\limits_{x\to-3}f(x)$.

8. 指出下列函数的间断点, 并指明其类型:

(1) $f(x)=\dfrac{1}{(x+2)^2}$;　　(2) $f(x)=\dfrac{1-\cos x}{x^2}$;

(3) $f(x)=\begin{cases}\dfrac{1-x^2}{1-x}, & x\neq1,\\ 0, & x=1;\end{cases}$　　(4) $f(x)=\begin{cases}x\sin\dfrac{1}{x}, & x>0,\\ 1, & x\leqslant0;\end{cases}$

(5) $f(x)=\begin{cases}3+x^2, & x<0,\\ \dfrac{\sin2x}{x}, & x>0.\end{cases}$

1.8　初等函数的连续性

1.8.1　初等函数的连续性

(1) 基本初等函数的连续性

基本初等函数在其定义域内都是连续的. 例如, 指数函数 $y=a^x(a>0$ 且 $a\neq1)$)在定义域$(-\infty, +\infty)$内是连续的; 对数函数 $y=\log_a x(a>0$ 且 $a\neq1)$在定义域$(0, +\infty)$内是连续的; 正弦函数 $y=\sin x$ 和余弦函数 $y=\cos x$ 在定义域$(-\infty, +\infty)$内是连续的, 等等.

(2) 连续函数的和、差、积、商的连续性

定理 1　若函数 $f(x)$, $g(x)$在点 x_0 处都连续, 则它们的和、差、积、商(分母不为零), 也都在点 x_0 处连续, 即

$$\lim_{x\to x_0}[f(x)\pm g(x)]=f(x_0)\pm g(x_0),$$

$$\lim_{x\to x_0}[f(x)g(x)]=f(x_0)g(x_0),$$

$$\lim_{x\to x_0}\frac{f(x)}{g(x)}=\frac{f(x_0)}{g(x_0)}\quad[g(x_0)\neq0].$$

例如, 函数 $y=\sin x$, $y=\cos x$ 在$(-\infty, +\infty)$内连续, 因此 $y=\tan x$, $y=\cot x$, $y=\sec x$, $y=\csc x$ 在有定义的点处都连续.

定理 1 可推广到有限个连续函数的运算.

(3) 反函数的连续性

定理 2　严格单调的连续函数必有严格单调的连续反函数, 并且单调性不变.

例如, $y=\sin x$ 在$\left[-\frac{\pi}{2}, \frac{\pi}{2}\right]$上, $y=\cos x$ 在$[0, \pi]$上, $y=\tan x$ 在$\left(-\frac{\pi}{2}, \frac{\pi}{2}\right)$内, $y=\cot x$ 在$(0, \pi)$内, $y=a^x$ 在$(-\infty, +\infty)$内都是严格单调的连续函数, 因此它们的反函数 $y=\arcsin x$, $y=\arccos x$, $y=\arctan x$, $y=\text{arccot}\, x$ 及 $y=\log_a x$ 在定义区间也是严格单调的连续函数.

(4) 复合函数的连续性

定理 3　设函数 $y=f(u)$在 u_0 处连续, 函数 $u=\varphi(x)$在 x_0 处连续, 且 $u_0=\varphi(x_0)$, 则复合函数 $y=f[\varphi(x)]$在 x_0 处也连续. 也就是说, 连续函数的复合函数仍是连续函数.

根据定理 3 可得, 在求复合函数的极限时, 若内外层函数都是连续函数, 则极限号与函数符号可以层层交换, 即

$$\lim_{x\to x_0}f[\varphi(x)]=f[\lim_{x\to x_0}\varphi(x)]=f[\varphi(\lim_{x\to x_0}x)]=f[\varphi(x_0)],$$

或

$$\lim_{x\to x_0}f[\varphi(x)]=f[\lim_{x\to x_0}\varphi(x)]=f[\varphi(x_0)]=f(u_0)=\lim_{u\to u_0}f(u),$$

即

$$\lim_{x \to x_0} f[\varphi(x)] = \lim_{u \to u_0} f(u).$$

只要当 $x \to x_0$ 时，函数 $u=\varphi(x) \to u_0$，等式就可成立. 此式是利用变量代换求函数极限的根据所在.

例 1 求$\lim\limits_{n\to\infty}\sin\left(1+\frac{1}{n}\right)^n$.

解 因为$\lim\limits_{n\to\infty}\left(1+\frac{1}{n}\right)^n=\mathrm{e}$，而 $y=\sin x$ 在$u=\mathrm{e}$处连续，所以

$$\lim_{n\to\infty}\sin\left(1+\frac{1}{n}\right)^n=\sin\left[\lim_{n\to\infty}\left(1+\frac{1}{n}\right)^n\right]=\sin\mathrm{e}.$$

例 2 求 $\lim\limits_{x\to 0^-}\left(1+\mathrm{e}^{\frac{1}{x}}\right)^{\mathrm{e}^{-\frac{1}{x}}}$.

解 设 $t=\mathrm{e}^{\frac{1}{x}}$，那么 $\mathrm{e}^{-\frac{1}{x}}=\frac{1}{t}$，当 $x\to 0^-$时，$t\to 0$，则

$$\lim_{x\to 0^-}\left(1+\mathrm{e}^{\frac{1}{x}}\right)^{\mathrm{e}^{-\frac{1}{x}}}=\lim_{t\to 0}(1+t)^{\frac{1}{t}}=\mathrm{e}.$$

(5) 初等函数的连续性

由基本初等函数的连续性，连续函数的和、差、积、商的连续性以及复合函数的连续性可得：一切初等函数在其定义区间内都是连续的.

根据函数 $y=f(x)$在点 x_0 处连续的定义，若函数 $y=f(x)$是初等函数且 x_0 是定义区间内的点，那么求 $y=f(x)$当 $x\to x_0$ 时的极限，相当于求 $y=f(x)$在 x_0 处的函数值，即

$$\lim_{x\to x_0}f(x)=f(x_0).$$

例 3 求$\lim\limits_{x\to 0}\ln(x^2+1)$.

解 设 $f(x)=\ln(x^2+1)$，这是一个初等函数，其定义域为$(-\infty, +\infty)$，且 $x=0$ 在该区间内，所以

$$\lim_{x\to 0}\ln(x^2+1)=f(0)=0.$$

例 4 求$\lim\limits_{x\to 3}\sqrt{x+1}$.

解 设 $f(x)=\sqrt{x+1}$，这是一个初等函数，其定义域为$[-1, +\infty)$，且 $x=3$ 在该区间内，所以

$$\lim_{x\to 3}\sqrt{x+1}=f(3)=2.$$

例 5 求$\lim\limits_{x\to 0}\frac{\sqrt{1+x}-1}{x}$.

解

$$\begin{aligned}\lim_{x\to 0}\frac{\sqrt{1+x}-1}{x}&=\lim_{x\to 0}\frac{(\sqrt{1+x}-1)(\sqrt{1+x}+1)}{x(\sqrt{1+x}+1)}\\&=\lim_{x\to 0}\frac{x}{x(\sqrt{1+x}+1)}=\lim_{x\to 0}\frac{1}{\sqrt{1+x}+1}=\frac{1}{\sqrt{1+0}+1}=\frac{1}{2}.\end{aligned}$$

例 6 求 $\lim\limits_{x\to -1}\frac{\mathrm{e}^{-x}-1}{x}$.

解　设 $f(x)=\dfrac{e^{-x}-1}{x}$，这是一个初等函数，且 $x=-1$ 在其定义区间内，所以

$$\lim_{x\to -1}\frac{e^{-x}-1}{x}=f(-1)=1-e.$$

1.8.2　闭区间上连续函数的性质

(1) 最值性

定理 4　若函数 $y=f(x)$ 在闭区间 $[a,\ b]$ 上连续，则在这个闭区间上 $y=f(x)$ 一定有最大值与最小值.

如图 1-15 所示，设函数 $y=f(x)$ 在闭区间 $[a,\ b]$ 上连续，那么至少存在一点 $\xi_1(a\leqslant\xi_1\leqslant b)$，使得函数值 $f(\xi_1)$ 为最大，即 $f(\xi_1)\geqslant f(x)\ (a\leqslant x\leqslant b)$；同时也必至少存在一点 $\xi_2(a\leqslant\xi_2\leqslant b)$，使得函数值 $f(\xi_2)$ 为最小，即 $f(\xi_2)\leqslant f(x)\ (a\leqslant x\leqslant b)$. 而函数值 $f(\xi_1)$ 称为函数 $y=f(x)$ 在区间 $[a,\ b]$ 上的最大值，函数值 $f(\xi_2)$ 称为函数 $y=f(x)$ 在区间 $[a,\ b]$ 上的最小值.

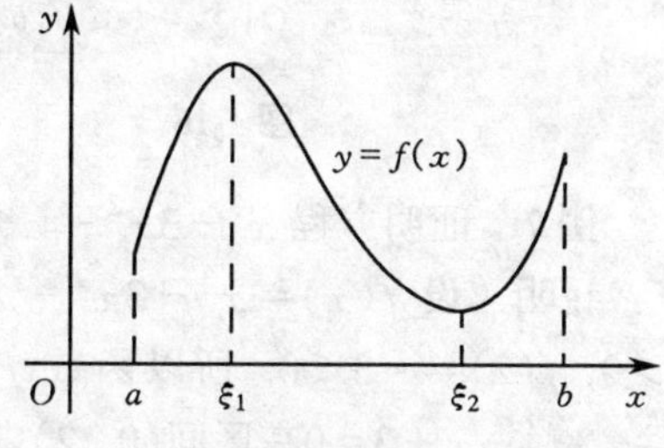

图 1-15

例如，函数 $y=\sin x$ 在闭区间 $[0,\ 2\pi]$ 上是连续的，在点 $\xi_1=\dfrac{\pi}{2}$ 处，其函数值为 $f(\xi_1)=\sin\dfrac{\pi}{2}=1$，对于这个闭区间上其他各点处的函数值均比 $f(\xi_1)$ 小；而在点 $\xi_2=\dfrac{3\pi}{2}$ 处，其函数值为 $f(\xi_2)=\sin\dfrac{3\pi}{2}=-1$，对于这个闭区间上其他各点处的函数值均比 $f(\xi_2)$ 大. 所以，$f(\xi_1)=\sin\dfrac{\pi}{2}=1$ 和 $f(\xi_2)=\sin\dfrac{3\pi}{2}=-1$ 分别是函数 $y=\sin x$ 在闭区间 $[0,\ 2\pi]$ 上的最大值与最小值.

对于定理 4 要注意两点：

① 一定是在闭区间上；

② 函数是连续的.

也就是说，若函数 $y=f(x)$ 在开区间 $(a,\ b)$ 上连续，或在闭区间 $[a,\ b]$ 上有间断点的话，那么函数 $y=f(x)$ 在此区间上不一定有最大值或最小值.

例如，函数 $f(x)=x$ 在开区间 $(0,\ 2)$ 上既无最大值也无最小值；又如函数 $f(x)=\begin{cases}2+x, & -2\leqslant x<0,\\ 0, & x=0,\\ x-1, & 0<x\leqslant 1\end{cases}$ 在闭区间 $[-2,\ 1]$ 上有间断点，所以 $f(x)$ 在区间 $[-2,\ 1]$ 上既无最大值也无最小值.

(2) 介值性

定理 5　若函数 $y=f(x)$ 在闭区间 $[a,\ b]$ 上连续，m 和 M 分别为 $y=f(x)$ 在 $[a,\ b]$ 上的最大值与最小值，则对介于 m 与 M 之间的任一实数 c，至少存在一点 $\xi\in(a,b)$，使得 $f(\xi)=c$.

推论　若函数 $y=f(x)$ 在闭区间 $[a,\ b]$ 上连续，且 $f(a)$ 与 $f(b)$ 异号，则至少存在一点 $\xi\in(a,b)$，使得 $f(\xi)=0$.

例如，在图 1-16 中，连续曲线 $y=f(x)$与直线 $y=c$ 相交于三点，其横坐标分别等于 ξ_1，ξ_2，ξ_3，所以有 $f(\xi_1)=f(\xi_2)=f(\xi_3)=c$；又如，在图 1-17 中，连续曲线 $y=f(x)$与 x 轴相交于点ξ处，所以有 $f(\xi)=0$.

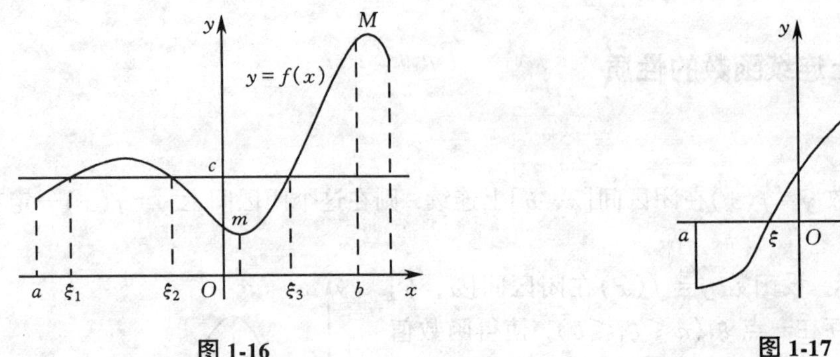

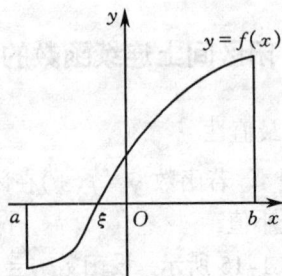

图 1-16　　图 1-17

例 7　证明方程 $x^3-3x^2-x+3=0$ 在区间(0, 2)内有一个实根.

证明　设 $f(x)=x^3-3x^2-x+3$，显然它在闭区间[0, 2]上是连续的，并且 $f(0)=3>0$，$f(2)=-3<0$，所以函数 $f(x)$在(0, 2)内至少存在一点 ξ，使得 $f(\xi)=0$. 即方程 $x^3-3x^2-x+3=0$在区间(0, 2)内至少有一个实根.

要注意的是，此性质仅限于闭区间上的连续函数，对于其他情况则不一定成立. 例如，函数$f(x)=\dfrac{x^2-1}{x-1}$在(0, 2)内有间断点 $x=1$，这时 $f(0)=1$，$f(2)=3$，在(0, 2)内找不到一点 ξ，使得 $f(\xi)=2$.

习题 1.8

1. 计算下列极限：

(1) $\lim\limits_{x\to5}\dfrac{2}{\sqrt{x-1}}$；　(2) $\lim\limits_{x\to1}\dfrac{2x-1}{x^2+1}$；　(3) $\lim\limits_{x\to e}(2x-x\ln x)$；

(4) $\lim\limits_{x\to\frac{\pi}{4}}\dfrac{\sin x-\cos x}{\cos 2x}$；　(5) $\lim\limits_{x\to0}\dfrac{\sin x}{x}$；　(6) $\lim\limits_{x\to1}\dfrac{\sqrt{x+2}-\sqrt{3}}{x-1}$；

(7) $\lim\limits_{x\to a}\dfrac{\sqrt{ax}-x}{a-x}$；　(8) $\lim\limits_{x\to+\infty}x[\ln(x+a)-\ln x]$；　(9) $\lim\limits_{x\to0}\dfrac{e^x-1}{x}$；

(10) $\lim\limits_{x\to0}\dfrac{\sqrt{1+x+x^2}-1}{\sin 2x}$；　(11) $\lim\limits_{x\to0}\dfrac{\sqrt{x+4}-2}{\sin 5x}$；　(12) $\lim\limits_{x\to0}(1+3\tan^2x)^{\cot^2x}$.

2. 证明方程 $x^3+x^2-7x-2=0$ 在(0, 3)内至少有一个实根.

第 2 章　导数及微分

在实际问题中，常常会碰到一个量相对于另一个量变化的大小、快慢问题，即变化率．例如，速度问题就是行走的路程对于时间的变化率；加速度是速度对于时间的变化率；线密度是质量对线段长度的变化率；功率是所做的功对于时间的变化率，等等．基于对这些问题的研究，产生了导数的概念．

本章着重讨论导数的概念及求导法．

2.1　导数的概念

2.1.1　引　例

下面先看两个例子．

(1) 变速直线运动物体的速度问题

设 s 表示一直线运动物体从某个时刻开始到时刻 t 所经过的路程，则 s 是时间 t 的函数：$s=s(t)$．

下面我们观察物体在时刻 t_0 的运动速度．

设时间从 t_0 改变到 $t_0+\Delta t$ 时，物体在$[t_0, t_0+\Delta t]$这一段时间内所经过的路程

$$\Delta s=f(t_0+\Delta t)-f(t_0),$$

从而这段时间物体的平均速度 $\bar{v}$

$$\bar{v}=\frac{\Delta s}{\Delta t}=\frac{f(t_0+\Delta t)-f(t_0)}{\Delta t}.$$

当 Δt 很小时，时间段$[t_0, t_0+\Delta t]$近似于时刻 t_0，从而在 Δt 很小时，可以用平均速度 $\bar{v}$ 近似地表示物体在时刻 t_0 的即时速度，Δt 越小近似程度就越好．当 $\Delta t\to 0$ 时，如果极限

$$\lim_{\Delta t\to 0}\frac{\Delta s}{\Delta t}=\lim_{\Delta t\to 0}\frac{f(t_0+\Delta t)-f(t_0)}{\Delta t}$$

存在，则此极限值就称为物体在时刻 t_0 的即时速度 $v(t_0)$，即变速直线运动物体在时刻 t_0 的速度

$$v(t_0)=\lim_{\Delta t\to 0}\frac{\Delta s}{\Delta t}=\lim_{\Delta t\to 0}\frac{f(t_0+\Delta t)-f(t_0)}{\Delta t}.$$

这是一个求函数值的改变量与自变量改变量的比的极限问题．

(2) 切线问题

设曲线 $y=f(x)$的图形如图 2-1 所示，点 $P_0(x_0, f(x_0))$为曲线上的一个点，我们考虑在该点上的切线方程，显然只要求得在该点的斜率即可．

为此在曲线上另取一点 $P(x_0+\Delta x, f(x_0+\Delta x))$，考虑点 P_0 与 P 点形成的连线 l'，显

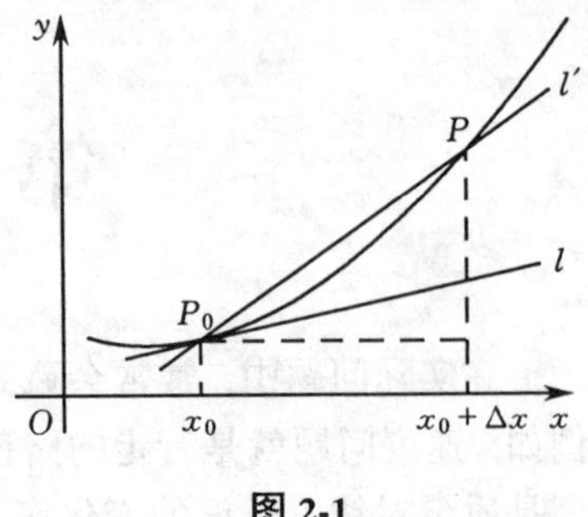

图 2-1

然它是经过点$(x_0, f(x_0))$的一条割线，其斜率为

$$k_{l'}=\frac{\Delta y}{\Delta x}=\frac{f(x_0+\Delta x)-f(x_0)}{\Delta x}.$$

当$\Delta x\to 0$时，点P沿曲线趋近于P_0，割线趋近于过点$P_0(x_0, f(x_0))$的切线l，相应割线l'斜率的极限就是切线l的斜率k，即

$$k=\lim_{\Delta x\to 0}\frac{\Delta y}{\Delta x}=\lim_{\Delta x\to 0}\frac{f(x_0+\Delta x)-f(x_0)}{\Delta x}.$$

这也是一个求函数值的改变量与自变量改变量的比的极限问题.

实际中类似上述例子的情况很多，这些例子虽然具体含义不相同，但从抽象的数量关系来看，它们的实质都是一样的，都归结为计算函数值的改变量与自变量改变量的比，在自变量的改变量趋于0时的极限. 这种极限，就是本书的一个重要概念——导数.

2.1.2 导数的定义

设$f(x)$在x_0的某邻域有定义，且当自变量从x_0变到x，相应地，函数值由$f(x_0)$变到$f(x)$，记$\Delta x=x-x_0$，$\Delta y=f(x)-f(x_0)$，分别称为自变量的改变量和函数值的改变量. 则

①比值$\frac{\Delta y}{\Delta x}=\frac{f(x)-f(x_0)}{x-x_0}$是一个平均值. 它反映的是在区间$[x_0, x_0+\Delta x]$内，当自变量每增加一个单位时，相应函数值的平均改变量. 这个比值，称为$f(x)$在$[x_0, x_0+\Delta x]$上的平均变化率.

② 极限$\lim\limits_{x\to x_0}\frac{f(x)-f(x_0)}{x-x_0}$反映的则是在点$x_0$上，当自变量作一微小增加(一个单位)时，相应函数值的(即时)改变量. 这个极限值，称为$f(x)$在x_0上的(即时)变化率，也称为$f(x)$在x_0的导数.

(1) 函数在某点x_0处的导数定义

$f(x)$在x_0上的(即时)变化率，称为$f(x)$在x_0的导数.

定义 1 若$f(x)$在x_0的某邻域有定义，且极限$\lim\limits_{x\to x_0}\frac{f(x)-f(x_0)}{x-x_0}$存在，则称$f(x)$在$x_0$可导，该极限值称为$f(x)$在$x_0$的导数. 记为

$$f'(x_0),\ y'\big|_{x=x_0},\ \frac{\mathrm{d}y}{\mathrm{d}x}\bigg|_{x=x_0},\ \frac{\mathrm{d}f}{\mathrm{d}x}\bigg|_{x=x_0}.$$

显然

$$f'(x_0)=\lim_{x\to x_0}\frac{f(x)-f(x_0)}{x-x_0}=\lim_{\Delta x\to 0}\frac{f(x_0+\Delta x)-f(x_0)}{\Delta x}.$$

导数的计算，通常采用后者进行计算.

例 1 设$f(x)=x^2$，求$f'(2)$.

解　由导数计算公式，得

$$f'(2)=\lim_{\Delta x\to 0}\frac{f(2+\Delta x)-f(2)}{\Delta x}=\lim_{\Delta x\to 0}\frac{(2+\Delta x)^2-2^2}{\Delta x}=4.$$

例 2　设 $f(x)=\ln x$，求 $f'(1)$.

解　由导数计算公式，得

$$f'(1)=\lim_{\Delta x\to 0}\frac{f(1+\Delta x)-f(1)}{\Delta x}=\lim_{\Delta x\to 0}\frac{\ln(1+\Delta x)-\ln 1}{\Delta x}=\lim_{\Delta x\to 0}\ln(1+\Delta x)^{\frac{1}{\Delta x}}=1.$$

(2) 单侧导数

我们把导数定义中的两个方向分开，就得到单侧导数的概念.

定义 2　称 $\lim\limits_{\Delta x\to 0^-}\dfrac{f(x+\Delta x)-f(x)}{\Delta x}$ 为 $f(x)$ 在 x 处的左导数，记为 $f'_-(x)$. 即

$$f'_-(x)=\lim_{\Delta x\to 0^-}\frac{f(x+\Delta x)-f(x)}{\Delta x}.$$

称 $\lim\limits_{\Delta x\to 0^+}\dfrac{f(x+\Delta x)-f(x)}{\Delta x}$ 为 $f(x)$ 在 x 处的右导数，记为 $f'_+(x)$. 即

$$f'_+(x)=\lim_{\Delta x\to 0^+}\frac{f(x+\Delta x)-f(x)}{\Delta x}.$$

显然，$f'(x)$ 存在的充要条件是 $f'_-(x)$，$f'_+(x)$ 都存在且相等.

例 3　设 $f(x)=1-|x|$，求 $f'(0)$.

解　因为

$$f(x)=1-|x|=\begin{cases}1-x, & x\geqslant 0,\\ 1+x, & x<0,\end{cases}$$

所以

$$f'_-(0)=\lim_{\Delta x\to 0^-}\frac{f(0+\Delta x)-f(0)}{\Delta x}=\lim_{\Delta x\to 0^-}\frac{(1+\Delta x)-1}{\Delta x}=1,$$

$$f'_+(0)=\lim_{\Delta x\to 0^+}\frac{f(0+\Delta x)-f(0)}{\Delta x}=\lim_{\Delta x\to 0^+}\frac{(1-\Delta x)-1}{\Delta x}=-1.$$

由于 $f'_-(0)$，$f'_+(0)$ 不相等，所以 $f'(0)$ 不存在.

注　由例 3 可以看到，连续并不能推出可导.

(3) 导函数的定义

定义 3　函数 $f(x)$ 在区间 I 上任一点 x 处的导数，称为 $f(x)$ 在区间 I 上的导函数. 记为

$$f'(x)\ 或\ y'\ 或\ \frac{\mathrm{d}y}{\mathrm{d}x}\ 或\ \frac{\mathrm{d}f}{\mathrm{d}x}.$$

显然，导函数

$$f'(x)=\lim_{\Delta x\to 0}\frac{f(x+\Delta x)-f(x)}{\Delta x},\quad x\in I,$$

它是 $f(x)$ 在区间 I 上任一点 x 处的即时变化率，且

$$f'(x_0)=f'(x)\big|_{x=x_0}.$$

例 4　设 $f(x)=x^2$，求 $f'(x)$，$f'(1)$.

解 由公式，得

$$f'(x)=\lim_{\Delta x\to 0}\frac{(x+\Delta x)^2-x^2}{\Delta x}=2x,$$

即

$$(x^2)'=2x,$$

从而

$$f'(1)=f'(x)\big|_{x=1}=2.$$

例 5 设 $f(x)=\sin x$，求 $f'(x)$.

解 由公式，得

$$f'(x)=\lim_{\Delta x\to 0}\frac{\sin(x+\Delta x)-\sin x}{\Delta x}=\lim_{\Delta x\to 0}\frac{2\cos\left(x+\frac{\Delta x}{2}\right)\sin\frac{\Delta x}{2}}{\Delta x}=\cos x,$$

即

$$(\sin x)'=\cos x.$$

(4) 基本初等函数的求导公式表

利用上述求导函数的计算方法，可将基本初等函数的导数求出如下：

① $C'=0$；

② $(x^n)'=nx^{n-1}$，其中，$(\sqrt{x})'=\frac{1}{2\sqrt{x}}$，$\left(\frac{1}{x}\right)'=-\frac{1}{x^2}$；

③ $(a^x)'=a^x\ln a$，其中，$(e^x)'=e^x$；

④ $(\log_a x)'=\frac{1}{x}\log_a e$，其中，$(\ln x)'=\frac{1}{x}$；

⑤ $(\sin x)'=\cos x$；

⑥ $(\cos x)'=-\sin x$；

⑦ $(\tan x)'=\sec^2 x$；

⑧ $(\cot x)'=-\csc^2 x$；

⑨ $(\sec x)'=\sec x\tan x$；

⑩ $(\csc x)'=-\csc x\cot x$；

⑪ $(\arcsin x)'=\frac{1}{\sqrt{1-x^2}}$；

⑫ $(\arccos x)'=-\frac{1}{\sqrt{1-x^2}}$；

⑬ $(\arctan x)'=\frac{1}{1+x^2}$；

⑭ $(\operatorname{arccot} x)'=-\frac{1}{1+x^2}$.

(5) 连续与可导的关系

关于可导与连续的关系，有下面的定理.

定理 如果 $f(x)$在点 x_0 处可导，则 $f(x)$在 x_0 处必连续；反之不然.

证明 若 $f(x)$在点 x_0 处可导，则 $f(x)$在点 x_0 的某邻域有定义，且极限

$$\lim_{\Delta x\to 0}\frac{f(x_0+\Delta x)-f(x_0)}{\Delta x}$$

存在，即

$$f'(x_0)=\lim_{\Delta x\to 0}\frac{f(x_0+\Delta x)-f(x_0)}{\Delta x},$$

从而

$$\frac{f(x_0+\Delta x)-f(x_0)}{\Delta x}=f'(x_0)+\alpha,$$

其中 $\alpha\to 0(\Delta x\to 0)$. 所以

$$f(x_0+\Delta x)=f(x_0)+f'(x_0)\Delta x+\alpha\Delta x,$$

故有

$$\lim_{\Delta x\to 0}f(x_0+\Delta x)=f(x_0),$$

即

$$\lim_{x\to x_0}f(x)=f(x_0),$$

所以 $f(x)$在点 x_0 处连续.

上述例 3 说明，连续未必可导.

但是，如果 $f(x)$在点 x_0 处不连续，则 $f(x)$在 x_0 处必不可导. 例如

$$f(x)=\begin{cases}\sin x, & x\leqslant 0,\\ \cos x, & x>0\end{cases}$$

在点 $x=0$ 处不连续，从而也在点 $x=0$ 处不可导.

习题 2.1

1. 设 $f(x)=\sqrt{x}$，求 $f'(2)$.
2. 设 $f(x)=|1-x|$，求 $f'(1)$.
3. 设 $f(x)=x^3$，求 $f'(x)$，$f'(2)$.
4. 试讨论函数在一点可导、连续、有极限之间的关系.

2.2　求导方法

导数概念是微积分甚至是高等数学中一个极其重要的概念，对其概念的理解以及正确地求导显得尤其重要. 本节讨论求导的几个重要方法，通过这些方法，将函数的求导问题转化为基本初等函数的求导问题，从而就能比较方便地求出常见的初等函数的导数.

本节涉及的求导法则的证明从略.

2.2.1　四则运算法则

设 $f(x)$，$g(x)$都在 x 处可导，则它们的和、差、积、商(分母不等于零)也在 x 处可导，且有

(1) $[f(x)\pm g(x)]'=f'(x)\pm g'(x)$；

(2) $[f(x)\cdot g(x)]'=f'(x)g(x)+f(x)g'(x)$，特别地，$[cf(x)]'=cf'(x)$；

(3) $\left[\frac{f(x)}{g(x)}\right]'=\frac{f'(x)g(x)-g'(x)f(x)}{g^2(x)}$.

例 1　设 $y=x^2-\ln x+\sin x+\sin 4$，求 y'.

解　由四则运算法则，得

$$\begin{aligned}y'&=(x^2-\ln x+\sin x+\sin 4)'\\&=(x^2)'-(\ln x)'+(\sin x)'+(\sin 4)'\\&=2x-\frac{1}{x}+\cos x.\end{aligned}$$

例 2　设 $y=(2x+x^2)\sqrt{x}$，求 y'.

解　由四则运算法则，得

$$\begin{aligned}y'&=(2x+x^2)'\sqrt{x}+(2x+x^2)(\sqrt{x})'\\&=(2+2x)\sqrt{x}+(2x+x^2)\frac{1}{2\sqrt{x}}\\&=3\sqrt{x}+\frac{5}{2}x\sqrt{x}.\end{aligned}$$

此题还可如下解得：

因为

$$y=2x^{\frac{3}{2}}+x^{\frac{5}{2}},$$

所以

$$y'=(2x^{\frac{3}{2}})'+(x^{\frac{5}{2}})'=3x^{\frac{1}{2}}+\frac{5}{2}x^{\frac{3}{2}}.$$

显然，使用加减法则比用乘法法则要简便得多.

例 3　设 $y=\frac{x^2-\sqrt{x}\mathrm{e}^x+1}{\sqrt{x}}$，求 y'.

解　因为

$$y=x^{\frac{3}{2}}-\mathrm{e}^x+x^{\frac{1}{2}},$$

所以

$$y'=(x^{\frac{3}{2}}-\mathrm{e}^x+x^{\frac{1}{2}})'=\frac{3}{2}x^{\frac{1}{2}}-\mathrm{e}^x-\frac{1}{2}x^{-\frac{3}{2}}.$$

此题若用除法法则来做，显然是较复杂的，不妨一试.

一般地，在运用四则运算法则时，要多用加减法则，少用乘除法则. 尽可能将乘除形式化为加减形式后，再求导.

2.2.2　复合函数的求导法则

设函数 $y=f(g(x))$由 $y=f(u)$，$u=g(x)$ 复合而成. 若 $u=g(x)$在 x 处可导，$y=f(u)$在对应的 u 处可导，则 $y=f(g(x))$在 x 处亦可导，且有

$$y_x=y_u\cdot u_x,$$

即

$$\frac{\mathrm{d}}{\mathrm{d}x}[f(g(x))]=\frac{\mathrm{d}}{\mathrm{d}u}[f(u)]\cdot\frac{\mathrm{d}}{\mathrm{d}x}[g(x)].$$

该法则说明，对复合函数求导，首先必须将其进行分解，然后将各分解结果分别求导，

再相乘.

例 4 设 $y=e^{\frac{1}{x}}$, 求 y'.

解 (1) 将函数分解为

$$y=e^u,\ u=\frac{1}{x};$$

(2) 根据复合函数的求导法则, 得

$$y'=(e^u)'_u\cdot\left(\frac{1}{x}\right)'_x=e^u\cdot\left(-\frac{1}{x^2}\right)=-\frac{1}{x^2}e^{\frac{1}{x}}.$$

显然, 上述求导过程, 只需将$\frac{1}{x}$视为中间变量, 然后将函数先对中间变量求导, 再乘以中间变量函数$\frac{1}{x}$对自变量的导数. 这种求导方法, 省略了中间变量的引入和还原, 是一种较简练的做法, 在实际求导过程中, 应以这种方法为好.

例 5 设 $y=\sin(1-x^2)$, 求 y'.

解 视 $1-x^2$ 为中间变量, 得

$$y'=\cos(1-x^2)\cdot(1-x^2)'=-2x\cos(1-x^2).$$

例 6 设 $y=\ln\sqrt{1+2x}$, 求 y'.

解 视$\sqrt{1+2x}$为中间变量, 得

$$y'=\frac{1}{\sqrt{1+2x}}\cdot(\sqrt{1+2x})'=\frac{1}{\sqrt{1+2x}}\cdot\frac{1}{2\sqrt{1+2x}}\cdot(1+2x)'=\frac{1}{1+2x}.$$

注 例 6 在求$(\sqrt{1+2x})'$时, 又视 $1+2x$ 为中间变量, 再次使用了复合函数的求导法则, 下同.

例 7 设 $y=e^{1+e^{\sqrt{x}}}$, 求 y'.

解 视 $1+e^{\sqrt{x}}$为中间变量, 得

$$y'=e^{1+e^{\sqrt{x}}}\cdot(1+e^{\sqrt{x}})'=e^{1+e^{\sqrt{x}}}\cdot e^{\sqrt{x}}\cdot(\sqrt{x})'=\frac{e^{\sqrt{x}+1+e^{\sqrt{x}}}}{2\sqrt{x}}.$$

例 8 设 $y=f(e^x)$, 求 y'.

解 视 e^x 为中间变量, 得

$$y'=f'(e^x)\cdot(e^x)'=e^x\cdot f'(e^x).$$

2.2.3 反函数的求导法则

若函数 $y=f(x)$在点 x 处有不为零的导数$f'(x)$, 且其反函数 $x=g(y)$在相应点处连续, 则有

$$f'(x)=\frac{1}{g'(y)},$$

即

$$\frac{dy}{dx}=\frac{1}{\frac{dx}{dy}}.$$

该法则说明，一个函数的导数，等于其直接反函数的导数的倒数.

例 9 求 $y=\arcsin x(-1<x<1)$的导数.

解 因为 $y=\arcsin x$ 的反函数为 $x=\sin y$，而

$$\frac{\mathrm{d}x}{\mathrm{d}y}=\cos y,$$

所以

$$\frac{\mathrm{d}y}{\mathrm{d}x}=\frac{1}{\frac{\mathrm{d}x}{\mathrm{d}y}}=\frac{1}{\cos y}=\frac{1}{\sqrt{1-\sin^2 y}}=\frac{1}{\sqrt{1-x^2}}.$$

2.2.4 隐函数的求导法则

设隐函数 $y=f(x)$由 $F(x,\ y)=0$ 所确定，求$\frac{\mathrm{d}y}{\mathrm{d}x}$.

其求导方法分为两步：

① 方程两边同时对自变量 x 求导(此时视 y 为中间变量，即 $y=f(x)$)，得到一个含 y' 的新方程：

$$F(x,y,y')=0;$$

② 解上述新方程，得到 y'.

例 10 设隐函数为 $xy-\mathrm{e}^y=-1$，求$\frac{\mathrm{d}y}{\mathrm{d}x}$，$\left.\frac{\mathrm{d}y}{\mathrm{d}x}\right|_{x=0}$.

解 (1) 将方程两边对 x 求导，得

$$y+xy'-\mathrm{e}^y\cdot y'=0;$$

(2) 解得

$$y'=\frac{y}{\mathrm{e}^y-x}.$$

将 $x=0$ 代入上述结果，并由$y|_{x=0}=0$ 得

$$y'|_{x=0}=0.$$

注 隐函数的求导结果既有自变量 x，也可能含有因变量 y，而此时应视 y 为 x 的函数，即 $y=f(x)$，从而实际上整个结果都是 x 的函数.

例 11 设隐函数为 $\sin(x+y)=y$，求$\frac{\mathrm{d}y}{\mathrm{d}x}$.

解 (1) 将方程两边对 x 求导，得

$$\cos(x+y)(1+y')=y';$$

(2) 解得

$$y'=\frac{\cos(x+y)}{1-\cos(x+y)}.$$

2.2.5 对数求导法——幂指函数的求导法则

对幂指函数 $y=f(x)^{g(x)}$，其求导方法是：

① 函数两边同时取对数，将其化为隐函数

$$\ln y = g(x)\ln f(x);$$

② 对上述隐函数两边同时对 x 求导，得到一个含 y' 的新方程；

③ 解上述新方程得 y'.

例 12　求 $y = x^{\sin x}$ 的导数 y'.

解　(1) 函数两边同时取对数，得

$$\ln y = \sin x \ln x;$$

(2) 对上述隐函数两边同时对 x 求导，得到一个含 y' 的新方程

$$\frac{1}{y}y' = \cos x \ln x + \frac{\sin x}{x};$$

(3) 解上述新方程得

$$y' = \left(\cos x \ln x + \frac{\sin x}{x}\right)y = \left(\cos x \ln x + \frac{\sin x}{x}\right) \cdot x^{\sin x}.$$

例 13　求 $y = 2x^{1-x}$ 的导数 y'.

解　(1) 函数两边同时取对数，得

$$\ln y = \ln 2 + (1-x)\ln x;$$

(2) 对上述隐函数两边同时对求 x 导，得到一个含 y' 的新方程

$$\frac{1}{y}y' = -\ln x + \frac{1-x}{x};$$

(3) 解上述新方程得

$$y' = \left(-\ln x + \frac{1-x}{x}\right)y = \left(-\ln x + \frac{1-x}{x}\right) \cdot 2x^{1-x}.$$

对数求导法，主要是利用了对数的性质，将函数进行了变形再求导. 这种方法除了可以用在幂指函数的求导上，还可以用在其余一些函数的求导过程中.

例 14　求 $y = \dfrac{(1+x^2)\sqrt{1+x}}{x(1-2x)^2}$ 的导数 y'.

解　(1) 函数两边同时取对数，得

$$\ln y = \ln(1+x^2) + \frac{1}{2}\ln(1+x) - \ln x - 2\ln(1-2x);$$

(2)对上述隐函数两边同时对 x 求导，得到一个含 y' 的新方程

$$\frac{1}{y}y' = \frac{2x}{1+x^2} + \frac{1}{2}\cdot\frac{1}{1+x} - \frac{1}{x} + \frac{4}{1-2x};$$

(3) 解上述新方程得

$$y' = \left[\frac{2x}{1+x^2} + \frac{1}{2(1+x)} - \frac{1}{x} + \frac{4}{1-2x}\right]y$$

$$= \left[\frac{2x}{1+x^2} + \frac{1}{2(1+x)} - \frac{1}{x} + \frac{4}{1-2x}\right]\frac{(1+x^2)\sqrt{1+x}}{x(1-2x)^2}.$$

2.2.6　参数方程的求导法则

设 $y = f(x)$ 由参数方程 $\begin{cases} x = \phi(t), \\ y = \varphi(t) \end{cases}$ 确定，则有

$$\frac{\mathrm{d}y}{\mathrm{d}x}=\frac{\varphi'(t)}{\phi'(t)}.$$

例 15 设 $y=f(x)$ 由参数方程 $\begin{cases}x=\cos t,\\ y=\sin t\end{cases}$ 确定，求 $\frac{\mathrm{d}y}{\mathrm{d}x}$.

解

$$\frac{\mathrm{d}y}{\mathrm{d}x}=\frac{(\sin t)'}{(\cos t)'}=\frac{\cos t}{-\sin t}=-\cot t.$$

习题 2.2

1. 求下列函数的导数：

(1) $y=x^2\sin x-\sqrt{x}+\ln 2$;　　(2) $y=(x-x^2)(1-\sqrt{x})$;

(3) $y=\frac{\sqrt{x}-x\mathrm{e}^x+x^2}{x}$;　　(4) $y=\frac{\ln x}{x+1}$.

2. 设 $y=\mathrm{e}^{\sqrt{\sin x}}$，求 y'.
3. 设 $y=\mathrm{e}^{f(x)}f(\mathrm{e}^x)$，求 y'.
4. 用反函数求导法则求 $y=\arctan x$ 的导数.
5. 求由方程 $y+\ln x+\mathrm{e}^y=1$ 确定的隐函数的导数.
6. 求下列函数的导数：

(1) $y=x^x$;　　(2) $y=\frac{(2-x)^2\sqrt{x}}{(1+x)^3(1-2x)^2}$.

2.3 导数的意义

导数的意义是广泛的，这里主要介绍以下几个方面.

2.3.1 分析意义

从导数的定义可以得到：导数 $f'(x_0)$表示的是在点 x_0 处，当自变量作一微小增加(一个单位)时，相应函数值的(即时)改变量.

导数的大小，表示的是当自变量变化时，相应函数值产生的变化的大小. 它是反映函数值对自变量变化敏感程度的量，也称为函数变化的速度. 导数的绝对值越大，说明函数值对自变量的变化越敏感. 而导数的符号则反映了函数的增减性.

例 1 设一圆的半径用 r 表示，如果 r 以 0.02m/s 的速度增加，求在半径 r 处其面积的变化速度.

解 因为圆面积 $S=\pi r^2$，而 $r=r(t)$，所以

$$S=S(t)=\pi r(t)^2,$$

所以面积的变化速度为

$$S'(t)=2r(t)\pi\cdot r'(t).$$

由题意，$r'(t)=0.02$，所以

$$S'(t)=2r(t)\pi\cdot r'(t)=0.04\pi r.$$

2.3.2　几何意义

在几何方面，导数 $f'(x_0)$表示曲线 $y=f(x)$在点(x_0, y_0)处的切线斜率. 对曲线来说，其在点(x_0, y_0)处的切线方程则为

$$y-y_0=f'(x_0)(x-x_0).$$

例 2　求曲线 $y=x^2$ 在点(1, 1)处的切线方程.

解　因为 $y'=2x$，所以曲线在点(1, 1)处的切线斜率为

$$y'|_{x=1}=2,$$

所以曲线在点(1, 1)处的切线方程为

$$y-1=2(x-1).$$

2.3.3　经济意义

如果 $C(x)$是成本函数，则其导数 $C'(x)$称为边际成本，表示在产量 x 处当产量增加一个单位时，相应成本的增加值.

如果 $R(x)$是收益函数，则其导数 $R'(x)$称为边际收益，表示在产量 x 处当产量增加一个单位时，相应收入的增加值.

如果 $L(x)$是利润函数，则其导数 $L'(x)$称为边际利润，表示在产量 x 处当产量增加一个单位时，相应利润的增加值.

例 3　设某商品的总收入 $R(Q)$关于销售量 Q 的函数为

$$R(Q)=104Q-0.4Q^2,$$

求销售量 $Q=50$ 时的边际收入.

解　因为

$$R'(Q)=104-0.8Q,$$

所以销售量 $Q=50$ 时的边际收入为

$$R'(50)=104-0.8\times 50=64.$$

2.3.4　物理意义

由于导数是表示当自变量增加一个单位时，相应函数值变化的大小的量，因此

① 如果 $s(t)$是路程函数，则其导数 $s'(t)$表示速度，表示在时间 t 处当时间增加一个单位时，相应路程的改变量. 如果 $v(t)$是速度函数，则其导数 $v'(t)$表示加速度，表示在时间 t 处当时间增加一个单位时，相应速度的增加值.

例 4　一物体的运动方程为 $s(t)=t^2$，求该物体在 $t=2$ 时的即时速度和即时加速度.

解　因为速度为

$$v(t)=s'(t)=2t,$$

所以加速度为

$$a(t)=v'(t)=2,$$

从而在 $t=2$ 时的即时速度和即时加速度分别为

$$v(2)=4,\ a(2)=2.$$

② 如果 $m(x)$是金属直杆中长为 x 段的质量函数，则其导数 $m'(x)$就是直杆在点 x 处的线密度.

例 5 设金属直杆在离左端点长为 x 段的质量为 $m(x)=\sqrt{x}$，则该直杆在离左端点 x 处的线密度为

$$m'(x)=\frac{1}{2\sqrt{x}}.$$

③ 如果 $Q(t)$是在时间 t 内通过某导线横截面的电量函数，则其导数 $Q'(t)$就是在时间 t 处经过该导体的电流.

例 6 如果通过导线某横截面的电量是时间的函数

$$Q(t)=2t+\sqrt{t},$$

则通过该导线的电流为

$$Q'(t)=2+\frac{1}{2\sqrt{t}}.$$

习题 2.3

求曲线 $y=\ln x$ 上平行于 $y=x$ 的切线方程.

2.4 高阶导数

在实际问题中，常常要讨论导数的导数，称为高阶导数.

一般地，函数 $f(x)$的导数 $f'(x)$称为 $f(x)$的一阶导数；它仍是 x 的函数，将它再对 x 求导，称为 $f(x)$的二阶导数，记为 $f''(x)$或$\frac{\mathrm{d}^2y}{\mathrm{d}x^2}$；而 $f''(x)$仍是 x 的函数，再对 x 求导，称为 $f(x)$的三阶导数，记为 $f'''(x)$或$\frac{\mathrm{d}^3y}{\mathrm{d}x^3}$；……类似地，$f(x)$的 $n-1$ 阶导数的导数称为$f(x)$的 n 阶导数，记为 $f^{(n)}(x)$或$\frac{\mathrm{d}^ny}{\mathrm{d}x^n}$. 二阶和二阶以上的导数统称为高阶导数.

注 当阶数小于 4 时导数分别记为：$f'(x)$，$f''(x)$，$f'''(x)$，而当阶数大于 3 时，则记为 $f^{(n)}(x)$. 而各阶导数，都可以用$\frac{\mathrm{d}^ny}{\mathrm{d}x^n}$表示.

可见，求高阶导数就是对函数进行多次求导，从而前面所述的各种求导法仍然适用.

例 1 求下列函数的二阶导数：

(1) $y=\mathrm{e}^{2x}$；　　(2) $y=\ln\sin x$.

解 (1) 因为

$$y'=\mathrm{e}^{2x}\cdot(2x)'=2\mathrm{e}^{2x},$$

所以

$$y''=(2\mathrm{e}^{2x})'=4\mathrm{e}^{2x};$$

(2) 因为

$$y' = \frac{1}{\sin x}\cdot(\sin x)' = \cot x,$$

所以

$$y'' = (\cot x)' = -\csc^2 x.$$

例 2　求下列函数的 n 阶导数:

(1) $y = a^x$;　　　　(2) $y = \sin x$.

解　(1)　$y' = a^x \ln a$, $y'' = a^x(\ln a)^2$, $y''' = a^x(\ln a)^3$, …,

由数学归纳法可证得

$$y^{(n)} = a^x(\ln a)^n;$$

(2) 因为

$$y' = \cos x = \sin\left(x + \frac{\pi}{2}\right),$$

$$y'' = \cos\left(x + \frac{\pi}{2}\right) = \sin\left(x + 2\cdot\frac{\pi}{2}\right),$$

$$y''' = \cos\left(x + 2\cdot\frac{\pi}{2}\right) = \sin\left(x + 3\cdot\frac{\pi}{2}\right),$$

……

由数学归纳法可证得

$$y^{(n)} = \sin\left(x + n\cdot\frac{\pi}{2}\right).$$

在求一般 n 阶导数时, 需要了解各阶导数的变化特点, 掌握好变化规律, 才能较好地求得结果.

例 3　证明 $y = e^x \sin x$ 满足方程

$$y'' - 2y' + 2y = 0.$$

解　因为

$$y' = e^x(\sin x + \cos x),$$

$$y'' = 2e^x \cos x,$$

所以将其代入方程左边得

$$\begin{aligned} & y'' - 2y' + 2y \\ = & 2e^x\cos x - 2e^x(\sin x + \cos x) + 2e^x \sin x \\ = & 0, \end{aligned}$$

即 $y = e^x \sin x$ 满足方程

$$y'' - 2y' + 2y = 0.$$

习题 2.4

1. 求 $y = x\ln x$ 的二阶导数.

2. 求 $y = \dfrac{1}{x(1+x)}$ 的 n 阶导数.

2.5 微　分

微分是微分学中另一个基本概念，它与导数概念密切相关，而且在积分学中有着重要的应用.

2.5.1 微分概念

定义 设函数 $y=f(x)$ 在点 x 处的某邻域有定义，给自变量在 x 处的一个增量 Δx ($\Delta x \to 0$)，若其相应函数值的增量 Δy 可以用 Δx 的一个常数倍 $A\cdot\Delta x$ 来近似，而由此产生的误差是一个比 Δx 还高阶的无穷小，即 Δy 可以表示为

$$\Delta y = A\Delta x + o(\Delta x),$$

其中，A 是仅依赖于 x 而与 Δx 无关的常数，$o(\Delta x)$ 是比 Δx 高阶的无穷小，则称 $y=f(x)$ 在点 x 处是可微的，且称 $A\Delta x$ 为 $y=f(x)$ 在点 x 处的微分，记为 $\mathrm{d}y$，即

$$\mathrm{d}y = A\Delta x.$$

显然，当 Δx 很小时，$\Delta y \approx \mathrm{d}y$.

关于微分，有以下结论：

① $y=f(x)$ 在点 x 处可微等价于 $y=f(x)$ 在点 x 处可导，且有 $\mathrm{d}y=f'(x)\Delta x$；

② 函数 $y=x$ 是可微的，且其微分 $\mathrm{d}y=\Delta x$，从而 $\mathrm{d}x=\Delta x$.

综合上述结果，可以看到，由于函数可导等价于可微，所以当函数 $y=f(x)$ 可导时，其微分为

$$\mathrm{d}y = f'(x)\mathrm{d}x.$$

例 1 求下列函数的微分：

(1) $y=\mathrm{e}^{\cos x}$；　　　(2) $y=\ln|x|$.

解 (1) 因为

$$y' = -\mathrm{e}^{\cos x}\cdot\sin x,$$

所以

$$\mathrm{d}y = -\mathrm{e}^{\cos x}\cdot\sin x\,\mathrm{d}x;$$

(2) 因为

$$y' = \frac{1}{x},$$

所以

$$\mathrm{d}y = \frac{1}{x}\mathrm{d}x.$$

例 2 求 $y=\sqrt{1+x^2}$ 在点 $x=1$ 处 $\Delta x=0.01$ 的微分.

解 因为

$$y' = \frac{x}{\sqrt{1+x^2}},$$

所以

$$dy=\frac{x}{\sqrt{1+x^2}}dx.$$

在点 $x=1$ 处 $\Delta x=0.01$ 的微分为

$$dy\Big|_{\substack{x=1\\ \Delta x=0.01}}=\frac{1}{\sqrt{1+1^2}}\times 0.01=0.005\sqrt{2}.$$

例 3　求下列函数的微分：

(1) $y=f(e^x)$；　　(2) $y=f(g(x))$.

解　(1) 因为

$$y'=f'(e^x)\cdot e^x,$$

所以

$$dy=f'(e^x)\cdot e^x dx;$$

(2) 因为

$$y'=f'(g(x))\cdot g'(x),$$

所以

$$dy=f'(g(x))\cdot g'(x)dx.$$

注意到 $df(x)=f'(x)dx$，即 $f'(x)dx=df(x)$，从而可将 $f'(x)dx$ 写成 $df(x)$的形式，此过程称为凑微分. 它是积分法中一个非常重要的过程.

例 4　试将下列各式凑微分：

(1) $\cos x dx$；　　(2) $\frac{1}{\sqrt{x}}dx$.

解　(1) $\cos x dx=d(\sin x)$；

(2) $\frac{1}{\sqrt{x}}dx=d(2\sqrt{x})$.

2.5.2　微分的近似应用

前面提到，若 $y=f(x)$在点 x_0 处是可微的，则当 Δx 很小时有 $\Delta y\approx dy$. 从而，当 Δx 很小时，有

① $f(x_0+\Delta x)-f(x_0)\approx f'(x_0)dx$；

② $f(x_0+\Delta x)\approx f(x_0)+f'(x_0)dx$.

公式②说明，函数在一点 $x_0+\Delta x$ 处的值，可用其一个临近点 x_0 处的值和微分值的和来近似，其近似的误差是一个比 Δx 还小的无穷小量，从而 Δx 越小其精度越高.

例 5　一圆球，其半径为 2m，因受热其半径均匀增加了 1cm，求球体积变化值的精确值和近似值.

解　半径为 r 的球的体积为

$$V(r)=\frac{4}{3}\pi r^3,$$

所以在半径为 2m 时，若半径均匀增加了 1cm，则其体积变化值为

$$\Delta V=V(2+0.01)-V(2).$$

由上述公式①得

$$\Delta V = V(2+0.01) - V(2) \approx V'(2) \cdot 0.01,$$

而 $V'(r) = 4\pi r^2$，得

$$V'(2) = 16\pi,$$

所以球体积变化值的近似值为

$$\Delta V \approx V'(2) \cdot 0.01 = 0.16\pi.$$

例 6 求 ln1.01 的近似值.

解 由公式②，有

$$f(x+\Delta x) = f(x) + f'(x)\mathrm{d}x.$$

取 $f(x) = \ln x$，得 $f'(x) = \dfrac{1}{x}$，再取 $x_0 = 1$，$\Delta x = 0.01$，得

$$\ln 1.01 = \ln 1 + \frac{1}{1} \times 0.01 = 0.01.$$

习题 2.5

1. 填空：(1) $\mathrm{d}(\quad) = \dfrac{1}{x}\mathrm{d}x$；(2) $\mathrm{d}(\quad) = x^n \mathrm{d}x$.
2. 求 $\sqrt{4.001}$，$\mathrm{e}^{0.02}$ 的近似值.

第 2 章习题

1. 根据导数定义求下列函数的导数：
   (1) $y = x^3$； (2) $y = 2 - x$； (3) $y = \sin x$.
2. 设 $f(x) = \sqrt{x}$，求 $f'(x)$，$f'(4)$.
3. 函数 $f(x) = \begin{cases} x, & x \geqslant 0, \\ -x, & x < 0 \end{cases}$ 在点 $x = 0$ 处是否可导？
4. 讨论 $f(x) = x|x|$ 在点 $x = 0$ 处的可导性.
5. 讨论函数 $f(x) = \begin{cases} \ln(1+x), & x \geqslant 0, \\ \sqrt{1+x} - \sqrt{1-x}, & x < 0 \end{cases}$ 在点 $x = 0$ 处的连续性、可导性.
6. 求下列函数的导数：

   (1) $y = 2x^3 - x + 5$； (2) $y = 2\sqrt{x} - \dfrac{1}{x} + 4\sqrt{2}$；

   (3) $y = \dfrac{x^2}{2} + \dfrac{2}{x^2}$； (4) $y = x^3(2x+1)$；

   (5) $y = (\sqrt{x} + 1)\left(\dfrac{1}{\sqrt{x}} - 1\right)$； (6) $y = (x+1)\sqrt{2x}$；

   (7) $y = \dfrac{x^2 - 1}{\sqrt{x}}$； (8) $y = \dfrac{1 - \ln x}{1 + \ln x}$；

   (9) $y = \dfrac{3x}{1 + x^2}$； (10) $y = \dfrac{1 + x - x^2}{1 - x + x^2}$；

   (11) $y = x \sin x \ln x$； (12) $y = 3x - \dfrac{x}{2 - x}$；

(13) $y=x\sin x+\cos x$；　(14) $y=\dfrac{x}{1-\cos x}$；

(15) $y=\dfrac{\sin x}{x}+\dfrac{x}{\sin x}$；　(16) $y=\tan x-x\tan x$；

(17) $y=x\arcsin x-\arccos x$.

7. 求下列函数的导数：

(1) $y=\arcsin\dfrac{x}{2}$；　(2) $y=\sqrt{1-x^2}$；

(3) $y=\cos^3\dfrac{x}{2}$；　(4) $y=\cos^n x\cdot\sin nx$；

(5) $y=\ln\ln x$；　(6) $y=\ln\sqrt{x}+\sqrt{\ln x}$；

(7) $y=\ln(x+\sqrt{x^2-1})$；　(8) $y=e^{\sqrt{x}}$；

(9) $y=e^{\sin\sqrt{x}}$；　(10) $y=e^{x\ln x}$.

8. 求下列隐函数 $y=f(x)$的导数：

(1) $x^2+y^2-xy=1$；　(2) $y^2-2axy+b=0$；

(3) $y=x+\ln y$；　(4) $y=1+xe^y$；

(5) $\sqrt[3]{x}+\sqrt[3]{y}=\sqrt[3]{a}$；　(6) $y=\sin x+\sin y$.

9. 利用对数求导法求下列函数的导数：

(1) $y=x\sqrt{\dfrac{1-x}{1+x}}$；　(2) $y=\dfrac{x^2}{1-x}\sqrt{\dfrac{3-x}{3+x}}$；

(3) $y=2x^{x-1}$；　(4) $y=(\ln x)^x$；

(5) $y=x^{e^x}$；　(6) $x^y=y^x$.

10. 求由参数方程$\begin{cases}x=\sqrt{1+t^2},\\ y=\ln(1+\sqrt{1+t^2})\end{cases}$确定的函数 $y=f(x)$的导数.

11. 求曲线 $y=e^x$ 在点(0, 1)处的切线方程.

12. 在曲线 $y=\dfrac{1}{1+x^2}$上求一点，使在该点处的切线平行于 x 轴.

13. 某运动物体的运动方程为 $s=t^3+10$，求其在时刻 $t=2$ 处的速度与加速度.

14. 某金属棒在左端与距左端 xm 之间的这部分质量为 $3x^2$，求其线密度函数及 $x=2$m 时的线密度.

15. 设通过某导线横截面的电量是时间的函数

$$Q(t)=t^2-2t+1,$$

求在时间 $t=2$ 时通过该导线的电流.

16. 一长方形两边长分别以 x，y 表示，若 x 边以 0.01m/s 的速度减少，y 边以 0.02m/s 的速度增加，求在 $x=20$m，$y=15$m 时长方形面积的变化速度及对角线的变化速度.

17. 求下列函数的二阶导数：

(1) $y=\dfrac{1}{x}$；　(2) $y=x\ln x$；

(3) $y=(1+x^2)\arctan x$；　(4) $x^2+y^2=a^2$.

18. 求下列函数的 n 阶导数：

(1) $y=e^{2x}$; (2) $y=\ln(1+x)$.

19. 设 $y^{(n-2)}=\dfrac{\sin x}{x}$，求 $y^{(n)}$.

20. 证明 $y=e^{-2x}+e^{5x}$满足方程 $y''-3y'-10y=0$.

21. 求下列函数的微分：

(1) $y=\sqrt{1+x}$; (2) $y=\dfrac{x}{1-x^2}$;

(3) $y=e^x\sin x$; (4) $y=1+xe^y$.

22. 设 $y=e^{f(x)}$，求 dy.

23. 一正方体的边长 $x=10\text{m}$，如果边长增加 0.1m，求此正方体体积增加的近似值.

24. 证明：当 $|x|$ 很小时，有 $\ln(1+x)\approx x$.

25. 求下列各式的近似值：

(1) $\sqrt{0.99}$; (2) $\ln 1.01$; (3) $\arctan 1.02$.

第3章　导数的应用

在第2章中，我们由变化率问题出发，引入了导数的概念，并讨论了导数的求法. 本章中，将应用导数来研究函数及曲线的某些性态，并利用这些知识解决一些实际问题，即讨论未定式求极限的方法，函数的单调性、极值及曲线的凹向与拐点、最大值最小值以及导数在经济问题中的应用. 要利用导数来研究函数的性质，首先就要了解导数值与函数值之间的联系，反映这些联系的是微分学中的几个中值定理.

3.1　微分中值定理

定理1(罗尔定理)　设函数 $y=f(x)$满足：

① 在闭区间$[a, b]$上连续；

② 在开区间(a, b)内可导；

③ 端点函数值相等，即 $f(a)=f(b)$；

则在开区间(a, b)内至少存在一点 ξ，使得 $f'(\xi)=0$(即在 $x=\xi$处有水平切线).

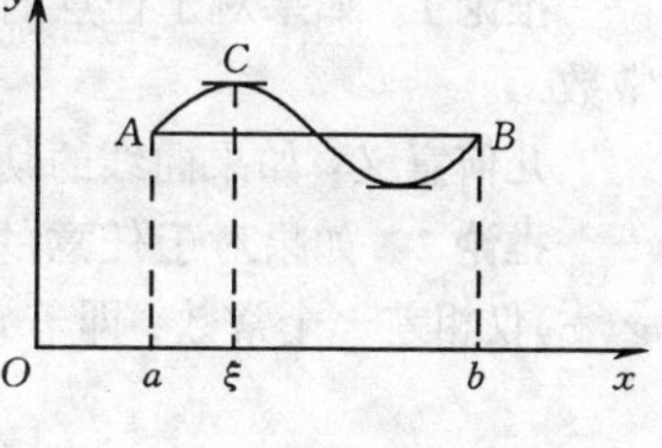

图3-1

罗尔定理的几何意义：在满足条件时，曲线 $y=f(x)$上的点$(\xi, f(\xi))$处一定有水平切线，即斜率 $k=f'(\xi)=0$.

注　① 使得 $f'(x_0)=0$ 的点 x_0 称为函数 $y=f(x)$的驻点；

② 罗尔定理的条件是充分的而不是必要的.

③ 可以用罗尔定理研究导函数方程 $f'(x)=0$ 的根的存在性问题.

例1　考查下列各函数在指定区间上是否有水平切线：

(1) $f(x)=\begin{cases}2x, & 0\leqslant x<1,\\ 1, & x=1;\end{cases}$

(2) $f(x)=|x|$，$x\in[-1, 1]$；

(3) $f(x)=2x$，$x\in[0, 1]$；

(4) $f(x)=x^2$，$x\in[-1, 2]$.

解　(1) $f(x)$在$(0, 1)$单调增加，无水平切线，且不满足罗尔定理中的条件(1)；

(2) $f(x)$在$[0, 1]$上无水平切线，不满足罗尔定理中的条件(2)；

(3) $f(x)$严格单调，无水平切线，不满足罗尔定理中的条件(3)；

(4) $f(x)$在$[-1, 2]$内有水平切线，但不满足罗尔定理中的条件(3).

如果取消罗尔定理的第三个条件，就得到更一般的拉格朗日中值定理.

定理2(拉格朗日中值定理)　设函数 $f(x)$满足：

① 在闭区间$[a, b]$上连续；

② 在开区间(a, b)内可导；

则在开区间(a, b)内至少存在一点 ξ，使得

$$f'(\xi)=\frac{f(b)-f(a)}{b-a}.$$

定理 2 在微分学中占有十分重要的理论地位，因此也称拉格朗日中值定理为微分中值定理.

定理 2 结论的正确性可以通过图 3-2 直观地反映出来. $\frac{f(b)-f(a)}{b-a}$ 正是曲线两端点所成弦的斜率，而曲线弧上至少存在一点过该点的切线平行于弦 AB，即斜率相等，而该点切线斜率为 $f'(\xi)$，所以有 $f'(\xi)=\frac{f(b)-f(a)}{b-a}$. 但定理 2 并没指明 ξ 在 (a, b) 内的具体位置，只说 ξ 位于开区间 (a, b) 之中(ξ 点不一定唯一).

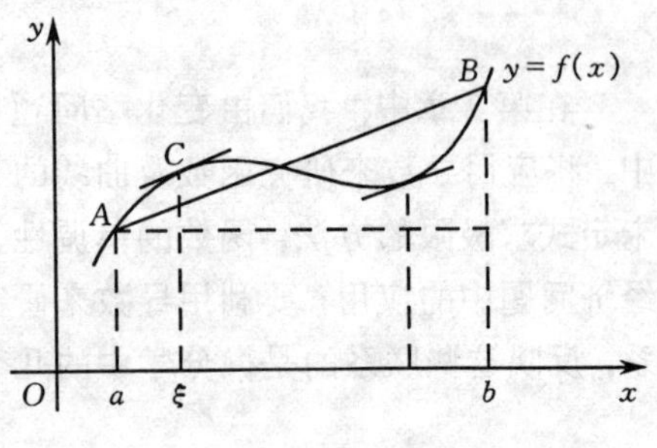

图 3-2

容易看出，罗尔定理是拉格朗日中值定理当 $f(a)=f(b)$ 时的特殊情形.

作为拉格朗日中值定理的应用，下面给出两个简单而重要的推论：

推论 1 如果对于任意的 $x\in(a, b)$，都有 $f'(x)=0$，则 $f(x)$ 在 (a, b) 上恒等于一个常数.

几何意义：如果曲线的切线斜率恒等于零，则此曲线必定是一条平行于 x 轴的直线.

推论 2 如果对于任意的 $x\in(a, b)$，都有 $f'(x)=g'(x)$，则在 (a, b) 内，$f(x)$ 和 $g(x)$ 仅相差一个常数. 即

$$f(x)=g(x)+C.$$

也就是说，如果两个函数在 (a, b) 内导数处处相等，则这两个函数在 (a, b) 上至多相差一个常数.

例 2 验证函数 $f(x)=x^3$ 在区间 $(-1, 0)$ 上满足拉格朗日中值定理的条件，并求定理中 ξ 的值.

解 显然 $f(x)$ 在 $[-1, 0]$ 上连续，$f'(x)=3x^2$ 在 $(-1, 0)$ 上有意义，即 $f(x)$ 在 $(-1, 0)$ 上可导，故 $f(x)$ 在 $[0, 1]$ 上满足拉格朗日中值定理的条件. 根据定理 2，得

$$f(0)-f(-1)=f'(\xi)[0-(-1)]=3\xi^2,$$

所以 $\xi^2=\frac{1}{3}$，即

$$\xi=-\frac{\sqrt{3}}{3},\ \xi\in(-1, 0).$$

例 3 证明：当 $x>0$ 时，

$$\frac{x}{1+x}<\ln(1+x)<x.$$

证明 设 $f(x)=\ln(1+x)$，显然 $f(x)$ 在区间 $[0, x]$ 上满足拉格朗日中值定理的条件. 根据定理 2，有

$$f(x)-f(0)=f'(\xi)(x-0),\ 0<\xi<x.$$

由于 $f(0)=0$，$f'(x)=\frac{1}{1+x}$，因此上式即为

$$\ln(1+x)=\frac{x}{1+\xi},$$

又由 $0<\xi<x$，有

$$\frac{x}{1+x}<\ln(1+x)<x.$$

例 4　证明：$\arctan x+\operatorname{arccot} x=\frac{\pi}{2}$，$x\in(-\infty,+\infty)$.

证明　设 $f(x)=\arctan x+\operatorname{arccot} x$，$x\in(-\infty,+\infty)$，因为

$$f'(x)=\frac{1}{1+x^2}+\left(-\frac{1}{1+x^2}\right)=0,\ x\in(-\infty,+\infty),$$

由推论 1 可知，$f(x)\equiv c$，$x\in(-\infty,+\infty)$. 取 $x=1$，则

$$c=f(1)=\frac{\pi}{4}+\frac{\pi}{4}=\frac{\pi}{2},$$

从而证得

$$\arctan x+\operatorname{arccot} x=\frac{\pi}{2},\ x\in(-\infty,+\infty).$$

对于更一般的情形，还有下面的柯西定理.

定理 3(柯西中值定理)　设函数 $g(x)$，$f(x)$满足：

① 在闭区间$[a,b]$上连续；

② 在开区间(a,b)上可导，且 $g'(x)\neq 0$；

则存在 $\xi\in(a,b)$，使得

$$\frac{f(b)-f(a)}{g(b)-g(a)}=\frac{f'(\xi)}{g'(\xi)}.$$

注　拉格朗日定理是柯西定理的特例，柯西定理是拉格朗日中值定理的推广，而罗尔定理则是拉格朗日中值定理的特例. 因此三个中值定理的核心是拉格朗日中值定理，要求必须掌握，并能运用定理进行简单的证明.

习题 3.1

1. 验证罗尔定理对函数 $f(x)=x^3-2x^2+x-1$ 在区间$[0,1]$上的正确性.
2. 验证下列函数在指定的区间上拉格朗日中值定理的正确性：

(1) $f(x)=\sqrt{x}-1$，$x\in[1,4]$；　　(2) $f(x)=x^3+5x^2+x-2$，$x\in[-1,0]$；

(3) $f(x)=\arctan x$，$x\in[0,1]$.

3. 用拉格朗日中值定理证明

$$\arcsin x+\arccos x=\frac{\pi}{2}\quad(-1\leqslant x\leqslant 1).$$

4. 用拉格朗日中值定理证明

$$\frac{b-a}{b}<\ln\frac{b}{a}<\frac{b-a}{a}\quad(0<a<b).$$

3.2　洛必达法则

在求极限的过程中，常常遇到在同一变化过程中，分子、分母同时趋于零或同时趋于无

穷大的情形，这时分式的极限可能存在也可能不存在，通常分别称这两类极限为$\frac{0}{0}$型或$\frac{\infty}{\infty}$型未定式. 对于这样的未定式，往往需要经过适当的变形，转化成可利用的计算形式. 这种变形有时不易把握，所能解决的问题也有限.

本节介绍一种借助于导数来求极限的方法，即用洛必达法则来求极限的方法.

对$\frac{0}{0}$型未定式，有下述法则：

定理 1(洛必达法则一) 设 $f(x)$，$g(x)$在点 x_0 的某去心邻域内可导，并且 $g'(x)\neq 0$，又满足条件：

① $\lim\limits_{x\to x_0} f(x)=0$；$\lim\limits_{x\to x_0} g(x)=0$；

② 极限$\lim\limits_{x\to x_0}\frac{f'(x)}{g'(x)}=A$(或为$\infty$)；

则

$$\lim_{x\to x_0}\frac{f(x)}{g(x)}=\lim_{x\to x_0}\frac{f'(x)}{g'(x)}=A(\text{或为}\infty).$$

对$\frac{\infty}{\infty}$型未定式，有下述法则：

定理 2(洛必达法则二) 设 $f(x)$，$g(x)$在点 x_0 的某去心邻域内可导，并且 $g'(x)\neq 0$，又满足条件：

① $\lim\limits_{x\to x_0} f(x)=\infty$，$\lim\limits_{x\to x_0} g(x)=\infty$；

② 极限$\lim\limits_{x\to x_0}\frac{f'(x)}{g'(x)}=A$(或为$\infty$)；

则

$$\lim_{x\to x_0}\frac{f(x)}{g(x)}=\lim_{x\to x_0}\frac{f'(x)}{g'(x)}=A(\text{或为}\infty).$$

对于定理 1 和定理 2，把 $x\to x_0$ 改为 $x\to\infty$，仍然成立.

用洛必达法则需注意以下几点：

① 必须是未定式，不是未定式不能用洛必达法则；

② 必须满足洛必达法则的条件才能用，否则不能用；

③ 若未定式极限$\lim\limits_{x\to x_0}\frac{f'(x)}{g'(x)}$还是$\frac{0}{0}$型或$\frac{\infty}{\infty}$型未定式，且函数 $f'(x)$与 $g'(x)$能满足定理 1 和定理 2 中 $f(x)$与 $g(x)$应满足的条件，即可以重复使用洛必达法则，但每次使用前一定注意验证；

④ 用洛必达法则计算未定式时，应多种求极限方法综合使用(等价无穷小，两个重要极限等)，并注意随时化简，这样能使运算简捷.

例 1 求$\lim\limits_{x\to 2}\frac{x^4-16}{x-2}$.

解 首先判定所求是$\frac{0}{0}$型不定式，且易验证它满足洛必达法则的条件，所以

$$\lim_{x\to 2}\frac{x^4-16}{x-2}=\lim_{x\to 2}\frac{(x^4-16)'}{(x-2)'}=\lim_{x\to 2}\frac{4x^3}{1}=32.$$

例 2　求$\lim\limits_{x\to 2}\dfrac{\ln(x-1)}{x-2}$.

解
$$\lim_{x\to 2}\frac{\ln(x-1)}{x-2}=\lim_{x\to 2}\frac{[\ln(x-1)]'}{(x-2)'}=\lim_{x\to 2}\frac{\frac{1}{x-1}}{1}=\lim_{x\to 2}\frac{1}{x-1}=1.$$

例 3　求$\lim\limits_{x\to 0}\dfrac{x-\sin x}{x^3}$.

解
$$\lim_{x\to 0}\frac{x-\sin x}{x^3}=\lim_{x\to 0}\frac{(x-\sin x)'}{(x^3)'}=\lim_{x\to 0}\frac{1-\cos x}{3x^2}$$
$$=\lim_{x\to 0}\frac{(1-\cos x)'}{(3x^2)'}=\lim_{x\to 0}\frac{\sin x}{6x}=\frac{1}{6}.$$

例 4　求$\lim\limits_{x\to +\infty}\dfrac{x^3}{a^x}$ $(a>1)$.

解
$$\lim_{x\to +\infty}\frac{x^3}{a^x}=\lim_{x\to +\infty}\frac{3x^2}{a^x\ln a}=\lim_{x\to +\infty}\frac{6x}{a^x(\ln a)^2}=\lim_{x\to +\infty}\frac{6}{a^x(\ln a)^3}=0.$$

例 5　求$\lim\limits_{x\to\infty}\dfrac{x+\sin x}{x-\sin x}$.

解
$$\lim_{x\to\infty}\frac{x+\sin x}{x-\sin x}=\lim_{x\to\infty}\frac{1+\frac{\sin x}{x}}{1-\frac{\sin x}{x}}=1.$$

例 6　求$\lim\limits_{x\to\infty}\dfrac{x+\sin x}{1+x}$.

解　这是属于$\dfrac{0}{0}$型未定式，但极限
$$\lim_{x\to\infty}\frac{f'(x)}{g'(x)}=\lim_{x\to\infty}\frac{1+\cos x}{1}$$
不存在，即不满足洛必达法则的第(2)个条件，故不能使用洛必达法则．但原极限存在，可用下面的方法求得
$$\lim_{x\to\infty}\frac{x+\sin x}{1+x}=\lim_{x\to\infty}\frac{1+\frac{\sin x}{x}}{\frac{1}{x}+1}=1.$$

用洛必达法则计算虽然很方便，但它不是万能的．有些未定式虽然满足洛必达法则的条件，极限也存在，可是用洛必达法则无法求出．

另外，还有 5 类常见的未定式，即 $0\cdot\infty$，$\infty-\infty$，1^∞，0^0，∞^0，它们可以通过倒置、通分和化为指数函数的复合形式的技巧，而转化为$\dfrac{0}{0}$型或$\dfrac{\infty}{\infty}$型的未定式，然后再使用洛必达法则．

例 7　求$\lim\limits_{x\to 0^+}x^a\ln x$ $(a>0)$.

解
$$\lim_{x\to 0^+}x^a\ln x=\lim_{x\to 0^+}\frac{\ln x}{x^{-a}}=\lim_{x\to 0^+}\frac{\frac{1}{x}}{-ax^{-a-1}}=-\frac{1}{a}\lim_{x\to 0^+}x^a=0.$$

注 此例为$0\cdot\infty$型，将$0\cdot\infty$型转化为$\frac{\infty}{\infty}$型是必要的；若改为$\frac{0}{0}$型将不得其解.

例 8 求$\lim\limits_{x\to1}\left(\frac{x}{x-1}-\frac{1}{\ln x}\right)$.

解
$$\lim_{x\to1}\left(\frac{x}{x-1}-\frac{1}{\ln x}\right)=\lim_{x\to1}\frac{x\ln x-x+1}{(x-1)\ln x}$$
$$=\lim_{x\to1}\frac{\ln x}{\ln x+\frac{x-1}{x}}=\lim_{x\to1}\frac{\frac{1}{x}}{\frac{1}{x}+\frac{1}{x^2}}=\frac{1}{2}.$$

例 9 求$\lim\limits_{x\to1^+}x^{\frac{1}{1-x}}$.

解
$$\lim_{x\to1^+}x^{\frac{1}{1-x}}=\lim_{x\to1^+}e^{\frac{1}{1-x}\ln x}=e^{\lim\limits_{x\to1^+}\frac{\ln x}{1-x}}=e^{-1}=\frac{1}{e}.$$

例 10 求$\lim\limits_{x\to0^+}x^x$ $(x>0)$.

解
$$\lim_{x\to0^+}x^x=\lim_{x\to0^+}e^{x\ln x}=e^{\lim\limits_{x\to0^+}x\ln x}=e^0=1.$$

例 11 求$\lim\limits_{x\to+\infty}x^{\frac{1}{x}}$.

解
$$\lim_{x\to+\infty}x^{\frac{1}{x}}=\lim_{x\to+\infty}e^{\frac{1}{x}\ln x}=e^{\lim\limits_{x\to+\infty}\frac{\ln x}{x}}=e^0=1.$$

习题 3.2

利用洛必达法则求下列极限：

(1) $\lim\limits_{x\to\pi}\frac{1+\cos x}{x-\pi}$； (2) $\lim\limits_{x\to0}\frac{e^x-e^{-x}}{\sin x}$；

(3) $\lim\limits_{x\to0}\frac{e^x-1-x}{x^2}$； (4) $\lim\limits_{x\to2}\frac{\sin x-\sin 2}{x-2}$；

(5) $\lim\limits_{x\to+\infty}\frac{e^x-\cos x}{e^x+\sin x}$； (6) $\lim\limits_{x\to\frac{\pi}{2}}\frac{\tan x}{\tan 3x}$；

(7) $\lim\limits_{x\to1^-}(1-x)^{\cos\frac{\pi}{2}x}$； (8) $\lim\limits_{x\to+\infty}(\ln x)^{\frac{1}{x}}$；

(9) $\lim\limits_{x\to0}\left(\frac{1}{x}-\frac{1}{\sin x}\right)$； (10) $\lim\limits_{x\to\infty}x(e^{\frac{1}{x}}-1)$；

(11) $\lim\limits_{x\to+\infty}\frac{x\ln x}{x+\ln x}$； (12) $\lim\limits_{x\to0^+}x\ln\sin x$.

3.3 函数单调性的判定

对于函数的单调性，除了用单调的定义或函数的图像判定外，还可以用函数导数的符号来判定. 从几何直观上分析，容易看到，图 3-3(a)中的曲线是上升的，其上每一点处的切线与 x 轴正向的夹角都是锐角，切线的斜率大于零，也就是说函数 $f(x)$在相应点处的导数大于零($f'(x)>0$)；相反地，图 3-2(b)中的曲线是下降的，其上每一点处的切线与 x 轴正向的夹角都是钝角，切线的斜率小于零，也就是说函数 $f(x)$ 在相应点处的导数小于零($f'(x)<0$). 由此可见，函数的单调性与其导数的符号有着密切的联系. 因此，我们可以用导数的符号来判定函数的单调性.

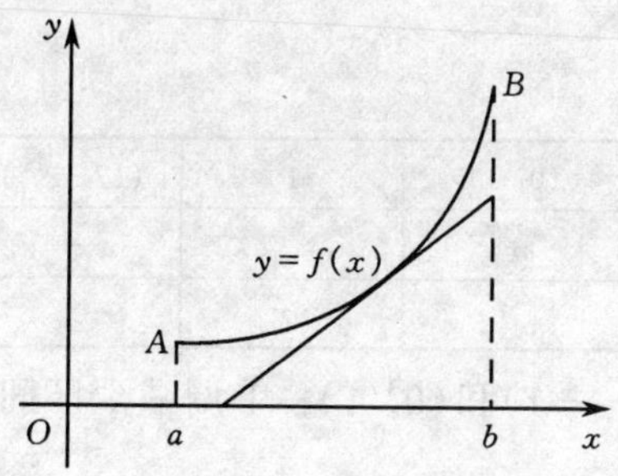

(a) 函数图形上升时切线斜率都非负

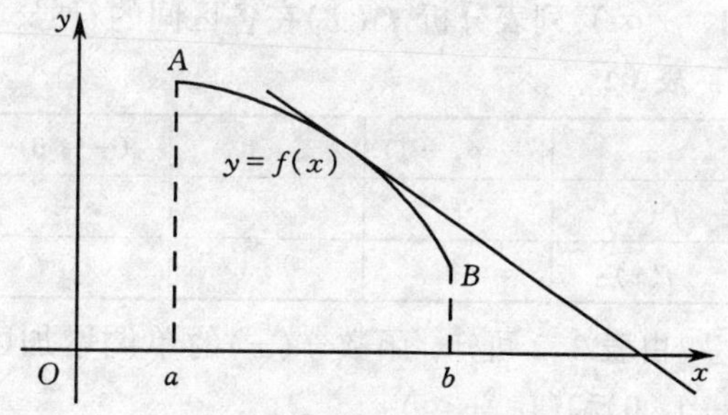

(b) 函数图形下降时切线斜率都非正

图 3-3

一般地，有如下判定定理：

定理　设函数 $y=f(x)$在区间$[a, b]$上连续，在(a, b)上可导.

① 若在区间(a, b)上导数 $f'(x)>0$，则函数 $f(x)$在区间$[a, b]$上单调增加；

② 若在区间(a, b)上导数 $f'(x)<0$，则函数 $f(x)$在区间$[a, b]$上单调减少.

注　如果函数 $y=f(x)$在区间(a, b)上单调，则称区间(a, b)为单调区间.

例 1　讨论 $f(x)=2x^3-9x^2+12x-3$ 的单调性，并确定单调区间.

解　显然 $f(x)$的定义域为$(-\infty, +\infty)$，求导数得

$$f'(x)=6x^2-18x+12=6(x-1)(x-2).$$

令 $f'(x)=0$，得驻点

$$x_1=1,\ x_2=2.$$

这两个驻点把函数的连续区间$(-\infty, +\infty)$分成三个部分区间：$(-\infty, 1)$，$(1, 2)$，$(2, +\infty)$.

考察 $f'(x)$在这三个区间内的符号，为了书写表达简便，我们常列表分析 $f'(x)$在各区间的符号，从而确定 $f(x)$的单调性和单调区间.

表 3-1

x	$(-\infty, 1)$	1	$(1, 2)$	2	$(2, +\infty)$
$f'(x)$	+	0	−	0	+
$f(x)$	↗		↘		↗

从表 3-1 中可以看到，有些函数在它的定义区间上不是单调的，但是令 $f'(x)=0$，就可求出划分单调区间的分界点. 例 1 中导数等于零的点 $x=1$，$x=2$ 均为单调区间的分界点. 由表 3-1 可知，函数的单调增加区间为$(-\infty, 1)$和$(2, +\infty)$，单调减少区间为$(1, 2)$.

例 2　求函数 $f(x)=2-(x^2-1)^{\frac{2}{3}}$的单调区间.

解　$f(x)=2-(x^2-1)^{\frac{2}{3}}$的定义域为$(-\infty, +\infty)$.

$$f'(x)=-\frac{2}{3}(x^2-1)^{-\frac{1}{3}}\cdot 2x=-\frac{4}{3}\frac{x}{\sqrt[3]{x^2-1}},$$

令 $f'(x)=0$，得 $x=0$. 注意到 $f'(x)$有两个不存在的点：$x=\pm1$. $x=-1$，$x=0$，$x=1$ 把函数的连续区间$(-\infty,+\infty)$分成四个部分区间：$(-\infty,-1)$，$(-1,0)$，$(0,1)$，$(1,+\infty)$. 列表分析 $f'(x)$在各区间的符号.

表 3-2

x	$(-\infty,-1)$	-1	$(-1,0)$	0	$(0,1)$	1	$(1,+\infty)$
$f'(x)$	+		−	0	+		−
$f(x)$	↗		↘		↗		↘

由表 3-2 可知，函数 $f(x)$的单调增加区间为$(-\infty,-1)$和$(0,1)$，单调减少区间为$(-1,0)$和$(1,+\infty)$.

注 使得 $f'(x)=0$ 的点以及使导数不存在的点都可能是函数增减区间的分界点.

若 $f'(x)$在任一有限区间上只有有限个零点，除此之外 $f'(x)$保持相同的符号，则函数 $f(x)$仍然是单调的. 利用函数的单调性，还可以证明某些不等式.

例 3 证明：当 $x>0$ 时，

$$\ln(1+x)<x.$$

证明 令

$$f(x)=x-\ln(1+x),$$

则 $f(x)$在$[0,+\infty)$上连续，且在$(0,+\infty)$上，

$$f'(x)=1-\frac{1}{1+x}=\frac{x}{1+x}>0.$$

由定理 1 知，$f(x)$在$[0,+\infty)$上单调增加，所以，当 $x>0$ 时，有 $f(x)>f(0)$，即

$$x-\ln(1+x)>0,$$

即

$$\ln(1+x)<x\quad(x>0).$$

例 4 证明不等式：

$$\ln(1+x)>\frac{\arctan x}{1+x}\quad(x>0).$$

证明 设

$$f(x)=(1+x)\ln(1+x)-\arctan x,$$

则

$$f'(x)=\ln(1+x)+1-\frac{1}{1+x^2}=\ln(1+x)+\frac{x^2}{1+x^2}>0\quad(x>0),$$

即函数 $f(x)$在区间$(0,+\infty)$上单调增加. 又 $f(0)=0$，故当 $x>0$ 时，有 $f(x)>f(0)=0$，即 $f(x)>0$，所以当 $x>0$ 时，

$$(1+x)\ln(1+x)-\arctan x>0,$$

即

$$\ln(1+x)>\frac{\arctan x}{1+x}\quad(x>0).$$

例5　若 $f(x)$在区间$[a, b]$上连续，在(a, b)上可导，且满足 $f'(x)>0$，及 $f(a)\cdot f(b)<0$,证明方程 $f(x)=0$ 在(a, b)上有唯一实根.

证明　假设 $f(x)=0$ 在(a, b)上有两个根 ξ_1，ξ_2，且 $\xi_1<\xi_2$，则在区间$[\xi_1, \xi_2]$上$f(x)$满足罗尔定理的条件，故存在 $\xi\in(\xi_1, \xi_2)\subset(a, b)$，使得 $f'(\xi)=0$，这与 $f'(x)>0$ 矛盾.

根据闭区间上连续函数的介值定理，至少存在一点 $\xi'\in(a, b)$，使得 $f(\xi')=0$，即 $x=\xi'$是方程$f(x)=0$ 的根.

综上所述，方程 $f(x)=0$ 在(a, b)上有唯一实根.

注　如果连续函数 $f(x)$单调，且 $f(x)=0$ 有实根，则必是唯一的实根.

习题 3.3

1. 求下列函数的单调区间：

(1) $f(x)=x^3-2x^2+5$；　　(2) $y=e^x-x$；

(3) $y=x^3-3x^2-9x+1$；　　(4) $y=x^2(1+x)^{-1}$.

2. 证明：当 $x>1$ 时，$2\sqrt{x}>3-\dfrac{1}{x}$.

3. 证明：$2^x>x^2\quad(x>4)$.

4. 证明：$\tan x>x+\dfrac{1}{3}x^3$，$x\in\left(0, \dfrac{\pi}{2}\right)$.

3.4　函数的极值

定义　设函数 $f(x)$在点 x_0 的某邻域 $U(x_0)$内有定义，如果在去心邻域 $\mathring{U}(x_0)$内有 $f(x)<f(x_0)$(或 $f(x)>f(x_0)$)，则称 $f(x_0)$是函数 $f(x)$的一个极大值(或极小值).

函数的极大值与极小值统称为函数的极值，使函数取得极值的点称为极值点.

函数的极大值和极小值概念是局部性的. 如果 $f(x_0)$是函数 $f(x)$的一个极大值(那只是就 x_0 附近的一个局部范围来说，$f(x_0)$是 $f(x)$的一个最大值；如果就 $f(x)$的整个定义域来说，$f(x_0)$不一定是最大值. 关于极小值也类似.

极值与水平切线的关系：在函数取得极值处，曲线上的切线是水平的. 但曲线上有水平切线的地方，函数不一定取得极值.

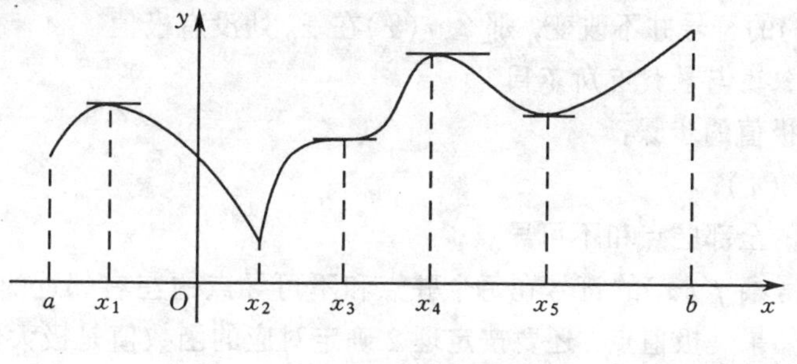

图 3-4

定理1(必要条件)　设函数 $f(x)$在点 x_0 处可导，且在 x_0 处取得极值，那么 $f(x)$在 x_0

处的导数为零，即 $f'(x)=0$.

证明 不妨假定 $f(x_0)$是极大值(极小值的情形可类似地证明). 根据极大值的定义，在 x_0 的某个去心邻域内，对于任何点 x，$f(x)<f(x_0)$均成立. 于是当 $x<x_0$ 时，

$$\frac{f(x)-f(x_0)}{x-x_0}>0,$$

因此

$$f'(x_0)=\lim_{x\to x_0^-}\frac{f(x)-f(x_0)}{x-x_0}\geqslant 0;$$

当 $x>x_0$ 时，

$$\frac{f(x)-f(x_0)}{x-x_0}<0,$$

因此

$$f'(x_0)=\lim_{x\to x_0^+}\frac{f(x)-f(x_0)}{x-x_0}\leqslant 0.$$

从而得到

$$f'(x)=0.$$

驻点：使导数为零的点(即方程 $f'(x)=0$ 的实根)叫做函数 $f(x)$的驻点.

定理 1 就是说，可导函数 $f(x)$的极值点必定是函数的驻点. 但反过来，函数 $f(x)$的驻点却不一定是极值点.

定理 2(第一充分条件) 设函数 $f(x)$在 x_0 处连续，且在 x_0 的某去心邻域$(x_0-\delta,\ x_0)\cup(x_0,\ x_0+\delta)$内可导.

① 如果在$(x_0-\delta,\ x_0)$上 $f'(x)>0$，在$(x_0,\ x_0+\delta)$上 $f'(x)<0$，那么函数 $f(x)$在 x_0 处取得极大值；

② 如果在$(x_0-\delta,\ x_0)$上 $f'(x)<0$，在$(x_0,\ x_0+\delta)$上 $f'(x)>0$，那么函数 $f(x)$在 x_0 处取得极小值；

③ 如果在$(x_0-\delta,\ x_0)$及$(x_0,\ x_0+\delta)$上 $f'(x)$的符号相同，那么函数 $f(x)$在 x_0 处没有极值.

定理 2 也可简单地这样说：当 x 在x_0 的邻近渐增地经过 x_0 时，如果 $f'(x)$的符号由负变正，那么 $f(x)$在 x_0 处取得极大值；如果 $f'(x)$的符号由正变负，那么 $f(x)$在 x_0 处取得极小值；如果 $f'(x)$的符号并不改变，那么 $f(x)$在 x_0 处没有极值.

注 定理 2 的叙述与教材有所不同.

确定极值点和极值的步骤：

① 求出导数 $f'(x)$；

② 求出 $f(x)$的全部驻点和不可导点；

③ 列表判断(考察 $f'(x)$的符号在每个驻点和不可导点的左右邻近的情况，以便确定该点是否是极值点. 如果是极值点，还要按定理 2 确定对应的函数值是极大值还是极小值)；

④ 确定出函数的所有极值点和极值.

例 1 求函数 $f(x)=(x-4)\sqrt[3]{(x+1)^2}$的极值.

解　(1) $f(x)$在$(-\infty, +\infty)$上连续，除 $x=-1$ 外处处可导，且

$$f'(x)=\frac{5(x-1)}{3\sqrt[3]{x+1}};$$

(2) 令 $f'(x)=0$，得驻点 $x=1$，$x=-1$ 为 $f(x)$的不可导点；

(3) 列表判断：

表 3-3

x	$(-\infty, -1)$	-1	$(-1, 1)$	1	$(1, +\infty)$
$f'(x)$	+	不可导	−	0	+
$f(x)$	↗	0	↘	$-3\sqrt[3]{4}$	↗

(4) 极大值为 $f(-1)=0$，极小值为 $f(1)=-3\sqrt[3]{4}$.

定理 3（第二充分条件）　设函数 $f(x)$ 在点 x_0 处具有二阶导数且 $f'(x_0)=0$，$f''(x_0)\neq 0$，那么

① 当 $f''(x_0)<0$ 时，函数 $f(x)$在 x_0 处取得极大值；

② 当 $f''(x_0)>0$ 时，函数 $f(x)$在 x_0 处取得极小值.

证明　在情形(1)，由于 $f''(x_0)<0$，按二阶导数的定义有

$$f''(x_0)=\lim_{x\to x_0}\frac{f'(x)-f'(x_0)}{x-x_0}<0.$$

根据函数极限的局部保号性，当 x 在x_0 的足够小的去心邻域内时，

$$\frac{f'(x)-f'(x_0)}{x-x_0}<0,$$

但 $f'(x)=0$，所以上式即

$$\frac{f'(x)}{x-x_0}<0.$$

从而知道，对于这去心邻域内的 x 来说，$f'(x)$与 $x-x_0$ 符号相反. 因此，当 $x-x_0<0$ 即 $x<x_0$时，$f'(x)>0$；当 $x-x_0>0$ 即 $x>x_0$ 时，$f'(x)<0$. 于是根据定理 2，$f(x)$在点 x_0 处取得极大值.

类似地可以证明情形(2).

定理 3 表明，如果函数 $f(x)$在驻点 x_0 处的二导数 $f''(x_0)\neq 0$，那么该驻点 x_0 一定是极值点，并且可以按二阶导数 $f''(x_0)$的符号来判定 $f(x_0)$是极大值还是极小值. 但如果 $f''(x_0)=0$，定理 3 就不能应用.

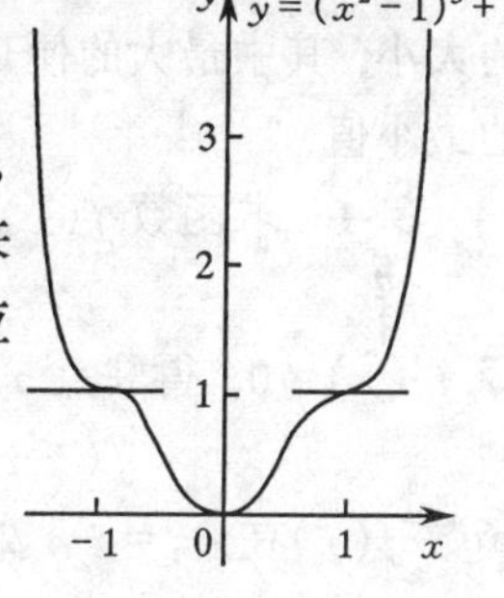

图 3-5

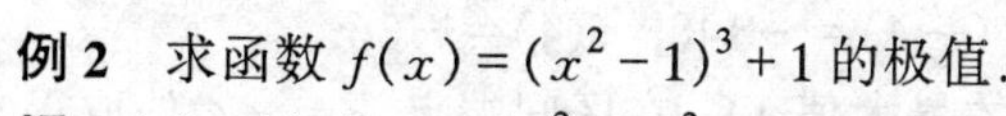

例 2　求函数 $f(x)=(x^2-1)^3+1$ 的极值.

解　(1) $f'(x)=6x(x^2-1)^2$；

(2) 令 $f'(x)=0$，求得驻点 $x_1=-1$，$x_2=0$，$x_3=1$；

(3) $f''(x)=6(x^2-1)(5x^2-1)$；

(4) 因 $f''(0)=6>0$，所以 $f(x)$在 $x=0$ 处取得极小值，极小值为 $f(0)=0$；

(5) 因 $f''(-1)=f''(1)=0$，故用定理 3 无法判别. 因为在 $x_1=-1$ 的左右邻域内 $f'(x)<0$，所以 $f(x)$在 $x_1=-1$ 处没有极值. 同理，$f(x)$在 $x_2=1$ 处也没有极值. 见

图 3-5.

习题 3.4

求下列函数的极值:

(1) $y=x-\ln(1+x)$;　　(2) $y=(x-1)^3(2x+3)^2$;

(3) $y=2-(x-1)^{\frac{2}{3}}$;　　(4) $y=x+\arctan x$.

3.5 函数的最大值最小值

在工农业生产、工程技术及科学实验中，常常会遇到这样一类问题：在一定条件下，怎样使"产品最多"、"用料最省"、"成本最低"、"效率最高"等，这在数学上有时可归结为求某一函数(通常称为目标函数)的最大值或最小值问题.

3.5.1 极值与最值的关系

设函数 $f(x)$在闭区间$[a, b]$上连续，则函数的最大值和最小值一定存在. 函数的最大值和最小值有可能在区间的端点取得，如果最大值不在区间的端点取得，则必在开区间(a, b)内取得，在这种情形下，最大值一定是函数的极大值. 因此，函数在闭区间$[a, b]$上的最大值一定是函数的所有极大值和函数在区间端点的函数值中最大者. 同理，函数在闭区间$[a, b]$上的最小值一定是函数的所有极小值和函数在区间端点的函数值中最小者.

3.5.2 最大值和最小值的求法

设 $f(x)$在(a, b)上的驻点和不可导点(它们是可能的极值点)为 $x_1, x_2, \cdots, x_n$，则比较

$$f(a),\ f(x_1),\ f(x_2),\cdots,f(x_n),\ f(b)$$

的大小，其中最大的便是函数 $f(x)$在$[a, b]$上的最大值，最小的便是函数 $f(x)$在$[a, b]$上的最小值.

例 1　求函数 $f(x)=2x^3-6x^2-18x+4$ 在$[-4, 4]$上的最大值与最小值.

解
$$f'(x)=6x^2-12x-18=6(x-3)(x+1).$$
令 $f'(x)=0$，得驻点 $x_1=-1$，$x_2=3$，在$(-4, 4)$内没有使 $f'(x)$不存在的点.

$$f(-1)=14,\ f(3)=-50,\ f(-4)=-148,\ f(4)=-36,$$

函数 $f(x)$在 $x_1=-1$ 处取得它在$[-4, 4]$上的最大值 14，在区间端点 $x=-4$ 处取得它在$[-4, 4]$上的最小值-148.

例 2　有一块宽为 $2a$ 的长方形铁皮，将宽的两个边缘向上折起，做成一个开口水槽，其横截面为矩形，高为 x. 问高 x 取何值时，水槽的流量最大?

解　设两边各折起 x，则横截面积为

$$S(x)=2x(a-x)\quad(0<x<a),$$

这样，问题就归结为：当 x 取何值时，$S(x)$取最大值.

由于 $S'(x)=2a-4x$，所以，令 $S'(x)=0$，得 $S(x)$的唯一驻点 $x=\frac{a}{2}$.

又因为铁皮两边折得过大或过小，其横截面积都会变小，因此，该实际问题存在着最大截面积，所以 $S(x)$的最大值在 $x=\frac{a}{2}$处取得，即当 $x=\frac{a}{2}$时，水槽的流量最大.

例 3　铁路线上 AB 段的距离为 100km. 工厂 C 距 A 处为 20km，AC 垂直于 AB（图 3-6）. 为了运输需要，要在 AB 线上选定一点 D 向工厂修筑一条公路. 已知铁路每公里货运的运费与公路上每公里货运的运费之比为 3∶5. 为了使货物从供应站 B 运到工厂 C 运费最省，问 D 点应选在何处?

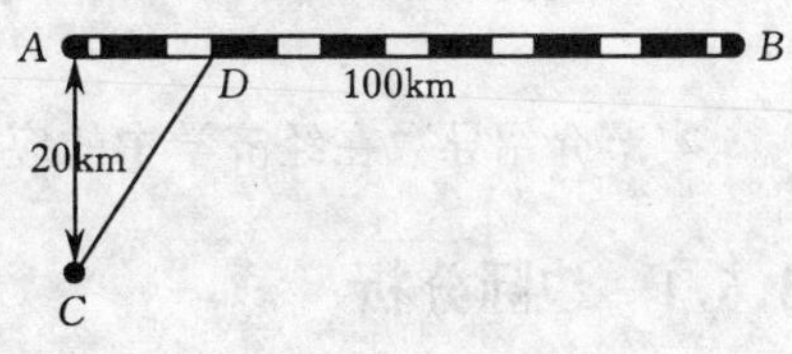

图 3-6

解　设 $AD=x$(km)，那么 $DB=100-x$，

$$CD=\sqrt{20^2+x^2}=\sqrt{400+x^2}$$

由于铁路上每公里货运的运费与公路上每公里货运的运费之比为 3∶5，因此我们不妨设铁路上每公里的运费为 $3k$，公路上每公里的运费为 $5k$（k 为某个正数，因它与本题的解无关，所以不必定出）. 设从 B 点到 C 点需要的总运费为 y，那么

$$y=5k\cdot CD+3k\cdot DB,$$

即

$$y=5k\sqrt{400+x^2}+3k(100-x)\quad(0\leqslant x\leqslant 100).$$

现在，问题就归结为：x 在[0，100]上取何值时，目标函数 y 的值最小.

先求 y 对 x 的导数：

$$y'=k\left(\frac{5x}{\sqrt{400+x^2}}-3\right).$$

解方程 $y'=0$，得 $x=15$(km).

由于 $y|_{x=0}=400k$，$y|_{x=15}=380k$，$y|_{x=100}=500k\sqrt{1+\frac{1}{5^2}}$，其中以 $y|_{x=15}=380k$ 为最小，因此当 $AD=x=15$km 时，总运费为最省.

注　$f(x)$在一个区间（有限区间或无限区间，开区间或闭区间）上可导且只有一个驻点 x_0，并且这个驻点 x_0 是函数 $f(x)$的极值点，那么，当 $f(x_0)$是极大值时，$f(x_0)$就是 $f(x)$在该区间上的最大值；当 $f(x_0)$是极小值时，$f(x_0)$就是 $f(x)$在该区间上的最小值.

应当指出，实际问题中，往往根据问题的性质就可以断定函数 $f(x)$确有最大值或最小值，而且一定在定义区间内部取得. 这时如果(x)在定义区间内部只有一个驻点 x_0，那么不必讨论 $f(x_0)$是否是极值，就可以断定 $f(x_0)$是最大值或最小值.

习题 3.5

1. 函数 $y=x^2-\frac{54}{x}(x<0)$在何处取得最小值?

2. 求函数 $y=x+\sqrt{1-x}$在$[-5, 1]$上的最大值.

3. 要造一个圆柱形油罐，体积为 V，问底半径 r 和高 h 等于多少时，才能使表面积最小? 这时底直径与高的比是多少?

4. 把一根直径为 d 的圆木锯成截面为矩形的梁. 问矩形截面的高 h 和宽 b 应如何选择, 才能使梁的抗弯截面模量 $W\left(W=\frac{1}{6}bh^2\right)$ 最大?

3.6 导数在经济分析中的应用

本节介绍导数在经济学中的应用——边际分析和弹性分析.

3.6.1 边际分析

边际概念是经济学中的一个重要概念, 一般指经济函数的变化率. 利用导数研究经济变量的边际变化的方法, 称作边际分析方法.

在经济分析中, 边际表示 x 的某个值(或称边缘上)对 y 的变化情况, 显然是一种经济变量 y 相对于另一种经济变量 x 的平均变化率 $\frac{\Delta y}{\Delta x}$ 或瞬时变化率 $\lim\limits_{\Delta x\to 0}\frac{\Delta y}{\Delta x}$(即 y 关于 x 的导数).

定义 1 设函数 $y=f(x)$ 可导, 称导函数 $y=f'(x)$ 为 $f(x)$ 的边际函数.

这只不过是经济上对导数的另一种叫法, 但现在仍遵循这个叫法.

$f'(x)$ 表示边际函数在 $x=x_0$ 处的值, 它反映了函数 $y=f(x)$ 在点 x_0 处 y 关于 x 的变化速度.

在点 x_0 处, x 改变了一个单位, 即 $\Delta x=1$, y 相应地改变了 Δy, 如果单位很小, 则有 $\Delta y\approx \mathrm{d}y=f'(x_0)$. 这说明函数 $f(x)$ 在 $x=x_0$ 处, 当 x 有一个单位改变时, 函数 $f(x)$ 近似改变了 $f'(x)$. 例如, 函数 $y=x^2$, $y'=2x$, 在 $x=10$ 处边际函数值为 $f'(10)=20$, 它表示当 $x=10$ 时, 若 x 改变了一个单位, 函数 y 近似地要改变 20 个单位.

(1) 边际成本

在经济学中, 边际成本定义为产量增加一个单位时所增加的总成本.

设某产品产量为 Q 单位时所需的总成本为 $C=C(Q)$. 由于

$$C(Q+1)-C(Q)=\Delta C(Q)\approx \mathrm{d}C(Q)=C'(Q)\Delta Q=C'(Q),$$

所以边际成本就是总成本函数关于产量 Q 的导数.

(2) 边际收入

在经济学中, 边际收入定义为多销售一个单位产品所增加的销售收入.

设某产品的销售量为 Q 时的收入函数为 $R=R(Q)$, 则收入函数关于销售量 Q 的导数就是该产品的边际收入 $R'(Q)$.

(3) 边际利润

设某产品的销售量为 Q 时的利润函数为 $L=L(Q)$, 当 $L(Q)$ 可导时, 称 $L'(Q)$ 为销售量为 Q 时的边际利润, 它近似等于销售量为 Q 时再多销售一个单位产品所增加(或减少)的利润.

由于利润函数为收入函数与总成本函数之差, 即

$$L(Q)=R(Q)-C(Q),$$

由导数的运算法则可知

$$L'(Q)=R'(Q)-C'(Q),$$

即边际利润为边际收入与边际成本之差.

例 1　设某商品的成本函数为

$$C(Q)=1\,000+\frac{Q^2}{10}.$$

求当 $Q=120$ 时的总成本、平均成本及边际成本，且问当产量 Q 为多少时平均成本最小？并求出最小平均成本.

解　总成本

$$C(Q)=1\,000+\frac{Q^2}{10},\ C(120)=2\,440;$$

平均成本

$$\overline{C}(Q)=\frac{C(Q)}{Q},\ \overline{C}(120)=20.33;$$

边际成本

$$C'(Q)=\frac{Q}{5},\ C'(120)=24;$$

平均成本函数

$$\overline{C}(Q)=\frac{1\,000}{Q}+\frac{Q}{10}.$$

由于

$$\overline{C}'(Q)=-\frac{1\,000}{Q^2}+\frac{1}{10},$$

令 $\overline{C}'(Q)=0$，得 $Q=100$，且 $\overline{C}''(Q)=\dfrac{2\,000}{Q^3}$，$\overline{C}''(100)>0$. 所以当 $Q=100$ 时，平均成本最小，且最小平均成本为 $\overline{C}(100)=20$.

例 2　已知某商品的需求函数是 $Q=1\,200-100P$(件)，其中 P 是价格(元/件)，求使收入最大的销售量和相应的最大收入.

解

$$Q=1\,200-100P,$$

$$P=12-\frac{Q}{100},$$

$$R(Q)=P(Q)Q=12Q-\frac{Q^2}{100},$$

$$R'(Q)=12-\frac{Q}{50},$$

令 $R'(Q)=0$，即 $12-\dfrac{Q}{50}=0$，得唯一驻点 $Q=600$，易验证 $Q=600$ 为极大值点.

$$R(600)=12\times 600-\frac{600^2}{100}=3\,600(\text{元}),$$

即使收入最大的销售量为 600 件，最大收入为 3 600 元.

例 3　某厂生产某种产品 Q 件时的总成本函数为 $C(Q)=20+4Q+0.01Q^2$(元)，单位销售价格为 $P=14-0.01Q$(元/件)，求收入函数 $R(Q)$，并问产量(销售量)为多少时可使利润达到最大？最大利润是多少？

解

$$R(Q)=P(Q)Q=(14-0.01Q)Q=14Q-0.01Q^2,$$

$$L(Q)=R(Q)-C(Q)=(14Q-0.01Q^2)-(20+4Q+0.01Q^2)$$
$$=-20+10Q-0.02Q^2,$$
$$L'(Q)=10-0.04Q.$$

令 $L'(Q)=0$，得唯一驻点 $Q=250$，易验证 $Q=250$ 为极大值点.

$$L(250)=-20+10\times250-0.02\times250^2=1\ 230(\text{元}),$$

即产量为 250 件时可使利润达到最大，最大利润是 1 230 元.

3.6.2 弹性分析

弹性分析也是经济分析中常用的一种方法，主要用于对生产、供给、需求等问题的研究.

在经济问题中有时仅仅考虑变量的改变量还不够. 例如，甲商品单位价格 10 元，提价 1 元；乙商品单位价格 200 元，提价 1 元. 两种商品绝对改变量都是 1 元，但各与其原价相比，两者涨价的幅度差异很大，甲商品提价 10%，乙商品提价 0.5%. 因此，商品价格上涨的百分比更能反映商品价格的改变情况，有必要研究函数的相对改变量与相对变化率.

下面给出弹性的一般概念.

定义 2 设函数 $y=f(x)$ 在点 x_0 的邻域内有定义，当 x 取改变量 Δy 时，称 $\frac{\Delta x}{x_0}$ 为 x 在点 x_0 的相对改变量，$\frac{\Delta y}{y_0}=\frac{f(x_0+\Delta x)-f(x_0)}{f(x_0)}$ 为函数 y 在点 x_0 的相对改变量. 比值 $\frac{\Delta y/y_0}{\Delta x/x_0}$ 称为函数 $y=f(x)$ 从 $x=x_0$ 到 $x=x_0+\Delta x$ 两点间的相对变化率或两点间的弹性. 若

$$\lim_{\Delta x\to0}\frac{\Delta y/y_0}{\Delta x/x_0}$$

存在，则称该极限值为函数 $y=f(x)$ 在点 x_0 处的相对变化率或弹性. 记作 $\left.\frac{Ey}{Ex}\right|_{x=x_0}$ 或 $\frac{Ef(x_0)}{Ex}$，即

$$\left.\frac{Ey}{Ex}\right|_{x=x_0}=\lim_{\Delta x\to0}\frac{\Delta y/y_0}{\Delta x/x_0}.$$

若 $y=f(x)$ 在点 x_0 可导，则

$$\left.\frac{Ey}{Ex}\right|_{x=x_0}=\lim_{\Delta x\to0}\frac{\Delta y/y_0}{\Delta x/x_0}=\frac{x_0}{y_0}\lim_{\Delta x\to0}\frac{\Delta y}{\Delta x}=\frac{x_0}{y_0}f'(x_0)=\frac{x_0}{f(x_0)}f'(x_0).$$

对于任意点 x，若 $f(x)$ 可导，则称 $\frac{Ey}{Ex}=\frac{x}{f(x)}f'(x)$ 为 $f(x)$ 的弹性函数.

由定义 2 可知，函数的弹性是函数的相对改变量与自变量相对改变量比值的极限，它是函数的相对变化率，反映 y 随 x 变化的幅度大小，即 y 对 x 变化反应的强烈程度或灵敏度，或解释成当自变量 x 变化百分之一时，函数 $f(x)$ 变化的百分数.

从定义 2 还可以看出，函数的弹性与各有关变量所用的计量单位无关，因而弹性概念在经济学中得到广泛应用.

例 4 求函数 $y=3+2x$ 在 $x=3$ 处的弹性.

解 因 $y'=2$，则

$$\frac{Ey}{Ex}=2\frac{x}{y}.$$

当 $x=3$ 时，$y=9$，则

$$\left.\frac{Ey}{Ex}\right|_{x=3}=\frac{2}{3}.$$

例 5　求函数 $y=2\mathrm{e}^{-3x}$ 的弹性函数 $\frac{Ey}{Ex}$.

解　$$\frac{Ey}{Ex}=\frac{x}{y}y'=\frac{x}{2\mathrm{e}^{-3x}}(2\mathrm{e}^{-3x})'=\frac{x}{2\mathrm{e}^{-3x}}(-6\mathrm{e}^{-3x})=-3x.$$

例 6　求幂函数 $y=x^a$（a 为常数）的弹性函数.

解　$$\frac{Ey}{Ex}=\frac{x}{y}y'=\frac{x}{x^a}(x^a)'=\frac{x}{x^a}(ax^{a-1})=a.$$

由此可见，幂函数的弹性函数为常数，所以也称幂函数为不变弹性函数.

在经济问题中通常考虑的是需求与供给对价格的弹性.

需求弹性刻画的是当商品价格变动时，需求变动的强弱. 由于需求函数 $Q=f(P)$ 为减函数，所以 ΔP 与 ΔQ 异号，$f'(P)<0$，按上述函数的弹性定义将出现负值. 为了用正数表示需求弹性，这里采用需求函数相对变化率的负号来定义需求弹性.

定义 3　设需求函数 $Q=f(P)$ 在点 P 处可导，称 $\frac{-\Delta Q/Q}{\Delta P/P}$ 为商品在 P 与 $P+\Delta P$ 两点间的需求弹性. 令 $\Delta P\to 0$，称极限值 $\lim\limits_{\Delta P\to 0}\left|\frac{\Delta Q/Q}{\Delta P/P}\right|=-\frac{\mathrm{d}Q}{\mathrm{d}P}\cdot\frac{P}{Q}$ 为该函数在点 P 处的需求弹性，记作 $\frac{EQ}{EP}$，即

$$\frac{EQ}{EP}=-f'(P)\frac{P}{Q}.$$

① 若 $\left|\frac{EQ}{EP}\right|_{P=P_0}<1$，表示需求变动幅度小于价格变动幅度，价格的变动对需求量的影响不大，此时称低弹性；

② 若 $\left|\frac{EQ}{EP}\right|_{P=P_0}=1$，表示需求变动幅度与价格变动幅度相同，此时称单位弹性；

③ 若 $\left|\frac{EQ}{EP}\right|_{P=P_0}>1$，表示需求变动幅度大于价格变动幅度，价格的变动对需求量的影响较大，此时称高弹性.

例 7　设某商品的需求函数 $Q=\mathrm{e}^{-\frac{P}{5}}$，求 $P=3$，$P=5$，$P=6$ 时的需求弹性.

解　$$\frac{EQ}{EP}=-f'(P)\frac{P}{Q}=-\frac{P}{\mathrm{e}^{-\frac{P}{5}}}(\mathrm{e}^{-\frac{P}{5}})'=-\frac{P}{\mathrm{e}^{-\frac{P}{5}}}\left(-\frac{1}{5}\mathrm{e}^{-\frac{P}{5}}\right)=\frac{P}{5},$$

$$\left.\frac{EQ}{EP}\right|_{P=3}=\frac{3}{5},\ \left.\frac{EQ}{EP}\right|_{P=5}=1,\ \left.\frac{EQ}{EP}\right|_{P=6}=\frac{6}{5}.$$

表明：$P=3$ 时，当 P 从 3 上升（下降）1%，Q 相应下降（上升）0.6%；

$P=5$ 时，当 P 从 5 上升（下降）1%，Q 相应下降（上升）1%；

$P=6$ 时，当 P 从 6 上升（下降）1%，Q 相应下降（上升）1.2%.

由于供给函数 $Q=\varphi(P)$ 为增函数，所以 ΔP 与 ΔQ 同号，比值为正.

定义 4 设供给函数 $Q=\varphi(P)$ 在点 P 处可导，称 $\dfrac{\Delta Q/Q}{\Delta P/P}$ 为商品在 P 与 $P+\Delta P$ 两点间的供给弹性. 令 $\Delta P\to 0$，称极限值 $\lim\limits_{\Delta P\to 0}\left|\dfrac{\Delta Q/Q}{\Delta P/P}\right|=\dfrac{\mathrm{d}Q}{\mathrm{d}P}\cdot\dfrac{P}{Q}$ 为该函数在点 P 处的供给弹性，记作 $\dfrac{EQ}{EP}$，即

$$\frac{EQ}{EP}=\varphi'(P)\frac{P}{Q}.$$

例 8 设某商品的供给函数 $Q=3\mathrm{e}^{2P}$，求供给弹性函数及 $P=1$ 时的供给弹性.

解
$$\frac{EQ}{EP}=\varphi'(P)\frac{P}{Q}=(3\mathrm{e}^{2P})'\frac{P}{3\mathrm{e}^{2P}}(6\mathrm{e}^{2P})=2P,$$
$$\left|\frac{EQ}{EP}\right|_{P=1}=2,$$

说明，当价格从 1 上涨(减少)1%，则供给量相应地增加(减少)2%.

例 9 已知需求函数为 $Q(P)=15\mathrm{e}^{-\frac{P}{3}}$，$P\in[3,10]$，求当 $P=9$ 时的需求弹性.

解 因为
$$\frac{EQ}{EP}=\frac{P}{Q(P)}Q'(P)=\frac{P}{15\mathrm{e}^{-\frac{P}{3}}}\times 15\times\left(-\frac{1}{3}\right)\times\mathrm{e}^{-\frac{P}{3}}=-\frac{P}{3},$$
所以
$$\left|\frac{EQ}{EP}\right|_{P=9}=-\frac{9}{3}=-3.$$

例 10 已知需求函数为 $Q(P)=150-2P^2$，$P\in(0,8)$.

(1) 求需求弹性；

(2) 问 P 取何值时，$\dfrac{EQ}{EP}$ 为单位弹性、低弹性、高弹性?

解
$$\frac{EQ}{EP}=\frac{P}{Q(P)}Q'(P)=\frac{P}{150-2P^2}\cdot(-4P)=\frac{-2P^2}{75-P^2}.$$

由 $\left|\dfrac{-2P^2}{75-P^2}\right|=1$，得 $P=5$；

由 $\left|\dfrac{-2P^2}{75-P^2}\right|<1$，得 $0<P<5$；

由 $\left|\dfrac{-2P^2}{75-P^2}\right|>1$，得 $5<P<8$.

即当 $P=5$ 时，$\dfrac{EQ}{EP}$ 为单位弹性；当 $0<P<5$ 时，$\dfrac{EQ}{EP}$ 为低弹性；当 $5<P<8$ 时，$\dfrac{EQ}{EP}$ 为高弹性.

习题 3.6

1. 某产品的价格与需求量的关系为 $P=20-\dfrac{Q}{4}$，求总收益函数及需求量为 20 时的总收益.

2. 某产品生产 x 单位的总成本 C 为 x 的函数 $C(x)=1\,100+\frac{1}{1\,200}x^2$，求

(1) 生产 900 单位时的总成本和平均单位成本；

(2) 生产 900 单位到 1 000 单位时总成本的平均变化率；

(3) 生产 900 单位到 1 000 单位时的边际成本.

3. 某产品生产 x 个单位的总收益 R 为 x 的函数 $R(x)=200x-0.01x^2$，试求生产 50 单位产品时的总收益及平均单位产品的收益和边际收益.

4. 设某种产品的需求函数和总成本函数分别为

$$P+0.1Q=80,\ C(Q)=5\,000+20Q,$$

其中 Q 为销售量，P 为价格. 求边际利润函数，并计算 $Q=150$ 和 $Q=400$ 时的边际利润，并解释所得结果的经济含义.

5. 设某厂每天生产某种产品 x 单位的总成本函数为 $C(x)=0.5x^2+36x+9\,800$(元)，问每天生产多少个单位的产品，平均成本最低?

6. 设某厂生产某种产品 x 单位时，其销售收入为 $R(x)=3\sqrt{x}$，成本函数为 $C(x)=0.24x^2+1$，求使总利润达到最大的产量 x.

7. 设某商品需求函数为 $Q=\mathrm{e}^{-\frac{P}{4}}$，求需求弹性函数及 $P=3$，$P=4$，$P=5$ 时的需求弹性.

8. 求下列需求函数的弹性，并指出价格 P 取何值时，是高弹性或低弹性的：

(1) $Q=100(2-\sqrt{P})$；　(2) $P=\sqrt{a-bQ}$ $(a,\ b>0)$.

第4章　不定积分

众所周知，加法与减法、乘法与除法等互为逆运算．那么，微分的逆运算又是什么呢？本章所讨论的不定积分就是微分的逆运算，它是微积分中又一个重要的概念．本章将介绍不定积分的概念、性质和常用的积分法．

4.1　不定积分的概念

4.1.1　原函数

在微分学中，已经解决了已知函数的导数的问题．不定积分有很重要的意义，因为有很多实际问题都可以归结为已知函数的导数，求它原来的函数．例如，如果已知边际成本 $V(x)$，它是总成本 $C(x)$ 对产量 x 的导数，即有 $C'(x)=V(x)$，如何求总成本函数 $C(x)$．此外，已知物体的运动速度 $v(t)$，要求其运动规律 $s(t)$，使 $s'(t)=v(t)$；已知曲线斜率 $k(x)$，要求曲线的方程 $y=f(x)$，使 $f'(x)=k(x)$ 等都是类似的问题．

为了研究上述问题，我们给出下面的定义．

定义1　设 $f(x)$ 是定义在某区间上的已知函数，如果存在一个函数 $F(x)$，对于该区间上的每一点都满足

$$F'(x)=f(x) \quad \text{或} \quad \mathrm{d}F(x)=f(x)\mathrm{d}x,$$

则称函数 $F(x)$ 是已知函数 $f(x)$ 在该区间上的一个原函数．

例如，因为在 $(-\infty,+\infty)$ 上任一点 x 都有 $(x^3)'=3x^2$，所以 $F(x)=x^3$ 是 $f(x)=3x^2$ 在 $(-\infty,+\infty)$ 上的一个原函数．

因为在 $(-\infty,+\infty)$ 上任一点 x 都有 $(\sin x)'=\cos x$，所以 $F(x)=\sin x$ 是 $f(x)=\cos x$ 在 $(-\infty,+\infty)$ 上的一个原函数．

此外，我们还可以看到，因为

$$(x^3+3)=3x^2,\ (x^3+\sqrt{2})'=3x^2,\ (x^3+\ln 5)'=3x^2,\cdots$$

所以 x^3+3，$x^3+\sqrt{2}$，$x^3+\ln 5$ 等也都是 $3x^2$ 的原函数．这说明 $3x^2$ 有多个原函数．

这向我们提出了两个问题：一个函数如果有原函数的话，它的原函数到底有多少个？函数的所有原函数具有什么关系？下面的定理可回答这两个问题．

定理　如果 $F(x)$ 是 $f(x)$ 的一个原函数，则 $F(x)+C$（C 是任意常数）也是 $f(x)$ 的原函数，且 $f(x)$ 所有的原函数都可以表示为 $F(x)+C$（C 是任意常数）．

证明　第一个结论显然成立．这是因为

$$[F(x)+C]'=F'(x)+C'=f(x).$$

现证第二个结论．

设 $G(x)$ 是 $f(x)$ 的任意一个原函数，因为

$$F'(x)=f(x),\ G'(x)=f(x),$$

所以

$$[G(x)-F(x)]'=G'(x)-F'(x)=0,$$

由拉格朗日中值定理的推论知

$$G(x)-F(x)=C,$$

即

$$G(x)=F(x)+C.$$

于是定理得证.

4.1.2 不定积分

定义 2 如果函数 $F(x)$是 $f(x)$的任意一个原函数, 那么称 $f(x)$的所有原函数 $F(x)+C$(C 是任意常数)为 $f(x)$的不定积分, 记作

$$\int f(x)\mathrm{d}x = F(x)+C.$$

其中, $\int$ 称为积分号, x 称为积分变量, $f(x)$称为被积函数, $f(x)\mathrm{d}x$ 称为积分表达式, C 称为积分常数.

由定义 2 可知, 要求已知函数 $f(x)$的不定积分, 只要求出它的任意一个原函数 $F(x)$, 再加上任意常数 C 即可.

例 1 求函数 $f(x)=3x^2$ 的不定积分.

解 因为$(x^3)'=3x^2$, 所以

$$\int 3x^2\mathrm{d}x = x^3+C.$$

例 2 求函数 $f(x)=\cos x$ 的不定积分.

解 因为$(\sin x)'=\cos x$, 所以

$$\int \cos x\mathrm{d}x = \sin x+C.$$

例 3 求函数 $f(x)=\dfrac{1}{x}$的不定积分.

解 当 $x>0$ 时, 因为$(\ln x)'=\dfrac{1}{x}$, 所以

$$\int \frac{1}{x}\mathrm{d}x = \ln|x|+C;$$

当 $x<0$ 时, 因为$[\ln(-x)]'=\dfrac{1}{(-x)}(-x)'=\dfrac{1}{x}$, 所以

$$\int \frac{1}{x}\mathrm{d}x = \ln|-x|+C.$$

合并上面两式, 得

$$\int \frac{1}{x}\mathrm{d}x = \ln|x|+C.$$

在上面的例子中, 被积函数的原函数都是存在的. 一般说来, 如果函数 $f(x)$在某区间内连续, 则函数 $f(x)$在此区间内一定存在原函数. 这一结论我们将在下一章证明. 由于初等函

数在其定义区间内连续，因此初等函数在其定义区间内都有原函数.

4.1.3 不定积分的几何意义

设 $F(x)$是 $f(x)$的一个原函数，则在几何上 $y=F(x)$的图形叫做函数 $f(x)$的一条积分曲线. 由于函数 $f(x)$有无穷多个原函数，因此不定积分 $\int f(x)\mathrm{d}x$ 在几何上就表示一簇积分曲线，它们的方程为 $y=F(x)+C$(C 是任意常数).

积分曲线簇有如下两个特点：

① 在横坐标相同的点 x_0 处，所有积分曲线的切线相互平行. 即这些切线都有相同的斜率，这个斜率等于被积函数在 x_0 处的函数值 $f(x_0)$；

② 在横坐标相同的点 x_0 处，任意两条积分曲线的纵坐标之间相差一个常数. 因此，积分曲线簇中的每一条曲线都可以由曲线 $y=F(x)$经过上、下平移而得到，见图 4-1.

如果要从积分曲线簇中确定一条通过点(x_0, y_0)的积分曲线，则只要确定积分常数 C，使它满足条件 $y_0=F(x_0)+C$即可，这一条件一般叫做初始条件，记作 $y(x_0)=y_0$. 由初始条件可唯一确定积分常数 C 的值，即 $C=y_0-F(x_0)$.

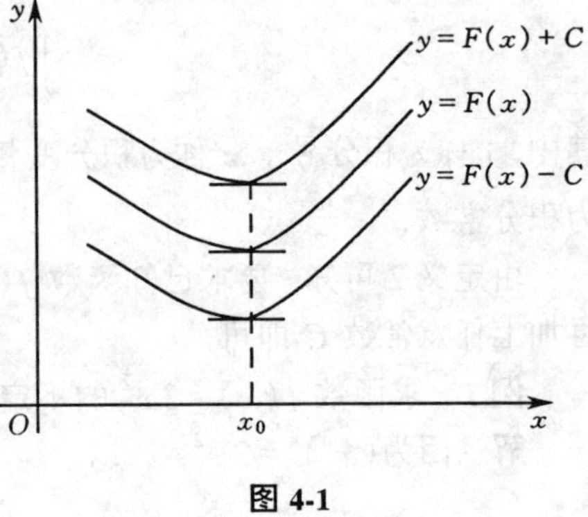

图 4-1

例 4 已知曲线 $y=F(x)$在任一点 x 处的切线斜率为 $2x$，且曲线经过点(0, 3)，求此曲线方程.

解 求 $2x$ 的不定积分

$$\int 2x\mathrm{d}x = x^2 + C.$$

由不定积分的几何意义知，所求的曲线就是曲线簇 $y=x^2+C$ 中满足初始条件 $y(0)=3$ 的一条曲线. 将 $x=0$，$y=3$ 代入得 $C=3$. 所以$y=x^2+3$就是所求的曲线方程.

4.2 不定积分的性质

在本节中，我们将介绍求不定积分的最基本的法则. 这些法则都是求导数或微分的法则的逆运算. 下面的函数在没有特别说明的情况下都假设是连续的.

由不定积分的定义及导数的运算法则，可推得下面关于不定积分的一些简单性质.

4.2.1 不定积分与导数或微分的关系

性质 1
$$\left[\int f(x)\mathrm{d}x\right]' = f(x)$$

或
$$\mathrm{d}\left[\int f(x)\mathrm{d}x\right] = f(x)\mathrm{d}x.$$

性质 1 说明，若对一个函数先积分再求导数或微分，则两种运算作用互相抵消，其结果等于被积函数表达式.

性质 2
$$\int F'(x)\mathrm{d}x = F(x) + C$$

或

$$\int \mathrm{d}F(x) = F(x) + C.$$

性质 2 说明，若对一个函数先求导或微分再积分，则两种运算同样相互抵消，其结果是相差一个常数.

4.2.2　不定积分的运算法则

性质 3　$\int kf(x)\mathrm{d}x = k\int f(x)\mathrm{d}x$（$k$ 为常数，$k \neq 0$）.

证明　因为右边的导数等于左边的被积函数，即

$$\left[k\int f(x)\mathrm{d}x\right]' = k\left[\int f(x)\mathrm{d}x\right]' = kf(x),$$

所以性质 3 成立.

性质 4　$$\int [f(x) \pm g(x)]\mathrm{d}x = \int f(x)\mathrm{d}x \pm \int g(x)\mathrm{d}x.$$

证明　因为

$$\left[\int f(x)\mathrm{d}x \pm \int g(x)\mathrm{d}x\right]' = \left[\int f(x)\mathrm{d}x\right]' \pm \left[\int g(x)\mathrm{d}x\right]' = f(x) \pm g(x),$$

所以性质 4 成立.

性质 4 可推广到任意有限多个函数的代数和的情形，即

$$\int [f_1(x) \pm \cdots \pm f_n(x)]\mathrm{d}x = \int f_1(x)\mathrm{d}x \pm \int f_2(x)\mathrm{d}x \pm \cdots \pm \int f_n(x)\mathrm{d}x.$$

例　求$\int \frac{1 + 2x - x\cos x}{x}\mathrm{d}x$.

解

$$\begin{aligned}\int \frac{1 + 2x - x\cos x}{x}\mathrm{d}x &= \int \frac{1}{x}\mathrm{d}x + 2\int \mathrm{d}x - \int \cos x\mathrm{d}x \\ &= \ln|x| + 2x - \sin x + C.\end{aligned}$$

例中运用性质 4 将不定积分分成三个不定积分的代数和来计算，本来这三个不定积分都有一个积分常数，因为有限多个任意常数的代数和还是任意常数，所以结果将其合并写成一个任意常数 C.

4.3　基本积分公式

4.3.1　基本积分公式表

由于不定积分运算是导数的逆运算，因此由导数公式可推出相应的不定积分的基本公式.

① $\int x^\alpha \mathrm{d}x = \frac{1}{\alpha + 1}x^{\alpha+1} + C \quad (\alpha \neq -1)$；

② $\int \frac{1}{x}\mathrm{d}x = \ln|x| + C$；

③ $\int a^x \mathrm{d}x = \frac{a^x}{\ln a} + C \quad (a > 0,\ a \neq 1)$；

④ $\int e^x dx = e^x + C$;

⑤ $\int \cos x dx = \sin x + C$;

⑥ $\int \sin x dx = -\cos x + C$;

⑦ $\int \sec^2 x dx = \int \frac{1}{\cos^2 x} dx = \tan x + C$;

⑧ $\int \csc^2 x dx = \int \frac{1}{\sin^2 x} dx = -\cot x + C$;

⑨ $\int \sec x \tan x dx = \sec x + C$;

⑩ $\int \csc x \cot x dx = -\csc x + C$;

⑪ $\int \frac{1}{\sqrt{1 - x^2}} dx = \arcsin x + C$;

⑫ $\int \frac{1}{1 + x^2} dx = \arctan x + C$.

我们必须熟记以上基本积分公式，这是学习不定积分的关键.

4.3.2 基本积分公式的运用(直接积分法)

运用不定积分性质及基本积分公式求不定积分的方法，叫做直接积分法. 它有时需要将被积函数作恒等变形.

例 1 求不定积分$\int (2 + \sqrt{x})^3 dx$.

解

$$\begin{aligned}\int (2 + \sqrt{x})^3 dx &= \int (8 + 12\sqrt{x} + 6x + \sqrt{x^3}) dx \\ &= 8\int dx + 12\int x^{\frac{1}{2}} dx + 6\int x dx + \int x^{\frac{3}{2}} dx \\ &= 8x + 8x^{\frac{3}{2}} + 3x^2 + \frac{2}{5}x^{\frac{5}{2}} + C.\end{aligned}$$

例 2 求不定积分$\int \frac{(x+1)(x^2-3)}{3x^2} dx$.

解

$$\begin{aligned}\int \frac{(x+1)(x^2-3)}{3x^2} dx &= \int \frac{x^3 + x^2 - 3x - 3}{3x^2} dx \\ &= \frac{1}{3}\int x dx + \frac{1}{3}\int dx - \int \frac{1}{x} dx - \int x^{-2} dx \\ &= \frac{x^2}{6} + \frac{x}{3} - \ln|x| + \frac{1}{x} + C.\end{aligned}$$

例 3 求不定积分$\int (3^x - 2^x)^2 dx$.

解

$$\begin{aligned}\int (3^x - 2^x)^2 dx &= \int (9^x - 2.6^x + 4^x) dx \\ &= \int 9^x dx - 2\int 6^x dx + \int 4^x dx\end{aligned}$$

$$=\frac{9^x}{\ln 9}-\frac{2\cdot 6^x}{\ln 6}+\frac{4^x}{\ln 4}+C.$$

例 4　求不定积分$\int\frac{2x^2}{1+x^2}\mathrm{d}x$.

解
$$\int\frac{2x^2}{1+x^2}\mathrm{d}x=2\int\frac{1+x^2-1}{1+x^2}\mathrm{d}x$$
$$=2\int\left(1-\frac{1}{1+x^2}\right)\mathrm{d}x$$
$$=2x-2\arctan x+C.$$

例 5　求不定积分$\int\sin^2\frac{x}{2}\mathrm{d}x$.

解
$$\int\sin^2\frac{x}{2}\mathrm{d}x=\int\frac{1-\cos x}{2}\mathrm{d}x$$
$$=\frac{1}{2}\int\mathrm{d}x-\frac{1}{2}\int\cos x\,\mathrm{d}x$$
$$=\frac{1}{2}x-\frac{1}{2}\sin x+C.$$

例 6　求不定积分$\int\tan^2x\,\mathrm{d}x$.

解
$$\int\tan^2x\,\mathrm{d}x=\int(\sec^2x-1)\mathrm{d}x=\tan x-x+C.$$

例 7　求不定积分$\int\frac{1+\cos^2x}{1+\cos 2x}\mathrm{d}x$.

解
$$\int\frac{1+\cos^2x}{1+\cos 2x}\mathrm{d}x=\int\frac{1+\cos^2x}{2\cos^2x}\mathrm{d}x$$
$$=\frac{1}{2}\int\left(\frac{1}{\cos^2x}+1\right)\mathrm{d}x$$
$$=\frac{1}{2}(\tan x+x)+C.$$

例 8　设某产品在时刻 t 的总产量的变化率为
$$Q'(t)=80+10t-0.7t^2,$$
已知当 $t=0$ 时，产量 $Q(0)=0$. 试求该产品的总产量函数 $Q(t)$.

解　因为总产量 $Q(t)$是总产量变化率 $Q'(t)$的原函数，所以有
$$Q(t)=\int Q'(t)\mathrm{d}t=\int(80+10t-0.7t^2)\mathrm{d}t$$
$$=80\int\mathrm{d}t+5\int 2t\,\mathrm{d}t-\frac{0.7}{3}\int 3t^2\mathrm{d}t$$
$$=80t+5t^2-\frac{7}{30}t^3+C.$$
将 $Q(0)=0$ 代入上式，得 $C=0$. 于是
$$Q(t)=80t+5t^2-\frac{7}{30}t^3.$$
为所求的总产量函数.

例 9 设某产品的边际成本函数为 $C'(x)=\dfrac{1}{\sqrt{x}}+0.000\,5$，已知 10 000 件产品的总成本是 1 200 元，求总成本函数.

解 依题意，得

$$C(x)=\int C'(x)\mathrm{d}x=\int\left(\frac{1}{\sqrt{x}}+0.000\,5\right)\mathrm{d}x=2\sqrt{x}+0.000\,5x+C_0.$$

已知当 $x=10\,000$ 时，$C(x)=1\,200$，故

$$C_0=1\,200-2\sqrt{10\,000}-0.000\,5\times 1\,000=995,$$

所以总成本函数为

$$C(x)=2\sqrt{x}+0.000\,5x+995.$$

4.4 换元积分法

直接积分法只能计算一些比较简单的函数的不定积分，然而，有更多的函数的不定积分则需要用换元积分法来计算. 换元积分法按其应用的侧重不同而分为两种，分别称为第一类换元法和第二类换元法.

4.4.1 第一类换元法

在不定积分公式$\int\sin u\mathrm{d}u=-\cos u+C$中，如果 $u=2x+1$，则有

$$\int\sin(2x+1)\mathrm{d}(2x+1)=-\cos(2x+1)+C,$$

因为 $\mathrm{d}(2x+1)=2\mathrm{d}x$，所以

$$\int 2\sin(2x+1)\mathrm{d}x=-\cos(2x+1)+C,$$

或者

$$\int\sin(2x+1)\mathrm{d}x=-\frac{1}{2}\cos(2x+1)+C.$$

可见，计算不定积分$\int\sin(2x+1)\mathrm{d}x$时，不能直接套用原有的基本积分公式，而要通过凑积分变量与被积函数里的变量凑成相同，才能套用公式. 这种积分法也叫凑微分法.

定理 1 设

$$\int f(u)\mathrm{d}u=F(u)+C,$$

若 $u=g(x)$ 可微，则有

$$\int f[g(x)]\cdot g'(x)\mathrm{d}x=F[g(x)]+C.$$

证明 只要证明上式右端的导数等于左端的被积函数即可.

由复合函数的导数法则，有

$$\{F[g(x)]+C\}'=F'_u(u)u'_x=f(u)\cdot g'(x)=f[g(x)]\cdot g'(x),$$

因此定理成立.

在使用第一类换元法时，关键是将被积表达式写成

$$f[g(x)]\mathrm{d}[g(x)]$$

的形式. 下面是用第一类换元法求不定积分的几个步骤：

① 凑微分：将 $g'(x)\mathrm{d}x$ 凑成微分的形式，即

$$g'(x)\mathrm{d}x=\mathrm{d}[g(x)];$$

② 换元：将函数 $g(x)$ 换成新的积分变量 u，即设 $g(x)=u$；

③ 积分：用直接积分法求出 $f(u)$ 的不定积分；

④ 变量还原：将 $u=g(x)$ 代入 $F(u)$，重新写成 x 的函数.

将上面的步骤写成式子就是

$$\begin{aligned}\int f[g(x)]\cdot g'(x)\mathrm{d}x&=\int f[g(x)]\mathrm{d}[g(x)]\\&=\int f(u)\mathrm{d}u=F(u)+C=F[g(x)]+C.\end{aligned}$$

例 1　求 $\int(x+5)^{10}\mathrm{d}x$.

解　因为 $\mathrm{d}x=\mathrm{d}(x+5)$，所以设 $u=x+5$，得

$$\begin{aligned}\int(x+5)^{10}\mathrm{d}x&=\int(x+5)^{10}\mathrm{d}(x+5)=\int u^{10}\mathrm{d}u\\&=\frac{1}{11}u^{11}+C=\frac{1}{11}(x+5)^{11}+C.\end{aligned}$$

例 2　求 $\int\frac{1}{3x+2}\mathrm{d}x$.

解　因为 $\mathrm{d}x=\frac{1}{3}\mathrm{d}(3x+2)$，所以设 $u=3x+2$，得

$$\begin{aligned}\int\frac{1}{3x+2}\mathrm{d}x&=\frac{1}{3}\int\frac{1}{3x+2}\mathrm{d}(3x+2)=\frac{1}{3}\int\frac{1}{u}\mathrm{d}u\\&=\frac{1}{3}\ln|u|+C=\frac{1}{3}\ln|3x+2|+C.\end{aligned}$$

例 3　求 $\int\sin^2x\mathrm{d}x$.

解　由三角公式 $\sin^2x=\frac{1-\cos2x}{2}$，得

$$\int\sin^2x\mathrm{d}x=\int\frac{1-\cos2x}{2}\mathrm{d}x=\frac{1}{2}\int\mathrm{d}x-\frac{1}{2}\int\cos2x\mathrm{d}x.$$

因为 $\mathrm{d}x=\frac{1}{2}\mathrm{d}(2x)$，所以设 $u=2x$，得

$$\int\cos2x\mathrm{d}x=\frac{1}{2}\int\cos(2x)\mathrm{d}(2x)=\frac{1}{2}\int\cos u\mathrm{d}u=\frac{1}{2}\sin u+C=\frac{1}{2}\sin2x+C,$$

代入上式，得

$$\int\sin^2x\mathrm{d}x=\frac{1}{2}x-\frac{1}{4}\sin2x+C'.$$

在运算熟练以后，可不必写出中间变量，省略第二步和第三步，使运算过程简化.

例 4　求 $\int x\mathrm{e}^{x^2}\mathrm{d}x$.

解 因为 $x\mathrm{d}x = \frac{1}{2}\mathrm{d}(x^2)$，所以

$$\int x\mathrm{e}^{x^2}\mathrm{d}x = \frac{1}{2}\int \mathrm{e}^{x^2}\mathrm{d}(x^2),$$

这样就可以运用公式$\int \mathrm{e}^u\mathrm{d}u = e^u + C$ 来计算了：

$$\int x\mathrm{e}^{x^2}\mathrm{d}x = \frac{1}{2}\mathrm{e}^{x^2} + C,$$

本例题所用的公式，不写出变量应该是下面的形式：

$$\int \mathrm{e}^{()}\mathrm{d}() = \mathrm{e}^{()} + C,$$

其中，括号内的变量是要完全一致的. 其他公式也可以写成这种形式，计算不定积分时，只要按照公式的形式将括号内的变量凑成一致就能求出结果了.

例 5 求$\int \frac{x}{\sqrt{1-x^2}}\mathrm{d}x$.

解 因为 $x\mathrm{d}x = -\frac{1}{2}\mathrm{d}(1-x^2)$，所以

$$\int \frac{x}{\sqrt{1-x^2}}\mathrm{d}x = -\frac{1}{2}\int (1-x^2)^{\frac{1}{2}}\mathrm{d}(1-x^2)$$

$$= -\frac{1}{2}\cdot\frac{1}{-\frac{1}{2}+1}(1-x^2)^{-\frac{1}{2}+1} + C = -\sqrt{1-x^2} + C.$$

例 6 求$\int \frac{\ln x}{x}\mathrm{d}x$.

解 因为$\frac{1}{x}\mathrm{d}x = \mathrm{d}(\ln x)$，所以

$$\int \frac{\ln x}{x}\mathrm{d}x = \int \ln x\,\mathrm{d}(\ln x) = \frac{1}{2}\ln^2 x + C.$$

例 7 求$\int \frac{\sin\sqrt{x}}{\sqrt{x}}\mathrm{d}x$.

解 因为$\frac{1}{\sqrt{x}}\mathrm{d}x = 2\mathrm{d}(\sqrt{x})$，所以

$$\int \frac{\sin\sqrt{x}}{\sqrt{x}}\mathrm{d}x = 2\int \sin(\sqrt{x})\mathrm{d}(\sqrt{x}) = -2\cos\sqrt{x} + C.$$

例 8 求$\int \tan x\,\mathrm{d}x$.

解 $$\int \tan x\,\mathrm{d}x = \frac{\sin x}{\cos x}\mathrm{d}x = -\int \frac{1}{\cos x}\mathrm{d}(\cos x) = -\ln|\cos x| + C.$$

例 9 求$\int \cos^3 x\,\mathrm{d}x$.

解 $$\int \cos^3 x\,\mathrm{d}x = \int \cos^2 x\,\mathrm{d}(\sin x) = \int (1-\sin^2 x)\mathrm{d}(\sin x)$$

$$= \int \mathrm{d}(\sin x) - \int (\sin x)^2\mathrm{d}(\sin x) = \sin x - \frac{1}{3}\sin^3 x + C.$$

不定积分有时有多种解法，其结果表面上也会不尽相同，但也只是相差一个常数，并不

是计算上有错误，因为不定积分是允许用不同的原函数加任意常数来表示的.

例 10　求$\int\frac{1}{1+\cos x}\mathrm{d}x$.

解　**方法一**

$$\int\frac{1}{1+\cos x}\mathrm{d}x=\int\frac{1-\cos x}{1-\cos^2 x}\mathrm{d}x=\int\frac{1}{\sin^2 x}\mathrm{d}x-\int\frac{\cos x}{\sin^2 x}\mathrm{d}x$$
$$=-\cot x-\int\frac{1}{\sin^2 x}\mathrm{d}(\sin x)=-\cot x+\frac{1}{\sin x}+C.$$

方法二

$$\int\frac{1}{1+\cos x}\mathrm{d}x=\int\frac{1}{2\cos^2\frac{x}{2}}\mathrm{d}x=\int\sec^2\left(\frac{x}{2}\right)\mathrm{d}\left(\frac{x}{2}\right)=\tan\frac{x}{2}+C.$$

例 11　求$\int\frac{\mathrm{e}^x}{1+\mathrm{e}^{2x}}\mathrm{d}x$.

解
$$\int\frac{\mathrm{e}^x}{1+\mathrm{e}^{2x}}\mathrm{d}x=\int\frac{1}{1+(\mathrm{e}^x)^2}\mathrm{d}(\mathrm{e}^x)=\arctan(\mathrm{e}^x)+C.$$

例 12　求$\int\cos 2x\sin 3x\,\mathrm{d}x$.

解　由积化和差公式，得

$$\cos 2x\sin 3x=\frac{1}{2}(\sin 5x+\sin x),$$

所以

$$\int\cos 2x\sin 3x\,\mathrm{d}x=\frac{1}{2}\int(\sin 5x+\sin x)\mathrm{d}x=-\frac{1}{10}\cos 5x-\frac{1}{2}\cos x+C.$$

例 13　求$\int\sec^4 x\,\mathrm{d}x$.

解
$$\int\sec^4 x\,\mathrm{d}x=\int(\tan^2 x+1)\sec^2 x\,\mathrm{d}x=\int(\tan^2 x+1)\mathrm{d}(\tan x)$$
$$=\frac{1}{3}\tan^3 x+\tan x+C.$$

由上面的例题我们可以归纳出一些常用的凑微分的不定积分：

① $\int f(ax+b)\mathrm{d}x=\frac{1}{a}\int f(ax+b)\mathrm{d}(ax+b)$；

② $\int f(x^a)x^{a-1}\mathrm{d}x=\frac{1}{a}\int f(x^a)\mathrm{d}(x^a)\quad(a\neq 0)$；

③ $\int f(a\ln x+b)\frac{1}{x}\mathrm{d}x=\frac{1}{a}\int f(a\ln x+b)\mathrm{d}(a\ln x+b)$；

④ $\int f(a\mathrm{e}^x+b)\mathrm{e}^x\mathrm{d}x=\frac{1}{a}\int f(a\mathrm{e}^x+b)\mathrm{d}(a\mathrm{e}^x+b)$；

⑤ $\int f(a\sin x+b)\cos x\,\mathrm{d}x=\frac{1}{a}\int f(a\sin x+b)\mathrm{d}(a\sin x+b)$；

⑥ $\int f(a\cos x+b)\sin x\,\mathrm{d}x=-\frac{1}{a}\int f(a\cos x+b)\mathrm{d}(a\cos x+b)$；

⑦ $\int f(a\tan x+b)\sec^2 x\,\mathrm{d}x=\frac{1}{a}\int f(a\tan x+b)\mathrm{d}(a\tan x+b)$；

⑧ $\int f\left(\frac{1}{x}\right)\frac{1}{x^2}dx = -\int f\left(\frac{1}{x}\right)d\left(\frac{1}{x}\right)$；

⑨ $\int f(a\sqrt{x}+b)\frac{1}{\sqrt{x}}dx = 2a\int f(a\sqrt{x}+b)d(a\sqrt{x}+b)$；

⑩ $\int f(\arctan x)\frac{1}{1+x^2}dx = \int f(\arctan x)d(\arctan x)$.

在这些凑微分中，必要时可同时乘除一个不等于零的常数，还可以在微分里或加或减一个常数. 如

$$\frac{1}{x}dx = \frac{1}{3}d(3\ln x - 1),$$

$$\frac{1}{x}dx = \frac{1}{5}d(5\ln x + 2),$$

$$e^x dx = \frac{1}{2}d(2e^x + 3).$$

4.4.2 第二类换元法

对于给定的不定积分 $\int f(x)dx$，以 $x = g(t)$ 代入，则可将原不定积分化成以 t 为积分变量的积分 $\int f[g(t)]g'(t)dt$ 来计算.

例如 $\int \frac{1}{1+\sqrt{x}}dx$，可设 $x = t^2$，因为 $dx = 2tdt$，所以不定积分化成 $\int \frac{2t}{1+t}dt$，显然这个积分较容易求得. 这种积分法称为第二类换元法.

定理 2 设 $x = g(t)$ 是单调可微的函数，且 $g'(t) \neq 0$. 若

$$\int f[g(t)]g'(t)dt = F(t) + C,$$

则

$$\int f(x)dx = F[g^{-1}(x)] + C.$$

证明 由复合函数的导数法则，知

$$\{F[g^{-1}(x)]\}' = F'_t(t)\cdot[g^{-1}(x)]'.$$

由定理条件知

$$F'_t(t) = f[g(t)]g'(t),$$

又由反函数的导数法则知

$$[g^{-1}(x)]' = \frac{1}{g'(t)},$$

因此

$$\{F[g^{-1}(x)]\}' = f[g(t)]g'(t)\cdot\frac{1}{g'(t)} = f[g(t)] = f(x),$$

所以定理成立.

下面是用第二类换元法求不定积分的几个步骤：

① 设变换函数 $x = g(t)$，并计算其微分 $dx = g'(t)dt$；

② 代入不定积分将它化成以 t 为积分变量的不定积分

$$\int f[g(t)]g'(t)\mathrm{d}t;$$

③ 计算以 t 为积分变量的不定积分

$$\int f[g(t)]g'(t)\mathrm{d}t = F(t) + C;$$

④ 以 $x = g(t)$ 的反函数 $t = g^{-1}(x)$ 代入积分的结果进行变量还原.

将上面四个步骤连起来就是：

$$\int f(x)\mathrm{d}x \xlongequal{x = g(t)} \int f[g(t)]\mathrm{d}[g(t)] = \int f[g(t)]g'(t)\mathrm{d}t$$

$$= F(t) + C \xlongequal{t = g^{-1}(x)} F[g^{-1}(x)] + C.$$

第二类换元法经常用于计算被积函数含有根号的不定积分. 设变量代换时，通常以消去根号为目的，根据根式的形式采取适当的变换. 常用的变换有下面两种：

(1) 当被积函数含有根式 $\sqrt[n]{ax+b}$ 时，设 $\sqrt[n]{ax+b} = t$，即 $x = \frac{1}{a}(t^n - b)$.

例 14　求 $\int \frac{2x}{\sqrt[3]{3x+1}}\mathrm{d}x$.

解　设 $\sqrt[3]{3x+1} = t$，则 $x = \frac{1}{3}(t^3 - 1)$，$\mathrm{d}x = t^2\mathrm{d}t$. 所以

$$\int \frac{2x}{\sqrt[3]{3x+1}}\mathrm{d}x = \frac{2}{3}\int \frac{t^3-1}{t}\cdot t^2\mathrm{d}t = \frac{2}{3}\int (t^4 - t)\mathrm{d}t$$

$$= \frac{2}{3}\left(\frac{t^5}{5} - \frac{t^2}{2}\right) + C = \frac{2}{15}(3x+1)^{\frac{5}{3}} - \frac{1}{3}(3x+1)^{\frac{2}{3}} + C.$$

例 15　求 $\int \frac{1}{\sqrt{x}+\sqrt[3]{x}}\mathrm{d}x$.

解　由于 $\sqrt{x} = (\sqrt[6]{x})^3$，$\sqrt[3]{x} = (\sqrt[6]{x})^2$，因此设 $x = t^6$，则 $\mathrm{d}x = 6t^5\mathrm{d}t$. 代入原式，得

$$\int \frac{1}{\sqrt{x}+\sqrt[3]{x}}\mathrm{d}x = \int \frac{1}{t^3+t^2}6t^5\mathrm{d}t = 6\int \frac{t^3}{1+t}\mathrm{d}t$$

$$= 6\int\left(t^2 - t + 1 - \frac{1}{1+t}\right)\mathrm{d}t$$

$$= 6\left(\frac{t^3}{3} - \frac{t^2}{2} + t - \ln|1+t|\right) + C$$

$$= 2\sqrt{x} - 3\sqrt[3]{x} + 6\sqrt[6]{x} - 6\ln(1+\sqrt[6]{x}) + C.$$

(2) 当被积函数含有 $\sqrt{a^2-x^2}$，$\sqrt{a^2+x^2}$ 和 $\sqrt{x^2-a^2}$ 时，可分别设 $x = a\sin t$，$x = a\tan t$ 和 $x = a\sec t$ 的三角变换.

例 16　求 $\int \sqrt{a^2-x^2}\mathrm{d}x \quad (a > 0)$.

解　设 $x = a\sin t\left(-\frac{\pi}{2} < t < \frac{\pi}{2}\right)$，则 $\mathrm{d}x = a\cos t\mathrm{d}t$. 由于

$$\sqrt{a^2-x^2} = \sqrt{a^2 - a^2\sin^2 t} = a\cos t,$$

因此

$$\int \sqrt{a^2 - x^2}\,dx = \int a\cos t \cdot a\cos t\,dt = a^2\int \cos^2 t\,dt = a^2\int \frac{1+\cos 2t}{2}dt$$

$$= a^2\left(\frac{t}{2} + \frac{1}{4}\sin 2t\right) + C = \frac{a^2}{2}(t + \sin t\cos t) + C.$$

为了便于变量还原，可根据变换 $x = a\sin t$ 作直角三角形，如图 4-2，由图可知 $\cos t = \frac{\sqrt{a^2 - x^2}}{a}$. 又由 $x = a\sin t$ 得 $t = \arcsin\frac{x}{a}$. 所以

$$\int \sqrt{a^2 - x^2}\,dx = \frac{a^2}{2}\left(\arcsin\frac{x}{a} + \frac{x}{a}\frac{\sqrt{a^2 - x^2}}{a}\right) + C$$

$$= \frac{a^2}{2}\arcsin\frac{x}{a} + \frac{x}{2}\sqrt{a^2 - x^2} + C.$$

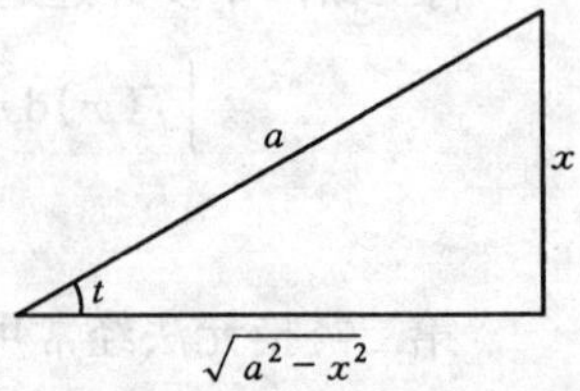

图 4-2

例 17　求 $\int \frac{x^3}{\sqrt{1+x^2}}dx$.

解　设 $x = \tan t$，则 $dx = \sec^2 t\,dt$. 利用三角公式 $\tan^2 t + 1 = \sec^2 t$，得

$$\int \frac{x^3}{\sqrt{1+x^2}}dx = \int \frac{\tan^3 t}{\sec t}\cdot \sec^2 t\,dt = \int \frac{\sin^3 t}{\cos^4 t}dt = -\int \frac{1-\cos^2 t}{\cos^4 t}d(\cos t)$$

$$= \int\left(\frac{1}{\cos^2 t} - \frac{1}{\cos^4 t}\right)d(\cos t) = \frac{1}{3\cos^3 t} - \frac{1}{\cos t} + C$$

$$= \frac{1}{3}\sec^3 t - \sec t + C.$$

按变换作直角三角形，如图 4-3，对边为 x，邻边为 1，得斜边为 $\sqrt{1+x^2}$. 于是 $\sec t$ 的值为斜边比邻边，即 $\sec t = \sqrt{1+x^2}$. 代入上式得

$$\int \frac{x^3}{\sqrt{1+x^2}}dx = \frac{1}{3}(\sqrt{1+x^2})^3 - \sqrt{1+x^2} + C.$$

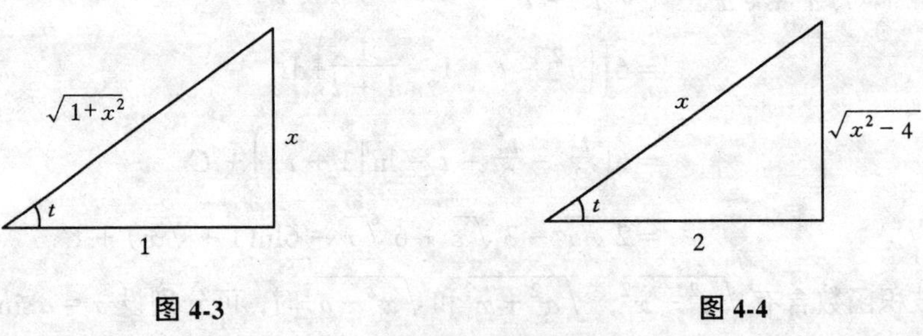

图 4-3　　　　图 4-4

例 18　求 $\int \frac{x}{\sqrt{x^2 - 4}}dx$.

解　设 $x = 2\sec t$，则 $dx = 2\sec t\tan t\,dt$. 利用三角公式 $\sec^2 t - 1 = \tan^2 t$，得

$$\int \frac{x}{\sqrt{x^2-4}}dx = \int \frac{2\sec t}{2\tan t}\cdot 2\sec t\tan t\,dt = 2\int \sec^2 t\,dt = 2\tan t + C.$$

作直角三角形，如图 4-4，由 $x = 2\sec t$ 知斜边为 x，邻边为 2，从而得对边为 $\sqrt{x^2-4}$，于是得 $\tan t = \dfrac{\sqrt{x^2-4}}{2}$. 所以

$$\int \frac{x}{\sqrt{x^2-4}}\mathrm{d}x = \sqrt{x^2-4} + C.$$

例 18 凑微分 $x\mathrm{d}x = \dfrac{1}{2}\mathrm{d}(x^2-4)$ 后，也可以用第一类换元法求解，方法与本节例 5 相同.

4.5　分部积分法

分部积分运算是两个函数乘积的导数的逆运算. 一些被积函数是由两个不同类型的函数乘积的不定积分，如 $x\sin 2x$，$x^2\mathrm{e}^{3x}$，$x^3\ln x$，$x\arctan x$ 等等，就要用分部积分法来计算.

4.5.1　分部积分公式

定理　设 $u = u(x)$，$v = v(x)$ 都是连续的可微的函数，则有分部积分公式

$$\int u\mathrm{d}v = uv - \int v\mathrm{d}u.$$

证明　由乘积的导数法则，得

$$(uv)' = u'v + uv',$$

移项，得

$$uv' = (uv)' - u'v,$$

由不定积分的性质，得

$$\int uv'\mathrm{d}x = \int (uv)'\mathrm{d}x - \int u'v\mathrm{d}x,$$

所以

$$\int u\mathrm{d}v = uv - \int v\mathrm{d}u.$$

4.5.2　分部积分法

运用分部积分公式来计算不定积分的方法叫做分部积分法. 计算时要正确选择 u 与 $\mathrm{d}v$，如果选择不适当，就会适得其反，难以求出不定积分. 一般有以下的选择原则：

① v 要容易求出；

② $\int v\mathrm{d}u$ 的积分要比 $\int u\mathrm{d}v$ 的积分容易求.

例 1　求 $\int x\cos x\mathrm{d}x$.

解　设 $u = x$，$\mathrm{d}v = \cos x\mathrm{d}x$，则 $\mathrm{d}u = \mathrm{d}x$，$v = \sin x$. 由分部积分公式，得

$$\int x\cos x\mathrm{d}x = x\sin x - \int \sin x\mathrm{d}x = x\sin x + \cos x + C.$$

例 2　求 $\int x\mathrm{e}^{-x}\mathrm{d}x$.

解 设 $u=x$，$dv=e^{-x}dx$，则 $du=dx$，$v=-e^{-x}$. 由分部积分公式，得

$$\int xe^{-x}dx=-xe^{-x}+\int e^{-x}dx$$
$$=-xe^{-x}-e^{-x}+C=-(x+1)e^{-x}+C.$$

例 3 求 $\int x^3\ln x dx$.

解 设 $u=\ln x$，$dv=x^3dx$，则 $du=\frac{1}{x}dx$，$v=\frac{1}{4}x^4$. 由分部积分公式，得

$$\int x^3\ln x dx=\frac{1}{4}x^4\ln x-\int\frac{1}{4}x^4\cdot\frac{1}{x}dx=\frac{1}{4}x^4\ln x-\frac{1}{4}\int x^3dx$$
$$=\frac{1}{4}x^4\ln x-\frac{1}{16}x^4+C=\frac{1}{16}x^4(4\ln x-1)+C.$$

在计算熟练之后，u，v 可以不必写出来，直接套用公式进行计算即可. 有时还需要多次使用分部积分公式才能求出结果.

例 4 求 $\int x^2e^xdx$.

解 $$\int x^2e^xdx=\int x^2d(e^x)=x^2e^x-\int e^xd(x^2)=x^2e^x-2\int xe^xdx,$$

对 $\int xe^xdx$ 再用一次分部积分公式，得

$$\int x^2e^xdx=x^2e^x-2\int xd(e^x)=x^2e^x-2\left(xe^x-\int e^xdx\right)$$
$$=x^2e^x-2(xe^x-e^x)+C=(x^2-2x+2)e^x+C.$$

形如 $\int\ln x dx$，$\int\arcsin x dx$ 的不定积分的被积函数似乎不是两个函数的乘积，但同样可以用分部积分法来计算. 计算时只要将被积函数选为 u，$dx=dv$ 即可.

例 5 求 $\int\ln x dx$.

解 $$\int\ln x dx=x\ln x-\int xd(\ln x)=x\ln x-\int x\cdot\frac{1}{x}dx=x\ln x-x+C.$$

例 6 求 $\int\arcsin x dx$.

解 $$\int\arcsin x dx=x\arcsin x-\int xd(\arcsin x)=x\arcsin x-\int\frac{x}{\sqrt{1-x^2}}dx,$$

再用第一类换元法，得

$$\int\arcsin x dx=x\arcsin x-\frac{1}{2}\int(1-x^2)^{-\frac{1}{2}}d(1-x^2)$$
$$=x\arcsin x-\sqrt{1-x^2}+C.$$

例 7 求 $\int x\arctan x dx$.

解 $$\int x\arctan x dx=\int\arctan x d\left(\frac{x^2+1}{2}\right)$$
$$=\frac{x^2+1}{2}\arctan x-\int\frac{x^2+1}{2}d(\arctan x)$$

$$=\frac{x^2+1}{2}\arctan x-\int\frac{x^2+1}{2}\cdot\frac{1}{1+x^2}dx$$

$$=\frac{x^2+1}{2}\arctan x-\frac{1}{2}\int 1dx$$

$$=\frac{x^2+1}{2}\arctan x-x+C.$$

一般情况下，$x\mathrm{d}x$ 凑微分是凑成 $\mathrm{d}\left(\frac{x^2}{2}\right)$ 的. 但在例 7 中，是凑成 $\mathrm{d}\left(\frac{x^2+1}{2}\right)$，即选择 $v=\frac{x^2+1}{2}$，这是为了后面积分计算的方便. 由此可见，使用分部积分法时，函数 v 的选择不是唯一的，应该灵活运用.

例 8　求 $\int e^x\cos x\mathrm{d}x$.

解

$$\int e^x\cos x\mathrm{d}x=\int e^x\mathrm{d}(\sin x)=e^x\sin x-\int\sin x\mathrm{d}(e^x)$$

$$=e^x\sin x-\int e^x\sin x\mathrm{d}x,$$

对积分 $\int e^x\sin x\mathrm{d}x$ 再用一次分部积分法，得

$$\int e^x\sin x\mathrm{d}x=\int e^x\mathrm{d}(-\cos x)=-e^x\cos x+\int\cos x\mathrm{d}(e^x)$$

$$=-e^x\cos x+\int e^x\cos x\mathrm{d}x,$$

代入上式，得

$$\int e^x\cos x\mathrm{d}x=e^x\sin x+e^x\cos x-\int e^x\cos x\mathrm{d}x,$$

这是一个关于 $\int e^x\cos x\mathrm{d}x$ 的方程式，解之得

$$\int e^x\cos x\mathrm{d}x=\frac{1}{2}e^x(\sin x+\cos x)+C.$$

这种类型的不定积分称为循环积分，当右端出现原不定积分时，就不可再使用分部积分法，而要用解方程来求出不定积分.

第 4 章习题

(A)

1. 求通过点(2, 7)，且在 x 处其切线斜率为 $2x$ 的曲线方程.

2. 已知运动物体在时刻 t 的加速度为 $3t$，并且当 $t=0$ 时，速度 $v=2$，距离 $s=0$. 试求此物体的运动方程.

3. 已知某产品产量变化率是时间 t 的函数 $f(t)=at+b$(a，b 是常数)，求此产品在时刻 t 时的产量 $P(t)$，已知 $P(0)=0$.

4. 某产品的边际成本为 $C'(x)=6+\dfrac{50}{\sqrt{x}}$(元/单位). 假设产品的固定成本为 5 000 元. 求总成本函数.

5. 求下列不定积分:

(1) $\int(x^3-3x^2+5x-9)\mathrm{d}x$; (2) $\int\left[(x+1)\sqrt{x}-\dfrac{1}{\sqrt{x}}\right]\mathrm{d}x$;

(3) $\int\left(\dfrac{3}{2\sqrt{1-x^2}}-\dfrac{1}{x}\right)\mathrm{d}x$; (4) $\int\left(\dfrac{1-x}{x}\right)^2\mathrm{d}x$;

(5) $\int\left(\dfrac{2x^2}{1+x^2}-\dfrac{1}{\cos^2 x}\right)\mathrm{d}x$; (6) $\int\dfrac{\mathrm{e}^{2x}-1}{\mathrm{e}^x+1}\mathrm{d}x$;

(7) $\int\dfrac{5\cdot 2^x-2\cdot 3^x}{3^x}\mathrm{d}x$; (8) $\int\dfrac{x^3-8}{x-2}\mathrm{d}x$;

(9) $\int 3\sin^2\dfrac{x}{2}\mathrm{d}x$; (10) $\int\cot^2 x\,\mathrm{d}x$;

(11) $\int\cot x(\csc x-\sin x)\mathrm{d}x$; (12) $\int\dfrac{1}{\sin^2 x\cos^2 x}\mathrm{d}x$.

6. 求下列不定积分:

(1) $\int(2x+7)^5\mathrm{d}x$; (2) $\int\dfrac{1}{\sqrt{(3-2x)^3}}\mathrm{d}x$;

(3) $\int\dfrac{x-1}{x^2+1}\mathrm{d}x$; (4) $\int 3x\mathrm{e}^{-x^2}\mathrm{d}x$;

(5) $\int\dfrac{x}{\sqrt{1+x^2}}\mathrm{d}x$; (6) $\int x^2\sqrt{1-x^3}\mathrm{d}x$;

(7) $\int\dfrac{\mathrm{e}^x}{\mathrm{e}^x+1}\mathrm{d}x$; (8) $\int\mathrm{e}^x\cos\mathrm{e}^x\mathrm{d}x$;

(9) $\int\dfrac{x\mathrm{d}x}{1+x^4}$; (10) $\int\dfrac{\mathrm{d}x}{3+2x^2}$;

(11) $\int\dfrac{15}{x}\ln^3 x\,\mathrm{d}x$; (12) $\int\dfrac{\mathrm{d}x}{x(1+2\ln x)}$;

(13) $\int\dfrac{\tan\frac{1}{x}}{x^2}\mathrm{d}x$; (14) $\int\dfrac{4+\sin\frac{1}{x}}{x^2}\mathrm{d}x$;

(15) $\int\dfrac{\cos\sqrt{x}+2}{\sqrt{x}}\mathrm{d}x$; (16) $\int\dfrac{\mathrm{d}x}{\sqrt{9-4x^2}}$;

(17) $\int\dfrac{3+10^{\arctan x}}{1+x^2}\mathrm{d}x$; (18) $\int\dfrac{x}{4+9x^2}\mathrm{d}x$.

7. 求下列不定积分:

(1) $\int\sin 3x\,\mathrm{d}x$; (2) $\int\cos 3x\sin x\,\mathrm{d}x$;

(3) $\int\cos^2 x\,\mathrm{d}x$; (4) $\int\sin^2 x\cos^2 x\,\mathrm{d}x$;

(5) $\int\cos^3 x\,\mathrm{d}x$; (6) $\int\sin^3 x\cos^5 x\,\mathrm{d}x$;

(7) $\int\dfrac{\cos x}{1+\sin x}\mathrm{d}x$; (8) $\int\csc^4 x\,\mathrm{d}x$.

8．求下列不定积分：

(1) $\int x\sqrt{x+1}\,dx$；　(2) $\int \frac{\sqrt{x}}{1+\sqrt{x}}dx$；

(3) $\int \frac{2x+1}{\sqrt[3]{3x+1}}dx$；　(4) $\int \frac{x+\sqrt[3]{x}}{\sqrt{x}}dx$；

(5) $\int \frac{\sqrt{2x+1}}{x+2}dx$；　(6) $\int \frac{dx}{(x+2)\sqrt{x+1}}$；

(7) $\int \frac{\sqrt{16-x^2}}{x}dx$；　(8) $\int \frac{x^5}{\sqrt{1-x^2}}dx$；

(9) $\int \frac{dx}{x^2\sqrt{x^2+1}}$；　(10) $\int \frac{x}{\sqrt{(x^2+9)^3}}dx$；

(11) $\int \frac{\sqrt{x^2-1}}{x}dx$；　(12) $\int \frac{dx}{x(x^2-4)^3}$.

9．求下列不定积分：

(1) $\int x\sin 2x\,dx$；　(2) $\int x^2\cos\frac{x}{2}dx$；

(3) $\int x e^{-3x}dx$；　(4) $\int (x-1)e^x dx$；

(5) $\int x\sec^2 x\,dx$；　(6) $\int x\sin^2 x\,dx$；

(7) $\int x\tan^2 x\,dx$；　(8) $\int x^2\ln x\,dx$；

(9) $\int \frac{\ln x}{\sqrt{x}}dx$；　(10) $\int \frac{\ln\ln x}{x}dx$；

(11) $\int \ln(x+1)dx$；　(12) $\int x\ln(1+x^2)dx$；

(13) $\int \arctan x\,dx$；　(14) $\int x^2\arctan x\,dx$；

(15) $\int \sin\sqrt{x}\,dx$；　(16) $\int \sqrt{x}e^{\sqrt{x}}dx$；

(17) $\int x\ln^2 x\,dx$；　(18) $\int \sin\ln x\,dx$.

10．求下列不定积分：

(1) $\int \frac{dx}{x^2-x-6}$；　(2) $\int \frac{dx}{4-x^2}$；

(3) $\int \frac{x}{x^2-2x-3}dx$；　(4) $\int \frac{x}{9-x^2}dx$；

(5) $\int \frac{dx}{x^2+2x+1}$；　(6) $\int \frac{2x-3}{x^2-2x+1}dx$；

(7) $\int \frac{2x-1}{x^2-5x+6}dx$；　(8) $\int \frac{16}{9+4x^2}dx$；

(9) $\int \frac{dx}{x^2+2x+5}$；　(10) $\int \frac{x+1}{x^2-2x+5}dx$.

(B)

一、填空题

1. 函数 $3x^2$ 是________的一个原函数.

2. 函数________是 $3x^2$ 的一个原函数.

3. 函数是 $\ln x$ ________的一个原函数.

4. 函数 $-\dfrac{1}{x}$ 是________的一个原函数.

5. $2x+1$ 的不定积分是________.

6. 若 $du=\dfrac{1}{\sqrt{x}}dx$，则 $u=$ ________.

7. 若 $\int f(x)dx=\arcsin x+C$，则 $f(x)=$ ________.

8. $\left[\int f(x)dx\right]'=$ ________.

9. $\int f'(x)dx=$ ________.

10. $\int\dfrac{1}{1+x^2}dx=$ ________.

11. $\int\dfrac{1}{x}d\left(\dfrac{1}{x}\right)=$ ________.

12. 若 $\int f(x)dx=F(x)+C$，则 $\int f(3x-2)dx=$ ________.

13. $\int\dfrac{1}{\sin^2x}d(\sin x)=$ ________.

14. 若 $\int\dfrac{f'(\ln x)}{x}dx=x^2+C$，则 $f(x)=$ ________.

15. 若 $f''(x)$ 连续，则 $\int xf''(x)dx=$ ________.

16. 设 $F_1(x)$，$F_2(x)$ 都是 $f(x)$ 的原函数，则 $[F_1(x)-F_2(x)]'=$ ________.

17. $\int\sqrt{2}dx=$ ________.

18. 函数 $f(x)=2x$，则过点(1, 4)的积分曲线是________.

二、选择题

1. 若 $\int f'(x)dx=\int g'(x)dx$，则一定有(　　)

(A) $f'(x)=g'(x)$　　　　(B) $f(x)=g(x)$

(C) $\int f(x)dx=\int g(x)dx$　　　　(D) $f(x)dx=g(x)dx$

2. 如果函数 $F(x)$ 是 $f(x)$ 的一个原函数，则(　　)

(A) $\int F(x)dx=f(x)+C$　　　　(B) $\int F'(x)dx=f(x)+C$

(C) $\int f(x)dx=F(x)+C$　　　　(D) $\int f'(x)dx=F(x)+C$

3. 下列式子中，正确的是(　　)

(A) $\int \ln|x|\mathrm{d}x = \frac{1}{x} + C$　　(B) $\int \arctan x\mathrm{d}x = \frac{1}{1+x^2} + C$

(C) $\int \frac{1}{1+x^2}\mathrm{d}(x^2) = \arctan x + C$　　(D) $\int \frac{1}{1+x}\mathrm{d}x = \ln|1+x| + C$

4. 若 $F(x)$ 是 $f(x)$ 的原函数，则(　　)也是 $f(x)$ 的原函数

(A) $F(x)+2$　　(B) $F(x+2)$

(C) $F(2x)$　　(D) $2F(x)$

5. 不定积分$\int \frac{1}{\mathrm{e}^{x+1}}\mathrm{d}x =$ (　　)

(A) $\ln(\mathrm{e}^{x+1}) + C$　　(B) $\frac{1}{\mathrm{e}^{x+1}} + C$

(C) $-\frac{1}{\mathrm{e}^{x+1}} + C$　　(D) $-\mathrm{e}^{x+1} + C$

6. 若$\int f(x)\mathrm{d}x = x^2\mathrm{e}^{2x} + C$，则 $f(x) =$ (　　)

(A) $2x\mathrm{e}^{2x}$　　(B) $2x^2\mathrm{e}^{2x}$

(C) $x\mathrm{e}^{2x}$　　(D) $2x(x+1)\mathrm{e}^{2x}$

7. 若$\int f(x)\mathrm{d}x = F(x) + C$，则$\int f(2-x)\mathrm{d}x =$ (　　)

(A) $-F(2-x)+C$　　(B) $F(2-x)+C$

(C) $-\frac{1}{2}F(2-x)+C$　　(D) $\frac{1}{2}F(2-x)+C$

8. 经过点(1, 2)，且切线斜率为 $4x^3$ 的曲线方程是(　　)

(A) $y = x^4$　　(B) $y = x^4 + C$

(C) $y = x^4 + 1$　　(D) $y = x^4 - 1$

9. $\int \frac{1}{1+x^2}\mathrm{d}(1+x^2) =$ (　　)

(A) $\arctan x + C$　　(B) $\arctan(1+x^2) + C$

(C) $\ln x + C$　　(D) $\ln(1+x^2) + C$

10. $\int \sin 2x\mathrm{d}x =$ (　　)

(A) $-\cos 2x + C$　　(B) $\cos 2x + C$

(C) $-\sin^2 x + C$　　(D) $\sin^2 x + C$

11. 若 $f(x) = x + \sqrt{x}$，则$\int f'(x)\mathrm{d}x =$ (　　)

(A) $x + \sqrt{x}$　　(B) $x + \sqrt{x} + C$

(C) $1 + \frac{1}{2\sqrt{x}}$　　(D) $1 + \frac{1}{2\sqrt{x}} + C$

12. 若 $F(x)$ 是 $f(x)$ 的一个原函数，则 $f(2x)$ 的原函数是(　　)

(A) $2F(2x)$　　(B) $2F\left(\frac{x}{2}\right)$

(C) $\frac{1}{2}F(2x)$　　(D) $\frac{1}{2}F\left(\frac{x}{2}\right)$

13. 不定积分$\int \ln\frac{x}{2}\mathrm{d}x$ = (　　)

(A) $x\ln\frac{x}{2}-2x+C$ (B) $x\ln\frac{x}{2}-4x+C$

(C) $x\ln\frac{x}{2}-x+C$ (D) $x\ln\frac{x}{2}+x+C$

14. 设 e^{-x} 是$f(x)$ 的一个原函数，则$\int xf(x)\mathrm{d}x$ = (　　)

(A) $(1-x)\mathrm{e}^{-x}+C$ (B) $(1+x)\mathrm{e}^{-x}+C$

(C) $(x-1)\mathrm{e}^{-x}+C$ (D) $-(x+1)\mathrm{e}^{-x}+C$

15. 若$\int f(x)\mathrm{e}^{\frac{1}{x}}\mathrm{d}x=\mathrm{e}^{\frac{1}{x}}+C$，则 $f(x)$ = (　　)

(A) $\frac{1}{x}$ (B) $-\frac{1}{x}$ (C) $\frac{1}{x^2}$ (D) $-\frac{1}{x^2}$

第5章　定积分及其应用

在微积分的发展史上，积分学的发展可以追溯到2000多年前的古希腊．欧多克斯和阿基米得等计算了由曲线围成的平面图形的面积，并得到了 $y = x^2$ 与 $x = 0$，$x = 1$ 围成的平面图形面积的精确值为$\frac{1}{3}$．在这以后，有很多数学家先后进行了这一方面的研究．直到17世纪中叶，牛顿和莱希尼茨在总结前人的基础上，先后提出了定积分的概念，给出了一套算法，实现了积分学与微分学的有机统一．

5.1　定积分的概念

我们先从分析和解决几个典型问题入手，来看定积分的概念是怎样从现实原型抽象出来的．

5.1.1　引例

(1) 曲边梯形的面积

在中学，我们知道

$$三角形的面积 = \frac{1}{2}底 \times 高,$$

$$长方形的面积 = 长 \times 宽,$$

$$梯形的面积 = \frac{1}{2}(上底 + 下底) \times 高,$$

这些图形均以直线为边，但在实际应用中往往需要求以曲线为边的图形(曲边形)的面积．

设 $y = f(x)$ 在区间$[a,b]$上非负、连续．在直角坐标系中，由曲线 $y = f(x)$，$x = a$，$x = b$ 和 $y = 0$ 所围成的图形称为曲边梯形，见图5-1．

由于任何一个曲边形总可以分割成多个曲边梯形来考虑，因此，求曲边形面积的问题就转化为求曲边梯形面积的问题．

我们知道

$$矩形的面积 = 底 \times 高,$$

而曲边梯形在底边上各点的高 $f(x)$ 在区间$[a, b]$上是变化的，故它的面积不能直接按矩形的面积公式来计算．然而，由于 $f(x)$ 在区间$[a, b]$上是连续变化的，在很小一段区间上它的变化也很小．因此，若把区间$[a, b]$划分为许多个小区间，在每个小区间上用其中某一点处的高来近似代替同一小区间上的小曲边梯形的高，则每个小曲边梯形就可以近似看成小矩形，我们就以所有这些小矩形的面积之和作为曲边梯形面积的近似值．当把区间$[a, b]$无限细分，使得每个小区间的长度趋于零，这时所有小矩形面积之和的极限就可以定义为曲边梯形的面积．这个定义同

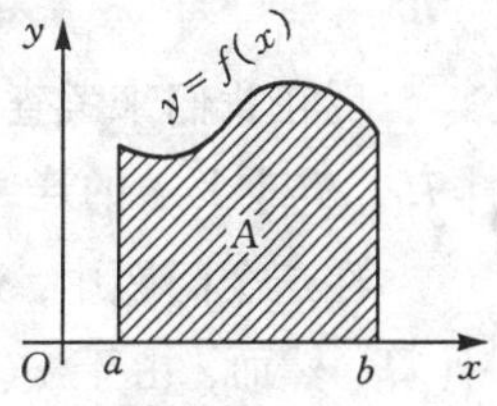

图5-1

时也给出了计算曲边梯形面积的方法.

① **分割** 在区间$[a, b]$中任意插入 $n-1$ 个分点

$$a = x_0 < x_1 < x_2 < \cdots < x_{n-1} < x_n = b,$$

把$[a, b]$分成 n 个小区间

$$[x_0, x_1], [x_1, x_2], \cdots, [x_{n-1}, x_n],$$

它们的长度分别为

$$\Delta x_1 = x_1 - x_0, \Delta x_2 = x_2 - x_1, \cdots, \Delta x_n = x_n - x_{n-1}.$$

过每一个分点, 作平行于 y 轴的直线段, 把曲边梯形分为 n 个小曲边梯形, 见图 5-2. 在每个小区间$[x_{i-1}, x_i]$上任取一点 ξ_i, 用以$[x_{i-1}, x_i]$为底、$f(\xi_i)$为高的小矩形近似代替第 i 个小曲边梯形($i = 1, 2, \cdots, n$), 则第 i 个小曲边梯形的面积近似为 $f(\xi_i)\Delta x_i$.

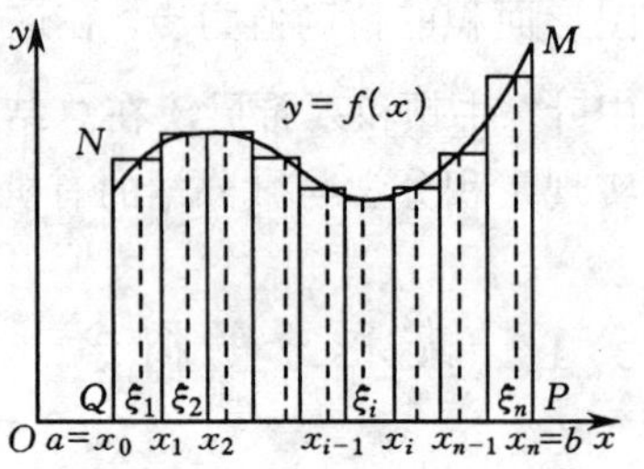

图 5-2

② **求和** 将这样得到的 n 个小矩形的面积之和作为所求曲边梯形面积 A 的近似值, 即

$$A \approx f(\xi_1)\Delta x_1 + f(\xi_2)\Delta x_2 + \cdots + f(\xi_n)\Delta x_n$$

$$= \sum_{i=1}^{n} f(\xi_i)\Delta x_i.$$

③ **取极限** 为保证所有小区间的长度都趋于零, 我们要求小区间长度中的最大值趋于零, 若记

$$\lambda = \max\{\Delta x_1, \Delta x_2, \cdots, \Delta x_n\},$$

则上述条件可表示为 $\lambda \to 0$, 当 $\lambda \to 0$ 时(这时小区间的个数 n 无限增多, 即 $n \to \infty$), 取上述和式的极限, 便得到曲边梯形的面积

$$A = \lim_{\lambda \to 0} \sum_{i=1}^{n} f(\xi_i)\Delta x_i.$$

称 λ 为分割细度.

(2) 变速直线运动的路程

在初等物理中, 我们知道, 对匀速直线运动有下列公式:

$$路程 = 速度 \times 时间.$$

现在我们来考查变速直线运动. 设某物体做直线运动, 已知速度 $v = v(t)$ 是时间间隔$[T_1, T_2]$上 t 的连续函数, 且 $v(t) \geqslant 0$, 要求物体在这段时间内所经过的路程 s.

在这个问题中, 速度随时间 t 而变化, 因此, 所求路程不能直接按匀速直线运动公式来计算. 然而, 由于 $v(t)$ 是连续变化的, 在很短一段时间内, 其速度的变化很小, 可近似看做匀速的情形. 因此, 若把时间间隔划分为许多个小时间段, 在每个小时间段内, 以匀速运动代替变速运动, 则可以计算出在每个小时间段内路程的近似值; 再求和, 则得到整个路程的近似值; 最后, 利用求极限的方法算出路程的精确值. 具体步骤如下.

① **分割** 在时间间隔$[T_1, T_2]$中任意插入 $n-1$ 个分点

$$T_1 = t_0 < t_1 < t_2 < \cdots < t_{n-1} < t_n = T_2,$$

把$[T_1, T_2]$分成 n 个小时间段

$$[t_0, t_1], [t_1, t_2], \cdots, [t_{n-1}, t_n],$$

各小时间段的长度分别为

$$\Delta t_1 = t_1 - t_0, \cdots, \Delta t_i = t_i - t_{i-1}, \cdots, \Delta t_n = t_n - t_{n-1},$$

而各小时间段内物体经过的路程依次为

$$\Delta s_1, \cdots, \Delta s_i, \cdots, \Delta s_n.$$

在每个小时间段$[t_{i-1}, t_i]$上任取一点τ_i，以时刻τ_i的速度$v(\tau_i)$近似代替$[t_{i-1}, t_i]$上各时刻的速度，得到小时间段$[t_{i-1}, t_i]$内物体经过的路程Δs_i的近似值，即

$$\Delta s_i \approx v(\tau_i)\Delta t_i \quad (i = 1, 2, \cdots, n).$$

② **求和**　将这样得到的 n 个小时间段上路程的近似值之和作为所求变速直线运动路程的近似值，即

$$s = \Delta s_1 + \Delta s_2 + \cdots + \Delta s_n = \sum_{i=1}^{n}\Delta s_i \approx \sum_{i=1}^{n} v(\tau_i)\Delta t_i.$$

③ **取极限**　记 $\lambda = \max\{\Delta t_1, \Delta t_2, \cdots, \Delta t_n\}$，当 $\lambda \to 0$ 时，取上述和式的极限，就可得到变速直线运动路程的精确值

$$s = \lim_{\lambda \to 0}\sum_{i=1}^{n} v(\tau_i)\Delta t_i.$$

5.1.2　定积分的定义

从前述两个引例我们看到，无论是求曲边梯形的面积问题，还是求变速直线运动的路程问题，实际背景虽然不同，但通过“分割、求和、取极限”，都能转化为形如 $\sum_{i=1}^{n} f(\xi_i)\Delta x_i$ 的和式的极限问题. 由此可抽象出定积分的定义.

定义　设 $f(x)$ 在$[a, b]$上有界，在$[a, b]$中任意插入若干个分点

$$a = x_0 < x_1 < x_2 < \cdots < x_{n-1} < x_n = b,$$

把区间$[a, b]$分割成 n 个小区间

$$[x_0, x_1], [x_1, x_2], \cdots, [x_{n-1}, x_n],$$

各小区间的长度依次为

$$\Delta x_1 = x_1 - x_0, \Delta x_2 = x_2 - x_1, \cdots, \Delta x_n = x_n - x_{n-1}.$$

在每个小区间$[x_{i-1}, x_i]$上任取一点$\xi_i(x_{i-1} \leqslant \xi_i \leqslant x_i)$，作函数值$f(\xi_i)$与小区间长度$\Delta x_i$的乘积$f(\xi_i)\Delta x_i(i = 1, 2, \cdots, n)$，并作和式

$$S_n = \sum_{i=1}^{n} f(\xi_i)\Delta x_i,$$

记$\lambda = \max\{\Delta x_1, \Delta x_2, \cdots, \Delta x_n\}$，即分割细度. 如果不论对$[a, b]$怎样分割，也不论在小区间$[x_{i-1}, x_i]$上点$\xi_i$怎样取，只要当$\lambda \to 0$时，和$S_n$总趋于确定的极限$I$，我们就称这个极限$I$为函数$f(x)$在区间$[a, b]$上的定积分，记为

$$\int_a^b f(x)\mathrm{d}x = I = \lim_{\lambda \to 0}\sum_{i=1}^{n} f(\xi_i)\Delta x_i,$$

其中$f(x)$叫做被积函数，$f(x)\mathrm{d}x$叫做被积表达式，x叫做积分变量，$[a, b]$叫做积分区间.

关于定积分的定义，我们要作以下几点说明.

(1) 定积分$\int_a^b f(x)\mathrm{d}x$ 是和式$\sum_{i=1}^{n} f(\xi_i)\Delta x_i$ 的极限值，即是一个确定的常数. 这个常数只与被积函数 $f(x)$ 和积分区间$[a, b]$有关，而与积分变量用哪个字母表达无关，即有

$$\int_a^b f(x)\mathrm{d}x = \int_a^b f(t)\mathrm{d}t = \int_a^b f(u)\mathrm{d}u.$$

(2) 定义中区间的分法和 ξ_i 的取法是任意的.

(3) $\sum_{i=1}^{n} f(\xi_i)\Delta x_i$ 通常称为函数$f(x)$ 的积分和. 当函数 $f(x)$ 在区间$[a, b]$上的定积分存在时，我们称 $f(x)$ 在区间$[a, b]$上可积，否则称为不可积.

关于定积分，还有一个重要的问题：函数 $f(x)$ 在区间$[a, b]$上满足怎样的条件，$f(x)$ 在区间$[a, b]$上一定可积? 这个问题本书不作深入讨论，只给出下面两个定理.

定理 1 若函数 $f(x)$ 在区间$[a, b]$上连续，则 $f(x)$ 在区间$[a, b]$上可积.

定理 2 若函数 $f(x)$ 在区间$[a, b]$上有界，且只有有限个间断点，则 $f(x)$ 在区间$[a, b]$上可积.

根据定积分的定义，本节的两个引例可以简洁地表述如下.

(1) 由连续曲线 $y = f(x)(f(x)\geqslant 0)$，直线 $x = a$，$x = b$ 及x 轴所围成的曲边梯形的面积 A 等于函数$f(x)$ 在区间$[a, b]$上的定积分，即

$$A = \int_a^b f(x)\mathrm{d}x.$$

(2) 以变速 $v = v(t)(v(t)\geqslant 0)$ 做直线运动的物体，从时刻 $t = T_1$ 到时刻 $t = T_2$ 所经过的路程 s 等于函数$v(t)$ 在时间间隔$[T_1, T_2]$上的定积分，即

$$s = \int_{T_1}^{T_2} v(t)\mathrm{d}t.$$

注 1 上述(1) 正好说明了定积分的几何意义. 即在区间$[a, b]$上 $f(x)\geqslant 0$时，定积分$\int_a^b f(x)\mathrm{d}x$ 在几何上表示由曲线$y = f(x)$，直线 $x = a, x = b$ 及x 轴所围成的曲边梯形的面积；在区间$[a, b]$上 $f(x)\leqslant 0$时，由曲线 $y = f(x)$，直线 $x = a$，$x = b$ 及 x 轴所围成的曲边梯形位于x 轴的下方，此时定积分$\int_a^b f(x)\mathrm{d}x$ 在几何上表示上述曲边梯形面积的负值. 一般情况下，函数 $f(x)$ 在区间$[a, b]$上既取得正值又取得负值，函数 $y = f(x)$ 的图形有些在 x 轴的上方，其余部分在 x 轴的下方(见图 5-3)，此时，定积分$\int_a^b f(x)\mathrm{d}x$ 表示x 轴上方图形面积减去x 轴下方图形面积所得之差，而$\int_a^b |f(x)|\mathrm{d}x$ 为阴影部分的面积.

图 5-3

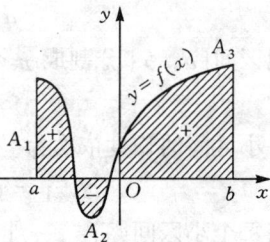

注 2 求定积分的过程体现了事物变化从量变到质变的完整过程，其中蕴含着丰富的辩证思维.

恩格斯指出：“初等数学，即常数的数学，是在形式逻辑的范围内活动的，至少总体说来是这样；而变量数学 —— 其中最主要的部分是微积分 —— 本质上不外是辩证法在数学方面

的应用." 从初等数学到变量数学的过渡，反映了人类思维从形式逻辑向辩证逻辑的跨越，是人类的认识能力由低级向高级的发展.

求曲边梯形的面积和求变速直线运动的路程的前两步，即"分割"和"求和"，是初等数学方法的体现，而且也是初等数学方法中形式逻辑思维的体现. 只有第三步"取极限"这种蕴含于变量数学中的丰富的辩证逻辑思维，才使得微积分巧妙、有效地解决了初等数学所不能解决的问题.

习题 5.1

1. 填空题：

(1) 函数 $f(x)$ 在$[a, b]$上的定积分是积分和的极限，即$\int_a^b f(x)\mathrm{d}x = ($　　$)$；

(2) 定积分的值只与(　　)及(　　)有关，而与(　　)的记法无关；

(3) 定积分的几何意义是(　　　)；

(4) 区间$[a, b]$长度的定积分表示为(　　).

2. 利用定积分的几何意义，证明下列等式：

(1) $\int_0^1 2x\mathrm{d}x = 1$；　　　(2) $\int_0^1 \sqrt{1-x^2}\mathrm{d}x = \frac{\pi}{4}$.

5.2　定积分的性质

为了进一步讨论定积分的理论与计算，本节介绍定积分的一些性质(考虑到高职高专学生的基础，只给出性质，而不证明). 下面的讨论中均假定被积函数是可积的. 同时，为计算和应用方便起见，对定积分作两点补充规定：

(1) 当 $a = b$ 时，$\int_a^b f(x)\mathrm{d}x = 0$；

(2) 当 $a > b$ 时，$\int_a^b f(x)\mathrm{d}x = -\int_b^a (f)\mathrm{d}x$.

根据上述规定，交换定积分的上、下限，其绝对值不变而符号相反. 因此，下面的讨论中如无特别指出，对定积分上、下限的大小不加限制.

性质 1　$\int_a^b [f(x) \pm g(x)]\mathrm{d}x = \int_a^b f(x)\mathrm{d}x \pm \int_a^b g(x)\mathrm{d}x$.

注　性质 1 可以推广到有限个函数的情形.

性质 2　$\int_a^b kf(x)\mathrm{d}x = k\int_a^b f(x)\mathrm{d}x$　(k 为常数).

性质 3　$\int_a^b f(x)\mathrm{d}x = \int_a^c f(x)\mathrm{d}x + \int_c^b f(x)\mathrm{d}x$.

注　无论 a, b, c 的大小如何，性质 3 总成立. 通常称其为区间的可加性定理.

性质 4　$\int_a^b 1 \cdot \mathrm{d}x = \int_a^b \mathrm{d}x = b - a$.

显然，定积分$\int_a^b \mathrm{d}x$ 在几何上表示以$[a, b]$为底，$f(x) \equiv 1$ 为高的矩形的面积.

性质 5 若在区间 $[a, b]$ 上有 $f(x) \leqslant g(x)$，则

$$\int_a^b f(x)\mathrm{d}x \leqslant \int_a^b g(x)\mathrm{d}x \quad (a < b).$$

推论 1 若在区间 $[a, b]$ 上 $f(x) \geqslant 0$，则

$$\int_a^b f(x)\mathrm{d}x \geqslant 0 \quad (a < b).$$

推论 2 $\left|\int_a^b f(x)\mathrm{d}x\right| \leqslant \int_a^b |f(x)|\mathrm{d}x \quad (a < b).$

例 1 比较积分值 $\int_0^{-2} \mathrm{e}^x \mathrm{d}x$ 和 $\int_0^{-2} x\mathrm{d}x$ 的大小.

解 令 $f(x) = \mathrm{e}^x - x$，$x \in [-2, 0]$，因为 $f(x) > 0$，所以

$$\int_{-2}^0 (\mathrm{e}^x - x)\mathrm{d}x > 0,$$

即
$$\int_{-2}^0 \mathrm{e}^x \mathrm{d}x > \int_{-2}^0 x\mathrm{d}x,$$

从而
$$\int_0^{-2} \mathrm{e}^x \mathrm{d}x < \int_0^{-2} x\mathrm{d}x.$$

性质 6(估值定理) 设 M 及 m 分别是函数 $f(x)$ 在区间 $[a, b]$ 上的最大值及最小值，则

$$m(b-a) \leqslant \int_a^b f(x)\mathrm{d}x \leqslant M(b-a).$$

利用性质 4 和性质 5，易证得性质 6.

注 性质 6 有明显的几何意义，即以 $[a, b]$ 为底，$y = f(x)$ 为曲边的曲边梯形的面积 $\int_a^b f(x)\mathrm{d}x$ 介于同一底边而高分别为 m 与 M 的矩形面积 $m(b-a)$ 与 $M(b-a)$ 之间，见图 5-4.

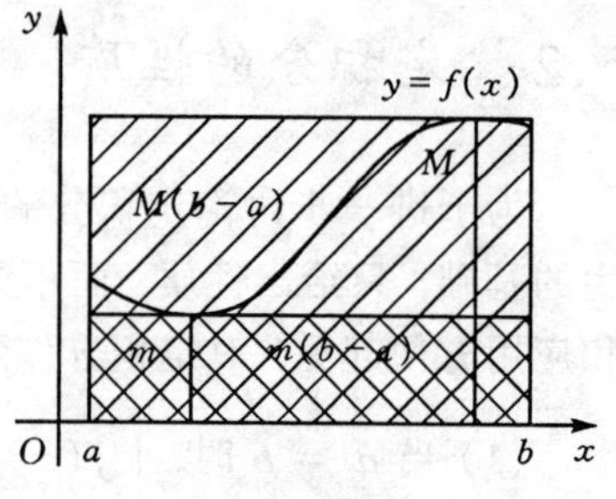

图 5-4

例 2 估计积分 $\int_{\frac{\pi}{4}}^{\frac{\pi}{2}} \frac{\sin x}{x}\mathrm{d}x$ 的值.

解 设 $f(x) = \frac{\sin x}{x}$，$x \in \left[\frac{\pi}{4}, \frac{\pi}{2}\right]$，由

$$f'(x) = \frac{x\cos x - \sin x}{x^2} = \frac{\cos x(x - \tan x)}{x^2} < 0$$

知 $f(x)$ 在 $\left[\frac{\pi}{4}, \frac{\pi}{2}\right]$ 上单调下降，故函数在 $x = \frac{\pi}{4}$ 处取得最大值，在 $x = \frac{\pi}{2}$ 处取得最小值，即

$$M = f\left(\frac{\pi}{4}\right) = \frac{2\sqrt{2}}{\pi},\ m = f\left(\frac{\pi}{2}\right) = \frac{2}{\pi},$$

所以
$$\frac{2}{\pi}\cdot\left(\frac{\pi}{2} - \frac{\pi}{4}\right) \leqslant \int_{\frac{\pi}{4}}^{\frac{\pi}{2}} \frac{\sin x}{x}\mathrm{d}x \leqslant \frac{2\sqrt{2}}{\pi}\cdot\left(\frac{\pi}{2} - \frac{\pi}{4}\right),$$

即
$$\frac{1}{2} \leqslant \int_{\frac{\pi}{4}}^{\frac{\pi}{2}} \frac{\sin x}{x}\mathrm{d}x \leqslant \frac{\sqrt{2}}{2}.$$

性质 7(定积分中值定理) 如果函数 $f(x)$ 在闭区间 $[a, b]$ 上连续，则在 $[a, b]$ 上至少

存在一点 ξ，使得

$$\int_a^b f(x)\mathrm{d}x = f(\xi)(b-a) \quad (a \leqslant \xi \leqslant b).$$

证明　将性质 6 中的不等式除以区间长度 $b-a$，得

$$m \leqslant \frac{1}{b-a}\int_a^b f(x)\mathrm{d}x \leqslant M.$$

这表明，数值 $\frac{1}{b-a}\int_a^b f(x)\mathrm{d}x$ 介于函数 $f(x)$ 的最小值与最大值之间. 由闭区间上连续函数的介值定理知，在区间 $[a,b]$ 上至少存在一点 ξ，使得

$$\frac{1}{b-a}\int_a^b f(x)\mathrm{d}x = f(\xi),$$

即

$$\int_a^b f(x)\mathrm{d}x = f(\xi)(b-a) \quad (a \leqslant \xi \leqslant b).$$

这个公式称为积分中值公式.

注　积分中值定理在几何上表示在 $[a,b]$ 上至少存在一点 ξ，使得以 $[a,b]$ 为底，$y=f(x)$ 为曲边的曲边梯形的面积 $\int_a^b f(x)\mathrm{d}x$ 等于同一底边而高为 $f(\xi)$ 的矩形的面积 $f(\xi)(b-a)$，见图 5-5.

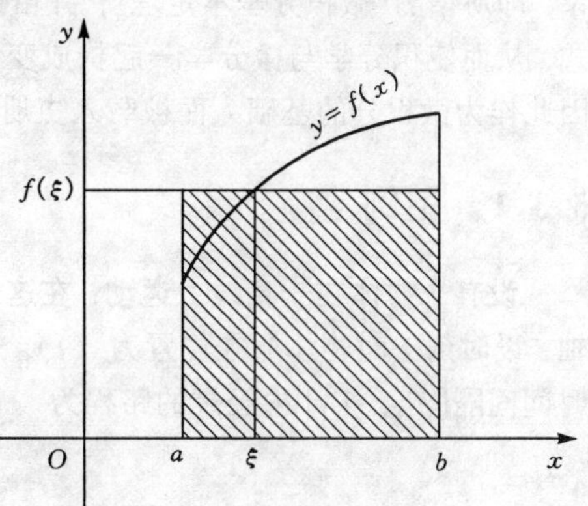

图 5-5

由上述几何解释易见，数值 $\frac{1}{b-a}\int_a^b f(x)\mathrm{d}x$ 表示连续曲线 $f(x)$ 在区间 $[a,b]$ 上的平均高度，称其为函数 $f(x)$ 在区间 $[a,b]$ 上的平均值. 这一概念是对有限个数的平均值概念的拓展. 例如，可用它来计算做变速直线运动的物体在指定时间间隔内的平均速度等.

习题 5.2

1. 估计下列各积分的值：

(1) $\int_{\frac{\pi}{4}}^{\frac{5\pi}{4}}(1+\sin^2 x)\mathrm{d}x$；　　(2) $\int_{\frac{1}{\sqrt{3}}}^{\sqrt{3}} x\arctan x\mathrm{d}x$；

(3) $\int_2^0 \mathrm{e}^{x^2-x}\mathrm{d}x$；　　(4) $\int_1^2 \frac{x}{1+x^2}\mathrm{d}x$.

2. 根据定积分的性质比较下列各组积分的大小：

(1) $\int_1^2 \ln x\mathrm{d}x$，$\int_1^2(\ln x)^2\mathrm{d}x$；　　(2) $\int_0^1 x\mathrm{d}x$，$\int_0^1\ln(1+x)\mathrm{d}x$；

(3) $\int_0^1 \mathrm{e}^x\mathrm{d}x$，$\int_0^1(x+1)\mathrm{d}x$；　　(4) $\int_0^{\frac{\pi}{2}} x\mathrm{d}x$，$\int_0^{\frac{\pi}{2}}\sin x\mathrm{d}x$；

(5) $\int_{-\frac{\pi}{4}}^0 \sin x\mathrm{d}x$，$\int_0^{\frac{\pi}{2}}\sin x\mathrm{d}x$；　　(6) $\int_1^0\ln(1+x)\mathrm{d}x$，$\int_1^0\frac{x}{1+x}\mathrm{d}x$.

5.3 微积分基本公式

积分中要解决两个问题：第一个问题是原函数的求法问题，在第 4 章中已对它作了比较详细的讨论；第二个问题就是定积分的计算问题. 如果要按定积分的定义来算定积分，那将是十分困难的. 因此，寻求一种计算定积分的有效方法便成为积分学发展的关键. 我们知道，不定积分作为原函数的概念与定积分作为积分和的极限的概念在定义上是完全不相干的两个概念. 但是，牛顿和莱布尼茨不仅发现而且找到了这两个概念之间存在着的深刻的内在联系，即所谓的"微积分基本定理"，并由此开辟了求定积分的新途径 —— 牛顿 - 莱布尼茨公式，从而使积分学与微分学一起构成变量数学的基础学科 —— 微积分学. 牛顿和莱布尼茨也因此作为微积分的基础人而被载入史册.

5.3.1 引例

设有一物体在一直线上运动. 在这一直线上取定原点、正向及单位长度，使其成为一数轴. 设时刻 t 时物体所在位置为 $s(t)$，速度为 $v(t)(v(t)\geqslant 0)$，则由第 5.1 节知道，物体在时间间隔 $[T_1, T_2]$ 内经过的路程为

$$s=\int_{T_1}^{T_2}v(t)\mathrm{d}t;$$

另一方面，这段路程又可表示为位置函数 $s(t)$ 在 $[T_1, T_2]$ 上的增量

$$s(T_2)-s(T_1).$$

由此可见，位置函数 $s(t)$ 与速度函数 $v(t)$ 有如下关系：

$$\int_{T_1}^{T_2}v(t)\mathrm{d}t=s(T_2)-s(T_1).$$

因为 $s'(t)=v(t)$，即位置函数 $s(t)$ 是速度函数 $v(t)$ 的原函数，所以，求速度函数 $v(t)$ 在时间间隔 $[T_1, T_2]$ 内所经过的路程就转化为求 $v(t)$ 的原函数 $s(t)$ 在 $[T_1, T_2]$ 上的增量.

这个结论是否具有普遍性呢？即，一般地，函数 $f(x)$ 在区间 $[a, b]$ 上的定积分 $\int_a^b f(x)\mathrm{d}x$ 是否等于 $f(x)$ 的原函数 $F(x)$ 在 $[a, b]$ 上的增量呢？下面将具体分析这个问题.

5.3.2 积分上限的函数及其导数

设函数 $f(x)$ 在区间 $[a, b]$ 上连续，x 是 $[a, b]$ 上的一点，则由

$$\Phi(x)=\int_a^x f(t)\mathrm{d}t$$

所定义的函数称为积分上限的函数(或变上限的函数).

上式中积分变量和积分上限有时都用 x 表示，但它们的含义并不相同，为了区别它们，常将积分变量改用 t 来表示，即

$$\Phi(x)=\int_a^x f(x)\mathrm{d}x=\int_a^x f(t)\mathrm{d}t.$$

$\Phi(x)$ 的几何意义是右侧直线可移动的曲边梯形的面积，见图 5-6，曲边梯形的面积 $\Phi(x)$ 随 x 的位置的变动而改变，当 x 给定后，面积 $\Phi(x)$ 就随之而定.

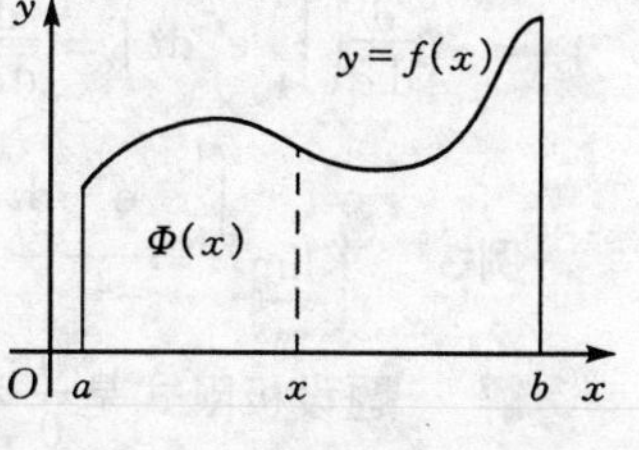

图 5-6

关于函数 $\Phi(x)$ 的可导性，我们有如下定理.

定理 1　若函数 $f(x)$ 在区间 $[a, b]$ 上连续，则积分上限的函数

$$\Phi(x) = \int_a^x f(t)\mathrm{d}t,\ x \in [a, b]$$

在 $[a, b]$ 上可导，且

$$\Phi'(x) = \frac{\mathrm{d}}{\mathrm{d}x}\int_a^x f(t)\mathrm{d}t = f(x) \quad (a \leqslant x \leqslant b).$$

证明　设 $x \in [a, b]$，$\Delta x \neq 0$，且 $x + \Delta x \in [a, b]$，则

$$\begin{aligned}\Delta\Phi = \Phi(x+\Delta x) - \Phi(x) &= \int_a^{x+\Delta x} f(t)\mathrm{d}t - \int_a^x f(t)\mathrm{d}t \\ &= \int_a^x f(t)\mathrm{d}t + \int_x^{x+\Delta x} f(t)\mathrm{d}t - \int_a^x f(t)\mathrm{d}t \\ &= \int_x^{x+\Delta x} f(t)\mathrm{d}t = f(\xi)\Delta x,\ \xi \in [x, x+\Delta x].\end{aligned}$$

由于函数 $f(x)$ 在点 x 处连续，所以

$$\Phi'(x) = \lim_{\Delta x \to 0}\frac{\Delta\Phi}{\Delta x} = \lim_{\Delta x \to 0} f(\xi) = f(x),$$

即

$$\frac{\mathrm{d}}{\mathrm{d}x}\int_a^x f(t)\mathrm{d}t = f(x) \quad (a \leqslant x \leqslant b).$$

注　定理 1 揭示了微分(或导数)与定积分这两个在定义上不相干的概念之间的内在联系，因而称为微积分基本定理.

利用复合函数的求导法则，可进一步得到下列公式：

(1) $\dfrac{\mathrm{d}}{\mathrm{d}x}\displaystyle\int_a^{\varphi(x)} f(t)\mathrm{d}t = f(\varphi(x))\varphi'(x)$；

(2) $\dfrac{\mathrm{d}}{\mathrm{d}x}\displaystyle\int_{a(x)}^{b(x)} f(t)\mathrm{d}t = f(b(x))b'(x) - f(a(x))a'(x)$.

上述公式的证明请读者自己完成.

例 1　求 $\dfrac{\mathrm{d}}{\mathrm{d}x}\left(\displaystyle\int_0^x \cos^2 t\,\mathrm{d}t\right)$.

解　$\dfrac{\mathrm{d}}{\mathrm{d}x}\left(\displaystyle\int_0^x \cos^2 t\,\mathrm{d}t\right) = \cos^2 x$.

例 2　求 $\dfrac{\mathrm{d}}{\mathrm{d}x}\left(\displaystyle\int_1^{x^3} \mathrm{e}^{t^2}\mathrm{d}t\right)$.

解　这里 $\displaystyle\int_1^{x^3} \mathrm{e}^{t^2}\mathrm{d}t$ 是 x^3 的函数，因而是 x 的复合函数，令 $x^3 = u$，则

$$\Phi(u) = \int_1^u \mathrm{e}^{t^2}\mathrm{d}t.$$

根据复合函数的求导法则，有

$$\frac{\mathrm{d}}{\mathrm{d}x}\left(\int_1^{x^3}\mathrm{e}^{t^2}\mathrm{d}t\right)=\frac{\mathrm{d}}{\mathrm{d}u}\left(\int_1^{u}\mathrm{e}^{t^2}\mathrm{d}t\right)\cdot\frac{\mathrm{d}u}{\mathrm{d}x}=\Phi'(u)\cdot 3x^2=\mathrm{e}^{u^2}\cdot 3x^2=3x^2\mathrm{e}^{x^6}.$$

例 3 求$\lim\limits_{x\to 0}\dfrac{\int_{\cos x}^{1}\mathrm{e}^{-t^2}\mathrm{d}t}{x^2}$.

解 题设极限式是$\dfrac{0}{0}$型未定式，可应用洛必达法则. 由

$$\frac{\mathrm{d}}{\mathrm{d}x}\int_{\cos x}^{1}\mathrm{e}^{-t^2}\mathrm{d}t=-\frac{\mathrm{d}}{\mathrm{d}x}\int_{1}^{\cos x}\mathrm{e}^{-t^2}\mathrm{d}t=-\mathrm{e}^{-\cos^2x}\cdot(\cos x)'=\sin x\cdot\mathrm{e}^{-\cos^2x},$$

所以

$$\lim_{x\to 0}\frac{\int_{\cos x}^{1}\mathrm{e}^{-t^2}\mathrm{d}t}{x^2}=\lim_{x\to 0}\frac{\sin x\cdot\mathrm{e}^{-\cos^2x}}{2x}=\frac{1}{2\mathrm{e}}.$$

5.3.3 牛顿-莱布尼茨公式

定理 1 是在被积函数连续的条件下证得的，因而，这也就证明了“连续函数必存在原函数”的结论，故有如下原函数的存在定理.

定理 2 若函数 $f(x)$ 在区间 $[a, b]$ 上连续，则函数

$$\Phi(x)=\int_a^x f(t)\mathrm{d}t$$

就是 $f(x)$ 在 $[a, b]$ 上的一个原函数.

定理 2 的重要意义在于，它一方面肯定了连续函数的原函数是存在的，另一方面初步揭示了积分学中定积分与原函数的联系. 因此，就有可能通过原函数来计算定积分.

定理 3 若函数 $F(x)$ 是连续函数 $f(x)$ 在区间 $[a, b]$ 上的一个原函数，则

$$\int_a^b f(x)\mathrm{d}x=F(b)-F(a).$$

证明 已知函数 $F(x)$ 是 $f(x)$ 的一个原函数，又根据定理 2 知

$$\Phi(x)=\int_a^x f(t)\mathrm{d}t$$

也是 $f(x)$ 的一个原函数，所以

$$F(x)-\Phi(x)=C,\ x\in[a, b].$$

在上式中令 $x=a$，得 $F(a)-\Phi(a)=C$，而

$$\Phi(a)=\int_a^a f(t)\mathrm{d}t=0,$$

所以 $F(a)=C$，故

$$\int_a^x f(t)\mathrm{d}t=F(x)-F(a).$$

在上式中再令 $x=b$，即得证.

该公式称为牛顿-莱布尼茨公式，也常记作

$$\int_a^b f(x)\mathrm{d}x=F(x)\Big|_a^b=F(b)-F(a).$$

注 根据第 5.2 节定积分的补充规定可知，当 $a>b$ 时，牛顿-莱布尼茨公式仍成立.

由于 $f(x)$ 的原函数 $F(x)$ 一般可通过求不定积分求得，因此，牛顿-莱布尼茨公式巧妙

地把定积分的计算问题与不定积分联系起来，转化为求被积函数的一个原函数在区间$[a, b]$上的增量的问题．

牛顿－莱布尼茨公式也称为微积分基本公式．

例 4　求定积分$\int_0^1 x^2 \mathrm{d}x$．

解　因$\frac{x^3}{3}$是x^2的一个原函数，由牛顿－莱布尼茨公式，有

$$\int_0^1 x^2 \mathrm{d}x = \frac{x^3}{3}\Big|_0^1 = \frac{1}{3} - \frac{0}{3} = \frac{1}{3}.$$

例 5　求定积分$\int_{-2}^{-1} \frac{1}{x}\mathrm{d}x$．

解　当$x < 0$时，$\frac{1}{x}$的一个原函数是$\ln|x|$，所以

$$\int_{-2}^{-1} \frac{1}{x}\mathrm{d}x = \ln|x|\Big|_{-2}^{-1} = \ln 1 - \ln 2 = -\ln 2.$$

例 6　求定积分$\int_0^1 |2x-1|\mathrm{d}x$．

解　因为

$$|2x-1| = \begin{cases} 1-2x, & x \leqslant \frac{1}{2}, \\ 2x-1, & x > \frac{1}{2}, \end{cases}$$

所以

$$\begin{aligned}\int_0^1 |2x-1|\mathrm{d}x &= \int_0^{\frac{1}{2}} (1-2x)\mathrm{d}x + \int_{\frac{1}{2}}^1 (2x-1)\mathrm{d}x \\ &= (x-x^2)\Big|_0^{\frac{1}{2}} + (x^2-x)\Big|_{\frac{1}{2}}^{0} \\ &= \frac{1}{2}.\end{aligned}$$

习题 5.3

1．设$y = \int_0^x \sin t\,\mathrm{d}t$，求$y'(0)$，$y'\left(\frac{\pi}{4}\right)$．

2．计算下列各导数：

(1) $\frac{\mathrm{d}}{\mathrm{d}x}\int_0^{x^2} \sqrt{1+t^2}\,\mathrm{d}t$；　　(2) $\frac{\mathrm{d}}{\mathrm{d}x}\int_{x^2}^{x^3} \frac{\mathrm{d}t}{\sqrt{1+t^4}}$；

(3) $\frac{\mathrm{d}}{\mathrm{d}x}\int_{\sin x}^{\cos x} \cos(\pi t^2)\mathrm{d}t$；　　(4) $\frac{\mathrm{d}}{\mathrm{d}x}\int_{\sqrt{x}}^{x^2} \frac{\sin t}{t}\mathrm{d}t$．

3．求下列各极限：

(1) $\lim\limits_{x\to 0}\frac{\int_0^x \cos t^2 \mathrm{d}t}{x}$；　　(2) $\lim\limits_{x\to 0}\frac{\int_0^x \arctan t\,\mathrm{d}t}{x^2}$；

(3) $\lim\limits_{x\to 0}\dfrac{\int_0^{x^2}\sqrt{1+t^2}\mathrm{d}t}{x^2}$；　　(4) $\lim\limits_{x\to 0}\dfrac{\left(\int_0^x \mathrm{e}^{t^2}\mathrm{d}t\right)^2}{\int_0^x t\mathrm{e}^{2t^2}\mathrm{d}t}$.

4. 计算下列各定积分：

(1) $\int_1^2\left(x^2+\dfrac{1}{x^4}\right)\mathrm{d}x$；　　(2) $\int_4^9\sqrt{x}(1+\sqrt{x})\mathrm{d}x$；

(3) $\int_0^{\sqrt{3}a}\dfrac{\mathrm{d}x}{a^2+x^2}$；　　(4) $\int_{-\frac{1}{2}}^{\frac{1}{2}}\dfrac{\mathrm{d}x}{\sqrt{1-x^2}}$；

(5) $\int_{-1}^0\dfrac{3x^4+3x^2+1}{x^2+1}\mathrm{d}x$；　　(6) $\int_0^{\frac{\pi}{4}}\tan^2\theta\mathrm{d}\theta$.

5.4 定积分的换元积分法和分部积分法

由第5.3节知道，求定积分$\int_a^b f(x)\mathrm{d}x$的关键是求$f(x)$的一个原函数，然后利用牛顿 - 莱布尼茨公式. 因此，求不定积分的换元法和分部积分法也适用，当然有些差异，请读者注意.

5.4.1 定积分的换元积分法

定理 设函数 $f(x)$ 在闭区间$[a, b]$上连续，函数 $x=\varphi(t)$ 满足下列条件：

(1) $\varphi(\alpha)=a$，$\varphi(\beta)=b$，且 $a\leqslant\varphi(t)\leqslant b$；

(2) $\varphi(t)$ 在$[\alpha, \beta]$(或$[\beta, \alpha]$)上具有连续导数.

则
$$\int_a^b f(x)\mathrm{d}x=\int_\alpha^\beta f(\varphi(t))\varphi'(t)\mathrm{d}t. \tag{1}$$

式(1) 称为定积分的换元公式.

证明 因为 $f(x)$ 在$[a, b]$上连续，故它在$[a, b]$上可积，且原函数存在. 设 $F(x)$ 是 $f(x)$ 的一个原函数，则
$$\int_a^b f(x)\mathrm{d}x=F(b)-F(a)；$$
另一方面，$\Phi(t)=F(\varphi(t))$，由复合函数的求导法则，得
$$\Phi'(t)=\frac{\mathrm{d}F}{\mathrm{d}x}\cdot\frac{\mathrm{d}x}{\mathrm{d}t}=f(x)\varphi'(t)=f(\varphi(t))\varphi'(t),$$
即 $\Phi(t)$ 是 $f(\varphi(t))\varphi'(t)$ 的一个原函数. 从而
$$\int_\alpha^\beta f(\varphi(t))\varphi'(t)\mathrm{d}t=\Phi(\beta)-\Phi(\alpha),$$
注意到 $\Phi(t)=F(\varphi(t))$，$\varphi(\alpha)=a$，$\varphi(\beta)=b$，则
$$\Phi(\beta)-\Phi(\alpha)=F(\varphi(\beta))-F(\varphi(\alpha))=F(b)-F(a),$$
$$\int_a^b f(x)\mathrm{d}x=F(b)-F(a)=\Phi(\beta)-\Phi(\alpha)=\int_\alpha^\beta f(\varphi(t))\varphi'(t)\mathrm{d}t.$$

定积分的换元公式与不定积分的换元公式很类似. 但是，在应用定积分的换元公式时，应注意以下两点：

① 用 $x=\varphi(t)$ 把变量 x 换成新变量 t 时，积分限也要换成相应于新变量 t 的积分限，且上限对应于上限，下限对应于下限；

② 求出 $f(\varphi(t))\varphi'(t)$ 的一个原函数 $\Phi(t)$ 后，不必像计算不定积分那样再把 $\Phi(t)$ 变换成原变量 x 的函数，只需直接求出 $\Phi(t)$ 在新变量 t 的积分区间上的增量即可. 简称为"被积函数变，积分变量变，积分上、下限要变".

例 1　求定积分 $\int_0^{\frac{\pi}{2}}\cos^5x\sin x\,\mathrm{d}x$.

解　令 $t=\cos x$，求 $\mathrm{d}t=-\sin x\,\mathrm{d}x$，且当 $x=\frac{\pi}{2}$ 时，$t=0$；当 $x=0$ 时，$t=1$.

所以
$$\int_0^{\frac{\pi}{2}}\cos^5x\sin x\,\mathrm{d}x=-\int_1^0t^5\mathrm{d}t=\int_0^1t^5\mathrm{d}t=\left.\frac{t^6}{6}\right|_0^1=\frac{1}{6}.$$

注　本例中，如果不明显写出新变量 t，则定积分的上、下限就不需改变，重新计算如下：

$$\int_0^{\frac{\pi}{2}}\cos^5x\sin x\,\mathrm{d}x=-\int_0^{\frac{\pi}{2}}\cos^5x\,\mathrm{d}(\cos x)=-\left.\frac{\cos^6x}{6}\right|_0^{\frac{\pi}{2}}$$
$$=-\left(0-\frac{1}{6}\right)=\frac{1}{6}.$$

例 2　求定积分 $\int_0^a\sqrt{a^2-x^2}\,\mathrm{d}x\quad(a>0)$.

解　令 $x=a\sin t$，则 $\mathrm{d}x=a\cos t\,\mathrm{d}t$，且当 $x=0$ 时，$t=0$；当 $x=a$ 时，$t=\frac{\pi}{2}$，则
$$\sqrt{a^2-x^2}=a\sqrt{1-\sin^2t}=a\,|\cos t|=a\cos t.$$

故
$$\int_0^a\sqrt{a^2-x^2}\,\mathrm{d}x=a^2\int_0^{\frac{\pi}{2}}\cos^2t\,\mathrm{d}t=a^2\int_0^{\frac{\pi}{2}}\frac{1+\cos2t}{2}\mathrm{d}t$$
$$=\frac{a^2}{2}\int_0^{\frac{\pi}{2}}(1+\cos2t)\,\mathrm{d}t$$
$$=\frac{a^2}{2}\left.\left(t+\frac{1}{2}\sin2t\right)\right|_0^{\frac{\pi}{2}}=\frac{\pi a^2}{4}.$$

注　利用定积分的几何意义，易直接得到例 2 的计算结果.

例 3　求定积分 $\int_0^{\pi}\sqrt{\sin^3x-\sin^5x}\,\mathrm{d}x$.

解　因为 $f(x)=\sqrt{\sin^3x-\sin^5x}=|\cos x|(\sin x)^{\frac{3}{2}}$，所以
$$\int_0^{\pi}\sqrt{\sin^3x-\sin^5x}\,\mathrm{d}x=\int_0^{\pi}|\cos x|(\sin x)^{\frac{3}{2}}\mathrm{d}x$$
$$=\int_0^{\frac{\pi}{2}}\cos x(\sin x)^{\frac{3}{2}}\mathrm{d}x-\int_{\frac{\pi}{2}}^{\pi}\cos x(\sin x)^{\frac{3}{2}}\mathrm{d}x$$
$$=\int_0^{\frac{\pi}{2}}(\sin x)^{\frac{3}{2}}\mathrm{d}\sin x-\int_{\frac{\pi}{2}}^{\pi}(\sin x)^{\frac{3}{2}}\mathrm{d}\sin x$$
$$=\left.\frac{2}{5}(\sin x)^{\frac{5}{2}}\right|_0^{\frac{\pi}{2}}-\left.\frac{2}{5}(\sin x)^{\frac{5}{2}}\right|_{\frac{\pi}{2}}^{\pi}$$

$$= \frac{2}{5} - \left(-\frac{2}{5}\right) = \frac{4}{5}.$$

注 若忽略 $\cos x$ 在 $\left[\frac{\pi}{2}, \pi\right]$ 上的非正性，将会导致错误.

例 4 求定积分 $\int_0^4 \frac{x+2}{\sqrt{2x+1}}\mathrm{d}x$.

解 令 $t = \sqrt{2x+1}$，则 $x = \frac{t^2-1}{2}$，$\mathrm{d}x = t\mathrm{d}t$，且当 $x = 0$ 时，$t = 1$；当 $x = 4$ 时，$t = 3$. 故

$$\int_0^4 \frac{x+2}{\sqrt{2x+1}}\mathrm{d}x = \int_1^3 \frac{\frac{t^2-1}{2}+2}{t} t\,\mathrm{d}t = \frac{1}{2}\int_1^3 (t^2+3)\mathrm{d}t$$

$$= \frac{1}{2}\left(\frac{1}{3}t^3 + 3t\right)\Big|_1^3$$

$$= \frac{1}{2}\left[\left(\frac{27}{3}+9\right) - \left(\frac{1}{3}+3\right)\right] = \frac{22}{3}.$$

例 5 若 $f(x)$ 在 $[-a, a]$ 上连续，则

(1) 当 $f(x)$ 为偶函数时，有 $\int_{-a}^a f(x)\mathrm{d}x = 2\int_0^a f(x)\mathrm{d}x$；

(2) 当 $f(x)$ 为奇函数时，有 $\int_{-a}^a f(x)\mathrm{d}x = 0$.

证明 因为
$$\int_{-a}^a f(x)\mathrm{d}x = \int_{-a}^0 f(x)\mathrm{d}x + \int_0^a f(x)\mathrm{d}x,$$
在上式右端第一项中令 $x = -t$，则

$$\int_{-a}^0 f(x)\mathrm{d}x = -\int_a^0 f(-t)\mathrm{d}t = \int_0^a f(-t)\mathrm{d}t = \int_0^a f(-x)\mathrm{d}x,$$

于是
$$\int_{-a}^a f(x)\mathrm{d}x = \int_0^a f(x)\mathrm{d}x + \int_0^a f(-x)\mathrm{d}x.$$

(1) 当 $f(x)$ 为偶函数，即 $f(-x) = f(x)$ 时，有

$$\int_{-a}^a f(x)\mathrm{d}x = 2\int_0^a f(x)\mathrm{d}x;$$

(2) 当 $f(x)$ 为奇函数，即 $f(-x) = -f(x)$ 时，有

$$\int_{-a}^a f(x)\mathrm{d}x = 0.$$

例 6 求定积分 $\int_{-\pi}^{\pi} \frac{x}{1+\cos^2 x}\mathrm{d}x$.

解 因为 $[-\pi, \pi]$ 是关于原点对称的区间，$\frac{x}{1+\cos^2 x}$ 是奇函数，所以

$$\int_{-\pi}^{\pi} \frac{x}{1+\cos^2 x}\mathrm{d}x = 0.$$

5.4.2 定积分的分部积分法

设函数 $u = u(x)$，$v = v(x)$ 在区间 $[a, b]$ 上具有连续导数，则

$$\mathrm{d}(uv) = u\mathrm{d}v + v\mathrm{d}u,$$

即
$$u\mathrm{d}v = \mathrm{d}(uv) - v\mathrm{d}u,$$
两边积分，得
$$\int_a^b u\mathrm{d}v = \int_a^b \mathrm{d}(uv) - \int_a^b v\mathrm{d}u,$$
故
$$\int_a^b u\mathrm{d}v = [uv]\big|_a^b - \int_a^b v\mathrm{d}u, \tag{2}$$
$$\int_a^b uv'\mathrm{d}x = [uv]\big|_a^b - \int_a^b vu'\mathrm{d}x. \tag{3}$$

这就是定积分的分部积分公式.

例 7　求定积分$\int_0^{\frac{1}{2}} \arcsin x\,\mathrm{d}x$.

解　$$\int_0^{\frac{1}{2}} \arcsin x\,\mathrm{d}x = [x\arcsin x]\Big|_0^{\frac{1}{2}} - \int_0^{\frac{1}{2}} \frac{x\mathrm{d}x}{\sqrt{1-x^2}}$$
$$= \frac{1}{2}\cdot\frac{\pi}{6} + \frac{1}{2}\int_0^{\frac{1}{2}} \frac{1}{\sqrt{1-x^2}}\mathrm{d}(1-x^2)$$
$$= \frac{\pi}{12} + [\sqrt{1-x^2}]\Big|_0^{\frac{1}{2}}$$
$$= \frac{\pi}{12} + \frac{\sqrt{3}}{2} - 1.$$

例 8　求定积分$\int_0^{\frac{\pi}{4}} \frac{x\mathrm{d}x}{1+\cos 2x}$.

解　$$\int_0^{\frac{\pi}{4}} \frac{x\mathrm{d}x}{1+\cos 2x} = \int_0^{\frac{\pi}{4}} \frac{x\mathrm{d}x}{2\cos^2 x} = \int_0^{\frac{\pi}{4}} \frac{x}{2}\mathrm{d}(\tan x)$$
$$= \frac{1}{2}[x\tan x]_0^{\frac{\pi}{4}} - \frac{1}{2}\int_0^{\frac{\pi}{4}} \tan x\,\mathrm{d}x$$
$$= \frac{\pi}{8} - \frac{1}{2}[\ln|\sec x|]\Big|_0^{\frac{\pi}{4}} = \frac{\pi}{8} - \frac{\ln 2}{4}.$$

例 9　求定积分$\int_{\frac{1}{2}}^1 \mathrm{e}^{-\sqrt{2x-1}}\mathrm{d}x$.

解　令 $t = \sqrt{2x-1}$，则 $t\mathrm{d}t = \mathrm{d}x$，且当 $x = \frac{1}{2}$ 时，$t = 0$；当 $x = 1$ 时，$t = 1$. 故
$$\int_{\frac{1}{2}}^1 \mathrm{e}^{-\sqrt{2x-1}}\mathrm{d}x = \int_0^1 t\mathrm{e}^{-t}\mathrm{d}t.$$
用分部积分法，得
$$\int_0^1 t\mathrm{e}^{-t}\mathrm{d}t = -t\mathrm{e}^{-t}\big|_0^1 + \int_0^1 \mathrm{e}^{-t}\mathrm{d}t = -\frac{1}{\mathrm{e}} - (\mathrm{e}^{-t})\big|_0^1 = 1 - \frac{2}{\mathrm{e}}.$$

例 10　求定积分$\int_{\mathrm{e}^{-2}}^{\mathrm{e}^2} \frac{|\ln x|}{\sqrt{x}}\mathrm{d}x$.

解　$$\int_{\mathrm{e}^{-2}}^{\mathrm{e}^2} \frac{|\ln x|}{\sqrt{x}}\mathrm{d}x = \int_{\mathrm{e}^{-2}}^1 \frac{-\ln x}{\sqrt{x}}\mathrm{d}x + \int_1^{\mathrm{e}^2} \frac{\ln x}{\sqrt{x}}\mathrm{d}x,$$
$$\int \frac{\ln x}{\sqrt{x}}\mathrm{d}x = \int \ln x\,\mathrm{d}(2\sqrt{x}) = (2\sqrt{x}\ln x) - \int \frac{2}{\sqrt{x}}\mathrm{d}x = 2\sqrt{x}(\ln x - 2) + C,$$

故 $\int_{e^{-2}}^{e^2}\frac{\ln x}{\sqrt{x}}dx=-2\sqrt{x}(\ln x-2)\Big|_{e^{-2}}^{1}+2\sqrt{x}(\ln x-2)\Big|_{1}^{e^2}=8(1-e^{-1}).$

习题 5.4

1. 用定积分的换元法计算下列定积分:

(1) $\int_{\frac{\pi}{3}}^{\pi}\sin\left(x+\frac{\pi}{3}\right)dx$;　(2) $\int_{-2}^{1}\frac{dx}{(11+5x)^3}$;

(3) $\int_0^{\frac{\pi}{2}}\sin\varphi\cos^3\varphi d\varphi$;　(4) $\int_0^{\pi}(1-\sin^3\theta)d\theta$;

(5) $\int_{\frac{\pi}{6}}^{\frac{\pi}{2}}\cos^2 u\,du$;　(6) $\int_0^5\frac{x^3}{x^2+1}dx$;

(7) $\int_0^5\frac{2x^2+3x-5}{x+3}dx$;　(8) $\int_0^1 x(1-x^4)^{\frac{3}{2}}dx$;

(9) $\int_0^3\frac{dx}{(1+x)\sqrt{x}}$;　(10) $\int_{-1}^{1}\frac{x\,dx}{(x^2+1)^2}$;

(11) $\int_1^2\frac{e^{\frac{1}{x}}}{x^2}dx$;　(12) $\int_0^1 te^{-\frac{t^2}{2}}dt$;

(13) $\int_0^{\sqrt{2}a}\frac{x\,dx}{\sqrt{3a^2-x^2}}$;　(14) $\int_1^{e^2}\frac{dx}{x\sqrt{1+\ln x}}$;

(15) $\int_{-\frac{\pi}{2}}^{\frac{\pi}{2}}\sin x\cos 2x\,dx$;　(16) $\int_{-\frac{\pi}{2}}^{\frac{\pi}{2}}\sqrt{\cos x-\cos^3 x}\,dx$;

(17) $\int_0^1\sqrt{2x-x^2}\,dx$;　(18) $\int_0^{\sqrt{2}}\sqrt{2-x^2}\,dx$;

(19) $\int_{-\sqrt{2}}^{\sqrt{2}}\sqrt{8-2y^2}\,dy$;　(20) $\int_{\frac{1}{\sqrt{2}}}^{1}\frac{\sqrt{1-x^2}}{x^2}dx$;

(21) $\int_0^a x^2\sqrt{a^2-x^2}\,dx$;　(22) $\int_1^{\sqrt{3}}\frac{dx}{x^2\sqrt{1+x^2}}$;

(23) $\int_{-1}^{1}\frac{x\,dx}{\sqrt{5-4x}}$;　(24) $\int_1^4\frac{dx}{1+\sqrt{x}}$;

(25) $\int_{\frac{3}{4}}^{1}\frac{dx}{\sqrt{1-x}-1}$;　(26) $\int_0^1\frac{\sqrt{x}}{2-\sqrt{x}}dx$;

(27) $\int_{-3}^{0}\frac{x+1}{\sqrt{x+4}}dx$;　(28) $\int_0^1\frac{\sqrt{e^{-x}}}{\sqrt{e^x+e^{-x}}}dx$;

(29) $\int_0^{\ln 5}\frac{e^x\sqrt{e^x-1}}{\sqrt{e^x}+3}dx$;　(30) $\int_0^2\frac{dx}{\sqrt{x+1}+\sqrt{(x+1)^3}}$;

(31) $\int_0^1(1+x^2)^{-\frac{3}{2}}dx$;　(32) $\int_0^{\frac{\pi}{4}}\frac{x\sec^2 x}{(1+\tan^2 x)^2}dx$;

(33) $\int_{\sqrt{e}}^{e}\frac{dx}{x\sqrt{\ln x(1-\ln x)}}$；　(34) $\int_{\frac{1}{e}}^{e}\frac{(\ln x)^2}{1+x}dx$；

(35) $\int_0^{\frac{\pi}{2}}\frac{\sin x}{\sin x+\cos x}dx$；　(36) $\int_{-3}^{2}\min(2, x^2)dx$.

2. 用分部积分法计算下列定积分：

(1) $\int_0^1 xe^{-x}dx$；　(2) $\int_1^e x\ln x dx$；

(3) $\int_0^1 x\arctan x dx$；　(4) $\int_1^e \sin(\ln x)dx$；

(5) $\int_0^{\frac{\pi}{2}} x\sin 2x dx$；　(6) $\int_0^{2\pi} x\cos^2 x dx$；

(7) $\int_1^2 x\log_2 x dx$；　(8) $\int_0^1 x^5\ln^3 x dx$；

(9) $\int_0^{\pi}(x\sin x)^2 dx$；　(10) $\int_1^4\frac{\ln x}{\sqrt{x}}dx$；

(11) $\int_{\frac{\pi}{4}}^{\frac{\pi}{3}}\frac{x}{\sin^2 x}dx$；　(12) $\int_{\frac{1}{e}}^{e}|\ln x|dx$；

(13) $\int_0^{\sqrt{\ln 2}} x^3e^{x^2}dx$；　(14) $\int_0^{2\pi} x\frac{1+\cos 2x}{2}dx$；

(15) $\int_0^{\frac{\pi}{2}} e^{2x}\cos x dx$；　(16) $\int_{-\frac{\pi}{4}}^{\frac{\pi}{4}}\frac{\sin^2 x}{1+e^{-x}}dx$；

(17) $\int_0^2\ln(x+\sqrt{x^2+1})dx$；　(18) $\int_0^1\frac{\ln(1+x)}{(2-x)^2}dx$；

(19) $\int_{\frac{1}{2}}^{1} e^{\sqrt{2x-1}}dx$；　(20) $\int_0^{\frac{1}{\sqrt{2}}}\frac{\arcsin x}{(1-x^2)^{\frac{3}{2}}}dx$.

3. 利用函数的奇偶性计算下列定积分：

(1) $\int_{-\pi}^{\pi} x^4\sin x dx$；　(2) $\int_{-\frac{\pi}{2}}^{\frac{\pi}{2}} 4\cos^4\theta d\theta$；

(3) $\int_{-\frac{1}{2}}^{\frac{1}{2}}\frac{(\arcsin x)^2}{\sqrt{1-x^2}}dx$；　(4) $\int_{-5}^{5}\frac{x^3\sin^2 x dx}{x^4+2x^2+1}$；

(5) $\int_{-\sqrt{3}}^{\sqrt{3}}|\arctan x|dx$；　(6) $\int_{-\frac{1}{2}}^{\frac{1}{2}}\frac{x\arcsin x}{\sqrt{1-x^2}}dx$；

(7) $\int_{-2}^{2}\frac{x+|x|}{2+x^2}dx$；　(8) $\int_{-1}^{1}(2x+|x|+1)^2dx$；

(9) $\int_{-\pi}^{\pi}(\sqrt{1+\cos 2x}+|x|\sin x)dx$.

5.5　定积分的几何应用

定积分在几何学、物理学和经济学等方面应用十分广泛. 因此，我们不仅要掌握某些公式，更要领会定积分的基本思想和方法——微元法，以不断提高应用能力.

5.5.1 微元法

用定积分表示一个量，如几何量、物理量等，一般分四步考虑. 回顾一下求曲边梯形的面积问题，采取步骤如下.

① 分割　将$[a,b]$分割成 n 个小区间.

② 取近似　在任意一个子区间$[x_{i-1},x_i]$上任取一点 ξ_i，做小曲边梯形面积的近似值

$$\Delta A_i \approx f(\xi_i)\Delta x_i. \tag{1}$$

③ 求和　得曲边梯形面积的近似值

$$A = \sum_{i=1}^{n}\Delta A_i \approx \sum_{i=1}^{n} f(\xi_i)\Delta x_i. \tag{2}$$

④ 求极限

$$A = \lim_{\lambda\to 0}\sum_{i=1}^{n} f(\xi_i)\Delta x_i = \int_a^b f(x)\mathrm{d}x. \tag{3}$$

其中 $\lambda = \max\{\Delta x_1,\Delta x_2,\cdots,\Delta x_n\}$.

由上述过程可见，当把区间$[a,b]$分割成 n 个小区间时，所求面积 A(总量)也被相应地分割成 n 个小曲边梯形(部分量)，而所求总量等于各部分量之和$\left(\text{即 } A = \sum\limits_{i=1}^{n}\Delta A_i\right)$，这一性质称为所求总量对于区间$[a,b]$具有可加性. 此外，以 $f(\xi_i)\Delta x_i$ 近似代替部分量 ΔA_i 时，其误差是一个比 Δx_i 更高阶的无穷小. 这两点保证了求和、取极限后能得到所求总量的精确值.

上述分析过程在实用中可略去其下标，改写如下.

① 分割　把区间$[a,b]$分割为 n 个小区间，任取其中一个小区间$[x,x+\mathrm{d}x]$(区间微元)，用 ΔA 表示$[x,x+\mathrm{d}x]$上小曲边梯形的面积，于是，所求面积

$$A = \sum \Delta A.$$

$[x,x+\mathrm{d}x]$的左端点 x 为ξ，以点 x 处的函数值$f(x)$为高，$\mathrm{d}x$ 为底的小矩形的面积 $f(x)\mathrm{d}x$(面积微元，记为 $\mathrm{d}A$) 作为 ΔA 的近似值(见图 5-7)，即

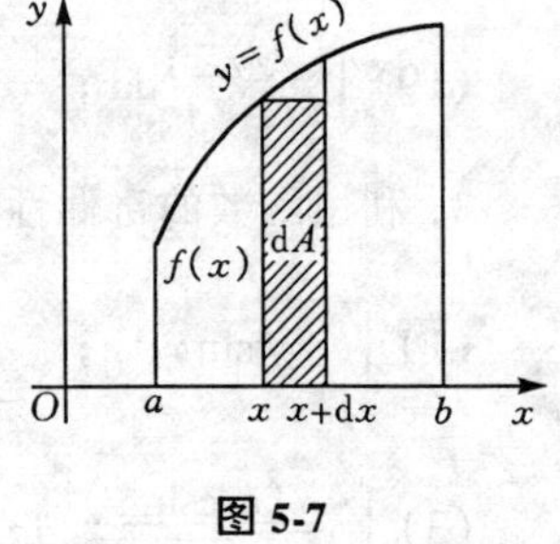

图 5-7

$$\Delta A \approx \mathrm{d}A = f(x)\mathrm{d}x.$$

② 求和　得面积 A 的近似值

$$A \approx \sum \mathrm{d}A = \sum f(x)\mathrm{d}x.$$

③ 求极限　得面积 A 的精确值

$$A = \lim \sum f(x)\mathrm{d}x = \int_a^b f(x)\mathrm{d}x.$$

由上述分析，可以抽象出在应用中广泛采用的将所求量 U(总量) 表示为定积分的方法 —— 微元法，这个方法的主要步骤如下.

① 由分割写出微元　根据具体问题，选取一个积分变量，例如 x 为积分变量，并确定它的变化区间$[a,b]$，任取$[a,b]$的一个区间微元$[x,x+\mathrm{d}x]$，求出相应于这个区间微元上的

部分量 ΔU 的近似值，即求出所求总量 U 的微元

$$dU = f(x)dx;$$

② 由微元写出积分　根据 $dU = f(x)dx$ 写出表示总量 U 的定积分

$$U = \int_a^b dU = \int_a^b f(x)dx.$$

应用微元法解决实际问题时，应注意如下两点.

① 所求总量 U 关于区间 $[a,b]$ 应具有可加性，即如果把区间 $[a,b]$ 分成许多部分区间，则 U 相应地分成许多部分量，而 U 等于所有部分量 ΔU 之和. 这一要求是由定积分概念本身所决定的.

② 使用微元法的关键在于正确给出部分量 ΔU 的近似表达式 $f(x)dx$，即得到 $f(x)dx = dU \approx \Delta U$. 在通常情况下，要检验 $\Delta U - f(x)dx$ 是否为 dx 的高阶无穷小并非易事，因此，在实际应用中要注意 $dU = f(x)dx$ 的合理性.

微元法在几何学、物理学、经济学、社会学等领域中具有广泛的应用，本章后面的内容主要介绍微元法在几何学与经济学中的应用.

5.5.2　平面图形的面积

(1) 直角坐标系下平面图形的面积

根据定积分的几何意义，对于非负函数 $f(x)$，定积分 $\int_a^b f(x)dx$ 表示由曲线 $y = f(x)$ 与直线 $x = a$，$x = b$ 以及 x 轴所围成的曲边梯形的面积. 被积表达式 $f(x)dx$ 就是面积微元 dA（见图 5-7），即

$$dA = f(x)dx;$$

如果 $f(x)$ 不是非负的，则所围成的如图 5-8 所示的图形的面积应为

$$A = \int_a^b |f(x)| dx.$$

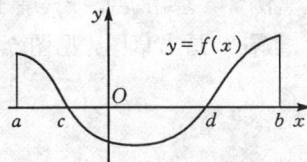

图 5-8

一般地，由两条曲线 $y = f(x)$，$y = g(x)$ 与直线 $x = a$，$x = b$ 围成的如图 5-9(a)、(b) 所示的图形的面积为

$$A = \int_a^b f(x)dx - \int_a^b g(x)dx = \int_a^b [f(x) - g(x)]dx.$$

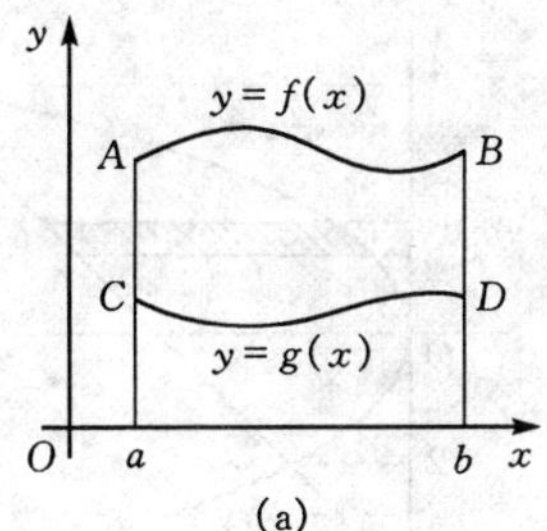

(a)

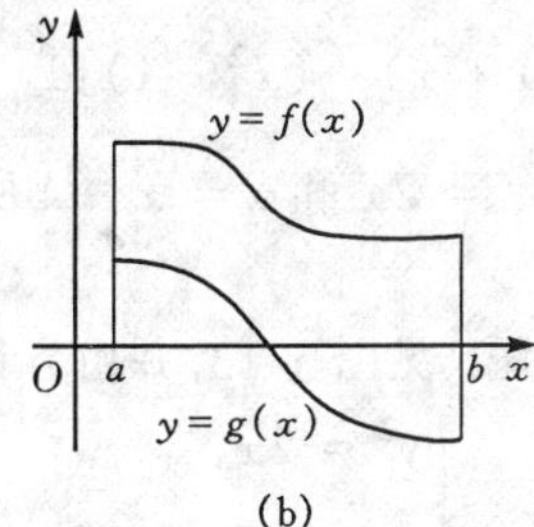

(b)

图 5-9

更一般地，任意曲线所围成的图形，可以用平行坐标轴的直线将其分割成几个部分，使

每一部分都可以利用上面的公式来计算面积，见图 5-10.

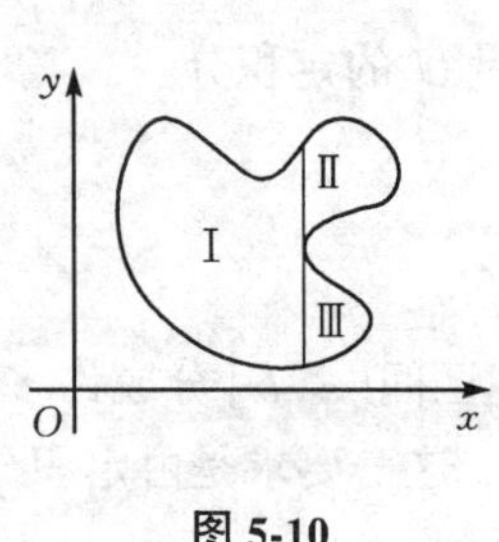

图 5-10

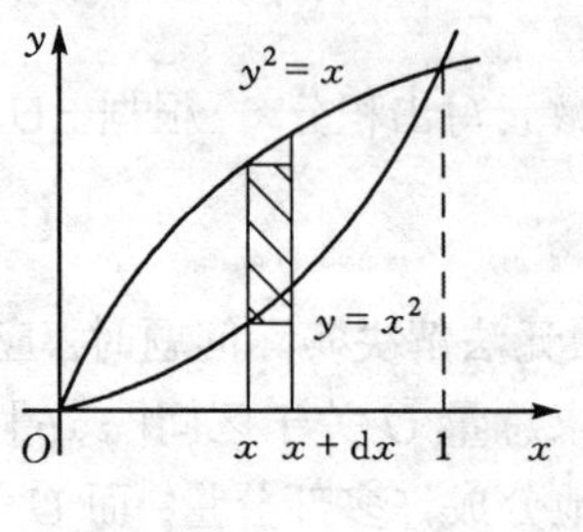

图 5-11

例 1 求由 $y^2 = x$ 和 $y = x^2$ 所围成的图形的面积.

解 画出草图，见图 5-11，并由方程组

$$\begin{cases} y^2 = x, \\ y = x^2 \end{cases}$$

解得它们的交点为(0,0)，(1,1).

选 x 为积分变量，则 x 的变化范围是[0,1]，任取其上的一个区间微元$[x,\ x+\mathrm{d}x]$，则可得到相应于$[x, x+\mathrm{d}x]$的面积微元

$$\mathrm{d}A = (\sqrt{x} - x^2)\mathrm{d}x,$$

从而，所求面积为

$$A = \int_0^1 (\sqrt{x} - x^2)\mathrm{d}x = \left(\frac{2}{3}x^{\frac{3}{2}} - \frac{x^3}{3}\right)\Bigg|_0^1 = \frac{1}{3}.$$

例 2 求由抛物线 $y + 1 = x^2$ 与直线 $y = 1 + x$ 所围成的面积.

解 画出草图，见图 5-12，并由方程组

$$\begin{cases} y + 1 = x^2, \\ y = 1 + x \end{cases}$$

解得它们的交点为(-1,0),(2,3).

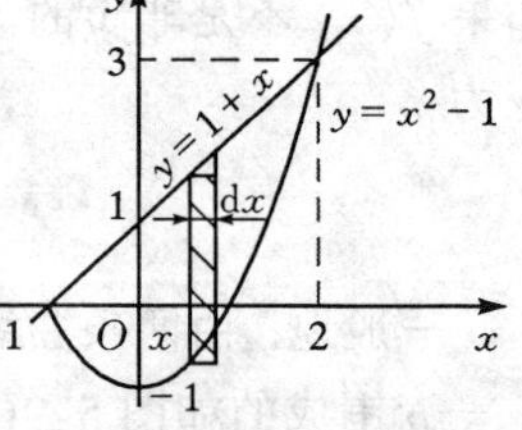

图 5-12

选 x 为积分变量，则 x 的变化范围是[-1,2]，任取其上的一个区间微元$[x, x+\mathrm{d}x]$，则可得到相应于$[x, x+\mathrm{d}x]$的面积微元

$$\mathrm{d}A = [(1+x) - (x^2-1)]\mathrm{d}x,$$

从而，所求面积为

$$A = \int_{-1}^{2} [(1+x) - (x^2-1)]\mathrm{d}x = \frac{9}{2}.$$

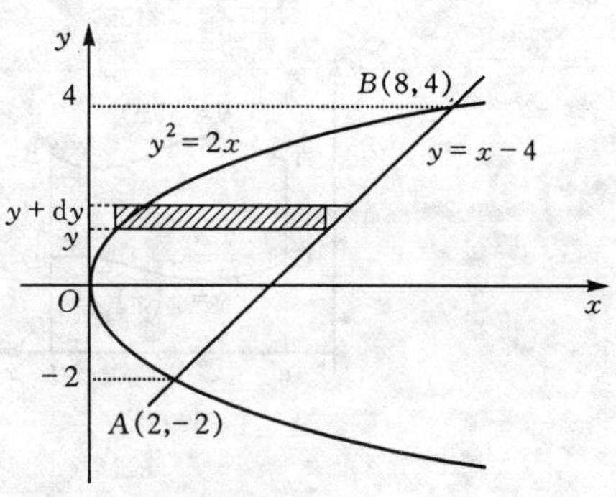

图 5-13

例 3 求由 $y^2 = 2x$ 和 $y = x - 4$ 所围成的图形的面积.

解 画出草图，见图 5-13，并由方程组

$$\begin{cases} y^2 = 2x, \\ y = x - 4 \end{cases}$$

解得它们的交点为(2, -2)，(8,4).

选 y 为积分变量，则 y 的变化范围是[-2,4]，任

取其上的一个区间微元 $[y, y+\mathrm{d}y]$，则可得到相应于 $[y, y+\mathrm{d}y]$ 的面积微元

$$\mathrm{d}A = \left(y + 4 - \frac{y^2}{2}\right)\mathrm{d}y,$$

从而，所求面积为

$$A = \int_{-2}^{4}\mathrm{d}A = \int_{-2}^{4}\left(y + 4 - \frac{y^2}{2}\right)\mathrm{d}y = 18.$$

注　例 3 如果选 x 为积分变量，则计算过程将会复杂许多. 因此，在实际应用中，应根据具体情况合理选择积分变量以达到简化计算的目的.

例 4　求椭圆 $\dfrac{x^2}{a^2} + \dfrac{y^2}{b^2} = 1$ 所围成的面积.

解　如图 5-14，由于椭圆关于两坐标轴对称，设 A_1 为第一象限部分的面积，则利用微元法可知，所求椭圆面积为

$$A = 4A_1 = 4\int_0^a y\mathrm{d}x.$$

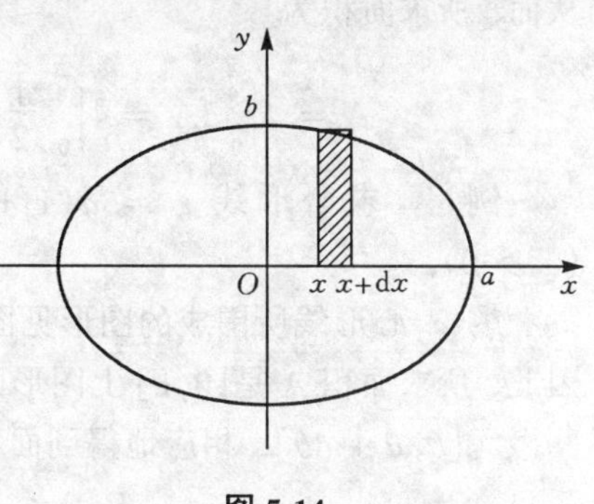

图 5-14

为方便计算，利用椭圆的参数方程

$$\begin{cases} x = a\cos t, \\ y = b\sin t, \end{cases}$$

其中 $0 \leqslant t \leqslant 2\pi$. 当 x 由 0 变到 a 时，t 由 $\dfrac{\pi}{2}$ 变到 0，所以

$$A = 4\int_0^a y\mathrm{d}x = 4\int_{\frac{\pi}{2}}^{0} b\sin t\,\mathrm{d}(a\cos t) = 4ab\int_0^{\frac{\pi}{2}}\sin^2 t\,\mathrm{d}t = \pi ab.$$

当 $a = b$ 时，椭圆变成圆，即半径为 a 的圆的面积 $A = \pi a^2$.

(2) 极坐标系下平面图形的面积

设曲线的方程由极坐标形式给出

$$r = r(\theta) \quad (\alpha \leqslant \theta \leqslant \beta),$$

现在要求由曲线 $r = r(\theta)$，射线 $\theta = \alpha$ 和 $\theta = \beta$ 所围成的曲边扇形的面积 A，见图 5-15. 可利用微元法来解决.

选取极角 θ 为积分变量，其变化范围为 $[\alpha, \beta]$. 任取其一个区间微元 $[\theta, \theta+\mathrm{d}\theta]$，则相应于 $[\theta, \theta+\mathrm{d}\theta]$ 区间的小曲边扇形的面积可以用半径为 $r = r(\theta)$、中心角为 $\mathrm{d}\theta$ 的圆扇形的面积来近似代替，从而曲边扇形的面积微元

$$\mathrm{d}A = \frac{1}{2}[r(\theta)]^2\mathrm{d}\theta,$$

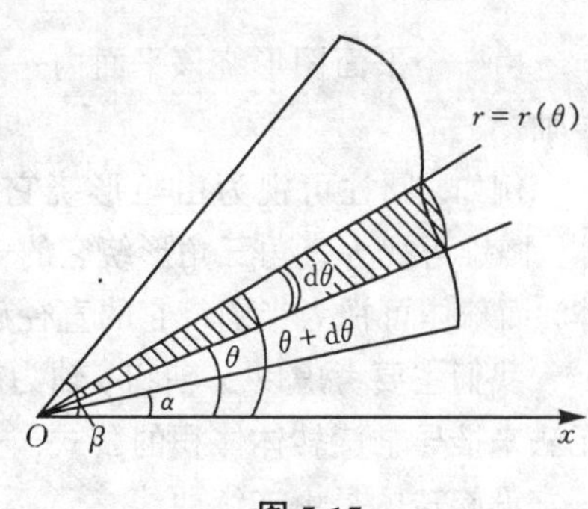

图 5-15

所求曲边扇形的面积

$$A = \int_\alpha^\beta \frac{1}{2}[r(\theta)]^2\mathrm{d}\theta.$$

例 5　求双纽线 $r^2 = a^2\cos 2\theta$ 所围平面图形的面积.

解　因 $r^2 \geqslant 0$，故 θ 的变化范围是

$$\left[-\frac{\pi}{4},\frac{\pi}{4}\right],\ \left[\frac{3\pi}{4},\frac{5\pi}{4}\right].$$

如图 5-16 所示，图形关于极点和极轴均对称，因此，只需计算在 $\left[0,\ \frac{\pi}{4}\right]$ 上的图形面积，再乘以 4 倍即可. 任取其上的一个区间微元 $[\theta,\theta+\mathrm{d}\theta]$，相应地得到面积微元

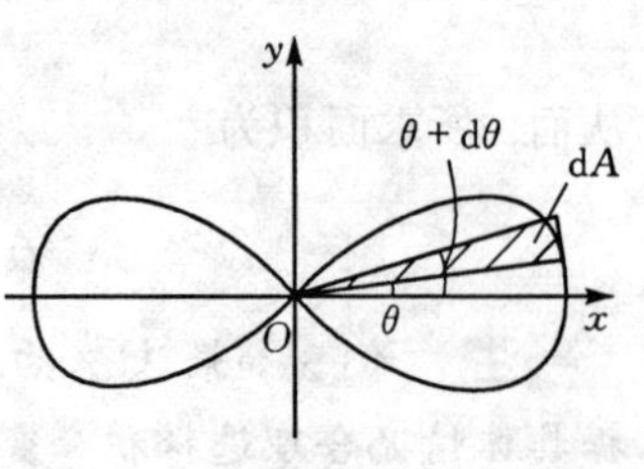

图 5-16

$$\mathrm{d}A=\frac{1}{2}a^2\cos2\theta\mathrm{d}\theta,$$

从而，所求面积为

$$A=4\int_0^{\frac{\pi}{4}}\mathrm{d}A=4\int_0^{\frac{\pi}{4}}\frac{1}{2}a^2\cos2\theta\mathrm{d}\theta=a^2.$$

例 6 求心形线 $r=a(1+\cos\theta)$ 所围平面图形的面积 $(a>0)$.

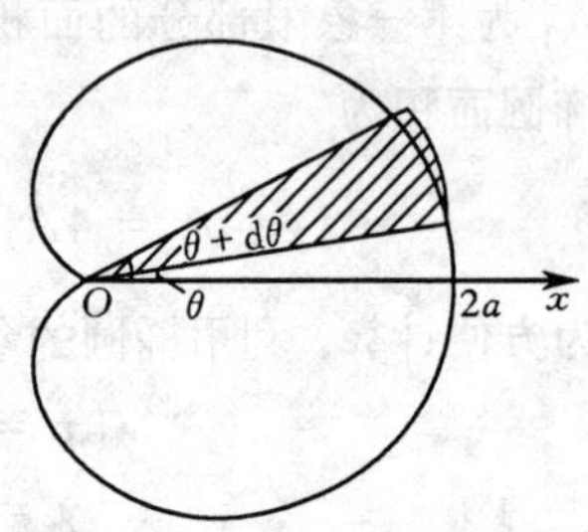

图 5-17

解 心形线所围成的图形见图 5-17. 该图形关于极轴对称，因此，所求面积 A 是 $[0,\pi]$ 上图形面积的 2 倍. 任取其上的一个区间微元 $[\theta,\theta+\mathrm{d}\theta]$，相应地得到面积微元

$$\mathrm{d}A=\frac{1}{2}a^2(1+\cos\theta)^2\mathrm{d}\theta,$$

从而，所求面积

$$\begin{aligned}A&=2\int_0^{\pi}\mathrm{d}A=a^2\int_0^{\pi}(1+2\cos\theta+\cos^2\theta)\mathrm{d}\theta\\&=a^2\int_0^{\pi}\left(\frac{3}{2}+2\cos\theta+\frac{1}{2}\cos2\theta\right)\mathrm{d}\theta\\&=a^2\left(\frac{3\theta}{2}+2\sin\theta+\frac{1}{4}\sin2\theta\right)\Bigg|_0^{\pi}=\frac{3}{2}\pi a^2.\end{aligned}$$

5.5.3 旋转体

由一个平面图形绕该平面内一条直线旋转一周而成的立体称为旋转体. 这条直线称为旋转轴.

例如，圆柱可视为由矩形绕它的一条边旋转一周而成的立体，圆锥可视为直角三角形绕它的一条直角边旋转一周而成的立体，而球体可视为半圆绕它的直径旋转一周而成的立体.

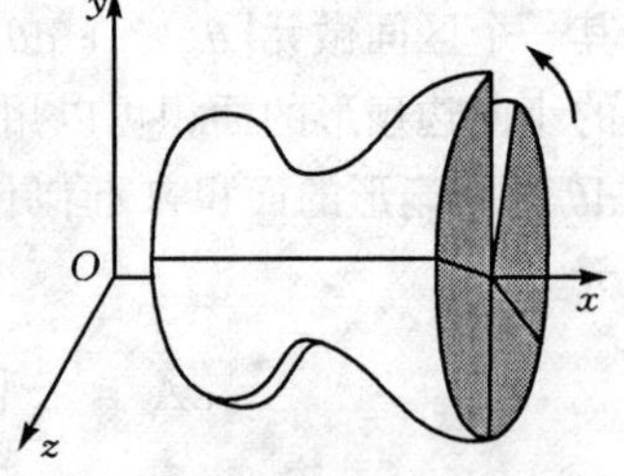

图 5-18

我们主要考虑以 x 轴和 y 轴为旋转轴的旋转体，下面利用微元法来推导求旋转体体积的公式.

设旋转体是由连续曲线

$$y=f(x),\ x\in[a,b]$$

绕 x 轴旋转而成的，见图 5-18. 现在来求旋转体的体积 V.

取 x 为自变量，其变化区间为 $[a,b]$. 设想用垂直于 x 轴的平面将旋转体分成 n 个小薄片，即把 $[a,b]$ 分成 n 个区间微元，其中任一区间微元 $[x,x+\mathrm{d}x]$ 所对应的小薄片的体积可近似视为以 $f(x)$ 为底半径、$\mathrm{d}x$ 为高的扁圆柱体的体积(见图 5-19)，即该旋转体的体积微元

$$dV = \pi[f(x)]^2 dx,$$

从而，所求旋转体的体积

$$V = \pi\int_a^b [f(x)]^2 dx.$$

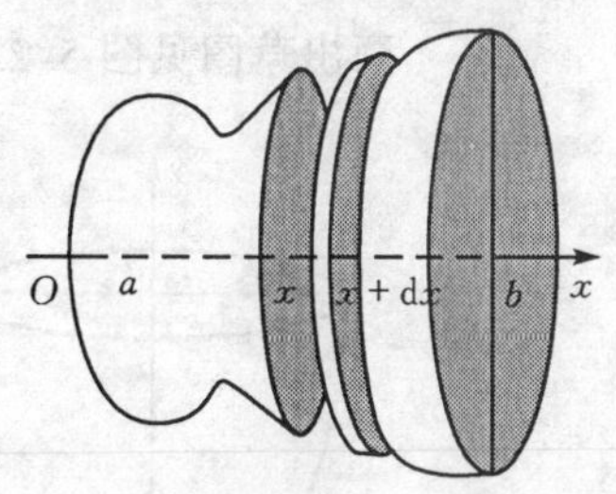

图 5-19

例 7　求高为 h、底半径为 r 的正圆锥体的体积.

解　此正圆锥体可看成是由直线 $y = \frac{r}{h}x$，$y = 0$ 和 $x = h$ 所围成的平面图形绕 x 轴旋转而成的旋转体，见图 5-20.

取 x 为自变量，其变化区间为 $[0, h]$，任取其上一区间微元 $[x, x + dx]$，相应于该微元的体积微元

$$dV = \pi\left(\frac{r}{h}x\right)^2 dx,$$

从而，所求旋转体的体积

$$V = \int_0^h \pi\left(\frac{r}{h}x\right)^2 dx = \frac{\pi r^2}{h^2}\cdot\left(\frac{x^3}{3}\right)\Bigg|_0^h = \frac{\pi h r^2}{3}.$$

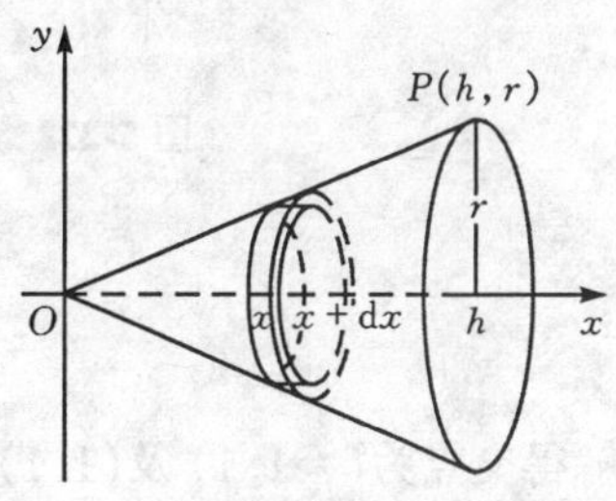

图 5-20

例 8　计算由椭圆 $\frac{x^2}{a^2} + \frac{y^2}{b^2} = 1$ 围成的平面图形绕 x 轴旋转而成的旋转椭球体的体积.

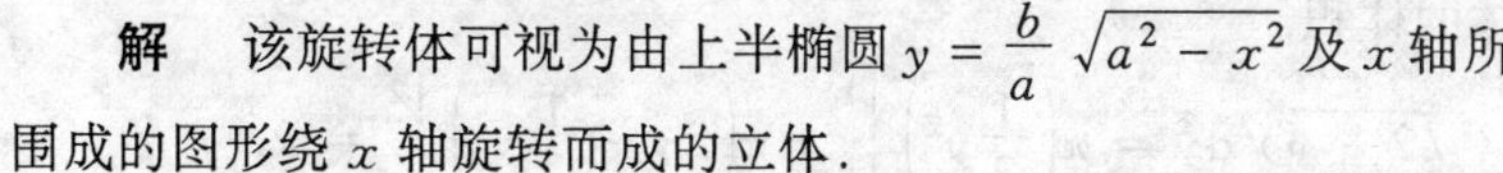

解　该旋转体可视为由上半椭圆 $y = \frac{b}{a}\sqrt{a^2 - x^2}$ 及 x 轴所围成的图形绕 x 轴旋转而成的立体.

取 x 为自变量，其变化区间为 $[-a, a]$，任取其上一区间微元 $[x, x + dx]$，相应于该区间微元的小薄片的体积，近似等于底半径为 $\frac{b}{a}\sqrt{a^2 - x^2}$、高为 dx 的扁圆柱体的体积，见图 5-21，即体积微元

$$dV = \pi\frac{b^2}{a^2}(a^2 - x^2)dx,$$

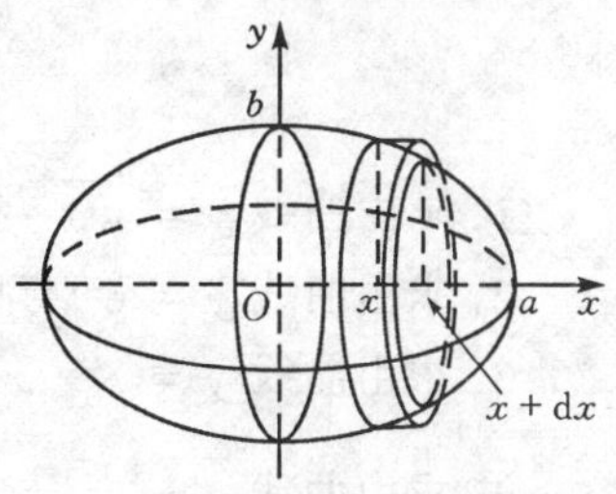

图 5-21

故所求旋转椭球体的体积为

$$V = \int_{-a}^{a} dV = \int_{-a}^{a}\pi\frac{b^2}{a^2}(a^2 - x^2)dx = 2\pi\frac{b^2}{a^2}\int_0^a (a^2 - x^2)dx$$

$$= 2\pi\frac{b^2}{a^2}\left(a^2 x - \frac{x^3}{3}\right)\Bigg|_0^a = \frac{4}{3}\pi a b^2.$$

特别地，当 $a = b = R$ 时，可得半径为 R 的球体的体积

$$V = \frac{4}{3}\pi R^3.$$

用上述类似的方法可以推出：由连续曲线 $x = \varphi(y)$，直线 $y = c$，$y = d(c < d)$ 及 y 轴围成的曲边梯形绕 y 轴旋转一周而成的旋转体(见图 5-22) 的体积为

$$V = \int_c^d \pi[\varphi(y)]^2 dy.$$

例 9　求由曲线 $y = x^2, y = 2 - x^2$ 所围成的图形分别绕 x 轴和 y 轴旋转而成的旋转体的体积.

解 画出草图见图 5-23，并由方程组

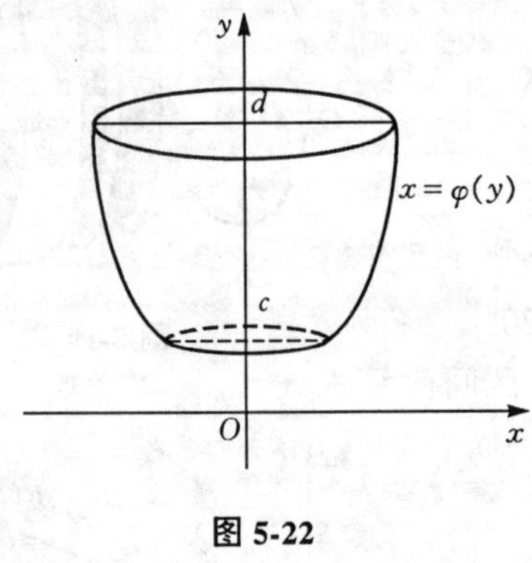

图 5-22

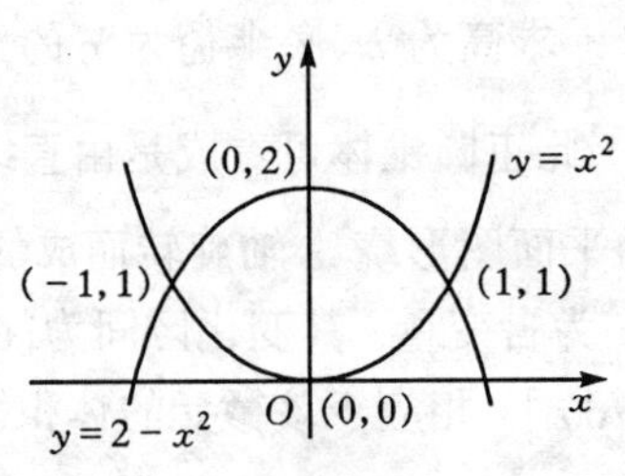

图 5-23

$$\begin{cases} y = x^2, \\ y = 2 - x^2 \end{cases}$$

解得交点为(-1,1)及(1,1)．于是，所求绕 x 轴旋转而成的旋转体的体积

$$V_x = 2\pi\int_0^1[(2-x^2)^2 - x^4]\mathrm{d}x = 8\pi\left(x - \frac{1}{3}x^3\right)\Bigg|_0^1 = \frac{16}{3}\pi;$$

绕 y 轴旋转而成的旋转体的体积

$$V_y = \pi\int_0^1(\sqrt{y})^2\mathrm{d}y + \pi\int_1^2(\sqrt{2-y})^2\mathrm{d}y = \pi\left(\frac{1}{2}y^2\right)\Bigg|_0^1 + \pi\left(2y - \frac{1}{2}y^2\right)\Bigg|_1^2 = \pi.$$

习题 5-5

1．求由曲线 $y = \sqrt{x}$ 与直线 $y = x$ 所围图形的面积．

2．求由曲线 $y = \mathrm{e}^x$ 与直线 $y = \mathrm{e}$ 所围图形的面积．

3．求由曲线 $y = 3 - x^2$ 与直线 $y = 2x$ 所围图形的面积．

4．求由曲线 $y = \frac{x^2}{2}$ 与圆 $x^2 + y^2 = 8$ 所围图形的面积．

5．求由曲线 $y = \frac{1}{x}$ 与直线 $y = x$ 及 $x = 2$ 所围图形的面积．

6．求由曲线 $y = \mathrm{e}^x, y = \mathrm{e}^{-x}$ 与直线 $x = 1$ 所围图形的面积．

7．求由曲线 $y = \ln x$ 与直线 $y = \ln a$ 及 $y = \ln b$ 所围图形的面积．

8．求在区间 $\left[0, \frac{\pi}{2}\right]$ 上，曲线 $y = \sin x$ 与直线 $x = 0, y = 1$ 所围成的图形的面积．

9．求由曲线 $y = x^2, 4y = x^2$ 及直线 $y = 1$ 所围成的图形的面积．

10．求位于曲线 $y = \mathrm{e}^x$ 下方，该曲线过原点的切线的左方及 x 轴上方之间的图形的面积．

11．求通过点(0,0)，(1,2)的抛物线，要求它具有以下性质：

(1) 它的对称轴平行于 y 轴，且向下弯；(2) 它与 x 轴所围的面积最小．

12．设 $y = \sin x,\ 0 \leqslant x \leqslant \frac{\pi}{2}$．问 t 取何值时，图 5-24 中阴影部分的面积 S_1 与 S_2 之和 S 最小？何时最大？

13．由曲线 $y = 1 - x^2(0 \leqslant x \leqslant 1)$ 与 x 轴，y 轴围成的区域，被曲线 $y = ax^2(a > 0)$

分为面积相等的两部分，求 a 的值.

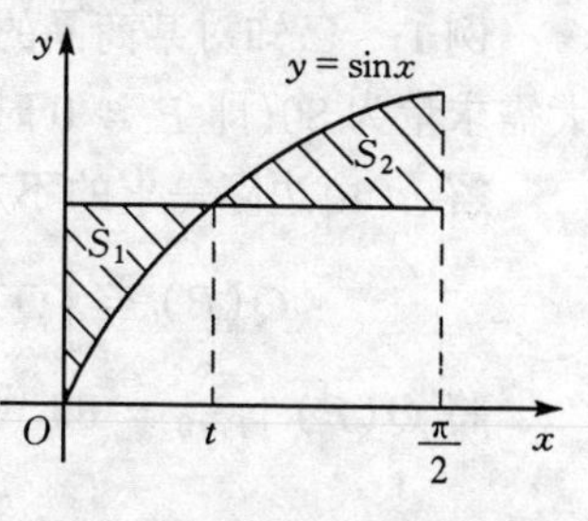

图 5-24

14. 求下列平面图形分别绕 x 轴，y 轴旋转而成的立体的体积：

(1) 曲线 $y=\sqrt{x}$ 与直线 $x=1$，$x=4$，$y=0$ 所围成的图形；

(2) 在 $\left[0,\frac{\pi}{2}\right]$ 上，$y=\sin x$ 与 $x=\frac{\pi}{2}$，$y=0$ 所围成的图形；

(3) 曲线 $y=x^3$ 与 $x=2$，$y=0$ 所围成的图形.

5.6　定积分在经济分析中的应用

5.6.1　由边际函数求原经济函数

由第3章边际分析知，对一已知经济函数 $F(x)$（如需求函数 $Q(P)$、总成本函数 $C(x)$、总收入函数 $R(x)$ 和利润函数 $L(x)$ 等），它的边际函数就是它的导函数 $F'(x)$.

作为导数（微分）的逆运算，若对已知的边际函数 $F'(x)$ 求不定积分，则可求得原经济函数

$$F(x)=\int F'(x)\mathrm{d}x. \tag{1}$$

其中，积分常数 C 可由经济函数的具体条件确定.

我们也可利用牛顿 - 莱布尼茨公式

$$\int_0^x F'(x)\mathrm{d}x=F(x)-F(0)$$

求得原经济函数

$$F(x)=\int_0^x F'(t)\mathrm{d}t+F(0), \tag{2}$$

并可求出原经济函数从 a 到 b 的变动值（或增量）

$$\Delta F=F(b)-F(a)=\int_a^b F'(x)\mathrm{d}x. \tag{3}$$

(1) 需求函数

需求量 Q 是价格 P 的函数 $Q=Q(P)$. 一般地，价格 $P=0$ 时，需求量最大，设最大需求量为 Q_0，则有

$$Q_0=Q(P)\mid_{P=0}.$$

若已知边际需求为 $Q'(P)$，则总需求函数 $Q(P)$ 为

$$Q(P)=\int Q'(P)\mathrm{d}P. \tag{4}$$

其中，积分常数 C 可由条件 $Q(P)\mid_{P=0}=Q_0$ 确定.

$Q(P)$ 也可用积分上限的函数表示为

$$Q(P)=\int_0^P Q'(t)\mathrm{d}t+Q_0. \tag{5}$$

例1 已知对某商品的需求量是价格 P 的函数，且边际需求 $Q'(P) = -4$，该商品的最大需求量为80(即 $P = 0$ 时，$Q = 80$)，求需求量与价格的函数关系．

解 由边际需求的不定积分公式(4)，可得需求量

$$Q(P) = \int Q'(P)\mathrm{d}P = \int -4\mathrm{d}P = -4P + C \quad (C\text{ 为积分常数}).$$

将 $Q(P)\mid_{P=0} = 80$ 代入，得 $C = 80$，于是，需求量与价格的函数关系为

$$Q(P) = -4P + 80.$$

例1也可由变上限的定积分公式(5)直接求得，即

$$Q(P) = \int_0^P Q'(t)\mathrm{d}t + Q(0) = \int_0^P (-4)\mathrm{d}P + 80 = -4P + 80.$$

(2) 总成本函数

设产量为 x 时的边际成本为 $C'(x)$，固定成本为 C_0，则产量为 x 时的总成本函数为

$$C(x) = \int C'(x)\mathrm{d}x. \tag{6}$$

其中，积分常数 C 由初始条件 $C(0) = C_0$ 确定．

$C(x)$ 也可用积分上限的函数表示为

$$C(x) = \int_0^x C'(t)\mathrm{d}t + C_0. \tag{7}$$

其中，C_0 为固定成本，$\int_0^x C'(t)\mathrm{d}t$ 为变动成本．

例2 若某企业生产某产品的边际成本是产量 x 的函数

$$C'(x) = 2\mathrm{e}^{0.2x},$$

固定成本 $C_0 = 90$，求总成本函数．

解 由不定积分公式(6)，得

$$C(x) = \int C'(x)\mathrm{d}x = \int 2\mathrm{e}^{0.2x}\mathrm{d}x = \frac{2}{0.2}\mathrm{e}^{0.2x} + C.$$

由固定成本 $C_0 = 90$，即 $x = 0$ 时，$C(0) = 90$，代入上式，得

$$90 = 10 + C,$$

即 $C = 80$．于是，所求总成本函数为

$$C(x) = 10\mathrm{e}^{0.2x} + 80.$$

(3) 总收入函数

设产销量为 x 时的边际收入为 $R'(x)$，则产销量为 x 时的总收入函数可由不定积分公式求得

$$R(x) = \int R'(x)\mathrm{d}x, \tag{8}$$

其中，积分常数 C 由 $R(0) = 0$ 确定(一般地，假定产销量为0时总收入为0)．

$R(x)$ 也可用积分上限的函数表示为

$$R(x) = \int_0^x R'(t)\mathrm{d}t. \tag{9}$$

例3 已知生产某产品 x 单位时的边际收入为 $R'(x) = 100 - 2x$(元/单位)，求生产40单位时的总收入及平均收入，并求再增加生产10个单位时所增加的总收入．

解　利用积分上限的函数表示式(9)，可直接求出

$$R(40)=\int_0^{40}(100-2x)\mathrm{d}x=(100x-x^2)\Big|_0^{40}=2\,400(\text{元}),$$

平均收入是

$$\frac{R(40)}{40}=\frac{2\,400}{40}=60(\text{元}).$$

在生产 40 个单位后再生产 10 个单位所增加的总收入可由增量公式求得

$$\Delta R=R(50)-R(40)=\int_{40}^{50}R'(x)\mathrm{d}x$$

$$=\int_{40}^{50}(100-2x)\mathrm{d}x=(100x-x^2)\Big|_{40}^{50}=100(\text{元}).$$

(4) 利润函数

设某产品边际收入为 $R'(x)$，边际成本 $C'(x)$，则总收入为

$$R(x)=\int_0^x R'(t)\mathrm{d}t, \tag{10}$$

总成本为

$$C(x)=\int_0^x C'(t)\mathrm{d}t+C_0, \tag{11}$$

其中 $C_0=C(0)$ 为固定成本. 边际利润为

$$L'(x)=R'(x)-C'(x). \tag{12}$$

利润为　$L(x)=R(x)-C(x)$

$$=\int_0^x R'(t)\mathrm{d}t-\left[\int_0^x C'(t)\mathrm{d}t+C_0\right]=\int_0^x[R'(t)-C'(t)]\mathrm{d}t-C_0,$$

即

$$L(x)=\int_0^x L'(t)\mathrm{d}t-C_0. \tag{13}$$

其中，$\int_0^x L'(t)\mathrm{d}t$ 称为产销量为 x 时的毛利，毛利减去固定成本即为纯利.

例 4　已知某产品的边际收入 $R'(x)=25-2x$，边际成本 $C'(x)=13-4x$，固定成本为 $C_0=10$，求当 $x=5$ 时的毛利和纯利.

解法一　由边际利润的表达式(12)，有

$$L'(x)=R'(x)-C'(x)=(25-2x)-(13-4x)=12+2x,$$

从而，可求得 $x=5$ 时的毛利为

$$\int_0^x L'(t)\mathrm{d}t=\int_0^5(12+2t)\mathrm{d}t=(12t+t^2)\Big|_0^5=85;$$

当 $x=5$ 时的纯利为

$$L(5)=\int_0^5 L'(t)\mathrm{d}t-C_0=85-10=75.$$

解法二　利用总收入的表达式(10)，有

$$R(5)=\int_0^5 R'(t)\mathrm{d}t=\int_0^5(25-2t)\mathrm{d}t=(25t-t^2)\Big|_0^5=100,$$

总成本为

$$C(5)=\int_0^5 C'(t)\mathrm{d}t+C_0=\int_0^5(13-4t)\mathrm{d}t+10=(13t-2t^2)\Big|_0^5+10=25.$$

纯利 $$L(5)=R(5)-C(5)=100-25=75,$$

毛利 $$L(5)+C_0=75+10=85.$$

5.6.2 由边际函数求最优问题

例 5 某企业生产 xt 产品时的边际成本为

$$C'(x)=\frac{1}{50}x+30(\text{元}/\text{t}),$$

且固定成本为 900 元，试求产量为多少时平均成本最低？

解 首先求出平均成本函数. 由

$$C(x)=\int_0^x C'(t)\mathrm{d}t+C_0=\int_0^x\left(\frac{1}{50}t+30\right)\mathrm{d}t+900=\frac{1}{100}x^2+30x+900,$$

可得平均成本函数为

$$\overline{C}(x)=\frac{C(x)}{x}=\frac{1}{100}x+30+\frac{900}{x},$$

$$\overline{C}'(x)=\frac{1}{100}-\frac{900}{x^2}.$$

令 $\overline{C}'(x)=0$，得 $x_1=300$($x_2=-300$ 舍去). 因此，$\overline{C}(x)$ 仅有一个驻点 $x_1=300$，再由实际问题本身可知 $\overline{C}(x)$ 有最小值. 故当产量为 300t 时，平均成本最低.

例 6 假设某产品的边际收入函数为 $R'(x)=9-x$(万元 / 万台)，边际成本函数为 $C'(x)=4+\dfrac{x}{4}$(万元 / 万台)，其中产量 x 以万台为单位.

(1) 试求当产量由 4 万台增加到 5 万台时利润的变化量；

(2) 当产量为多少时利润最大?

(3) 已知固定成本为 1 万元，求总成本函数和利润函数.

解 (1) 首先求出边际利润

$$L'(x)=R'(x)-C'(x)=(9-x)-\left(4+\frac{x}{4}\right)=5-\frac{5}{4}x,$$

再由增量公式，得

$$\Delta L=L(5)-L(4)=\int_4^5 L'(t)\mathrm{d}t=\int_4^5\left(5-\frac{5}{4}t\right)\mathrm{d}t=-\frac{5}{8}(\text{万元}).$$

故在 4 万台基础上再生产 1 万台，利润不但未增加，反而减少了.

(2) 令 $L'(x)=0$，可解得 $x=4$(万台)，即产量为 4 万台时利润最大，由此结果也可得知问题(1) 中利润减少的原因.

(3) 总成本函数

$$C(x)=\int_0^x C'(t)\mathrm{d}t+C_0=\int_0^x\left(4+\frac{t}{4}\right)\mathrm{d}t+1=\frac{1}{8}x^2+4x+1,$$

利润函数

$$L(x)=\int_0^x L'(t)\mathrm{d}t-C_0=\int_0^x\left(5-\frac{5}{4}t\right)\mathrm{d}t-1=5x-\frac{5}{8}x^2-1.$$

5.6.3　在其他经济问题中的应用

(1) 广告策略

例7　某出口公司每月销售额是1 000 000美元，平均利润是销售额的10%．根据公司以往的经验，广告宣传期间月销售额的变化率近似地服从增长曲线 $1\,000\,000e^{0.02t}$（t 以月为单位）．公司现在需要决定是否举行一次类似的总成本为130 000美元的广告活动，按惯例，对于超过100 000美元的广告活动，如果新增销售额产生的利润超过广告投资的10%，则决定做广告．试问该公司按惯例是否应该做此广告．

解　12个月后总销售额是当 $t = 12$ 时的定积分，即

$$\text{总销售额} = \int_0^{12} 1\,000\,000e^{0.02t}\mathrm{d}t = \left.\frac{1\,000\,000e^{0.02t}}{0.02}\right|_0^{12}$$

$$= 50\,000\,000(e^{0.24} - 1) \approx 13\,560\,000(\text{美元}).$$

公司的利润是销售额的10%，所以新增销售额产生的利润是

$$0.10 \times (13\,560\,000 - 12\,000\,000) = 156\,000(\text{美元}).$$

156 000美元利润是由于花费130 000美元的广告费而取得的，因此，广告所产生的实际利润是

$$156\,000 - 130\,000 = 26\,000(\text{美元}).$$

这表明，赢利大于广告成本的10%，故公司应该做此广告．

(2) 消费者剩余和生产者剩余

在市场经济中，生产并销售某一商品的数量可由这一商品的供给曲线与需求曲线来描述．供给曲线描述的是生产者根据不同的价格水平所提供的商品数量，一般假定价格上涨时，供应量将会增加．因此，把供给量看成价格的函数 $P = S(Q)$，这是一个增函数，即供给曲线是单调递增的．需求曲线则反映了顾客的购买行为，通常假定价格上涨，购买的数量下降，即需求曲线 $P = D(Q)$ 随价格的上升而单调递减．见图 5-25．

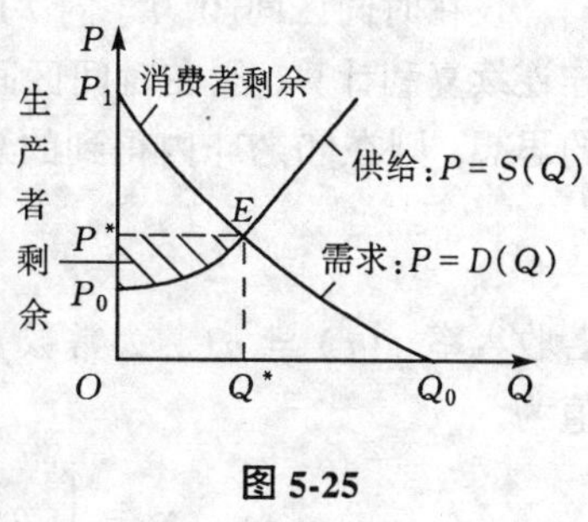

图 5-25

需求量与供给量都是价格的函数，但经济学家习惯用纵坐标表示价格，横坐标表示需求量或供给量．在市场经济下，价格和数量在不断调整，最后趋向于平衡价格和平衡数量，分别用 P^* 和 Q^* 表示，也即供给曲线与需求曲线的交点 E．

消费者剩余是经济学中的重要概念，它指的是消费者对某种商品所愿意付出的代价与超过它实际付出的代价的余额，即

$$\text{消费者剩余} = \text{愿意付出的金额} - \text{实际付出的金额}$$

由此可见，消费者剩余可以衡量消费者所得到的额外满足．

在图 5-25 中，P_0 是供给曲线在价格坐标轴上的截距，也就是当价格为 P_0 时，供给量是零，只有价格高于 P_0 时，才有供给量；而 P_1 是需求曲线的截距，当价格为 P_1 时，需求量是零，只有价格低于 P_1 时，才有需求；Q_0 则表示当商品免费赠送时的最大需求量．

在市场经济中，有时一些消费者愿意对某种商品付出比他们实际所付出的市场价格 P^* 更高的价格，由此他们所得到的好处称为消费者剩余(CS)．由图 5-25 有

$$CS = \int_0^{Q^*} D(Q)\mathrm{d}Q - P^*Q^*. \tag{14}$$

$\int_0^{Q^*} D(Q)\mathrm{d}Q$ 表示由一些愿意付出比P^*更高的价格的消费者的总消费量，而P^*Q^*表示实际的消费额，两者之差为消费者省下来的钱，即消费者剩余.

同理，对生产者来说，有时也有一些生产者愿意以比市场价格 P^* 低的价格出售他们的商品，由此他们所得到的好处称为生产者剩余(PS). 由图 5-25 有

$$PS = P^*Q^* - \int_0^{Q^*} S(Q)\mathrm{d}Q. \tag{15}$$

例 8 设需求函数 $D(Q) = 24 - 3Q$，供给函数为 $S(Q) = 2Q + 9$，求消费者剩余和生产者剩余.

解 首先求出均衡价格与供需量. 由 $24 - 3Q = 2Q + 9$，得 $Q^* = 3$，$P^* = 15$，则

$$CS = \int_0^3 (24 - 3Q)\mathrm{d}Q - 15 \times 3 = \left(24Q - \frac{3}{2}Q^2\right)\Bigg|_0^3 - 45 = \frac{27}{2},$$

$$PS = 45 - \int_0^3 (2Q + 9)\mathrm{d}Q = 45 - (Q^2 + 9Q)\Bigg|_0^3 = 9.$$

(3) 资本现值和投资问题

设有 P 元货币，若按年利率 r 作连续复利计算，则 t 年后的价值为 e^{rt} 元；反之，若 t 年后要有货币 P 元，则按连续复利计算，现在应有 $P\mathrm{e}^{-rt}$ 元，称此为资本现值.

设在时间区间$[0, T]$内 t 时刻的单位时间收入为$f(t)$，称此为收入率. 若按年利率为 r 作连续复利计算，则在时间区间$[t, t + \mathrm{d}t]$内的收入现值为 $f(t)\mathrm{e}^{-rt}\mathrm{d}t$. 按照定积分微元法的思想，则在$[0, T]$内得到的总收入的现值为

$$y = \int_0^T f(t)\mathrm{e}^{-rt}\mathrm{d}t. \tag{16}$$

若收入率 $f(t) = a$(a 为常数)，称其为均匀收入率，如果年利率 r 也为常数，则总收入的现值为

$$y = \int_0^T a\mathrm{e}^{-rt}\mathrm{d}t = a \cdot \frac{-1}{r}\mathrm{e}^{-rt}\Bigg|_0^T = \frac{a}{r}(1 - \mathrm{e}^{-rT}). \tag{17}$$

例 9 现对某企业给予一笔投资 A，经测算，该企业在 T 年中可以按每年a 元的均匀收入率获得收入，若年利率为 r，试求：

(1) 该投资的纯收入的贴现值； (2) 收回该笔投资的时间.

解 (1) 求投资纯收入的贴现值.

因收入率为 a，年利率为 r，故投资后的 T 年中获得的总收入的现值为

$$y = \int_0^T a\mathrm{e}^{-rt}\mathrm{d}t = \frac{a}{r}(1 - \mathrm{e}^{-rT}),$$

从而，投资所获得的纯收入的贴现值为

$$R = y - A = \frac{a}{r}(1 - \mathrm{e}^{-rt}) - A.$$

(2) 求收回投资的时间.

收回投资，即为总收入的现值等于投资，故有

$$\frac{a}{r}(1-e^{-rT})=A,$$

由此解得

$$T=\frac{1}{r}\ln\frac{a}{a-Ar},$$

即收回投资的时间为

$$T=\frac{1}{r}\ln\frac{a}{a-Ar}.$$

例如，若对某企业投资 $A=800$(万元)，年利率为5%，设在20年中的均匀收入率为 $a=200$(万元/年)，则有总收入的现值为

$$y=\frac{200}{0.05}(1-e^{-0.05\times 20})=4\,000(1-e^{-1})\approx 2\,528.4(\text{万元}),$$

从而，投资所得的纯收入为

$$R=y-A=2\,528.4-800=1\,728.4(\text{万元}),$$

投资回收期为

$$T=\frac{1}{0.05}\ln\frac{200}{200-800\times 0.05}=20\ln 1.25\approx 4.46(\text{年}).$$

由此可知，该投资在 20 年中可得纯利润为 1 728.4 万元，投资回收期约为 4.46 年.

例10　有一个大型投资项目，投资成本为 $A=10\,000$(万元)，投资年利率为5%，每年的均匀收入率为 $a=2\,000$(万元)，求该投资为无限期时的纯收入的贴现值(或称为投资的资本价值).

解　按题设条件，收入率为 $a=2\,000$(万元)，年利率 $r=5\%$，故无限期投资的总收入的贴现值为

$$\begin{aligned}y&=\int_0^{+\infty}ae^{-rt}dt=\int_0^{+\infty}2\,000e^{-0.05t}dt=\lim_{b\to+\infty}\int_0^b 2\,000e^{-0.05t}dt\\&=\lim_{b\to+\infty}\frac{2\,000}{0.05}(1-e^{-0.05b})=2\,000\times\frac{1}{0.05}=40\,000(\text{万元}).\end{aligned}$$

从而，投资为无限期时的纯收入的贴现值为

$$R=y-A=40\,000-10\,000=30\,000(\text{万元})=3(\text{亿元}),$$

即投资为无限期时的纯收入的贴现值为 3 亿元.

习题 5-6

1. 某产品需求量 q 是价格 p 的函数，最大需求量 1 000(单位). 已知边际需求为

$$q'(p)=\frac{20}{p+1},$$

求需求量与价格的函数关系.

2. 已知边际成本 $C'(q)=25+30q-9q^2$，固定成本为55，试求总成本 $C(q)$、平均成本与变动成本.

3. 已知边际收入为 $R'(q)=3-0.2q$，q 为销售量. 求总收入函数 $R(q)$，并求出最高收入.

4. 某产品生产 q 个单位时总收入 R 的变化率为

$$R'(q)=200-\frac{q}{100},$$

(1) 求生产 50 个单位时的总收入；

(2) 求在生产 100 个单位的基础上，再生产 100 个单位时总收入的增量.

5. 已知某商品每周生产 q 个单位时，总成本的变化率为

$$C'(q)=0.4q-12(\text{元}/\text{单位}),$$

且 $C(0)=500$. 求

(1) 求总成本 $C(q)$；

(2) 如果这种商品的销售单价是 20 元，求总利润 $L(q)$，并问每周生产多少单位时才能获得最大利润?

6. 某产品的总成本(万元)的变化率 $C'(q)=1$(万元/百台)，总收入(万元)的变化率为产量 q(百台)的函数

$$R'(q)=5-q(\text{万元}/\text{百台}).$$

(1) 求产量 q 为多少时，利润最大?

(2) 在上述产量(使利润最大)的基础上再生产 100 台，利润将减少多少?

7. 已知某产品产量 $F(t)$ 的变化率是时间 t 的函数

$$f(t)=at^2+bt+c\quad(a,b,c\text{ 是函数}),$$

求 $F(0)=0$ 时产量与时间的函数关系 $F(t)$.

8. 某新产品的销售率由下式给出

$$f(x)=100-90\mathrm{e}^{-x},$$

式中 x 是产品上市的天数，前四天的销售总数是曲线 $y=f(x)$ 与 x 轴在[0,4]之间的面积，见图 5-26，求前四天总的销售量.

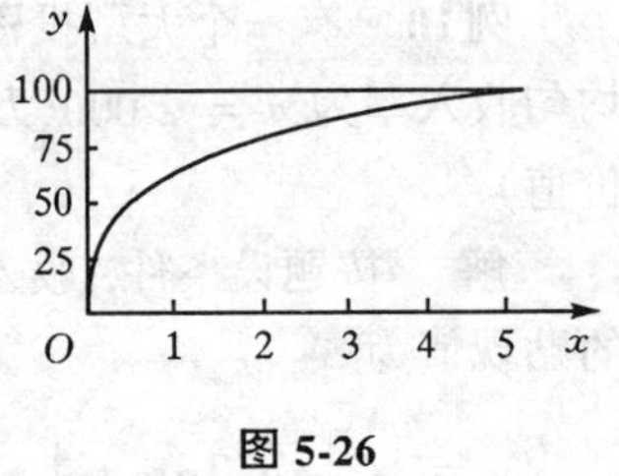

图 5-26

9. 设某城市人口总数为 F，已知 F 关于时间 t(年)的变化率为

$$\frac{\mathrm{d}F}{\mathrm{d}t}=\frac{1}{\sqrt{t}}.$$

假设在计算的初始时间($t=0$)城市人口总数为 100(万)，试求 t 年中该城市人口的总数.

10. 若边际消费倾向在收入 Y 时为 $\frac{3}{2}Y^{-\frac{1}{2}}$，且当收入为零时总消费支出 $c_0=70$.

(1) 求消费函数 $c(Y)$；

(2) 求收入由 100 增加到 196 时消费支出的增加数.

11. 设储蓄边际倾向(即储蓄额 S 的变化率)是收入 y 的函数

$$S'(y)=0.3-\frac{1}{10\sqrt{y}},$$

求收入从 $y=100$ 元增加到 $y=900$ 元时储蓄的增加额.

第二模块 线性代数

第6章 行列式

6.1 二阶、三阶行列式

6.1.1 二阶行列式

在初等代数中介绍过二元一次方程组，设二元线性方程组为

$$\left.\begin{aligned} a_{11}x_1+a_{12}x_2=b_1,\\ a_{21}x_1+a_{22}x_2=b_2,\end{aligned}\right\} \tag{6-1}$$

现在用消元法来求解.

先用 a_{22}乘第一个方程，用 a_{12}乘第二个方程，然后两式相减，得

$$(a_{11}a_{22}-a_{21}a_{12})x_1=b_1a_{22}-b_2a_{12}, \tag{6-2}$$

同理，消去 x_1 可得

$$(a_{11}a_{22}-a_{21}a_{12})x_2=a_{11}b_2-a_{21}b_1. \tag{6-3}$$

可见，式(6-2)和式(6-3)中 x_1，x_2 的系数都是 $a_{11}a_{22}-a_{12}a_{21}$，为了便于记忆和讨论，用记号 $D=\begin{vmatrix} a_{11} & a_{12}\\ a_{21} & a_{22}\end{vmatrix}$ 来表示上面两式的展开式(6-2)和(6-3)中 x_1 或 x_2 的系数 $a_{11}a_{22}-a_{21}a_{12}$，即

$$\begin{vmatrix} a_{11} & a_{12}\\ a_{21} & a_{22}\end{vmatrix}=a_{11}a_{22}-a_{12}a_{21}. \tag{6-4}$$

(6-4)的左端称为二阶行列式，$a_{ij}(i, j=1, 2)$称为行列式的第 i 行第j 列的元素，当 a_{ij} $(i, j=1, 2)$为数(实数或复数均可)时，右端 $a_{11}a_{22}-a_{21}a_{12}$是一个数值. 把这个计算方法叫做对角线法.

易见(6-2)的右边是把 D 中的第一列元素a_{11}，a_{21}依次换成 b_1，b_2；同样(6-3)的右边是把 D 中的第二列的元素a_{12}，a_{22}依次换成 b_1，b_2. 于是(6-2)，(6-3)两式的右边分别为两个二阶行列式

$$D_1=\begin{vmatrix} b_1 & a_{12}\\ b_2 & a_{22}\end{vmatrix}=b_1a_{22}-b_2a_{12},\quad D_2=\begin{vmatrix} a_{11} & b_1\\ a_{21} & b_2\end{vmatrix}=a_{11}b_2-a_{21}b_1,$$

从而式(6-2)和(6-3)分别化为

$$Dx_1 = D_1, \quad Dx_2 = D_2.$$

当 $D \neq 0$ 时，方程组(6-1)有唯一解

$$\left.\begin{aligned} x_1 = \frac{D_1}{D}, \\ x_2 = \frac{D_2}{D}, \end{aligned}\right\} \tag{6-5}$$

其中 D 为方程组(6-1)的系数行列式.

例 1 计算下列各行列式:

(1) $\begin{vmatrix} -3 & 5 \\ 3 & 4 \end{vmatrix}$; (2) $\begin{vmatrix} \sec\alpha & 1 \\ 1 & \sec\alpha \end{vmatrix}$.

解 (1) $\begin{vmatrix} -3 & 5 \\ 3 & 4 \end{vmatrix} = (-3)\times 4 - 3\times 5 = -27$;

(2) $\begin{vmatrix} \sec\alpha & 1 \\ 1 & \sec\alpha \end{vmatrix} = \sec^2\alpha - 1 = \tan^2\alpha$.

例 2 用行列式解线性方程组

$$\begin{cases} 14x - 6y + 1 = 0, \\ 3x + 7y - 6 = 0. \end{cases}$$

解 先把方程组变形成一般形式

$$\begin{cases} 14x - 6y = -1, \\ 3x + 7y = 6. \end{cases}$$

由于

$$D = \begin{vmatrix} 14 & -6 \\ 3 & 7 \end{vmatrix} = 116 \neq 0,$$

$$D_1 = \begin{vmatrix} -1 & -6 \\ 6 & 7 \end{vmatrix} = 29,$$

$$D_2 = \begin{vmatrix} 14 & -1 \\ 3 & 6 \end{vmatrix} = 87,$$

所以原方程组的解为

$$\begin{cases} x = \dfrac{D_1}{D} = \dfrac{1}{4}, \\ y = \dfrac{D_2}{D} = \dfrac{3}{4}. \end{cases}$$

下面引入二阶行列式的转置行列式的概念.

将行列式 D 的行与相应的列互换后得到的行列式，称为行列式 D 的转置行列式，记作 D^{T}，即

$$D = \begin{vmatrix} a_{11} & a_{12} \\ a_{21} & a_{22} \end{vmatrix}, \quad D^{\mathrm{T}} = \begin{vmatrix} a_{11} & a_{21} \\ a_{12} & a_{22} \end{vmatrix},$$

并且 D 和 D^{T} 是互为转置行列式. 易见 $D = D^{\mathrm{T}}$.

6.1.2　三阶行列式

类似于二元一次方程组，可以用同样的方法解三元一次方程组.

设三元一次方程组为

$$\left.\begin{aligned}a_{11}x_1+a_{12}x_2+a_{13}x_3=b_1,\\a_{21}x_1+a_{22}x_2+a_{23}x_3=b_2,\\a_{31}x_1+a_{32}x_2+a_{33}x_3=b_3,\end{aligned}\right\}\tag{6-6}$$

先由前两个方程消去 x_3，再由第一、第三两方程消去 x_3，最后由所得的两个方程中消去 x_2，就得到

$$\begin{aligned}&\left[a_{11}\begin{vmatrix}a_{22}&a_{23}\\a_{32}&a_{33}\end{vmatrix}-a_{12}\begin{vmatrix}a_{21}&a_{23}\\a_{31}&a_{33}\end{vmatrix}+a_{13}\begin{vmatrix}a_{21}&a_{22}\\a_{31}&a_{32}\end{vmatrix}\right]x_1\\&=b_1\begin{vmatrix}a_{22}&a_{23}\\a_{32}&a_{33}\end{vmatrix}-a_{12}\begin{vmatrix}b_2&a_{23}\\b_3&a_{33}\end{vmatrix}+a_{13}\begin{vmatrix}b_2&a_{22}\\b_3&a_{32}\end{vmatrix}.\end{aligned}\tag{6-7}$$

为了记忆和讨论方便－式(6-7)中的系数称为三阶行列式，记作

$$D=\begin{vmatrix}a_{11}&a_{12}&a_{13}\\a_{21}&a_{22}&a_{23}\\a_{31}&a_{32}&a_{33}\end{vmatrix},$$

即

$$D=\begin{vmatrix}a_{11}&a_{12}&a_{13}\\a_{21}&a_{22}&a_{23}\\a_{31}&a_{32}&a_{33}\end{vmatrix}=a_{11}\begin{vmatrix}a_{22}&a_{23}\\a_{32}&a_{33}\end{vmatrix}-a_{12}\begin{vmatrix}a_{21}&a_{23}\\a_{31}&a_{33}\end{vmatrix}+a_{13}\begin{vmatrix}a_{21}&a_{22}\\a_{31}&a_{32}\end{vmatrix}.\tag{6-8}$$

式(6-8)的右端称为三阶行列式按第一行的展开式. 容易看出，式(6-7)右边刚好是三阶行列式 D 中的第一列 a_{11},a_{21},a_{31} 分别换成 b_1,b_2,b_3 而得到的结果，所以它也是一个三阶行列式，记作 D_1，即

$$D_1=\begin{vmatrix}b_1&a_{12}&a_{13}\\b_2&a_{22}&a_{23}\\b_3&a_{32}&a_{33}\end{vmatrix}=b_1\begin{vmatrix}a_{22}&a_{23}\\a_{32}&a_{33}\end{vmatrix}-a_{12}\begin{vmatrix}b_2&a_{23}\\b_3&a_{33}\end{vmatrix}+a_{13}\begin{vmatrix}b_2&a_{22}\\b_3&a_{32}\end{vmatrix},$$

于是得

$$Dx_1=D_1.$$

同理可得

$$Dx_2=D_2,\quad Dx_3=D_3,$$

其中 D_2 是 D 中第二列 a_{12},a_{22},a_{32} 分别换成 b_1,b_2，b_3 所得到的行列式，D_3 是 D 中第三列 a_{13},a_{23},a_{33} 分别换成 b_1，b_2,b_3 所得到的行列式，即

$$D_2=\begin{vmatrix} a_{11} & b_1 & a_{13} \\ a_{21} & b_2 & a_{23} \\ a_{31} & b_3 & a_{33} \end{vmatrix}=a_{11}\begin{vmatrix} b_2 & a_{23} \\ b_3 & a_{33} \end{vmatrix}-b_1\begin{vmatrix} a_{21} & a_{23} \\ a_{31} & a_{33} \end{vmatrix}+a_{13}\begin{vmatrix} a_{21} & b_2 \\ a_{31} & b_3 \end{vmatrix},$$

$$D_3=\begin{vmatrix} a_{11} & a_{12} & b_1 \\ a_{21} & a_{22} & b_2 \\ a_{31} & a_{32} & b_3 \end{vmatrix}=a_{11}\begin{vmatrix} a_{22} & b_2 \\ a_{32} & b_3 \end{vmatrix}-a_{12}\begin{vmatrix} a_{21} & b_2 \\ a_{31} & b_3 \end{vmatrix}+b_1\begin{vmatrix} a_{21} & a_{22} \\ a_{31} & a_{32} \end{vmatrix}.$$

若 $D\neq 0$，则可得到

$$\left.\begin{aligned} x_1=\frac{D_1}{D}, \\ x_2=\frac{D_2}{D}, \\ x_3=\frac{D_3}{D}, \end{aligned}\right\} \tag{6-9}$$

其中行列式 D 为方程组(6-6)的系数行列式．把(6-9)代入方程组(6-6)就可以验证它们是适合(6-6)的解，所以是线性方程组(6-6)的唯一的一组解．

由式(6-5)给出的线性方程组(6-1)的唯一解与由式(6-9)给出的线性方程组(6-6)的唯一解分别称为二元线性方程组与三元线性方程组求解的克莱姆法则．

如果将(6-8)的三个二阶行列式展开，则可得到

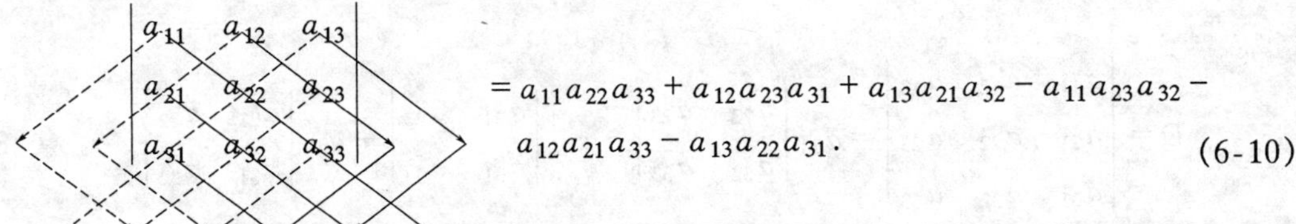

$$=a_{11}a_{22}a_{33}+a_{12}a_{23}a_{31}+a_{13}a_{21}a_{32}-a_{11}a_{23}a_{32}-a_{12}a_{21}a_{33}-a_{13}a_{22}a_{31}. \tag{6-10}$$

(6-10)的右端称为三阶行列式的展开式．它有如下特点：一共有 6 项，每项都是不同行不同列的三个元素之积，其中 3 项附着"＋"号，另 3 项附有"－"号．这种展开三阶行列式的方法称为对角线法．

注 对角线展开法只适用二、三阶行列式．

例 3 按对角线展开法计算下列三阶行列式：

$$\begin{vmatrix} 2 & 1 & 2 \\ 3 & 4 & 1 \\ 2 & -6 & 5 \end{vmatrix}.$$

解

$$\begin{vmatrix} 2 & 1 & 2 \\ 3 & 4 & 1 \\ 2 & -6 & 5 \end{vmatrix}=2\times4\times5+1\times1\times2+2\times3\times(-6)-2\times4\times2-1\times3\times5-2\times1\times(-6)=-13.$$

(6-8)定义的行列式 D 的转置行列式为

$$D^{\mathrm{T}}=\begin{vmatrix} a_{11} & a_{21} & a_{31} \\ a_{12} & a_{22} & a_{32} \\ a_{13} & a_{23} & a_{33} \end{vmatrix},$$

且有

$$D^{\mathrm{T}}=D.$$

三阶行列式 D 也可以按下式定义：

$$D=\begin{vmatrix}a_{11}&a_{12}&a_{13}\\a_{21}&a_{22}&a_{23}\\a_{31}&a_{32}&a_{33}\end{vmatrix}=a_{11}\begin{vmatrix}a_{22}&a_{23}\\a_{32}&a_{33}\end{vmatrix}-a_{21}\begin{vmatrix}a_{12}&a_{13}\\a_{32}&a_{33}\end{vmatrix}+a_{31}\begin{vmatrix}a_{12}&a_{13}\\a_{22}&a_{23}\end{vmatrix}.\qquad(6\text{-}11)$$

计算三阶行列式除对角线展开法外，也可以利用定义(6-8)或(6-11).

行列式

$$\begin{vmatrix}a_{11}&a_{12}&a_{13}\\0&a_{22}&a_{23}\\0&0&a_{33}\end{vmatrix}=a_{11}a_{22}a_{33},$$

这可由三阶行列式的定义得知. 此行列式称为右上三角行列式. 还有左下三角行列式

$$\begin{vmatrix}a_{11}&0&0\\a_{21}&a_{22}&0\\a_{31}&a_{32}&a_{33}\end{vmatrix}=a_{11}a_{22}a_{33}.$$

例 4　解三元一次方程组

$$\begin{cases}2x_1-x_2+3x_3=3,\\3x_1+x_2-5x_3=0,\\4x_1-x_2+\ \ x_3=3.\end{cases}$$

解　由于

$$D=\begin{vmatrix}2&-1&3\\3&1&-5\\4&-1&1\end{vmatrix}=2-9+20-12+3-10=-6\neq0,$$

所以方程组有唯一解.

又因为

$$D_1=\begin{vmatrix}3&-1&3\\0&1&-5\\3&-1&1\end{vmatrix}=-6,\qquad D_2=\begin{vmatrix}2&-1&3\\3&1&-5\\4&-1&1\end{vmatrix}=-12,$$

$$D_3=\begin{vmatrix}2&-1&3\\3&1&0\\4&-1&3\end{vmatrix}=-6,$$

所以方程组的解为

$$\begin{cases}x_1=\dfrac{D_1}{D}=1,\\x_2=\dfrac{D_2}{D}=2,\\x_3=\dfrac{D_3}{D}=1.\end{cases}$$

习题 6.1

1. 求下列各行列式的值：

(1) $\begin{vmatrix} -1 & 5 \\ 2 & -5 \end{vmatrix}$； (2) $\begin{vmatrix} \sin\alpha & \cos\alpha \\ -\cos\alpha & \sin\alpha \end{vmatrix}$；

(3) $\begin{vmatrix} 1 & 2 & 3 \\ 0 & 1 & 2 \\ 1 & 1 & 1 \end{vmatrix}$； (4) $\begin{vmatrix} 4 & 2 & 3 \\ 2 & 3 & 0 \\ 3 & 0 & 0 \end{vmatrix}$.

2. 用行列式解下列方程组：

(1) $\begin{cases} 4x+3y-5=0, \\ 3x+4y-6=0; \end{cases}$ (2) $\begin{cases} 2x-y+3z=3, \\ 3x+y-5z=0, \\ 4x-y+z=3. \end{cases}$

3. 利用对角线法计算下列行列式：

(1) $\begin{vmatrix} 1 & 1 & 2 \\ 2 & 1 & 1 \\ 1 & 2 & 1 \end{vmatrix}$； (2) $\begin{vmatrix} 3 & 6 & 2 \\ 2 & 3 & 0 \\ 4 & 1 & 1 \end{vmatrix}$.

4. 解方程：

(1) $\begin{vmatrix} x^2 & 4 & -9 \\ x & 2 & 3 \\ 1 & 1 & 1 \end{vmatrix}=0$； (2) $\begin{vmatrix} 1-x & 2 & 3 \\ 2 & 1-x & 3 \\ 3 & 3 & 6-x \end{vmatrix}=0$.

6.2 n 阶行列式

6.2.1 n 阶行列式的概念

下面将二、三阶行列式的概念推广到 n 阶行列式上去.

定义 1 把 n^2 个元素排成形如

$$D=\begin{vmatrix} a_{11} & a_{12} & \cdots & a_{1n} \\ a_{21} & a_{22} & \cdots & a_{2n} \\ \vdots & \vdots & & \vdots \\ a_{n1} & a_{n2} & \cdots & a_{nn} \end{vmatrix},$$

叫做 n 阶行列式. 如果 $(n-1)$ 阶行列式已经定义, 那么 n 阶行列式的值为

$$D=a_{11}\begin{vmatrix} a_{22} & a_{23} & \cdots & a_{2n} \\ a_{32} & a_{33} & \cdots & a_{3n} \\ \vdots & \vdots & & \vdots \\ a_{n2} & a_{n3} & \cdots & a_{nn} \end{vmatrix}-a_{12}\begin{vmatrix} a_{21} & a_{23} & \cdots & a_{2n} \\ a_{31} & a_{33} & \cdots & a_{3n} \\ \vdots & \vdots & & \vdots \\ a_{n1} & a_{n3} & \cdots & a_{nn} \end{vmatrix}+$$

$$\cdots+(-1)^{1+i}a_{1i}\begin{vmatrix} a_{21} & \cdots & a_{2,i-1} & a_{2,i+1} & \cdots & a_{2n} \\ a_{31} & \cdots & a_{3,i-1} & a_{3,i+1} & \cdots & a_{3n} \\ \vdots & \vdots & \vdots & \vdots & & \vdots \\ a_{n1} & \cdots & a_{n,i-1} & a_{n,i+1} & \cdots & a_{nn} \end{vmatrix}+$$

$$\cdots+(-1)^{1+n}a_{1n}\begin{vmatrix} a_{21} & a_{22} & \cdots & a_{2,n-1} \\ a_{31} & a_{32} & \cdots & a_{3,n-1} \\ \vdots & \vdots & & \vdots \\ a_{n1} & a_{n2} & \cdots & a_{n,n-1} \end{vmatrix}, \tag{6-12}$$

其中，$a_{ij}(i,j=1,2,\cdots,n)$称为 n 阶行列式的元素.

规定一阶行列式$|a|=a$，二阶、三阶行列式都已有定义，于是四阶行列式也便有了定义，从而五阶行列式也就有了定义. 以此类推，任意阶行列式都有了定义.

定义 2 n 阶行列式D 中元素 a_{ij}的余子式 M_{ij}是在D 中划去 a_{ij}所在的行和列，余下的元素按原来的顺序组成的$(n-1)$阶行列式.

在元素 a_{ij}的余子式M_{ij}的前面添加符号$(-1)^{i+j}$称为元素a_{ij}的代数余子式，记为 A_{ij}. 如 $\begin{vmatrix} 3 & 2 & 6 \\ 1 & 5 & 9 \\ 4 & 8 & 0 \end{vmatrix}$，0 的余子式为$\begin{vmatrix} 3 & 2 \\ 1 & 5 \end{vmatrix}$，1 的代数余子式为$(-1)^{2+1}\begin{vmatrix} 2 & 6 \\ 8 & 0 \end{vmatrix}$.

余子式与代数余子式的关系为

$$A_{ij}=(-1)^{i+j}M_{ij}.$$

余子式与代数余子式的绝对值相等.

例如一个六阶行列式，$a_{34}=0, M_{34}=-6$，则 $A_{34}=6$.

可见余子式与代数余子式与所给元素的大小无关系，只与它所在的位置有关系.

6.2.2 *n* 阶行列式的性质

性质 1 行列式与其转置行列式相等.

对于 n 阶行列式D，只互换对应行与列的位置所得到的行列式，称为 D 的转置行列式，记作 D^{T}. 根据性质 1，显然有

$$D=\begin{vmatrix} a_{11} & a_{12} & \cdots & a_{1n} \\ a_{21} & a_{22} & \cdots & a_{2n} \\ \vdots & \vdots & & \vdots \\ a_{n1} & a_{n2} & \cdots & a_{nn} \end{vmatrix}=\begin{vmatrix} a_{11} & a_{21} & \cdots & a_{n1} \\ a_{12} & a_{22} & \cdots & a_{n2} \\ \vdots & \vdots & & \vdots \\ a_{1n} & a_{2n} & \cdots & a_{nn} \end{vmatrix}=D^{\mathrm{T}}.$$

性质 1 表明了在 n 阶行列式中，行与列在地位上是相同的，凡是有关行的性质，对于列也同样成立. 如 $D=\begin{vmatrix} 1 & 2 \\ 3 & 7 \end{vmatrix}$，则 $D^{\mathrm{T}}=\begin{vmatrix} 1 & 3 \\ 2 & 7 \end{vmatrix}$，易见 $D=1$，$D^{\mathrm{T}}=1$，所以 $D=D^{\mathrm{T}}=1$.

性质 2 交换行列式中的某两行(列)，行列式变号.

推论 1 若行列式中有两行(列)元素对应相同，则行列式的值为零.

性质 3 某行(列)所有元素同乘以数 k，所得行列式的值等于原行列式值的 k 倍.

例如

$$\begin{vmatrix} a_{11} & a_{12} & \cdots & a_{1n} \\ \vdots & \vdots & & \vdots \\ ka_{i1} & ka_{i2} & \cdots & ka_{in} \\ \vdots & \vdots & & \vdots \\ a_{n1} & a_{n2} & \cdots & a_{nn} \end{vmatrix} = k \begin{vmatrix} a_{11} & a_{12} & \cdots & a_{1n} \\ \vdots & \vdots & & \vdots \\ a_{i1} & a_{i2} & \cdots & a_{in} \\ \vdots & \vdots & & \vdots \\ a_{n1} & a_{n2} & \cdots & a_{nn} \end{vmatrix}.$$

推论 2 若行列式中有两行(列)元素对应成比例，则行列式的值为零.

推论 3 行列式中有一行(列)的元素全为零，则该行列式的值为零.

性质 4 如果行列式中某一行(列)各元素都可以写成两项之和，则此行列式等于两个行列式之和，并且这两个行列式除了这一行(列)外，其余元素与原行列式的对应元素相同.

例如

$$\begin{vmatrix} a_{11} & a_{12} & \cdots & a_{1n} \\ \vdots & \vdots & & \vdots \\ a_{i1}+a_{i1}' & a_{i2}+a_{i2}' & \cdots & a_{in}+a_{in}' \\ \vdots & \vdots & & \vdots \\ a_{n1} & a_{n2} & \cdots & a_{nn} \end{vmatrix}$$

$$= \begin{vmatrix} a_{11} & a_{12} & \cdots & a_{1n} \\ \vdots & \vdots & & \vdots \\ a_{i1} & a_{i2} & \cdots & a_{in} \\ \vdots & \vdots & & \vdots \\ a_{n1} & a_{n2} & \cdots & a_{nn} \end{vmatrix} + \begin{vmatrix} a_{11} & a_{12} & \cdots & a_{1n} \\ \cdots & \cdots & \cdots & \cdots \\ a_{i1}' & a_{i2}' & \cdots & a_{in}' \\ \vdots & \vdots & & \vdots \\ a_{n1} & a_{n2} & \cdots & a_{nn} \end{vmatrix}.$$

性质 5 把某一行(列)各元素的 k 倍加到另一行(列)的对应元素上，行列式的值不变.

下面介绍几个特殊的行列式及计算结果，它们在计算行列式时经常用到.

① 对角行列式

$$\begin{vmatrix} a_{11} & 0 & 0 & \cdots & 0 \\ 0 & a_{22} & 0 & \cdots & 0 \\ 0 & 0 & a_{33} & \cdots & 0 \\ \vdots & \vdots & \vdots & & \vdots \\ 0 & 0 & 0 & \cdots & a_{nn} \end{vmatrix} = a_{11}a_{22}\cdots a_{nn};$$

② 左下三角行列式

$$\begin{vmatrix} a_{11} & 0 & 0 & \cdots & 0 \\ a_{21} & a_{22} & 0 & \cdots & 0 \\ a_{31} & a_{32} & a_{33} & \cdots & 0 \\ \vdots & \vdots & \vdots & & \vdots \\ a_{n1} & a_{n2} & a_{n3} & \cdots & a_{nn} \end{vmatrix} = a_{11}a_{22}\cdots a_{nn};$$

③ 右上三角行列式

$$\begin{vmatrix} a_{11} & a_{12} & a_{13} & \cdots & a_{1n} \\ 0 & a_{22} & a_{23} & \cdots & a_{2n} \\ 0 & 0 & a_{33} & \cdots & a_{3n} \\ \vdots & \vdots & \vdots & & \vdots \\ 0 & 0 & 0 & \cdots & a_{nn} \end{vmatrix} = a_{11}a_{22}\cdots a_{nn}.$$

上述性质，在计算行列式中应用非常广泛，利用这些性质可以将行列式的计算简化，提高运算的准确性. 利用得最多的是性质 5，利用它可以将所给的行列式变成上三角行列式或下三角行列式.

6.2.3　n 阶行列式的计算

定理　行列式 D 的值等于它的任一行(列)所有元素与其对应的代数余子式的乘积之和. 即

$$\begin{aligned} D &= a_{i1}A_{i1} + a_{i2}A_{i2} + \cdots + a_{in}A_{in} \quad (\text{按第 } i \text{ 行展开}) \\ &= a_{1j}A_{1j} + a_{2j}A_{2j} + \cdots + a_{nj}A_{nj}. \quad (\text{按第 } i \text{ 列展开}) \\ &(\text{其中 } i,\ j = 1,\ 2,\ \cdots,\ n\ ) \end{aligned}$$

例如

$$D = \begin{vmatrix} a_{11} & a_{12} & a_{13} \\ a_{21} & a_{22} & a_{23} \\ a_{31} & a_{32} & a_{33} \end{vmatrix}$$

$$\left.\begin{aligned} &= a_{11}A_{11} + a_{12}A_{12} + a_{13}A_{13} \\ &= a_{21}A_{21} + a_{22}A_{22} + a_{23}A_{23} \\ &= a_{31}A_{31} + a_{32}A_{32} + a_{33}A_{33} \end{aligned}\right\} \begin{aligned} &(\text{按第一行展开}) \\ &(\text{按第二行展开}) \\ &(\text{按第三行展开}) \end{aligned}$$

$$\left.\begin{aligned} &= a_{11}A_{11} + a_{21}A_{21} + a_{31}A_{31} \\ &= a_{12}A_{12} + a_{22}A_{22} + a_{32}A_{32} \\ &= a_{13}A_{13} + a_{23}A_{23} + a_{33}A_{33} \end{aligned}\right\} \begin{aligned} &(\text{按第一列展开}) \\ &(\text{按第二列展开}) \\ &(\text{按第三列展开}) \end{aligned}$$

由上面的定理，又可以得到下述重要推论.

推论 4　行列式 D 中某一行(列)各元素与另一行(列)对应元素的代数余子式作乘积，其和为零. 即

$$\begin{aligned} &a_{i1}A_{j1} + a_{i2}A_{j2} + \cdots + a_{in}A_{jn} = 0, \\ &a_{1i}A_{1j} + a_{2i}A_{2j} + \cdots + a_{ni}A_{nj} = 0. \\ &(\text{其中 } i,\ j = 1,\ 2,\ \cdots,\ n,\ \text{且 } i \neq j) \end{aligned}$$

定理及其推论合起来简记为

$$\sum_{k=1}^{n} a_{ik}A_{jk} = \sum_{k=1}^{n} a_{ki}A_{kj} = \begin{cases} D, & i = j, \\ 0, & i \neq j. \end{cases} (i,\ j = 1,\ 2,\ \cdots,\ n)$$

计算一个 n 阶行列式，经常利用行列式的性质，特别是性质 5，将某一行(列)的 $n-1$ 个元素化为零，然后依定理按这一行(列)展开，这样原来的 n 阶行列式的计算，就化为一个 $(n-1)$阶行列式的计算，类似依次做下去，直至化为一个三阶或二阶行列式的计算，从而达

到简化的目的，这种运算称为化零运算.

为了使计算过程清楚，引入一些记号.

① 以 r_i 表示第 i 行，以 c_i 表示第 i 列；

② 交换 i，j 两行记作 $r_i \leftrightarrow r_j$；交换 i，j 两列记作 $c_i \leftrightarrow c_j$；

③ 用数 k 乘第 i 行(列)记作 $kr_i(kc_i)$；

④ 从第 i 行(列)提出公因子 k 记作 $r_i \div k(c_i \div k)$；

⑤ 把第 i 行(列)的 k 倍加到第 j 行(列)上，记作 $r_j + kr_i(c_j + kc_i)$.

例 1 计算行列式

$$\begin{vmatrix} 1 & 2 & 3 \\ 2 & 3 & 1 \\ 3 & 1 & 2 \end{vmatrix}$$

解
$$\begin{vmatrix} 1 & 2 & 3 \\ 2 & 3 & 1 \\ 3 & 1 & 2 \end{vmatrix} \xlongequal[c_1+c_3]{c_1+c_2} \begin{vmatrix} 6 & 2 & 3 \\ 6 & 3 & 1 \\ 6 & 1 & 2 \end{vmatrix} \xlongequal{c_1 \div 6} 6\times\begin{vmatrix} 1 & 2 & 3 \\ 1 & 3 & 1 \\ 1 & 1 & 2 \end{vmatrix} \xlongequal[r_3-r_1]{r_2-r_1} 6\times\begin{vmatrix} 1 & 2 & 3 \\ 0 & 1 & -2 \\ 0 & -1 & -1 \end{vmatrix}$$

$$\xlongequal{r_3+r_2} 6\times\begin{vmatrix} 1 & 2 & 3 \\ 0 & 1 & -2 \\ 0 & 0 & -3 \end{vmatrix} = 6\times[1\times1\times(-3)] = -18.$$

例 2 计算行列式

$$D = \begin{vmatrix} 1 & 1 & 1 & 1 \\ 1 & -1 & 2 & 1 \\ 4 & 1 & 2 & 0 \\ 5 & 0 & 4 & 2 \end{vmatrix}.$$

解法一 化为上三角行列式

$$D = \begin{vmatrix} 1 & 1 & 1 & 1 \\ 1 & -1 & 2 & 1 \\ 4 & 1 & 2 & 0 \\ 5 & 0 & 4 & 2 \end{vmatrix} \xlongequal[\substack{r_3-4r_1 \\ r_4-5r_1}]{r_2-r_1} \begin{vmatrix} 1 & 1 & 1 & 1 \\ 0 & -2 & 1 & 0 \\ 0 & -3 & -2 & -4 \\ 0 & -5 & -1 & -3 \end{vmatrix} \xlongequal{c_2\leftrightarrow c_3} -\begin{vmatrix} 1 & 1 & 1 & 1 \\ 0 & 1 & -2 & 0 \\ 0 & -2 & -3 & -4 \\ 0 & -1 & -5 & -3 \end{vmatrix}$$

$$\xlongequal[r_4+r_2]{r_3+2r_2} -\begin{vmatrix} 1 & 1 & 1 & 1 \\ 0 & 1 & -2 & 0 \\ 0 & 0 & -7 & -4 \\ 0 & 0 & -7 & -3 \end{vmatrix} \xlongequal{r_4-r_3} -\begin{vmatrix} 1 & 1 & 1 & 1 \\ 0 & 1 & -2 & 0 \\ 0 & 0 & -7 & -4 \\ 0 & 0 & 0 & 1 \end{vmatrix} = -1\times1\times(-7)\times1 = 7.$$

解法二 利用定理，按第四行展开. 因

$$a_{41}=5, \quad a_{42}=0, \quad a_{43}=4, \quad a_{44}=2,$$
$$A_{41}=5, \quad A_{42}=-4, \quad A_{43}=-8, \quad A_{44}=7,$$

则

$$\begin{aligned} D &= a_{41}A_{41} + a_{42}A_{42} + a_{43}A_{43} + a_{44}A_{44} \\ &= 5\times5 + 0\times(-4) + 4\times(-8) + 2\times7 = 7. \end{aligned}$$

解法三 利用行列式的性质 5 及定理

$$D=\begin{vmatrix}1&1&1&1\\1&-1&2&1\\4&1&2&0\\5&0&4&2\end{vmatrix}\xlongequal[r_3-r_1]{r_2+r_1}\begin{vmatrix}1&1&1&1\\2&0&3&2\\3&0&1&-1\\5&0&4&2\end{vmatrix}\xlongequal[\text{列展开}]{\text{按第二}}1\times(-1)^{1+2}\begin{vmatrix}2&3&2\\3&1&-1\\5&4&2\end{vmatrix}$$

$$\xlongequal[r_3+2r_2]{r_1+2r_2}-\begin{vmatrix}8&5&0\\3&1&-1\\11&6&0\end{vmatrix}\xlongequal[\text{列展开}]{\text{按第三}}-(-1)\times(-1)^{2+3}\begin{vmatrix}8&5\\11&6\end{vmatrix}=7.$$

例 3　计算行列式　$D=\begin{vmatrix}3&1&-1&2\\-5&1&3&-4\\2&0&1&-1\\1&-5&3&-3\end{vmatrix}$.

解　$D\xlongequal[c_4+c_3]{c_1-2c_3}\begin{vmatrix}5&1&-1&1\\-11&1&3&-1\\0&0&1&0\\-5&-5&3&0\end{vmatrix}\xlongequal[\text{展开}]{\text{第 3 行}}(-1)^{3+3}\begin{vmatrix}5&1&1\\-11&1&-1\\-5&-5&0\end{vmatrix}$

$$\xlongequal{r_2+r_1}\begin{vmatrix}5&1&1\\-6&2&0\\-5&-5&0\end{vmatrix}\xlongequal[\text{展开}]{\text{第 3 列}}(-1)^{1+3}\begin{vmatrix}-6&2\\-5&-5\end{vmatrix}=40.$$

习题 6.2

1. 写出下列行列式中 a_{11}，a_{21}，a_{33}的代数余子式：

(1) $\begin{vmatrix}2&-1&0\\4&1&2\\-1&-1&-1\end{vmatrix}$；　(2) $\begin{vmatrix}3&-1&9&7\\1&0&1&5\\2&3&-3&1\\0&0&1&-2\end{vmatrix}$.

2. 计算下列行列式：

(1) $\begin{vmatrix}4&1&1&1\\1&4&1&1\\1&1&4&1\\1&1&1&4\end{vmatrix}$；　(2) $\begin{vmatrix}1&1&1&1\\-1&1&1&1\\-1&-1&1&1\\-1&-1&-1&1\end{vmatrix}$；

(3) $\begin{vmatrix}3&1&0&0\\1&3&1&0\\0&1&3&1\\0&0&1&3\end{vmatrix}$；　(4) $\begin{vmatrix}0&1&1&1\\1&0&x&y\\1&x&0&z\\1&y&z&0\end{vmatrix}$；

(5) $\begin{vmatrix}1&1&1&1\\1&2&3&4\\1&3&6&10\\1&4&10&20\end{vmatrix}$；　(6) $\begin{vmatrix}1&2&3&4\\2&3&4&1\\3&4&1&2\\4&1&2&3\end{vmatrix}$.

3. 证明：

$$(1)\ \begin{vmatrix} a^2 & (a+1)^2 & (a+2)^2 & (a+3)^2 \\ b^2 & (b+1)^2 & (b+2)^2 & (b+3)^2 \\ c^2 & (c+1)^2 & (c+2)^2 & (c+3)^2 \\ d^2 & (d+1)^2 & (d+2)^2 & (d+3)^2 \end{vmatrix}=0;$$

$$(2)\ \begin{vmatrix} a_1b_1 & a_1b_2 & \cdots & a_1b_n \\ a_2b_1 & a_2b_2 & \cdots & a_2b_n \\ a_3b_1 & a_3b_2 & \cdots & a_3b_n \\ \vdots & \vdots & & \vdots \\ a_nb_1 & a_nb_2 & \cdots & a_nb_n \end{vmatrix}=0.$$

6.3 克莱姆法则

解线性方程组是线性代数的一个中心问题，这里只研究方程个数和未知量个数相等的情形. 至于更一般的情形，将在后面讨论.

定理 1(克莱姆法则) 如果线性方程组

$$\begin{cases} a_{11}x_1+a_{12}x_2+\cdots+a_{1n}x_n=b_1, \\ a_{21}x_1+a_{22}x_2+\cdots+a_{2n}x_n=b_2, \\ \cdots\cdots\cdots\cdots\cdots \\ a_{n1}x_1+a_{n2}x_2+\cdots+a_{nn}x_n=b_n \end{cases}$$

的系数行列式

$$D=\begin{vmatrix} a_{11} & a_{12} & \cdots & a_{1n} \\ a_{21} & a_{22} & \cdots & a_{2n} \\ \vdots & \vdots & & \vdots \\ a_{n1} & a_{n2} & \cdots & a_{nn} \end{vmatrix}\neq 0,$$

则该方程组有唯一解，且解可通过系数表示为

$$x_j=\frac{D_j}{D}\quad (j=1,\ 2,\ \cdots,\ n),$$

其中，D_j 是把系数行列式 D 中第 j 列换成常数项列所构成的行列式.

由定理 1 知，当系数行列式 $D\neq 0$ 时，①方程组有解；②其解唯一，且由公式 $x_j=\dfrac{D_j}{D}$ $(j=1,\ 2,\ \cdots,\ n)$给出.

例 1 解线性方程组

$$\begin{cases} 2x_1+3x_2+11x_3+5x_4=6, \\ x_1+\ x_2+\ 5x_3+2x_4=2, \\ 2x_1+\ x_2+\ 3x_3+4x_4=2, \\ x_1+\ x_2+\ 3x_3+4x_4=2. \end{cases}$$

解 因为

$$D=\begin{vmatrix}2&3&11&5\\1&1&5&2\\2&1&3&4\\1&1&3&4\end{vmatrix}=10\neq0,\quad D_1=\begin{vmatrix}6&3&11&5\\2&1&5&2\\2&1&3&4\\2&1&3&4\end{vmatrix}=0\text{(因为第三、第四行对应元素相等)},$$

$$D_2=\begin{vmatrix}2&6&11&5\\1&2&5&2\\2&2&3&4\\1&2&3&4\end{vmatrix}=20,\quad D_3=\begin{vmatrix}2&3&6&5\\1&1&2&2\\2&1&2&4\\1&1&2&4\end{vmatrix}=0\text{ (因为第二、第三列成比例)},$$

$$D_4=\begin{vmatrix}2&3&11&6\\1&1&5&2\\2&1&3&2\\1&1&3&2\end{vmatrix}=0,$$

所以方程组有唯一解

$$\begin{cases}x_1=\dfrac{D_1}{D}=0,\\[2mm] x_2=\dfrac{D_2}{D}=2,\\[2mm] x_3=\dfrac{D_3}{D}=0,\\[2mm] x_4=\dfrac{D_4}{D}=0.\end{cases}$$

注　(1) 用克莱姆法则解题时，必须满足两个条件：

① 克莱姆法则只能用来解方程个数与未知量个数相等的线性方程组；

② 系数行列式 $D\neq0$.

(2) 理论上，可以用克莱姆法则来解 n 元线性方程组，但实际利用克莱姆法则计算时很不方便. 因为解一个 n 个方程，n 个未知量的线性方程组，要计算 $n+1$ 个 n 阶行列式，这个运算量是很大的. 一般只有当未知量个数 $n\leqslant4$ 时，才便于运用克莱姆法则.

定义　线性方程组右端常数项 $b_1=b_2=\cdots=b_n=0$ 时称为齐次线性方程组. 否则称为非齐次线性方程组. 对于齐次线性方程组，显然有一组零解.

定理 2　齐次线性方程组

$$\begin{cases}a_{11}x_1+a_{12}x_2+\cdots+a_{1n}x_n=0,\\ a_{21}x_1+a_{22}x_2+\cdots+a_{2n}x_n=0,\\ \cdots\cdots\cdots\cdots\cdots\\ a_{n1}x_1+a_{n2}x_2+\cdots+a_{nn}x_n=0\end{cases}$$

有非零解的充要条件为系数行列式 $D=0$.

例 2　判断齐次线性方程组

$$\begin{cases} x_1+3x_2-4x_3+2x_4=0, \\ 3x_1-x_2+2x_3-x_4=0, \\ -2x_1+4x_2-x_3+3x_4=0, \\ 3x_1+9x_2-7x_3+6x_4=0 \end{cases}$$

是否有非零解.

解 因为

$$D=\begin{vmatrix} 1 & 3 & -4 & 2 \\ 3 & -1 & 2 & -1 \\ -2 & 4 & -1 & 3 \\ 3 & 9 & -7 & 6 \end{vmatrix}=\begin{vmatrix} 1 & 3 & -4 & 2 \\ 0 & -10 & 14 & -7 \\ 0 & 10 & -9 & 7 \\ 0 & 0 & 5 & 0 \end{vmatrix}=\begin{vmatrix} 1 & 3 & -4 & 2 \\ 0 & -10 & 14 & -7 \\ 0 & 0 & 5 & 0 \\ 0 & 0 & 5 & 0 \end{vmatrix}=0,$$

所以,原方程组有非零解.

习题 6.3

1. 利用克莱姆法则解下列各方程组:

(1) $\begin{cases} x+y-2z=-3, \\ 5x-2y+7z=22, \\ 2x-5y+4z=4; \end{cases}$ (2) $\begin{cases} 2x_1+x_2-5x_3+x_4=8, \\ x_1-3x_2-6x_4=9, \\ 2x_2-x_3+2x_4=-5, \\ x_1+4x_2-7x_3+6x_4=0; \end{cases}$

(3) $\begin{cases} 2x_1+3x_2+11x_3+5x_4=6, \\ x_1+x_2+5x_3+2x_4=2, \\ 2x_1+x_2+3x_3+4x_4=2, \\ x_1+x_2+3x_3+4x_4=2. \end{cases}$

2. k 取何值时,方程组

$$\begin{cases} kx+y+z=0, \\ x+ky-z=0, \\ 2x-y+z=0 \end{cases}$$

(1) 有非零解?

(2) 只有零解?

3. k 取何值时,齐次线性方程组

$$\begin{cases} kx+y-z=0, \\ x+ky-z=0, \\ 2x-y+z=0 \end{cases}$$

只有零解?

4. 设方程组

$$\begin{cases} x_1+x_2-x_3=1, \\ 2x_1+(a+2)x_2-(b+2)x_3=3, \\ -3ax_2+(a+2b)x_3=-3, \end{cases}$$

问 a，b 满足什么条件时方程组有唯一解？并求出唯一解.

6.4 矩阵的概念及运算

通过前面的讨论知道，只有当线性方程的个数等于未知数的个数且系数行列式不等于零时，才能用克莱姆法则. 如果不一样时，需要借助矩阵，因此，矩阵是解线性方程组的一个十分重要的数学工具，是线性代数的一个主要研究对象.

6.4.1 矩阵的概念

定义 1 数域 P 中 $m\times n$ 个数 $a_{ij}(i=1, 2, \cdots, m; j=1, 2, \cdots, n)$ 按照一定顺序排成的 m 行 n 列数表

$$\begin{bmatrix} a_{11} & a_{12} & \cdots & a_{1n} \\ a_{21} & a_{22} & \cdots & a_{2n} \\ \vdots & \vdots & & \vdots \\ a_{m1} & a_{m2} & \cdots & a_{mn} \end{bmatrix}$$

称为数域 P 上的 m 行 n 列矩阵，通常用大写字母表示，记作 $\boldsymbol{A}$ 或 $\boldsymbol{A}_{m\times n}$，简记为

$$\boldsymbol{A}=(a_{ij})_{m\times n} \quad (i=1, 2, \cdots, m; j=1, 2, \cdots, n),$$

其中，a_{ij} 称为矩阵 $\boldsymbol{A}$ 的第 i 行第 j 列处的元素. 一般来说，矩阵的元素还可以是多项式、函数等. 元素是实数的矩阵称为实矩阵，元素为复数的矩阵称为复矩阵.

把矩阵 $\boldsymbol{A}$ 的每一行变成相应的列，得到的矩阵称为 $\boldsymbol{A}$ 的转置，记作 $\boldsymbol{A}^{\mathrm{T}}$.

当 $m=n$ 时，称 $\boldsymbol{A}$ 为 n 阶矩阵或 n 阶方阵，其左上角至右下角的对角线上的元素，称为主对角线上的元素.

下面介绍几个特殊的矩阵.

① 只有一行或一列的矩阵

$$(a_1, a_2, \cdots, a_n), \quad \begin{bmatrix} b_1 \\ b_2 \\ \vdots \\ b_m \end{bmatrix}$$

分别称为 $1\times n$ 和 $m\times 1$ 矩阵，又称行矩阵和列矩阵，有时我们称它们为 n 维行向量和 m 维列向量.

② 元素为零的矩阵称为零矩阵，$m\times n$ 零矩阵记作 $\boldsymbol{O}_{m\times n}$ 或 $\boldsymbol{O}$.

③ 形如

$$\begin{bmatrix} a_{11} & 0 & \cdots & 0 \\ 0 & a_{22} & \cdots & 0 \\ \vdots & \vdots & & \vdots \\ 0 & 0 & \cdots & a_{nn} \end{bmatrix}$$

的方阵，叫做对角方阵，简记为 $\mathrm{diag}(a_{11}, a_{22}, \cdots, a_{nn})$.

④ 对于对角阵，当 $a_{11}=a_{22}=\cdots=a_{nn}=1$ 时，叫做单位矩阵，记为 $\boldsymbol{E}$，即

$$E=\begin{bmatrix}1 & 0 & \cdots & 0\\ 0 & 1 & \cdots & 0\\ \vdots & \vdots & & \vdots\\ 0 & 0 & \cdots & 1\end{bmatrix}.$$

⑤ 对于对角阵，当 $a_{11}=\cdots=a_{nn}=k$ 时，称为数量阵.

⑥ 形如

$$\begin{bmatrix}a_{11} & 0 & \cdots & 0\\ a_{21} & a_{22} & \cdots & 0\\ \vdots & \vdots & & \vdots\\ a_{n1} & a_{n2} & \cdots & a_{nn}\end{bmatrix}$$

的矩阵,称为下三角阵.

⑦ 形如

$$\begin{bmatrix}a_{11} & a_{12} & \cdots & a_{1n}\\ 0 & a_{22} & \cdots & a_{2n}\\ \vdots & \vdots & & \vdots\\ 0 & 0 & \cdots & a_{nn}\end{bmatrix}$$

的矩阵称为上三角阵.

若 $\boldsymbol{A}=\boldsymbol{A}^{\mathrm{T}}$，则称 $\boldsymbol{A}$ 为对称阵.

6.4.2 矩阵的运算

根据实际问题的需要，规定矩阵的一些基本运算如下：

(1) 同型矩阵、矩阵的相等

定义 2 如果 $\boldsymbol{A}=(a_{ij})$，$\boldsymbol{B}=(b_{ij})$都是两个 $m\times n$ 矩阵，则称 $\boldsymbol{A}$，$\boldsymbol{B}$ 为同型矩阵.

定义 3 如果 $\boldsymbol{A}$，$\boldsymbol{B}$ 为同型矩阵，且它们对应位置上的元素都相等，即

$$a_{ij}=b_{ij}\quad(i=1,\ 2,\ \cdots,\ m;\ j=1,\ 2,\ \cdots,\ n),$$

则称矩阵 $\boldsymbol{A}$ 和矩阵$\boldsymbol{B}$ 相等，记为 $\boldsymbol{A}=\boldsymbol{B}$.

例 1 已知 $\boldsymbol{A}=\begin{bmatrix}a+b & 3\\ 3 & a-b\end{bmatrix}$，$\boldsymbol{B}=\begin{bmatrix}7 & 2c+d\\ c-d & 3\end{bmatrix}$，若 $\boldsymbol{A}=\boldsymbol{B}$，求 a，b，c，d.

解 由矩阵相等的定义得

$$\begin{cases}a+b=7,\\ a-b=3,\\ c-d=3,\\ 2c+d=3,\end{cases}$$

解之得

$$a=5,\ b=2,\ c=2,\ d=-1.$$

(2) 矩阵的加法

定义 4 设两个 $m\times n$ 的同型矩阵

$$A=\begin{bmatrix} a_{11} & a_{12} & \cdots & a_{1n} \\ a_{21} & a_{22} & \cdots & a_{2n} \\ \vdots & \vdots & & \vdots \\ a_{m1} & a_{m2} & \cdots & a_{mn} \end{bmatrix},\quad B=\begin{bmatrix} b_{11} & b_{12} & \cdots & b_{1n} \\ b_{21} & b_{22} & \cdots & b_{2n} \\ \vdots & \vdots & & \vdots \\ b_{m1} & b_{m2} & \cdots & b_{mn} \end{bmatrix},$$

记

$$C=\begin{bmatrix} a_{11}+b_{11} & a_{12}+b_{12} & \cdots & a_{1n}+b_{1n} \\ a_{21}+b_{21} & a_{22}+b_{22} & \cdots & a_{2n}+b_{2n} \\ \vdots & \vdots & & \vdots \\ a_{m1}+b_{m1} & a_{m2}+b_{m2} & \cdots & a_{mn}+b_{mn} \end{bmatrix},$$

则称 C 为 A 与 B 的和，记为 $C=A+B$.

根据定义不难验证，矩阵加法具有以下性质：

① $A+B=B+A$；

② $A+(B+C)=(A+B)+C$；

③ $A+O=O+A=A$.

由加法定义可知，只有同型矩阵才能相加减.

若矩阵 $A=(a_{ij})_{m\times n}$，而 $C=(-a_{ij})_{m\times n}$，则称 C 为 A 的负矩阵，记为 $C=-A$. 矩阵 A 与矩阵 $-B$ 的和叫做 A 与 B 的差，又称 A 与 B 的减法，记为 $A-B$，即

$$A-B=A+(-B).$$

特别地

$$A+(-A)=O.$$

(3) 数与矩阵的乘法

定义 5 给定任意实数 k 和矩阵

$$A=\begin{bmatrix} a_{11} & a_{12} & \cdots & a_{1n} \\ a_{21} & a_{22} & \cdots & a_{2n} \\ \vdots & \vdots & & \vdots \\ a_{m1} & a_{m2} & \cdots & a_{mn} \end{bmatrix},$$

用 k 乘矩阵 A 中每一个元素所得的矩阵叫做 k 与 A 的乘积，记为 kA 或 Ak，即

$$kA=\begin{bmatrix} ka_{11} & ka_{12} & \cdots & ka_{1n} \\ ka_{21} & ka_{22} & \cdots & ka_{2n} \\ \vdots & \vdots & & \vdots \\ ka_{m1} & ka_{m2} & \cdots & ka_{mn} \end{bmatrix}.$$

容易证明，数乘矩阵有如下性质(k，h 为常数)：

① $k(A\pm B)=kA\pm kB$；

② $(k+h)A=kA+hA$；

③ $(kh)A=k(hA)$.

例 2 已知

$$A=\begin{bmatrix} -1 & 2 & 3 & 1 \\ 0 & 3 & -2 & 1 \\ 4 & 0 & 3 & 2 \end{bmatrix},\quad B=\begin{bmatrix} 4 & 3 & 2 & -1 \\ 5 & -3 & 0 & 1 \\ 1 & 2 & -5 & 0 \end{bmatrix},$$

求 $3\boldsymbol{A}-2\boldsymbol{B}$.

解 $$3\boldsymbol{A}-2\boldsymbol{B}=\begin{bmatrix}-3&6&9&3\\0&9&-6&3\\12&0&9&6\end{bmatrix}-\begin{bmatrix}8&6&4&-2\\10&-6&0&2\\2&4&-10&0\end{bmatrix}$$

$$=\begin{bmatrix}-3-8&6-6&9-4&3+2\\0-10&9+6&-6-0&3-2\\12-2&0-4&9+10&6-0\end{bmatrix}=\begin{bmatrix}-11&0&5&5\\-10&15&-6&1\\10&-4&19&6\end{bmatrix}.$$

(4) 矩阵与矩阵的乘法

设某厂有甲、乙、丙三种产品，其中2001，2002两年销售量用矩阵 $\boldsymbol{A}$ 表示，其成本、利润用矩阵 $\boldsymbol{B}$ 表示，分别求两年成本总额和销售总额.

$$\begin{array}{c}\quad\text{甲}\qquad\text{乙}\qquad\text{丙}\\ \boldsymbol{A}=\begin{bmatrix}1\,000&4\,000&3\,000\\700&3\,000&4\,000\end{bmatrix}\begin{matrix}2001\text{年}\\2002\text{年}\end{matrix}\end{array},\qquad \begin{array}{c}\text{成本}\quad\text{利润}\\ \boldsymbol{B}=\begin{bmatrix}3&2\\4&3\\6&5\end{bmatrix}\begin{matrix}\text{甲}\\\text{乙}\\\text{丙}\end{matrix}\end{array}.$$

2001年成本总额为

$$1\,000\times3+4\,000\times4+3\,000\times6=37\,000,$$

2001年利润总额为

$$1\,000\times2+4\,000\times3+3\,000\times5=29\,000;$$

2002年成本总额为

$$700\times3+3\,000\times4+4\,000\times6=38\,100,$$

2002年销售总额为

$$700\times2+3\,000\times3+4\,000\times5=30\,300.$$

用矩阵 $\boldsymbol{C}$ 表达以上计算结果，则为

$$\begin{array}{c}\text{成本总额}\quad\text{总利润}\\ \boldsymbol{C}=\begin{bmatrix}37\,000&29\,000\\38\,100&30\,300\end{bmatrix}\begin{matrix}2001\text{年}\\2002\text{年}\end{matrix}\end{array}.$$

这里，矩阵 $\boldsymbol{C}$ 的第 i 行第 j 列处元素是矩阵 $\boldsymbol{A}$ 的第 i 行元素与矩阵 $\boldsymbol{B}$ 的第 j 列的对应元素乘积之和. 将上面例题中矩阵之间的这种关系定义为矩阵的乘法. 下面把它推广到一般的情形.

定义6 设 $\boldsymbol{A}=(a_{ij})$ 为 $m\times s$ 矩阵，$\boldsymbol{B}=(b_{ij})$ 为 $s\times n$ 矩阵，它们的乘积 $\boldsymbol{AB}=\boldsymbol{C}$，$\boldsymbol{C}=(c_{ij})$ 是一个 $m\times n$ 矩阵，且

$$c_{ij}=a_{i1}b_{1j}+a_{i2}b_{2j}+\cdots+a_{is}b_{sj}=\sum_{k=1}^{s}a_{ik}b_{kj}.\quad(i=1,2,\cdots,m;\ j=1,2,\cdots,n)$$

注 只有当 $\boldsymbol{A}$ 的列数等于 $\boldsymbol{B}$ 的行数时，$\boldsymbol{A}$ 才能左乘以 $\boldsymbol{B}$，$\boldsymbol{AB}$ 才有意义，且 $\boldsymbol{AB}$ 的行数等于 $\boldsymbol{A}$ 的行数，$\boldsymbol{AB}$ 的列数等于 $\boldsymbol{B}$ 的列数.

例3 设

$$\boldsymbol{A}=\begin{bmatrix}1&0&-1&2\\-1&1&3&0\\0&5&-1&4\end{bmatrix},\quad \boldsymbol{B}=\begin{bmatrix}0&3\\1&2\\3&1\\-1&2\end{bmatrix},$$

求 $\boldsymbol{AB}$.

解　$\boldsymbol{AB}$ 是 3×2 矩阵，且

$$\boldsymbol{AB}=\begin{bmatrix}1&0&-1&2\\-1&1&3&0\\0&5&-1&4\end{bmatrix}\begin{bmatrix}0&3\\1&2\\3&1\\-1&2\end{bmatrix}$$

$$=\begin{bmatrix}1\times0+0\times1+(-1)\times3+2\times(-1) & 1\times3+0\times2+(-1)\times1+2\times2\\(-1)\times0+1\times1+3\times3+0\times(-1) & (-1)\times3+1\times2+3\times1+0\times2\\0\times0+5\times1+(-1)\times3+4\times(-1) & 0\times3+5\times2+(-1)\times1+4\times2\end{bmatrix}$$

$$=\begin{bmatrix}-5&6\\10&2\\-2&17\end{bmatrix}.$$

例 3 中乘积 $\boldsymbol{BA}$ 是没有意义的，由于 $\boldsymbol{B}$ 的列数不等于 $\boldsymbol{A}$ 的行数.

例 4　设 $\boldsymbol{A}$，$\boldsymbol{B}$ 分列是 4×1 和 1×4 矩阵，且

$$\boldsymbol{A}=\begin{bmatrix}1\\0\\3\\2\end{bmatrix},\quad \boldsymbol{B}=(-2,\ 3,\ 5,\ 1),$$

求 $\boldsymbol{AB}$ 和 $\boldsymbol{BA}$.

解

$$\boldsymbol{AB}=\begin{bmatrix}1\\0\\3\\2\end{bmatrix}(-2,\ 3,\ 5,\ 1)=\begin{bmatrix}-2&3&5&1\\0&0&0&0\\-6&9&15&3\\-4&6&10&2\end{bmatrix},$$

$$\boldsymbol{BA}=(-2,\ 3,\ 5,\ 1)\begin{bmatrix}1\\0\\3\\2\end{bmatrix}=-2\times1+3\times0+5\times3+1\times2=(15).$$

显然 $\boldsymbol{AB}\neq\boldsymbol{BA}$.

例 5　设

$$\boldsymbol{A}=\begin{bmatrix}1&1\\-1&-1\end{bmatrix},\quad \boldsymbol{B}=\begin{bmatrix}1&-1\\-1&1\end{bmatrix},$$

求 $\boldsymbol{AB}$ 和 $\boldsymbol{BA}$.

解　$\boldsymbol{AB}=\begin{bmatrix}0&0\\0&0\end{bmatrix}$，　　$\boldsymbol{BA}=\begin{bmatrix}2&2\\-2&-2\end{bmatrix}$.

从以上例题可以看到，矩阵的乘法运算不满足交换律. 由例 3 看到，$\boldsymbol{AB}$ 有意义，$\boldsymbol{BA}$ 不一定有意义；从例 4 和例 5 看到，即使 $\boldsymbol{AB}$，$\boldsymbol{BA}$ 都有意义，$\boldsymbol{AB}$ 与 $\boldsymbol{BA}$ 也不一定相等. 这是矩阵代数运算的一个重要特点. 因此，矩阵相乘时，必须注意顺序，$\boldsymbol{AB}$ 称为 $\boldsymbol{A}$ 左乘以 $\boldsymbol{B}$，$\boldsymbol{B}$ 右乘以 $\boldsymbol{A}$.

矩阵的乘法不满足交换律是就一般而言，并不是说任何两个矩阵 $\boldsymbol{A}$，$\boldsymbol{B}$，都有 $\boldsymbol{AB}\neq\boldsymbol{BA}$，例如

$$\boldsymbol{A}=\begin{bmatrix}1 & 1\\0 & 1\end{bmatrix},\qquad \boldsymbol{B}=\begin{bmatrix}1 & 2\\0 & 1\end{bmatrix},$$

就有 $\boldsymbol{AB}=\boldsymbol{BA}=\begin{bmatrix}1 & 3\\0 & 1\end{bmatrix}$.

两个矩阵 $\boldsymbol{A}$, $\boldsymbol{B}$ 相乘，当 $\boldsymbol{AB}\neq\boldsymbol{BA}$ 时，则 $\boldsymbol{A}$, $\boldsymbol{B}$ 不可交换；当 $\boldsymbol{AB}=\boldsymbol{BA}$ 时，则 $\boldsymbol{A}$, $\boldsymbol{B}$ 可交换. 单位矩阵 $\boldsymbol{E}$ 与任何同阶方阵都可以交换.

在例 5 中我们可以看出，$\boldsymbol{A}$ 和 $\boldsymbol{B}$ 都不是零矩阵，而 $\boldsymbol{A}$ 与 $\boldsymbol{B}$ 的乘积 $\boldsymbol{AB}=\boldsymbol{O}$，这时称 $\boldsymbol{B}$ 是 $\boldsymbol{A}$ 的右零因子，$\boldsymbol{A}$ 是 $\boldsymbol{B}$ 的左零因子. 一个非零矩阵的零因子不是唯一的.

例如 $\boldsymbol{A}=\begin{bmatrix}1 & 1\\-1 & -1\end{bmatrix}$, 则

$$\boldsymbol{B}=\begin{bmatrix}1 & -1\\-1 & 1\end{bmatrix},\quad \boldsymbol{C}=\begin{bmatrix}-1 & 1\\1 & -1\end{bmatrix}$$

都是 $\boldsymbol{A}$ 的右零因子，即 $\boldsymbol{AB}=\boldsymbol{AC}=\boldsymbol{O}$.

由此可见，在一般情况下，当 $\boldsymbol{AB}=\boldsymbol{AC}$ 时，不能得到 $\boldsymbol{B}=\boldsymbol{C}$ 的结论. 这说明，矩阵的乘法不满足消去律.

不难验证，矩阵的乘法具有下列性质：

① $(\boldsymbol{AB})\boldsymbol{C}=\boldsymbol{A}(\boldsymbol{BC})$;

② $\boldsymbol{A}(\boldsymbol{B}+\boldsymbol{C})=\boldsymbol{AB}+\boldsymbol{AC}$, $(\boldsymbol{B}+\boldsymbol{C})\boldsymbol{A}=\boldsymbol{BA}+\boldsymbol{CA}$;

③ $\boldsymbol{AE}=\boldsymbol{EA}=\boldsymbol{A}$;

④ $(\lambda\boldsymbol{A})\boldsymbol{B}=\lambda(\boldsymbol{AB})=\boldsymbol{A}(\lambda\boldsymbol{B})$($\lambda$ 为常数).

例 6 求解矩阵方程

$$\begin{bmatrix}2 & 1\\1 & 2\end{bmatrix}\boldsymbol{X}=\begin{bmatrix}1 & 2\\-1 & 4\end{bmatrix}\ (\boldsymbol{X}\text{ 为二阶方阵}).$$

解 设 $\boldsymbol{X}=\begin{bmatrix}x_{11} & x_{12}\\x_{21} & x_{22}\end{bmatrix}$, 由题设，有

$$\begin{bmatrix}2 & 1\\1 & 2\end{bmatrix}\begin{bmatrix}x_{11} & x_{12}\\x_{21} & x_{22}\end{bmatrix}=\begin{bmatrix}1 & 2\\-1 & 4\end{bmatrix},$$

所以

$$\begin{bmatrix}2x_{11}+x_{21} & 2x_{12}+x_{22}\\x_{11}+2x_{21} & x_{12}+2x_{22}\end{bmatrix}=\begin{bmatrix}1 & 2\\-1 & 4\end{bmatrix},$$

由两矩阵相等的定义，可得

$$\begin{cases}2x_{11}+x_{21}=1,\\x_{11}+2x_{21}=-1;\end{cases}\qquad\begin{cases}2x_{12}+x_{22}=2,\\x_{12}+2x_{22}=4.\end{cases}$$

分别解这两个方程组，得

$$x_{11}=1,\quad x_{21}=-1,\quad x_{12}=0,\quad x_{22}=2,$$

所以

$$\boldsymbol{X}=\begin{bmatrix}1 & 0\\-1 & 2\end{bmatrix}.$$

设 $\boldsymbol{A}$ 为一个 n 阶方阵，规定 $\boldsymbol{A}$ 的幂如下：

$$A^0=E,\ A^1=A,\ A^2=AA,\ \cdots,\ ,\quad A^k=A^{k-1}A(k=2,\ 3,\ \cdots,\ n).$$

可以证明 $A^kA^p=A^{k+p}$，$(A^k)^p=A^{kp}$（k，p 为非负整数）. 当 A，B 不可交换时，$(AB)^k\neq A^kB^k$.

例 7　设 $A=\begin{bmatrix}1 & 0\\0 & -1\end{bmatrix}$，$B=\begin{bmatrix}0 & 1\\-1 & 0\end{bmatrix}$，求 A^2，B^2，$(AB)^2$，A^2B^2.

解　$A^2=\begin{bmatrix}1 & 0\\0 & -1\end{bmatrix}\begin{bmatrix}1 & 0\\0 & -1\end{bmatrix}=\begin{bmatrix}1 & 0\\0 & 1\end{bmatrix}$，　$B^2=\begin{bmatrix}0 & 1\\-1 & 0\end{bmatrix}\begin{bmatrix}0 & 1\\-1 & 0\end{bmatrix}=\begin{bmatrix}-1 & 0\\0 & -1\end{bmatrix}$，

$$AB=\begin{bmatrix}0 & 1\\1 & 0\end{bmatrix},\quad (AB)^2=\begin{bmatrix}1 & 0\\0 & 1\end{bmatrix},\quad A^2B^2=\begin{bmatrix}-1 & 0\\0 & -1\end{bmatrix}.$$

显然 $(AB)^2\neq A^2B^2$.

利用矩阵可将线性方程组表示成矩阵方程的形式.

设线性方程组的一般形式为

$$\left.\begin{aligned}a_{11}x_1+a_{12}x_2+\cdots+a_{1n}x_n=b_1,\\a_{21}x_1+a_{22}x_2+\cdots+a_{2n}x_n=b_2,\\\cdots\cdots\cdots\cdots\cdots\\a_{m1}x_1+a_{m2}x_2+\cdots+a_{mn}x_n=b_m.\end{aligned}\right\}\tag{6-13}$$

其中 m，n 可以相等，也可以不相等. 当右端常数项全为零时，称式(6-13)为齐次线性方程组；当 b_1，b_2，$\cdots$，b_m 不全为零时，则称式(6-13)为非齐次线性方程组.

令

$$A=\begin{bmatrix}a_{11} & a_{12} & \cdots & a_{21}\\a_{21} & a_{22} & \cdots & a_{2n}\\\vdots & \vdots & & \vdots\\a_{m1} & a_{m2} & \cdots & a_{mn}\end{bmatrix},\quad X=\begin{bmatrix}x_1\\x_2\\\vdots\\x_n\end{bmatrix},\quad B=\begin{bmatrix}b_1\\b_2\\\vdots\\b_m\end{bmatrix},$$

称矩阵 A 为方程组的系数矩阵，则方程组(6-13)，齐次线性方程组可以分别表示为矩阵方程

$$AX=B,\quad AX=0.$$

而称

$$\widetilde{A}=\left[\begin{array}{cccc:c}a_{11} & a_{12} & \cdots & a_{21} & b_1\\a_{21} & a_{22} & \cdots & a_{2n} & b_2\\\vdots & \vdots & & \vdots & \vdots\\a_{m1} & a_{m2} & \cdots & a_{mn} & b_m\end{array}\right]$$

为方程组(6-13)的增广矩阵. 增广矩阵也可记作 $\widetilde{A}=[A\ \vdots\ B]$. 这是方程组的一种简单写法，方程组中第 i 个方程可以用行矩阵 $(a_{i1},\ a_{i2},\ \cdots,\ a_{in}\ \vdots\ b_i)$ 表示 $(i=1,\ 2,\ \cdots,\ m)$.

(5) 矩阵的转置

定义 7　将 $m\times n$ 矩阵 A 的行与列互换，得到 $n\times m$ 矩阵，称为 A 的转置矩阵，记为 A^{T}，即

$$A=\begin{bmatrix}a_{11} & a_{12} & \cdots & a_{1n}\\a_{21} & a_{22} & \cdots & a_{2n}\\\vdots & \vdots & & \vdots\\a_{m1} & a_{m2} & \cdots & a_{mn}\end{bmatrix},\quad A^{\mathrm{T}}=\begin{bmatrix}a_{11} & a_{21} & \cdots & a_{m1}\\a_{12} & a_{22} & \cdots & a_{m2}\\\vdots & \vdots & & \vdots\\a_{1n} & a_{2n} & \cdots & a_{mn}\end{bmatrix}.$$

例 8 设 $\boldsymbol{A}=\begin{bmatrix}1 & 7 & 0 & 4\\ 3 & -1 & 2 & 5\end{bmatrix}$，求 $\boldsymbol{A}^{\mathrm{T}}$.

解

$$\boldsymbol{A}^{\mathrm{T}}=\begin{bmatrix}1 & 3\\ 7 & -1\\ 0 & 2\\ 4 & 5\end{bmatrix}.$$

容易看出，若 $\boldsymbol{A}$ 为 $m\times n$ 矩阵，则 $\boldsymbol{A}^{\mathrm{T}}$ 为 $n\times m$ 矩阵，$\boldsymbol{A}$ 中第 i 行第 j 列处的元素 a_{ij}，在 $\boldsymbol{A}^{\mathrm{T}}$ 中则为第 j 行第 i 列的元素.

转置矩阵具有以下性质：

① $(\boldsymbol{A}^{\mathrm{T}})^{\mathrm{T}}=\boldsymbol{A}$；

② $(\boldsymbol{A}+\boldsymbol{B})^{\mathrm{T}}=\boldsymbol{A}^{\mathrm{T}}+\boldsymbol{B}^{\mathrm{T}}$；

③ $(\lambda\boldsymbol{A})^{\mathrm{T}}=\lambda\boldsymbol{A}^{\mathrm{T}}$；

④ $(\boldsymbol{AB})^{\mathrm{T}}=\boldsymbol{B}^{\mathrm{T}}\boldsymbol{A}^{\mathrm{T}}$.

例 9 设

$$\boldsymbol{A}=\begin{bmatrix}4 & 3\\ -1 & 1\\ 0 & 2\end{bmatrix},\quad \boldsymbol{B}=\begin{bmatrix}4 & -1 & 7\\ 2 & 0 & 1\end{bmatrix},$$

验证$(\boldsymbol{AB})^{\mathrm{T}}=\boldsymbol{B}^{\mathrm{T}}\boldsymbol{A}^{\mathrm{T}}$.

证明 因

$$\boldsymbol{AB}=\begin{bmatrix}4 & 3\\ -1 & 1\\ 0 & 2\end{bmatrix}\begin{bmatrix}4 & -1 & 7\\ 2 & 0 & 1\end{bmatrix}=\begin{bmatrix}22 & -4 & 31\\ -2 & 1 & 6\\ 4 & 0 & 2\end{bmatrix},$$

则

$$(\boldsymbol{AB})^{\mathrm{T}}=\begin{bmatrix}22 & -2 & 4\\ -4 & 1 & 0\\ 31 & 6 & 2\end{bmatrix};$$

又

$$\boldsymbol{B}^{\mathrm{T}}=\begin{bmatrix}4 & 2\\ -1 & 0\\ 7 & 1\end{bmatrix},\quad \boldsymbol{A}^{\mathrm{T}}=\begin{bmatrix}4 & -1 & 0\\ 3 & 1 & 2\end{bmatrix},$$

即

$$\boldsymbol{B}^{\mathrm{T}}\boldsymbol{A}^{\mathrm{T}}=\begin{bmatrix}4 & 2\\ -1 & 0\\ 7 & 1\end{bmatrix}\begin{bmatrix}4 & -1 & 0\\ 3 & 1 & 2\end{bmatrix}=\begin{bmatrix}22 & -2 & 4\\ -4 & 1 & 0\\ 31 & 6 & 2\end{bmatrix}.$$

显然$(\boldsymbol{AB})^{\mathrm{T}}=\boldsymbol{B}^{\mathrm{T}}\boldsymbol{A}^{\mathrm{T}}$.

如果 n 阶方阵 $\boldsymbol{A}$ 与它的转置矩阵相等，即 $\boldsymbol{A}=\boldsymbol{A}^{\mathrm{T}}$，则称 $\boldsymbol{A}$ 为对称矩阵.

例如 $\boldsymbol{A}=\begin{bmatrix}1 & 8 & 7\\ 8 & 0 & 2\\ 7 & 2 & -11\end{bmatrix}$ 就是对称矩阵. 显然，设方阵 $\boldsymbol{A}=(a_{ij})$，若对于一切 i，j，有

$a_{ij}=a_{ji}(i, j=1, \cdots, n)$，则 $\boldsymbol{A}$ 是对称矩阵.

习题 6.4

1. 设 $\boldsymbol{A}=\begin{bmatrix}1 & 1\\1 & -1\end{bmatrix}$，$\boldsymbol{B}=\begin{bmatrix}1 & 1\\1 & 1\end{bmatrix}$，求 $2\boldsymbol{A}^{\mathrm{T}}-3\boldsymbol{B}$，$\boldsymbol{A}^2+\boldsymbol{B}^2$，$\boldsymbol{AB}-\boldsymbol{BA}$，$\boldsymbol{A}^{\mathrm{T}}\boldsymbol{B}$，$(\boldsymbol{AB})^2$，$\boldsymbol{A}^2\boldsymbol{B}^2$.

2. 已知

$$\boldsymbol{A}=\begin{bmatrix}3 & 7 & 4\\-3 & 4 & 4\\-2 & 0 & 3\end{bmatrix},\ \boldsymbol{B}=\begin{bmatrix}3 & x_1 & x_2\\x_1 & 4 & x_3\\x_2 & x_3 & 3\end{bmatrix},\ \boldsymbol{C}=\begin{bmatrix}0 & y_1 & y_2\\-y_1 & 0 & y_3\\-y_2 & -y_3 & 0\end{bmatrix},$$

且 $\boldsymbol{A}=\boldsymbol{B}+\boldsymbol{C}$，求 $\boldsymbol{B}$ 和 $\boldsymbol{C}$ 中的未知数 x_1，x_2，x_3 和 y_1，y_2，y_3.

3. 计算下列乘积：

(1) $\begin{bmatrix}0 & 3 & 1\\1 & -2 & 3\\5 & 1 & 0\end{bmatrix}\begin{bmatrix}1\\2\\1\end{bmatrix}$；　　(2) $(1, 2, 3)\begin{bmatrix}3\\2\\1\end{bmatrix}$；

(3) $\begin{bmatrix}-2\\-1\\3\end{bmatrix}(1, -2)$；　　(4) $\begin{bmatrix}2 & 1 & 1 & 0\\1 & -1 & 3 & 2\end{bmatrix}\begin{bmatrix}1 & 2 & 1\\0 & -1 & 2\\1 & -2 & 1\\1 & 0 & -1\end{bmatrix}$.

4. 设

$$\boldsymbol{A}=\begin{bmatrix}1 & 0\\0 & -1\end{bmatrix},\quad \boldsymbol{B}=\begin{bmatrix}0 & 1\\-1 & 0\end{bmatrix},$$

(1) $\boldsymbol{AB}=\boldsymbol{BA}$ 吗？

(2) $(\boldsymbol{A}+\boldsymbol{B})^2=\boldsymbol{A}^2+2\boldsymbol{AB}+\boldsymbol{B}^2$ 吗？

(3) $(\boldsymbol{A}+\boldsymbol{B})(\boldsymbol{A}-\boldsymbol{B})=\boldsymbol{A}^2-\boldsymbol{B}^2$ 吗？

5. 计算：

(1) $\begin{bmatrix}1 & 1 & 1\\0 & 1 & 1\\0 & 0 & 1\end{bmatrix}^2$；　　(2) $\begin{bmatrix}1 & -2\\3 & 4\end{bmatrix}^3$.

6. 对于下列各组矩阵 $\boldsymbol{A}$ 和 $\boldsymbol{B}$，验证 $\boldsymbol{AB}=\boldsymbol{BA}=\boldsymbol{E}$：

(1) $\boldsymbol{A}=\begin{bmatrix}1 & 2 & -3\\0 & 1 & 2\\0 & 0 & 1\end{bmatrix}$，　　$\boldsymbol{B}=\begin{bmatrix}1 & -2 & 7\\0 & 1 & 2\\0 & 0 & 1\end{bmatrix}$；

(2) $\boldsymbol{A}=\begin{bmatrix}\cos\alpha & \sin\alpha\\-\sin\alpha & \cos\alpha\end{bmatrix}$，　　$\boldsymbol{B}=\boldsymbol{A}^{\mathrm{T}}$.

6.5 逆矩阵

6.5.1 方阵的行列式

定义 1 设有 n 阶方阵 $\boldsymbol{A}$，由 $\boldsymbol{A}$ 的元素(行列次序不变)所构成的行列式叫做 $\boldsymbol{A}$ 的行列式，记作 $|\boldsymbol{A}|$ 或者 $\det\boldsymbol{A}$.

设 $\boldsymbol{A}$，$\boldsymbol{B}$ 均为 n 阶方阵，则有如下运算规则：

① $|\boldsymbol{A}^{\mathrm{T}}|=|\boldsymbol{A}|$；

② $|\lambda\boldsymbol{A}|=\lambda^n|\boldsymbol{A}|$($\lambda$ 为常数)；

③ $|\boldsymbol{AB}|=|\boldsymbol{A}||\boldsymbol{B}|$.

例 1 8 阶方阵 $\boldsymbol{A}$ 的行列式等于 8，求 $|\boldsymbol{A}^{\mathrm{T}}|$，$|2\boldsymbol{A}|$.

解 $|\boldsymbol{A}^{\mathrm{T}}|=|\boldsymbol{A}|=8$，$|2\boldsymbol{A}|=2^8|\boldsymbol{A}|=2^8\cdot 8=2^{11}$.

6.5.2 逆矩阵

解一元一次方程 $ax=b$，当 $a\neq 0$ 时，$x=a^{-1}b$，那么，解矩阵方阵 $\boldsymbol{Ax}=\boldsymbol{b}$ 时，是否存在一个矩阵，使这个矩阵左乘以 $\boldsymbol{b}$ 等于 $\boldsymbol{x}$，这就是我们要讨论的逆矩阵问题. 逆矩阵在矩阵理论与应用中都有十分重要的作用.

定义 2 对于一个 n 阶方阵 $\boldsymbol{A}$，如果存在一个 n 阶方阵 $\boldsymbol{B}$，使得

$$\boldsymbol{AB}=\boldsymbol{BA}=\boldsymbol{E}$$

成立，那么称 $\boldsymbol{B}$ 是 $\boldsymbol{A}$ 的逆矩阵，且称 $\boldsymbol{A}$ 是可逆矩阵或者说 $\boldsymbol{A}$ 是可逆的，记为 $\boldsymbol{B}=\boldsymbol{A}^{-1}$. 显然，$\boldsymbol{A}$ 也是 $\boldsymbol{B}$ 的逆矩阵.

从定义 2 出发，可以得到如下性质：

① 可逆矩阵 $\boldsymbol{A}$ 的逆矩阵是唯一的，并且有 $(\boldsymbol{A}^{-1})^{-1}=\boldsymbol{A}$；

② 可逆矩阵 $\boldsymbol{A}$ 的转置矩阵 $\boldsymbol{A}^{\mathrm{T}}$ 也是可逆的，并且有

$$(\boldsymbol{A}^{\mathrm{T}})^{-1}=(\boldsymbol{A}^{-1})^{\mathrm{T}};$$

③ n 阶可逆矩阵 $\boldsymbol{A}$ 与 $\boldsymbol{B}$ 的乘积 $\boldsymbol{AB}$ 是可逆的，并且有

$$(\boldsymbol{AB})^{-1}=\boldsymbol{B}^{-1}\boldsymbol{A}^{-1};$$

④ 一个非零常数 k 与可逆矩 $\boldsymbol{A}$ 的乘积 $k\boldsymbol{A}$ 是可逆的，并且有

$$(k\boldsymbol{A})^{-1}=k^{-1}\boldsymbol{A}^{-1}.$$

显然，并不是所有的方阵都可逆，例如零矩阵就不可逆. 下面将讨论矩阵可逆的条件以及逆矩阵的求法.

定义 3 设 A_{ij} 是 n 阶矩阵 $\boldsymbol{A}=(a_{ij})_{n\times n}$ 的行列式 $|\boldsymbol{A}|$ 中元素 $a_{ij}(i,\ j=1,\ 2,\ \cdots,\ n)$ 的代数余子式，称矩阵

$$\boldsymbol{A}^*=\begin{bmatrix} A_{11} & A_{21} & \cdots & A_{n1} \\ A_{12} & A_{22} & \cdots & A_{n2} \\ \vdots & \vdots & & \vdots \\ A_{1n} & A_{2n} & \cdots & A_{nn} \end{bmatrix}$$

为 $\boldsymbol{A}$ 的伴随矩阵.

定理 n 阶方阵 $\boldsymbol{A}$ 可逆的充要条件是 $|\boldsymbol{A}|\neq 0$，且当 $\boldsymbol{A}$ 可逆时有

$$\boldsymbol{A}^{-1}=\frac{1}{|\boldsymbol{A}|}\boldsymbol{A}^{*},$$

其中 $\boldsymbol{A}^{*}$ 为 $\boldsymbol{A}$ 的伴随矩阵.

证明 设 A_{ij} 为 $|\boldsymbol{A}|$ 中元素 a_{ij} 的代数余子式，由行列式的性质得

$$\sum_{j=1}^{n}a_{ij}A_{kj}=\begin{cases}|\boldsymbol{A}|, & i=k,\\ 0, & i\neq k,\end{cases}$$

从而

$$\boldsymbol{A}\boldsymbol{A}^{*}=\begin{bmatrix}|\boldsymbol{A}| & 0 & \cdots & 0\\ 0 & |\boldsymbol{A}| & \cdots & 0\\ \vdots & \vdots & & \vdots\\ 0 & 0 & \cdots & |\boldsymbol{A}|\end{bmatrix}=|\boldsymbol{A}|\boldsymbol{E}.$$

同理，当 $\boldsymbol{A}\boldsymbol{A}^{*}=|\boldsymbol{A}|\boldsymbol{E}$ 时，有

$$\boldsymbol{A}\left(\frac{1}{|\boldsymbol{A}|}\boldsymbol{A}^{*}\right)=\left(\frac{1}{|\boldsymbol{A}|}\boldsymbol{A}^{*}\right)\boldsymbol{A}=\boldsymbol{E},$$

所以，$\boldsymbol{A}$ 可逆，且

$$\boldsymbol{A}^{-1}=\frac{1}{|\boldsymbol{A}|}\boldsymbol{A}^{*}.$$

反之，若 $\boldsymbol{A}$ 可逆，则有

$$\boldsymbol{A}\boldsymbol{A}^{-1}=\boldsymbol{A}^{-1}\boldsymbol{A}=\boldsymbol{E},$$

两边取行列式得

$$|\boldsymbol{A}||\boldsymbol{A}^{-1}|=1,$$

从而

$$|\boldsymbol{A}|\neq 0.$$

由定理可以得到如下三个结论：

(1) 判断方阵 $\boldsymbol{A}$ 是否可逆，只要计算 $|\boldsymbol{A}|$ 是否等于 0 即可. 若 $|\boldsymbol{A}|\neq 0$，则 $\boldsymbol{A}$ 可逆；若 $|\boldsymbol{A}|=0$，则 $\boldsymbol{A}$ 不可逆.

(2) 用伴随矩阵求逆矩阵.

(3) $|\boldsymbol{A}^{-1}|=\dfrac{1}{|\boldsymbol{A}|}$，$|\boldsymbol{A}^{*}|=\begin{cases}|\boldsymbol{A}|^{n-1}, & |\boldsymbol{A}|\neq 0,\\ 0, & |\boldsymbol{A}|=0.\end{cases}$

推论 若方阵 $\boldsymbol{A}$ 与 $\boldsymbol{B}$ 满足

$$\boldsymbol{A}\boldsymbol{B}=\boldsymbol{E}\ \text{或}\ \boldsymbol{B}\boldsymbol{A}=\boldsymbol{E},$$

则 $\boldsymbol{A}$ 与 $\boldsymbol{B}$ 是可逆矩阵且互为逆矩阵.

这个推论使得验证 $\boldsymbol{B}$ 是否为 $\boldsymbol{A}$ 的逆矩阵时，只要证明 $\boldsymbol{A}\boldsymbol{B}=\boldsymbol{E}$ 或 $\boldsymbol{B}\boldsymbol{A}=\boldsymbol{E}$ 任一成立即可.

例 2 求矩阵

$$\boldsymbol{A}=\begin{bmatrix}1 & -1 & 1\\ 2 & 1 & 1\\ 1 & 2 & 3\end{bmatrix}$$

的逆矩阵 $\boldsymbol{A}^{-1}$.

解 $|\boldsymbol{A}|=9$, $A_{11}=1$, $A_{21}=5$, $A_{31}=-2$, $A_{12}=-5$, $A_{22}=2$, $A_{13}=3$, $A_{23}=-3$, $A_{33}=3$.

则

$$\boldsymbol{A}^{-1}=\frac{1}{9}\begin{bmatrix}1 & 5 & -2\\ -5 & 2 & 1\\ 3 & -3 & 3\end{bmatrix}=\begin{bmatrix}\frac{1}{9} & \frac{5}{9} & -\frac{2}{9}\\ -\frac{5}{9} & \frac{2}{9} & \frac{1}{9}\\ \frac{1}{3} & -\frac{1}{3} & \frac{1}{3}\end{bmatrix}.$$

例 3 用矩阵的方法解线性方程组

$$\begin{cases}-2x_1-x_2+2x_3=1,\\ 4x_1+3x_2-3x_3=1,\\ x_1+5x_2+x_3=3.\end{cases}$$

解 设

$$\boldsymbol{A}=\begin{bmatrix}-2 & -1 & 2\\ 4 & 3 & -3\\ 1 & 5 & 1\end{bmatrix},\quad \boldsymbol{X}=\begin{bmatrix}x_1\\ x_2\\ x_3\end{bmatrix},\quad \boldsymbol{b}=\begin{bmatrix}1\\ 1\\ 3\end{bmatrix}.$$

根据矩阵的乘法及矩阵相等的定义，原方程组可以化为 $\boldsymbol{AX}=\boldsymbol{b}$. 若 $\boldsymbol{A}^{-1}$存在，用 $\boldsymbol{A}^{-1}$左乘以 $\boldsymbol{AX}=\boldsymbol{b}$ 的两端，得

$$\boldsymbol{A}^{-1}\boldsymbol{AX}=\boldsymbol{A}^{-1}\boldsymbol{b},$$

即

$$\boldsymbol{X}=\boldsymbol{A}^{-1}\boldsymbol{b}.$$

因为

$$|\boldsymbol{A}|=\begin{vmatrix}-2 & -1 & 2\\ 4 & 3 & -3\\ 1 & 5 & 1\end{vmatrix}=5\neq 0,$$

所以 $\boldsymbol{A}^{-1}$存在. 又因为

$$A_{11}=18,\ A_{21}=11,\ A_{31}=-3,$$
$$A_{12}=-7,\ A_{22}=-4,\ A_{32}=2,$$
$$A_{13}=17,\ A_{23}=9,\ A_{33}=-2,$$

所以

$$\boldsymbol{A}^{-1}=\frac{1}{|\boldsymbol{A}|}\boldsymbol{A}^{*}=\frac{1}{5}\begin{bmatrix}18 & 11 & -3\\ -7 & -4 & 2\\ 17 & 9 & -2\end{bmatrix},$$

故方程组的解为

$$\boldsymbol{X}=\boldsymbol{A}^{-1}\boldsymbol{b}=\frac{1}{5}\begin{bmatrix}18 & 11 & -3\\ -7 & -4 & 2\\ 17 & 9 & -2\end{bmatrix}\begin{bmatrix}1\\ 1\\ 3\end{bmatrix}=\begin{bmatrix}4\\ -1\\ 4\end{bmatrix}.$$

例 4 设方阵 $\boldsymbol{A}$ 满足方程 $\boldsymbol{A}^2-\boldsymbol{A}-2\boldsymbol{E}=\boldsymbol{O}$，证明 $\boldsymbol{A}$，$\boldsymbol{A}+2\boldsymbol{E}$ 都可逆，并求它们的逆矩阵.

证明 由 $\boldsymbol{A}^2-\boldsymbol{A}-2\boldsymbol{E}=\boldsymbol{O}$，得

$$A(A-E)=2E,$$

即

$$A\left[\frac{1}{2}(A-E)\right]=E,$$

故 A 可逆，且

$$A^{-1}=\frac{1}{2}(A-E).$$

由 $A^2-A-2E=O$，可得

$$(A+2E)(A-3E)+4E=O,$$

即

$$(A+2E)\left[-\frac{1}{4}(A-3E)\right]=E,$$

故 $A+2E$ 可逆，且

$$(A+2E)^{-1}=-\frac{1}{4}(A-3E).$$

例如，6 阶方阵 A，$|A|=2$，则

$$|A^*|=2^5=32,\ |A^{-1}|=\frac{1}{2}.$$

习题 6.5

1．求下列矩阵的逆矩阵：

(1) $A=\begin{bmatrix}\cos\theta & -\sin\theta\\ \sin\theta & \cos\theta\end{bmatrix}$;　(2) $A=\begin{bmatrix}2 & 1 & -1\\ 2 & 1 & 0\\ 1 & -1 & 1\end{bmatrix}$;

(3) $A=\begin{bmatrix}2 & 2 & 3\\ 1 & -1 & 0\\ -1 & 2 & 1\end{bmatrix}$.

2．(1) A，B 都是 n 阶方阵，若 AB 可逆，则 A，B 都可逆；

(2) 若 A 满足矩阵方程 $A^2-A+E=O$，证明 A 与 $E-A$ 都可逆，并求其逆矩阵.

3．解矩阵方程：

(1) $\begin{bmatrix}2 & 5\\ 1 & 3\end{bmatrix}X=\begin{bmatrix}4 & -6\\ 2 & 1\end{bmatrix}$;

(2) $X\begin{bmatrix}2 & 1 & -1\\ 2 & 1 & 0\\ 1 & -1 & 1\end{bmatrix}=\begin{bmatrix}1 & -1 & 3\\ 4 & 3 & 2\end{bmatrix}$;

(3) $\begin{bmatrix}2 & 1\\ 3 & 2\end{bmatrix}X\begin{bmatrix}-3 & 2\\ 5 & -3\end{bmatrix}=\begin{bmatrix}-2 & 4\\ 3 & -1\end{bmatrix}$.

4．利用逆矩阵解线性方程组：

(1) $\begin{cases} x_1+2x_2+3x_3=1, \\ 2x_1+2x_2+5x_3=2, \\ 3x_1+5x_2+\ x_3=3; \end{cases}$ (2) $\begin{cases} x_1+\ x_2+3x_3=1, \\ 2x_1+\ x_2+3x_3=0, \\ x_1+3x_2+3x_3=2. \end{cases}$

5. 设

$$\boldsymbol{A}=\begin{bmatrix} 1 & 1 & 1 \\ 2 & -1 & 1 \\ 1 & 2 & 0 \end{bmatrix}, \quad \boldsymbol{B}=\begin{bmatrix} 1 & 0 & 0 \\ 2 & -1 & 0 \\ 1 & 2 & 1 \end{bmatrix},$$

求 $|\boldsymbol{AB}^{\mathrm{T}}|$, $|2\boldsymbol{A}|$.

6.6 矩阵的秩与初等变换

6.6.1 矩阵的秩

矩阵的“秩”是矩阵理论中具有重要意义的概念，它与线性方程组的结构有着密切关系. 为了建立“秩”的概念，首先给出矩阵的子式的概念.

定义 1 在矩阵 $\boldsymbol{A}$ 中，位于任意选定的 k 行，k 列交点处的 k^2 个元素，按原来次序组成的 k 阶矩阵的行列式，称为 $\boldsymbol{A}$ 的一个 k 阶子式. 如果子式的值不为零，就称之为非零子式.

例如

$$\boldsymbol{A}=\begin{bmatrix} 1 & 2 & 3 & 4 & 5 \\ 0 & 1 & 2 & 3 & 4 \\ 0 & 0 & 1 & 2 & 3 \\ 0 & 0 & 0 & 1 & 2 \end{bmatrix},$$

在第 1, 3 行与第 2, 5 列交点处的 4 个元素按原来的次序组成的行列式 $\begin{vmatrix} 2 & 5 \\ 0 & 3 \end{vmatrix}=6$，称为 $\boldsymbol{A}$ 的一个二阶子式，它是一个非零子式. 第 1, 2, 3 行和第 2, 3, 4 列相交处的元素构成一个三阶子式 $\begin{vmatrix} 2 & 3 & 4 \\ 1 & 2 & 3 \\ 0 & 1 & 2 \end{vmatrix}=0$.

定义 2 一个矩阵 $\boldsymbol{A}$ 若至少有一个不为零的 k 阶子式，而所有高于 k 阶的子式都为零，则称矩阵 $\boldsymbol{A}$ 的秩为 k，记为 $R(\boldsymbol{A})=k$. 若 $\boldsymbol{A}$ 的所有子式均为 0，则称 $\boldsymbol{A}$ 的秩为零，即 $R(\boldsymbol{A})=0$.

对于 n 阶方阵 $\boldsymbol{A}$，若 $R(\boldsymbol{A})<n$，则称 $\boldsymbol{A}$ 为降秩方阵；若 $R(\boldsymbol{A})=n$，则称 $\boldsymbol{A}$ 为满秩方阵. 显然可逆方阵是满秩方阵. 由秩的定义可得：$R(\boldsymbol{A})\leqslant\min(m, n)$，其中 m 为 $\boldsymbol{A}$ 的行数，n 为 $\boldsymbol{A}$ 的列数.

显然，一个矩阵的秩是唯一确定的.

例 1 求矩阵

$$A=\begin{bmatrix}1 & 3 & 0 & 5 & 4\\0 & -1 & 0 & 7 & 3\\7 & 0 & 5 & 3 & 5\\2 & 6 & 0 & 10 & 8\end{bmatrix}$$

的秩.

解　矩阵 $\boldsymbol{A}$ 中第1行与第4行对应元素成比例，因而任何4阶子式都为零，但有一个3阶子式

$$\begin{vmatrix}1 & 3 & 0\\0 & -1 & 0\\7 & 0 & 5\end{vmatrix}=-5\neq 0,$$

于是 $R(\boldsymbol{A})=3$.

例2　求矩阵

$$B=\begin{bmatrix}2 & 2 & 1\\-3 & 12 & 3\\8 & -2 & 1\\2 & 12 & 4\end{bmatrix}$$

的秩.

解　$\boldsymbol{B}$ 有一个二阶子式 $\begin{vmatrix}2 & 2\\-3 & 12\end{vmatrix}\neq 0$，而 $\boldsymbol{B}$ 的所有三阶子式

$$\begin{vmatrix}2 & 2 & 1\\-3 & 12 & 3\\8 & -2 & 1\end{vmatrix}=0,\quad \begin{vmatrix}2 & 2 & 1\\-3 & 12 & 3\\2 & 12 & 4\end{vmatrix}=0,$$

$$\begin{vmatrix}-3 & 12 & 3\\8 & -2 & 1\\2 & 12 & 4\end{vmatrix}=0,\quad \begin{vmatrix}2 & 2 & 1\\8 & -2 & 1\\2 & 12 & 4\end{vmatrix}=0,$$

所以 $R(\boldsymbol{B})=2$.

按定义来计算一个矩阵的秩，需要计算很多个行列式，显然很麻烦．但是有一种矩阵，一眼就能看出它的秩是多少，这就是阶梯形矩阵．

定义3　满足下列条件的矩阵矩阵称为阶梯矩阵：

① 一个矩阵的每个非零行的第一个非零元素的列标随着行标的递增而严格增大；

② 元素全为零的行位于矩阵的最下面或者没有零行．

例如

$$A=\begin{bmatrix}1 & 2 & 5 & -3 & 4\\0 & 0 & 4 & 1 & 2\\0 & 0 & 0 & 6 & 7\\0 & 0 & 0 & 0 & 0\end{bmatrix},\quad B=\begin{bmatrix}1 & 5 & 0 & 0 & -2\\0 & 0 & 1 & 0 & 2\\0 & 0 & 0 & 1 & -7\\0 & 0 & 0 & 0 & 3\end{bmatrix},$$

容易看出 $R(\boldsymbol{A})=3$，也就是 $\boldsymbol{A}$ 的不全为零的行数，因为它有不全为零的阶梯状的三行，所以一定有一个上三角三阶子式不全为零，而大于三阶的子式一定都是零．同理，由 $R(\boldsymbol{B})=4$ 得出结论：阶梯阵的秩等于不全为零的行数．

那么，是否存在一种简单的方法能将一般的矩阵化为阶梯阵而不改变矩阵的秩？若有，这将解决矩阵求秩难的问题. 下面介绍这种方法.

6.6.2 矩阵的初等变换

在利用消元法解线性方程组时，经常反复使用这样的三种方法：

① 互换两个方程的位置；

② 用一个非零的数乘某一方程；

③ 用一个数乘某一方程后，加到另一方程上去.

现在称①为互换变换，②为倍法变换，③为消去变换，这三种变化叫做线性方程组的初等交换. 显然，线性方程组经过初等变换后其解不变.

下面把初等变换的概念引入矩阵.

定义 4 矩阵的初等行(列)变换是指对矩阵进行以下三种变换.

① 互换变换：矩阵的两行(列)互换位置. 用 r_{ij} 表示交换第 i 行和第 j 行；用 c_{ij} 表示交换第 i，j 两列；

② 倍法变换：用一个不等于零的数乘矩阵某一行(列)的所有元素. 用 $k\mathrm{r}_i$ 表示用 k 乘第 i 行；用 $k\mathrm{c}_i$ 表示用 k 乘第 j 列；

③ 消去变换：把矩阵某一行(列)所有元素的 k 倍加到另一行(列)的对应元素上去. 用 $\mathrm{r}_j+k\mathrm{r}_i$ 表示 k 乘第 i 行加到第 j 行上去；用 $\mathrm{c}_j+k\mathrm{c}_i$ 表示 k 乘第 i 列加到第 j 列上去.

以上三种变换统称为初等变换.

定义 5 矩阵 $\boldsymbol{A}$ 经过有限次的初等变换变成 $\boldsymbol{B}$，称矩阵 $\boldsymbol{A}$ 与 $\boldsymbol{B}$ 等价，记作 $\boldsymbol{A}\sim\boldsymbol{B}$.

由定义 7 可知有如下的定理：

定理 若 $\boldsymbol{A}\sim\boldsymbol{B}$，则 $R(\boldsymbol{A})=R(\boldsymbol{B})$，即等价矩阵的秩相同.

由定理 5 可知：矩阵初等变换不变秩. 因此，可以用初等变换把矩阵变为阶梯形矩阵，其非零行的个数即是矩阵的秩.

例 3 设矩阵

$$\boldsymbol{A}=\begin{bmatrix}1&2&1&0\\2&1&5&-3\\-1&1&-4&3\\3&0&9&-6\end{bmatrix},$$

求 $\boldsymbol{A}$ 的秩.

解

$$\boldsymbol{A}=\begin{bmatrix}1&2&1&0\\2&1&5&-3\\-1&1&-4&3\\3&0&9&-6\end{bmatrix}\xrightarrow[\substack{\mathrm{r}_3+\mathrm{r}_1\\ \mathrm{r}_4-3\mathrm{r}_1}]{\mathrm{r}_2-2\mathrm{r}_1}\begin{bmatrix}1&2&1&0\\0&-3&3&-3\\0&3&-3&3\\0&-6&6&-6\end{bmatrix},$$

故 $R(\boldsymbol{A})=2$，即 $\boldsymbol{A}$ 的秩为 2.

任一个 $m\times n$ 矩阵 $\boldsymbol{A}$ 都可以经过一系列初等变换化为如下的最简形式 $\begin{vmatrix}\boldsymbol{E}&\boldsymbol{O}\\\boldsymbol{O}&\boldsymbol{O}\end{vmatrix}$，称为 $\boldsymbol{A}$ 的标准形. 其特点是左上角是一个 r 阶单位阵($R(\boldsymbol{A})=r$)，其他元素都是零. 特别当 $\boldsymbol{A}$

为 n 阶可逆方阵时，$\boldsymbol{A}$ 的标准形为单位阵 $\boldsymbol{E}$.

利用矩阵的初等行变换，可以求可逆矩阵 $\boldsymbol{A}$ 的逆矩阵，并且还可以判别 $\boldsymbol{A}$ 是否可逆.

设 $\boldsymbol{A}$ 可逆，作 $n\times 2n$ 矩阵 $[\boldsymbol{A}|E]$，当用 $\boldsymbol{A}^{-1}$ 左乘 $[\boldsymbol{A}|\boldsymbol{E}]$ 得

$$\boldsymbol{A}^{-1}[\boldsymbol{A}|\boldsymbol{E}]=[\boldsymbol{A}^{-1}\boldsymbol{A}|\boldsymbol{A}^{-1}\boldsymbol{E}]=[\boldsymbol{E}|\boldsymbol{A}^{-1}],$$

根据矩阵理论，这相当于对矩阵 $[\boldsymbol{A}|\boldsymbol{E}]$ 作初等行变换. 当 $n\times 2n$ 矩阵 $[\boldsymbol{A}|\boldsymbol{E}]$ 的左半部分化为单位方阵 $\boldsymbol{E}$ 时，右半部分就得到了 $\boldsymbol{A}^{-1}$. 而当左半部分某一行或几行变为全是零时，说明矩阵 $\boldsymbol{A}$ 不可逆，即 $\boldsymbol{A}^{-1}$ 不存在.

例4　设矩阵

$$\boldsymbol{A}=\begin{bmatrix}1&2&3\\2&2&1\\3&4&3\end{bmatrix},$$

求 $\boldsymbol{A}^{-1}$.

解

$$[\boldsymbol{A}|\boldsymbol{E}]=\left[\begin{array}{ccc|ccc}1&2&3&1&0&0\\2&2&1&0&1&0\\3&4&3&0&0&1\end{array}\right]\to\left[\begin{array}{ccc|ccc}1&2&3&1&0&0\\0&-2&5&-2&1&0\\0&-2&-6&-3&0&1\end{array}\right]$$

$$\to\cdots\to\left[\begin{array}{ccc|ccc}1&0&0&1&3&-2\\0&1&0&-\frac{3}{2}&-3&\frac{5}{2}\\0&0&1&1&1&-1\end{array}\right],$$

$$\boldsymbol{A}^{-1}=\begin{bmatrix}1&3&-2\\-\frac{3}{2}&-3&\frac{5}{2}\\1&1&-1\end{bmatrix}.$$

方阵 $\boldsymbol{A}$ 可逆的充分必要条件为 $\boldsymbol{A}$ 是非奇异的，即 $|\boldsymbol{A}|\neq 0$. 若 $|\boldsymbol{A}|=0$，方阵 $\boldsymbol{A}$ 是不可逆的.

对于矩阵方程 $\boldsymbol{AX}=\boldsymbol{B}$，根据前面所掌握的知识，只需求出 $\boldsymbol{A}^{-1}$，并且再左乘方程两边，可得 $\boldsymbol{X}=\boldsymbol{A}^{-1}\boldsymbol{B}$. 但是当方阵的阶数较大时，那么计算可能是很困难的，若能用如下形式的初等变换求解，会比较方便的. 为了求出 $\boldsymbol{A}^{-1}\boldsymbol{B}$，对 $[\boldsymbol{A}|\boldsymbol{B}]$ 进行初等变换，当 $\boldsymbol{A}$ 化为单位矩阵 $\boldsymbol{E}$ 时，$\boldsymbol{B}$ 便化为 $\boldsymbol{D}$，可以证明 $\boldsymbol{D}$ 就是要求的 $\boldsymbol{A}^{-1}\boldsymbol{B}$.

例5　解矩阵方程 $\boldsymbol{AX}=\boldsymbol{B}$，其中

$$\boldsymbol{A}=\begin{bmatrix}1&0&1\\2&1&0\\-3&2&-5\end{bmatrix},\quad \boldsymbol{B}=\begin{bmatrix}1&0&-1\\-2&1&0\\1&0&3\end{bmatrix}.$$

解　$\boldsymbol{X}=\boldsymbol{A}^{-1}\boldsymbol{B}$.

$$\left[\begin{array}{ccc|ccc}1&0&1&1&0&-1\\2&1&0&-2&1&0\\-3&2&-5&1&0&3\end{array}\right]\to\left[\begin{array}{ccc|ccc}1&0&1&1&0&-1\\0&1&-2&-4&1&2\\0&2&-2&4&0&0\end{array}\right]$$

$$\to\left[\begin{array}{ccc|ccc}1&0&1&1&0&-1\\0&1&-2&-4&1&2\\0&0&2&12&-2&-4\end{array}\right]\to\left[\begin{array}{ccc|ccc}1&0&1&1&0&-1\\0&1&-2&-4&1&2\\0&0&1&6&-1&-2\end{array}\right]$$

$$\to\left[\begin{array}{ccc|ccc}1&0&0&-5&1&1\\0&1&0&8&-1&-2\\0&0&1&6&-1&2\end{array}\right],$$

即 $$\boldsymbol{X}=\boldsymbol{A}^{-1}\boldsymbol{B}=\begin{bmatrix}-5&1&1\\8&-1&-2\\6&-1&2\end{bmatrix}\begin{bmatrix}1&0&-1\\-2&1&0\\1&0&3\end{bmatrix}=\begin{bmatrix}-5&1&8\\8&-1&-14\\10&-1&0\end{bmatrix}.$$

习题 6.6

1. 求下列矩阵的秩：

(1) $\boldsymbol{A}=\begin{bmatrix}3&1&0&2\\1&-1&2&-1\\1&3&-4&4\end{bmatrix}$；　(2) $\boldsymbol{A}=\begin{bmatrix}1&1&2&2&1\\0&2&1&5&-1\\2&0&3&-1&3\\1&1&0&4&-1\end{bmatrix}$；

(3) $\boldsymbol{A}=\begin{bmatrix}3&2&-1&2&0&1\\4&1&0&-3&0&2\\2&-1&-2&1&1&-3\\3&1&3&-9&-1&6\\3&-1&5&7&2&-7\end{bmatrix}$.

2. 试利用矩阵的初等变换，求下列方阵的逆矩阵：

(1) $\begin{bmatrix}1&2&3\\2&3&1\\1&1&1\end{bmatrix}$；　(2) $\begin{bmatrix}3&-2&0&-1\\0&2&2&1\\1&-2&-3&-2\\0&1&2&1\end{bmatrix}$；　(3) $\begin{bmatrix}1&2&-1\\3&-1&0\\2&-3&1\end{bmatrix}$.

3. 解矩阵方程 $\boldsymbol{AX}=\boldsymbol{B}$，其中

$$\boldsymbol{A}=\begin{bmatrix}3&0&8\\3&-1&6\\-2&0&-5\end{bmatrix},\quad \boldsymbol{B}=\begin{bmatrix}1&-1&2\\-1&3&4\\-2&0&5\end{bmatrix}.$$

第 7 章　线性方程组

在第 6 章中，讨论了用克莱姆法则解 n 个 n 元方程的线性方程组. 并从中发现了克莱姆法则使用中的不足之处，如除了要求方程的个数与未知量的个数相等外，一般还要求方程的系数行列式不等于 0. 当系数行列式等于 0 时，尽管指出线性方程组无解，也可能有无穷多个解，但终究不能再继续求解. 另外，当方程组的个数 n 很大时，计算行列式的运算量很大，使得克莱姆法则也不便于应用，因此，需要进一步学习求解一般线性方程组的方法——矩阵求解法.

本节主要讨论以下问题：

① 具备什么条件，线性方程组有解？

② 如果方程组有解，它究竟有多少个解？怎样求解？

③ 线性方程组解的结构.

7.1　高斯消元法

先看一个例子，并据此说明如何用消元法来解系数行列式不等于 0 的线性方程组.

例 1　解线性方程组

$$\begin{cases} x_1+2x_2+3x_3=-7, \\ 2x_1-x_2+2x_3=-8, \\ x_1+3x_2=7. \end{cases}$$

解　方程组的消元过程与方程组对应的增广矩阵的变换过程，见表 7-1，表 7-1 中方程组的消元过程所用的标记方法与矩阵初等变换的标记方法相同.

由此得方程组的解为 $x_1=1$，$x_2=2$，$x_3=-4$.

由表 7-1 可以看出，方程组的消元顺序与增广矩阵的变换顺序完全相同.

一般地，对一个由 n 个 n 元方程所组成的方程组，当它的系数行列式不等于 0 时，只要对方程组的增广矩阵施以适当的初等行变换，使它成为以下形式：

$$\begin{bmatrix} 1 & 0 & \cdots & 0 & c_1 \\ 0 & 1 & \cdots & 0 & c_2 \\ \vdots & \vdots & & \vdots & \vdots \\ 0 & 0 & & 1 & c_n \end{bmatrix},$$

那么矩阵的最后一列元素就是方程组的解，即

$$x_1=c_1,\ x_2=c_2,\ \cdots,\ x_n=c_n.$$

这种消元法称为高斯(Gauss)消元法.

表 7-1 方程组的消元过程与增广矩阵的变换过程对比

方程组的消元过程	增广矩阵的变换过程
$\begin{cases} x_1+2x_2+3x_3=-7, \\ 2x_1-x_2+2x_3=-8, \\ x_1+3x_2=7; \end{cases}$	$\begin{bmatrix} 1 & 2 & 3 & -7 \\ 2 & -1 & 2 & -8 \\ 1 & 3 & 0 & 7 \end{bmatrix} \to$
$\begin{cases} x_1+2x_2+3x_3=-7, \\ -5x_2-4x_3=6, \\ x_2-3x_3=14; \end{cases}$	$\begin{bmatrix} 1 & 2 & 3 & -7 \\ 0 & -5 & -4 & 6 \\ 0 & 1 & -3 & 14 \end{bmatrix} \to$
$\begin{cases} x_1+2x_2+3x_3=-7, \\ x_2-3x_3=14, \\ -5x_2-4x_3=6; \end{cases}$	$\begin{bmatrix} 1 & 2 & 3 & -7 \\ 0 & 1 & -3 & 14 \\ 0 & 5 & -4 & 6 \end{bmatrix} \to$
$\begin{cases} x_1+2x_2+3x_3=-7, \\ x_2-3x_3=14, \\ -19x_3=76; \end{cases}$	$\begin{bmatrix} 1 & 2 & 3 & -7 \\ 0 & 1 & -3 & 14 \\ 0 & 0 & -19 & 76 \end{bmatrix} \to$
$\begin{cases} x_1+2x_2+3x_3=-7, \\ x_2-3x_3=14, \\ x_3=-4; \end{cases}$	$\begin{bmatrix} 1 & 2 & 3 & -7 \\ 0 & 1 & -3 & 14 \\ 0 & 0 & 1 & -4 \end{bmatrix} \to$
$\begin{cases} x_1+2x_2=5, \\ x_2=2, \\ x_3=-4; \end{cases}$	$\begin{bmatrix} 1 & 2 & 0 & 5 \\ 0 & 1 & 0 & 2 \\ 0 & 0 & 1 & -4 \end{bmatrix} \to$
$\begin{cases} x_1=1, \\ x_2=2, \\ x_3=-4. \end{cases}$	$\begin{bmatrix} 1 & 0 & 0 & 1 \\ 0 & 1 & 0 & 2 \\ 0 & 0 & 1 & -4 \end{bmatrix}$

例 2 用高斯消元法解线性方程组

$$\begin{cases} 3x_1+2x_2+x_3=39, \\ 2x_1+3x_2+x_3=34, \\ x_1+2x_2+3x_3=26. \end{cases}$$

解

$$\widetilde{A}=\left[\begin{array}{ccc:c} 3 & 2 & 1 & 39 \\ 2 & 3 & 1 & 34 \\ 1 & 2 & 3 & 26 \end{array}\right] \to \left[\begin{array}{ccc:c} 1 & 2 & 3 & 26 \\ 2 & 3 & 1 & 34 \\ 3 & 2 & 1 & 39 \end{array}\right] \to$$

$$\left[\begin{array}{ccc:c} 1 & 2 & 3 & 26 \\ 0 & -1 & -5 & -18 \\ 0 & -4 & -8 & -39 \end{array}\right] \to \left[\begin{array}{ccc:c} 1 & 0 & -7 & -10 \\ 0 & -1 & -5 & -18 \\ 0 & 0 & 12 & 33 \end{array}\right]$$

$$\to \left[\begin{array}{ccc:c} 1 & 0 & -7 & -10 \\ 0 & 1 & 5 & 18 \\ 0 & 0 & 1 & \frac{11}{4} \end{array}\right] \to \left[\begin{array}{ccc:c} 1 & 0 & 0 & \frac{37}{4} \\ 0 & 1 & 0 & \frac{17}{4} \\ 0 & 0 & 1 & \frac{11}{4} \end{array}\right],$$

所以

$$x_1=\frac{37}{4},\ x_2=\frac{17}{4},\ x_3=\frac{11}{4}.$$

习题 7.1

解方程组:

1. $\begin{cases} 4x_1+2x_2-\ \ x_3=2, \\ 3x_1-\ \ x_2+2x_3=10, \\ 11x_1+x_2\qquad\quad =8. \end{cases}$

2. $\begin{cases} 2x_1+\ \ x_2-\ \ x_3+\ \ x_4=1, \\ 3x_1-2x_2+\ \ x_3-3x_4=4, \\ \ \ x_1+4x_2-3x_3+5x_4=-2. \end{cases}$

7.2　线性方程组的相容性

线性方程组的一般形式为

$$\left.\begin{array}{l} a_{11}x_1+a_{12}x_2+\cdots+a_{1n}x_n=b_1, \\ a_{21}x_1+a_{22}x_2+\cdots+a_{2n}x_n=b_2, \\ \qquad\cdots\cdots\cdots\cdots\cdots \\ a_{m1}x_1+a_{m2}x_2+\cdots+a_{mn}x_n=b_m, \end{array}\right\} \tag{7-1}$$

它的矩阵形式为 $\boldsymbol{AX}=\boldsymbol{B}$.

定义　若一个线性方程组有解，则称它是相容的；若无解，则称它不相容.

若线性方程组(7-1)的系数矩阵 $\boldsymbol{A}$ 和增广矩阵 $\widetilde{\boldsymbol{A}}=[\boldsymbol{A}\,|\,\boldsymbol{B}]$ 的秩相等，均为 r，其中 $r\leqslant\min(m,n)$，不妨设 $\boldsymbol{A}$ 的左上角有一个 r 阶子式不为零，则可通过初等行变换将 $\widetilde{\boldsymbol{A}}$ 为如下的行最简形

$$\widetilde{\boldsymbol{A}}=[\boldsymbol{A}\,|\,\boldsymbol{B}]=\left[\begin{array}{cccc:c} a_{11} & a_{12} & \cdots & a_{1n} & b_1 \\ a_{21} & a_{22} & \cdots & a_{2n} & b_2 \\ \vdots & \vdots & & \vdots & \vdots \\ a_{m1} & a_{m2} & \cdots & a_{mn} & b_m \end{array}\right]$$

$$\left[\begin{array}{cccccccc:c} 1 & 0 & \cdots & 0 & d_{1,r+1} & d_{1,r+2} & \cdots & d_{1n} & c_1 \\ 0 & 1 & \cdots & 0 & d_{2,r+1} & d_{2,r+2} & \cdots & d_{2n} & c_2 \\ \vdots & \vdots & & \vdots & \vdots & \vdots & & \vdots & \vdots \\ 0 & 0 & \cdots & 1 & d_{r,r+1} & d_{r,r+2} & \cdots & d_{rn} & c_r \\ \vdots & \vdots & & \vdots & \vdots & \vdots & & \vdots & \vdots \\ 0 & 0 & \cdots & 0 & 0 & 0 & \cdots & 0 & 0 \end{array}\right]$$

即原方程组(7-1)化成

$$\begin{cases} x_1+d_{1,r+1}x_{r+1}+d_{1,r+2}x_{r+2}+\cdots+d_{1n}x_n=c_1, \\ x_2+d_{2,r+1}x_{r+1}+d_{2,r+2}x_{r+2}+\cdots+d_{2n}x_n=c_2, \\ \qquad\cdots\cdots\cdots\cdots\cdots \\ x_r+d_{r,r+1}x_{r+1}+d_{r,r+2}x_{r+2}\cdots+d_{rn}x_n=c_r. \end{cases}$$

不难得到方程组(7-1)的解为

$$\begin{cases} x_1 = c_1 - d_{1,r+1}k_1 - d_{1,r+2}k_2 - \cdots - d_{1n}k_{n-r}, \\ x_2 = c_2 - d_{2,r+1}k_1 + d_{2,r+2}k_2 - \cdots - d_{2n}k_{n-r}, \\ \cdots\cdots\cdots\cdots \\ x_r = c_r - d_{r,r+1}k_1 - d_{r,r+2}k_2 - \cdots - d_{rn}k_{n-r}, \\ x_{r+1} = k_1, \\ x_{r+2} = k_2, \\ \cdots\cdots\cdots\cdots \\ x_n = k_{n-r}, \end{cases}$$

其中，k_1，k_2，…，k_{n-r}为$n-r$个任意常数. 对于 x_{r+1}，x_{r+2}，…，x_n 任意取定的一组值，都可求得线性方程组(7-1)的相应的一组解，又因为 x_{r+1}，…，x_n 的值可以任取，所以这个方程组有无穷多组解.

当 $r=n$ 时，行最简形为

$$\begin{bmatrix} 1 & 0 & \cdots & 0 & c_1 \\ 0 & 1 & \cdots & 0 & c_2 \\ \vdots & \vdots & & \vdots & \vdots \\ 0 & 0 & \cdots & 1 & c_n \end{bmatrix},$$

则方程组(7-1)的解为 $x_1=c_1$，$x_2=c_2$，…，$x_n=c_n$. 即方程组有唯一确定的一组解：$x_i=c_i$ $(i=1,2,\cdots,n)$.

若 $\mathbf{A}$ 与 $\widetilde{\mathbf{A}}$ 的秩不相等，$R(\mathbf{A})=r$，即 $R(\widetilde{\mathbf{A}})=r+1$，则 $\widetilde{\mathbf{A}}$ 化为如下的阶梯形

$$\begin{bmatrix} 1 & 0 & \cdots & 0 & d_{1,r+1} & d_{1,r+2} & \cdots & d_{1n} & c_1 \\ 0 & 1 & \cdots & 0 & d_{2,r+1} & d_{2,r+2} & \cdots & d_{2n} & c_2 \\ \vdots & \vdots & & \vdots & \vdots & \vdots & & \vdots & \vdots \\ 0 & 0 & \cdots & 1 & d_{r,r+1} & d_{r,r+2} & \cdots & d_{rn} & c_r \\ 0 & 0 & \cdots & 0 & 0 & 0 & \cdots & 0 & 1 \\ \vdots & \vdots & & \vdots & \vdots & \vdots & & \vdots & \vdots \\ 0 & 0 & \cdots & 0 & 0 & 0 & \cdots & 0 & 0 \end{bmatrix}.$$

原方程组(7-1)化成的新方程组(与方程组(7-1)同解)的第 $r+1$ 个方程为 $0=1$，显然是矛盾的，说明此时方程组(7-1)无解. 这样，已证得如下的线性方程组相容性的判别定理.

定理 1 线性方程组(7-1)有解，则当 $R(\mathbf{A})<n$ 时，方程组有无穷多组解；当 $R(\mathbf{A})=n$ 时，方程组的解是唯一的.

例 1 判别下列方程组是否相容？若相容，试判断有唯一解，还是有无穷多个解？

(1) $\begin{cases} x_1 + x_2 + x_3 = 1, \\ 3x_1 + 5x_2 + 2x_3 = 4, \\ 9x_1 + 25x_2 + 4x_3 = 16, \\ 27x_1 + 125x_2 + 8x_3 = 64; \end{cases}$ (2) $\begin{cases} 2x_1 - x_2 + x_3 - 2x_4 = 1, \\ -x_1 + x_2 + 2x_3 + x_4 = 0, \\ x_1 - x_2 - 2x_3 + 2x_4 = -\dfrac{1}{2}. \end{cases}$

解

(1) 由于 $R(\mathbf{A})=3$，$R(\widetilde{\mathbf{A}})=4$，所以 $R(\mathbf{A})\neq R(\widetilde{\mathbf{A}})$，因而方程组不相容或无解；

$$(2)\ \widetilde{A}=\left[\begin{array}{cccc:c}2&-1&1&-2&1\\-1&1&2&1&0\\1&-1&-2&2&-\frac{1}{2}\end{array}\right]\xrightarrow{r_1+r_2}\left[\begin{array}{cccc:c}1&0&3&-1&1\\-1&1&2&1&0\\1&-1&-2&2&-\frac{1}{2}\end{array}\right]$$

$$\xrightarrow{r_3+r_2}\left[\begin{array}{cccc:c}1&0&3&-1&1\\-1&1&2&1&0\\0&0&0&3&-\frac{1}{2}\end{array}\right]\xrightarrow[r_3\div 3]{r_2+r_1}\left[\begin{array}{cccc:c}1&0&3&-1&1\\0&1&5&0&1\\0&0&0&1&-\frac{1}{6}\end{array}\right]$$

由于 $R(\boldsymbol{A})=R(\widetilde{\boldsymbol{A}})=3<4$，所以方程组有无穷多个解.

对于齐次线性方程组

$$\left.\begin{array}{l}a_{11}x_1+a_{12}x_2+\cdots+a_{1n}x_n=0,\\a_{21}x_1+a_{22}x_2+\cdots+a_{2n}x_n=0,\\\cdots\cdots\cdots\cdots\cdots\\a_{m1}x_1+a_{m2}x_2+\cdots+a_{mn}x_n=0,\end{array}\right\}\tag{7-2}$$

因为 $R(\boldsymbol{A})$与 $R(\widetilde{\boldsymbol{A}})$始终相等，所以齐次方程组(7-2)总是相容的，并且有下述定理：

定理 2　对于齐次线性方程组(7-2)，若其系数矩阵的秩为 $R(\boldsymbol{A})$，则当

① $R(\boldsymbol{A})=r=n$ 时，方程组(7-2)只有零解；

② $R(\boldsymbol{A})=r<n$ 时，方程组(7-2)有无穷多个非零解.

由克莱姆法则对于齐次线性方程组(7-2)，当 $m=n$ 时，它有非零解的充要条件是系数行列式等于零，即$|\boldsymbol{A}|=0$.

例 2　求方程组$\begin{cases}x_1-x_2+5x_3-x_4=0,\\x_1+x_2-2x_3+3x_4=0,\\3x_1-x_2+8x_3+x_4=0,\\x_1+3x_2-9x_3+7x_4=0\end{cases}$的解.

解　$$\boldsymbol{A}=\begin{bmatrix}1&-1&5&-1\\1&1&-2&3\\3&-1&8&1\\1&3&-9&7\end{bmatrix}\to\begin{bmatrix}1&-1&5&-1\\0&2&-7&4\\0&2&-7&4\\0&4&-14&8\end{bmatrix}\to\begin{bmatrix}1&-1&5&-1\\0&2&-7&4\\0&0&0&0\\0&0&0&0\end{bmatrix}\to$$

$$\begin{bmatrix}1&-1&5&-1\\0&1&-\frac{7}{2}&2\\0&0&0&0\\0&0&0&0\end{bmatrix}\to\begin{bmatrix}1&0&\frac{3}{2}&1\\0&1&-\frac{7}{2}&2\\0&0&0&0\\0&0&0&0\end{bmatrix},$$

因 $R(\boldsymbol{A})=2<4$，则该方程组有非零解.

相应的同解方程组为$\begin{cases}x_1+\frac{3}{2}x_3+x_4=0,\\x_2-\frac{7}{2}x_3+2x_4=0,\end{cases}$即$\begin{cases}x_1=-\frac{3}{2}x_3-x_4,\\x_2=\frac{7}{2}x_3-2x_4,\end{cases}$取 x_3，x_4 为自由变量.

令 $x_3=c_1$，$x_4=c_2$，则齐次线性方程组的解为

$$\begin{cases} x_1 = -\dfrac{3}{2}c_1 - c_2, \\ x_2 = -\dfrac{7}{2}c_1 - 2c_2, \\ x_3 = c_1, \\ x_4 = c_2, \end{cases}$$

其中 c_1, c_2 为任意常数.

这样形式的解叫做齐次线性方程组的通解.

习题 7.2

1. 判断下列方程组的相容性:

(1) $\begin{bmatrix} 2 & 1 & 1 \\ 1 & 3 & 1 \\ 1 & 1 & 5 \\ 2 & 3 & -3 \end{bmatrix}\begin{bmatrix} x_1 \\ x_2 \\ x_3 \end{bmatrix} = \begin{bmatrix} 2 \\ 5 \\ -7 \\ 14 \end{bmatrix}$; (2) $\begin{cases} x_1 - x_2 + 3x_3 - x_4 = 1, \\ 2x_1 - x_2 + x_3 + 4x_4 = 2, \\ -4x_3 + 5x_4 = -2; \end{cases}$

(3) $\begin{cases} 2x_1 + x_2 - x_3 + x_4 = 1, \\ 3x_1 - 2x_2 + 2x_3 - 3x_4 = 2, \\ 5x_1 + x_2 - x_3 + 2x_4 = -1, \\ 2x_1 - x_2 + x_3 - 3x_4 = 4. \end{cases}$

2. 设方程组

$$\begin{cases} \lambda x_1 + x_2 + x_3 = 1, \\ x_1 + \lambda x_2 + x_3 = \lambda, \\ x_1 + x_2 + \lambda x_3 = \lambda^2, \end{cases}$$

问 λ 为何值时, 方程组有唯一解? 无穷多个解?

7.3 n 维向量及向量组的线性相关性

7.3.1 n 维向量的概念

在解析几何中, 我们已经熟悉了平面二维向量和空间三维向量的概念及其运算. 比如, 大家知道, 在取定的一个坐标系下, 一个三维向量可以用坐标表示成(x, y, z), 其中 x, y, z 都是实数.

在很多实际问题或理论推导中, 常常需要更多的分量才能描述. 因此, 需要将向量的概念进行推广.

定义 1 由 n 个数 a_1, a_2, $\cdots$, a_n 组成的一个有序数组称为一个 n 维向量, 记作

$$\boldsymbol{\alpha}=\begin{bmatrix}a_1\\a_2\\\vdots\\a_n\end{bmatrix},$$

其中 $a_i(i=1,2,\cdots,n)$称为 n 维向量$\boldsymbol{\alpha}$ 的第i 个分量(或坐标).

今后用希腊字母 $\boldsymbol{\alpha}$，$\boldsymbol{\beta}$，$\boldsymbol{\gamma}$，…表示向量.

比如，n 元线性方程组(7-1)的一组解 x_1，x_2，…，x_n 就可视为一个n 维向量，即

$$\boldsymbol{\beta}=(x_1,\ x_2,\ \cdots,\ x_n)^{\mathrm{T}}.$$

线性方程组(7-1)的系数矩阵 $\boldsymbol{A}$ 中第$j(j=1,2,\cdots,n)$列，因为都是由 m 个有序数组成，故都可以视为 m 维向量，即

$$\boldsymbol{\alpha}_j=(a_{1j},\ a_{2j},\ \cdots,\ a_{mj})^{\mathrm{T}}.$$

由此就使线性方程组与向量之间有一一对应的关系，从而可以用向量来研究线性方程组的问题. 与第 6 章中讲过的矩阵联系起来，把这 n 个 m 维向量称为矩阵$\boldsymbol{A}$ 的列向量. 一个 n 维列向量的转置称为 n 维行向量.

对 n 维向量而言，规定：n 维向量相等、相加、数乘与列矩阵相等、相加、数乘都对应相同.

因此，n 维向量和 $n\times 1$ 的矩阵(即列矩阵)是本质相同的两个概念，只是换了个说法，这样，便于理解 n 维向量的几何意义.

7.3.2　线性相关与线性无关

建立了 n 维向量的概念后，再从向量的角度来观察线性方程组. 例如，线性方程组

$$\begin{cases}x_1+2x_2-2x_3+3x_4=6,\\2x_1-3x_2+\ \ x_3+\ \ x_4=4,\\3x_1\qquad\quad-\ \ x_3+4x_4=10,\end{cases}$$

它的矩阵方程为

$$\begin{bmatrix}1&2&-2&3\\2&-3&1&1\\3&0&-1&4\end{bmatrix}\begin{bmatrix}x_1\\x_2\\x_3\\x_4\end{bmatrix}=\begin{bmatrix}6\\4\\10\end{bmatrix},$$

也可以把此线性方程组写成

$$x_1\begin{bmatrix}1\\2\\3\end{bmatrix}+x_2\begin{bmatrix}2\\-3\\0\end{bmatrix}+x_3\begin{bmatrix}-2\\1\\-1\end{bmatrix}+x_4\begin{bmatrix}3\\1\\4\end{bmatrix}=\begin{bmatrix}6\\4\\10\end{bmatrix}.\tag{7-3}$$

于是，线性方程组的求解问题就可看成求一组数 x_1，x_2，x_3，x_4，使得等式右端的向量

$$\begin{bmatrix}6\\4\\10\end{bmatrix}$$

和系数矩阵的列向量

$$\begin{bmatrix}1\\2\\3\end{bmatrix},\quad \begin{bmatrix}2\\-3\\0\end{bmatrix},\quad \begin{bmatrix}-2\\1\\-1\end{bmatrix},\quad \begin{bmatrix}3\\1\\4\end{bmatrix}$$

之间有式(7-3)的那种关系.

由式(7-3)知，研究一个向量和另外一些向量之间是否存在上面那种的关系是重要的.为此有如下的定义.

定义 2 对于向量 $\boldsymbol{\alpha}_1$，$\boldsymbol{\alpha}_2$，…，$\boldsymbol{\alpha}_m$，$\boldsymbol{\alpha}$，如果存在一组数 k_1，k_2，…，k_m，使得

$$\boldsymbol{\alpha}=k_1\boldsymbol{\alpha}_1+k_2\boldsymbol{\alpha}_2+\cdots+k_m\boldsymbol{\alpha}_m,$$

则称 $\boldsymbol{\alpha}$ 是 $\boldsymbol{\alpha}_1$，$\boldsymbol{\alpha}_2$，…，$\boldsymbol{\alpha}_m$ 的线性组合，或称 $\boldsymbol{\alpha}$ 由 $\boldsymbol{\alpha}_1$，$\boldsymbol{\alpha}_2$，…，$\boldsymbol{\alpha}_m$ 线性表出，且称这组数 k_1，k_2，…，k_m 为该线性组合的组合系数.

例 1 任意三维向量 $\begin{bmatrix}x\\y\\z\end{bmatrix}$ 均是向量 $\begin{bmatrix}1\\0\\0\end{bmatrix}$，$\begin{bmatrix}0\\1\\0\end{bmatrix}$ 和 $\begin{bmatrix}0\\0\\1\end{bmatrix}$ 的线性组合，因为总有

$$\begin{bmatrix}x\\y\\z\end{bmatrix}=x\begin{bmatrix}1\\0\\0\end{bmatrix}+y\begin{bmatrix}0\\1\\0\end{bmatrix}+z\begin{bmatrix}0\\0\\1\end{bmatrix}.$$

例 2 向量 $\begin{bmatrix}2\\3\end{bmatrix}$ 不是向量 $\begin{bmatrix}1\\0\end{bmatrix}$ 和 $\begin{bmatrix}-2\\0\end{bmatrix}$ 的线性组合，因为对于任意的一组数 k_1，k_2，有

$$k_1\begin{bmatrix}1\\0\end{bmatrix}+k_2\begin{bmatrix}-2\\0\end{bmatrix}=\begin{bmatrix}k_1-2k_2\\0\end{bmatrix}\neq\begin{bmatrix}2\\3\end{bmatrix}.$$

例 3 零向量是任意一组向量 $\boldsymbol{\alpha}_1$，$\boldsymbol{\alpha}_2$，…，$\boldsymbol{\alpha}_m$ 的线性组合，因为显然有

$$\mathbf{0}=0\cdot\boldsymbol{\alpha}_1+0\cdot\boldsymbol{\alpha}_2+\cdots+0\cdot\boldsymbol{\alpha}_m.$$

设

$$\boldsymbol{\beta}=\begin{bmatrix}b_1\\b_2\\b_3\\b_4\end{bmatrix},\quad \boldsymbol{\alpha}_1=\begin{bmatrix}a_{11}\\a_{21}\\a_{31}\\a_{41}\end{bmatrix},\quad \boldsymbol{\alpha}_2=\begin{bmatrix}a_{12}\\a_{22}\\a_{32}\\a_{42}\end{bmatrix},\quad \boldsymbol{\alpha}_3=\begin{bmatrix}a_{13}\\a_{23}\\a_{33}\\a_{43}\end{bmatrix},$$

如何判断向量 $\boldsymbol{\beta}$ 能否由向量 $\boldsymbol{\alpha}_1$，$\boldsymbol{\alpha}_2$，$\boldsymbol{\alpha}_3$ 线性表出？

为解决这个问题，作如下分析.

$\boldsymbol{\beta}$ 能由 $\boldsymbol{\alpha}_1$，$\boldsymbol{\alpha}_2$，$\boldsymbol{\alpha}_3$ 线性表出等价于存在一组数 k_1，k_2，k_3，使得

$$\boldsymbol{\beta}=k_1\boldsymbol{\alpha}_1+k_2\boldsymbol{\alpha}_2+k_3\boldsymbol{\alpha}_3,$$

即

$$\begin{cases}a_{11}k_1+a_{12}k_2+a_{13}k_3=b_1,\\a_{21}k_1+a_{22}k_2+a_{23}k_3=b_2,\\a_{31}k_1+a_{32}k_2+a_{33}k_3=b_3,\\a_{41}k_1+a_{42}k_2+a_{43}k_3=b_4,\end{cases}$$

又等价于线性方程组

$$\begin{cases} a_{11}x_1 + a_{12}x_2 + a_{13}x_3 = b_1, \\ a_{21}x_1 + a_{22}x_2 + a_{23}x_3 = b_2, \\ a_{31}x_1 + a_{32}x_2 + a_{33}x_3 = b_3, \\ a_{41}x_1 + a_{42}x_2 + a_{43}x_3 = b_4 \end{cases}$$

有解，且 k_1，k_2，k_3 是它的一组解.

显然，上述分析完全适用于一般情形，因此有以下定理.

定理 1　向量 $\boldsymbol{\beta}$ 可以由向量组 $\boldsymbol{\alpha}_1$，$\boldsymbol{\alpha}_2$，…，$\boldsymbol{\alpha}_s$ 线性表出的充分必要条件是：以 $\boldsymbol{\alpha}_1$，$\boldsymbol{\alpha}_2$，…，$\boldsymbol{\alpha}_s$ 为系数列向量，以 $\boldsymbol{\beta}$ 为常数项向量的线性方程组有解，并且此线性方程组的一组解就是线性组合的一组系数.

例 4　判断向量 $\boldsymbol{\beta}$ 能否由向量组 $\boldsymbol{\alpha}_1$，$\boldsymbol{\alpha}_2$，$\boldsymbol{\alpha}_3$，$\boldsymbol{\alpha}_4$ 线性表出，若能，求出一组组合系数. 其中

$$\boldsymbol{\beta} = \begin{bmatrix} 1 \\ 0 \\ 0 \\ 1 \end{bmatrix}, \boldsymbol{\alpha}_1 = \begin{bmatrix} 1 \\ 0 \\ 1 \\ 1 \end{bmatrix}, \boldsymbol{\alpha}_2 = \begin{bmatrix} 1 \\ 2 \\ 3 \\ 1 \end{bmatrix}, \boldsymbol{\alpha}_3 = \begin{bmatrix} 0 \\ 1 \\ 2 \\ 0 \end{bmatrix}, \boldsymbol{\alpha}_4 = \begin{bmatrix} 2 \\ -1 \\ 0 \\ 1 \end{bmatrix}.$$

解　考虑以 $\boldsymbol{\alpha}_1$，$\boldsymbol{\alpha}_2$，$\boldsymbol{\alpha}_3$，$\boldsymbol{\alpha}_4$ 为系数列向量，以 $\boldsymbol{\beta}$ 为常数项向量的线性方程组

$$\begin{cases} x_1 + x_2 \qquad + 2x_4 = 1, \\ \qquad 2x_2 + x_3 - x_4 = 0, \\ x_1 + 3x_2 + 2x_3 \qquad = 0, \\ x_1 + x_2 \qquad + x_4 = 1, \end{cases} \tag{7-4}$$

解此线性方程组，运用初等行变换，得

$$\begin{bmatrix} 1 & 1 & 0 & 2 & 1 \\ 0 & 2 & 1 & -1 & 0 \\ 1 & 3 & 2 & 0 & 0 \\ 1 & 1 & 0 & 1 & 1 \end{bmatrix} \xrightarrow[④+①\cdot(-1)]{③+①\cdot(-1)} \begin{bmatrix} 1 & 1 & 0 & 2 & 1 \\ 0 & 2 & 1 & -1 & 0 \\ 0 & 2 & 2 & -2 & -1 \\ 0 & 0 & 0 & -1 & 0 \end{bmatrix}$$

$$\xrightarrow[④\cdot(-1)]{③+②\cdot(-1)} \begin{bmatrix} 1 & 1 & 0 & 2 & 1 \\ 0 & 2 & 1 & -1 & 0 \\ 0 & 0 & 1 & -1 & -1 \\ 0 & 0 & 0 & 1 & 0 \end{bmatrix},$$

阶梯形矩阵所对应的方程组为

$$\begin{cases} x_1 + x_2 \qquad + 2x_4 = 1, \\ \qquad 2x_2 + x_3 - x_4 = 0, \\ \qquad\qquad x_3 - x_4 = -1, \\ \qquad\qquad\qquad x_4 = 0, \end{cases} \tag{7-5}$$

显然方程组(7-5)有解，所以 $\boldsymbol{\beta}$ 可以由 $\boldsymbol{\alpha}_1$，$\boldsymbol{\alpha}_2$，$\boldsymbol{\alpha}_3$，$\boldsymbol{\alpha}_4$ 线性表出.

由于(7-5)的一组解为

$$x_1 = \frac{1}{2}, \quad x_2 = \frac{1}{2}, \quad x_3 = -1, \quad x_4 = 0,$$

所以

$$\boldsymbol{\beta}=\frac{1}{2}\boldsymbol{\alpha}_1+\frac{1}{2}\boldsymbol{\alpha}_2-\boldsymbol{\alpha}_3.$$

例 5 试证向量组 $\boldsymbol{\alpha}_1, \boldsymbol{\alpha}_2, \cdots, \boldsymbol{\alpha}_s$ 中任一向量 $\boldsymbol{\alpha}_i(i=1, 2, \cdots, s)$ 可以由向量组线性表出.

证明 因为

$$\boldsymbol{\alpha}_i=0\boldsymbol{\alpha}_1+0\boldsymbol{\alpha}_2+\cdots+0\boldsymbol{\alpha}_{i-1}+1\boldsymbol{\alpha}_i+0\boldsymbol{\alpha}_{i+1}+\cdots+0\boldsymbol{\alpha}_s,$$

所以 $\boldsymbol{\alpha}_i(i=1, 2, \cdots, s)$ 可以由向量组 $\boldsymbol{\alpha}_1, \boldsymbol{\alpha}_2, \cdots, \boldsymbol{\alpha}_s$ 线性表出.

例 6 已知 $\boldsymbol{\alpha}$ 是 $\boldsymbol{\beta}_1, \boldsymbol{\beta}_2, \cdots, \boldsymbol{\beta}_t$ 的线性组合，且每一个 $\boldsymbol{\beta}_i(i=1, 2, \cdots, t)$ 又都是 $\boldsymbol{\gamma}_1, \boldsymbol{\gamma}_2, \cdots, \boldsymbol{\gamma}_s$ 的线性组合，证明 $\boldsymbol{\alpha}$ 也是 $\boldsymbol{\gamma}_1, \boldsymbol{\gamma}_2, \cdots, \boldsymbol{\gamma}_s$ 的线性组合.

证明 因为 $\boldsymbol{\alpha}$ 是 $\boldsymbol{\beta}_1, \boldsymbol{\beta}_2, \cdots, \boldsymbol{\beta}_t$ 的线性组合，故存在数 $k_i(i=1, 2, \cdots, t)$，使得

$$\boldsymbol{\alpha}=\sum_{i=1}^{t}k_i\boldsymbol{\beta}_i=k_1\boldsymbol{\beta}_1+k_2\boldsymbol{\beta}_2+\cdots+k_t\boldsymbol{\beta}_t,$$

又由已知条件,有

$$\boldsymbol{\beta}_i=\sum_{j=1}^{s}a_{ij}\boldsymbol{\gamma}_j=a_{i1}\boldsymbol{\gamma}_1+a_{i2}\boldsymbol{\gamma}_2+\cdots+a_{is}\boldsymbol{\gamma}_s \quad (i=1, 2, \cdots, t),$$

代入上式，得

$$\boldsymbol{\alpha}=\sum_{i=1}^{t}k_i\Big(\sum_{j=1}^{s}a_{ij}\boldsymbol{\gamma}_j\Big)=\sum_{j=1}^{s}\Big(\sum_{i=1}^{t}k_ia_{ij}\Big)\boldsymbol{\gamma}_j=\sum_{j=1}^{s}b_j\boldsymbol{\gamma}_j,$$

式中 $b_j=\sum\limits_{i=1}^{t}k_ia_{ij}(j=1, 2, \cdots, s)$，这表明 $\boldsymbol{\alpha}$ 是 $\boldsymbol{\gamma}_1, \boldsymbol{\gamma}_2, \cdots, \boldsymbol{\gamma}_s$ 的线性组合.

对于向量组

$$\boldsymbol{\alpha}_1=(1, 3, -1, 2)^{\mathrm{T}}, \boldsymbol{\alpha}_2=(2, -1, 3, 0)^{\mathrm{T}}, \boldsymbol{\alpha}_3=(5, 1, 5, 2)^{\mathrm{T}},$$

容易求出 $\boldsymbol{\alpha}_3=\boldsymbol{\alpha}_1+2\boldsymbol{\alpha}_2$，于是有 $\boldsymbol{\alpha}_1+2\boldsymbol{\alpha}_2-\boldsymbol{\alpha}_3=\mathbf{0}$. 具有这种性质的向量组称为线性相关的向量组.

定义 3 对于向量组 $\boldsymbol{\alpha}_1, \boldsymbol{\alpha}_2, \cdots, \boldsymbol{\alpha}_s$，若存在 s 个不全为零的数 $k_1, k_2, \cdots, k_s$，使得

$$k_1\boldsymbol{\alpha}_1+k_2\boldsymbol{\alpha}_2+\cdots+k_s\boldsymbol{\alpha}_s=\mathbf{0}, \tag{7-6}$$

则称向量组 $\boldsymbol{\alpha}_1, \boldsymbol{\alpha}_2, \cdots, \boldsymbol{\alpha}_s$ 线性相关；否则就称向量组 $\boldsymbol{\alpha}_1, \boldsymbol{\alpha}_2, \cdots, \boldsymbol{\alpha}_s$ 线性无关.

例 7 试证向量组 $\boldsymbol{\alpha}_1, \boldsymbol{\alpha}_2, \mathbf{0}, \boldsymbol{\alpha}_3$ 是线性相关的.

证明 因为

$$0\cdot\boldsymbol{\alpha}_1+0\cdot\boldsymbol{\alpha}_2+1\cdot\mathbf{0}+0\cdot\boldsymbol{\alpha}_3=\mathbf{0},$$

其中系数 0, 0, 1, 0 不全为零，所以 $\boldsymbol{\alpha}_1, \boldsymbol{\alpha}_2, \mathbf{0}, \boldsymbol{\alpha}_3$ 是线性相关的.

由例 7 可以看出，包含零向量的向量组一定是线性相关的.

定义 3 还告诉我们，线性无关向量组的特点是：它只有系数全为零的线性组合才是零向量，除此以外，它不再有别的线性组合是零向量. 经常利用线性无关向量组的这个特点来证明一个向量组是否线性无关.

例 8 试证向量组

$$e_1=\begin{bmatrix}1\\0\\0\end{bmatrix}, e_2=\begin{bmatrix}0\\1\\0\end{bmatrix}, e_3=\begin{bmatrix}0\\0\\1\end{bmatrix}$$

是线性无关的.

证明　若 $k_1\boldsymbol{e}_1+k_2\boldsymbol{e}_2+k_3\boldsymbol{e}_3=\boldsymbol{0}$, 即

$$k_1\begin{bmatrix}1\\0\\0\end{bmatrix}+k_2\begin{bmatrix}0\\1\\0\end{bmatrix}+k_3\begin{bmatrix}0\\0\\1\end{bmatrix}=\begin{bmatrix}0\\0\\0\end{bmatrix},$$

由上式解得唯一解 $k_1=0$, $k_2=0$, $k_3=0$, 可知 $\boldsymbol{e}_1$, $\boldsymbol{e}_2$, $\boldsymbol{e}_3$ 线性无关.

今后用 $\boldsymbol{e}_i$ 表示第 i 个分量为 1 其余分量为 0 的向量. 显然, n 维向量组 $\boldsymbol{e}_1$, $\boldsymbol{e}_2$, …, $\boldsymbol{e}_n$ 是线性无关的.

对于仅含一个向量的向量组, 由定义 3 容易推知:

(1) 单独一个零向量线性相关;

(2) 单独一个非零向量线性无关.

7.3.3　线性相关性的判别

判别向量组的线性相关性, 还可应用下面几个重要的结论.

定理 2　对于向量组 $\boldsymbol{\alpha}_1$, $\boldsymbol{\alpha}_2$, …, $\boldsymbol{\alpha}_s$, 若齐次线性方程组

$$x_1\boldsymbol{\alpha}_1+x_2\boldsymbol{\alpha}_2+\cdots+x_s\boldsymbol{\alpha}_s=\boldsymbol{0} \tag{7-7}$$

有非零解, 则向量组 $\boldsymbol{\alpha}_1$, $\boldsymbol{\alpha}_2$, …, $\boldsymbol{\alpha}_s$ 线性相关; 若齐次线性方程组(7-7)只有唯一的零解, 则向量组 $\boldsymbol{\alpha}_1$, $\boldsymbol{\alpha}_2$, …, $\boldsymbol{\alpha}_s$ 线性无关.

只要将式(7-6)视为以 $\boldsymbol{\alpha}_1$, $\boldsymbol{\alpha}_2$, …, $\boldsymbol{\alpha}_s$ 为系数列向量, 以 k_1, k_2, …, k_s 为未知数的齐次线性方程组, 就可由定义 3 直接得到定理 2 的结论.

定理 3　关于向量组 $\boldsymbol{\alpha}_1$, $\boldsymbol{\alpha}_2$, …, $\boldsymbol{\alpha}_s$, 设矩阵

$$\boldsymbol{A}=(\boldsymbol{\alpha}_1,\ \boldsymbol{\alpha}_2,\ \cdots,\ \boldsymbol{\alpha}_s),$$

若 $R(\boldsymbol{A})=s$, 则向量组 $\boldsymbol{\alpha}_1$, $\boldsymbol{\alpha}_2$, …, $\boldsymbol{\alpha}_s$ 线性无关; 若 $R(\boldsymbol{A})<s$, 则向量组 $\boldsymbol{\alpha}_1$, $\boldsymbol{\alpha}_2$, …, $\boldsymbol{\alpha}_s$ 线性相关.

定理 3 是由本节定理 2 和 7.2 节中定理 2 结合起来得到的.

由于一个矩阵的秩不会大于矩阵的行数, 因此有下述定理.

定理 4　若 n 维向量的向量组中向量的个数超过 n, 则该向量组一定线性相关.

我们经常利用这些定理来判断向量组的线性相关性.

例 9　判断下列向量组是线性相关还是线性无关:

(1) $\boldsymbol{\alpha}_1=(1,\ -3,\ 2,\ 0)^{\mathrm{T}}$, $\boldsymbol{\alpha}_2=(2,\ 3,\ 4,\ -1)^{\mathrm{T}}$, $\boldsymbol{\alpha}_3=(4,\ 2,\ 5,\ -2)^{\mathrm{T}}$;

(2) $\boldsymbol{\alpha}_1=(1,\ -1,\ 2,\ 4)^{\mathrm{T}}$, $\boldsymbol{\alpha}_2=(0,\ 3,\ 1,\ 2)^{\mathrm{T}}$, $\boldsymbol{\alpha}_3=(3,\ 0,\ 7,\ 14)^{\mathrm{T}}$, $\boldsymbol{\alpha}_4=(1,\ 2,\ 3,\ -4)^{\mathrm{T}}$;

(3) $\boldsymbol{\alpha}_1=(1,\ a,\ a^2,\ a^3)^{\mathrm{T}}$, $\boldsymbol{\alpha}_2=(1,\ b,\ b^2,\ b^3)^{\mathrm{T}}$, $\boldsymbol{\alpha}_3=(1,\ c,\ c^2,\ c^3)^{\mathrm{T}}$, $\boldsymbol{\alpha}_4=(1,\ d,\ d^2,\ d^3)^{\mathrm{T}}$, 其中 a, b, c, d 各不相同;

(4) $\boldsymbol{\alpha}_1=(2,\ 3,\ 4,\ 1)^{\mathrm{T}}$, $\boldsymbol{\alpha}_2=(-2,\ 1,\ -1,\ 4)^{\mathrm{T}}$, $\boldsymbol{\alpha}_3=(4,\ -6,\ 1,\ 2)^{\mathrm{T}}$, $\boldsymbol{\alpha}_4=(9,\ 7,\ -2,\ 1)^{\mathrm{T}}$, $\boldsymbol{\alpha}_5=(-5,\ -4,\ -2,\ 0)^{\mathrm{T}}$.

解　(1) $$\boldsymbol{A}=\begin{bmatrix}1&2&4\\-3&3&2\\2&4&5\\0&-1&-2\end{bmatrix}\xrightarrow[④\cdot(-1)]{\substack{②+①\cdot 3\\ ③+①\cdot(-2)}}\begin{bmatrix}1&2&4\\0&9&14\\0&0&-3\\0&1&2\end{bmatrix}$$

$$\xrightarrow{(②,④)}\begin{bmatrix}1&2&4\\0&1&2\\0&0&-3\\0&9&14\end{bmatrix}\xrightarrow{④+②\cdot(-9)}\begin{bmatrix}1&2&4\\0&1&2\\0&0&-3\\0&0&-4\end{bmatrix}$$

$$\xrightarrow{④+③\cdot(-4/3)}\begin{bmatrix}1&2&4\\0&1&2\\0&0&-3\\0&0&0\end{bmatrix},$$

因为 $R(\boldsymbol{A})=3=s$，所以 $\boldsymbol{\alpha}_1$，$\boldsymbol{\alpha}_2$，$\boldsymbol{\alpha}_3$ 线性无关；

$$(2)\ \boldsymbol{A}=\begin{bmatrix}1&0&3&1\\-1&3&0&2\\2&1&7&3\\4&2&14&-4\end{bmatrix}\xrightarrow[\substack{③+①\cdot(-2)\\④+①\cdot(-4)}]{②+①}\begin{bmatrix}1&0&3&1\\0&3&3&3\\0&1&1&1\\0&2&2&-8\end{bmatrix}$$

$$\xrightarrow[④+②\cdot(-2/3)]{③+②\cdot(-1/3)}\begin{bmatrix}1&0&3&1\\0&3&3&3\\0&0&0&0\\0&0&0&-10\end{bmatrix}\xrightarrow{(③,④)}\begin{bmatrix}1&0&3&1\\0&3&3&3\\0&0&0&-10\\0&0&0&0\end{bmatrix},$$

因为 $R(\boldsymbol{A})=3$，$s=4$，因此 $\boldsymbol{\alpha}_1$，$\boldsymbol{\alpha}_2$，$\boldsymbol{\alpha}_3$，$\boldsymbol{\alpha}_4$ 线性相关；

(3) 考虑相应的齐次线性方程组

$$\begin{cases}x_1+x_2+x_3+x_4=0,\\ax_1+bx_2+cx_3+dx_4=0,\\a^2x_1+b^2x_2+c^2x_3+d^2x_4=0,\\a^3x_1+b^3x_2+c^3x_3+d^3x_4=0,\end{cases}\tag{7-8}$$

此方程组的系数行列式是范德蒙行列式，易知，当 a，b，c，d 各不相同时，有

$$D=\begin{vmatrix}1&1&1&1\\a&b&c&d\\a^2&b^2&c^2&d^2\\a^3&b^3&c^3&d^3\end{vmatrix}\neq0,$$

据克莱姆法则知，方程组(7-8)只有零解，从而 $\boldsymbol{\alpha}_1,\boldsymbol{\alpha}_2,\boldsymbol{\alpha}_3,\boldsymbol{\alpha}_4$ 线性无关；

(4) 由定理 4 知，5 个四维向量一定是线性相关的.

例 10 设四维向量组 $\boldsymbol{\alpha}_1=(a_1,\ a_2,\ a_3,\ a_4)^{\mathrm{T}}$，$\boldsymbol{\alpha}_2=(b_1,\ b_2,\ b_3,\ b_4)^{\mathrm{T}}$，$\boldsymbol{\alpha}_3=(c_1,\ c_2,\ c_3,\ c_4)^{\mathrm{T}}$ 线线无关. 试证：在每个向量中添加一个分量，得到的五维向量组

$$\boldsymbol{\beta}_1=(a_1,\ a_2,\ a_3,\ a_4,\ a_5)^{\mathrm{T}},$$

$$\boldsymbol{\beta}_2=(b_1,\ b_2,\ b_3,\ b_4,\ b_5)^{\mathrm{T}},$$

$$\boldsymbol{\beta}_3=(c_1,\ c_2,\ c_3,\ c_4,\ c_5)^{\mathrm{T}}$$

也线性无关.

证明 因为 $\boldsymbol{\alpha}_1$，$\boldsymbol{\alpha}_2$，$\boldsymbol{\alpha}_3$ 线性无关，所以相应的齐次线性方程组

$$\begin{cases}a_1x_1+b_1x_2+c_1x_3=0,\\a_2x_1+b_2x_2+c_2x_3=0,\\a_3x_1+b_3x_2+c_3x_3=0,\\a_4x_1+b_4x_2+c_4x_3=0\end{cases}\tag{7-9}$$

只有零解. 考虑 $\boldsymbol{\beta}_1$, $\boldsymbol{\beta}_2$, $\boldsymbol{\beta}_3$ 相应的齐次线性方程组

$$\begin{cases}a_1x_1+b_1x_2+c_1x_3=0,\\a_2x_1+b_2x_2+c_2x_3=0,\\a_3x_1+b_3x_2+c_3x_3=0,\\a_4x_1+b_4x_2+c_4x_3=0,\\a_5x_1+b_5x_2+c_5x_3=0,\end{cases}\tag{7-10}$$

显然, 方程组(7-10)的每个解都是方程组(7-9)的解. 既然(7-9)只有零解, 所以(7-10)也只有零解, 从而 $\boldsymbol{\beta}_1$, $\boldsymbol{\beta}_2$, $\boldsymbol{\beta}_3$ 线性无关.

用同样的方法可把此结论推广到一般情形, 即有如下定理.

定理 5　若 n 维向量组 $\boldsymbol{\alpha}_1$, $\boldsymbol{\alpha}_2$, …, $\boldsymbol{\alpha}_s$ 线性无关, 则在每个向量中添加 m 个分量, 得到的 $n+m$ 维向量组 $\boldsymbol{\beta}_1$, $\boldsymbol{\beta}_2$, …, $\boldsymbol{\beta}_s$ 也线性无关.

定理 6　向量组 $\boldsymbol{\alpha}_1$, $\boldsymbol{\alpha}_2$, …, $\boldsymbol{\alpha}_s(s\geqslant 2)$线性相关的充分必要条件是: 其中一个向量可以由其余向量线性表出.

证明　必要性.

已知向量组 $\boldsymbol{\alpha}_1$, $\boldsymbol{\alpha}_2$, …, $\boldsymbol{\alpha}_s$ 线性相关, 由定义 3 知, 有一组不全为零的数 k_1, k_2, …, k_s, 使得

$$k_1\boldsymbol{\alpha}_1+k_2\boldsymbol{\alpha}_2+\cdots+k_s\boldsymbol{\alpha}_s=\mathbf{0}.\tag{7-11}$$

不妨设 $k_i\neq 0$, 由式(7-11)移项得

$$k_i\boldsymbol{\alpha}_i=-k_1\boldsymbol{\alpha}_1-k_2\boldsymbol{\alpha}_2-\cdots-k_{i-1}\boldsymbol{\alpha}_{i-1}-k_{i+1}\boldsymbol{\alpha}_{i+1}-\cdots-k_s\boldsymbol{\alpha}_s,$$

即

$$\boldsymbol{\alpha}_i=-\frac{k_1}{k_i}\boldsymbol{\alpha}_1-\frac{k_2}{k_i}\boldsymbol{\alpha}_2-\cdots-\frac{k_{i-1}}{k_i}\boldsymbol{\alpha}_{i-1}-\frac{k_{i+1}}{k_i}\boldsymbol{\alpha}_{i+1}-\cdots-\frac{k_s}{k_i}\boldsymbol{\alpha}_s,$$

这说明 $\boldsymbol{\alpha}_i$ 可以由其余向量线性表出.

充分性.

已知向量组 $\boldsymbol{\alpha}_1$, $\boldsymbol{\alpha}_2$, …, $\boldsymbol{\alpha}_s(s\geqslant 2)$中有一个向量 $\boldsymbol{\alpha}_j$ 可以由其余向量线性表出, 即

$$\boldsymbol{\alpha}_j=k_1'\boldsymbol{\alpha}_1+k_2'\boldsymbol{\alpha}_2+\cdots+k_{j-1}'\boldsymbol{\alpha}_{j-1}+k_{j+1}'\boldsymbol{\alpha}_{j+1}+\cdots+k_s'\boldsymbol{\alpha}_s,$$

移项得

$$k_1'\boldsymbol{\alpha}_1+k_2'\boldsymbol{\alpha}_2+\cdots+k_{j-1}'\boldsymbol{\alpha}_{j-1}-\boldsymbol{\alpha}_j+k_{j+1}'\boldsymbol{\alpha}_{j+1}+\cdots+k_s'\boldsymbol{\alpha}_s=\mathbf{0},$$

因为 k_1', k_2', …, k_{j-1}', -1, k_{j+1}', …, k_s' 中至少有一个 $-1\neq 0$, 所以 $\boldsymbol{\alpha}_1$, $\boldsymbol{\alpha}_2$, …, $\boldsymbol{\alpha}_s$ 线性相关.

由定理 6 可立即得到定理 7.

定理 7　向量组 $\boldsymbol{\alpha}_1$, $\boldsymbol{\alpha}_2$, …, $\boldsymbol{\alpha}_s(s\geqslant 2)$线性无关的充分必要条件是: 其中任何一个向量都不能由其余向量线性表出.

例 11　试证: 若一个向量组的部分向量线性相关, 则这个向量组线性相关.

证明 设有向量组 $\boldsymbol{\alpha}_1$, $\boldsymbol{\alpha}_2$, …, $\boldsymbol{\alpha}_s$, 不妨设 $\boldsymbol{\alpha}_1$, $\boldsymbol{\alpha}_2$, …, $\boldsymbol{\alpha}_t(t<s)$线性相关, 由定义 3 知, 有一组不全为零的数 k_1, k_2, …, k_t, 使得

$$k_1\boldsymbol{\alpha}_1+k_2\boldsymbol{\alpha}_2+\cdots+k_t\boldsymbol{\alpha}_t=\mathbf{0},$$

从而有

$$k_1\boldsymbol{\alpha}_1+k_2\boldsymbol{\alpha}_2+\cdots+k_t\boldsymbol{\alpha}_t+0\cdot\boldsymbol{\alpha}_{t+1}+\cdots+0\cdot\boldsymbol{\alpha}_s=\mathbf{0},$$

因为 k_1, k_2, …, k_t 不全为零, 所以 k_1, k_2, …, k_t, 0, …, 0 也不全为零, 所以 $\boldsymbol{\alpha}_1$, $\boldsymbol{\alpha}_2$, …, $\boldsymbol{\alpha}_s$ 线性相关.

例 12 设向量组 $\boldsymbol{\alpha}_1$, $\boldsymbol{\alpha}_2$, …, $\boldsymbol{\alpha}_s$ 线性无关, 而向量组 $\boldsymbol{\alpha}_1$, $\boldsymbol{\alpha}_2$, …, $\boldsymbol{\alpha}_s$, $\boldsymbol{\beta}$ 线性相关, 证明 $\boldsymbol{\beta}$ 一定可以由 $\boldsymbol{\alpha}_1$, $\boldsymbol{\alpha}_2$, …, $\boldsymbol{\alpha}_s$ 线性表出.

证明 因为 $\boldsymbol{\alpha}_1$, $\boldsymbol{\alpha}_2$, …, $\boldsymbol{\alpha}_s$, $\boldsymbol{\beta}$ 线性相关, 由定义 3 知, 存在不全为零的数 k_1, k_2, …, k_s, k_{s+1}, 使得

$$k_1\boldsymbol{\alpha}_1+k_2\boldsymbol{\alpha}_2+\cdots+k_s\boldsymbol{\alpha}_s+k_{s+1}\boldsymbol{\beta}=\mathbf{0},$$

假设 $k_{s+1}=0$, 则上式变为

$$k_1\boldsymbol{\alpha}_1+k_2\boldsymbol{\alpha}_2+\cdots+k_s\boldsymbol{\alpha}_s=\mathbf{0},$$

从而 k_1, k_2, …, k_s 不全为零, 这与 $\boldsymbol{\alpha}_1$, $\boldsymbol{\alpha}_2$, …, $\boldsymbol{\alpha}_s$ 线性无关矛盾, 因此 $k_{s+1}\neq 0$, 于是

$$\boldsymbol{\beta}=-\frac{k_1}{k_{s+1}}\boldsymbol{\alpha}_1-\frac{k_2}{k_{s+1}}\boldsymbol{\alpha}_2-\cdots-\frac{k_s}{k_{s+1}}\boldsymbol{\alpha}_s,$$

即 $\boldsymbol{\beta}$ 可以由 $\boldsymbol{\alpha}_1$, $\boldsymbol{\alpha}_2$, …, $\boldsymbol{\alpha}_s$ 线性表出.

例 13 若向量组 $\boldsymbol{\alpha}_1$, $\boldsymbol{\alpha}_2$, …, $\boldsymbol{\alpha}_s$ 中每一个向量都是$\boldsymbol{\beta}_1$, $\boldsymbol{\beta}_2$, …, $\boldsymbol{\beta}_t$ 的线性组合, 且$t<s$, 证明 $\boldsymbol{\alpha}_1$, $\boldsymbol{\alpha}_2$, …, $\boldsymbol{\alpha}_s$ 线性相关.

证明 由条件设

$$\boldsymbol{\alpha}_i=a_{1i}\boldsymbol{\beta}_1+a_{2i}\boldsymbol{\beta}_2+\cdots+a_{ti}\boldsymbol{\beta}_t \quad (i=1,\ 2,\ \cdots,\ s),$$

于是

$$\begin{aligned}&k_1\boldsymbol{\alpha}_1+k_2\boldsymbol{\alpha}_2+\cdots+k_s\boldsymbol{\alpha}_s\\ =&k_1(a_{11}\boldsymbol{\beta}_1+a_{21}\boldsymbol{\beta}_2+\cdots+a_{t1}\boldsymbol{\beta}_t)+k_2(a_{12}\boldsymbol{\beta}_1+a_{22}\boldsymbol{\beta}_2+\cdots+a_{t2}\boldsymbol{\beta}_t)+\\ &\cdots+k_s(a_{1s}\boldsymbol{\beta}_1+a_{2s}\boldsymbol{\beta}_2+\cdots+a_{ts}\boldsymbol{\beta}_t),\end{aligned}$$

只要 k_1, k_2, …, k_s 满足齐次线性方程组

$$\begin{cases}a_{11}k_1+a_{12}k_2+\cdots+a_{1s}k_s=0,\\ a_{21}k_1+a_{22}k_2+\cdots+a_{2s}k_s=0,\\ \cdots\cdots\cdots\cdots\cdots\cdots\\ a_{t1}k_1+a_{t2}k_2+\cdots+a_{ts}k_s=0,\end{cases} \tag{7-12}$$

就有

$$k_1\boldsymbol{\alpha}_1+k_2\boldsymbol{\alpha}_2+\cdots+k_s\boldsymbol{\alpha}_s=\mathbf{0},$$

而式(7-12)只有 t 个方程, 故系数矩阵的秩必不超过 $t(<s)$, 即(7-12)有非零解, 所以 $\boldsymbol{\alpha}_1$, $\boldsymbol{\alpha}_2$, …, $\boldsymbol{\alpha}_s$ 线性相关.

习题 7.3

1. 设 $\boldsymbol{\alpha}=(1,\ 1,\ 0)^{\mathrm{T}}$, $\boldsymbol{\beta}=(0,\ 1,\ 1)^{\mathrm{T}}$, $\boldsymbol{\gamma}=(3,\ 4,\ 0)^{\mathrm{T}}$, 求 $\boldsymbol{\alpha}-\boldsymbol{\beta}$ 及 $3\boldsymbol{\alpha}+2\boldsymbol{\beta}-\boldsymbol{\gamma}$.

2. 设 $3(\boldsymbol{\alpha}_1-\boldsymbol{\alpha})+2(\boldsymbol{\alpha}_2+\boldsymbol{\alpha})=5(\boldsymbol{\alpha}_3+\boldsymbol{\alpha})$，其中 $\boldsymbol{\alpha}_1=(2,5,1,3)^{\mathrm{T}}$，$\boldsymbol{\alpha}_2=(10,1,5,10)^{\mathrm{T}}$，$\boldsymbol{\alpha}_3=(4,1,-1,1)^{\mathrm{T}}$，求 $\boldsymbol{\alpha}$.

3. 判断向量 $\boldsymbol{\beta}$ 能否由向量组 $\boldsymbol{\alpha}_1,\boldsymbol{\alpha}_2,\boldsymbol{\alpha}_3$ 线性表出. 若能，写出它的一种表出方式：

(1) $\boldsymbol{\beta}=(8,3,-1,-25)^{\mathrm{T}}$，$\boldsymbol{\alpha}_1=(-1,3,0,-5)^{\mathrm{T}}$，
$\boldsymbol{\alpha}_2=(2,0,7,-3)^{\mathrm{T}}$，$\boldsymbol{\alpha}_3=(-4,1,-2,-6)^{\mathrm{T}}$；

(2) $\boldsymbol{\beta}=(-8,-3,7,-10)^{\mathrm{T}}$，$\boldsymbol{\alpha}_1=(-2,7,1,3)^{\mathrm{T}}$，
$\boldsymbol{\alpha}_2=(3,-5,0,-2)^{\mathrm{T}}$，$\boldsymbol{\alpha}_3=(-5,-6,3,-1)^{\mathrm{T}}$；

(3) $\boldsymbol{\beta}=(2,-30,13,-26)^{\mathrm{T}}$，$\boldsymbol{\alpha}_1=(3,-5,2,-4)^{\mathrm{T}}$，
$\boldsymbol{\alpha}_2=(-1,7,-3,6)^{\mathrm{T}}$，$\boldsymbol{\alpha}_3=(3,11,-5,10)^{\mathrm{T}}$.

4. 设 $\boldsymbol{\beta}$ 可由 $\boldsymbol{\alpha}_1,\boldsymbol{\alpha}_2,\cdots,\boldsymbol{\alpha}_{s-1},\boldsymbol{\alpha}_s$ 线性表出，但不能由 $\boldsymbol{\alpha}_1,\boldsymbol{\alpha}_2,\cdots,\boldsymbol{\alpha}_{s-1}$ 线性表出，证明 $\boldsymbol{\alpha}_s$ 一定可由 $\boldsymbol{\beta},\boldsymbol{\alpha}_1,\boldsymbol{\alpha}_2,\cdots,\boldsymbol{\alpha}_{s-1}$ 线性表出.

5. 试证：任一四维向量 $\boldsymbol{\beta}=(a_1,a_2,a_3,a_4)^{\mathrm{T}}$ 都可以由向量组

$$\boldsymbol{\alpha}_1=(1,0,0,0)^{\mathrm{T}},\ \boldsymbol{\alpha}_2=(1,1,0,0)^{\mathrm{T}},$$
$$\boldsymbol{\alpha}_3=(1,1,1,0)^{\mathrm{T}},\ \boldsymbol{\alpha}_4=(1,1,1,1)^{\mathrm{T}}$$

线性表出，并且表出方式只有一种. 写出这种表出方式.

6. 判断下列向量组是否线性相关：

(1) $\boldsymbol{\alpha}_1=(1,2,-1,4)^{\mathrm{T}}$，$\boldsymbol{\alpha}_2=(9,10,10,4)^{\mathrm{T}}$，$\boldsymbol{\alpha}_3=(-2,-4,2,-8)^{\mathrm{T}}$；

(2) $\boldsymbol{\alpha}_1=(1,1,0)^{\mathrm{T}}$，$\boldsymbol{\alpha}_2=(0,2,0)^{\mathrm{T}}$，$\boldsymbol{\alpha}_3=(0,0,3)^{\mathrm{T}}$；

(3) $\boldsymbol{\alpha}_1=(1,2,1,3)^{\mathrm{T}}$，$\boldsymbol{\alpha}_2=(4,-1,-5,6)^{\mathrm{T}}$，
$\boldsymbol{\alpha}_3=(1,-3,-4,-7)^{\mathrm{T}}$，$\boldsymbol{\alpha}_4=(2,1,-1,0)^{\mathrm{T}}$.

7. 将向量 $\boldsymbol{\alpha}$ 表示成 $\boldsymbol{\alpha}_1,\boldsymbol{\alpha}_2,\boldsymbol{\alpha}_3,\boldsymbol{\alpha}_4$ 的线性组合：

(1) $\boldsymbol{\alpha}=\begin{bmatrix}1\\2\\1\\1\end{bmatrix}$，$\boldsymbol{\alpha}_1=\begin{bmatrix}1\\1\\1\\1\end{bmatrix}$，$\boldsymbol{\alpha}_2=\begin{bmatrix}1\\1\\-1\\-1\end{bmatrix}$，$\boldsymbol{\alpha}_3=\begin{bmatrix}1\\-1\\1\\-1\end{bmatrix}$，$\boldsymbol{\alpha}_4=\begin{bmatrix}1\\-1\\-1\\1\end{bmatrix}$；

(2) $\boldsymbol{\alpha}=\begin{bmatrix}0\\0\\0\\1\end{bmatrix}$，$\boldsymbol{\alpha}_1=\begin{bmatrix}1\\1\\0\\1\end{bmatrix}$，$\boldsymbol{\alpha}_2=\begin{bmatrix}2\\1\\3\\1\end{bmatrix}$，$\boldsymbol{\alpha}_3=\begin{bmatrix}1\\1\\0\\0\end{bmatrix}$，$\boldsymbol{\alpha}_4=\begin{bmatrix}0\\1\\-1\\-1\end{bmatrix}$.

8. 证明：$\boldsymbol{\alpha}_1+\boldsymbol{\alpha}_2,\ \boldsymbol{\alpha}_2+\boldsymbol{\alpha}_3,\ \boldsymbol{\alpha}_3+\boldsymbol{\alpha}_1$ 线性无关的充分必要条件是 $\boldsymbol{\alpha}_1,\boldsymbol{\alpha}_2,\boldsymbol{\alpha}_3$ 线性无关.

7.4 向量组的秩

讨论一个向量组的线性相关性时，如何用尽可能少的向量去代表全组向量呢？为此，引入向量组的等价和极大线性无关组的概念.

7.4.1 向量组的等价关系

定义 1 设有两个向量组

$$A=\{\boldsymbol{\alpha}_1, \boldsymbol{\alpha}_2, \cdots, \boldsymbol{\alpha}_r\}, \quad B=\{\boldsymbol{\beta}_1, \boldsymbol{\beta}_2, \cdots, \boldsymbol{\beta}_s\},$$

如果向量组 A 中的每个向量都能由向量组 B 中的向量线性表示，则称向量组 A 能由向量组 B 线性表示. 如果向量组 A 能由向量组 B 线性表示，且向量组 B 也能由向量组 A 线性表示，则称向量组 A 与向量组 B 等价.

例 1 设有向量组 A

$$\boldsymbol{\alpha}_1=(1, 1, 3)^{\mathrm{T}}, \quad \boldsymbol{\alpha}_2=(1, 3, 1)^{\mathrm{T}}, \quad \boldsymbol{\alpha}_3=(1, 4, 0)^{\mathrm{T}}$$

和向量组 B

$$\boldsymbol{\beta}_1=(1, 2, 2)^{\mathrm{T}}, \quad \boldsymbol{\beta}_2=(0, -1, 1)^{\mathrm{T}},$$

求证：向量组 A 和向量组 B 等价.

证明 因为 $\quad \boldsymbol{\alpha}_1=\boldsymbol{\beta}_1+\boldsymbol{\beta}_2, \quad \boldsymbol{\alpha}_2=\boldsymbol{\beta}_1-\boldsymbol{\beta}_2, \quad \boldsymbol{\alpha}_3=\boldsymbol{\beta}_1-2\boldsymbol{\beta}_2,$

这表明向量组 A 能由向量组 B 线性表示. 又因为

$$\boldsymbol{\beta}_1=\boldsymbol{\alpha}_1-\boldsymbol{\alpha}_2+\boldsymbol{\alpha}_3, \quad \boldsymbol{\beta}_2=\boldsymbol{\alpha}_2-\boldsymbol{\alpha}_3,$$

这表明向量组 B 能由向量组 A 线性表示. 故 $\{\boldsymbol{\alpha}_1, \boldsymbol{\alpha}_2, \boldsymbol{\alpha}_3\}$ 与 $\{\boldsymbol{\beta}_1, \boldsymbol{\beta}_2\}$ 等价.

向量组之间的等价关系具有下面三条性质：

(1) 反身性　向量组 A 与向量组 A 自身等价；

(2) 对称性　若向量组 A 与向量组 B 等价，则 B 与 A 等价；

(3) 对称性　若向量组 A 与向量组 B 等价，向量组 B 与向量组 C 等价，则向量组 A 与向量组 C 等价.

7.4.2 极大线性无关组

定义 2 若向量组 S 中的部分向量组 S_0 满足：

(1) S_0 线性无关(无关性)；

(2) S 中的每一个向量都是 S_0 中向量的线性组合(极大性)，

则称部分向量组 S_0 为向量组 S 的一个极大线性无关组，简称极大无关组.

例 2 设向量组

$$\boldsymbol{\alpha}_1=\begin{bmatrix}1\\2\end{bmatrix}, \boldsymbol{\alpha}_2=\begin{bmatrix}3\\7\end{bmatrix}, \boldsymbol{\alpha}_3=\begin{bmatrix}1\\3\end{bmatrix},$$

因为 $\boldsymbol{\alpha}_1, \boldsymbol{\alpha}_2$ 线性无关，而 $\boldsymbol{\alpha}_1, \boldsymbol{\alpha}_2, \boldsymbol{\alpha}_3$ 都是 $\boldsymbol{\alpha}_1, \boldsymbol{\alpha}_2$ 的线性组合：

$$\begin{aligned}\boldsymbol{\alpha}_1&=1\boldsymbol{\alpha}_1+0\boldsymbol{\alpha}_2,\\ \boldsymbol{\alpha}_2&=0\boldsymbol{\alpha}_1+1\boldsymbol{\alpha}_2,\\ \boldsymbol{\alpha}_3&=(-2)\boldsymbol{\alpha}_1+\boldsymbol{\alpha}_2,\end{aligned}$$

所以 $\{\boldsymbol{\alpha}_1, \boldsymbol{\alpha}_2\}$ 为向量组 $\{\boldsymbol{\alpha}_1, \boldsymbol{\alpha}_2, \boldsymbol{\alpha}_3\}$ 的一个极大无关组. 同理，$\{\boldsymbol{\alpha}_2, \boldsymbol{\alpha}_3\}$ 也是向量组 $\{\boldsymbol{\alpha}_1, \boldsymbol{\alpha}_2, \boldsymbol{\alpha}_3\}$ 的一个极大无关组，$\{\boldsymbol{\alpha}_1, \boldsymbol{\alpha}_3\}$ 亦是向量组 $\{\boldsymbol{\alpha}_1, \boldsymbol{\alpha}_2, \boldsymbol{\alpha}_3\}$ 的极大无关组.

例 3 设向量组 $\{\boldsymbol{\alpha}_1, \boldsymbol{\alpha}_2, \boldsymbol{\alpha}_3, \boldsymbol{\alpha}_4\}$，其中

$$\boldsymbol{\alpha}_1=\begin{bmatrix}1\\1\\0\\1\end{bmatrix}, \quad \boldsymbol{\alpha}_2=\begin{bmatrix}1\\1\\1\\0\end{bmatrix}, \quad \boldsymbol{\alpha}_3=\begin{bmatrix}3\\3\\0\\3\end{bmatrix}, \quad \boldsymbol{\alpha}_4=\begin{bmatrix}4\\4\\4\\0\end{bmatrix},$$

易见，$\{\boldsymbol{\alpha}_1, \boldsymbol{\alpha}_2\}$为此向量组的一个极大无关组. $\{\boldsymbol{\alpha}_1, \boldsymbol{\alpha}_4\}$，$\{\boldsymbol{\alpha}_3, \boldsymbol{\alpha}_4\}$和$\{\boldsymbol{\alpha}_2, \boldsymbol{\alpha}_3\}$也都是此向量组的一个极大无关组，而除此以外的其他部分向量组都不是此向量组的一个极大无关组. 如$\{\boldsymbol{\alpha}_1\}$，$\boldsymbol{\alpha}_1$ 是线性无关的，但 $\boldsymbol{\alpha}_2$ 却不能由 $\boldsymbol{\alpha}_1$ 线性表出；再如$\{\boldsymbol{\alpha}_1, \boldsymbol{\alpha}_3\}$，因 $\boldsymbol{\alpha}_1$，$\boldsymbol{\alpha}_3$ 线性相关；又如$\{\boldsymbol{\alpha}_1, \boldsymbol{\alpha}_2, \boldsymbol{\alpha}_3\}$，也因为 $\boldsymbol{\alpha}_1, \boldsymbol{\alpha}_2, \boldsymbol{\alpha}_3$ 线性相关，所以它们都不是此向量组的一个极大无关组.

通过上面两个例子可以看到，一个向量组可以有不止一个极大无关组，但极大无关组中所包含的向量个数却是相同的. 于是有如下定理.

定理 1　对于一个向量组，其所有极大无关组所含向量的个数都相同.

证明　设$\{\boldsymbol{\alpha}_1, \boldsymbol{\alpha}_2, \cdots, \boldsymbol{\alpha}_s\}$和$\{\boldsymbol{\beta}_1, \boldsymbol{\beta}_2, \cdots, \boldsymbol{\beta}_t\}$都是向量组 S 的极大无关组.

假设 $s \neq t$，不妨设 $s < t$. 因$\{\boldsymbol{\alpha}_1, \boldsymbol{\alpha}_2, \cdots, \boldsymbol{\alpha}_s\}$为 S 的极大无关组，所以每一个 $\boldsymbol{\beta}_i (i=1, 2, \cdots, t)$都是 $\boldsymbol{\alpha}_1, \boldsymbol{\alpha}_2, \cdots, \boldsymbol{\alpha}_s$ 的线性组合，由 7.3 节例 13 知，$\boldsymbol{\beta}_1, \boldsymbol{\beta}_2, \cdots, \boldsymbol{\beta}_t$ 线性相关，这和$\{\boldsymbol{\beta}_1, \boldsymbol{\beta}_2, \cdots, \boldsymbol{\beta}_t\}$为 S 的极大无关组矛盾，所以 $t = s$.

定义 3　对于向量组 S，其极大无关组所含向量的个数称为向量组 S 的秩.

对于一个向量组，一般情况下如何求它的秩和极大无关组呢？下面将讨论这个问题.

例 4　考虑构成上三角形矩阵

$$\boldsymbol{A} = \begin{bmatrix} a_{11} & a_{12} & \cdots & a_{1n} \\ 0 & a_{22} & \cdots & a_{2n} \\ \vdots & \vdots & & \vdots \\ 0 & 0 & \cdots & a_{nn} \end{bmatrix} \quad (a_{ii} \neq 0,\ i = 1, 2, \cdots, n)$$

的 n 个列向量所构成的向量组的秩.

解　由于 $R(\boldsymbol{A}) = n$，所以这 n 个列向量是线性无关的，故此向量组的秩为 n.

例 5 考虑构成下列阶梯形矩阵

$$\boldsymbol{A} = \begin{bmatrix} a_{11} & a_{12} & a_{13} & a_{14} & a_{15} & a_{16} \\ 0 & 0 & a_{23} & a_{24} & a_{25} & a_{26} \\ 0 & 0 & 0 & a_{34} & a_{35} & a_{36} \\ 0 & 0 & 0 & 0 & 0 & a_{46} \end{bmatrix}$$

的 6 个列向量(其中 a_{11}，a_{23}，a_{34}，a_{46}不为零)所构成的向量组的秩和极大无关组.

解　显然，列向量组

$$\begin{bmatrix} a_{11} \\ 0 \\ 0 \\ 0 \end{bmatrix}, \begin{bmatrix} a_{13} \\ a_{23} \\ 0 \\ 0 \end{bmatrix}, \begin{bmatrix} a_{14} \\ a_{24} \\ a_{34} \\ 0 \end{bmatrix}, \begin{bmatrix} a_{16} \\ a_{26} \\ a_{36} \\ a_{46} \end{bmatrix}$$

是线性无关的，而若再加上一个向量就是线性相关的，因此这 6 个列向量构成的向量组的秩为 4，也就是矩阵 $\boldsymbol{A}$ 的秩，而极大无关组就是上述列向量组.

例 5 的结论对于一般的阶梯形矩阵是成立的. 当矩阵不是阶梯形矩阵时，又如何求呢？我们知道，任何一个矩阵都可以通过初等行变换化为阶梯形矩阵. 因此，有下列结论.

定理 2　列向量组通过初等行变换不改变线性相关性.

证明　由定义，向量组$\{\boldsymbol{\alpha}_1, \boldsymbol{\alpha}_2, \cdots, \boldsymbol{\alpha}_k\}$的线性相关性由

$$(\boldsymbol{\alpha}_1, \boldsymbol{\alpha}_2, \cdots, \boldsymbol{\alpha}_k)\boldsymbol{X}=\boldsymbol{0}$$

是否有非零解决定.

因为

$$(\boldsymbol{\alpha}_1, \boldsymbol{\alpha}_2, \cdots, \boldsymbol{\alpha}_k)\xrightarrow{\text{初等行变换}}(\boldsymbol{\beta}_1, \boldsymbol{\beta}_2, \cdots, \boldsymbol{\beta}_k),$$

因此

$$(\boldsymbol{\alpha}_1, \boldsymbol{\alpha}_2, \cdots, \boldsymbol{\alpha}_k)\boldsymbol{X}=\boldsymbol{0}$$

和

$$(\boldsymbol{\beta}_1, \boldsymbol{\beta}_2, \cdots, \boldsymbol{\beta}_k)\boldsymbol{X}=\boldsymbol{0}$$

为同解方程组，所以向量组$\{\boldsymbol{\alpha}_1, \boldsymbol{\alpha}_2, \cdots, \boldsymbol{\alpha}_k\}$和向量组$\{\boldsymbol{\beta}_1, \boldsymbol{\beta}_2, \cdots, \boldsymbol{\beta}_k\}$的线性相关性相同.

至此，我们一方面知道可以用初等行变换来求列向量组的秩和极大无关组，另一方面又对矩阵秩有了新的了解，即矩阵秩就是列向量组的极大无关组的向量个数. 又知 $R(\boldsymbol{A})=R(\boldsymbol{A}^{\mathrm{T}})$，因此有下面的定理.

定理 3 矩阵 $\boldsymbol{A}$ 的秩=矩阵 $\boldsymbol{A}$ 的列向量组的秩=矩阵 $\boldsymbol{A}$ 的行向量组的秩.

因此，求一个向量组的秩与极大无关组的具体步骤如下：

(1) 将这些向量作为矩阵的列构成一个矩阵；

(2) 用初等行变换将其化为阶梯形矩阵，则阶梯形矩阵中非零行的数目即为向量组的秩；

(3) 首非零元所在列对应的原来的向量组即为极大无关组.

例 6 设向量组

$$\boldsymbol{\alpha}_1=\begin{bmatrix}1\\-1\\2\\4\end{bmatrix},\quad \boldsymbol{\alpha}_2=\begin{bmatrix}0\\3\\1\\2\end{bmatrix},\ \boldsymbol{\alpha}_3=\begin{bmatrix}3\\0\\7\\4\end{bmatrix},\ \boldsymbol{\alpha}_4=\begin{bmatrix}2\\1\\5\\6\end{bmatrix},\quad \boldsymbol{\alpha}_5=\begin{bmatrix}1\\-1\\2\\0\end{bmatrix},$$

求向量组的秩及其一个极大无关组.

解 设矩阵 $\boldsymbol{A}=(\boldsymbol{\alpha}_1, \boldsymbol{\alpha}_2, \boldsymbol{\alpha}_3, \boldsymbol{\alpha}_4, \boldsymbol{\alpha}_5)$，用初等行变换把 $\boldsymbol{A}$ 化为阶梯形矩阵

$$\boldsymbol{A}=\begin{bmatrix}1&0&3&2&1\\-1&3&0&1&-1\\2&1&7&5&2\\4&2&14&6&0\end{bmatrix}\xrightarrow[\text{④}+\text{①}\cdot(-4)]{\substack{\text{②}+\text{①}\\ \text{③}+\text{①}\cdot(-2)}}\begin{bmatrix}1&0&3&2&1\\0&3&3&3&0\\0&1&1&1&0\\0&2&2&-2&-4\end{bmatrix}$$

$$\xrightarrow[\text{④}+\text{②}\cdot(-2/3)]{\text{③}+\text{②}\cdot(-1/3)}\begin{bmatrix}1&0&3&2&1\\0&3&3&3&0\\0&0&0&0&0\\0&0&0&-4&-4\end{bmatrix}\xrightarrow{(\text{③},\text{④})}\begin{bmatrix}1&0&3&2&1\\0&3&3&3&0\\0&0&0&-4&-4\\0&0&0&0&0\end{bmatrix},$$

由定理 3 知，$\{\boldsymbol{\alpha}_1,\boldsymbol{\alpha}_2,\boldsymbol{\alpha}_3,\boldsymbol{\alpha}_4,\boldsymbol{\alpha}_5\}$的秩为 3，且$\{\boldsymbol{\alpha}_1,\boldsymbol{\alpha}_2,\boldsymbol{\alpha}_4\}$为其一个极大无关组.

例 7 设

$$\boldsymbol{A}=\{\boldsymbol{\alpha}_1, \boldsymbol{\alpha}_2, \boldsymbol{\alpha}_3, \boldsymbol{\alpha}_4, \boldsymbol{\alpha}_5, \boldsymbol{\alpha}_6, \boldsymbol{\alpha}_7\}=\begin{bmatrix}1&1&3&1&2&4&4\\0&0&1&0&0&2&2\\0&1&1&1&3&5&6\\1&0&0&1&2&2&3\end{bmatrix},$$

求 $\boldsymbol{A}$ 的列向量组的一个极大无关组，并求出其余列向量由此极大无关组线性表出的表达式.

解　因为

$$\boldsymbol{A}\xrightarrow{④+①\cdot(-1)}\begin{bmatrix}1&1&3&1&2&4&4\\0&0&1&0&0&2&2\\0&1&1&1&3&5&6\\0&-1&3&0&0&-2&-1\end{bmatrix}$$

$$\xrightarrow{(②,③)}\begin{bmatrix}1&1&3&1&2&4&4\\0&1&1&1&3&2&6\\0&0&1&0&0&5&2\\0&-1&-3&0&0&-2&-1\end{bmatrix}$$

$$\xrightarrow{④+②}\begin{bmatrix}1&1&3&1&2&4&4\\0&1&1&1&3&5&6\\0&0&1&0&0&2&2\\0&0&-2&1&3&3&5\end{bmatrix}$$

$$\xrightarrow{④+③\cdot 2}\begin{bmatrix}1&1&3&1&2&4&4\\0&1&1&1&3&5&6\\0&0&1&0&0&2&2\\0&0&0&1&3&7&9\end{bmatrix},$$

因此，列向量组的秩为 4，而向量组

$$\boldsymbol{\alpha}_1=\begin{bmatrix}1\\0\\0\\1\end{bmatrix},\boldsymbol{\alpha}_2=\begin{bmatrix}1\\0\\1\\0\end{bmatrix},\ \boldsymbol{\alpha}_3=\begin{bmatrix}3\\1\\1\\0\end{bmatrix},\ \boldsymbol{\alpha}_4=\begin{bmatrix}1\\0\\1\\1\end{bmatrix}$$

为一个极大无关组.

为求线性表达式，可逐个求解. 令

$$\boldsymbol{\alpha}_5=\lambda_1\boldsymbol{\alpha}_1+\lambda_2\boldsymbol{\alpha}_2+\lambda_3\boldsymbol{\alpha}_3+\lambda_4\boldsymbol{\alpha}_4,$$

即

$$\begin{bmatrix}2\\0\\3\\2\end{bmatrix}=\begin{bmatrix}1&1&3&1\\0&0&1&0\\0&1&1&1\\1&0&0&1\end{bmatrix}\begin{bmatrix}\lambda_1\\\lambda_2\\\lambda_3\\\lambda_4\end{bmatrix}.$$

解得 $\lambda_1=-1$，$\lambda_2=0$，$\lambda_3=0$，$\lambda_4=3$，所以

$$\boldsymbol{\alpha}_5=-\boldsymbol{\alpha}_1+3\boldsymbol{\alpha}_4.$$

同理可得

$$\boldsymbol{\alpha}_6=-5\boldsymbol{\alpha}_1-4\boldsymbol{\alpha}_2+2\boldsymbol{\alpha}_3+7\boldsymbol{\alpha}_4,$$

$$\boldsymbol{\alpha}_7=-6\boldsymbol{\alpha}_1-5\boldsymbol{\alpha}_2+2\boldsymbol{\alpha}_3+9\boldsymbol{\alpha}_4.$$

定理 4　向量组中每一个向量由极大无关组的向量线性表出的表达式是唯一确定的.

证明 设$\{\boldsymbol{\alpha}_1, \boldsymbol{\alpha}_2, \cdots, \boldsymbol{\alpha}_k\}$为向量组 S 的极大无关组，$\boldsymbol{\alpha}$ 为S中的向量，假设

$$\boldsymbol{\alpha}=\lambda_1\boldsymbol{\alpha}_1+\lambda_2\boldsymbol{\alpha}_2+\cdots+\lambda_k\boldsymbol{\alpha}_k$$

和

$$\boldsymbol{\alpha}=\mu_1\boldsymbol{\alpha}_1+\mu_2\boldsymbol{\alpha}_2+\cdots+\mu_k\boldsymbol{\alpha}_k,$$

两式相减得

$$\mathbf{0}=(\lambda_1-\mu_1)\boldsymbol{\alpha}_1+(\lambda_2-\mu_2)\boldsymbol{\alpha}_2+\cdots+(\lambda_k-\mu_k)\boldsymbol{\alpha}_k,$$

又由于$\{\boldsymbol{\alpha}_1, \boldsymbol{\alpha}_2, \cdots, \boldsymbol{\alpha}_k\}$为极大无关组，故线性无关. 因此

$$\lambda_1-\mu_1=\lambda_2-\mu_2=\cdots=\lambda_k-\mu_k=0,$$

即

$$\lambda_1=\mu_1,\ \lambda_2=\mu_2,\ \cdots,\ \lambda_k=\mu_k.$$

习题 7.4

1. 求下列向量组的秩及其一个极大无关组，并将其余向量用极大无关组线性表出：

(1) $\boldsymbol{\alpha}_1=\begin{bmatrix}6\\4\\1\\-1\\2\end{bmatrix},\ \boldsymbol{\alpha}_2=\begin{bmatrix}1\\0\\2\\3\\-4\end{bmatrix},\ \boldsymbol{\alpha}_3=\begin{bmatrix}1\\4\\-9\\-16\\22\end{bmatrix},\ \boldsymbol{\alpha}_4=\begin{bmatrix}7\\1\\0\\-1\\3\end{bmatrix}$;

(2) $\boldsymbol{\alpha}_1=\begin{bmatrix}1\\-1\\2\\4\end{bmatrix},\ \boldsymbol{\alpha}_2=\begin{bmatrix}0\\3\\1\\2\end{bmatrix},\ \boldsymbol{\alpha}_3=\begin{bmatrix}3\\0\\7\\14\end{bmatrix},\ \boldsymbol{\alpha}_4=\begin{bmatrix}1\\-1\\2\\0\end{bmatrix}$;

(3) $\boldsymbol{\alpha}_1=\begin{bmatrix}1\\1\\1\end{bmatrix},\ \boldsymbol{\alpha}_2=\begin{bmatrix}1\\1\\0\end{bmatrix},\ \boldsymbol{\alpha}_3=\begin{bmatrix}1\\0\\0\end{bmatrix},\ \boldsymbol{\alpha}_4=\begin{bmatrix}1\\-2\\-3\end{bmatrix}$.

2. 设向量组

$$\boldsymbol{\alpha}_1=\begin{bmatrix}1\\-1\\2\\4\end{bmatrix},\ \boldsymbol{\alpha}_2=\begin{bmatrix}0\\3\\1\\2\end{bmatrix},\ \boldsymbol{\alpha}_3=\begin{bmatrix}3\\0\\7\\14\end{bmatrix},\ \boldsymbol{\alpha}_4=\begin{bmatrix}2\\1\\5\\6\end{bmatrix},\ \boldsymbol{\alpha}_5=\begin{bmatrix}1\\-1\\2\\0\end{bmatrix},$$

(1) 证明 $\boldsymbol{\alpha}_1$, $\boldsymbol{\alpha}_4$ 线性无关；

(2) 求向量组包含 $\boldsymbol{\alpha}_1$, $\boldsymbol{\alpha}_4$ 的极大无关组.

7.5 线性方程组解的结构

前面介绍了求解线性方程组的方法和线性方程组有解的条件，下面将进一步讨论线性方程组(7-7)解的结构.

(1) 齐次线性方程组解的结构

方程组(7-13)给出了齐次线性方程组的一般表达式. 它的矩阵形式为

$$AX=0, \tag{7-13}$$

其中, $X=(x_1, x_2, \cdots, x_n)^T$, 向量 $\mathbf{0}=(0, 0, \cdots, 0)^T$.

若 $x_1=k_1, x_2=k_2, \cdots, x_n=k_n$ 是方程组(7-13)的一个解, 则称向量 $\eta=(k_1, k_2, \cdots, k_n)^T$ 是方程组(7-13)的一个解向量. 显然, n 维零向量 $\mathbf{0}$ 也是方程组(7-13)的一个解向量.

齐次线性方程组(7-13)的解向量有以下两条基本性质:

性质 1　设 η_1, η_2 是方程组(7-13)的两个解向量, 则 $\eta_1+\eta_2$ 也是方程组(7-13)的解向量.

性质 2　设 η 是方程组(7-13)的解向量, c 是任意常数, 则 $c\eta$ 也是方程组(7-13)的解向量.

证明　(1) 因为 η_1, η_2 是方程组(7-13)的解向量, 所以 $A\eta_1=0$, $A\eta_2=0$, 将 $\eta_1+\eta_2$ 代入式(7-13)的左端, 有

$$A(\eta_1+\eta_2)=A\eta_1+A\eta_2=0+0=0.$$

所以 $\eta_1+\eta_2$ 是方程组(7-13)的解向量.

(2) 因为 η 是方程组(7-13)的解向量, 所以 $A\eta=0$, 将 $c\eta$ 代入式(7-13)的左端, 有

$$A(c\eta)=cA\eta=c\cdot 0=0,$$

所以 $c\eta$ 是方程组(7-13)的解向量.

由此, 可以推出: 若向量 $\eta_1, \eta_2, \cdots, \eta_s$ 都是方程组(7-13)的解向量, 则 $\eta_1, \eta_2, \cdots, \eta_s$ 的任一线性组合 $c_1\eta_1+c_2\eta_2+\cdots+c_s\eta_s$ 也是方程组(7-13)的解向量.

基于这个事实, 当然会有这样的想法: 方程组(7-13)的全部解或通解能否用它的有限个解向量的线性组合表示出来? 为此, 引入下面的定义.

定义　齐次线性方程组(7-13)的一组解向量 $\eta_1, \eta_2, \cdots, \eta_s$ 若满足下列条件:

① $\eta_1, \eta_2, \cdots, \eta_s$ 线性无关;

② 方程组(7-13)的任一解向量都可表示为 $\eta_1, \eta_2, \cdots, \eta_s$ 的线性组合.

则称 $\eta_1, \eta_2, \cdots, \eta_s$ 是方程组(7-13)的一个基础解系.

现在就来证明, 齐次线性方程组(7-13)确有基础解系.

定理 1　在齐次线性方程组(7-13)有非零解的情况下, 它有基础解系, 并且基础解系所含解向量的个数等于 $n-r$ $(r=R(A))$.

证明　因为方程组(7-13)有非零解, 所以 $r<n$. 不妨设 A 的左上角有一个 r 阶子式不为零(否则可经过对调列达到这个目的, 但对调列时, $x_1, x_2, \cdots, x_n$ 的顺序也应相应变化.)对 A 施行初等行变换一定可以化为

$$\begin{bmatrix} 1 & 0 & \cdots & 0 & c_{1,r+1} & \cdots & c_{1n} \\ 0 & 1 & \cdots & 0 & c_{2,r+1} & \cdots & c_{2n} \\ \vdots & \vdots & & \vdots & \vdots & & \vdots \\ 0 & 0 & \cdots & 1 & c_{r,r+1} & \cdots & c_{rn} \\ 0 & 0 & \cdots & 0 & 0 & \cdots & 0 \\ \vdots & \vdots & & \vdots & \vdots & & \vdots \\ 0 & 0 & \cdots & 0 & 0 & \cdots & 0 \end{bmatrix},$$

于是得到方程组(7-13)的同解方程组

$$\left.\begin{aligned} x_1 &= -c_{1,r+1}x_{r+1} - c_{1,r+2}x_{r+2} - \cdots - c_{1n}x_n, \\ x_2 &= -c_{2,r+1}x_{r+1} - c_{2,r+2}x_{r+2} - \cdots - c_{2n}x_n, \\ &\cdots\cdots\cdots\cdots\cdots \\ x_r &= -c_{r,r+1}x_{r+1} - c_{r,r+2}x_{r+2} - \cdots - c_{rn}x_n, \end{aligned}\right\} \tag{7-14}$$

其中 x_{r+1}, x_{r+2}, …, x_n 为自由未知量. 任给它们的一组值 k_{r+1}, k_{r+2}, …, k_n 代入方程组(7-14), 则可确定方程组(7-13)的一个解向量.

若用 $n-r$ 组数(1, 0, …, 0), (0, 1, …, 0), …, (0, 0, …, 1)代入自由未知量, 由方程组(7-14)可得到方程组(7-13)的 $n-r$ 个解向量

$$\left.\begin{aligned} \boldsymbol{\xi}_1 &= (-c_{1,r+1}, -c_{2,r+1}, \cdots, -c_{r,r+1}, 1, 0, \cdots, 0)^{\mathrm{T}}, \\ \boldsymbol{\xi}_2 &= (-c_{2,r+1}, -c_{2,r+2}, \cdots, -c_{r,r+2}, 0, 1, \cdots, 0)^{\mathrm{T}}, \\ &\cdots\cdots\cdots\cdots\cdots \\ \boldsymbol{\xi}_{n-r} &= (-c_{1n}, -c_{2n}, \cdots, -c_{rn}, 0, 0, \cdots, 1)^{\mathrm{T}}. \end{aligned}\right\} \tag{7-15}$$

显然, 由以上 $n-r$ 个向量的分量组成的矩阵的秩为 $n-r$, 所以方程组(7-15)中 $n-r$ 个向量线性无关(理由: 向量组(1, 0, …, 0), (0, 1, …, 0), …, (0, 0, …, 1)线性无关, 故再加 r 个分量也线性无关).

设 $\boldsymbol{\xi} = (k_1, k_2, \cdots, k_r, k_{r+1}, \cdots, k_n)^{\mathrm{T}}$ 为方程组(7-13)的任一解向量. 显然, $k_{r+1}\boldsymbol{\xi}_1 + k_{r+2}\boldsymbol{\xi}_2 + \cdots + k_n\boldsymbol{\xi}_{n-r}$ 是方程组(7-13)的一个解向量, 比较这个解向量和解向量 $\boldsymbol{\xi}$ 的最后 $n-r$ 个分量, 可知它们的自由未知量的值一样, 因此, 方程组(7-13)有基础解系 $\boldsymbol{\xi}_1$, $\boldsymbol{\xi}_2$, …, $\boldsymbol{\xi}_{n-r}$. 其通解是基础解系的线性组合, 即

$$\eta = c_1\boldsymbol{\xi}_1 + c_2\boldsymbol{\xi}_2 + \cdots + c_{n-r}\boldsymbol{\xi}_{n-r}.$$

需要指出的是, 定义 2 中条件(1)是为保证基础解系中没有多余的解向量. 另外, 基础解系并不是唯一的, 只要是 $n-r$ 个线性无关的解向量即可.

同时, 在证明的过程中也给出了寻找方程组(7-13)的基础解系的方法.

再看 7.2 节中的例 4, 求它的基础解系.

令

$$\begin{bmatrix} x_3 \\ x_4 \end{bmatrix} = \begin{bmatrix} 1 \\ 0 \end{bmatrix}, \begin{bmatrix} 0 \\ 1 \end{bmatrix},$$

分别得到

$$\begin{bmatrix} x_1 \\ x_2 \end{bmatrix} = \begin{bmatrix} -\dfrac{3}{2} \\ -\dfrac{7}{2} \end{bmatrix}, \quad \begin{bmatrix} -1 \\ -2 \end{bmatrix},$$

所以基础解系为

$$\boldsymbol{\xi}_1 = \begin{bmatrix} -\dfrac{3}{2} \\ -\dfrac{7}{2} \\ 1 \\ 0 \end{bmatrix}, \quad \boldsymbol{\xi}_2 = \begin{bmatrix} -1 \\ -2 \\ 0 \\ 1 \end{bmatrix},$$

方程组的通解为

$$\boldsymbol{\xi}=c_1\boldsymbol{\xi}_1+c_2\boldsymbol{\xi}_2.\quad (c_1,\ c_2\text{ 为任意常数})$$

例 1　设齐次线性方程组

$$\begin{cases} x_1-3x_2+5x_3-2x_4+x_5=0,\\ -2x_1+x_2-3x_3-4x_5=0,\\ -x_1-7x_2+9x_3-4x_4-5x_5=0,\\ 3x_1-14x_2+22x_3-9x_4+x_5=0, \end{cases}$$

求它的基础解系和通解.

解　通过初等行变换，有

$$\boldsymbol{A}\to\begin{bmatrix} 1 & 0 & \frac{4}{5} & -\frac{1}{5} & \frac{11}{5}\\ 0 & 1 & -\frac{7}{5} & \frac{3}{5} & \frac{2}{5}\\ 0 & 0 & 0 & 0 & 0\\ 0 & 0 & 0 & 0 & 0 \end{bmatrix},$$

所以同解方程组为

$$\begin{cases} x_1=-\frac{4}{5}x_3+\frac{1}{5}x_4-\frac{11}{5}x_5,\\ x_2=\frac{7}{5}x_3-\frac{3}{5}x_4-\frac{2}{5}x_5, \end{cases}\quad (x_3,\ x_4,\ x_5\text{ 为自由未知量})$$

令

$$\begin{bmatrix} x_3\\ x_4\\ x_5 \end{bmatrix}=\begin{bmatrix} 1\\ 0\\ 0 \end{bmatrix},\ \begin{bmatrix} 0\\ 1\\ 0 \end{bmatrix},\ \begin{bmatrix} 0\\ 0\\ 1 \end{bmatrix},$$

分别得到

$$\begin{bmatrix} x_1\\ x_2 \end{bmatrix}=\begin{bmatrix} -\frac{4}{5}\\ \frac{7}{5} \end{bmatrix},\ \begin{bmatrix} \frac{1}{5}\\ -\frac{3}{5} \end{bmatrix},\ \begin{bmatrix} -\frac{11}{5}\\ -\frac{2}{5} \end{bmatrix},$$

则基础解系为

$$\boldsymbol{\xi}_1=\begin{bmatrix} -\frac{4}{5}\\ \frac{7}{5}\\ 1\\ 0\\ 0 \end{bmatrix},\ \boldsymbol{\xi}_2=\begin{bmatrix} \frac{1}{5}\\ -\frac{3}{5}\\ 0\\ 1\\ 0 \end{bmatrix},\ \boldsymbol{\xi}_3=\begin{bmatrix} -\frac{11}{5}\\ -\frac{2}{5}\\ 0\\ 0\\ 1 \end{bmatrix},$$

通解为 $\boldsymbol{\xi}=c_1\boldsymbol{\xi}_1+c_2\boldsymbol{\xi}_2+c_3\boldsymbol{\xi}_3$.（$c_1$，$c_2$，$c_3$ 为任意常数）

(2) 非齐次线性方程组解的结构

在线性方程组(7-7)中, 若 b_1, b_2, …, b_m 不全为零, 称方程组(7-1)为非齐次线性方程组. 方程组(7-1)和方程组(7-2)的解有着密切的关系, 通过以下性质 3 和定理 4 来找出这种关系.

性质3 非齐次线性方程组(7-1)的两个解向量的差, 是它的导出方程组(7-2)的解向量; 方程组(7-1)的一个解向量和方程组(7-2)的一个解向量之和是方程组(7-1)的解向量.

证明 设 $\boldsymbol{\eta}_1$, $\boldsymbol{\eta}_2$ 是方程组(7-1)的解向量. 因为

$$\boldsymbol{A}(\boldsymbol{\eta}_1-\boldsymbol{\eta}_2)=\boldsymbol{A}\boldsymbol{\eta}_1-\boldsymbol{A}\boldsymbol{\eta}_2=\boldsymbol{B}-\boldsymbol{B}=\boldsymbol{0},$$

所以 $\boldsymbol{\eta}_1-\boldsymbol{\eta}_2$ 是方程组(7-2)的解向量.

设 $\boldsymbol{\eta}$ 是方程组(7-1)的解向量, $\boldsymbol{\xi}$ 是方程组(7-2)的一个解向量, 因为

$$\boldsymbol{A}(\boldsymbol{\eta}+\boldsymbol{\xi})=\boldsymbol{A}\boldsymbol{\eta}+\boldsymbol{A}\boldsymbol{\xi}=\boldsymbol{B}+\boldsymbol{0}=\boldsymbol{B},$$

所以, $\boldsymbol{\eta}+\boldsymbol{\xi}$ 是方程组(7-1)的解向量.

定理 2 设 $\boldsymbol{\eta}_0$ 是非齐次线性方程组(7-1)的一个解向量(称为方程组(7-1)的一个特解), 那么方程组(7-1)的任一解向量都可以写成

$$\boldsymbol{\eta}=\boldsymbol{\eta}_0+\boldsymbol{\xi}$$

的形式, 其中 $\boldsymbol{\xi}$ 为方程组(7-2)的一个解向量.

证明 因为 $\boldsymbol{\eta}$ 和 $\boldsymbol{\eta}_0$ 都是方程组(7-1)的解向量, 所以 $\boldsymbol{\eta}-\boldsymbol{\eta}_0$ 是方程组(7-2)的一个解向量, 设为 $\boldsymbol{\xi}$. 即 $\boldsymbol{\xi}=\boldsymbol{\eta}-\boldsymbol{\eta}_0$, 得 $\boldsymbol{\eta}=\boldsymbol{\eta}_0+\boldsymbol{\xi}$.

这样, 要想求出方程组(7-1)的全部解, 只需要找出方程组(7-1)的一个解向量和方程组(7-2)的全部解向量即可, 而方程组(7-2)的全部解向量可用它的基础解系 $\boldsymbol{\xi}_1$, $\boldsymbol{\xi}_2$, …, $\boldsymbol{\xi}_{n-r}$ 线性表出, 于是方程组(7-1)的通解就是

$$\boldsymbol{\eta}=\boldsymbol{\eta}_0+c_1\boldsymbol{\xi}_1+c_2\boldsymbol{\xi}_2+\cdots+c_{n-r}\boldsymbol{\xi}_{n-r},$$

其中 c_1, c_2, …, c_{n-r}为任意常数.

至于方程组(7-1)的特解如何求出, 可仿照例 4 利用高斯消元法.

再来看例 4 中非齐次线性方程组解的结构.

令 $c_1=0$, $c_2=0$, 则得一个特解

$$\boldsymbol{\eta}_0=\begin{bmatrix}-2\\3\\0\\0\end{bmatrix},$$

它的导出方程组的同解方程组为

$$\begin{cases}x_1=\quad\ \ x_3+5x_4,\\x_2=-2x_3-6x_4.\end{cases}$$

令

$$\begin{bmatrix}x_3\\x_4\end{bmatrix}=\begin{bmatrix}1\\0\end{bmatrix},\ \begin{bmatrix}0\\1\end{bmatrix},$$

分别得到

$$\begin{bmatrix} x_1 \\ x_2 \end{bmatrix} = \begin{bmatrix} 1 \\ -2 \end{bmatrix}, \begin{bmatrix} 5 \\ -6 \end{bmatrix},$$

故基础解系为

$$\boldsymbol{\xi}_1 = \begin{bmatrix} 1 \\ -2 \\ 1 \\ 0 \end{bmatrix}, \quad \boldsymbol{\xi}_2 = \begin{bmatrix} 5 \\ -6 \\ 0 \\ 1 \end{bmatrix},$$

所以解的结构为 $\boldsymbol{\eta} = \boldsymbol{\eta}_0 + c_1\boldsymbol{\xi}_1 + c_2\boldsymbol{\xi}_2$（$c_1$，$c_2$ 为任意常数），即

$$\boldsymbol{\eta} = \begin{bmatrix} -2 \\ 3 \\ 0 \\ 0 \end{bmatrix} + c_1 \begin{bmatrix} 1 \\ -2 \\ 1 \\ 0 \end{bmatrix} + c_2 \begin{bmatrix} 5 \\ -6 \\ 0 \\ 1 \end{bmatrix}.$$

例 2　求线性方程组

$$\begin{cases} 2x_1 + 4x_2 - x_4 = -2, \\ -x_1 - 2x_2 + 3x_3 + 2x_4 = 7, \\ x_1 + 2x_2 - 9x_3 - 5x_4 = -19, \\ x_1 + 2x_2 + 3x_3 + x_4 = 5, \\ 7x_1 + 14x_2 + 9x_3 + x_4 = 11 \end{cases}$$

的通解.

解　通过初等变换，有

$$\widetilde{\boldsymbol{A}} \to \begin{bmatrix} 1 & 2 & 1 & 0 & 1 \\ 0 & 0 & 2 & 1 & 4 \\ 0 & 0 & 0 & 0 & 0 \\ 0 & 0 & 0 & 0 & 0 \\ 0 & 0 & 0 & 0 & 0 \end{bmatrix}.$$

$R(\boldsymbol{A}) = r$ 的矩阵，r 阶不等于零的子式不一定出现在 $\boldsymbol{A}$ 的左上角，即进行初等变换后的 r 阶单位矩阵不一定在 $\boldsymbol{A}$ 的左上角，本例中 $R(\boldsymbol{A}) = 2$，二阶单位矩阵为前两行与一、四列交叉处元素构成，不需要通过初等列变换整理，那样未知量顺序改变，容易出错. 对应的同解方程组为

$$\begin{cases} x_1 = 1 - 2x_2 - x_3, \\ x_4 = 4 - 2x_3, \end{cases}$$

令

$$x_2 = 0, \ x_3 = 0,$$

得特解

$$\boldsymbol{\eta}_0 = \begin{bmatrix} 1 \\ 0 \\ 0 \\ 4 \end{bmatrix}.$$

导出方程组的同解方程组为

$$\begin{cases} x_1 = -2x_2 - x_3, \\ x_4 = -2x_3, \end{cases}$$

令

$$\begin{bmatrix} x_2 \\ x_3 \end{bmatrix} = \begin{bmatrix} 1 \\ 0 \end{bmatrix}, \begin{bmatrix} 0 \\ 1 \end{bmatrix},$$

分别得到

$$\begin{bmatrix} x_1 \\ x_4 \end{bmatrix} = \begin{bmatrix} -2 \\ 0 \end{bmatrix}, \begin{bmatrix} -1 \\ -2 \end{bmatrix},$$

故基础解系为

$$\boldsymbol{\xi}_1 = \begin{bmatrix} -2 \\ 1 \\ 0 \\ 0 \end{bmatrix}, \boldsymbol{\xi}_2 = \begin{bmatrix} -1 \\ 0 \\ 1 \\ -2 \end{bmatrix},$$

所以原方程组的通解为

$$\boldsymbol{\eta} = \begin{bmatrix} 1 \\ 0 \\ 0 \\ 4 \end{bmatrix} + c_1 \begin{bmatrix} -2 \\ 1 \\ 0 \\ 0 \end{bmatrix} + c_2 \begin{bmatrix} -1 \\ 0 \\ 1 \\ -2 \end{bmatrix},$$

其中 c_1, c_2 为任意常数.

习题 7.5

1. 求下列齐次线性方程组的基础解系和通解:

(1) $\begin{cases} x_1 + x_2 + x_3 + x_4 + x_5 = 0, \\ 3x_1 + 2x_2 + x_3 + x_4 - 3x_5 = 0, \\ x_2 + 2x_3 + 2x_4 + 6x_5 = 0, \\ 5x_1 + 4x_2 + 3x_3 + 3x_4 - x_5 = 0; \end{cases}$

(2) $\begin{cases} x_1 + x_2 - x_4 - x_5 = 0, \\ x_1 - x_2 + 2x_3 - x_4 = 0, \\ 4x_1 - 2x_2 + 6x_3 + 3x_4 - 4x_5 = 0, \\ 2x_1 + 4x_2 - 2x_3 + 4x_4 - 7x_5 = 0. \end{cases}$

2. 求下列线性方程组的通解:

(1) $\begin{cases} x_1 + 3x_2 + 5x_3 - 4x_4 = 1, \\ x_1 + 3x_2 + 2x_3 - 2x_4 + x_5 = -1, \\ x_1 - 2x_2 + x_3 - x_4 - x_5 = 3, \\ x_1 - 4x_2 + x_3 + x_4 - x_5 = 3, \\ x_1 + 2x_2 + x_3 - x_4 + x_5 = -1; \end{cases}$

(2) $\begin{cases} x_1 - 2x_2 + 3x_3 - 4x_4 = 4, \\ x_2 - x_3 + x_4 = -3, \\ x_1 + 3x_2 + x_4 = 1, \\ -7x_2 + 3x_3 + x_4 = -3; \end{cases}$

(3) $\begin{cases} 2x_1+x_2-x_3+x_4=1, \\ 3x_1-2x_2+2x_3-3x_4=2, \\ 5x_1+x_2-x_3+2x_4=-1, \\ 2x_1-x_2+x_3-3x_4=4; \end{cases}$

(4) $\begin{cases} x_1+2x_2+3x_3-x_4=1, \\ 3x_1+3x_2+x_3-x_4=1, \\ 2x_1+3x_2+x_3+x_4=1, \\ 2x_1+2x_2+2x_3-x_4=1, \\ 5x_1+5x_2+2x_3=2. \end{cases}$

第三模块 概率统计初步

第8章 概率论初步

概率论是近代数学的一个重要组成部分，它在工农业生产和科学技术研究方面有着广泛的应用. 近年来，计算机的普及和发展为概率论的应用提供了良好的技术支持，使之在人口普查、社会保险、生物遗传、工业生产标准化和自动化等方面的应用日渐深入，并获得了很好的经济效益. 下面介绍概率论的初步知识，为数理统计打下必要的基础.

8.1 随机事件

8.1.1 随机现象与随机试验

我们先看一些例子，见表8-1.

表 8-1

	条 件	结 果
例1	导体导电	导体发热
例2	钢铁在常温下	不熔化
例3	往地面抛硬币	正面或反面
例4	战士射击	1环，2环，…，10环

上述种种现象，按其发生的可能性来分，可分为两类：一类称为必然现象，即在一定条件下必然会发生某种结果；另一类在一定条件下，某种结果可能发生，也可能不发生的现象，称为随机现象.

其中例1和例2是必然现象，例3和例4是随机现象. 现实生活中，这种随机现象还有很多.

从例3中可以看出，掷一枚硬币究竟是正面向上，还是反面向上，事先无法知道，但是经过多次反复试验可知正面向上的可能性为50%，它有着一定的规律性.

为了探究随机现象发生的规律性，常常对某一现象进行大量的试验(或观测)，把这种通过大量试验得出的规律性，称为统计规律性.

概率论中所说的试验具有以下三个特征：

① 试验在相同条件下可以重复进行；

② 每次试验的可能结果不止一个，但事先知道所有的可能结果；

③ 试验前不能预言这次试验会发生何种具体结果.

具有以上三个特征的试验称为随机试验. 本章中提到的试验都是随机试验.

8.1.2　随机事件

在一定条件下，对随机现象进行试验的每一个可能的结果称为一个随机事件. 通常用大写字母 A，B，C，…来表示.

例 5　掷一枚正方体骰子的试验有 6 种可能结果，即“出现 1 点”“出现 2 点”……“出现 6 点”. 每一种结果就看作一个事件，记作

$$A_i=\{出现\ i\ 点\}\ (i=1,\ 2,\ \cdots,\ 6).$$

例 6　盒中有 5 个球，其中有 3 个红球、2 个白球. 从中任取 3 球，其中有 2 个红球和 1 个白球，把这种结果看作一个事件，记作

$$B=\{从盒中任取 3 球,其中有 2 个红球和 1 个白球\}.$$

例 7　某射手每进行一次射击，并观察命中的环数，就是一次试验，共进行 10 次射击. $A_i=\{击中环数为\ i\}(i=0,\ 1,\ 2,\ \cdots,\ 10)$；“击中的环数大于 3”等，这些可能观察到的结果都是随机事件.

一般来讲，在随机试验中，把不可分解的事件称为基本事件，由两个及两个以上的基本事件组合而成的事件称为复合事件. 如在例 7 中，A_0，A_1，…，A_{10}都是基本事件；在例 6 中，B 是复合事件.

随机试验一切可能发生的试验结果所组成的集合称为试验的样本空间，记作 Ω. 样本空间中的每一个元素就是试验的基本事件，称为样本点或基本事件.

如例 5 中的样本空间 $\Omega=\{A_1,\ A_2,\ \cdots,\ A_6\}$，样本点为 A_1，A_2，…，A_6；例 7 中的样本空间 $\Omega=\{A_0,\ A_1,\ A_2,\ \cdots,\ A_{10}\}$，样本点为 A_0，A_1，A_2，…，A_{10}.

从以上各例中可看出随机事件在一次试验中，可能发生也可能不发生，而在大量重复试验中，它的发生具有一定规律性.

在一定的条件下，在试验中必然发生的事件称为必然事件. 如例 6 中的试验，事件“从盒中任取 3 球，其中至少有一红球”是一个必然事件. 在一定的条件下，在试验中不可能发生的事件称为不可能事件. 如例 5 中，事件“出现 7 点”是不可能事件. 这两种事件本不是随机事件，但为了讨论问题的方便，把它们看作特殊的随机事件.

例 8　写出试验“连续三次抛一枚硬币”的基本事件的个数.

解　根据组合知识，有

$$C_2^1C_2^1C_2^1=8(个).$$

8.1.3　事件的关系及运算

研究随机现象必然涉及多个随机事件，而随机事件又可以看做样本空间的一个子集，因此，讨论事件之间的关系时，可以借助集合论的有关知识.

(1) 事件的关系

① 事件的包含与相等

若事件 A 的发生必然导致事件 B 的发生，则称事件 B 包含事件 A，记为 $A\subseteq B$ 或 $B\supseteq A$. 见图 8-1.

若 $A\subseteq B$ 且 $B\subseteq A$，则称事件 A 与 B 相等，记作 $A=B$.

② 事件的和

“事件 A 与 B 至少有一个发生”这一事件，称为事件 A 与 B 的和(或并)，记作 $A+B$(或 $A\cup B$)，即 $A+B=\{A$ 与 B 至少有一个发生$\}$. 见图 8-2.

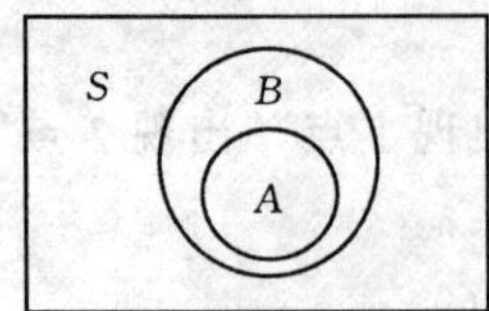

图 8-1

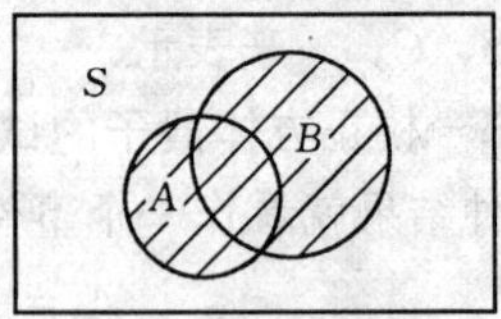

图 8-2

例 9 在 10 件产品中，有 8 件正品，2 件次品，从中任取 2 件，记 $A_i=\{$恰有 i 件次品$\}$ $(i=0,1,2)$，$B=\{$至少有 1 件次品$\}$，则 $B=A_1+A_2$.

③ 事件的积

“事件 A 与 B 同时发生”这一事件，称为事件 A 与 B 的积(或交)，记作 AB(或 $A\cap B$)，即 $AB=\{A$ 与 B 同时发生$\}$. 见图 8-3.

例 10 如图 8-4 所示的线路，$A=\{$元件 a 发生故障$\}$，$B=\{$元件 b 发生故障$\}$，$C=\{$线路断开$\}$，则 $C=AB$.

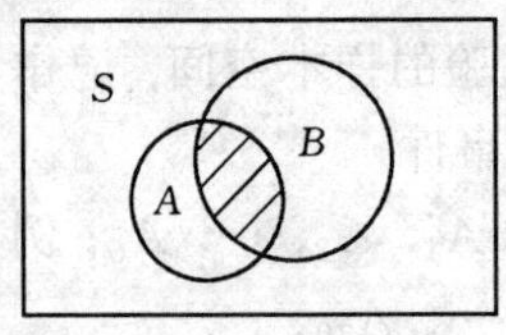

图 8-3

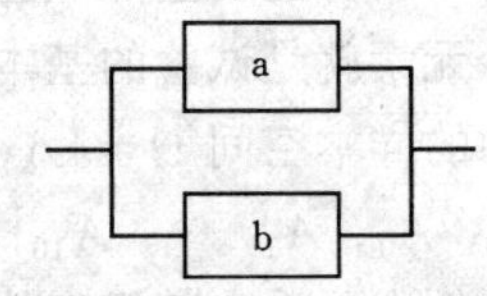

图 8-4

事件的和与积可以推广到有限个事件 $A_1, A_2, A_3, \cdots, A_n$ 的情形，n 个事件的和 $A_1+A_2+\cdots+A_n$ 表示这 n 个事件中至少有一个发生，n 个事件的积 $A_1A_2\cdots A_n$ 表示 n 个事件同时发生.

④ 事件的差

“事件 A 发生而事件 B 不发生”这个事件，称为事件 A 与 B 的差，记为 $A-B$. 见图 8-5.

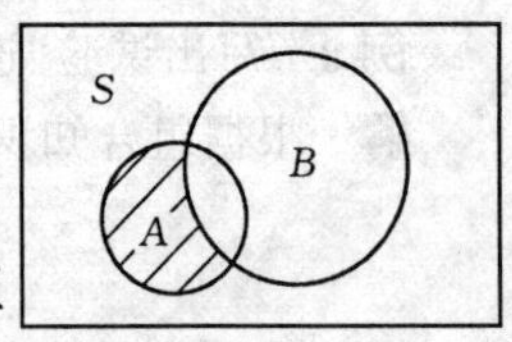

图 8-5

⑤ 事件的互不相容

如果事件 A 和 B 不能同时发生，则称事件 A 与 B 不相容(也称互斥)，此时 $AB=\varnothing$. 见图 8-6.

显然，同一试验中的各个基本事件是互不相容的.

⑥ 对立事件(或互逆事件)

“如果事件 A 与 B 至少有一个发生，但又不能同时发生”，则称事件 A 与 B 是互逆的，或称事件 A 与 B 是对立事件.

若 B 是 A 的对立事件，则记为 $B=\overline{A}$，此时有 $A+\overline{A}=S$，$A\overline{A}=\varnothing$，$\overline{\overline{A}}=A$. 见图 8-7.

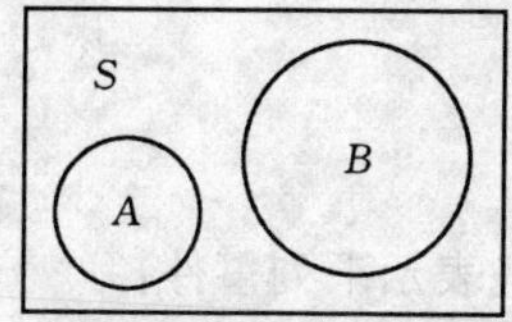

图 8-6

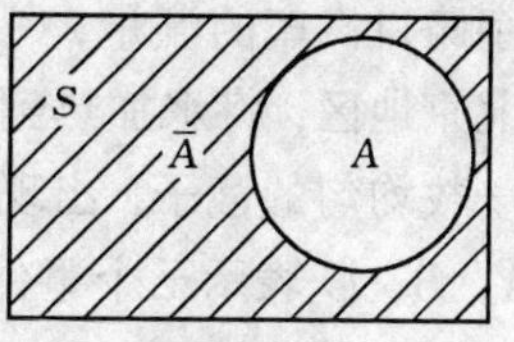

图 8-7

⑦ 完备事件组

若事件 $A_1, A_2, \cdots, A_n$ 满足下列条件：

(ⅰ) $A_1, A_2, \cdots, A_n$ 两两互不相容，即 $A_iA_j=\varnothing(1\leqslant i,\ j\leqslant n,\ i\neq j)$；

(ⅱ) $A_1+A_2+\cdots+A_n=S$.

则称 $A_1, A_2, \cdots, A_n$ 构成一个完备事件组.

显然，全部的基本事件构成一个完备事件组，任何事件 A 与其逆事件 $\overline{A}$ 也构成完备事件组.

(2) 事件的运算

事件的运算满足下列基本规律：

① 交换律　$A+B=B+A$，$AB=BA$；

② 结合律　$(A+B)+C=A+(B+C)$，$(AB)C=A(BC)$；

③ 分配律　$A(B+C)=AB+AC$，$A+(BC)=(A+B)(A+C)$；

④ 摩尔根对偶定律　$\overline{A+B}=\overline{A}\,\overline{B}$，$\overline{AB}=\overline{A}+\overline{B}$.

例 11　一名射手连续向一目标射击三次，事件 A_i 表示该射手第 i 次击中目标($i=1, 2, 3$)，试用 A_i 表示下列事件：

(1) 第一次击中而第二次没击中目标；

(2) 三次都击中目标；

(3) 前两次击中目标，第三次未击中目标；

(4) 后两次射击，至少有一次击中目标；

(5) 三次射击中，至少有一次击中目标；

(6) 三次射击中，恰有两次击中目标.

解　(1) $A_1-A_2=A_1\overline{A}_2=A_1-A_1A_2$；

(2) $A_1A_2A_3$；

(3) $A_1A_2\overline{A}_3$；

(4) A_2+A_3；

(5) $A_1+A_2+A_3$；

(6) $A_1A_2\overline{A}_3+A_1\overline{A}_2A_3+\overline{A}_1A_2A_3$.

习题 8.1

1. 判断下列事件是不是随机事件：

(1) 一批产品有正品，有次品，从中任意抽出一件是正品；

(2) 明天降雨；

(3) 十字路口汽车的流量；

(4) 在北京地区，将水加热到100℃，水变成蒸汽；

(5) 掷一枚均匀的骰子，出现1点.

2. 设 A，B，C 表示三个事件，试用 A，B，C 的关系式表示下列事件：

(1) A，B，C 都不发生；

(2) A，B，C 中至少有一个发生；

(3) A，B，C 中不多于一个发生.

3. 一个工人加工了4个零件，设 $A_i(0=1, 2, 3, 4)$表示第 i 个元件是合格品，试用 A_1，A_2，A_3，A_4 表示下列事件：

(1) 没有一个零件是不合格品；

(2) 至少有一个零件是不合格品；

(3) 只有一个零件是不合格品.

4. 在1, 2, 3, …, 10中任取一个数字，设 $A=\{2, 3, 4\}$表示取得2, 3或4；$B=\{3, 4, 5\}$表示取得3, 4或5；$C=\{5, 6, 7\}$表示取得5, 6或7. 试问下列各式表示什么？

(1) $\bar{A}B$； (2) $\bar{A}\cup B$； (3) $\overline{AB}$； (4) $A\overline{BC}$； (5) $\overline{A(B\cup C)}$.

5. 设 A，B 为两个事件，试用文字表示下列各个事件的含义：

(1) $A\cup B$； (2) AB； (3) $A-B$； (4) $A-AB$； (5) $\overline{AB}$； (6) $A\bar{B}\cup\bar{A}B$.

6. 对立事件和互不相容事件有什么不同？试举例说明.

7. 掷一枚骰子，观察出现的点数，设事件 $A=\{$不超过3点$\}$，$B=\{$6点$\}$，$C=\{$不少于4点$\}$，$D=\{$不超过5点$\}$，$E=\{$4点$\}$. 试问哪些事件是对立事件？哪些事件互不相容？

8.2 事件的概率

8.2.1 概率的统计定义

对于一个事件来说，它在一次试验中可能发生，也可能不发生，人们往往需要知道某些事件在一次试验中发生的可能性有多大. 要将随机事件发生的可能性大小用一个数来表示，就要用到频率和概率的概念.

定义1 在相同的条件下，进行了 n 次试验，在这 n 次试验中，事件 A 发生的次数为 m，则称

$$f_n(A)=\frac{m}{n}$$

为随机事件 A 在 n 次试验中出现的频率，m 称为频数.

频率具有下列基本性质：

① $0\leqslant f_n(A)\leqslant 1$；

② $f_n(S)=1$；

③ 若 A_1，A_2，…，A_k 是两两互不相容的事件，则

$$f_n(A_1\cup A_2\cup\cdots\cup A_k)=f_n(A_1)+f_n(A_2)+\cdots+f_n(A_k).$$

经验表明，事件 A 的频率并不是一个固定不变的常数，不但对于不同的试验次数，事件 A 的频率可能取不同的值，即使保持试验次数相同，重复进行该试验时，它也会取不同的数值. 然而当试验次数充分大时，它又会稳定于某一个确定的数值附近，极少出现显著的差异.

历史上曾有人做过大量地投掷硬币的试验，得到如表 8-2 所示的试验结果.

表 8-2

试验者	投币次数(n)	出现正面的次数(m)	频率(m/n)
蒲丰(Buffon)	4 040	2 048	0.506 9
皮尔逊(Pearson)	12 000	6 019	0.501 6
皮尔逊(Pearson)	24 000	12 012	0.500 5

由表 8-2 可以看出，当投掷硬币的次数很多时，“出现正面”事件的频率稳定于 0.5 附近，而且随着试验次数的增多，这样的趋势明显增强.

事件的频率反映了它在一定条件下出现的频繁程度. 可以设想，一个事件在每次随机试验中出现的可能性越大，那么它在 n 次试验中出现的频率也越大. 反之，由频率的大小，也能判断事件出现的可能性大小. 总之，频率在一定程度上反映了事件发生可能性的大小，尽管它具有随机波动性，然而在大量的重复试验中，它又具有一定的趋于稳定的性质. 频率的这种稳定性，正是概率定义的基础.

定义 2(概率的统计定义)　在相同的条件下进行大量的重复试验，当试验次数充分大时，事件的频率总围绕着某一个数值 p 作微小摆动，则称 p 为事件 A 的概率，记为 $P(A)$，即 $P(A)=p$.

由概率的统计定义和频率的有关性质可知概率具有下列性质.

性质 1　对于任意事件 A，有 $0\leqslant P(A)\leqslant 1$.

性质 2　$P(S)=1$，$P(\varnothing)=0$.

应该指出，事件的频率是个试验值，它具有随机性，只能近似地反映事件发生可能性的大小；事件的概率则是个理论值，它由事件的本质属性确定，因而只能取唯一值，它能精确地反映事件发生可能性的大小. 不过，当试验次数很大时，事件的频率与其概率一般相差很小，所以，在实际应用中，当试验次数很大时，常用事件的频率来近似估计事件的概率，而且试验次数愈大，这种估计愈精确.

8.2.2　古典概型

根据概率的统计定义确定事件的概率，需要进行大量的重复试验或观测. 然而，在某些特殊的情况下，存在着一类简单的随机试验，只要依据人们长期积累的经验，直接应用理论分析的方法就能直接确定事件的概率.

例如，在投掷一枚质地均匀的硬币的试验中，由于硬币正面及反面所具有的某种对称性，可以断言，事件“正面朝上”与“反面朝上”的可能性是相同的，都为$\frac{1}{2}$. 又如，在投掷一枚骰子的试验中，由于其对称性，各面朝上的可能性相等，都为$\frac{1}{6}$.

这类随机试验具有下述两个特点：

① 试验的样本空间只包含有限个样本点(基本事件)；

② 试验中每个样本点(基本事件)出现的可能性相同.

具有这两个特点的概率数学模型称为等可能概型,它在概率论的发展初期曾经是主要的研究对象,因此又称为古典概型.

定义 3(概率的古典定义) 对于古典概型,假定样本空间所包含的基本事件总数为 n,事件 A 所包含的基本事件数为 m,则事件 A 的概率为 $P(A)=\frac{m}{n}$.

根据定义 3,要计算古典概型事件 A 的概率,必须搞清楚样本空间所包含的基本事件总数以及事件 A 所包含的基本事件数.

例 1 同时抛掷 3 枚硬币,求出现"恰有 1 枚正面向上"的概率.

解 设 $A=$\{恰有一枚正面向上\},则试验中可能的基本事件数共有 8 个,即\{正,正,正\},\{正,正,反\},\{正,反,正\},\{正,反,反\},\{反,正,正\},\{反,正,反\},\{反,反,正\},\{反,反,反\}.

而事件 A 包含 3 个基本事件:\{正,反,反\},\{反,正,反\},\{反,反,正\},故 $P(A)=3/8$.

例 2 一次发行社会福利奖券 100 000 张,其中有 2 张一等奖,10 张二等奖,100 张三等奖,1 000 张四等奖.试问购买 1 张奖券中奖的概率是多少?

解 设 $A=$\{中奖\},因中奖机会均等,$n=C_{100\,000}^1$,$m=C_2^1+C_{10}^1+C_{100}^1+C_{1\,000}^1=1\,112$,故

$$P(A)=1\,112/100\,000=0.\,011\,12.$$

例 3 10 件产品中有 7 件正品,无放回地抽取 3 件.求

(1)这 3 件全是正品的概率;(2)这 3 件恰有 2 件是正品的概率;(3)1 件正品 2 件次品的概率;(4)全是次品的概率.

解 设 $A=$\{3 件全是正品\},$B=$\{3 件中恰好 2 件是正品\},$C=$\{3 件中有 1 件是正品,2 件是次品\},$D=$\{3 件全是次品\}.

从 10 件中任取 3 件共有 C_{10}^3 种不同的取法,即 C_{10}^3 种等可能的基本事件.

(1) 3 件全是正品的取法有 C_7^3 种,故

$$P(A)=\frac{C_7^3}{C_{10}^3}=\frac{7}{24};$$

(2) 3 件中恰有 2 件正品的取法有 $C_7^2C_3^1$ 种,故

$$P(B)=\frac{C_7^2C_3^1}{C_{10}^3}=\frac{21}{40};$$

(3) 3 件中有 1 件是正品,2 件是次品的取法有 $C_7^1C_3^2$ 种,故

$$P(C)=\frac{C_7^1C_3^2}{C_{10}^3}=\frac{7}{40};$$

(4) 同理

$$P(D)=\frac{C_3^3}{C_{10}^3}=\frac{1}{120}.$$

例 4 假设电话号码由 0,1,2,3,…,9 中的 7 个数字组成,任取一个电话号码,求

(1) 它由不同的 7 位数字组成的概率;

(2) 它的末两位数是 18,而前 5 位数可以由重复数字组成的概率.

解 由 7 个数字(可以重复)组成的电话号码共有 10^7 种.

(1) 设 $A=\{$由 7 个不同数字组成的电话号码$\}$，A 中包含 P_{10}^7种号码，故

$$P(A)=\frac{P_{10}^7}{10^7}=0.\ 060\ 48;$$

(2) 设 B 表示后两位数是 18，而前 5 位数字可以由重复数字构成的电话号码，此种电话号码共有 10^5 种，故

$$P(B)=\frac{10^5}{10^7}=0.\ 01.$$

例 5　在 1，2，…，10 这 10 个数中取出 3 个，要求 1 个等于 5，1 个小于 5，1 个大于 5. 求达到要求的概率.

解　由 10 个数中，取出 3 个数共有 C_{10}^3(种)可能.

设 $A=\{$抽取 3 个数，一个大于 5，一个小于 5，一个等于 5$\}$，则 A 发生的个数为 $C_4^1\times 1\times C_5^1=20$. 故

$$P(A)=\frac{20}{120}=\frac{1}{6}.$$

8.2.3　概率的加法

(1) 互斥事件概率的加法公式

按定义直接计算事件的概率固然有效，但并非能顺利地求得每个事件的概率. 对于某些较为复杂的问题，通常是借助事件间的种种关系，从已知事件的概率出发，去求另一事件的概率.

定理 1(互斥事件概率的加法公式)　若事件 A，B 互斥，则有

$$P(A\cup B)=P(A)+P(B).$$

证明　这里仅就古典概型给出证明. 设给定试验的基本事件总数为 n，而事件 A，B 包含的基本事件数分别为 m_A 和 m_B. 由概率的古典定义可得

$$P(A)=\frac{m_A}{n},\quad P(B)=\frac{m_B}{n}.$$

由于 A，B 为互斥事件，它们不存在公共的基本事件，所以，事件 $A\cup B$ 包含的基本事件数为 m_A+m_B. 于是

$$P(A\cup B)=\frac{m_A+m_B}{n}=\frac{m_A}{n}+\frac{m_B}{n}=P(A)+P(B).$$

推论 1　若 n 个事件 A_1，A_2，…，A_n 两两互不相容，则

$$P(A_1\cup A_2\cup\cdots\cup A_n)=P(A_1)+P(A_2)+\cdots+P(A_n).$$

推论 2(逆事件的概率)　$P(A)=1-P(\bar{A})$.

证明　因为事件 A，$\bar{A}$ 为对立事件，所以

$$A\bar{A}=\varnothing,\ A\cup\bar{A}=S.$$

于是有

$$P(A\cup\bar{A})=P(S)=1,$$

$$P(A\cup\bar{A})=P(A)+P(\bar{A}),$$

得

$$P(A)+P(\bar{A})=1,$$

即

$$P(A)=1-P(\bar{A}).$$

推论 3 若 $A\subset B$，则 $P(A)\leqslant P(B)$.

推论 4 设 A，B 为任意两个事件，则 $P(B-A)=P(B)-P(AB)$.

特别地，若 $A\subset B$，则 $P(B-A)=P(B)-P(A)$.

例 6 某班有学生 35 人，其中女生 13 名. 要选 5 名学生去参加数学竞赛. 试求选出的学生中至少有 1 名女学生的概率.

解法一 设 $A=\{$选出的学生中至少有 1 名女学生$\}$，$A_k=\{$选出的学生中恰有 k 名女学生$\}$，$k=0, 1, 2, 3, 4, 5$，则有

$$A=A_1+A_2+A_3+A_4+A_5.$$

又因为 $A_1, A_2, \cdots, A_5$ 两两互不相容，所以

$$P(A)=P(A_1)+P(A_2)+\cdots+P(A_5),$$

其中

$$P(A_k)=\frac{C_{13}^{k}C_{22}^{5-k}}{C_{35}^{5}},\ k=1, 2, 3, 4, 5.$$

由此可得

$$P(A)=0.292\,9+0.370\,0+0.203\,5+0.048\,5+0.004\,0=0.918\,9.$$

解法二

$$P(A)=1-P(\bar{A})=1-P(A_0)=1-\frac{C_{13}^{0}C_{22}^{5}}{C_{35}^{5}}=1-0.081\,1=0.918\,9.$$

两种解法中的第一种从互斥分解出发，通常称为直接解法，其思路直观，但计算繁琐；后一种从对立事件入手，通常称为间接解法，计算量大为减少，特别当构成事件和的互斥事件个数较多时，这种解法尤为方便.

(2) 任意事件概率的加法公式

定理 2(任意事件概率的加法公式) 若事件 A，B 为任意事件，则有

$$P(A\cup B)=P(A)+P(B)-P(AB).$$

证明 因为 $A\cup B=A\bar{B}\cup B$，且 $A\bar{B}$ 与 B 是互不相容的，所以

$$P(A\cup B)=P(A\bar{B})+P(B). \tag{8-1}$$

又 $A=AB\cup A\bar{B}$，且 AB 与 $A\bar{B}$ 是互不相容的，所以

$$P(A)=P(AB)+P(A\bar{B}). \tag{8-2}$$

从式(8-1)，(8-2)中消去 $P(A\bar{B})$，得

$$P(A\cup B)=P(A)+P(B)-P(AB).$$

推论 5 若事件 A，B 为任意事件，则有

$$P(A\cup B)\leqslant P(A)+P(B).$$

推论 6 若事件 A，B，C 为任意事件，则有

$$P(A\cup B\cup C)=P(A)+P(B)+P(C)-P(AB)-P(AC)-P(BC)+P(ABC).$$

例 7 全班共有 50 个学生，其中数学成绩优秀者 15 人，语文成绩优秀者 10 人，数学与

语文成绩优秀者 5 人. 求数学或语文成绩优秀者的概率.

解　设 $A=\{$数学成绩优秀$\}$, $B=\{$语文成绩优秀$\}$. 则

$$P(A)=15/50,\ P(B)=10/50,\ P(AB)=5/50,$$

故

$$P(A\cup B)=P(A)+P(B)-P(AB)=15/50+10/50-5/50=2/5.$$

例 8　从 1, 2, …, 100 的正整数中任取一个, 求下列事件的概率:

(1) 被抽取的数能被 5 或 21 整除;

(2) 被抽取的数能被 5 或 6 整除.

解　设 $A=\{$能被 5 整除的数$\}$, $B=\{$能被 21 整除的数$\}$, $C=\{$能被 6 整除的数$\}$.

(1) 因 A, B 为互斥事件, 故

$$P(A\cup B)=P(A)+P(B)=20/100+4/100=6/25;$$

(2) 因 30, 60, 90 既能被 5 整除又能被 6 整除, 所以 A, C 不是互斥事件, 故

$$P(A\cup C)=P(A)+P(C)-P(AC)=20/100+16/100-3/100=33/100.$$

下面给出三个事件的概率加法公式

$$P(A\cup B\cup C)=P(A)+P(B)+P(C)-P(AB)-P(AC)+P(ABC).$$

例 9　设某地有甲乙丙三种报纸, 据统计有 20%阅甲报, 16%阅乙报, 14%阅丙报. 其中 8%兼阅甲乙报, 5%兼阅甲丙报, 4%兼阅乙丙报, 2%所有报都阅, 求该区成年人至少阅读一种报纸的概率.

解　设 $A=\{$阅读甲报$\}$, $B=\{$阅读乙报$\}$, $C=\{$阅读丙报$\}$, $AB=\{$阅读甲乙报$\}$, $AC=\{$阅读甲丙报$\}$, $BC=\{$阅读乙丙报$\}$, $A+B+C=\{$至少阅一种报$\}$, 故

$$\begin{aligned}P(A\cup B\cup C)&=P(A)+P(B)+P(C)-P(AB)-P(AC)+P(ABC)\\&=0.2+0.16+0.14-0.08-0.05-0.04+0.02=0.35.\end{aligned}$$

习题 8.2

1. 在掷骰子的试验中, 抛掷一次, 求

(1) 出现 3 点的概率;

(2) 出现小于 3 点的概率;

(3) 出现偶数点的概率.

2. 从一副扑克的 52 张牌(不包括大小、王)中任取两张, 求

(1) 都是红桃的概率;

(2) 恰有一张黑桃、一张红桃的概率.

3. 从 1, 2, 3, 4, 5 这五个数中任取两个构成一个两位数, 求这个两位数是偶数的概率.

4. 盒中有 5 个红球与 2 个黑球, 从中每次任取一球, 接连取两次, 求

(1) 无放回抽取, 抽得两球都是红球的概率;

(2) 有放回抽取, 抽得两球都是红球的概率.

5. 一批产品, 正品分为一级品和二级品, 若一级品率为 0.7, 二级品率为 0.2, 求正品率与废品率.

6. 两人各向目标射击一次, 击中目标的概率都是 0.7, 两个都击中目标的概率为 0.49, 求

(1) 至少有一人击中目标的概率；

(2) 两人都未击中目标的概率.

7. 某种电冰箱在保修期内，压缩机损坏的概率为0.74，冷却管损坏的概率为0.82，压缩机与冷却管都损坏的概率为0.62，求在保修期内二者至少有一个损坏的概率.

8.3 条件概率与乘法公式

8.3.1 条件概率

例1 100个长方形零件中，有95个长度合格，92个宽度合格，90个长度与宽度都合格，求

(1) 任取一个零件，其长度合格的概率；

(2) 任取一个零件，在其宽度合格的前提下，其长度也合格的概率.

解 (1) 设 $A=\{$任取一个零件，其长度合格$\}$，则有

$$P(A)=\frac{95}{100}=0.95;$$

(2) 设 $B=\{$任取一个零件，其宽度合格$\}$，那么这个长度也合格的零件是在事件 B 已经发生的前提下才取得的. 由于长度与宽度都合格的零件有90个，而宽度合格的零件有92个，故在事件 B 已经发生的条件下，事件 A 发生的概率为$\frac{90}{92}$.

从上例可知，当求事件 A 的概率时，另一事件 B 发生与否会对 A 的概率产生一定影响，所以在事件问题中，除了会计算在不受事件 B 的影响下事件A 的概率，还要会计算在事件 B 发生的前提下，事件 A 发生的概率，记作 $P(A|B)$. 如例1(2)中，$P(A|B)=\frac{90}{92}$.

由事件 AB 表示“长度与宽度都合格”，故

$$P(AB)=\frac{90}{100},$$

又

$$P(B)=\frac{92}{100},$$

从而

$$P(A|B)=\frac{90}{92}=\frac{\frac{90}{100}}{\frac{92}{100}}=\frac{P(AB)}{P(B)},$$

由此可知

$$P(A|B)=\frac{P(AB)}{P(B)}.$$

上式对于一般问题也适合. 所以给出条件概率的计算公式：

对于任意事件 A, B，如果 $P(B)>0$，称 $P(A|B)=\frac{P(AB)}{P(B)}$为事件 B 已经发生的条件下事件A 发生的条件概率.

例 2　设有 100 件产品，其中有 80 件为合格品，在合格品中有 30 件为一级品，50 件为二次品，任取一件，求

(1) 它是合格品的概率；

(2) 已知取到合格品的前提下，该产品是一级品的概率.

解　设 $A=\{$一级品$\}$，$B=\{$合格品$\}$.

(1) $P(B)=\dfrac{80}{100}=0.8$；

(2) 因凡是一级品必是合格品，所以 $AB=A$，则

$$P(AB)=P(A)=0.3,$$

故在合格品中一级品率为

$$P(A|B)=\frac{P(AB)}{P(B)}=\frac{0.3}{0.8}=0.375.$$

例 3　假设我国人口中能活到 75 岁的概率为 0.8，活到 100 岁以上的概率为 0.2. 有一个已经活到 75 岁的老人，问他能活到 100 岁以上的概率是多少.

解　设

$$A=\{活到 100 岁\},\ B=\{活到 75 岁\},$$

则

$$P(B)=0.8.$$

由于活到 100 岁的人必活到 75 岁，所以 $AB=A$，因而有

$$P(AB)=P(A)=0.2,$$

故

$$P(A|B)=\frac{P(AB)}{P(B)}=\frac{0.2}{0.8}=0.25.$$

8.3.2　乘法公式

由公式 $P(A|B)=\dfrac{P(AB)}{P(B)}$ 立即可推出

定理 1　乘法公式

$$P(AB)=P(B)P(A|B),\ P(B)>0$$

或者

$$P(AB)=P(A)P(B|A),\ P(A)>0.$$

即两事件同时发生的概率等于其中一个事件发生的概率与该事件发生的条件下，另一事件发生的条件概率的乘积.

例 4　在 100 个零件中有 4 个次品，从中接连抽取两次，每次取一个，无放回抽取，求下列事件的概率：

(1) 第二次才取到正品；

(2) 两次都取到正品；

(3) 两次中恰取到一个正品.

解　设 $A_i=\{$第 i 次取到正品$\}$ $(i=1,\ 2)$.

(1) 设 $A=\{$第 2 次取到正品$\}$，那么 A 表示第一次取到次品与第二次取到正品同时发

生，则

$$P(A)=P(\bar{A}_1A_2)=P(\bar{A}_1)P(A_2|\bar{A}_1)=\frac{4}{100}\times\frac{96}{99}=0.038\ 8;$$

(2) 设 $B=\{$两次都取到正品$\}$，那么 B 表示第一次取到次品与第二正取到正品同时发生，则

$$P(B)=P(A_1A_2)=P(A_1)P(A_2|A_1)=\frac{96}{100}\times\frac{95}{99}=0.921\ 2;$$

(3) 设 $C=\{$两次中恰有一个正品$\}$，那么 C 表示“第一次取到正品且第二次取到次品”或者“第一次取到次品且第二次取到正品”发生，则

$$\begin{aligned}P(C)&=P(\bar{A}_1A_2+A_1\bar{A}_2)=P(\bar{A}_1A_2)+P(A_1\bar{A}_2)\\&=P(A_1)P(\bar{A}_2|A_1)+P(\bar{A}_1)P(A_2|\bar{A}_1)\\&=\frac{96}{100}\times\frac{4}{99}+\frac{4}{100}\times\frac{96}{99}=0.077\ 6.\end{aligned}$$

乘法公式可以推广到有限个事件同时发生的情形．当 $P(A_1A_2\cdots A_{n-1})>0$ 时，有

$$P(A_1A_2\cdots A_n)=P(A_1)P(A_2|A_1)P(A_3|A_1A_2)\cdots P(A_n|A_1A_2\cdots A_{n-1}).$$

例 5 已知袋中有 5 个白球、3 个红球，每次任取一个，记下颜色后立即放回袋中，同时放入同种颜色的球一个．试求接连抽取三次，三次都是红球的概率．

解 设

$$A=\{\text{三次都取到红球}\},\ A_i=\{\text{第 } i \text{ 次取出的是红球}\}\ (i=1,\ 2,\ 3),$$

由条件概率的定义可知

$$P(A_1)=\frac{3}{5+3}=\frac{3}{8},$$

$$P(A_2\mid A_1)=\frac{3+1}{5+3+1}=\frac{4}{9},$$

$$P(A_3\mid A_1A_2)=\frac{3+1+1}{5+3+1+1}=\frac{5}{10}.$$

因 $A=A_1A_2A_3$，故

$$P(A)=P(A_1A_2A_3)=P(A_1)P(A_2|A_1)P(A_3|A_1A_2)=\frac{3}{8}\times\frac{4}{9}\times\frac{5}{10}=\frac{1}{12}.$$

例 6 当 $P(A)=a$，$P(B)=b$ 时，证明

$$P(A|B)\geqslant\frac{a+b-1}{b}.$$

证明

$$P(A|B)=\frac{P(AB)}{P(B)}=\frac{P(A)+P(B)-P(A+B)}{P(B)},$$

因为

$$P(A+B)\leqslant 1,$$

所以

$$P(A|B)\geqslant\frac{a+b-1}{b}.$$

8.3.3　全概率公式

计算某些事件的概率较为麻烦，而把它分为若干个互斥事件的和，再求它的概率就会使计算变得较为简单.

例 7　某工厂有甲、乙、丙三个车间生产同一种产品，这三个车间生产的产品数量分别占全部产品的$\frac{1}{2}$，$\frac{3}{10}$，$\frac{1}{5}$. 而它们生产的正品数分别为本车间产品的$\frac{95}{100}$，$\frac{96}{100}$，$\frac{97}{100}$. 把这三个车间的产品混在一起，求任取一件是正品的概率.

解　设 A_1，A_2，A_3 分别表示甲、乙、丙三车间的产品，B 表示在全部产品中任取一件恰为正品. 则 A_1，A_2，A_3 为两两互斥事件，且

$$A_1+A_2+A_3=\Omega,\ B=A_1B+A_2B+A_3B,$$

故任取一个是正品的概率为

$$\begin{aligned}P(B)&=P(A_1B+A_2B+A_3B)=P(A_1B)+P(A_2B)+P(A_3B)\\&=P(A_1)P(B|A_1)+P(A_2)P(B|A_2)+P(A_3)P(B|A_3)\\&=\frac{1}{2}\times\frac{95}{100}+\frac{3}{10}\times\frac{96}{100}+\frac{1}{5}\times\frac{97}{100}=0.957.\end{aligned}$$

例 7 中计算概率的方法应用于一般事件的概率计算，有如下的全概率公式：

定理 2　如果事件 A_1，A_2，…，A_n 满足下列条件：

① A_1，A_2，…，A_n 两两互斥且$P(A_i)>0$ $(i=1,2,\cdots,n)$；

② $A_1+A_2+\cdots+A_n=\Omega$.

则对于任意事件 B，有

$$\begin{aligned}P(B)&=P(A_1)P(B\mid A_1)+P(A_2)P(B\mid A_2)+\cdots+P(A_n)P(B\mid A_n)\\&=\sum_{i=1}^{n}P(A_i)P(B\mid A_i).\end{aligned}$$

例 8　某高射炮向敌机发射一枚炮弹. 已知该炮弹能击中敌机的发动机、机舱及其他部位的概率分别为 0.15，0.1，0.4，又知击中上述各部位而使敌机坠毁的概率分别为 0.9，0.85，0.55，求该高射炮发射一枚炮弹而使敌机坠毁的概率.

解　设 A_1，A_2，A_3，A_4 分别表示炮弹击中敌机的发动机、机舱、其他部位及击不中的事件，B 表示敌机坠毁的事件. 显然有

$$P(A_1)=0.15,\ P(A_2)=0.1,\ P(A_3)=0.4,$$
$$P(A_4)=1-0.15-0.1-0.4=0.35,$$

而

$$P(B|A_1)=0.9,\ P(B|A_2)=0.85,$$
$$P(B|A_3)=0.55,\ P(B|A_4)=0,$$

于是由全概率公式，有

$$\begin{aligned}P(B)&=\sum_{i=1}^{4}P(A_i)P(B\mid A_i)=0.15\times0.9+0.1\times0.85+0.4\times0.55+0.35\times0\\&=0.135+0.085+0.220+0=0.440.\end{aligned}$$

8.3.4 贝叶斯公式

全概率公式给出了事件 B 随着事件 A_1, A_2, …, A_n 中某一个发生而发生的概率. 反过来, 如果知道事件 B 已经发生, 但不知道它是由 A_1, A_2, …, A_n 中哪个事件发生而与之发生的, 这样便产生了在事件 B 已经发生的前提下, 求事件 $A_i(i=1, 2, \cdots, n)$发生的概率, 对此有下面的贝叶斯公式.

定理 3 若 A_1, A_2, …, A_n 构成一个完备事件组, 则对任一事件 B, 当 $P(B)>0$ 时, 有

$$P(A_j \mid B) = \frac{P(A_j)P(B \mid A_j)}{\sum\limits_{i=1}^{n} P(A_j)P(B \mid A_i)} \quad (j = 1, 2, \cdots, n).$$

证明 由条件概率公式与全概率公式, 有

$$P(A_j \mid B) = \frac{P(A_jB)}{P(B)} = \frac{P(A_j)P(B \mid A_j)}{\sum\limits_{j=1}^{n} P(A_j)P(B \mid A_j)} \quad (j = 1, 2, \cdots, n).$$

上式称为贝叶斯公式, 也称为逆概率公式.

例 9 工厂生产车间开机前由机师调整好机器, 根据机师平时的技术水平, 可以认为机器调整良好的概率为 75%. 由机器的性能知, 机器调整良好时, 产品合格率为 90%; 调整得不够好时, 产品合格率为 30%. 若生产第一件产品合格, 求此时机器调整良好的概率; 若生产第一件产品不合格, 求此时机器调整得不够好的概率.

解 设 $B=\{$第一件产品合格$\}$, $A=\{$机器调整良好$\}$, 则 $\bar{B}=\{$第一件产品不合格$\}$, $\bar{A}=\{$机器调整得不够好$\}$. 由题意知 $P(A)=75\%$, $P(\bar{A})=25\%$, 故由贝叶斯公式得

$$\begin{aligned} P(A|B) &= \frac{P(AB)}{P(B)} = \frac{P(A)P(B|A)}{P(A)P(B|A)+P(\bar{A})P(B|\bar{A})} \\ &= \frac{0.75\times 0.9}{0.75\times 0.9+0.25\times 0.3} = 0.9, \\ P(\bar{A}|\bar{B}) &= \frac{P(\bar{A}\bar{B})}{P(\bar{B})} = \frac{P(\bar{A})P(\bar{B}|\bar{A})}{P(\bar{A})P(\bar{B}|\bar{A})+P(A)P(\bar{B}|A)} \\ &= \frac{0.25\times 0.7}{0.25\times 0.7+0.75\times 0.1} = 0.7. \end{aligned}$$

习题 8.3

1. 加工某产品需要经过两道工序, 如果这两道工序都合格的概率为 0.95, 求至少有一道工序不合格的概率.

2. 按由小到大的次序排列下列四个数(用等号或不等号连接):

$$P(A),\ P(A+B),\ P(AB),\ P(A)+P(B).$$

3. 甲、乙两炮同时向一架敌机射击, 已知甲炮的击中率是 0.5, 乙炮的击中率是 0.6, 甲乙两炮都击中的概率是 0.3, 求飞机被击中的概率是多少?

4. 从 1 到 1 000 的整数中任取一个数, 求该数能被 2 或 5 整除的概率.

5. 一批零件共 50 个, 次品率为 10%, 每次从中任取一个零件, 取后不放回, 求第四次才

取得正品的概率.

6. 设有 100 个圆柱形零件，其中 95 个长度合格，92 个直径合格，87 个长度、直径都合格. 现从中任取一个零件，求：

(1) 该零件合格的概率；

(2) 若已知该零件直径合格，求该零件合格的概率；

(3) 若已知该零件长度合格，求该零件合格的概率.

7. 对于随机事件 A，B，已知 $P(A)=\dfrac{1}{2}$，$P(B)=\dfrac{1}{3}$，$P(B|A)=\dfrac{1}{2}$. 求 $P(AB)$，$P(A+B)$，$P(A|B)$.

8. 袋中有 3 个红球和 2 个白球.

(1) 第一次从袋中任取一球，随即放回，第二次再任取一球，求两次都是红球的概率；

(2) 第一次从袋中任取一球，不放回，第二次再任取一球，求两次都是红球的概率.

9. 加工某种零件需要两道工序，第一道工序出次品的概率是 2%，如果第一道工序出次品则此零件就为次品；如果第一道工序出正品，则第二道工序出次品的概率是 3%，求加工出来的零件是正品的概率.

10. 某班级有 50 名同学，求其中至少有 2 人是同一天生日的概率.

11. 某种产品共有 40 件，其中有 3 件次品，现从中任取 2 件，求其中至少有 1 件是次品的概率.

12. 一批产品共 50 件，其中 46 件合格品，4 件废品，从中任取 3 件，其中有废品的概率是多少？废品不超过 2 件的概率是多少？

13. 两台车床加工同样的零件，第一台加工零件的废品率是 3%，第二台加工零件的废品率是 2%，加工出来的零件放在一起，并已知第一台加工的零件的数量是第二台的两倍，求任取一个零件是合格品的概率.

14. 有两批产品，第一批 20 件，其中有 5 件优质品，第二批 12 件，其中有 2 件优质品，先从第一批中任取 2 件混入第二批中，再从混合后的产品中任取 2 件，求从混合产品中取出的 2 件都是优质品的概率.

15. 某人从广州去天津，他乘火车、船、汽车、飞机的概率分别是 0.3，0.2，0.1 和 0.4，已知他乘火车、船、汽车而迟到的概率分别是 0.25，0.3，0.1，而乘飞机不会迟到. 问这个人迟到的可能性有多大？

16. A 罐中有 2 个白球和 1 个黑球，B 罐中有 1 个白球和 5 个黑球，从 A 罐中任取一球放入 B 罐中，然后再从 B 罐中任取一球，求此球是白球的概率.

17. 发报台分别以概率 0.6 及 0.4 发出信号“·”及“－”，由于系统受到干扰，当发出信号“·”时，收报台收到信号“·”的概率为 0.8，收到信号“－”的概率为 0.2；当发出信号“－”时，收报台收到信号“－”的概率为 0.9，收到信号“·”的概率为 0.1. 试求：

(1) 收报台收到信号“·”的概率；

(2) 当收报台收到信号“·”时，发报台确实发出信号“·”的概率.

8.4 事件的相互独立性及重复独立试验

8.4.1 事件的相互独立性

条件概率反映了某一事件 B 对另一事件 A 的影响，一般说来，$P(A)$与 $P(A|B)$是不同的，但在某些情况下，事件 B 发生或不发生对事件 A 不产生影响. 换句话说，事件 A 与事件 B 之间存在某种“独立性”.

例 1 金龙公司共有行政人员 100 名，其中青年(年龄在 35 岁以下)40 名. 该公司规定，每天从所有行政人员中随机选出一人为当天的值班人员，而不论其是否在前一天刚好值过班. 现要求以下两个事件的概率：

(1) 已知第一天选出的是青年，试求第二天选出青年的概率；

(2) 第二天选出青年的概率.

解 以事件 A，B 分别表示第一天、第二天选出青年，则

$$P(A)=\frac{40}{100}=0.4,\quad P(AB)=\frac{40}{100}\cdot\frac{40}{100}=0.4^2.$$

因此(1)

$$P(B|A)=\frac{P(AB)}{P(A)}=\frac{0.4^2}{0.4}=0.4.$$

对于(2)，即求 $P(B)$，可用全概率公式求解. 考虑第一天选出青年事件(A)与选出的不是青年事件($\bar{A}$)两种情况，即有

$$P(B)=P(AB)+P(\bar{A}B)=\frac{40}{100}\cdot\frac{40}{100}+\frac{60}{100}\cdot\frac{40}{100}=0.4,$$

因此

$$P(B)=P(B|A). \tag{8-3}$$

这一结果早在意料之中. 既然每天的候选者都是这同样的 100 个人，那么，前一天的结果(事件 A)对第二天的选取(事件 B)当然不会产生什么影响. 由此可见，式(8-3)是反映这种独立性的符合实际的表述. 但一般地，对于事件独立性的概念，用与式(8-3)等价的另一个公式来定义，并把这种等价性作为一个推论来加以处理.

定义 1 对事件 A 和 B，如果

$$P(AB)=P(A)P(B), \tag{8-4}$$

则称它们是统计独立的，简称为独立的.

推论 若 A，B 独立，且 $P(A)>0$，则 $P(B|A)=P(B)$，反之亦然.

请注意，按照定义，必然事件和不可能事件与任何事件独立. 此外，定义式中 A，B 位置是对称的，因此可说 A，B 相互独立. 这些都是式(8-3)所不具备的优点，可见采用式(8-4)作为定义的合理性.

从定义来看，A，B 相互独立，意味着 A 的发生对 B 无影响，B 的发生对 A 也无影响. 那么，直观地说，A 不发生(即 $\bar{A}$ 发生)对 B 也应无影响，同样 B 不发生($\bar{B}$ 发生)对 A 也不应产生影响. 这正是以下定理要告诉我们的.

定理 1　若 4 对事件$\{A, B\}$, $\{A, \bar{B}\}$, $\{\bar{A}, B\}$和$\{\bar{A}, \bar{B}\}$中有一对独立, 则另外 3 对也独立.

证明　由于对称性, 只要由$\{A, B\}$独立导出其余 3 对独立即可. 由条件, 有 $P(AB)=P(A)P(B)$, 因此

$$\begin{aligned} P(\bar{A}B) &= P[(S-A)B] = P(B-AB) \\ &= P(B) - P(AB) = P(B) - P(A)P(B) \\ &= [1-P(A)]P(B) = P(\bar{A})P(B). \end{aligned}$$

可知$\{\bar{A}, B\}$相互独立, 由此又可立即导出$\{\bar{A}, \bar{B}\}$独立, 再由 $\bar{\bar{A}}=A$ 而得出$\{A, \bar{B}\}$相互独立.

在实际中还经常要遇到多个事件之间的相互独立问题. 例如, 对 3 个事件的独立性一般作如下定义.

定义 2　设 A, B, C 是三个事件, 如果满足等式

$$P(ABC)=P(A)P(B)P(C), \tag{8-5}$$

$$\left.\begin{aligned} P(AB)&=P(A)P(B), \\ P(BC)&=P(B)P(C), \\ P(AC)&=P(A)P(C), \end{aligned}\right\} \tag{8-6}$$

则称 A, B, C 为相互独立的事件.

特别要注意, 对三个事件的独立性, 除了类似于两个事件情形需要满足式(8-5)的条件外, 还需满足(8-6)的三个条件. 式(8-6)的三个式子放在一起, 可称为 A, B, C 是两两独立的. 由此可见, 按定义, 若 A, B, C 相互独立, 则一定是两两独立的. 但反之, 它们两两独立并不能保证它们相互独立, 即由后三式并不能导出式(8-5), 这是把两个事件的独立性推广到多个事件的一个很重要的差别. 下面的例子可以说明这一点.

例 2　设一个口袋里装有 4 张形状相同的卡片. 在这 4 张卡片上依次标有下列各组数字:

$$110,\ 101,\ 011,\ 000.$$

从袋中任取一张卡片, 用 A_i 表示事件“取到的卡片第 i 位上的数字为 1”($i=1, 2, 3$). 证明: A_1, A_2, A_3 三个事件并不相互独立, 但 A_1, A_2, A_3 是两两独立的.

证明　容易求出:

$$P(A_1)=\frac{1}{2},\quad P(A_2)=\frac{1}{2},\quad P(A_3)=\frac{1}{2},$$

$$P(A_1A_2)=\frac{1}{4},\quad P(A_2A_3)=\frac{1}{4},$$

$$P(A_3A_1)=\frac{1}{4},\quad P(A_1A_2A_3)=0,$$

从而

$$\begin{aligned} P(A_1A_2)&=P(A_1)P(A_2), \\ P(A_2A_3)&=P(A_2)P(A_3), \\ P(A_3A_1)&=P(A_3)P(A_1), \end{aligned}$$

但是

$$P(A_1A_2A_3) \neq P(A_1)P(A_2)P(A_3).$$

由此可见，对这三个事件，虽然式(8-6)成立，式(8-5)却不成立．也就是说，它们是两两独立的，但并不是相互独立的．

一般地，对于 n 个事件的相互独立应如下定义．

定义 3 设 A_1, A_2, …, A_n 是 n 个事件，如果对于任意的 $k(1\leqslant k\leqslant n)$，任意的 $1\leqslant i_1< i_2<\cdots<i_k\leqslant n$，都有

$$P(A_{i_1}A_{i_2}\cdots A_{i_k})=P(A_{i_1})P(A_{i_2})\cdots P(A_{i_k})$$

成立，则称 A_1, A_2, …, A_n 是相互独立的．此时所需满足的等式共有

$$\binom{2}{n}+\binom{3}{n}+\cdots+\binom{n}{n}=2^n-n-1(\text{个}).$$

事件独立性在实践中有广泛的应用，特别是在各种工作系统运行的可靠性方面，从而对于系统的设计有重要意义．

系统由一组元件组成．对于任一元件，它能正常工作的概率称为该元件的可靠性．同样，系统正常工作的概率就称为该系统的可靠性．元件组成系统可以有各种不同的方式，从而由同样的元件组成的系统，会由于组合方式的不同而具有不同的可靠性．当然，系统的可靠性是系统设计的一个十分重要的指标，因此，有关的研究已发展成一个专门的分支学科——可靠性理论．

例 3 元件组合的两种最基本的方式是串联和并联．设有 n 个元件，每个元件的可靠性均为 r(显然应有 $0<r<1$)，且各元件能否正常工作是相互独立的．试求串联系统和并联系统的可靠性．

解 串联系统和并联系统可分别见图 8-8 和图 8-9．

串联系统

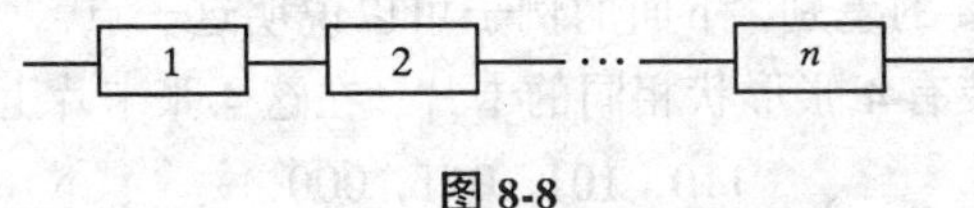

图 8-8

并联系统

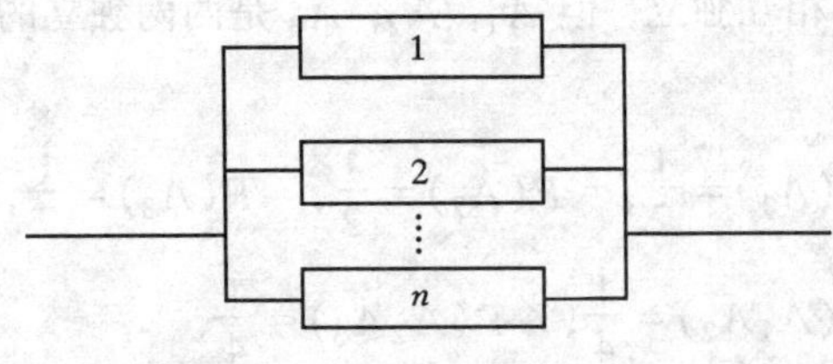

图 8-9

记事件 A_i 为第 i 个元件正常工作，由条件知 $P(A_i)=r$．分别记 A, B 为串联系统与并联系统正常工作．

显然，串联系统能够正常工作的充分必要条件是其中的每一个元件都正常工作，因此

$$A=A_1\cap A_2\cap\cdots\cap A_n=A_1A_2\cdots A_n,$$

从而

$$P(A)=P(A_1A_2\cdots A_n)=P(A_1)P(A_2)\cdots P(A_n)=r^n, \tag{8-7}$$

这就是串联系统的可靠性．它随着 n 的增大而减小．由此可见，n 越大，即构成系统的元件

个数越多，则该系统就越不可靠.

对于并联系统，只要 n 个元件中有一个未损坏，整个系统就能够正常工作，因此，“系统正常工作”可以等价地叙述为“n 个元件中至少有一个元件正常工作”，亦即

$$B=A_1\cup A_2\cup\cdots\cup A_n.$$

由此直接计算 $P(B)$是相当困难的，但借助于事件运算规律和事件独立性质则可以方便地求解. 事实上，由摩尔根定理，有

$$\bar{B}=\overline{A_1\cup A_2\cup\cdots\cup A_n}=\overline{A_1}\cap\overline{A_2}\cap\cdots\cap\overline{A_n}.$$

可知$\overline{A_1}$，$\overline{A_2}$，…，$\overline{A_n}$也是相互独立的，因此

$$\begin{aligned}P(\bar{B})&=P(\overline{A_1}\ \overline{A_2}\cdots\overline{A_n})=P(\overline{A_1})P(\overline{A_2})\cdots P(\overline{A_n})\\&=[1-P(A_1)][1-P(A_2)]\cdots[1-P(A_n)]\\&=(1-r)^n,\end{aligned}$$

从而

$$P(B)=1-P(\bar{B})=1-(1-r)^n,\tag{8-8}$$

这就是并联系统的可靠性. 与串联系统截然相反的是，此时构成系统的元件个数越多，即 n 越大，则系统就越可靠.

可以证明，一定有

$$1-(1-r)^n>r^n\quad(0<r<1).$$

这表明，并联系统的可靠性高于串联系统. 比如，当 $r=\frac{1}{2}$，$n=2$ 时，$P(A)=\frac{1}{4}$，$P(B)=\frac{3}{4}$，这时，并联系统的可靠性三倍于串联系统.

8.4.2　重复独立试验与二项概率公式

(1) n 次独立重复试验

在一定条件下重复地做 n 次试验，如果每次试验的结果都不依赖于其他各次试验的结果，那么就把这 n 次试验叫做 n 次独立试验. 例如，对一批产品进行抽样检验，每次抽一件，有放回地抽取 n 次，就是一个 n 次独立试验.

如果构成 n 次独立试验的每一次试验只有两个可能结果：A 与 $\bar{A}$，并且在每次试验中事件 A 发生的概率都不变，那么这样的 n 次独立试验就称为 n 次独立重复试验，或称 n 重贝努里试验，也称贝努里概型. 例如，对一批含有不合格的产品进行抽样检验，每次取一件，有放回地取 n 次，如果每次抽取只考虑合格品与不合格品两种结果，那么这样的试验就是 n 次独立重复试验.

(2) 二项概率公式

在 n 次贝努里试验中，如果事件 A 在每次试验中发生的概率为 p，把在这 n 次试验中事件 A 恰好发生 k 次的概率记作 $P_n(k)(0\leqslant k\leqslant n)$. 那么如何计算这个概率呢？先看例 4.

例 4　某射手射击 4 次，每次击中目标的概率为 p，试求下列事件的概率：

(1) 在四次射击中，恰好击中目标一次；

(2) 在四次射击中，恰好击中目标 k 次$(0\leqslant k\leqslant 4)$.

解 射击4次可看作是4次重复试验，设 A 表示"一次射击击中目标"，则 $\bar{A}$ 表示"一次射击击不中目标".

(1) 在4次射击中击中一次的可能情况有 C_4^1 种，而每一种情况都是"一次击中，三次未击中"同时发生，即事件 $A\bar{A}\bar{A}\bar{A}$ 发生，又因各次射击都是独立的，故有

$$P(A\bar{A}\bar{A}\bar{A})=P(A)P(\bar{A})P(\bar{A})P(\bar{A})=p(1-p)^3,$$

从而在4次射击中，恰好击中一次的概率为

$$P_4(1)=C_4^1p(1-p)^3;$$

(2)与解(1)的情况类似，在4次射击中恰好击中 k 次共有 C_4^k 种情况，而每一种情况都是"k 次击中，$4-k$ 次未击中"同时发生，从而在4次射击中恰好有 k 次击中目标的概率为

$$P_n(k)=C_4^kp^k(1-p)^{4-k}\qquad(0\leqslant k\leqslant 4).$$

定理2 设在一次试验中事件 A 发生的概率为 p，那么在 n 次贝努里试验中事件 A 恰好发生 k 次的概率为

$$P_n(k)=C_n^kp^k(1-p)^{n-k}\qquad(0\leqslant k\leqslant n).$$

此公式称为二项概率公式.

例5 100件产品中有5件次品，每次取一件，有放回地抽取3次，求恰有2件是次品的概率.

解 设 A 表示每次取一件，取到次品，则

$$P(A)=\frac{5}{100},$$

由二项概率公式，可得抽取3次恰有2次抽到次品的概率为

$$P_3(2)=C_3^2\times 0.05^2\times(1-0.05)\approx 0.007\,1.$$

例6 某车间有5台机床相互独立工作，每台机床"开动"的概率均为0.8，求某一段时间有4台机床"开动"以及"全部停工"的概率.

解 由于各机床"开动"相互独立且"开动"的概率均相等，因此可按二项概率公式计算，此时

$$n=5,\ p=0.8,$$

故4台机床"开动"的概率为

$$P_5(4)=C_5^4\times 0.8^4\times 0.2=0.409\,6,$$

"全部停工"的概率为

$$P_5(0)=C_5^0\times 0.8^0\times 0.2^5=0.000\,32.$$

在实际问题中真正完全重复的现象是不多的，往往只是近似完全重复，如在产品检验中产品总数大大超过被抽查的产品数时，采用无放回抽取的办法也可看作独立重复试验，可按二项概率公式去处理.

例7 按照规定,某型号灯管的使用寿命超过5 000h的为一级品. 已知某一大批此种灯管中的一级品率为0.2，现从中任意抽取10只，问此10只灯管中恰有2只灯管为一级品的概率及至少有2只灯管为一级品的概率.

解 由于灯管的总数大大超过10只，则可按独立重复试验去处理，此时

$$n=10,\ p=0.2.$$

任取10只恰有2只灯管为一级品的概率为

$$P_{10}(2)=C_{10}^{2}\times(0.2)^{2}\times(0.8)^{2}=0.302\ 0;$$

至少有 2 只灯管为一级品的概率为

$$1-P_{10}(0)-P_{10}(1)=1-C_{10}^{0}\times(0.2)^{0}\times(0.8)^{10}-C_{10}^{1}\times(0.2)^{1}\times(0.8)^{9}$$
$$=1-0.107-0.268=0.625.$$

习题 8.4

1. 甲、乙两射手各自向同一目标射击，已知甲击中目标的概率为 0.9，乙击中目标的概率为 0.8，试求目标被击中的概率.

2. 已知一批零件共 150 件，其中有次品 15 件. 现有放回地抽取 5 次，每次抽 1 件，试求抽取的 5 件为正品、次品相间的概率(注意第一次抽取的可能是正品，也可能是次品).

3. 有三台机床，设在任一指定的时刻机床不需要人看管的概率分别为 0.9，0.8，0.85. 求：

(1) 任一指定的时刻三台机床都不需要人看管的概率；

(2) 至少有一台正常工作的概率.

4. 假设有甲、乙两批种子，发芽率分别是 0.8 和 0.7，在两批种子中各随机取一粒，求：

(1) 两粒都发芽的概率；

(2) 至少有一粒发芽的概率；

(3) 恰有一粒发芽的概率.

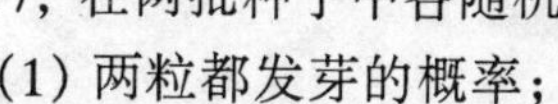

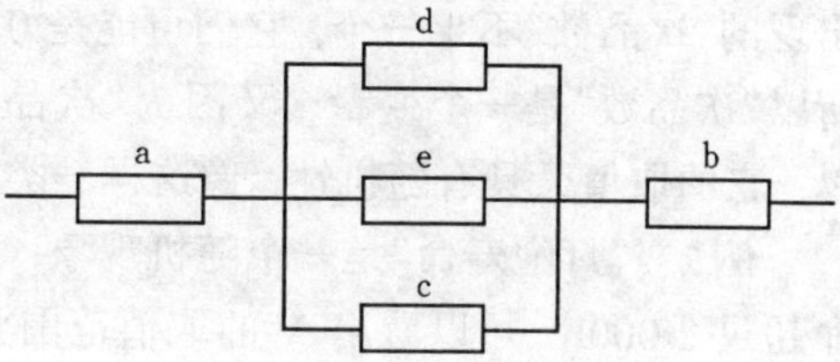

图 8-10

5. 在如图 8-10 所示的线路中，各元件能否正常工作是相互独立的. 已知元件 a，b，c，d，e 能正常工作的概率分别是 0.9，0.95，0.7，0.8，0.85，求线路畅通的概率.

6. 一枚硬币掷五次，求“正面向上”不多于一次的概率.

7. 一批产品中有 20% 的次品，进行重复抽样检查，共抽得 5 件样品，分别计算这 5 件样品中恰有 3 件次品和至多有 3 件次品的概率.

8. 一门火炮向某一目标射击，每发炮弹命中目标的概率均是 0.8，求连续射 3 发都命中的概率和至少有一发命中的概率.

9. 某一车间里有 12 台车床，由于工艺上的原因，每台车床时常要停车. 设各台车床停车(或开车)是相互独立的，且在任一时刻处于停车状态的概率为 0.3，计算在任一指定时刻里有 2 台车床处于停车状态的概率.

10. 加工某种零件需要三道工序，假设第一、第二、第三道工序的次品率分别是 2%，3%，5%，并假设各道工序是互不影响的，求加工出来的零件的次品率.

8.5 随机变量及其分布

前面已经讨论了随机现象、随机试验及随机事件，并对某些具体随机事件发生可能性的大小，即随机事件发生的概率进行了研究，但如何从整体上对随机现象的统计规律性进行全面的、深入的研究与探讨，需要引入新的概念——随机变量及其概率分布.

8.5.1 随机变量

变量通常指在某一变化过程中取值可以变化的量，那么，在随机试验中是否存在可变化的量？若存在，其如何取值？看下面的例子.

例 1 从含有 5 件次品的 100 件产品中，任意取出 10 件(无放回)进行检验，试求出现次品数的可能性.

显然，该问题属古典概型，但是，所求的不是一个事件的概率，因为在这个随机试验中出现的“次品数”不止一个，它们可能是 0，1，2，3，4，5，即“次品数”可能取的值有 6 个数，所以“次品数”是一个变量，又因为“次品数”的取值是随着每次抽样结果的不同而不同，所以，它的取值又具有随机性，像这样一类的变量就是随机变量.

例 2 “灯泡寿命”是一个随机现象，用变量 X 表示灯泡的寿命. $X>2\,000$ 就表示灯泡寿命超过 2 000h. 可以看出 X 的取值范围为不小于 0 的实数.

(1) 随机变量的概念

定义 1 设 E 是随机试验，其样本空间是 Ω，如果对于每一个基本事件 $\omega\in\Omega$，都有唯一的实数 $X(\omega)$与之对应，则称 $X(\omega)$为 Ω 上的一个随机变量. 一般用大写字母 X，Y，Z 表示.

注 ① 随机变量是定义在样本空间上的实值单值函数，即对于任意一个基本事件，都有唯一的一个实数与之对应，反之不一定；

② 对于任意给定的实数 a，$\{X=a\}$，$\{X\geqslant a\}$和$\{X\leqslant a\}$等均表示一个具体的随机事件；

③ 随机变量取不同值的可能性的大小是由相应的随机事件发生概率的大小决定的.

例 3 设某人射击，其每次击中目标的可能性为 0. 8，现在他连续射击 30 次，则该人击中目标的次数就是一个随机变量 X，并且 X 所有可能的取值为 0，1，2，…，30.

例 4 某汽车站每隔 10min 到达一班车，有位乘客事先并不知道汽车到达车站的时间，并且他在任一时刻到达车站都是等可能的，那么，他等候汽车的时间就是一个随机变量 X，并且该变量的取值范围为一个区间$[0, 10]$.

(2) 随机变量的二要素

随机变量的二要素是随机变量的取值范围和随机变量取值的概率分布.

(3) 随机变量的分类

常见的随机变量有两大类，一类是取值为有限个或无穷可列多个的离散型随机变量，另一类是取值为某个区间或整个实数集 **R** 的连续型随机变量.

8.5.2　离散型随机变量

定义 2　若随机变量 X 只能取有限个或无穷可列多个值，则称 X 为离散型随机变量.

定义 3　若离散型随机变量 X 的取值为 $x_1, x_2, \cdots, x_k, \cdots$，并且取相应值的概率为 $p_1, p_2, \cdots, p_k, \cdots$，则称 $P\{X=x_k\}=p_k(k=1, 2, \cdots)$ 为 X 的概率分布律，也可记为如表 8-3 所示的形式.

表 8-3

X	x_1	x_2	x_3	$\cdots$	x_k	$\cdots$
$P(X=x_k)$	p_1	p_2	p_3	$\cdots$	p_k	$\cdots$

一般来说，分布律能全面地描述离散型随机变量的统计规律.

例 5　任抛一颗均匀的骰子，试求

(1) 出现不同点的概率分布律；

(2) “点数不小于 4”的概率；

(3) “点数小于 3 的概率”；

(4) “点数大于 2 且不超过 5”的概率.

解　设 $X=\{$出现的点数$\}$，显然 X 的所有可能的取值为 1, 2, 3, 4, 5, 6，且

$$P\{X=k\}=\frac{1}{6}\quad (k=1, 2, \cdots, 6).$$

(1) X 的分布律为

X	1	2	3	4	5	6
P	$\frac{1}{6}$	$\frac{1}{6}$	$\frac{1}{6}$	$\frac{1}{6}$	$\frac{1}{6}$	$\frac{1}{6}$

；

(2) $P\{X\geqslant 4\}=P\{X=4\}+P\{X=5\}+P\{X=6\}=\dfrac{1}{2}$；

(3) $P\{X<3\}=P\{X=1\}+P\{X=2\}=\dfrac{1}{3}$；

(4) $P\{2<X\leqslant 5\}=P\{X=3\}+P\{X=4\}+P\{X=5\}=\dfrac{1}{2}$.

例 6　重复、独立地掷一枚均匀的硬币，直到出现正面向上为止，试求抛掷次数 X 的分布律.

解　设“$X=k$”表示前 $k-1$ 次都是正面向下，而第 k 次正面向上，于是有

$$P\{X=k\}=\left(\frac{1}{2}\right)^{k-1}\times\frac{1}{2}=\left(\frac{1}{2}\right)^{k},$$

故 X 的分布律为

X	1	2	3	$\cdots$	k	$\cdots$
P_k	$\frac{1}{2}$	$\frac{1}{4}$	$\frac{1}{8}$	$\cdots$	$\left(\frac{1}{2}\right)^{k}$	$\cdots$

由概率的基本性质知，任何一个离散型随机变量的分布律应满足如下两条性质：

① $p_k\geqslant 0\quad (k=1, 2, \cdots)$；

② $\sum\limits_{k=1}^{\infty} p_k=1$.

例 7 判断表 8-4, 表 8-5, 表 8-6 中的 P_k 能否作为某个离散型随机变量的概率分布律?

表 8-4

X	-1	0	1	2
P_k	0.3	0.1	0.4	0.3

表 8-5

X	1	2	3	4
P_k	-0.1	0.3	0.5	0.3

表 8-6

X	1	2	3	…
P_k	$\frac{1}{2}$	$\left(\frac{1}{2}\right)^2$	$\left(\frac{1}{2}\right)^3$	…

解 由分布律的性质, 因此

对于表 8-4: 因 $\sum\limits_{k=1}^{4} p_k = 1.1 > 1$, 故不能作为某随机变量的分布律;

对于表 8-5: 因 $P\{X = 1\} = -0.1 < 0$, 故不能作为某随机变量的分布律;

对于表 8-6: 因 $\sum\limits_{k=1}^{\infty} p_k = \frac{1}{2} + \left(\frac{1}{2}\right)^2 + \left(\frac{1}{2}\right)^3 + \cdots + \left(\frac{1}{2}\right)^k + \cdots = \lim\limits_{k\to\infty} \dfrac{\frac{1}{2}\left[1 - \left(\frac{1}{2}\right)^k\right]}{1 - \frac{1}{2}}$

$= 1$, 且 $p_k > 0(k = 1, 2, \cdots)$, 故能作为某随机变量的分布律.

8.5.3 连续型随机变量

前面研究了离散型随机变量以及描述这类随机变量的分布律, 它是建立在随机变量是可数的基础上的, 但显然这是不够的, 因为在许多的随机现象中所出现的一些变量, 如"测量某地的气温", "检测某种型号的电子管的寿命", "检查某高校学生的身高、体重"等, 这里的变量都具有随机性, 但它们的取值充满某个区间或整个实数域, 它们是不可数的. 因此, 必须引进新的概念.

定义 4 设 X 是一随机变量, 若在实数集 $\mathbf{R}$ 上存在一非负可积函数 $f(x)$, 使得 X 在区间$[a, b](a<b)$内取值的概率为

$$P\{a < X \leqslant b\} = \int_a^b f(x)\mathrm{d}x,$$

则称 X 为连续型随机变量. $f(x)$称为 X 的概率分布密度函数, 简称概率密度.

在平面直角坐标系中所作概率密度的图像称为概率密度曲线, 简称密度曲线.

由定积分的知识, 有以下四点需要大家注意:

① 连续型随机变量在取值空间内任一点 c 处的概率为零, 即

$$P\{X = c\} = 0;$$

② 连续型随机变量在任意区间的概率与区间端点无关, 即

$$P\{a<X<b\} = P\{a\leqslant X<b\} = P\{a<X\leqslant b\} = P\{a\leqslant X\leqslant b\};$$

③ 对于任意实数 x_0, $f(x_0)$并不表示 X 在 x_0 处的概率值, 而是表示 X 在 x_0 附近概率

分布的密集程度；

④ 概率密度 $f(x)$ 全面描述了连续型随机变量的概率分布，故通常记作 $X\sim f(x)$.

由密度函数及概率的特性可得，概率密度具有如下性质：

① $f(x)\geqslant 0,\ x\in\mathbf{R}$;

② $\int_{-\infty}^{+\infty}f(x)\mathrm{d}x = 1$.

另一方面，若一个函数具有上述性质，则它一定是某一连续型随机变量的概率密度.

例 8　已知 $X\sim f(x)=\begin{cases}Ax^2 & 0<x<1\\ 0, & 其他\end{cases}$，求

(1) 常数 A;

(2) $P\{-1<X<2\}$, $P\{|X|\leqslant 1\}$, $P\{X<0.2\}$, $P\{X>1\}$.

解　(1)由性质②，有

$$\int_{-\infty}^{+\infty}f(x)\mathrm{d}x = \int_0^1 Ax^2\mathrm{d}x = \frac{A}{3}x^3\Big|_0^1 = \frac{A}{3} = 1,$$

则 $A = 3$;

(2) $P\{-1 < X < 2\} = \int_{-1}^{2}f(x)\mathrm{d}x = \int_0^1 3x^2\mathrm{d}x = 1,$

$$P\{|X|\leqslant 1\} = P(-1\leqslant X\leqslant 1) = \int_{-1}^{1}f(x)\mathrm{d}x = \int_0^1 3x^2\mathrm{d}x = 1,$$

$$P\{X < 0.2\} = \int_{-\infty}^{0.2}f(x)\mathrm{d}x = \int_0^{0.2}3x^2\mathrm{d}x = x^3\Big|_0^{0.2} = 0.008,$$

$$P\{X > 1\} = \int_1^{+\infty}f(x)\mathrm{d}x = 0.$$

例 9　已知 $X\sim f(x) = \begin{cases}\frac{1}{2}\mathrm{e}^x, & x\leqslant 0,\\ \frac{1}{4}, & 0<x\leqslant 2,\\ 0, & x>2,\end{cases}$

求：(1) $P\{-1.5 < X\leqslant 3\}$;

(2) $P\{|X| > 1\}$;

(3) $P\{X = 1\}$.

解　由已知得

(1) $$P\{-1.5 < X\leqslant 3\} = \int_{-1.5}^{3}f(x)\mathrm{d}x = \int_{-1.5}^{0}\frac{1}{2}\mathrm{e}^x\mathrm{d}x + \int_0^2\frac{1}{4}\mathrm{d}x + \int_2^3 0\mathrm{d}x$$
$$= \frac{1}{2}\mathrm{e}^x\Big|_{-1.5}^{0} + \frac{1}{4}x\Big|_0^2 = 1 - \frac{1}{2}\mathrm{e}^{-1.5};$$

(2) $$P\{|X| > 1\} = P\{X > 1\} + P\{X < -1\} = \int_1^{+\infty}f(x)\mathrm{d}x + \int_{-\infty}^{-1}f(x)\mathrm{d}x$$
$$= \int_1^2\frac{1}{4}\mathrm{d}x + \int_{-\infty}^{-1}\frac{1}{2}\mathrm{e}^x\mathrm{d}x = \frac{1}{4} + \frac{1}{2}\mathrm{e}^{-1};$$

(3) $P\{X = 1\} = 0$.

例 10　已知函数 $f(x) = \begin{cases}\sin x, & x\in D,\\ 0, & x\notin D,\end{cases}$ 判断在下列指定区间 D 上 $f(x)$ 能否满足随

机变量 X 的密度函数的两个性质.

(1) $\left[0, \frac{\pi}{2}\right]$; (2) $[0, \pi]$; (3) $\left[0, \frac{3\pi}{2}\right]$.

解 (1) 因为在$\left[0, \frac{\pi}{2}\right]$上, $f(x) \geqslant 0$ 且

$$\int_{-\infty}^{\infty} f(x)\mathrm{d}x = \int_{0}^{\frac{\pi}{2}} \sin x \mathrm{d}x = 1 \text{ 所以在}\left[0, \frac{\pi}{2}\right]\text{上 } f(x) \text{ 满足两个性质;}$$

(2) 在$[0, \pi]$上, $f(x) \geqslant 0$ 满足性质 ①, 但

$$\int_{-\infty}^{\infty} f(x)\mathrm{d}x = \int_{0}^{\pi} \sin x \mathrm{d}x = 2,$$

不满足性质 ②;

(3) 自己完成.

例 11 已知连续型随机变量 $X \sim f(x) = \begin{cases} ax + b, & 0 < x < 2, \\ 0, & \text{其他}, \end{cases}$

$P\{1 < X < 3\} = 0.25$, 求常数 a, b, 并计算 $P\{X > 1.5\}$.

解 由于

$$1 = \int_{-\infty}^{+\infty} f(x)\mathrm{d}x = \int_{0}^{2} (ax + b)\mathrm{d}x = \left(\frac{ax^2}{2} + bx\right)\Bigg|_0^2 = 2a + 2b$$

及

$$0.25 = P\{1 < X < 3\} = \int_{1}^{3} f(x)\mathrm{d}x = \int_{1}^{2} (ax + b)\mathrm{d}x = 1.5a + b,$$

解得
$$a = -\frac{1}{2}, \ b = 1,$$

于是 $P\{X > 1.5\} = \int_{1.5}^{\infty} f(x)\mathrm{d}x = \int_{1.5}^{2} \left(-\frac{1}{2}x + 1\right)\mathrm{d}x = \left(-\frac{1}{4}x^2 + x\right)\Bigg|_{1.5}^{2} = 0.062\,5.$

例 12 已知连续型随机变量

$$X \sim f(x) = \begin{cases} \dfrac{2}{\pi(1 + x^2)}, & x \in (a, +\infty), \\ 0, & \text{其他}, \end{cases}$$

确定 a, b 的值, 使 $P\{a < X < b\} = \frac{1}{2}$.

解 由密度函数的性质, 有

$$\int_{-\infty}^{+\infty} f(x)\mathrm{d}x = \int_{a}^{+\infty} \frac{2}{\pi(1 + x^2)}\mathrm{d}x = 1 - \frac{2}{\pi}\arctan a = 1,$$

所以 $a = 0$, 而

$$\int_{a}^{b} f(x)\mathrm{d}x = \int_{0}^{b} \frac{2\mathrm{d}x}{\pi(1 + x^2)} = \frac{1}{2},$$

所以 $b = 1$.

8.5.4 随机变量的分布函数

离散型随机变量和连续型随机变量的概率分布是由于取值的不同而用不同的方式去描述的, 那么, 对于任意的随机变量, 能否用统一的形式去研究它们的概率分布情况呢? 为了解

决这个问题，需引入分布函数的概念.

定义 5　设 X 是一随机变量，对于每一个实数 x，令

$$F(x)=P\{X\leqslant x\}\quad (x\in\mathbf{R}),$$

则称函数 $F(x)$为随机变量 X 的概率分布函数，简称为 X 的分布函数.

由定义 5 可以看出如下两点：

① 分布函数的定义适合于任意随机变量；

② 分布函数具有明确的概率意义，即对任意的实数 x，$F(x)$表示随机事件$\{X\leqslant x\}$发生的概率.

(1) 分布函数的性质

设 $F(x)$为随机变量 X 的分布函数，则 $F(x)$有具下列性质：

① $0\leqslant F(x)\leqslant 1$，$x\in(-\infty, +\infty)$；

② $F(x)$在其定义域内是 x 的不减函数；

③ $\lim\limits_{x\to-\infty}F(x)=0$，$\lim\limits_{x\to+\infty}F(x)=1$；

④ $F(x)$右连续，即 $F(x+0)=F(x)$，若 X 是连续型随机变量，则 $F(x)$为连续函数；

⑤ 对于任意实数 a，$b(a<b)$，则有

$$P\{a<X\leqslant b\}=F(b)-F(a);$$

⑥ 若 X 为连续型随机变量，其密度函数 $f(x)$在 x 处连续，则

$$F'(x)=f(x).$$

上述性质由 $F(x)$的定义及概率的性质易证.

(2) 离散型随机变量分布函数的求法

已知离散型随机变量 X 的分布律为$P\{X=x_k\}=p_k(k=1, 2, \cdots)$，对于任意实数 x，则有

$$F(x)=P\{X\leqslant x\}=\sum_{x_k\leqslant x}p_k.$$

显然，离散型随机变量的分布 $F(x)$函数是一跳跃函数，它在每个 x_k 处有一跳跃度 p_k，再根据分布函数的右连续性易知，在这些跳跃点处函数的取值应在阶梯的上方，所以，x 的取值区间除第一个外，其余均是左闭右开区间.

例 13　随机变量 X 的分布律为

X	-1	0	1	2
P	0.4	0.1	0.2	0.3

求：① X 的分布函数$F(x)$；

② $P\{1<X\leqslant 3\}$，$P\{|X+2|>1\}$，$P\{X<1.5\}$.

解　① 当$-\infty<x<-1$时，　$F(x)=0$;

当$-1\leqslant x<0$时，　$F(x)=P\{X=-1\}=0.4$;

当$0\leqslant x<1$时，　$F(x)=P\{X=-1\}+P\{X=0\}=0.5$;

当$1\leqslant x<2$时，　$F(x)=P\{X=-1\}+P\{X=0\}+P\{X=1\}=0.7$;

当$2\leqslant x<+\infty$时，　$F(x)=1$.

即
$$F(x)=\begin{cases}0, & -\infty<x<-1,\\ 0.4, & -1\leqslant x<0,\\ 0.5, & 0\leqslant x<1,\\ 0.7, & 1\leqslant x<2,\\ 1, & 2\leqslant x<+\infty;\end{cases}$$

② $P\{1<X\leqslant 3\}=F(3)-F(1)=1-0.7=0.3$,

$$\begin{aligned}P\{|X+2|>1\}&=P\{X>-1\}+P\{X<-3\}\\&=F(+\infty)-F(-1)+F(-3)-F(-\infty)\\&=1-0.4=0.6,\end{aligned}$$

$$P\{X<1.5\}=F(1.5)-F(-\infty)=F(1.5)=0.7.$$

可见，对于离散型随机变量，我们可以由随机变量的分布律确定其分布函数；反过来，由分布函数也可唯一地确定一个随机变量的概率分布.

(3) 连续型随机变量分布函数的求法

若连续型随机变量 X 的概率密度为 $f(x)$，由分布函数的定义，则有

$$F(x)=\int_{-\infty}^{x}f(t)\mathrm{d}t,$$

且在 $f(x)$ 的连续点处，由变上限定积分的性质得

$$F'(x)=f(x).$$

由上式可以看出，概率密度的值是连续型随机变量落在相应区间的概率变化率，所以说，概率密度描述了随机变量在某一点附近概率分布的密集程度.

例 14 已知 $X\sim f(x)=\begin{cases}Ax^2, & 1\leqslant x<2,\\ Ax, & 2\leqslant x<3,\\ 0, & \text{其他},\end{cases}$

求：(1) 常数 A；

(2) X 的分布函数 $F(x)$；

(3) $P\left\{-2<X\leqslant\frac{3}{2}\right\}$，$P\{X>1.5\}$，$P\{X\leqslant 2.5\}$.

解 (1) 由概率密度的性质②，有

$$\int_{-\infty}^{+\infty}f(x)\mathrm{d}x=\int_{1}^{2}Ax^2\mathrm{d}x+\int_{2}^{3}Ax\,\mathrm{d}x=\frac{A}{3}x^3\Big|_1^2+\frac{A}{2}x^2\Big|_2^3=\frac{29}{6}A=1,$$

则 $A=\frac{6}{29}$，即 $f(x)=\begin{cases}\frac{6}{29}x^2, & 1\leqslant x<2,\\ \frac{6}{29}x, & 2\leqslant x<3,\\ 0, & \text{其他};\end{cases}$

(2) 当 $x<1$ 时，$F(x)=0$；

当 $1\leqslant x<2$ 时，$F(x)=\int_{-\infty}^{x}f(t)\mathrm{d}t=\int_{1}^{x}\frac{6}{29}t^2\mathrm{d}t=\frac{2x^3-2}{29}$；

当 $2\leqslant x<3$ 时，$F(x)=\int_{-\infty}^{x}f(t)\mathrm{d}t=\int_{1}^{2}\frac{6}{29}t^2\mathrm{d}t+\int_{2}^{x}\frac{6}{29}t\,\mathrm{d}t=\frac{3x^2}{29}+\frac{2}{29}$；

当 $x\geqslant 3$ 时，$F(x)=1$.

即
$$F(x)=\begin{cases}0, & x<1,\\ \frac{2}{29}x^3-\frac{2}{29}, & 1\leqslant x<2,\\ \frac{3}{29}x^2+\frac{2}{29}, & 2\leqslant x<3,\\ 1, & x\geqslant 3;\end{cases}$$

(3) $P\left\{-2<X\leqslant\frac{3}{2}\right\}=F\left(\frac{3}{2}\right)-F(-2)=\frac{2}{29}\times\left(\frac{3}{2}\right)^3-\frac{2}{29}=\frac{19}{116}$,

$$P\{X>1.5\}=F(+\infty)-F(1.5)=1-\frac{2}{29}\times\left(\frac{3}{2}\right)^3+\frac{2}{29}=\frac{97}{116},$$

$$P\left\{X\leqslant\frac{5}{2}\right\}=F\left(\frac{5}{2}\right)-F(-\infty)=\frac{3}{29}\times\left(\frac{5}{2}\right)^2+\frac{2}{29}=\frac{83}{116}.$$

由以上讨论可知，已知随机变量的概率分布，可以唯一确定其分布函数，而若已知分布函数，则可以求出随机变量落在任意区间的概率，所以，分布函数也可唯一确定随机变量的概率分布，这一事实的证明需要高深的测度论知识，本书从略．

8.5.5　几种常见的分布

(1) 常见的离散型随机变量的分布

(ⅰ) 两点分布

定义 6　若随机变量 X 的分布列为

X	0	1
P_k	p	$1-p$

或 $P_k=p^k(1-p)^{1-k}\quad(k=0,\ 1)$，其中参数 p 满足 $0<p<1$，则称 X 服从两点分布(或称 0-1 分布)，记为 $X\sim(0,\ 1)$．

当一次试验仅有两个可能的结果时，就能确定一个服从两点分布的随机变量．两点分布的应用比较广泛，如抽查产品是否合格、打靶是否击中、某单位的电力负荷是否超载等．

(ⅱ) 二项分布

定义 7　若随机变量的分布律为

X	0	1	…	k	…	n
P_k	$(1-p)^n$	$C_n^1p(1-p)^{n-1}$	…	$C_n^kp^k(1-p)^{n-k}$	…	p^n

或 $P\{X=k\}=C_n^kp^k(1-p)^{n-k}(k=0,\ 1,\ \cdots,\ n)$．其中 n，p 是参数，且满足 $0<p<1$，则称 X 服从参数为 n，p 的二项分布，记为 $X\sim B(n,\ p)$．

二项分布的背景是 n 次贝努里概型，它适用于 n 次独立试验，特别是在产品的抽样中有着广泛的应用．

显然由二项式定理易证二项分布满足分布律的性质．特别是当 $n=1$ 时的二项分布就是两点分布．

例 15　袋中有 4 个白球和 6 个黑球，现在有放回地取 3 次，每次取一个，设 3 次中取到

的白球数为 X，求 X 的分布律.

解 设 A 为在一次抽取中取到白球，则

$$P(A)=\frac{4}{10}=\frac{2}{5},$$

由已知，服从两项分布，所以 X 的分布律为

$$P\{X=k\}=C_3^k\left(\frac{2}{5}\right)^k\left(1-\frac{2}{5}\right)^{n-k}\quad(k=0,\ 1,\ 2,\ 3).$$

例 16 设某车间共有 9 台机床，每台机床使用电力都是间歇性的，平均每小时中约有 12min 使用电力，假定车工们的工作是相互独立的，试问在同一时刻有 7 台或 7 台以上的机床使用电力的概率是多少?

解 因为在任一时刻，一台机床用电与否是随机的，故可看成一次试验，设"机床使用电力"为事件 A，则

$$P(A)=\frac{12}{60}=0.2.$$

又因机床之间相互独立，故设 X 为任一时刻使用电力的机床数，则有 $X\sim B(9,\ 0.2)$. 所求事件的概率为

$$\begin{aligned}P\{X\geqslant 7\}&=P\{X=7\}+P\{X=8\}+P\{X=9\}\\&=C_9^7\times 0.2^7\times 0.8^2+C_9^8\times 0.2^8\times 0.8+C_9^9\times 0.2^9\\&=0.000\ 3.\end{aligned}$$

(ⅲ) 泊松分布

定义 8 若随机变量 X 满足

$$P\{X=k\}=\frac{\lambda^k}{k!}e^{-\lambda}\quad(k=0,\ 1,\ \cdots,\ \lambda>0),$$

则称 X 服从参数为 λ 的泊松分布，记为 $X\sim P(\lambda)$.

泊松分布是一种常见的分布，它主要适用于随机试验次数很大，每次试验事件 A 发生的概率很小的情形. 如在单位时间内电话交换局接收到的电话呼叫次数，一页书上印刷的错误数，机场紧急降落的飞机数，单位长度布匹上出现的疵点数，等等，这些随机变量都服从泊松分布.

例 17 若书中的某一页上印刷错误的个数 X 服从参数为 0.5 的泊松分布，求在此页上至少有一处印刷错误的概率.

解 由已知 $X\sim P(0.5)$，则所求事件的概率为

$$P\{X\geqslant 1\}=1-P\{X<1\}=1-P\{X=0\}=1-e^{-\frac{1}{2}}.$$

二项分布和泊松分布中，当 n 或 k 很大时计算较复杂. 为了方便应用，可以编制二项分布表和泊松分布表，以方便计算. 但二项分布的参数 n，p 可以取无限个，为了解决这个问题，给出下列定理.

定理 在 n 次贝努里试验中，p 表示事件A 在每次试验中发生的概率，如果 $np\to\lambda>0$，则

$$\lim_{n\to\infty}C_n^k p^k(1-p)^{n-k}=\frac{\lambda^k}{k!}e^{-\lambda}.$$

该定理说明，泊松分布是二项分布当 $n\to\infty$ 情形下的极限.

(2) 常见的连续型随机变量的分布

(ⅰ) 均匀分布

定义 9　如果随机变量 X 的概率密度为

$$f(x)=\begin{cases}\dfrac{1}{b-a}, & a\leqslant x\leqslant b,\\ 0, & \text{其他},\end{cases}$$

则称 X 在区间 $[a, b]$ 上服从均匀分布，记为 $X\sim U(a, b)$. 显然有

① $f(x)\geqslant 0$;

② $\int_{-\infty}^{+\infty}f(x)\mathrm{d}x=\int_a^b\frac{\mathrm{d}x}{b-a}=1$.

在区间 $[a, b]$ 上服从均匀分布的随机变量 X，具有下述意义的等可能性，即它落在区间 $[a, b]$ 中任意等长度的子区间内的可能性相同. 或者说它落在区间 $[a, b]$ 的子区间内的概率只依赖于子区间的长度而与子区间的位置无关. 事实上，对于任一长度为 l 的子区间 $(c, c+l)$，$a\leqslant c<c+l\leqslant b$，有

$$P\{c<X\leqslant c+l\}=\int_c^{c+l}f(x)\mathrm{d}x=\int_c^{c+l}\frac{1}{b-a}\mathrm{d}x=\frac{l}{b-a}.$$

(ⅱ) 指数分布

定义 10　如果随机变量 X 的概率密度为

$$f(x)=\begin{cases}\lambda\mathrm{e}^{-\lambda x}, & x>0,\\ 0, & x\leqslant 0,\end{cases}$$

其中 $\lambda>0$，则称 X 服从参数为 λ 的指数分布，记为 $X\sim E(\lambda)$.

若 $X\sim E(\lambda)$，则显然有 $f(x)\geqslant 0$，且有

$$\int_{-\infty}^{+\infty}f(x)\mathrm{d}x=\int_0^{+\infty}\lambda\mathrm{e}^{-\lambda x}\mathrm{d}x=-\mathrm{e}^{-\lambda x}\Big|_0^{+\infty}=-(0-1)=1.$$

一般电子元件的寿命服从指数分布，如果电子元件的寿命 X 服从参数为 λ 的指数分布，对于 $a>0$，用 $X>a$ 表示使用 a 小时而不坏，则

$$P\{X>a\}=\int_a^{+\infty}\lambda\mathrm{e}^{-\lambda x}\mathrm{d}x=-\mathrm{e}^{-\lambda x}\Big|_a^{+\infty}=\mathrm{e}^{-\lambda a},$$

$$P\{X>2a\mid X>a\}=\frac{P\{X>2a\}}{P\{X>a\}}=\frac{\mathrm{e}^{-2\lambda a}}{\mathrm{e}^{-\lambda a}}=\mathrm{e}^{-\lambda a}.$$

这就是指数分布所独有的无记忆性.

(ⅲ) 正态分布

正态分布是所有概率分布中最重要的分布，一方面正态分布是许多分布的近似，另一方面通过正态分布可导出其他一些分布. 因此，正态分布在应用及理论研究中都占有非常重要的地位.

定义 11　若连续型随机变量 X 的概率密度为

$$f(x)=\frac{1}{\sqrt{2\pi}\sigma}\mathrm{e}^{-\frac{(x-\mu)^2}{2\sigma^2}}\quad(-\infty<x<+\infty),$$

其中 μ，σ 均为常数，$\sigma>0$，则称 X 服从参数为 μ，σ^2 的正态(Normal) 分布，记为 $X\sim N(\mu, \sigma^2)$.

利用泊松积分$\int_{-\infty}^{+\infty} \mathrm{e}^{-x^2}\mathrm{d}x = \sqrt{\pi}$，可以验证$\int_{-\infty}^{+\infty} f(x)\mathrm{d}x = 1$.

由微积分的知识可以画出 $f(x)$ 的图形，形状呈钟形(如图 8-11 所示). 由图可知，正态分布的概率密度曲线具有以下性质：

(1) 关于直线 $x = \mu$ 对称，最大值点为 $x = \mu$，在 $x = \mu \pm \sigma$ 处有拐点；

(2) 当 $x \to \pm \infty$ 时，曲线以 x 轴为渐近线；

(3) 固定σ、改变μ时，曲线沿 x 轴平行移动，形状不变；固定μ、改变σ时，σ越大，曲线越平坦，σ 越小，曲线越陡峭.

若 $X \sim N(\mu, \sigma^2)$，则 X 的分布函数为

$$F(x) = \int_{-\infty}^{x} \frac{1}{\sqrt{2\pi}\sigma}\mathrm{e}^{-\frac{-(t-\mu)^2}{2\sigma^2}}\mathrm{d}t \quad (-\infty < x < +\infty).$$

在图 8-12 中，$F(x)$ 表示阴影部分的面积.

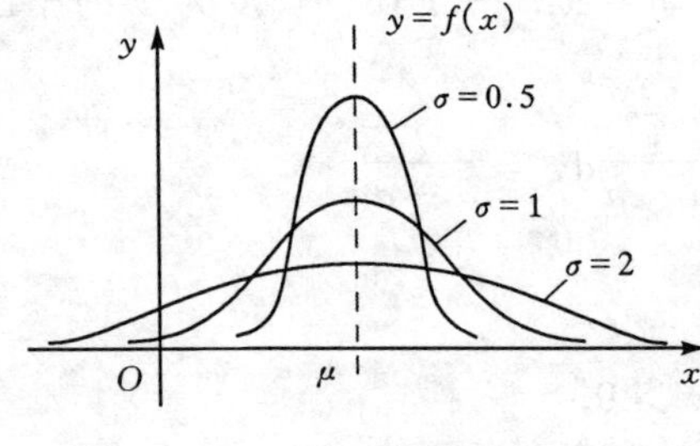

图 8-11

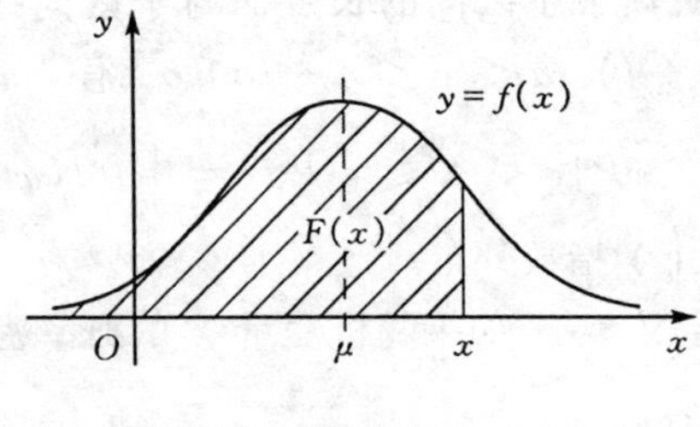

图 8-12

定义 12 正态分布中，当 $\mu = 0$，$\sigma = 1$ 时，概率密度变为

$$\varphi(x) = \frac{1}{\sqrt{2\pi}}\mathrm{e}^{-\frac{x^2}{2}} \quad (-\infty < x < +\infty),$$

这时称 X 的分布为标准正态分布，记为 $X \sim N(0, 1)$.

概率密度 $\varphi(x)$ 的图形关于 y 轴对称，如图 8-13 所示，在 $x = \pm 1$ 处有拐点，在 $x = 0$ 处达到最大值，即

$$\varphi(0) = \frac{1}{\sqrt{2\pi}} \approx 0.398\ 9.$$

标准正态分布的分布函数为

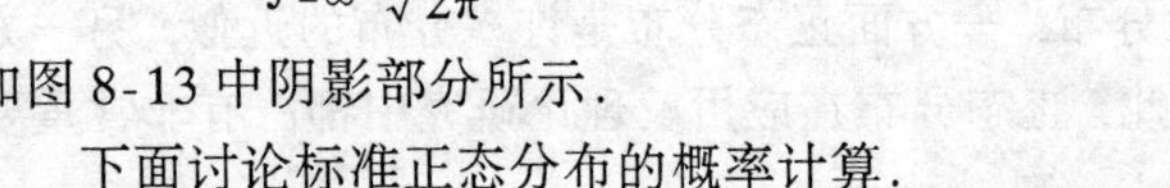

$$\varphi(x) = \int_{-\infty}^{x} \frac{1}{\sqrt{2\pi}}\mathrm{e}^{-\frac{t^2}{2}}\mathrm{d}t \quad (-\infty < x < +\infty).$$

如图 8-13 中阴影部分所示.

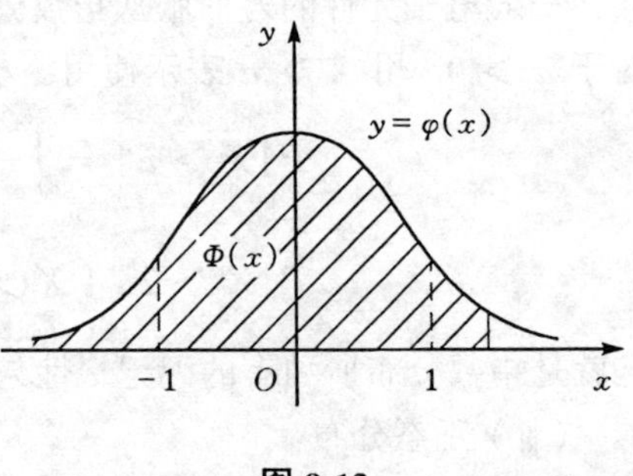

图 8-13

下面讨论标准正态分布的概率计算.

若 $X \sim N(0, 1)$，则由标准正态分布曲线的对称性知

$$\Phi(-x) = 1 - \Phi(x).$$

因此，对于标准正态分布的概率计算，只要解决 $x \geqslant 0$ 的计算就可以了. 于是

$$P\{|X|\leqslant x\}=\begin{cases}\Phi(x), & x>0,\\ 0.5, & x=0,\\ 1-\Phi(x), & x<0;\end{cases}$$

$$P\{|X|<x\}=2\Phi(x)-1;$$

$$P\{a<X<b\}=\Phi(b)-\Phi(a).$$

由于 $\Phi(x)$ 不是初等函数，求其函数值非常困难，所以，为计算方便，编制了 $x\geqslant 0$ 时 $\Phi(x)$ 的函数值表供查阅，见书后附表 1.

例 18　设 $X\sim N(0,1)$，求下列各值：

(1) $P\{X\leqslant 1\}$；　(2) $P\{X\leqslant -1\}$；　(3) $P\{|X|\leqslant 1\}$；

(4) $P\{-1<X<2\}$；　(5) $P\{X\leqslant 3.9\}$.

解　查表可知

(1) $P\{X\leqslant 1\}=\Phi(1)=0.841\,3$;

(2) $P\{X\leqslant -1\}=\Phi(-1)=1-\Phi(1)=1-0.841\,3=0.158\,7$;

(3) $P\{|X|\leqslant 1\}=P\{-1\leqslant X\leqslant 1\}=\Phi(1)-\Phi(-1)=2\Phi(1)-1$
$=2\times 0.841\,3-1=0.682\,6$;

(4) $P\{-1<X<2\}=\Phi(2)-\Phi(-1)=\Phi(2)-[1-\Phi(1)]$
$=0.977\,2-1+0.841\,3=0.818\,5$;

(5) $P\{X\leqslant 3.9\}=\Phi(3.9)\approx 1$.

定理 1　若 $X\sim N(\mu,\sigma^2)$，$Y\sim N(0,1)$，其分布函数分别为 $F(x)$ 及 $\Phi(x)$，则

$$F(x)=\Phi\left(\frac{x-\mu}{\sigma}\right).$$

证明　由分布函数的定义知

$$F(x)=\int_{-\infty}^{x}\frac{1}{\sqrt{2\pi}\sigma}e^{-\frac{(t-\mu)^2}{2\sigma^2}}\,dt\xlongequal{\text{令}u=\frac{t-\mu}{\sigma}}\int_{-\infty}^{\frac{x-\mu}{\sigma}}\frac{1}{\sqrt{2\pi}}e^{-\frac{u^2}{2}}\,du=\Phi\left(\frac{x-\mu}{\sigma}\right).$$

定理 2　如果 $X\sim N(u,\sigma^2)$，而 $Y=\dfrac{X-\mu}{\sigma}$，则 $Y\sim N(0,1)$.

由上述两定理知，一般正态分布的概率计算可转化为标准正态分布的概率计算.

例 19　若 $X\sim N(8,0.5^2)$，求 $P\{X>10\}$，$P\{|X-8|<1\}$.

解　由公式知

$$F(10)=\Phi\left(\frac{10-8}{0.5}\right)=\Phi(4),$$

$$P\{X>10\}=1-P\{X\leqslant 10\}=1-F(10)=1-\Phi(4)\approx 1-1=0.$$

因为 $X\sim N(8,0.5^2)$，所以

$$Y=\frac{X-8}{0.5}\sim N(0,1).$$

于是

$$P\{|X-8|<1\}=P\{7<X<9\}=F(9)-F(7)$$
$$=\Phi\left(\frac{9-8}{0.5}\right)-\Phi\left(\frac{7-8}{0.5}\right)=2\Phi(2)-1=0.954\,4.$$

例 20　已知某车间工人完成某道工序的时间 X 服从正态分布 $N(10,3^2)$，问：

(1) 从该车间工人中任选一人，其完成该道工序的时间不到 7min 的概率；

(2) 为了保证生产连续进行，要求以 95%的概率保证该道工序上工人完成工作时间不多于 15min，这一要求能否得到保证？

解 根据已知条件，$X \sim N(10, 3^2)$.

(1) $P\{X \leqslant 7\} = F(7) = \Phi\left(\frac{7-10}{3}\right)$

$$= \Phi(-1) = 1 - \Phi(1) = 1 - 0.841\,3 = 0.158\,7.$$

即从该车间工人中任选一人，他完成该道工序的时间不到 7min 的概率是 0.158 7.

(2) $P\{X \leqslant 15\} = F(15) = \Phi\left(\frac{15-10}{3}\right) \approx \Phi(1.67) = 0.952\,5 > 0.95.$

即该道工序可以以 95%的概率保证工人完成工作的时间不多于 15min，因此可以保证生产连续进行.

在自然现象和社会现象中，大量的随机变量都服从或近似服从正态分布. 例如，测量误差、各种产品的质量指标(如零件尺寸、材料强度等)、人的身高或体重、农作物的收获等都近似服从正态分布，这些随机变量的分布都具有“中间大两头小”的特点. 一般说来，若影响某一数量指标的随机因素很多，而每个因素所起的作用不太大，则这个指标就服从正态分布.

下面简单介绍一下实际中经常用到的正态分布的 3σ 原则.

由标准正态分布的查表计算，可求得当随机变量 $X \sim N(0, 1)$时，以下的几个概率值，即

$$P\{|X|<1\} = P\{-1<X<1\} = \Phi(1) - \Phi(-1) = 2\Phi(1) - 1 = 0.682\,6;$$
$$P\{|X|<2\} = P\{-2<X<2\} = \Phi(2) - \Phi(-2) = 2\Phi(2) - 1 = 0.954\,4;$$
$$P\{|X|<3\} = P\{-3<X<3\} = \Phi(3) - \Phi(-3) = 2\Phi(3) - 1 = 0.997\,4.$$

可见，X 的取值几乎全落在$(-3, 3)$范围内(约占 99.74%). 将这些结论推广到一般正态分布，即若随机变量 $X \sim N(\mu, \sigma^2)$时，则有

$$P\{|X-\mu|<\sigma\} = 0.682\,6;$$
$$P\{|X-\mu|<2\sigma\} = 0.954\,4;$$
$$P\{|X-\mu|<3\sigma\} = 0.997\,4.$$

显然，$|X-\mu| \geqslant 2\sigma$ 和 $|X-\mu| \geqslant 3\sigma$ 的概率是很小的，因此当确认一个数据是来自正态分布 $N(\mu, \sigma^2)$时，总认为这个数据必须满足不等式

$$|X-\mu|<2\sigma \quad 或 \quad |X-\mu|<3\sigma,$$

否则就不予以承认，这就是通常所说的 2σ 或 3σ 原则.

在长期的实践中总结得到这样一个结论：概率很小的事件在一次试验中实际上是不可能发生的(此结论称为实际推断原理或小概率原理). 如果在一次试验中得来的数据，出现 $|X-\mu| \geqslant 3\sigma$ 这种情况，则是很难让人接受的. 例如，抽查袋装食盐每包的质量，已知测量值服从 $N(1\,000, 20^2)$，今发现测量中有一个数据是 1 100，是否可以怀疑机械出了故障？显然，根据 3σ 原则可知，全部数据应在$(\mu-3\sigma, \mu+3\sigma)$之间，即$(1\,000-60, 1\,000+60)=(940, 1\,060)$之间，而 $1\,100>1\,060$，故有理由怀疑机械出了故障.

习题 8.5

1．设离散型随机变量 X 的分布律为

$$P\{X=k\}=\frac{k}{15},\quad k=1,\ 2,\ 3,\ 4,\ 5,$$

求：(1) $P\{X=1 或 X=2\}$；

(2) $P\left\{\frac{1}{2}<X<\frac{5}{2}\right\}$；

(3) $P\{1\leqslant X\leqslant 2\}$.

2．在相同条件下相互独立地进行 5 次射击，每次射击时击中目标的概率为 0.6，求击中目标的次数 X 的分布律.

3．一电话交换台每分钟的呼唤次数服从参数 $\lambda=3$ 的泊松分布，求：

(1) 每分钟恰有两次呼唤的概率；

(2) 每分钟至多有两次呼唤的概率；

(3) 每分钟至少有两次呼唤的概率.

4．已知连续型随机变量 X 的概率密度为

$$f(x)=\begin{cases}kx^2\mathrm{e}^{-x}, & x\geqslant 0,\\ 0, & x<0.\end{cases}$$

试求：(1) 待定系数 k；

(2) $P\{|X|\geqslant 1\}$；

(3) $P\{|X|<1\}$.

5．已知连续型随机变量 X 的分布函数为

$$F(x)=\begin{cases}0, & x\leqslant 0,\\ Ax^2, & 0<x\leqslant 1,\\ 1, & 1<x.\end{cases}$$

求：(1) 系数 A；

(2) 概率密度 $f(x)$；

(3) $P\{0.3<X\leqslant 0.7\}$.

6．已知连续型随机变量 X 的概率密度为

$$f(x)=\begin{cases}\frac{1}{2}\mathrm{e}^{x}, & x\leqslant 0,\\ \frac{1}{4}, & 0<x\leqslant 2,\\ 0, & 2<x.\end{cases}$$

求 X 的分布函数 $F(x)$.

7．设打一次电话所用的时间 X(单位：min)服从参数 $\lambda=0.1$ 的指数分布. 如果某人刚好在你前面走进电话间，求你等待的时间：

(1) 超过 10min 的概率；

(2) 在 10～20min 之间的概率.

8. 设 $X \sim N(0, 1)$，求(1) $P\{0<X<1.90\}$；(2) $P\{-1.83<X<0\}$；(3) $P\{|X|<1\}$.

9. 设 $X \sim N(1, 0.6^2)$，求 $P\{X>0\}$和 $P\{0.2<X<1.8\}$.

8.6 随机变量的数字特征

对于随机变量的分布密度前面几章已经进行了很详细的讨论，而且它们可以完整地描述随机变量的统计规律，但在一些实际问题中，人们只关心随机变量的某些特征，并不需要知道统计规律的全部. 本章将要介绍的随机变量的数字特征就是描述随机变量的一些特征，如常用的数学期望和方差等.

8.6.1 数学期望

(1) 随机变量的数学期望

例 1 某公司员工的月收入分四档，每档中员工的人数见表 8-7.

表 8-7

月收入/元	2 500	3 000	3 500	5 000
人次	4	16	4	1
频率	$\frac{4}{25}$	$\frac{16}{25}$	$\frac{4}{25}$	$\frac{1}{25}$

则该公司员工的人均月收入为

$$\frac{1}{25}(2\,500\times4+3\,000\times16+3\,500\times4+5\,000\times1)=2\,500\times\frac{4}{25}+3\,000\times\frac{16}{25}+3\,500\times\frac{4}{25}+5\,000\times\frac{1}{25}.$$

从例 1 可以得到，每个档次的工资数量与其出现频率(概率)的乘积，即为员工的人均月收入. 也就是说，随机变量的平均取值为随机变量一切可能取值及与之对应的概率乘积之和，即以概率为权数的加权平均值.

引出数学期望(均值)的定义.

定义 1 设离散型随机变量 X 的分布律为

$$P\{X=x_k\}=x_kp_k,\quad k=1,\ 2,\ \cdots,$$

若级数 $\sum\limits_k x_kp_k$ 绝对收敛，则称该级数的和为离散型随机变量 X 的数学期望(简称期望或均值)，记为 $E(X)$，即

$$E(X)=\sum_k x_kp_k.$$

用同样的方法可给出连续型随机变量数学期望的定义.

定义 2 设连续型随机变量 X 的概率密度函数为 $f(x)$，若积分 $\int_{-\infty}^{+\infty}xf(x)\mathrm{d}x$ 绝对收敛，则称该积分为连续型随机变量 X 的数学期望，记为 $E(X)$，即

$$E(X)=\int_{-\infty}^{+\infty}xf(x)\mathrm{d}x.$$

例 2 设随机变量 X 服从(0—1)分布，求其数学期望 $E(X)$.

解 (0—1)分布的分布律为

X	0	1
P	$1-p$	p

,

则

$$E(X)=0\times(1-p)+1\times p=p.$$

例 3　有一电子装置，它的寿命 X 服从指数分布，其概率密度为

$$f(x)=\begin{cases}\dfrac{1}{\theta}\mathrm{e}^{-\frac{x}{\theta}}, & x>0,\\ 0, & x\leqslant 0,\end{cases}$$

其中 $\theta>0$.

(1) 求 X 的数学期望；

(2) 若有 5 个上述同分布且相互独立工作的电子装置串联组成整机，求整机寿命 N 的数学期望.

解　(1)

$$\begin{aligned}E(X)&=\int_{-\infty}^{+\infty}xf(x)\mathrm{d}x\\&=\int_0^{+\infty}x\,\frac{1}{\theta}\mathrm{e}^{-\frac{x}{\theta}}\mathrm{d}x\\&=-x\mathrm{e}^{-\frac{x}{\theta}}\Big|_0^{+\infty}+\int_0^{+\infty}\mathrm{e}^{-\frac{x}{\theta}}\mathrm{d}x\\&=-\theta\mathrm{e}^{-\frac{x}{\theta}}\Big|_0^{+\infty}\\&=\theta;\end{aligned}$$

(2) 设 $X_k(k=1,2,3,4,5)$分别为 5 个电子装置的寿命，它们的分布函数为

$$F(x)=\int_{-\infty}^{x}f(x)\mathrm{d}x=\begin{cases}1-\mathrm{e}^{-\frac{x}{\theta}}, & x>0,\\ 0, & x\leqslant 0.\end{cases}$$

由题意得 $N=\min\limits_i X_i$，有

$$P\{N\leqslant y\}=P\{\min_i X_i\leqslant y\}=1-P\{\min_i X_i>y\},$$

其中$\{\min\limits_i X_i>y\}=\bigcap\limits_i\{X_i>y\}$，且 X_1，X_2，…，X_5 相互独立，所以

$$P\{N\leqslant y\}=1-P\{\bigcap_i\{X_i>y\}\}=1-\bigcap_i P\{X_i>y\}=1-\bigcap_i(1-P\{X_i\leqslant y\}),$$

即整机寿命 N 的分布函数为

$$F_N(y)=1-[1-F(y)]^5=\begin{cases}1-\mathrm{e}^{-\frac{5x}{\theta}}, & x>0,\\ 0, & x\leqslant 0.\end{cases}$$

因而 N 的概率密度函数为

$$f_N(y)=\begin{cases}\dfrac{5}{\theta}\mathrm{e}^{-\frac{5x}{\theta}}, & x>0,\\ 0, & x\leqslant 0,\end{cases}$$

于是 N 的数学期望为

$$E(N)=\int_{-\infty}^{+\infty} xf_N(y)\mathrm{d}y=\frac{\theta}{5}.$$

(2) 随机变量函数的数学期望

对于随机变量函数的数学期望问题，这里只给出一些重要的结论，不给出证明.

定理1 ① 设离散型随机变量 X 的分布律为 $P\{X=x_k\}=x_kp_k(k=1,2,\cdots)$，$Y=g(X)$是连续函数，若级数 $\sum\limits_k g(x_k)p_k$ 绝对收敛，则称该级数的和为随机变量函数 Y 的数学期望，记为 $E(Y)=E(g(X))$，即

$$E(g(X))=\sum_k g(x_k)p_k;$$

② 设连续型随机变量 X 的概率密度函数为 $f(x)$，$Y=g(X)$是连续函数，若积分 $\int_{-\infty}^{+\infty}g(x)f(x)\mathrm{d}x$ 绝对收敛，则称该积分为随机变量函数 $Y=g(X)$的数学期望，记为 $E(Y)=E(g(X))$，即

$$E(g(X))=\int_{-\infty}^{+\infty}g(x)f(x)\mathrm{d}x.$$

定理1也可以推广到二维随机向量函数的数学期望.

定理2 ① 设 X 和 Y 是两个离散型随机变量，$E(X)$，$E(Y)$分别是随机变量 X 和 Y 的数学期望，其联合分布律为 $P\{X=x_i,Y=y_j\}=p_{ij}(i,j=1,2,\cdots)$，$\varphi(x,y)$为连续函数，若级数 $\sum\limits_i\sum\limits_j\varphi(x_i,y_j)p_{ij}$ 绝对收敛，则称该级数的和为随机向量函数 $\varphi(X,Y)$的数学期望，记为 $E(\varphi(X,Y))$，即

$$E(\varphi(X,Y))=\sum_i\sum_j\varphi(x_i,y_j)p_{ij};$$

② 设 X 和 Y 是两个连续型随机变量，其联合概率密度函数为 $f(x,y)$，$\varphi(x,y)$为连续函数，若积分

$$\int_{-\infty}^{+\infty}\int_{-\infty}^{+\infty}\varphi(x,y)f(x,y)\mathrm{d}x\mathrm{d}y$$

绝对收敛，则称该积分为随机向量函数 $\varphi(X,Y)$的数学期望，记为 $E(\varphi(X,Y))$，即

$$E(\varphi(X,Y))=\int_{-\infty}^{+\infty}\int_{-\infty}^{+\infty}\varphi(x,y)f(x,y)\mathrm{d}x\mathrm{d}y.$$

例4 设随机变量 X 的分布律为

X	-3	-1	0	3
P	0.2	0.3	0.4	0.1

，

求 $3X^2+1$ 和 $2X$ 的数学期望.

解　方法一 设 $Y_1=3X^2+1$，$Y_2=2X$，则 Y_1 和 Y_2 的分布律分别为

Y_1	1	4	28
P	0.4	0.3	0.3

，

Y_2	-6	-2	0	6
P	0.2	0.3	0.4	0.1

则

$$E(Y_1)=1\times 0.4+4\times 0.3+28\times 0.3=10,$$
$$E(Y_2)=(-6)\times 0.2+(-2)\times 0.3+6\times 0.1=-1.2.$$

方法二　直接用随机变量函数的数学期望公式 $E(Y)=E(g(X))$来求，有

$$\begin{aligned}E(Y_1)&=E(3X^2+1)\\&=[3(-3)^2+1]\times 0.2+[3(-1)^2+1]\times 0.3+[3\times 0+1]\times 0.4+[3(3)^2+1]\times 0.1\\&=10,\end{aligned}$$

$$E(Y_2)=E(2X)=2\times(-3)\times 0.2+2\times(-1)\times 0.3+2\times 3\times 0.1=-1.2.$$

例 5　设随机变量 X 服从$\left(-\frac{1}{2},\ \frac{1}{2}\right)$上的均匀分布，且

$$Y=g(X)=\begin{cases}X^2, & X>0,\\ 0, & X\leqslant 0,\end{cases}$$

求 $Y=g(X)$的数学期望.

解　因 X 服从$\left(-\frac{1}{2},\ \frac{1}{2}\right)$上的均匀分布，其概率密度为

$$f(x)=\begin{cases}1, & -\frac{1}{2}<x<\frac{1}{2},\\ 0, & \text{其他},\end{cases}$$

故

$$E(Y)=E(g(X))=\int_{-\infty}^{+\infty}g(x)f(x)\mathrm{d}x=\int_{-\frac{1}{2}}^{\frac{1}{2}}x^2\mathrm{d}x=\frac{2}{24}.$$

(3) 数学期望的性质

假设下面提到的数学期望是存在的.

① $E(c)=c$，c 是常数；

② 若 $a\leqslant X\leqslant b$，a，b 是常数，则 $a\leqslant E(X)\leqslant b$；

③ 设$(X_1,\ X_2,\ \cdots,\ X_n)$是 n 维随机向量，a_1，a_2，…，a_n，b 是任意实数，则有
$$E(a_1X_1+a_2X_2+\cdots+a_nX_n+b)=a_1E(X_1)+a_2E(X_2)+\cdots+a_nE(X_n)+b;$$

④ 设$(X_1,\ X_2,\ \cdots,\ X_n)$是 n 维随机向量，X_1，X_2，…，X_n 两两相互独立，则
$$E(X_1X_2\cdots X_n)=E(X_1)E(X_2)\cdots E(X_n).$$

例 6　已知随机变量 X 与 Y 服从(0—1)分布，且 $E(X)=E(Y)=p$，试写出$(X-p)(Y-p)$.的数学期望.

解

$$\begin{aligned}E((X-p)(Y-p))&=E(XY-p(X+Y)+p^2)\\&=E(XY)-E(p(X+Y))+E(p^2)\\&=E(XY)-p[E(X)+E(Y)]+E(p^2)\\&=E(XY)-p[E(X)+E(Y)]+p^2\\&=E(XY)-p^2.\end{aligned}$$

例 7 设随机变量 $X \sim B(n, p)$(二项分布)，求 X 的数学期望.

解 因为随机变量 X 表示的是在 n 次独立重复试验中事件 A 发生的次数，若设 X_i 为事件 A 在第 i 次试验中出现的次数，则有

$$X = X_1 + X_2 + \cdots + X_n,$$

其中 $X_1, X_2, \cdots, X_n$ 是同分布的，且它们的分布律为

X	0	1
P	$1-p$	p

，

又由数学期望性质(3)得

$$E(X) = E(X_1) + E(X_2) + \cdots + E(X_n) = np.$$

8.6.2 方　差

有一批灯泡，知道其平均寿命(单位：h)是 $E(X) = 1\,000$h，仅有这一指标还不能判断这批灯泡的质量好坏，因为有可能其中绝大部分的灯泡寿命都在 950～1 050h 之间，也有可能其中有一半是高质量的，有一半是质量很差的. 所以随机变量的数学期望描述的是随机变量取值的均值，不能体现随机变量取值与均值的偏差程度，而在一些实际应用中，这一性质恰是人们所关心的问题. 下面就来研究随机变量取值与均值的偏差.

(1) 方差的定义

在研究随机变量取值与均值的偏差时，为了防止正负误差相互抵消，用 $E\{[X-E(X)]^2\}$ 来度量随机变量 X 的取值与其均值的偏差程度，引出方差定义.

定义 3 若 $E\{[X-E(X)]^2\}$ 存在，则称其为随机变量 X 的方差，记为 $D(X)$，即

$$D(X) = E\{[X-E(X)]^2\},$$

并称 $\sqrt{D(X)}$ 为 X 的均方差或标准差，记为 $\sigma(X)$.

显然 $D(X)$ 是非负常数，方差 $D(X)$ 越大，随机变量的取值就越分散；方差 $D(X)$ 越小，随机变量的取值就越集中在均值附近.

由于 $E(X)$ 是常数，故

$$\begin{aligned} E\{[X-E(X)]^2\} &= E\{X^2 - 2XE(X) + [E(X)]^2\} \\ &= E(X^2) - 2E(X)E(X) + [E(X)]^2 \\ &= E(X^2) - [E(X)]^2, \end{aligned}$$

因此计算方差常用公式

$$D(X) = E(X^2) - [E(X)]^2.$$

例 8 设甲、乙两家灯泡厂生产的灯泡的寿命(单位：h) X 和 Y 的分布律分别为

X	900	1 000	1 100
P	0.1	0.8	0.1

，

Y	950	1 000	1 050
P	0.3	0.4	0.3

，

则哪家工厂生产的灯泡质量较好？

解 由于

$$E(X)=900\times0.1+1\ 000\times0.8+1\ 100\times0.1=1\ 000,$$
$$E(Y)=950\times0.3+1\ 000\times0.4+1\ 050\times0.3=1\ 000,$$

而

$$D(X)=E\{[X-E(X)]^2\}=100^2\times0.1+0\times0.8+100^2\times0.1=2\ 000,$$
$$D(Y)=E\{[Y-E(Y)]^2\}=50^2\times0.3+0\times0.4+50^2\times0.3=1\ 500$$

所以乙厂生产的灯泡质量较好.

例 9 设随机变量 X 服从二点分布，写出 X 的方差.

解 由式(4-10)得

$$D(X)=E(X^2)-[E(X)]^2=E(X^2)-p^2,$$

而

$$E(X^2)=0\times(1-p)+1^2\times p=p,$$

故

$$D(X)=p-p^2=p(1-p).$$

(2) 方差的性质

假设下面提到的方差都是存在的.

① $D(c)=0$，c 是常数；

② $D(aX+b)=a^2D(X)$，a，b 是常数；

③ 若 X 与 Y 是相互独立的，则

$$D(X+Y)=D(X)+D(Y).$$

更一般地，若 X_1，X_2，…，X_n 是两两相互独立的，则有

$$D(X_1+X_2+\cdots+X_n)=D(X_1)+D(X_2)+\cdots+D(X_n).$$

例 10 设随机变量 $X\sim B(n,\ p)$分布，写出 X 的方差.

解 由第一节例 8 可得，随机变量 X 由 n 个服从(0—1)分布的随机变量 $X_i(i=1,\ 2,\ \cdots,\ n)$之和来表示，其中这 n 个随机变量 $X_i(i=1,\ 2,\ \cdots,\ n)$是同分布且相互独立的. 由方差的性质(3)可得

$$\begin{aligned}D(X)&=D(X_1+X_2+\cdots+X_n)\\&=D(X_1)+D(X_2)+\cdots+D(X_n)\\&=np(1-p).\end{aligned}$$

8.6.3 几个重要分布的数学期望与方差

前面已得到了(0—1)分布和二项分布的数学期望与方差，下面给出几个常用分布的数学期望与方差.

例 11 设 X 服从参数为 λ 的泊松分布，其分布律为

$$P\{X=k\}=\frac{\lambda^k e^{-\lambda}}{k!},\quad k=0,\ 1,\ \cdots;\ \lambda>0,$$

求 X 的数学期望与方差.

解 X 的数学期望为

$$E(X)=\sum_{k=0}^{\infty}k\frac{\lambda^k e^{-\lambda}}{k!}=\lambda\sum_{k=1}^{\infty}\frac{\lambda^{k-1}e^{-\lambda}}{(k-1)!}=\lambda\sum_{k=0}^{\infty}\frac{\lambda^k e^{-\lambda}}{k!}=\lambda,$$

$$\begin{aligned}E(X^2)&=E(X(X-1)+X)=E(X(X-1))+E(X)\\&=\sum_{k=0}^{\infty}k(k-1)\frac{\lambda^k e^{-\lambda}}{k!}+\lambda=\sum_{k=0}^{\infty}\frac{\lambda^k e^{-\lambda}}{(k-2)!}+\lambda\\&=\lambda^2\sum_{k=2}^{\infty}\frac{\lambda^{k-2}e^{-\lambda}}{(k-2)!}+\lambda=\lambda^2\sum_{k=0}^{\infty}\frac{\lambda^k e^{-\lambda}}{k!}+\lambda=\lambda^2+\lambda.\end{aligned}$$

所以方差为

$$D(X)=E(X^2)-[E(X)]^2=\lambda.$$

例 12 设 X 在区间$(a,\ b)$内服从均匀分布，其概率密度为

$$f(x)=\begin{cases}\dfrac{1}{b-a}, & a\leqslant x\leqslant b,\\ 0, & \text{其他},\end{cases}$$

求 X 的数学期望与方差.

解 X 的数学期望为

$$E(X)=\int_a^b x\frac{1}{b-a}dx=\frac{a+b}{2},$$

方差为

$$D(X)=E(X^2)-[E(X)]^2=\int_a^b x^2\frac{1}{b-a}dx-\left(\frac{a+b}{2}\right)^2=\frac{(b-a)^2}{12}.$$

例 13 设 X 服从参数为 λ 的指数分布，其概率密度为

$$f(x)=\begin{cases}\lambda e^{-\lambda x}, & x>0,\\ 0, & x\leqslant 0,\end{cases}$$

求 X 的数学期望与方差.

解 X 的数学期望为

$$\begin{aligned}E(X)&=\int_{-\infty}^{+\infty}xf(x)dx=\int_0^{+\infty}x e^{-\lambda x}dx\\&=-xe^{-\lambda x}\Big|_0^{+\infty}+\int_0^{+\infty}e^{-\lambda x}dx\\&=-\frac{1}{\lambda}e^{-\lambda x}\Big|_0^{+\infty}=\frac{1}{\lambda},\end{aligned}$$

$$\begin{aligned}E(X^2)&=\int_{-\infty}^{+\infty}x^2f(x)dx=\int_0^{+\infty}x^2e^{-\lambda x}dx\\&=\left(-x^2-\frac{2x}{\lambda}-\frac{2}{\lambda^2}\right)e^{-\lambda x}\Big|_0^{+\infty}=\frac{2}{\lambda^2}.\end{aligned}$$

所以方差为

$$D(X)=E(X^2)-[E(X)]^2=\frac{2}{\lambda^2}-\left(\frac{1}{\lambda}\right)^2=\frac{1}{\lambda^2}.$$

为了便于查找，现将几个常用随机变量的数学期望和方差汇集于表 8-8.

表 8-8

分　布	分布律或概率密度	期　望	方　差
(0—1)分布	$P\{X=k\}=p^k(1-p)^{1-k},\quad k=0,1;\ 0<p<1$	p	$p(1-p)$
二项分布	$P\{X=k\}=C_n^k p^k(1-p)^{n-k},\quad k=0,1,\cdots,n;\ 0<p<1$	np	$np(1-p)$
泊松分布	$P\{X=k\}=\frac{\lambda^k e^{-\lambda}}{k!},\quad k=0,1,\cdots;\ \lambda>0$	λ	λ
均匀分布	$f(x)=\begin{cases}\frac{1}{b-a}, & a\leqslant x\leqslant b,\\ 0, & 其他\end{cases}$	$\frac{a+b}{2}$	$\frac{(a-b)^2}{12}$
指数分布	$f(x)=\begin{cases}\lambda e^{-\lambda x}, & x>0,\\ 0, & x\leqslant 0,\end{cases}\quad \lambda>0$	$\frac{1}{\lambda}$	$\frac{1}{\lambda^2}$
正态分布	$f(x)=\frac{1}{\sqrt{2\pi}}e^{-\frac{(x-\mu)^2}{2\sigma^2}},\quad -\infty<x<+\infty;\ \sigma>0$	μ	σ^2

习题 8.6

1. 已知 10 件产品中有 3 件次品，任取 2 件，用 X 表示“2 件中的次品数”，X 的取值是随机的，求随机变量 X 的分布律.

2. 填空题：(1) 设离散型随机变量 X 的分布律为

$$P\{X=k\}=a\left(\frac{1}{3}\right)^{k-1},\ k=1,2,\cdots,$$

则常数 $a=$ ______；

(2) 若

$$f(x)=\begin{cases}Ax, & 0\leqslant x\leqslant 1,\\ 0, & 其他\end{cases}$$

是某连续型随机变量 X 的概率密度，则 $A=$ ______.

3. 设离散型随机变量 X 的分布律为

$$P\{X=k\}=\frac{k}{15},\ k=1,2,3,4,5,$$

求 (1) $P\{X=1 或 X=2\}$；

(2) $P\left\{\frac{1}{2}<X<\frac{5}{2}\right\}$；

(3) $P\{1\leqslant X\leqslant 2\}$.

4. 设

$$f(x)=\begin{cases}k(4x-2x^2), & 0<x<2,\\ 0, & 其他\end{cases}$$

是某连续型随机变量 X 的概率密度. 求

(1) 常数 k；

(2) $P\{1<X<3\}$；

(3) $P\{X<1\}$.

5. 已知连续型随机变量 X 的概率密度为

$$f(x)=\begin{cases}ax+b, & 1<x<3,\\ 0, & \text{其他},\end{cases}$$

又知 $P\{2<X<3\}=2P\{1<X<2\}$. 试求待定系数 a, b.

6. 已知连续型随机变量 X 的概率密度为

$$f(x)=\begin{cases}kx^2\mathrm{e}^{-x}, & x\geqslant 0,\\ 0, & x<0.\end{cases}$$

试求 (1) 待定系数 k;

(2) $P\{X\geqslant 1\}$;

(3) $P\{|X|<1\}$.

7. 设 K 在[0, 5]上服从均匀分布. 求 x 的方程

$$4x^2+4Kx+K+2=0$$

有实根的概率.

8. 已知连续型随机变量 X 的分布函数为

$$F(x)=\begin{cases}1-\mathrm{e}^{-x}, & x\geqslant 0,\\ 0, & x<0.\end{cases}$$

求 (1) $P\{X\leqslant 2\}$, $P\{X>3\}$;

(2) 概率密度 $f(x)$.

9. 已知连续型随机变量 X 的分布函数为

$$F(x)=\begin{cases}0, & x\leqslant 0,\\ Ax^2, & 0<x\leqslant 1,\\ 1, & 1<x.\end{cases}$$

求 (1) 系数 A;

(2) 概率密度 $f(x)$;

(3) $P\{0.3<X\leqslant 0.7\}$.

10. 设打一次电话所用的时间 X(单位: min)服从参数 $\lambda=0.1$ 的指数分布. 如果某人刚好在你前面走进电话亭, 求你等待的时间:

(1) 超过 10min 的概率;

(2) 在 10～20min 之间的概率.

11. 设随机变量 $X\sim N(0, 1)$, 借助于标准正态分布的分布函数数值表计算:

(1) $P\{X<2.2\}$; (2) $P\{X>1.76\}$.

12. 设随机变量 $X\sim N(-1, 16)$, 借助于标准正态分布的分布函数数值表计算:

(1) $P\{X<2.44\}$; (2) $P\{|X|<4\}$;

(3) $P\{-5<X<2\}$; (4) $P\{|X-1|>1\}$.

13. 设随机变量 $X\sim N(\mu, \sigma^2)$, X 的概率密度为

$$f(x)=k_1\mathrm{e}^{-\frac{x^2-4x+k_2}{32}},$$

试确定 k_1, k_2, μ, σ 的值.

第 9 章　数理统计初步

9.1　总体、样本、统计

数理统计是从局部观测资料的统计特征，来推断随机现象整体统计特性的一门科学，其方法是：从所有研究的全体对象中，抽取一小部分进行试验，然后进行分析和研究，根据这一小部分所显示的统计特性，来推断总体的统计特性.

数理统计知识是应用数学的一个分支. 数理统计的任务是以概率论为基础，根据试验或观察所得的数据，对研究对象的客观规律做出合理的估计和推断.

本章介绍总体、样本、统计量、几个常见统计量的分布、参数估计、假设检验等数理统计的基本知识.

9.1.1　总体与样本

在数理统计中把研究对象的全体称为总体或母体，而把组成总体的每一个对象称为个体. 例如：某厂生产的所有显像管就组成一个总体，其中每一个显像管就是一个个体. 又如研究某地区高中生的平均身高时，该地区所有高中生构成总体，而具体一个高中生就是个体.

在实际中，往往关心的不是研究对象的全部情况，而是它的某一个或几个指标，如对显像管，主要关心它的平均寿命，这可用一个随机变量 X 来描述. 为了方便起见，今后就把总体与随机变量 X 等同起来，因此，总体就是某个随机变量取值的全体.

为了考查总体的每一个指标，往往在一个总体 X 中，抽取 n 个个体 $X_1, X_2, \cdots, X_n$，这 n 个个体称为总体 X 的一个样本，样本所含个体的数目 n 称为样本容量. 由于 X_1，X_2，…，X_n 是从总体 X 中随机抽取出来的可能结果，可以看做 n 个随机变量，记为$(X_1, X_2, \cdots, X_n)$，在一次抽取后，$(X_1, X_2, \cdots, X_n)$就有了一组确定的值，记为$(x_1, x_2, \cdots, x_n)$，称为样本观测值，简称样本值.

如果从总体中随机抽取容量为 n 的一个样本$(x_1, x_2, \cdots, x_n)$满足下列两个性质：

① 代表性. 样本中的每一个分量 $x_i(i=1, 2, \cdots, n)$和总体 X 具有相同的分布；

② 独立性. 样本中的每一个分量 $x_i(i=1, 2, \cdots, n)$是相互独立的随机变量.

那么，这个样本$(x_1, x_2, \cdots, x_n)$称为简单随机样本. 这样抽取样本的方法称为简单随机抽样.

在现实生活中，随机抽样是很有必要的，主要是因为全面检查或统计花费太高，时间、条件不允许，有时带有破坏性.

9.1.2　常用的统计量

在数理统计中，当我们从总体获取样本后，并不是直接利用抽样样本的观察值进行估计和推断的，而需要对样本进行一番技术处理，即针对不同的问题构造出样本的各种函数. 如通过样本均值反映总体均值等.

设$(X_1, X_2, \cdots, X_n)$为总体X的一个样本，称不含未知参数的样本函数$f(X_1, X_2, \cdots, X_n)$为统计量.

例如，设总体$X \sim N(\mu, \sigma^2)$，其中μ已知，σ^2未知，$(X_1, X_2, \cdots, X_n)$为X的一个样本. 则$\sum_{i=1}^{n}(X_i - \mu)^2$为统计量，但$\frac{1}{\sigma}\sum_{i=1}^{n}X_i$不是统计量.

显然，统计量是一个随机变量.

(1) 样本均值

设$(X_1, X_2, \cdots, X_n)$是总体X的一个样本，则称统计量

$$\bar{X} = \frac{1}{n}\sum_{i=1}^{n}X_i$$

为样本均值.

(2) 样本方差

统计量

$$S^2 = \frac{1}{n-1}\sum_{i=1}^{n}(X_i - \bar{X})^2 = \frac{1}{n-1}\left(\sum_{i=1}^{n}X_i^2 - n\bar{X}^2\right)$$

称为样本方差. 称S^2的算术平方根S为样本标准差.

它们的观测值用相应的小写字母表示，即对于一组样本值$(X_1, X_2, \cdots, X_n)$，样本均值

$$\bar{x} = \frac{1}{n}\sum_{i=1}^{n}x_i$$

表示数据集中的位置，样本方差

$$s^2 = \frac{1}{n-1}\sum_{i=1}^{n}(x_i - \bar{x})^2$$

刻画了数据对均值$\bar{x}$的离散程度，s^2越大，数据越分散，波动越大；s^2越小，数据越集中，波动越小.

(3) 样本标准差

$$s = \sqrt{\frac{1}{n-1}\sum_{i=1}^{n}(x_i - \bar{x})^2}.$$

(4) 样本k阶原点矩

$$L_k = \frac{1}{n}\sum_{i=1}^{n}x_i^k \quad (k = 1, \cdots, n).$$

(5) 样本k阶中心矩

$$C_k = \frac{1}{n}\sum_{i=1}^{n}(x_i - \bar{x})^k \quad (k = 1, \cdots, n).$$

易见$C_2 = \frac{n-1}{n}s^2$. 故当样本容量较大时$C_2 = s^2$.

9.1.3 统计量的分布

统计量$f(X_1, X_2, \cdots, X_n)$是n维随机变量$(X_1, X_2, \cdots, X_n)$的函数，它也是随机变

量.统计量的概率分布又称抽样分布，由于许多随机现象都服从正态分布，本书的数理统计部分重点是研究正态总体的推断问题，所以本章仅介绍在一个正态总体推断中起重要作用的几个由正态总体样本构成的统计量的分布，主要是因为对总体服从其他分布的统计量的精确分析是非常困难的.

(1) 统计量 $\overline{X}=\dfrac{X_1+X_2+\cdots+X_n}{n}$ 的分布

设总体 $X\sim N(\mu,\sigma^2)$，$(X_1,X_2,\cdots,X_n)$ 为来自总体 X 的一个样本，则统计量 $\overline{X}\sim N\left(\mu,\dfrac{\sigma^2}{n}\right)$，其密度函数为

$$f(\overline{X})=\frac{\sqrt{n}}{\sqrt{2\pi}\sigma}\mathrm{e}^{-\frac{n(\overline{X}-\mu)^2}{2\sigma^2}}.$$

例　设总体 $X\sim N(2,5^2)$，$(X_1,X_2,\cdots,X_n)$ 是来自总体的样本.

① 求 $\overline{X}=\dfrac{1}{10}\sum\limits_{i=1}^{10}X_i$ 的分布；

② 求 $P\{1\leqslant\overline{X}\leqslant 3\}$.

解　① 因为 $X\sim N(2,5^2)$，$\mu=2$，$\sigma^2=5^2$，$n=10$，所以 $\overline{X}\sim N\left(2,\dfrac{25}{10}\right)$.

② $$P\{1\leqslant\overline{X}\leqslant 3\}=\Phi\left(\frac{3-2}{\frac{5}{\sqrt{10}}}\right)-\Phi\left(\frac{1-2}{\frac{5}{\sqrt{10}}}\right)$$
$$=\Phi(0.63)-\Phi(-0.63)=2\Phi(0.63)-1=0.471\,4.$$

(2) 统计量 $U=\dfrac{\overline{X}-\mu}{\frac{\sigma}{\sqrt{n}}}$ 的分布

将来自正态总体的样本均值标准化，记作 U，可得

$$U=\frac{\overline{X}-\mu}{\frac{\sigma}{\sqrt{n}}}\sim N(0,1),$$

其密度函数为

$$f(U)=\frac{1}{\sqrt{2\pi}}\mathrm{e}^{-\frac{U^2}{2}}.$$

(3) 统计量 $\chi^2=\dfrac{(n-1)S^2}{\sigma^2}$ 的分布

设总体 $X\sim N(\mu,\sigma^2)$，$(X_1,X_2,\cdots,X_n)$ 为 X 的一个样本，样本方差为 S^2，经过复杂的数学推导，可以证明，统计量 $\chi^2=\dfrac{(n-1)S^2}{\sigma^2}$ 服从自由度为 $n-1$ 的 χ^2 分布，记作 $\chi^2\sim\chi^2(n-1)$. 其密度函数为

$$f(y)=\begin{cases}\dfrac{1}{2^{\frac{n}{2}}\Gamma\left(\frac{n}{2}\right)}y^{\frac{n}{2}-1}\mathrm{e}^{-\frac{y}{2}}, & y\geqslant 0,\\ 0, & y<0.\end{cases}$$

χ^2 分布与标准正态分布、t 分布有明显不同，它是一种不对称分布，n 是唯一参数，图

9-1 给出了几个不同自由度的 χ^2 分布函数，供参考.

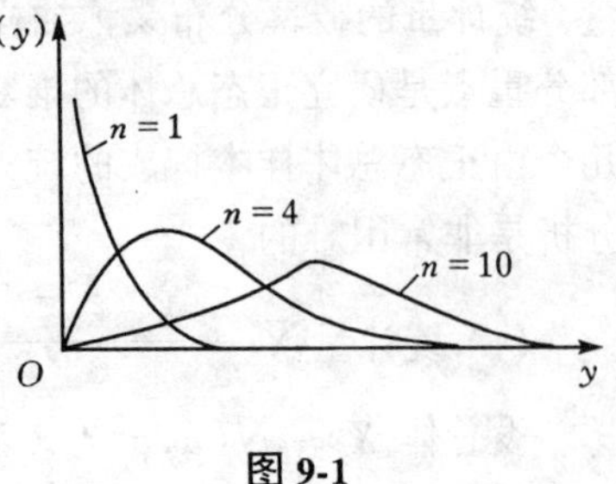

图 9-1

(4) 统计量 $T=\dfrac{\overline{X}-\mu}{\dfrac{S}{\sqrt{n}}}$的分布

设总体 $X\sim N(\mu,\ \sigma^2)$，$(X_1,\ X_2,\ \cdots,\ X_n)$是 X 的一个样本，样本均值为 $\overline{X}$，样本方差为 S^2，在 σ 未知的条件下，经过较复杂的数学推导，可以证明，统计量

$$T=\frac{\overline{X}-\mu}{\dfrac{S}{\sqrt{n}}}$$

服从自由度为 $n-1$ 的 t 分布，记作 $t\sim t(n-1)$.

t 分布是对称分布，t 分布曲线形态很像标准正态分布. t 分布的密度函数与总体 X 的均值 μ 及方差 σ^2 无关，只与样本容量 n 有关，当 n 较大时，t 分布近似于标准正态分布.

习题 9.1

1. 从总体 X 中任意抽取一个容量为 10 的样本，样本为 4.5, 2.0, 1.0, 1.0, 3.5, 4.5, 6.5, 5.0, 3.5, 4.0, 求样本均值与样本方差.

2. 设$(X_1,\ X_2,\ X_3)$是正态总体 $N(\mu,\ \sigma^2)$的一个样本，其中 μ 已知，而 σ^2 未知，指出下列各式哪些是统计量，哪些不是，为什么?

(1) $\frac{1}{3}(X_1^2+X_2^2+X_3^2)$；　(2) $X_2+2\mu$；　(3) $\min\{X_1,\ X_2,\ X_3\}$；

(4) $\sum\limits_{i=1}^{3}(X_i-\overline{X})^2$；　(5) $\frac{1}{2}(X_3-X_1)$；　(6) $\frac{1}{\sigma}\sum\limits_{i=1}^{3}X_i$.

3. 在总体 $N(52,\ 6.3^2)$中，随机抽取一个样本容量为 36 的样本，求样本均值落在 50.8 到 53.8 之间的概率.

4. 已知某种细纱的强力 X 呈正态分布，并知 $\mu=1.56\text{kg}$，$\sigma=0.22\text{kg}$，今从中抽取 $n=50$ 的样本，求 $\overline{X}$ 小于 1.45kg 的概率. [$\phi(3.533\ 5)=0.999\ 84$]

9.2 参数估计

数理统计研究的主要任务是统计推断，本章将研究统计推断中的重要内容之——参数估计. 所谓参数估计就是根据样本观测值$(x_1,\ x_2,\ \cdots,\ x_n)$来估计总体 X 分布中的未知参数或数字特征. 数理统计之所以与一般的统计不同，就在于它不仅能估计未知参数值，而且还能由给定的可靠程度(置信度)确定估计的精度，本节仅介绍参数的点估计与区间估计.

9.2.1 参数的点估计

定义 1 设 θ 是总体 X 的未知参数，$(X_1,\ X_2,\ \cdots,\ X_n)$是来自总体 X 的一个样本. 所谓对参数作点估计，就是构造适当的统计量 $\hat{\theta}(X_1,\ \cdots,\ X_n)$，用它的观测值来估计未知参数 θ，

称 $\hat{\theta}(X_1, \cdots, X_n)$为 θ 的估计量，这种用 $\hat{\theta}$对参数 θ 所作的估计为参数的点估计．具体的方法是矩估计法．

(1) 矩估计法

由于样本不同程度地反映了总体的信息，所以用样本均值估计总体均值、样本方差估计总体方差的方法称为矩估计法，它是求点估计量常用的方法，并不需要知道总体的分布形式．具体说明如下：

以样本均值 $\bar{X}$ 作为总体均值μ 的点估计量，即

$$\hat{\mu} = \bar{X} = \frac{1}{n}\sum_{i=1}^{n} X_i,$$

而 $\hat{\mu} = \bar{x} = \frac{1}{n}\sum_{i=1}^{n} x_i$ 为μ 的点估计值．

以样本方差 S^2 作为总体方差 σ^2 的点估计量，即

$$\hat{\sigma}^2 = S^2 = \frac{1}{n-1}\sum_{i=1}^{n}(X_i - \bar{X})^2,$$

而 $\hat{\sigma}^2 = s^2 = \frac{1}{n-1}\sum_{i=1}^{n}(x_i - \bar{x})^2$ 为 σ^2 的点估计值．

例 1　设总体 $X \sim U[0, \theta]$上的均匀分布，其密度

$$P(x; \theta) = \begin{cases} \frac{1}{\theta}, & x \in [0, \theta], \\ 0, & 其他, \end{cases}$$

求 θ 的矩估计．

解　设 $X_1, X_2, \cdots, X_n$ 为总体X 的一个样本，总体均值

$$\mu_1 = E(X) = \int_0^{\theta} xP(x; \theta)\mathrm{d}x = \int_0^{\theta}\frac{x}{\theta}\mathrm{d}x = \frac{\theta}{2}.$$

按矩估计的思想

$$\hat{\mu}_1 = \frac{\hat{\theta}}{2} = \frac{1}{n}\sum_{i=1}^{n} X_i = \bar{X},$$

因此 $\hat{\theta} = 2\bar{X}$，即为 θ 的矩估计．

(2) 估计量的评价标准

由于总体参数 θ 的值未知，无法知其 θ 的真值，同时，用不同的估计量得到不同的估计值．自然希望估计量 $\hat{\theta}$的观察值与 θ 的真值的近似程度越高越好，这样的估计效果比较理想，这就需要确定评价估计量的好坏标准．下面介绍两种常用的评价标准．

① 无偏性

由于估计量是样本的函数，是随机变量，它对于每一个样本观察值都会得到不同的估计值，自然希望这些不同值能以参数真值为中心左右摆动，也就是希望一个好的估计量的数学期望等于未知参数的真值．具有这种特性的估计量，称为无偏估计量．

定义 2　设 $\hat{\theta}$为未知参数 θ 的估计量，若

$$E(\hat{\theta}) = \theta,$$

则称 $\hat{\theta}$为 θ 的无偏估计量.

例 2 设总体 X 的均值与方差均存在，由于

$$E(\overline{X})=E\frac{1}{n}\left(\sum_{i=1}^{n}X_i\right)=\frac{1}{n}E\left(\sum_{i=1}^{n}X_i\right)$$
$$=\frac{1}{n}\sum_{i=1}^{n}E(X_i)=\frac{1}{n}(\mu+\mu+\mu+\cdots+\mu)$$
$$=\frac{1}{n}\cdot n\mu=\mu,$$

同样可证

$$E(S^2)=E\left[\frac{1}{n-1}\sum_{i=1}^{n}(X_i-\overline{X})^2\right]=\sigma^2,$$

所以 $\overline{X}$，S^2 分别是 μ，σ^2 的无偏估计量.

而估计量$\frac{1}{n}\sum_{i=1}^{n}(X_i-\overline{X})^2$ 的均值

$$E\left[\frac{1}{n}\sum_{i=1}^{n}(X_i-\overline{X})^2\right]=E\left[\frac{n-1}{n}\cdot\frac{1}{n-1}\sum_{i=1}^{n}(X_i-\overline{X})^2\right]$$
$$=\frac{n-1}{n}E\left[\frac{1}{n-1}\sum_{i=1}^{n}(X_i-\overline{X})^2\right]=\frac{n-1}{n}\sigma^2\neq\sigma^2,$$

这说明该统计量不是总体方差的无偏估计量. 这就是为什么通常取样本方差 S^2 作为总体方差 σ^2 的估计量的原因.

② 有效性

有时一个未知参数的无偏估计量不只一个，为使估计的效果更好，当然希望估计值更接近于参数 θ 的真值，也就是希望估计量 $\hat{\theta}$与 θ 的真值偏差越小越好，这种偏差大小可用

$$E[(\hat{\theta}-\theta)^2]=D(\hat{\theta})$$

来衡量，这就引出估计量有效性的概念.

定义 3 设 $\hat{\theta}_1$，$\hat{\theta}_2$ 是 θ 的两个无偏估计量，若

$$\frac{D(\hat{\theta}_1)}{D(\hat{\theta}_2)}<1,$$

则称 $\hat{\theta}_1$ 较 $\hat{\theta}_2$ 有效.

例 3 取容量为 $n=3$ 的样本 X_1，X_2，X_3，证明均值 μ 的下面三个无偏估量

$$\hat{\mu}_1=\overline{X}=\frac{1}{3}\sum_{i=1}^{m}X_i,\ \hat{\mu}_2=\frac{1}{2}X_1+\frac{1}{3}X_2+\frac{1}{6}X_3,\ \hat{\mu}_3=X_1$$

中，$\hat{\mu}_1$ 较 $\hat{\mu}_2$，$\hat{\mu}_3$ 有效.

证明 显然

$$E(\hat{\mu}_1)=E(\hat{\mu}_2)=E(\hat{\mu}_3)=\mu,$$

这说明 $\hat{\mu}_1$，$\hat{\mu}_2$，$\hat{\mu}_3$ 都是 μ 的无偏估计量. 但由于

$$D(\hat{\mu}_1)=D(\overline{X})=D\left(\frac{1}{3}\sum_{i=1}^{3}X_i\right)=\frac{3}{9}\sigma^2=\frac{1}{3}\sigma^2,$$

$$D(\hat{\mu}_2)=D\left(\frac{1}{2}X_1+\frac{1}{3}X_2+\frac{1}{6}X_3\right)=\left(\frac{1}{4}+\frac{1}{9}+\frac{1}{36}\right)\sigma^2=\frac{14}{36}\sigma^2,$$

$$D(\hat{\mu}_3)=D(X_1)=\sigma^2,$$

则

$$D(\hat{\mu}_1)<D(\hat{\mu}_2)<D(\hat{\mu}_3),$$

即 $\hat{\mu}_1$ 较 $\hat{\mu}_2$，$\hat{\mu}_3$ 都有效.

9.2.2　参数的区间估计

上一节讨论了参数的点估计，这种点估计的实质就是以估计值作为参数的近似值，由于参数未知，所以无法考证估计值 $\hat{\theta}$ 与参数的真值 θ 的近似程度. 在实际问题中，往往不仅需要求出参数的估计值，还要知道估计值的精确性及可靠性，即希望找出 θ 的一个可能的变化范围$(\hat{\theta}_1, \hat{\theta}_2)$，并知道这个范围包含参数真值的可信程度，称这种形式的估计为区间估计.

(1) 置信区间的概念

定义 4　设 θ 为总体的一个未知参数，由样本确定出两个统计量 $\hat{\theta}_1$，$\hat{\theta}_2(\hat{\theta}_1<\hat{\theta}_2)$，对于给定的 $\alpha(0<\alpha<1)$，若能满足条件

$$P(\hat{\theta}_1<\theta<\hat{\theta}_2),$$

则称区间$[\hat{\theta}_1, \hat{\theta}_2]$为 θ 的 $1-\alpha$ 置信区间，$\hat{\theta}_1$ 和 $\hat{\theta}_2$ 分别称为置信下限与置信上限，$1-\alpha$ 称为置信度.

在一般情况下，α 取 0. 01，0. 05，0. 10 等.

当取置信度 $1-\alpha=0.95$ 时，参数 θ 的 0. 95 置信区间的意思是：由样本$(X_1, X_2, \cdots, X_n)$所确定的一个置信区间$[\hat{\theta}_1(X_1, X_2, \cdots, X_n), \hat{\theta}_2(X_1, X_2, \cdots, X_n)]$中含真值的可能性为95%.

(2) 正态总体均值的置信区间

设 $X_1, X_2, \cdots, X_n$ 为来自正态总体 $N(\mu, \sigma^2)$的容量为 n 的样本.

① 总体方差 σ^2 已知，求 μ 的 $1-\alpha$ 置信区间

由于 σ^2 已知，含有 μ，σ 及估计量 $\bar{X}$ 的统计量

$$U=\frac{\bar{X}-\mu}{\frac{\sigma}{\sqrt{n}}}\sim N(0, 1),$$

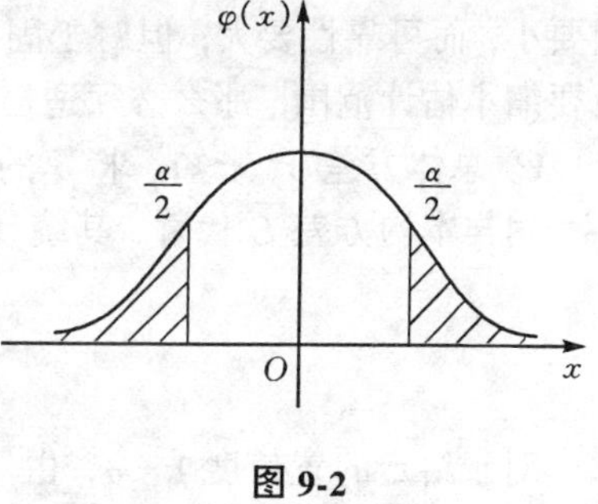

图 9-2

于是对给定的置信度 $1-\alpha$，由标准正态分布有

$$P\{|U|\leqslant\lambda\}=1-\alpha,$$

查标准正态分布表，确定 λ，这时 λ 称之为临界值. 见图 9-2.（对于 U 分布的临界值 λ 的求法：$\lambda=U_{1-\frac{\alpha}{2}}$，查表即可求得.）

因为

$$P\left\{\left|\frac{\overline{X}-\mu}{\frac{\sigma}{\sqrt{n}}}\right|\leqslant\lambda\right\}=1-\alpha,$$

由 $\left|\dfrac{\overline{X}-\mu}{\frac{\sigma}{\sqrt{n}}}\right|\leqslant\lambda$，解出 μ. 则

$$P\left\{\overline{X}-\lambda\frac{\sigma}{\sqrt{n}}\leqslant\mu\leqslant\overline{X}+\lambda\frac{\sigma}{\sqrt{n}}\right\}=1-\alpha$$

的置信区间为

$$\left[\overline{X}-\lambda\frac{\sigma}{\sqrt{n}},\ \overline{X}+\lambda\frac{\sigma}{\sqrt{n}}\right].$$

例4 某厂生产滚珠，从长期实践知道滚珠直径 X 服从正态分布，从某天的产品中随机抽取6个，量得直径(单位：mm)如下：

14.6 15.1 14.9 14.8 15.4 15.2

如果知道该天产品直径的方差是0.05，试求平均直径的置信区间($1-\alpha=0.95$).

解 $\bar{x}=\frac{1}{6}(14.6+15.1+14.9+14.8+15.4+15.2)=15.0$,

由

$$P\{|U|\leqslant\lambda\}=1-\alpha=0.95,$$

查标准正态分布表，可得 $\lambda=1.96$. 所以

$$\lambda\frac{\sigma}{\sqrt{n}}=1.96\times\frac{\sqrt{0.05}}{\sqrt{6}}=0.18.$$

因此，滚珠平均直径置信度为0.95的置信区间为[15 - 0.18, 15 + 0.18]，即[14.82, 15.18]. 即滚珠直径的均值在14.82mm至15.18mm之间的可能性约为95%.

置信度 $1-\alpha$ 可以选不同的值，因而就确定不同的临界值 λ，从而得到不同的置信区间，通常选取 $1-\alpha=0.90,\ 0.95,\ 0.99$ 等.

置信区间的长度越小，估计越精确，置信度 $1-\alpha$ 越大，估计越可靠. 自然希望，估计范围要小，而可靠性要大，但对于固定的样本容量 n 来说，这是办不到的. 如果不降低可靠性，而要缩小估计范围，那么必须适当加大样本容量.

② 总体方差 σ^2 未知，求 μ 的 $1-\alpha$ 置信区间

用样本均方差 S 代替，其统计量为

$$T=\frac{\overline{X}-\mu}{\frac{S}{\sqrt{n}}}\sim t(n-1).$$

对于给定的置信度 $1-\alpha$，由

$$P\{|T|\leqslant\lambda\}=1-\alpha,$$

查自由度为 $n-1$ 的 t 分布表，确定临界值 λ.（对于 t 分布的临界值 λ 的求法：$\lambda=t_{1-\frac{\alpha}{2}}$，查表即可求得.）

因为

$$P\left\{\left|\frac{\overline{X}-\mu}{\frac{S}{\sqrt{n}}}\right|\leqslant\lambda\right\}=1-\alpha,$$

由$\left|\dfrac{\bar{X}-\mu}{\frac{S}{\sqrt{n}}}\right|\leqslant\lambda$，解出 μ. 则

$$P\left\{\bar{X}-\lambda\frac{S}{\sqrt{n}}\leqslant\mu\leqslant\bar{X}+\lambda\frac{S}{\sqrt{n}}\right\}=1-\alpha$$

的置信区间为

$$\left[\bar{X}-\lambda\frac{S}{\sqrt{n}},\ \bar{X}+\lambda\frac{S}{\sqrt{n}}\right].$$

(3) 正态总体方差的置信区间

因统计量

$$\chi^2=\frac{(n-1)S^2}{\sigma^2}\sim\chi^2(n-1),$$

对于给定的置信度 $1-\alpha$，为了方便，取

$$P\{\chi^2<\lambda_2\}=P\{\chi^2>\lambda_2\}=\frac{\alpha}{2},$$

得

$$P\{\chi^2>\lambda_1\}=1-\frac{\alpha}{2},\ P\{\chi^2>\lambda_2\}=\frac{\alpha}{2},$$

查自由度为 $n-1$ 的 χ^2 分布表，确定临界值 λ_1 和 λ_2. (χ^2 分布的临界值 λ_1, λ_2 的求法：$\lambda_2=\chi^2_{\frac{\alpha}{2}}(n-1)$, $\lambda_1=\chi^2_{1-\frac{\alpha}{2}}(n-1)$.)

由于

$$P\{\chi^2<\lambda_2\}=P\{\chi^2>\lambda_2\}=\frac{\alpha}{2},$$

得

$$P\{\lambda_1\leqslant\chi^2\leqslant\lambda_2\}=1-\alpha,$$

所以

$$P\left\{\lambda_1\leqslant\frac{(n-1)S^2}{\sigma^2}\leqslant\lambda_2\right\}=1-\alpha,$$

则

$$P\left\{\frac{(n-1)S^2}{\lambda_2}\leqslant\sigma^2\leqslant\frac{(n-1)S^2}{\lambda_1}\right\}=1-\alpha$$

的置信区间为

$$\left[\frac{(n-1)S^2}{\lambda_2},\ \frac{(n-1)S^2}{\lambda_1}\right].$$

例 5　随机地从一批钉子中抽取 16 枚，测得其长度(单位：cm)如下：

2.14　2.10　2.13　2.15　2.13　2.12　2.13　2.10
2.15　2.12　2.14　2.10　2.13　2.11　2.14　2.11

设钉长服从正态分布，试求

(1) 总体 μ 的置信度为 0.90 的置信区间；

(2) 总体 σ^2 的置信度为 0.90 的置信区间.

解 由给定的样本值经计算可得

$$\bar{x}=2.125,\ s^2=0.017\,13^2$$

(1) 由 $1-\alpha=0.90$，查自由度为 15 的 t 分布表，可得 $\lambda=1.753$. 则 μ 的置信度为 0.90 的置信区间是

$$[2.125-0.007\,5,\ 2.125+0.007\,5],$$

即

$$[2.117\,5,\ 2.132\,5];$$

(2) 由 $1-\alpha=0.90$，查自由度为 15 的 χ^2 分布表，可得 $\lambda_1=7.26$，$\lambda_2=25.0$，则 σ^2 的置信度为 0.90 的置信区间是

$$\left[\frac{15\times 0.017\,13^2}{25.0},\ \frac{15\times 0.017\,13^2}{7.26}\right],$$

即

$$[0.000\,18,\ 0.000\,61].$$

上述置信区间都是双侧信限，但对于许多实际问题，只需要确定置信上限或下限之一即可. 如对某种材料的强度，用户只要求材料的平均强度不得低于某一个值，否则就不能用. 这就需要估计材料强度均值的置信下限，而置信上限取为 $+\infty$. 下面仅介绍正态总体 σ^2 未知，均值 μ 的置信下限的求法.

已知统计量

$$\frac{\bar{X}-\mu}{\frac{S}{\sqrt{n}}}\sim t(n-1),$$

于是对于给定的置信度 $1-\alpha$，由 t 分布有

$$P\left(\frac{\bar{X}-\mu}{\frac{S}{\sqrt{n}}}\right)=1-\alpha,$$

单侧置信区间为

$$\left[\bar{X}-\lambda\frac{S}{\sqrt{n}},\ +\infty\right].$$

例 6 设某种材料的强度(单位：MPa) $X\sim N(\mu,\ \sigma^2)$，今进行 5 次测试，样本强度均值 $\bar{x}=116$MPa，样本均方差 $s=9.975$MPa，试求材料强度均值 μ 的 0.99 置信下限.

解 由题意，有

$$n=5,\ 1-\alpha=0.99\quad(\alpha=0.01).$$

由 t 分布表查得

$$t_\alpha(n-1)=t_{0.01}(4)=3.746\,9,$$

$$t_\alpha(n-1)\frac{s}{\sqrt{n}}=3.746\,9\times\frac{9.975}{\sqrt{5}}=16.72.$$

材料强度均值 μ 的 0. 99 置信下限为

$$\bar{x}-\frac{s}{\sqrt{n}}t_\alpha(n-1)=116-16.72=99.28.$$

即 μ 的单侧置信区间为(99.28，$+\infty$)，这就说明这批材料的强度有 99% 的可能性超过

99.28MPa.

值得注意的是：在正态总体的参数估计中，由于已知条件的不同，所用的置信区间的计算公式不一样，见表 9-1.

表 9-1　正态总体常用估计公式表

估计参数	条　件	估计量	置信区间
μ	σ^2 已知	$\hat{\mu}=\overline{X}=\frac{1}{n}\sum_{i=1}^{n}X_i$	$\left[\overline{X}-\frac{\lambda}{\sqrt{n}}\sigma,\ \overline{X}+\frac{\lambda}{\sqrt{n}}\sigma\right]$
	σ^2 已知	$S^2=\frac{1}{n-1}\sum_{i=1}^{n}(X_i-\overline{X})^2$	$\left[\overline{X}-\frac{\lambda}{\sqrt{n}}S,\ \overline{X}+\frac{\lambda}{\sqrt{n}}S\right]$
σ^2		$S^2=\frac{1}{n-1}\sum_{i=1}^{n}(X_i-\overline{X})^2$	$\left[\frac{(n-1)S^2}{\lambda_{\frac{\alpha}{2}}^2(n-1)},\ \frac{(n-1)S^2}{\lambda_{1-\frac{\alpha}{2}}^2(n-1)}\right]$

上述区间均为置信度为 $1-\alpha$ 的置信区间.

习题 9.2

1. 区别以下各对名词：

(1) 估计值与无偏估计值；

(2) σ^2 与 S^2；

(3) 点估计与区间估计；

(4) 置信区间与置信度.

2. 从一批机床零件中抽取 20 个，称得每个零件的质量(单位：g)为

215	227	216	192	207	214	218	205	200
187	185	202	218	195	206	202	208	210

试估计该批零件中每个零件质量的均值和方差.

3. 设$(X_1, X_2, \cdots, X_n)$来自指数分布

$$f(x;\lambda)=\begin{cases}\lambda e^{-\lambda x}, & x\geqslant 0,\\ 0, & x<0.\end{cases}$$

用矩估计法求 λ 的估计量.

4. 测量两点之间的直线距离 5 次，测得距离(单位：m)的值为

108.5　109.0　110.0　110.5　112.0

(1) 如果测量值可以认为是服从正态分布 $N(\mu, \sigma^2)$的，求 μ 与σ^2 的估计值；

(2) 假定 σ^2 的值是 2.5，求 μ 的置信度为 0.95 的置信区间.

5. 随机地从一批钉子中抽取 16 枚，测得其长度(单位：cm)为

2.14	2.10	2.13	2.15	2.13	2.12	2.13	2.10
2.15	2.12	2.14	2.10	2.13	2.11	2.14	2.11

设钉长服从正态分布 $N(\mu, \sigma^2)$，试就 $\sigma=0.01$(cm)和 σ 未知两种情况，分别求总体均值 μ 的 90%的置信区间.

6. 钢丝的折断强度服从正态分布 $N(\mu, \sigma^2)$，从一批钢丝中抽取 10 个样品，测得数据如下

568 570 570 570 572 572 578 572 584 596

求方差 σ^2 的置信度为 0.95 的置信区间.

9.3 参数的假设检验

上一节，讨论了怎样用统计量来推断总体未知参数——参数的点估计与区间估计，参数估计是统计推断中的一类重要问题，还有另一类问题就是将要讨论的假设检验. 假设检验也称显著性检验.

9.3.1 假设检验问题

在许多实际问题中，只能先对总体的分布函数形式或分布的某些参数作出某些可能的假设，然后根据所得的样本数据，对假设的正确性作出判断. 这就是所谓的假设检验问题.

先看几个例子.

例 1 梅林食品厂生产的猪肉罐头规定每听的标准质量为 500g，这些罐头由一条生产线自动包装，在正常情况下，生产出的罐头质量(单位：g)由经验知道服从正态分布 $N(500, 2^2)$. 质量管理中规定每隔一定时间要抽测 5 听罐头，用以检查生产线的工作是否正常. 如果在某次抽样中，测得 5 听罐头的质量分别为 501，507，498，502，504(g)，这时是否可以作出生产线(即 $\mu=500$)的判断呢?

例 2 丽华厂有批产品 10 000 件，按规定的标准，出厂时次品率不得超过 3%. 质量检验员从中任意抽取 100 件，发现其中有 5 件次品. 问这批产品能否出厂?

例 3 治疗牛皮癣的旧药的治愈率为 0.3. 现研制出一种新药，通过对 10 名患者临床试用，有 7 人治愈. 问此种新药的治疗效果是否提高了?

例 4 在针织品的漂白工艺过程中，要考查温度对针织品断裂强力(主要质量指标)的影响. 为了比较 70℃与 80℃的影响有无差别，在这两个温度下，分别重复做了 8 次试验，得到数据(单位:kg)如下：

70℃时的强力:20.5，19.5，19.8，20.9，21.5，19.5，21.0，21.2;

80℃时的强力:17.7，20.3，20.0，18.8，19.0，20.1，20.2，19.1.

问两种温度下的强力是否有差异? (假定强力分别服从正态分布 $N(\mu_1, \sigma^2)$和 $N(\mu_2, \sigma^2)$)

还有，怎样根据一个随机变量的样本，判断该随机变量是否服从正态分布 $N(\mu, \sigma^2)$或别的其他分布?

这些例子所代表的问题是非常广泛的，它们的共同特点如下.

第一，总体分布的类型为已知，对分布的一个或几个未知参数的值作出“假设”，或者对总体分布函数的类型或某些特征提出某种“假设”. 这种“假设”称为待检假设或零假设，通常用 H_0 表示. 当对某个问题提出了零假设 H_0 时，事实上也同时给出了另外一个“假设”，称为备选假设或对立假设，用 H_1 表示. H_0 和 H_1 称为统计假设，简称假设. 要回答上述例中提出的问题，其结论就是要在零假设 H_0 和备选假设 H_1 两者之间作出选择或判断.

第二，希望通过已经获得的一个样本 $X_1, X_2, \cdots, X_n$，能对零假设 H_0 作出成立还是不成立的判断(或决策).

将具有上述两个特点的问题叫做假设检验问题.

例 1～例 4 中的零假设与备选假设列于表 9-2 中.

表 9-2

	零假设 H_0	备选假设 H_1
例 1	$H_0: \mu=500$	$H_1: \mu\neq 500$
例 2	$H_0: p=3\%$	$H_1: p>3\%$
例 3	$H_0: p=0.3$	$H_1: p>0.3$
例 4	$H_0: \mu_1=\mu_2$	$H_1: \mu_1\neq\mu_2$

通过以上的分析，所谓假设检验问题，就是利用样本提供的信息，要在零假设 H_0 与备选假设 H_1 之间作出拒绝哪一个、接受哪一个的判断. 简称为 H_0 对 H_1 的检验问题.

那么，如何来解决 H_0 对 H_1 的检验问题呢? 在假设检验问题中要作出某种判断，先从样本 $X_1, X_2, \cdots, X_n$ 出发，制定一个法则，样本的观测值 $x_1, x_2, \cdots, x_n$ 确定后，利用这个法则对零假设成立与否作出判断. 这一法则就称为一个检验法则或一个检验法.

检验法则是什么呢? 如何制定检验法则呢?

在例 1 中，把问题归结成统计假设:

$$H_0: \mu=500 \text{ 对 } H_1: \mu\neq 500.$$

由于问题涉及的是正态总体的均值 μ，自然想到样本均值 $\bar{X}$，由第 9.2 节知，$\bar{X}$ 是 μ 的一个"好"估计量. 如果零假设 H_0 成立，即 $\mu=500$，那么，$\bar{X}$ 有较大的概率在 500 附近取值；反之，若 H_0 不成立，也即 $\mu=\mu_1(\mu_1\neq 500)$，则 $\bar{X}$ 有较大的概率在 μ_1 附近取值. 因此 $\bar{X}$ 的取值情况将有零假设 H_0 是否成立的信息. 不过，目前仅有一个样本观测值，所以先算出 $\bar{X}$ 的观测值 $\bar{x}$，如果 $\bar{x}$ 与 500 比较接近，则认为 H_0 成立，即接受 H_0；反之，若 $\bar{x}$ 与 500 相差甚大，则拒绝 H_0.

上面的叙述是一种直观的想法，而且对于 $\bar{x}$ 与 500 是否接近，还需要建立明确的判别准则. 如例 1 中的 $\bar{x}=502.4$，它与 500 能不能算是"比较"接近呢? 这不能凭直观或印象来回答，而需要深入考虑统计量 $\bar{X}$ 的分布. 由于总体服从正态分布 $N(\mu, 2^2)$，若 H_0 成立，即 $\mu=500$，由抽样分布理论知，$\bar{X}\sim N(500, 4/5)$，故

$$\begin{aligned}
&P\{|\bar{X}-500|\geqslant|502.4-500|\}=P\{|\bar{X}-500|\geqslant 2.4\}\\
&=P\left\{\left|\frac{\bar{X}-500}{\sqrt{\frac{4}{5}}}\right|\geqslant\frac{2.4}{\sqrt{\frac{4}{5}}}\right\}=P\left\{\left|\frac{\bar{X}-500}{0.894}\right|\geqslant 2.683\right\}\\
&=1-P\left\{\left|\frac{\bar{X}-500}{0.894}\right|<2.683\right\}=2[1-\Phi(2.683)]\\
&=2(1-0.996\,3)=0.007\,4.
\end{aligned}$$

这个结果表明，如果零假设 H_0 成立，那么事件$\{|\bar{X}-500|\geqslant 2.4\}$发生的概率只有 0.007 4，也即在 1 000 次观察中平均只有 7.4 次，使所观察到的样本平均值与 500 的偏离大于或等于 2.4. 现在仅作了一次观察，就出现 $\bar{X}$ 与 500 的偏离达到 2.4 的情况，这不能不使我们对 H_0 的成立表示怀疑. 现在的问题是要求我们根据这一样本观测值，对 H_0 的成立与否作出判断，

在这种情况下看来，拒绝零假设 H_0 是比较合理的. 因为我们已经发现观察结果与零假设 H_0 有显著的差异. 在相反的情况下，即如果我们没有发现观察结果与零假设 H_0 有显著性的差异，就接受零假设 H_0.

在上述对 H_0 作出的判断中，实际上运用了小概率原理. 小概率原理认为，在一次试验(观察)中，小概率事件实际上不可能发生. 什么算小概率事件？一般来说没有一个统一的规定，在假设检验中概率为 0.01，0.05 的事件就算小概率事件，有时也把 0.10 包括在内.

在例 3 中，把问题归结成统计假设：

$$H_0: p=0.3,\ H_1: p>0.3,$$

这里当然希望新药疗效确有提高，但它又不可能像老药那样有较多的数据(治疗效果). 因此，取“治愈率没有提高”作为零假设，并以“治愈率提高”作为备选假设. 在统计假设中哪一个作为原假设，哪一个作为备选假设，要视具体的目的和要求而定. 假设我们的目的是希望从样本观测值提供的信息对某一陈述取得强有力的支持，那么把这一陈述的否定作为原假设，而把陈述本身作为备选假设. 这里对例 3 的统计假设就是作这样处理的. 一般来说，零假设是代表了一种“常规”的情况，它受到“保护”，没有强有力的证据是不能随便否定零假设的.

在患牛皮癣的患者中，随机抽取 n 个患者采用新药治疗，假如事件 A(表示治愈)出现 k 次，即治愈人数 $\mu_n=k$，μ_n 是一个随机变量，它服从二项分布：

$$P\{\mu_n=k\}=C_n^k p^k(1-p)^{n-k},\ k=0,\ 1,\ 2,\ \cdots,\ n.$$

对 $p=0.3$，其分布见图 9-3. 如果 H_0 成立，即 $p=0.3$，那么根据二项分布的性质，10 名患者中有 3 名左右治愈的概率最大；反之，若 H_0 不成立，即 $p=p_1$(如取 $p=0.6$)，则 10 名患者中有 6 名左右治愈的概率最大(见图 9-4). 因此，μ_n 的取值情况含有零假设 H_0 是否成立的信息. 现在 μ_n 与 3 的偏离较大，因此看来接受 H_1 比较合理，这是一种直观的想法. 由于 μ_n 服从二项分布，若 H_0 成立，则 μ_n 的概率分布为

$$P\{\mu_n=k\}=C_n^k\cdot 0.3^k\times 0.7^{n-k},\ k=0,\ 1,\ \cdots,\ n.$$

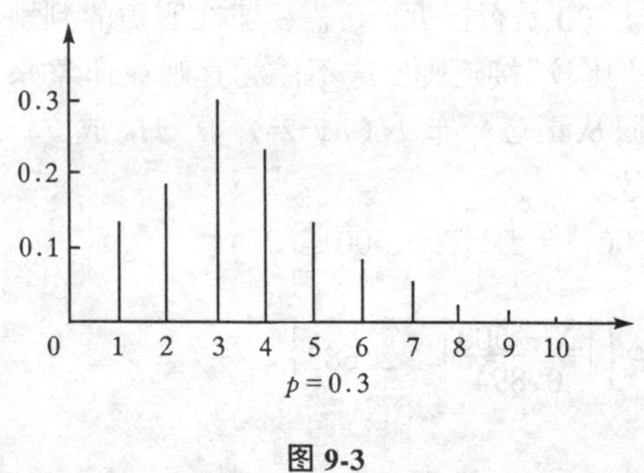

图 9-3

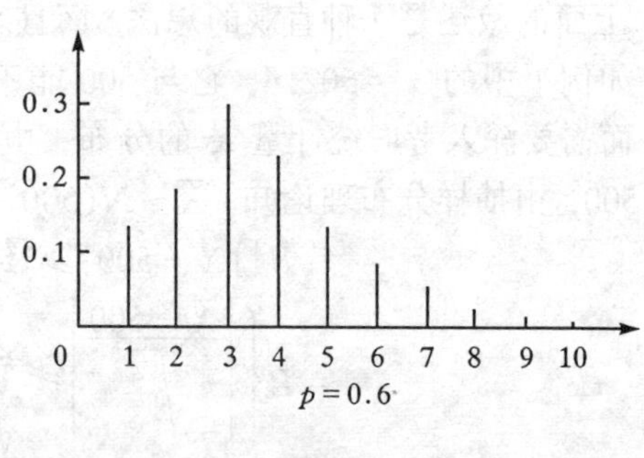

图 9-4

于是

$$P\{\mu_n\geqslant 7\}=1-P\{\mu_n<7\}=1-\sum_{k=0}^{6}C_n^k 0.3^k\times 0.7^{10-k}=1-0.989\,4=0.010\,6.$$

这一结果表明，如果零假设 H_0 成立，即 $p=0.3$，那么，任抽 10 名患者中，治愈者超过 7 人的概率是很小的，平均在 100 次试验(每次 10 人)中约仅有 1 次出现 10 名患者中有 7 人以上

获得治愈. 根据小概率原理, 这是不合理的. 产生这种不合理现象的根源在于零假设 $H_0: p=0.3$, 因此有理由怀疑 H_0 不成立, 从而作出拒绝 H_0 的判断, 即新药治疗牛皮癣的效果比原来有明显的提高.

9.3.2　假设检验的程序

前面叙述的检验法具有普遍意义, 可用在各种各样的假设检验问题上, 从中可以概括出一般情况下的检验法则. 将它的检验程序概括如下.

第一步, 提出统计假设: 零假设 H_0 和备选假设 H_1.

H_0 与 H_1 在假设检验问题中是两个对立的假设: H_0 成立则 H_1 不成立, 反之亦然. 这里希望读者在实际运用中学会正确地选好零假设. 需要指出的是, 当零假设(如对总体均值 μ)定为

$$H_0: \mu=\mu_0,$$

那么, 备选假设按实际问题的具体情况, 可在下列三个中选定一个:

$$H_1\begin{cases}①\mu\neq\mu_0,\\②\mu<\mu_0,\\③\mu>\mu_0,\end{cases}$$

也就是说对 μ 可以提出三个假设检验:

① $H_0: \mu=\mu_0$, 对 $H_1: \mu\neq\mu_0$;

② $H_0: \mu=\mu_0$, 对 $H_1: \mu<\mu_0$;

③ $H_0: \mu=\mu_0$, 对 $H_1: \mu>\mu_0$.

① 称为双尾或双侧检验, ②、③称为单尾或单侧检验.

第二步, 选取样本的统计量 T.

如何构造出一个合适的统计量? 首先它必须与统计假设有关, 其次在 H_0 成立的情况下, 统计量的分布或渐近分布是知道的. 如在例 1 中统计量 $\bar{X}$ 及例 3 中的统计量 μ_n, 当零假设成立时, 它们的分布都是已知的, 即 $\bar{X}$ 服从正态分布 $N\left(500, \frac{4}{5}\right)$, μ_n 服从二项分布 $B(k; n, p)$.

第三步, 规定显著性水平 α.

由于总是在有相当的根据后才作出零假设 H_0 的, 为此, 选取一个接近于零的正数 α, 如 0.01, 0.02, 0.05 或 0.10. 检验时, 就是要解决"当零假设 H_0 成立时, 作出不接受零假设 H_0 的这一决定的概率不大于这个显著性水平 α"——这样的问题.

第四步, 在显著性水平 α 下, 根据统计量的分布将样本空间划分成两个不相交的区域, 其中一个是接受零假设的样本值全体组成的, 称为接受域; 反之为拒绝域.

我们在例 1 中曾计算了 $P\{|\bar{X}-500|\geqslant 2.4\}=0.0074$, 说明 $\bar{X}$ 与 500 的离达到 2.4 是一个小概率事件. 如果选取 $\alpha=0.05$, 而有

$$P\{|\bar{X}-500|\geqslant t\}=0.05\quad (t>0),$$

那么, $\bar{X}$ 与 500 的偏离达到 t 也还是一个小概率事件. 因此, 若样本均值 $\bar{X}$ 即统计量的观察值 $\bar{x}$ 满足

$$\bar{x} \geqslant 500+t \quad 或 \quad \bar{x} \leqslant 500-t,$$

那么按小概率原则，作出拒绝 H_0 的决策；反之，若

$$500-t<\bar{x}<500+t,$$

则作出接受 H_0 的决策. 这样的一个检验法则相当于：若统计量 $\bar{X}$ 的观测值 $\bar{x} \in [-\infty, 500-t] \cup [500+t, +\infty)$，作出拒绝 H_0 的决策；反之，若 $\bar{x} \in (500-t, 500+t)$，则接受 H_0. 这里统计量 $\bar{X}$ 的观测值 $\bar{x}$ 的取值区间为 $(-\infty, +\infty)$，它恰好被划分成上述两部分的区间(见图 9-5). 称

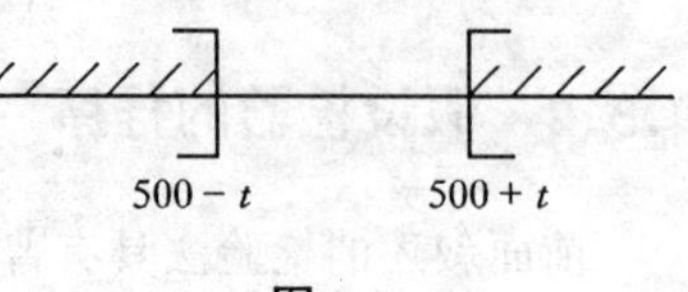

图 9-5

$$(-\infty, 500-t] \cup [500+t, +\infty)$$

为拒绝域，也称临界域；称

$$(500-t, 500+t)$$

为接受域.

还有一个问题，即 t 值如何求得? 易知

$$\frac{\bar{X}-\mu}{\frac{\sigma}{\sqrt{n}}}=\frac{\bar{X}-500}{\frac{2}{\sqrt{5}}} \sim N(0, 1),$$

而

$$P\{|\bar{X}-500| \geqslant t\}=P\left\{\frac{\bar{X}-500}{\frac{2}{\sqrt{5}}} \geqslant \frac{t}{\frac{2}{\sqrt{5}}}\right\}=0.05,$$

令

$$\begin{aligned} & P\left\{\frac{\bar{X}-500}{\frac{2}{\sqrt{5}}} \geqslant \frac{t}{\frac{2}{\sqrt{5}}}\right\} \\ = & P\left\{\frac{\bar{X}-500}{\frac{2}{\sqrt{5}}} \geqslant \frac{t}{\frac{2}{\sqrt{5}}}\right\}+P\left\{\frac{\bar{X}-500}{\frac{2}{\sqrt{5}}} \leqslant -\frac{t}{\frac{2}{\sqrt{5}}}\right\} \\ = & \frac{\alpha}{2}+\frac{\alpha}{2}=\frac{0.05}{2}+\frac{0.05}{2}=0.05, \end{aligned}$$

见图 9-6，因此，查正态分布表可得

$$z_{1-\frac{\alpha}{2}}=\frac{t}{\frac{\sigma}{\sqrt{n}}}=1.96,$$

$$t=1.96 \times \frac{2}{\sqrt{5}}=1.753.$$

第五步，根据样本观测值 $x_1, x_2, \cdots, x_n$，计算统计量 T 的观测值.

第六步，作出判断：若统计量 T 的观测值落在拒绝域，则拒绝零假设 H_0 而接受备选假设 H_1；反之，若 T 的观测值落在接受域，则接受 H_0 而拒绝备选假设 H_1.

也可把以上的第六步并成第四步或第五步.

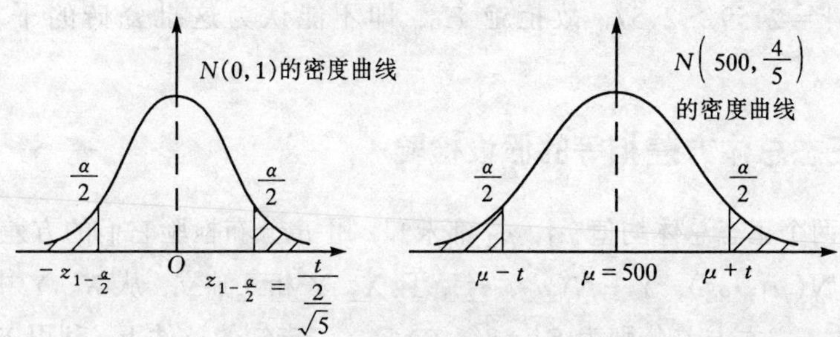

图 9-6

9.3.3 单个正态总体的期望和方差的检验

假设检验的关键是提出原假设 H_0，并选用合适的统计量，检验步骤完全相仿. 正态总体的有关检验问题及方法见表 9-3.

表 9-3　　一个正态总体的有关检验

原假设 H_0	条件	检验法	估计量	统计量分布	在显著水平下的拒绝域
$\mu=\mu_0$ (μ_0 为常数)	σ^2 已知	U	$U=\dfrac{\bar{X}_0-\mu_0}{\frac{\sigma}{\sqrt{n}}}$	$N(0,1)$	$(-\infty,-U_{\frac{\alpha}{2}})\cup(U_{\frac{\alpha}{2}},+\infty)$
	σ^2 未知	t	$t=\dfrac{\bar{X}-\mu_0}{\frac{S}{\sqrt{n}}}$	$t(n-1)$	$(-\infty,-t_{\frac{\alpha}{2}}(n-1))\cup(t_{\frac{\alpha}{2}}(n-1),+\infty)$
$\sigma^2=\sigma_0^2$ (σ_0^2 为常数)	μ 未知	χ^2	$\chi^2=\dfrac{(n-1)S^2}{\sigma^2}$	$\chi^2(n-1)$	$(0,\chi^2_{1-\frac{\alpha}{2}}(n-1))\cup(\chi^2_{\frac{\alpha}{2}}(n-1),+\infty)$

例 5　根据长期经验和资料分析，某瓷砖厂生产的瓷砖的抗断强度(单位:MPa)为 $X\sim N(\mu,\sigma^2)$，现从该厂的产品中随机抽取 6 块，测得抗断强度如下：

3.256　2.966　3.164　3.000　3.187　3.103

假定 σ^2 未知，检验这批瓷砖的平均抗断强度为 3.250MPa 是否成立？(取 $\alpha=0.05$)

解　(1)原假设 H_0：$\mu=3.250$；

(2) 由于 σ^2 未知，选取统计量

$$t=\frac{\bar{X}-\mu_0}{\frac{S}{\sqrt{n}}}\sim t(n-1);$$

(3) 由于 $\bar{x}=3.113$，$n=6$，$s=0.120\ 3$，故

$$|t|=\left|\frac{\bar{x}-\mu_0}{\frac{S}{\sqrt{n}}}\right|=\left|\frac{3.113-3.250}{\frac{0.120\ 3}{\sqrt{6}}}\right|=2.79,$$

对 $\alpha=0.05$，查 t 分布表可得临界值

$$t_{\frac{\alpha}{2}}(n-1)=t_{0.025}(5)=2.57,$$

因而拒绝域为$(-\infty,-2.57)\cup(2.57,+\infty)$；

(4) 因为 $|t|=2.59>2.57$，故拒绝 H_0，即不能认为这批瓷砖的平均抗断强度是 3.250MPa.

9.3.4 两个正态总体方差相等的假设检验

下面仅介绍两个正态总体均值 μ_1，μ_2 都未知，用 F 分布检验它们的方差是否相等.

设总体 $X\sim N(\mu_1,\sigma_1^2)$，$Y\sim N(\mu_2,\sigma_2^2)$，且 X，Y 相互独立，从 X，Y 中分别抽取容量为 n_1，n_2 的样本，样本方差分别为 S_1^2，S_2^2，在 μ_1，μ_2 未知的条件下，利用 F 分布检验方差 $\sigma_1^2=\sigma_2^2$ 的步骤如下：

① 提出检验假设 $H_0:\sigma_1^2=\sigma_2^2$；

② 选用统计量 F，并确定其分布

$$F=\frac{S_1^2}{S_2^2}\sim F(n_1-1,\ n_2-1);$$

③ 对于给定的检验水平 α，由

$$P\{F<\lambda_1\}=P\{F>\lambda_2\}=\frac{\alpha}{2},$$

查 F 分布表，确定临界值 λ_1 和 λ_2；

④ 由给定的样本值，计算 F 的值，若 $F<\lambda_1$ 或 $F>\lambda_2$，则否定 H_0；若 $\lambda_1\leqslant F\leqslant\lambda_2$，则接受 H_0.

例 6 某一橡胶配方中，原用 ZnO 5g，现将 ZnO 减为 1g. 现分别对两种配方作抽样试验，结果测得橡胶的伸长率如下：

原配方 540 533 525 520 545 531 541 529 534

新配方 565 577 580 575 556 542 560 532 570 561

问两种配方的橡胶伸长率(设它们服从正态分布)的总体方差有无显著差异？($\alpha=0.10$)

解 (1) 提出检验假设 $H_0:\sigma_1^2=\sigma_2^2$；

(2) 选取统计量

$$F=\frac{S_1^2}{S_2^2}\sim F(8,9);$$

(3) 对于检验水平 $\alpha=0.10$，由

$$P\{F<\lambda_1\}=P\{F>\lambda_2\}=\frac{\alpha}{2}=0.05.$$

查第一自由度为 $n_2-1=9$，第二自由度为 $n_1-1=8$ 的 F 分布表，得 $\frac{1}{\lambda_1}=3.39$，从而临界值 $\lambda_1=\frac{1}{3.39}=0.295$；查第一自由度为 $n_1-1=8$，第二自由度为 $n_2-1=9$ 的 F 分布表，得 $\lambda_2=3.23$；

(4) 由样本值具体计算，得

$$S_1^2=63.86,\ S_2^2=236.8,\ F=\frac{S_1^2}{S_2^2}=\frac{63.86}{236.8}=0.270.$$

由于 $0.270<0.295$，即 $F<\lambda_1$，所以否定 H_0. 即在检验水平 $\alpha=0.10$ 下，可认为两种配

方的橡胶伸长率的总体方差有显著差异.

习题 9.3

1. 设某产品的性能指标服从正态分布 $N(\mu,\ \sigma^2)$，据历史资料可知 $\sigma=4$. 现抽查 10 个样品，求得均值为 17，取显著性水平 $\alpha=0.05$，问假设 $H_0:\mu=20$ 是否成立？

2. 某种元件，要求其使用寿命不低于 1 000h，现从一批这种元件中随机抽取 25 件，测得其平均寿命为 950h，已知这种元件的寿命服从标准差 $\sigma=100$h 的正态分布，试在显著性水平 $\alpha=0.05$ 下确定这批元件是否合格？

3. 某种零件尺寸服从正态分布，抽样检查 6 件，得尺寸数据(单位:mm)为

31.56　29.66　31.64　30.00　31.87　31.03

在显著性水平 $\alpha=0.05$ 下，能否认为这批零件的长度尺寸是 32.50mm？

4. 按照规定，每 100g 的罐头番茄汁，维生素 C 的含量不得少于 21mg，现从某厂生产的一批罐头中抽取 17 个，测得 V_C 的含量(单位：mg)如下：

17　22　21　20　23　21　19　15　13
23　17　20　29　18　22　16　25

已知 V_C 的含量服从正态分布，方差 $\sigma^2=3.98^2$ 不变，试以 0.025 的检验水平检验该批罐头的 Vc 含量是否合格.

5. 某糖厂用自动打包机打包，每包标准质量 100kg，每天开工后，需要检验一次打包机工作是否正常，即检测打包机是否存在系统误差. 某日开工后测得 9 包糖的质量(单位：kg)分别为

99.3　98.7　100.5　101.2　98.3　99.7　101.2　100.5　99.5

问该日打包机工作是否正常？

6. 正常人的脉博平均为 72 次/min，某医生测得 10 例慢性四乙基铅中毒患者的脉搏(次/min)如下：

54　67　68　78　70　66　67　70　65　69

问四乙基铅中毒患者和正常人的脉搏有无显著性差异？(四乙基铅中毒患者的脉搏服从正态分布)

7. 某零件长度服从正态分布，过去的均值为 20.0，现换了新材料，从产品中随机抽取 8 个样品，测得的长度为

20.0　20.2　20.1　20.0　20.2　20.3　19.8　19.5

问用新材料做的零件平均长度是否起了变化？($\alpha=0.05$)

8. 用热敏电阻测温仪间接测量地热勘探井底温度，重复测量 6 次，测得温度(℃)为

112.0　113.4　111.2　114.5　112.9　113.6

而用某一种精确方法测得温度为 112.6℃(可看做温度真值)，试问用热敏电阻测温仪间接测温有无系统偏差？($\alpha=0.05$)

9. 检查 26 匹马，测得每 100mL 的血清中所含的无机磷平均为 3.29mL，标准差为 0.27mL；又检查了 18 头羊，测得每 100mL 的血清中所含的无机磷平均为 3.96mL，标准差为 0.40mL. 试以 $\alpha=0.05$ 的检验水平，检验马与羊的血清中无机磷的含量是否有显著性差异？

参考答案或提示

习题 1.1

1. (1) 不同； (2) 不同； (3) 不同； (4) 相同；
(5) 相同； (6) 不同； (7) 相同.

2. (1) $(-\infty, -1) \cup (-1, 4) \cup (4, +\infty)$； (2) $\mathbf{R}$；
(3) $[-3, 3]$； (4) $(-1, 1)$；
(5) $[-2, -1) \cup (-1, 1) \cup (1, +\infty)$； (6) $[0, 16]$；
(7) $\left(k\pi - \dfrac{\pi}{2}, k\pi\right) \cup \left(k\pi, k\pi + \dfrac{\pi}{2}\right)$； (8) $\mathbf{R}$.

3. $f(0) = k\pi + \dfrac{\pi}{2}$, $f(1) = 2k\pi \pm \dfrac{\pi}{3}$, $f(-\sqrt{2}) = 2k\pi \pm \dfrac{3\pi}{4}$,
$f(\sqrt{3}) = 2k\pi \pm \dfrac{\pi}{6}$, $f(-2) = (2k+1)\pi$.

4. $f(-1) = -1$, $f(0) = 0$, $f\left(\dfrac{1}{2}\right) = \dfrac{1}{2}$, $f(1) = 2$, $f\left(\dfrac{3}{2}\right) = 3$, $f(10) = 0$.

5. (1) 偶函数； (2) 奇函数； (3) 偶函数； (4) 非奇非偶函数；
(5) 偶函数； (6) 奇函数； (7) 非奇非偶函数； (8) 奇函数.

6. (1) 在$(-\infty, +\infty)$上为单调递增函数；
(2) 在$(-\infty, +\infty)$上为单调递减函数；
(3) 当 $a > 1$ 时，在$(0, +\infty)$上为单调递增函数，当 $a < 1$ 时，在$(0, +\infty)$上为单调递减函数；
(4) 在$(-\infty, 0)$上为单调递增函数，在$[0, +\infty)$上为单调递减函数.

7. (1) 有界； (2) 无界； (3) 有界.

8. (1) $\dfrac{2\pi}{3}$； (2) π； (3) 2π； (4) π.

9. (1) $y = \sqrt{u}$, $u = 3x$； (2) $y = \sqrt{u}$, $u = a - x^2$；
(3) $y = e^u$, $u = \cos x$； (4) $y = u^2$, $u = \tan v$, $v = 3x - 2$；
(5) $y = \ln u$, $u = \sin v$, $v = e^x$； (6) $y = \arctan u$, $u = \sqrt{v}$, $v = 1 - x^2$；
(7) $y = e^u$, $u = \arctan v$, $v = \dfrac{1}{x^2}$.

10. $f(f(x)) = \dfrac{x}{1-2x}$.

11. (1) $f^{-1}(x) = \dfrac{x+1}{3}$； (2) $f^{-1}(x) = \dfrac{x+1}{x-1}$；
(3) $f^{-1}(x) = \sqrt[3]{x+2}$； (4) $f^{-1}(x) = 10^{x-1} - 2$.

12. $Q = 50 - \dfrac{4}{3}P$.

13. $P = 5$.

14. $Q = 20$, $\overline{C}(Q) = 20$.

15. $Q = 20$.

习题 1.2

1.(1) 2;　(2) 1;　(3) 1;　(4) 0;　(5) ∞;　(6) 不存在.

2.(1) 3;　(2) $\frac{3}{2}$;　(3) 1;　(4) -3;　(5) 1.

3.(1) $\frac{9}{2}$;　(2) $\frac{3+2\sqrt{2}}{2\sqrt{2}-2}$;　(3) $\frac{-x}{1+x}$.

4.(1) $\frac{2}{9}$;　(2) $\frac{104}{330}$.

习题 1.3

1.(1) 0;　(2) 0;　(3) 3;　(4) 0;　(5) 1;　(6) 2.

2.(1) 5;　(2) 1;　(3) -1;　(4) 0;　(5) 0.

3. 证明:因为当 $x \to 0^+$ 时　$\frac{|x|}{x} = \frac{x}{x} = 1$,

而当 $x \to 0^-$ 时　$\frac{|x|}{x} = \frac{-x}{x} = -1$,

即左、右极限不相等, 所以, $\lim\limits_{x \to 0} \frac{|x|}{x}$ 不存在.

4. $\lim\limits_{x \to 0} f(x)$ 不存在, $\lim\limits_{x \to 1} f(x) = 2$, $\lim\limits_{x \to -\infty} f(x) = -\infty$, $\lim\limits_{x \to +\infty} f(x) = 0$.

习题 1.4

1. (1) 当 $\Delta x \to 0$ 时, $(\Delta x)^3$ 比 $3(\Delta x)^2$ 高阶;

(2) 当 $x \to 1$ 时, $1 - x$ 与 $1 - x^3$ 同阶;

(3) 当 $x \to 1$ 时, $\frac{1-x}{1+x}$ 与 $1 - \sqrt{x}$ 等价;

(4) 当 $x \to \infty$ 时, $\frac{\cos x}{x^2}$ 比 $\frac{1}{x}$ 高阶.

2. 因为 $\lim\limits_{x \to 0} \frac{\sqrt{4+x}-2}{\sqrt{9+x}-3} = \frac{3}{2}$, 所以为同阶无穷小.

3. 因为 $\lim\limits_{x \to 0} \frac{\sqrt{1+x}-1}{\frac{x}{2}} = 1$, 所以为等价.

4.(1) $\frac{\alpha}{\beta}$;　(2) $\frac{\alpha}{3}$;　(3) 0;　(4) $\frac{2}{3}$;　(5) $\frac{3}{2}$.

习题 1.5

1. (1) 6;　(2) $-\frac{1}{5}$;　(3) 0;　(4) $-\frac{1}{6}$;　(5) 2;　(6) $\frac{1}{4}$;

(7) 1;　(8) 2;　(9) $3x^2$;　(10) $\frac{\sqrt{2}+2}{3}$.

2. (1) 1;　(2) $\frac{1}{2}$;　(3) 0;　(4) ∞;　(5) 1;　(6) 3;

(7) 1;　(8) 0;　(9) 1.

3. (1) ∞;　(2) $-\frac{1}{2}$;　(3) 1;　(4) 0.

习题 1.6

1. (1) $\frac{1}{2}$;　(2) $\frac{1}{3}$;　(3) $\frac{5}{3}$;　(4) $\frac{1}{2}$;　(5) 2;　(6) $\frac{5}{3}$;

(7) 4;　(8) 2;　(9) 0;　(10) 0;　(11) $\cos\frac{x+a}{2}$;

(12) $-\sin x$;　(13) $\frac{1}{2}$.

2. (1) e^4;　(2) e^2;　(3) e^k;　(4) e^{-1};　(5) e^{-1};　(6) $e^{-\frac{1}{2}}$;

(7) e^{-2};　(8) e;　(9) 1.

习题 1.7

1. (1) $\Delta x = 1$, $\Delta y = 5$;　(2) $\Delta x = -2$, $\Delta y = -4$;

(3) $\Delta x = \Delta x$, $\Delta y = \Delta x + 3(\Delta x)^2 + (\Delta x)^3$;

(4) $\Delta x = x - x_0$, $\Delta y = (x - x_0)(x^2 + xx_0 + x_0^2 - 2)$.

2. $\Delta y = \sin(x + \Delta x) - \sin x = 2\cos\frac{2x+\Delta x}{2}\sin\frac{\Delta x}{2}$.

3. 连续.

4. 不连续.

5. 在 $x = 0$ 处左连续;在 $x = \frac{1}{2}$, $x = 2$ 处连续;在 $x = 1$ 处不连续.

6. $k = 2$.

7. $\lim\limits_{x\to 0}f(x) = \frac{1}{2}$, $\lim\limits_{x\to 2}f(x)$ 不存在, $\lim\limits_{x\to -3}f(x) = -\frac{8}{5}$.

8. (1) 间断点为 $x = -2$, 属于第二类间断点;

(2) 间断点为 $x = 0$, 属于可去间断点;

(3) 间断点为 $x = 1$, 属于可去间断点;

(4) 间断点为 $x = 0$, 属于跳跃间断点;

(5) 间断点为 $x = 0$, 属于跳跃间断点.

习题 1.8

1. (1) 1;　(2) $\frac{1}{2}$;　(3) e;　(4) $-\frac{\sqrt{2}}{2}$;　(5) 1;　(6) $\frac{\sqrt{3}}{6}$;

(7) $\frac{1}{2}$； (8) a； (9) 1； (10) $\frac{1}{2}$； (11) $\frac{1}{20}$； (12) e^3.

2. 因为 $f(0)=-2<0$，$f(3)=13>0$，所以根据推论 1，方程在 $(0,3)$ 内至少有一个实根.

习题 2.1 至习题 2.5 略.

第 2 章习题

1. (1) $3x^2$； (2) -1； (3) $\cos x$.

2. $f'(x)=\frac{1}{2\sqrt{x}}$，$f'(4)=\frac{1}{4}$.

3. 不可导.

4. 可导，且 $f'(0)=0$.

5. 连续且可导.

6. (1) $y'=6x^2-1$； (2) $y'=\frac{1}{\sqrt{x}}-\frac{1}{x^2}$；

(3) $y'=x-\frac{4}{x^3}$； (4) $y'=8x^3+3x^2$；

(5) $y'=-\frac{1}{2\sqrt{x}}-\frac{1}{2\sqrt{x^3}}$； (6) $y'=\frac{\sqrt{2}}{2}\left(3\sqrt{x}-\frac{1}{\sqrt{x}}\right)$；

(7) $y'=\frac{3}{2}x^{\frac{1}{2}}+\frac{1}{2}x^{-\frac{3}{2}}$； (8) $y'=-\frac{2}{x(1+\ln x)^2}$；

(9) $y'=\frac{3(1-x^2)}{(1+x^2)^2}$； (10) $y'=\frac{2(1-2x)}{(1-x+x^2)^2}$；

(11) $y'=\sin x\ln x+x\cos x\ln x+\sin x$； (12) $y'=3-\frac{4}{(2-x)^2}$；

(13) $y'=x\cos x$； (14) $y'=\frac{1-\cos x-x\sin x}{(1-\cos x)^2}$；

(15) $y'=\frac{x\cos x-\sin x}{x^2}+\frac{\sin x-x\cos x}{\sin^2 x}$； (16) $y'=(1-x)\sec^2 x-\tan x$；

(17) $y'=\arcsin x+\frac{x+1}{\sqrt{1-x^2}}$.

7. (1) $y'=\frac{1}{\sqrt{4-x^2}}$； (2) $y'=-\frac{x}{\sqrt{1-x^2}}$；

(3) $y'=-\frac{3}{2}\sin\frac{x}{2}\cos\frac{x}{2}$； (4) $y'=-n\cos^{n-1}x\sin x\sin nx+n\cos nx\cos^n x$；

(5) $y'=\frac{1}{x\ln x}$； (6) $y'=\frac{1}{2x}+\frac{1}{2x\sqrt{\ln x}}$；

(7) $y'=\frac{1}{\sqrt{x^2-1}}$； (8) $y'=\frac{1}{2\sqrt{x}}e^{\sqrt{x}}$；

(9) $y'=\frac{1}{2\sqrt{x}}e^{\sin\sqrt{x}}\cos\sqrt{x}$； (10) $y'=e^{x\ln x}(1+\ln x)$.

8. (1) $y'=\frac{y-2x}{2y-x}$； (2) $y'=\frac{ay}{y-ax}$；

(3) $y' = \dfrac{y}{y-1}$; (4) $y' = \dfrac{e^y}{1 - xe^y}$;

(5) $y' = -\left(\dfrac{y}{x}\right)^{\frac{2}{3}}$; (6) $y' = \dfrac{\cos x}{1 - \cos y}$.

9. (1) $y' = x\sqrt{\dfrac{1-x}{1+x}}\left(\dfrac{1}{x} - \dfrac{1}{1-x^2}\right)$;

(2) $y' = \dfrac{x^2}{1-x}\cdot\sqrt{\dfrac{3-x}{3+x}}\left(\dfrac{2}{x} - \dfrac{1}{6-2x} - \dfrac{1}{6+2x} + \dfrac{1}{1-x}\right)$;

(3) $y' = 2x^{x-1}\left(\ln x + 1 - \dfrac{1}{x}\right)$; (4) $y' = (\ln x)^x\left(\ln\ln x + \dfrac{1}{\ln x}\right)$;

(5) $y' = x^{e^x}e^x\left(\ln x + \dfrac{1}{x}\right)$; (6) $y' = \dfrac{y(x\ln y - y)}{x(y\ln x - x)}$.

10. $\dfrac{1}{1+\sqrt{1+t^2}}$.

11. $y = x + 1$.

12. $(0,1)$.

13. 12, 12.

14. $6x$, 12.

15. 2.

16. 0.35, $\dfrac{1}{250}$.

17. (1) $\dfrac{2}{x^3}$; (2) $\dfrac{1}{x}$; (3) $2\left(\arctan x + \dfrac{x}{1+x^2}\right)$; (4) $-\dfrac{a^2}{y^3}$.

18. (1) $2^n e^{2x}$; (2) $(-1)^{n-1}\dfrac{(n-1)!}{(1+x)^n}$.

19. $-\dfrac{\sin x}{x} + \dfrac{2\sin x}{x^3} - \dfrac{2\cos x}{x^2}$.

20. 将 $y' = -2e^{-2x} + 5e^{5x}$, $y'' = 4e^{-2x} + 25e^{5x}$ 代入方程左边即可.

21. (1) $\dfrac{dx}{2\sqrt{1+x}}$; (2) $\dfrac{1+x^2}{1-x^2}dx$;

(3) $(e^x\sin x + e^x\cos x)dx$; (4) $\dfrac{e^y dx}{1 - xe^y}$.

22. $e^{f(x)}f'(x)dx$.

23. $30m^3$.

24. 略.

25. (1) 0.995; (2) 0.01; (3) 0.79.

习题 3.1

1. (1) 显然，函数 $f(x) = x^3 - 2x^2 + x - 1$ 在闭区间$[0,1]$上连续;

(2) 因为 $f'(x) = 3x^2 - 4x + 1$，所以 $f(x)$ 在开区间$(2,2)$内可导;

(3) $f(0) = -1 = f(1)$，即满足特例中三个条件，所以可取一点 $\xi = 0 \in (0,1)$，有

$f'(\xi) = f'\left(\frac{1}{3}\right) = 0$ 成立.

2.(1) 函数 $f(x) = \sqrt{x} - 1$ 在闭区间[1,4]上连续是显然的, 且 $f'(x) = \frac{1}{2\sqrt{x}}$, 所以在开区间(1, 4)内可导.

(2) 函数 $f(x) = x^3 + 5x^2 + x - 2$ 在闭区间[-1,0]上连续是显然的, 且 $f'(x) = 3x^2 + 10x + 1$, 所以在开区间(-1, 0)内可导.

(3) 函数 $f(x) = \arctan x$ 在闭区间[0, 1]上连续是显然的, 且 $f'(x) = \frac{1}{1+x^2}$, 所以在开区间(-1, 0)内可导.

3. 证明:设函数 $f(x) = \arcsin x + \arccos x$, 则 $f(x)$ 在(-1, 1)内可导, 且 $f'(x) = 0$, 由推论, $f(x)$ 在(-1, 1)内恒等于一个常数 C, 即

$$\arcsin x + \arccos x = C,$$

又 $x = 0$ 时, $f(0) = \frac{\pi}{2} = C$, 所以结论成立.

4. 证明:设函数 $f(x) = \ln x$, $x \in (0, +\infty)$, 则它在$[a,b] \in (0, +\infty)$上满足拉格朗日定理的条件, 有 $\xi \in (a,b)$, 使得$\frac{f(b)-f(a)}{b-a} = f'(\xi)$, 即$\frac{\ln b - \ln a}{b-a} = \frac{1}{\xi}$, 由 $0 < a < \xi < b$, 所以 $0 < \frac{1}{b} < \frac{1}{\xi} < \frac{1}{a}$, 即$\frac{1}{b} < \frac{\ln b - \ln a}{b-a} < \frac{1}{a}$, 故$\frac{1}{b} < \frac{1}{b-a}\ln\frac{b}{a} < \frac{1}{a}(0 < a < b)$ 成立.

习题 3.2

(1) 0; (2) 3; (3) $\frac{1}{2}$; (4) cos2; (5) 1; (6) 3; (7) 1; (8) 1; (9) 0; (10) 1; (11) $+\infty$; (12) 0.

习题 3.3

1. (1) 函数 $y = x^3 - 2x^2 + 5$ 在$(-\infty, 0]$, $\left(0, \frac{4}{3}\right)$上单调增加; 在$\left(0, \frac{4}{3}\right)$上单调减少.

(2) 函数 $y = e^x - x$ 在$(-\infty, 0)$上单调减少; 在$(0, +\infty)$上单调增加.

(3) 函数 $y = x^3 - 3x^2 - 9x + 1$ 的单调增加区间为$(-\infty, -1)$, $(3, +\infty)$; 单调减少区间为(-1, 3).

(4) 函数 $y = x^2(1+x)^{-1}$ 在$(-\infty, -2)$, $(0, +\infty)$上单调增加; 在(-2, -1), (-1, 0)上单调减少.

2. 证明: 令 $f(x) = 2\sqrt{x} - \left(3 - \frac{1}{x}\right)$, 则

$$f'(x) = \frac{1}{\sqrt{x}} - \frac{1}{x^2} = \frac{1}{x^2}(x\sqrt{x} - 1).$$

因为当 $x > 1$ 时, $f'(x) > 0$, 因此在$[1, +\infty)$上 $f(x)$ 单调增加, 从而当 $x > 1$ 时, $f(x) > f(1)$.

由于 $f(1)=0$，故 $f(x)>f(1)=0$，即

$$2\sqrt{x}-\left(3-\frac{1}{x}\right)>0,$$

也就是 $2\sqrt{x}>3-\frac{1}{x}(x>1)$.

3. 略.

4. 略.

习题 3.4

习题 3.5

1. 在 $x=-3$ 时，有 $y_{\max}=27$.
2. $y_{\max}=1.25$.
3. 当半径 $r=\sqrt[3]{\frac{V}{2\pi}}$，高 $h=2\sqrt[3]{\frac{V}{2\pi}}$ 时，表面积最小，这时底直径与高的比是 1 比 2.
4. 当 $b=\sqrt{\frac{1}{3}}d$ 时，抗弯截面模量 W 最大，这时 $h=\sqrt{\frac{2}{3}}d$.

习题 3.6

1. 总收益 $R(Q)=20Q-\frac{Q^2}{4}$，$R(20)=300$.
2. (1) $C(900)=1\,775$，$\bar{C}(900)\approx 1.97$;

   (2) 平均变化率约为 1.58;

   (3) $C'(900)=\frac{3}{2}$，$\bar{C}(1\,000)=\frac{5}{3}$.
3. $R(50)=200\times 50-0.01\times 50^2=9\,975$，$\frac{R(50)}{50}=199.5$.
4. $L'=60-0.2Q$，$L'(150)=32$，$L'(400)=-20$.
5. 产量为 250 件时可使利润达到最大，最大利润是 1 230 元.
6. 产量 $q=20$ 时利润最大.
7. $$\frac{EQ}{EP}=-f'(P)\frac{P}{Q}=\frac{P}{e^{-\frac{P}{4}}}(e^{-\frac{P}{4}})'=\frac{P}{e^{-\frac{P}{4}}}(-4e^{-\frac{P}{4}})=\frac{P}{4},$$

   $$\left.\frac{EQ}{EP}\right|_{P=3}=\frac{3}{4},\ \left.\frac{EQ}{EP}\right|_{P=4}=1,\ \left.\frac{EQ}{EP}\right|_{P=5}=\frac{5}{4}.$$
8. 略.

第4章习题

(A)

1. $y = x^2 + 3$.

2. $s = \frac{1}{2}t^3 + 2t$.

3. $P(t) = \frac{1}{2}at^2 + bt$.

4. $C(x) = 6x + 100\sqrt{x} + 5\,000$.

5. (1) $\frac{1}{4}x^4 - x^3 + \frac{5}{2}x^2 - 9x + C$;　(2) $\frac{2}{5}x^{\frac{5}{2}} - 2x^{\frac{1}{2}} + C$;

(3) $\frac{3}{2}\arcsin x - \ln|x| + C$;　(4) $-\frac{1}{x} - 2\ln|x| + x + C$;

(5) $2x - 2\arctan x - \tan x + C$;　(6) $e^x - x + C$;

(7) $5\left(\frac{2}{3}\right)^x \ln\frac{2}{3} - 2x + C$;　(8) $\frac{1}{3}x^3 + x^2 + 4x + C$;

(9) $\frac{3}{2}(x - \sin x) + C$;　(10) $-\cot x - x + C$;

(11) $-\csc x - \sin x + C$;　(12) $\tan x - \cot x + C$.

6. (1) $\frac{1}{12}(2x+7)^6 + C$;　(2) $\frac{1}{2\sqrt{3-2x}} + C$;

(3) $\frac{1}{2}\ln(x^2+1) - \arctan x + C$;　(4) $-\frac{3}{2}e^{-x^2} + C$;

(5) $\sqrt{1+x^2} + C$;　(6) $-\frac{9}{2}(1-x^3)^{\frac{3}{2}} + C$;

(7) $\ln(e^x + 1) + C$;　(8) $\sin(e^x) + C$;

(9) $\frac{1}{2}\arctan x^2 + C$;　(10) $\frac{1}{\sqrt{6}}\arctan\sqrt{\frac{2}{3}}x + C$;

(11) $\frac{15}{4}\ln^4 x + C$;　(12) $\frac{1}{2}\ln|1 + 2\ln x| + C$;

(13) $\ln\left|\cos\frac{1}{x}\right| + C$;　(14) $-\frac{4}{x} + \cos\frac{1}{x} + C$;

(15) $2\sin\sqrt{x} + 4\sqrt{x} + C$;　(16) $\frac{1}{2}\arcsin\frac{2x}{3} + C$;

(17) $3\arctan x + \frac{10^{\arctan x}}{\ln 10} + C$;　(18) $\frac{1}{18}\ln(4 + 9x^2) + C$.

7. (1) $-\frac{1}{3}\cos 3x + C$;　(2) $-\frac{1}{8}\cos 4x + \frac{1}{4}\cos 2x + C$;

(3) $\frac{1}{2}x + \frac{1}{4}\sin 2x + C$;　(4) $\frac{1}{8}x - \frac{1}{32}\sin 4x + C$;

(5) $\sin x - \frac{1}{3}\sin^3 x + C$;　(6) $\frac{1}{8}\cos^8 x - \frac{1}{6}\cos^6 x + C$;

(7) $\ln|1+\sin x|+C$;　(8) $-\frac{1}{3}\cot^3 x-\cot x+C$.

8. (1) $\frac{2}{5}(x+1)^{\frac{5}{2}}-\frac{2}{3}(x+1)^{\frac{3}{2}}+C$;　(2) $x-2\sqrt{x}+\ln(1+\sqrt{x})+C$;

(3) $\frac{2}{15}(3x+1)^{\frac{5}{3}}+\frac{1}{6}(3x+1)^{\frac{2}{3}}+C$;　(4) $\frac{2}{3}x^{\frac{3}{2}}+\frac{5}{6}x^{\frac{6}{5}}+C$;

(5) $2\sqrt{2x+1}-2\sqrt{3}\arctan\sqrt{\frac{2x+1}{3}}+C$;　(6) $2\arctan\sqrt{x+1}+C$;

(7) $4\ln\left|\frac{4}{x}-\frac{x}{\sqrt{16-x^2}}\right|+\sqrt{6-x^2}+C$;

(8) $\frac{1}{5}(1-x^2)^{\frac{5}{2}}-\frac{2}{3}(1-x^2)^{\frac{3}{2}}+(1-x^2)^{\frac{1}{2}}+C$;

(9) $-\frac{\sqrt{x^2+1}}{x}+C$;　(10) $-\frac{1}{\sqrt{x^2+9}}+C$;

(11) $\sqrt{x^2-1}+\arccos\frac{1}{x}+C$;　(12) $-\frac{1}{4\sqrt{x^2-4}}-\frac{1}{8}\arccos\frac{2}{x}+C$.

9. (1) $\frac{1}{2}x\cos 2x+\frac{1}{4}\sin 2x+C$;　(2) $2x^2\sin\frac{x}{2}+8x\cos\frac{x}{2}-16\sin\frac{x}{2}+C$;

(3) $-\frac{1}{9}(3x+1)e^{-3x}+C$;　(4) $(x-2)^x+C$;

(5) $x\tan x+\ln|\cos x|+C$;　(6) $\frac{x^2}{4}-\frac{1}{4}x\sin 2x-\frac{1}{8}\cos 2x+C$;

(7) $x\tan x+\ln|\cos x|-\frac{x^2}{2}+C$;　(8) $\frac{x^3}{9}(3\ln x-1)+C$;

(9) $2\sqrt{x}(\ln x-2)+C$;　(10) $\ln x(\ln\ln x-1)+C$;

(11) $(x+1)\ln(x+1)-x+C$;　(12) $\frac{1}{2}(1+x^2)[\ln(1+x^2)-1]+C$;

(13) $x\arctan x-\frac{1}{2}\ln(1+x^2)+C$;

(14) $\frac{1}{3}x^3-\arctan x-\frac{1}{6}(1+x^2)+\frac{1}{6}\ln(1+x^2)+C$;

(15) $-2\sqrt{x}\cos\sqrt{x}+2\sin\sqrt{x}+C$;　(16) $2(x-2\sqrt{x}+2)e^{\sqrt{x}}+C$;

(17) $\frac{1}{4}x^2(2\ln^2 x-2\ln x+1)+C$;　(18) $\frac{x}{2}(\sin\ln x-\cos\ln x)+C$.

10. (1) $\frac{1}{5}\ln\left|\frac{x-3}{x+2}\right|+C$;　(2) $\frac{1}{4}\ln\left|\frac{2+x}{2-x}\right|+C$;

(3) $\frac{1}{2}\ln|x^2-2x-3|+\frac{1}{4}\ln\left|\frac{x-3}{x+1}\right|+C$;

(4) $-\frac{1}{2}\ln|9-x^2|+C$;

(5) $-\frac{1}{x+1}+C$;　(6) $2\ln|x-1|-\frac{1}{x-1}+C$;

(7) $\ln|x^2-5x+6|+4\ln\left|\frac{x-2}{x-3}\right|+C$;　(8) $\frac{8}{3}\arctan\frac{2x}{3}+C$;

(9) $\frac{1}{2}\arctan\frac{x+1}{2}+C$;　(10) $\frac{1}{2}\ln(x^2-2x+5)+\frac{3}{4}\arctan\frac{x-1}{2}+C$.

(B)

一、填空题

1. $y=6x$.　　2. x^3.　　3. $\dfrac{1}{x}$.

4. $\dfrac{1}{x^2}$.　　5. x^2+x+C.　　6. $2\sqrt{x}+C$.

7. $\dfrac{1}{\sqrt{1-x^2}}$.　　8. $F(x)$.　　9. $F(x)+C$.

10. $\arctan x+C$.　　11. $\dfrac{1}{2x^2}+C$.　　12. $\dfrac{1}{3}F(3x-2)+C$.

13. $-\dfrac{1}{\sin x}+C$.　　14. e^{2x}.　　15. $xf'(x)-f(x)+C$.

16. 0.　　17. $\sqrt{2}x+C$.　　18. $y=x^2+3$.

二、选择题

1.A　2.C　3.D　4.A　5.C

6.D　7.A　8.C　9.D　10.D

11.B　12.C　13.C　14.B　15.D

习题 5.1

1. (1) $\lim\limits_{\lambda\to 0}\sum\limits_{i=1}^{n}f(\xi_i)\Delta x_i$;

(2) 被积函数，积分区间，积分变量；

(3) 介于曲线 $y=f(x)$，x 轴，直线 $x=a$，$x=b$ 之间各部分面积的代数和；

(4) $\int_a^b \mathrm{d}x$.

习题 5.2

1. (1) $\pi\leqslant\int_{\frac{\pi}{4}}^{\frac{5}{4}\pi}(1+\sin^2x)\mathrm{d}x\leqslant 2\pi$;

(2) $\dfrac{\pi}{9}\leqslant\int_{\frac{1}{\sqrt{3}}}^{\sqrt{3}}x\arctan x\,\mathrm{d}x\leqslant\dfrac{2}{3}\pi$;

(3) $-2e^2\leqslant\int_2^0 e^{x^2-x}\mathrm{d}x\leqslant -2e^{-\frac{1}{4}}$;

(4) $\dfrac{2}{5}\leqslant\int_1^2\dfrac{x}{1+x^2}\mathrm{d}x\leqslant 1$.

2. (1) $\int_1^2\ln x\,\mathrm{d}x>\int_1^2(\ln x)^2\mathrm{d}x$;

(2) $\int_0^1 x\mathrm{d}x > \int_0^1 \ln(1+x)\mathrm{d}x$;

(3) $\int_0^1 \mathrm{e}^x\mathrm{d}x > \int_0^1 (1+x)\mathrm{d}x$;

(4) $\int_0^{\frac{\pi}{2}} x\mathrm{d}x > \int_0^{\frac{\pi}{2}} \sin x\mathrm{d}x$;

(5) $\int_{-\frac{\pi}{2}}^0 \sin x\mathrm{d}x < \int_0^{\frac{\pi}{2}} \sin x\mathrm{d}x$;

(6) $\int_1^0 \ln(1+x)\mathrm{d}x < \int_1^0 \frac{x}{1+x}\mathrm{d}x$.

习题 5.3

1. $y'(0)=0, y'\left(\frac{\pi}{4}\right)=\frac{\sqrt{2}}{2}$.

2. (1) $2x\sqrt{1+x^4}$; (2) $\frac{3x^2}{\sqrt{1+x^{12}}}-\frac{2x}{\sqrt{1+x^8}}$;

(3) $\cos(\pi\sin^2 x)(\sin x-\cos x)$. (4) $\frac{2\sin x^2}{x}-\frac{\sin\sqrt{x}}{2x}$.

3. (1) 1; (2) $\frac{1}{2}$; (3) 1; (4) 2.

4. (1) $2\frac{5}{8}$; (2) $45\frac{1}{6}$; (3) $\frac{\pi}{3a}$; (4) $\frac{\pi}{3}$; (5) $1+\frac{\pi}{4}$; (6) $1-\frac{\pi}{4}$.

习题 5.4

1. (1)0; (2) $\frac{51}{512}$; (3) $\frac{1}{4}$;

(4) $\pi-\frac{4}{3}$; (5) $\frac{\pi}{6}-\frac{\sqrt{3}}{8}$; (6) $\frac{1}{2}(25-\ln 26)$;

(7) $10+12\ln 2-4\ln 3$; (8) $\frac{2}{32}\pi$; (9) $\frac{2}{3}\pi$;

(10) 0; (11) $\mathrm{e}-\sqrt{\mathrm{e}}$; (12) $1-\mathrm{e}^{-\frac{1}{2}}$;

(13) $(\sqrt{3}-1)a$; (14) $2(\sqrt{3}-1)$; (15) 0;

(16) $\frac{4}{3}$; (17) $\frac{\pi}{4}$; (18) $\frac{\pi}{2}$;

(19) $\sqrt{2}(\pi+2)$; (20) $1-\frac{\pi}{4}$; (21) $\frac{a^4}{16}\pi$;

(22) $\sqrt{2}-\frac{2\sqrt{3}}{3}$; (23) $\frac{1}{6}$; (24) $2+2\ln\frac{2}{3}$;

(25) $1-2\ln 2$; (26) $8\ln 2-5$; (27) $-\frac{4}{3}$;

(28) $\ln(1+\sqrt{2})-\ln(1+\sqrt{1+\mathrm{e}^2})+1$; (29) $4-\pi$;

(30) $\frac{\pi}{6}$; (31) $\frac{\sqrt{2}}{2}$; (32) $\frac{1}{4}\ln 2$;

(33) $\frac{\pi}{2}$; (34) $\frac{1}{3}$; (35) $\frac{\pi}{4}$;

(36) $10-\frac{8}{3}\sqrt{2}$.

2. (1) $1-\frac{2}{e}$; (2) $\frac{1}{4}(e^2+1)$; (3) $\frac{\pi}{4}-\frac{1}{2}$;

(4) $\frac{1}{2}(e\sin 1-e\cos 1+1)$; (5) $\frac{\pi}{4}$;

(6) π^2; (7) $2-\frac{3}{4\ln 2}$; (8) $-\frac{1}{216}$;

(9) $\frac{\pi^3}{6}-\frac{\pi}{4}$; (10) $4(2\ln 2-1)$;

(11) $\left(\frac{1}{4}-\frac{\sqrt{3}}{9}\right)\pi+\frac{1}{2}\ln\frac{3}{2}$; (12) $2-\frac{2}{e}$;

(13) $\ln 2-\frac{1}{2}$; (14) π^2; (15) $\frac{1}{5}(e^{\pi}-2)$;

(16) $\frac{\pi-2}{8}$; (17) $2\ln(2+\sqrt{5})-\sqrt{5}+1$;

(18) $\frac{1}{3}\ln 2$; (19) 1; (20) $\frac{\pi}{4}-\frac{1}{2}\ln 2$.

3. (1) 0; (2) $\frac{3}{2}\pi$; (3) $\frac{\pi^3}{324}$;

(4) 0; (5) $\frac{2\sqrt{3}}{3}\pi-2\ln 2$; (6) $1-\frac{\sqrt{3}}{6}\pi$;

(7) $\ln 3$; (8) $\frac{22}{3}$; (9) $4\sqrt{2}$.

习题 5.5

1. $\frac{1}{6}$.
2. 1.
3. $\frac{32}{3}$.
4. $2\pi+\frac{4}{3}$, $6\pi-\frac{4}{3}$.
5. $\frac{3}{2}-\ln 2$.
6. $e+\frac{1}{e}-2$.
7. $b-a$.
8. $\frac{\pi}{2}-1$.
9. $\frac{4}{3}$.

10. $\frac{e}{2}$.

11. $y=-4x^2+6x$.

12. $t=\frac{\pi}{4}$ 时, S 最小; $t=0$ 时, S 最大.

13. 3.

14. (1) $V_x=\frac{15}{2}\pi$, $V_y=28\frac{2}{3}\pi$; (2) $V_x=\frac{\pi^2}{4}$, $V_y=2\pi$;

(3) $V_x=\frac{128}{7}\pi$, $V_y=\frac{64}{5}\pi$.

习题 5.6

1. $q(p)=20\ln(p+1)+1000$.

2. $C(q)=25q+15q^2-3q^3+55$, $\overline{C}(q)=25+15q+3q^2+\frac{55}{q}$, 变动成本 $25q+15q^2-3q^3$.

3. $R(q)=3q-0.1q^2$, 当 $q=15$ 时收入最高为 22.5.

4. (1) 9 987.5; (2) 19 850.

5. (1) $C(q)=0.2q^2-12q+500$;

(2) $L(q)=32q-0.2q^2-500$, $q=80$ 时获得最大利润.

6. (1) $q=4$; (2) 0.5 万元.

7. $F(t)=\frac{1}{3}at^3+\frac{1}{2}bt^2+ct$.

8. $310+90e^{-4}$.

9. $F(t)=2\sqrt{t}+100$.

10. (1) $3\sqrt{Y}+70$; (2) 12.

11. 236.

习题 6.1

1. (1) -5; (2) 1; (3) 0; (4) -27.

2. (1) $\begin{cases} x=\frac{2}{7}, \\ y=\frac{9}{7}; \end{cases}$ (2) $\begin{cases} x=1, \\ y=2, \\ z=1. \end{cases}$

3. (1) 2; (2) -23.

4. (1) $\begin{cases} x_1=2, \\ x_2=3; \end{cases}$ (2) $\begin{cases} x_1=-1, \\ x_2=0, \\ x_3=9. \end{cases}$

习题 6.2

1. 略 .
2.(1) 189； (2) 8； (3) 1； (4) $x^2+y^2+z^2-2xy-2yz-2xz$； (5) 1； (6) 160.
3. 略.

习题 6.3

1.(1) $\begin{cases} x=1, \\ y=2, \\ z=3; \end{cases}$ (2) $\begin{cases} x_1=3, \\ x_2=-4, \\ x_3=-1; \\ x_4=1; \end{cases}$ (3) $\begin{cases} x_1=0, \\ x_2=2, \\ x_3=0, \\ x_4=0. \end{cases}$

2. (1) $k=-1$ 或 $k=4$； (2) $k\neq-1$ 且 $k\neq4$.
3. $k\neq-2$ 且 $k\neq1$.
4. $a\neq0$, $b\neq0$ 有唯一解，$x_1=\dfrac{a-1}{a}$, $x_2=\dfrac{1}{a}$, $x_3=-2$.

习题 6.4

1. $2\boldsymbol{A}^{\mathrm{T}}-3\boldsymbol{B}=\begin{bmatrix}-1 & -1\\ -1 & -5\end{bmatrix}$； $\boldsymbol{A}^2+\boldsymbol{B}^2=\begin{bmatrix}4 & 2\\ 2 & 4\end{bmatrix}$； $\boldsymbol{AB}-\boldsymbol{BA}=\begin{bmatrix}4 & 0\\ 2 & 0\end{bmatrix}$； $\boldsymbol{A}^{\mathrm{T}}\boldsymbol{B}=\begin{bmatrix}2 & 2\\ 0 & 0\end{bmatrix}$； $(\boldsymbol{AB})^2=\begin{bmatrix}4 & 4\\ 0 & 0\end{bmatrix}$； $\boldsymbol{A}^2\boldsymbol{B}^2=\begin{bmatrix}4 & 4\\ 4 & 4\end{bmatrix}$.
2. $x_1=2$, $x_2=1$, $x_3=2$; $y_1=5$, $y_2=3$, $y_3=2$.
3. (1) $\begin{bmatrix}7\\0\\7\end{bmatrix}$； (2) (10)； (3) $\begin{bmatrix}-2 & 4\\ -1 & 2\\ 3 & -6\end{bmatrix}$； (4) $\begin{bmatrix}3 & 1 & 5\\ 6 & -3 & 0\end{bmatrix}$.
4. (1) $\boldsymbol{AB}\neq\boldsymbol{BA}$； (2) (3) 都不相等.
5. (1) $\begin{bmatrix}1 & 2 & 3\\ 0 & 1 & 2\\ 0 & 0 & 1\end{bmatrix}$； (2) $\begin{bmatrix}-35 & -30\\ 45 & 10\end{bmatrix}$.
6. 略.

习题 6.5

1.(1) $\begin{bmatrix}\cos\theta & \sin\theta\\ -\sin\theta & \cos\theta\end{bmatrix}$; (2) $\begin{bmatrix}\frac{1}{3} & 0 & \frac{1}{3}\\ -\frac{2}{3} & 1 & \frac{2}{3}\\ -1 & 1 & 0\end{bmatrix}$;

(3) $\begin{bmatrix}1 & -4 & -3\\ 1 & -5 & -3\\ -1 & 6 & 4\end{bmatrix}$.

2. (1) 提示：$|\boldsymbol{AB}|\neq 0\Rightarrow|\boldsymbol{A}|\neq 0,\ |\boldsymbol{B}|\neq 0$;

(2) 提示：$\boldsymbol{A}-\boldsymbol{A}^2=\boldsymbol{E}$.

3. (1) $\boldsymbol{X}=\begin{bmatrix}2 & -23\\ 0 & 8\end{bmatrix}$; (2) $\boldsymbol{X}=\begin{bmatrix}-2 & 2 & 1\\ -\frac{8}{3} & 5 & -\frac{2}{3}\end{bmatrix}$; (3) 略.

4. (1) $\begin{cases}x_1=1,\\ x_2=0,\\ x_3=0;\end{cases}$ (2) $\begin{cases}x_1=\frac{1}{4};\\ x_2=1,\\ x_3=-\frac{1}{4}.\end{cases}$

5. $|\boldsymbol{AB}^{\mathrm{T}}|=-4,\ |2\boldsymbol{A}|=2^3\cdot|\boldsymbol{A}|=2^3\times 4=32$.

习题 6.6

1.(1) $R(\boldsymbol{A})=2$; (2) $R(\boldsymbol{A})=3$; (3) $R(\boldsymbol{A})=4$.

2. (1) $\boldsymbol{A}^{-1}=\begin{bmatrix}-\frac{2}{3} & -\frac{1}{3} & \frac{7}{3}\\ \frac{1}{3} & \frac{2}{3} & -\frac{5}{3}\\ \frac{1}{3} & -\frac{1}{3} & \frac{1}{3}\end{bmatrix}$;

(2) $\boldsymbol{A}^{-1}=\begin{bmatrix}1 & 1 & -2 & 4\\ 0 & 1 & 0 & -1\\ -1 & -1 & 3 & 6\\ 2 & 1 & -6 & -10\end{bmatrix}$; (3) $\boldsymbol{A}^{-1}$ 不可逆.

3. $\boldsymbol{X}=\begin{bmatrix}11 & 5 & -50\\ 10 & 0 & -40\\ -4 & -2 & 19\end{bmatrix}$.

习题 7.1

1. $\begin{cases} x_1 = \dfrac{5}{11}, \\ x_2 = 3, \\ x_3 = 5\dfrac{9}{11}. \end{cases}$

2. $\begin{cases} x_1 = \dfrac{6}{7} + \dfrac{k_1}{7} + \dfrac{k_2}{7}, \\ x_2 = -\dfrac{5}{7} + \dfrac{5k_1}{7} - \dfrac{9k_2}{7}, \quad (k_1,\ k_2 \in \mathbf{R}) \\ x_3 = k_1, \\ x_4 = k_2. \end{cases}$

习题 7.2

1. (1) 相容且有唯一解；
   (2) 相容有无穷多个解；
   (3) 无解.
2. $\lambda \neq 1$ 且 $\lambda \neq -2$ 时，有唯一解；$\lambda = 1$ 时，有无穷多个解.

习题 7.3

1. $\boldsymbol{\alpha} - \boldsymbol{\beta} = (1,\ 0,\ -1)^{\mathrm{T}}$，$3\boldsymbol{\alpha} + 2\boldsymbol{\beta} - \boldsymbol{\gamma} = (0,\ 1,\ 2)^{\mathrm{T}}$.
2. $(1,\ 2,\ 3,\ 4)^{\mathrm{T}}$.
3. (1) $\boldsymbol{\beta} = 2\boldsymbol{\alpha}_1 - \boldsymbol{\alpha}_2 - 3\boldsymbol{\alpha}_3$，表达方式唯一；
   (2) $\boldsymbol{\beta}$ 不能由 $\boldsymbol{\alpha}_1$，$\boldsymbol{\alpha}_2$，$\boldsymbol{\alpha}_3$ 线性表出；
   (3) $\boldsymbol{\beta} = -\boldsymbol{\alpha}_1 - 5\boldsymbol{\alpha}_2$，表达方式有无穷多种.
4. 反证法.
5. $\boldsymbol{\beta} = (a_1 - a_2)\boldsymbol{\alpha}_1 + (a_2 - a_3)\boldsymbol{\alpha}_2 - (a_3 - a_4)\boldsymbol{\alpha}_3 + a_4\boldsymbol{\alpha}_4$.
6. (1) 相关； (2) 无关； (3) 相关.
7. (1) $\boldsymbol{\alpha} = \dfrac{5}{4}\boldsymbol{\alpha}_1 + \dfrac{1}{4}\boldsymbol{\alpha}_2 - \dfrac{1}{4}\boldsymbol{\alpha}_3 - \dfrac{1}{4}\boldsymbol{\alpha}_4$；
   (2) $\boldsymbol{\alpha} = \boldsymbol{\alpha}_1 - \boldsymbol{\alpha}_2$.
8. 反证法.

习题 7.4

1. (1) 极大无关组 $\{\boldsymbol{\alpha}_1,\ \boldsymbol{\alpha}_2,\ \boldsymbol{\alpha}_4\}$，且 $\boldsymbol{\alpha}_3 = \boldsymbol{\alpha}_1 - 5\boldsymbol{\alpha}_2$；

(2) 极大无关组$\{\boldsymbol{\alpha}_1, \boldsymbol{\alpha}_2, \boldsymbol{\alpha}_4\}$，且 $\boldsymbol{\alpha}_3 = 3\boldsymbol{\alpha}_1 + \boldsymbol{\alpha}_2$，$\boldsymbol{\alpha}_5 = -\boldsymbol{\alpha}_1 - \boldsymbol{\alpha}_2 + \boldsymbol{\alpha}_4$；

(3) 极大无关组$\{\boldsymbol{\alpha}_1, \boldsymbol{\alpha}_2, \boldsymbol{\alpha}_3\}$，且 $\boldsymbol{\alpha}_4 = -3\boldsymbol{\alpha}_1 + \boldsymbol{\alpha}_2 + 3\boldsymbol{\alpha}_3$.

2. (1) 设 $\mathbf{A} = (\boldsymbol{\alpha}_1, \boldsymbol{\alpha}_4)$，由 $R(\mathbf{A}) = 2$ 知 $\boldsymbol{\alpha}_1$，$\boldsymbol{\alpha}_4$ 线性无关；

(2) $\{\boldsymbol{\alpha}_1, \boldsymbol{\alpha}_2, \boldsymbol{\alpha}_4\}$.

习题 7.5

1. (1) $\begin{bmatrix} x_1 \\ x_2 \\ x_3 \\ x_4 \\ x_5 \end{bmatrix} = k_1 \begin{bmatrix} 1 \\ -2 \\ 1 \\ 0 \\ 0 \end{bmatrix} + k_2 \begin{bmatrix} 1 \\ -2 \\ 0 \\ 1 \\ 0 \end{bmatrix} + k_3 \begin{bmatrix} 5 \\ -6 \\ 0 \\ 0 \\ 1 \end{bmatrix}$ （k_1，k_2，k_3 为任意常数）；

(2) $\begin{bmatrix} x_1 \\ x_2 \\ x_3 \\ x_4 \\ x_5 \end{bmatrix} = k \begin{bmatrix} -1 \\ 1 \\ 1 \\ 1 \\ 0 \end{bmatrix}$ （k 为任意常数）.

2. (1) $\begin{bmatrix} x_1 \\ x_2 \\ x_3 \\ x_4 \\ x_5 \end{bmatrix} = \begin{bmatrix} 0 \\ -1 \\ 0 \\ -1 \\ 0 \end{bmatrix} + k \begin{bmatrix} -\frac{1}{2} \\ -\frac{1}{2} \\ 0 \\ -\frac{1}{2} \\ 1 \end{bmatrix}$ （$k \in \mathbf{R}$）；

(2) $\begin{bmatrix} x_1 \\ x_2 \\ x_3 \\ x_4 \end{bmatrix} = \begin{bmatrix} -8 \\ 3 \\ 6 \\ 0 \end{bmatrix}$；

(3) 无解；

(4) $\begin{bmatrix} x_1 \\ x_2 \\ x_3 \\ x_4 \end{bmatrix} = \begin{bmatrix} \frac{1}{6} \\ \frac{1}{6} \\ \frac{1}{6} \\ 0 \end{bmatrix} + k \begin{bmatrix} \frac{5}{6} \\ -\frac{7}{6} \\ \frac{5}{6} \\ 1 \end{bmatrix}$ （$k \in \mathbf{R}$）.

习题 8.1

1. (1) (2) (3) (5) 都是随机事件, (4) 不是.
2. (1) $\overline{A}\overline{B}\overline{C}$； (2) $A \cup B \cup C$； (3) $A\overline{B}\overline{C} \cup \overline{A}B\overline{C} \cup \overline{A}\overline{B}C \cup \overline{A}\overline{B}\overline{C}$.
3. (1) $A_1A_2A_3A_4$； (2) $\overline{A_1A_2A_3A_4}$；
   (3) $\overline{A}_1A_2A_3A_4 \cup A_1\overline{A}_2A_3A_4 \cup A_1A_2\overline{A}_3A_4 \cup A_1A_2A_3\overline{A}_4$.
4. (1) $\{5\}$； (2) $\{1, 3, 4, 5, 6, 7, 8, 9, 10\}$； (3) $\{2, 3, 4, 5\}$；
   (4) $\{1, 5, 6, 7, 8, 9, 10\}$； (5) $\{1, 2, 5, 6, 7, 8, 9, 10\}$.
5. (1) A, B 至少有一个发生； (2) A, B 都发生； (3) A 发生 B 不发生；
   (4) A 发生 B 不发生； (5) A, B 都不发生； (6) A, B 只有一个发生.
6. 略.
7. 略.

习题 8.2

1. (1) $\frac{1}{6}$； (2) $\frac{1}{3}$； (3) $\frac{1}{2}$.
2. (1) $\frac{1}{17}$； (2) $\frac{13}{102}$.
3. $\frac{2}{5}$.
4. (1) $\frac{10}{21}$； (2) $\frac{25}{49}$.
5. $A = \{$正品$\}$, $B = \{$一级品$\}$, $C = \{$二级品$\}$, $D = \{$废品$\}$,
   $A = B + C$, $P(A) = 0.9$, $P(D) = 1 - P(A) = 0.1$.
6. $A = \{$甲中$\}$, $B = \{$乙中$\}$, $C = \{$至少一人中$\}$,
   $P(A) = 0.7$, $P(B) = 0.7$, $P(AB) = 0.49$, $P(C) = 0.09$.
7. $A = \{$压缩机坏$\}$, $B = \{$冷却管坏$\}$, $C = \{$二者至少有一个坏$\}$,
   $P(C) = P(A + B) = 0.94$.

习题 8.3

1. 0.05.
2. $P(AB) \leqslant P(A) \leqslant P(A + B) \leqslant P(A) + P(B)$.
3. 0.8.
4. 0.6.
5. 0.000 5.
6. (1) 0.87； (2) 0.945 7； (3) 0.915 8.
7. $P(AB) = 0.25$, $P(A + B) = 0.583$, $P(A \mid B) = 0.75$.
8. (1) 0.36； (2) 0.3.

9. 0.950 6.

10. 0.970 4.

11. 0.146.

12. 0.225 5, 0.999 8.

13. 0.973.

14. 0.097 7.

15. 0.145.

16. 0.238 1.

17. (1) 0.52; (2) 0.923.

习题 8.4

1. 0.98.

2. 0.008 1.

3. (1) 0.612; (2) 0.997.

4. (1) 0.56; (2) 0.94; (3) 0.38.

5. 0.847 3.

6. 0.187 5.

7. 0.051 2; 0.993 3.

8. 0.512; 0.992.

9. 0.167 8.

10. 0.096 9.

习题 8.5

1. (1) $\frac{3}{15}$; (2) $\frac{3}{15}$; (3) $\frac{3}{15}$.

2.

X	0	1	2	3	4	5
P_k	0.010 2	0.076 8	0.230 4	0.345 6	0.259 2	0.077 8

3. (1) 0.224; (2) 0.432; (3) 0.801.

4. (1) $\frac{1}{2}$; (2) 0.919 7; (3) 0.080 3.

5. (1) $A=\frac{1}{2}$; (2) $f(x)=\begin{cases}2x, & x\in[0,1),\\ 0, & \text{其他};\end{cases}$ (3) 0.4.

6. $F(x)=\begin{cases}\frac{1}{2}\mathrm{e}^{x}, & x\leqslant 0,\\ \frac{1}{2}+\frac{x}{4}, & 0<x\leqslant 2,\\ 1, & x>2.\end{cases}$

7. (1) 0.368； (2) 0.233.

8. (1) 0.471； (2) 0.466； (3) 0.683.

9. 0.952； 0.816.

习题 8.6

1.

X	0	1	2
P_k	$\frac{7}{15}$	$\frac{7}{15}$	$\frac{1}{15}$

2. (1) $\frac{2}{3}$； (2) 2.

3. (1) $\frac{3}{15}$； (2) $\frac{3}{15}$； (3) $\frac{3}{15}$.

4. (1) $k = \frac{3}{8}$； (2) $\frac{1}{2}$； (3) $\frac{1}{2}$.

5. $a = \frac{1}{3}$, $b = -\frac{1}{6}$.

6. (1) $k = \frac{1}{2}$； (2) 0.919 7； (3) 0.080 3.

7. $\frac{3}{5}$.

8. (1) 0.864 7, 0.049 79； (2) $f(x) = \begin{cases} e^x, & x \geqslant 0, \\ 0, & x < 0. \end{cases}$

9. (1) $A = 1$； (2) $f(x) = \begin{cases} 2x, & 0 < x < 1, \\ 0, & \text{其他}; \end{cases}$ (3) 0.4.

10. (1) 0.368； (2) 0.233.

11. (1) 0.986 1； (2) 0.039 2.

12. (1) 0.805 1； (2) 0.667 8； (3) 0.614 7； (4) 0.825 3.

13. $k_1 = \frac{1}{4\sqrt{2\pi}}$, $k_2 = 4$, $\mu = 2$, $\sigma = 4$.

习题 9.1

1. 3.6； 2.88.

2. (1) ~ (5) 是统计量, (6) 不是.

3. 0.829 3.

4. 0.000 16.

习题 9.2

1. 略.

2.206，119.

3. $\bar{\lambda} = \frac{1}{X}$.

4. (1) $\hat{\mu} = 110$，$\hat{\sigma}^2 = 1.125$； (2) [108.64，111.386].

5. [2.121，2.129]； [2.118，2.133].

6. [35.83，252.43].

习题 9.3

1. 假设 $H_0:\mu = 20$ 不成立.
2. 不合格.
3. 不能认为这批零件的长度尺寸是 32.50mm.
4. 合格.
5. 正常.
6. 有显著性差异.
7. 用新材料做的零件的平均长度没有起显著性变化.
8. 无系统偏差.
9. 有显著性差异.

附　　表

1. 标准正态分布表

$$\Phi(x)=\int_{-\infty}^{x}\frac{1}{\sqrt{2\pi}}e^{-\frac{t^2}{2}}dt=P\{X\leqslant x\}$$

x	0	1	2	3	4	5	6	7	8	9
0.0	0.500 0	0.504 0	0.508 0	0.512 0	0.516 0	0.519 9	0.523 9	0.527 9	0.531 9	0.535 9
0.1	0.539 8	0.543 8	0.547 8	0.551 7	0.555 7	0.559 6	0.563 6	0.567 5	0.571 4	0.575 3
0.2	0.579 3	0.583 2	0.587 1	0.591 0	0.594 8	0.598 7	0.602 6	0.606 4	0.610 3	0.614 1
0.3	0.617 9	0.621 7	0.625 5	0.629 3	0.633 1	0.636 8	0.640 6	0.644 3	0.648 0	0.651 7
0.4	0.655 4	0.659 1	0.662 8	0.666 4	0.670 0	0.673 6	0.677 2	0.680 8	0.684 4	0.687 9
0.5	0.691 5	0.695 0	0.698 5	0.701 9	0.705 4	0.708 8	0.712 3	0.715 7	0.719 0	0.722 4
0.6	0.725 7	0.729 1	0.732 4	0.735 7	0.738 9	0.742 2	0.745 4	0.748 6	0.751 7	0.754 9
0.7	0.758 0	0.761 1	0.764 2	0.767 3	0.770 3	0.773 4	0.776 4	0.779 4	0.782 3	0.785 2
0.8	0.788 1	0.791 0	0.793 9	0.796 7	0.799 5	0.802 3	0.805 1	0.807 8	0.810 6	0.813 3
0.9	0.815 9	0.818 6	0.821 2	0.823 8	0.826 4	0.828 9	0.831 5	0.834 0	0.836 5	0.838 9
1.0	0.841 3	0.843 8	0.846 1	0.848 5	0.850 8	0.853 1	0.855 4	0.857 7	0.859 9	0.862 1
1.1	0.864 3	0.866 5	0.868 6	0.870 8	0.872 9	0.874 9	0.877 0	0.879 0	0.881 0	0.883 0
1.2	0.884 9	0.886 9	0.888 8	0.890 7	0.892 5	0.894 4	0.896 2	0.898 0	0.899 7	0.901 5
1.3	0.903 2	0.904 9	0.906 6	0.908 2	0.909 9	0.911 5	0.913 1	0.914 7	0.916 2	0.917 7
1.4	0.919 2	0.920 7	0.922 2	0.923 6	0.925 1	0.926 5	0.927 8	0.929 2	0.930 6	0.931 9
1.5	0.933 2	0.934 5	0.935 7	0.937 0	0.938 2	0.939 4	0.940 6	0.941 8	0.943 0	0.944 1
1.6	0.945 2	0.946 3	0.947 4	0.948 4	0.949 5	0.950 5	0.951 5	0.952 5	0.953 5	0.954 5
1.7	0.955 4	0.956 4	0.957 3	0.958 2	0.959 1	0.959 9	0.960 8	0.961 6	0.962 5	0.963 3
1.8	0.964 1	0.964 8	0.965 6	0.966 4	0.967 1	0.967 8	0.968 6	0.969 3	0.970 0	0.970 6
1.9	0.971 3	0.971 9	0.972 6	0.973 2	0.973 8	0.974 4	0.975 0	0.975 6	0.976 2	0.976 7
2.0	0.977 2	0.977 8	0.978 3	0.978 8	0.979 3	0.979 8	0.980 3	0.980 8	0.981 2	0.981 7
2.1	0.982 1	0.982 6	0.983 0	0.983 4	0.983 8	0.984 2	0.984 6	0.985 0	0.985 4	0.985 7
2.2	0.986 1	0.986 4	0.986 8	0.987 1	0.987 4	0.987 8	0.988 1	0.988 4	0.988 7	0.989 0
2.3	0.989 3	0.989 6	0.989 8	0.990 1	0.990 4	0.990 6	0.990 9	0.991 1	0.991 3	0.991 6
2.4	0.991 8	0.992 0	0.992 2	0.992 5	0.992 7	0.992 9	0.993 1	0.993 2	0.993 4	0.993 6
2.5	0.993 8	0.994 0	0.994 1	0.994 3	0.994 5	0.994 6	0.994 8	0.994 9	0.995 1	0.995 2
2.6	0.995 3	0.995 5	0.995 6	0.995 7	0.995 9	0.996 0	0.996 1	0.996 2	0.996 3	0.996 4
2.7	0.996 5	0.996 6	0.996 7	0.996 8	0.996 9	0.997 0	0.997 1	0.997 2	0.997 3	0.997 4
2.8	0.997 4	0.997 5	0.997 6	0.997 7	0.997 7	0.997 8	0.997 9	0.997 9	0.998 0	0.998 1
2.9	0.998 1	0.998 2	0.998 2	0.998 3	0.998 4	0.998 4	0.998 5	0.998 5	0.998 6	0.998 6
3.0	0.998 7	0.999 0	0.999 3	0.999 5	0.999 7	0.999 8	0.999 8	0.999 9	0.999 9	1.000 0

2. 泊松分布表

$$1-F(x-1)=\sum_{k=x}^{\infty}\frac{e^{-\lambda}\lambda^{k}}{k!}$$

x	$\lambda=0.2$	$\lambda=0.3$	$\lambda=0.4$	$\lambda=0.5$	$\lambda=0.6$
0	1.000 000 0	1.000 000 0	1.000 000 0	1.000 000 0	1.000 000 0
1	0.181 269 2	0.259 181 8	0.329 680 0	0.393 469	0.451 188
2	0.017 523 1	0.036 936 3	0.061 551 9	0.090 204	0.121 901
3	0.001 148 5	0.003 599 5	0.007 926 3	0.014 388	0.023 115
4	0.000 056 8	0.000 265 8	0.000 776 3	0.001 752	0.003 358
5	0.000 002 3	0.000 015 8	0.000 061 2	0.000 172	0.000 394
6	0.000 000 1	0.000 000 8	0.000 004 0	0.000 014	0.000 039
7			0.000 000 2	0.000 001	0.000 003

x	$\lambda=0.7$	$\lambda=0.8$	$\lambda=0.9$	$\lambda=1.0$	$\lambda=1.2$
0	1.000 000 0	1.000 000 0	1.000 000 0	1.000 000 0	1.000 000 0
1	0.503 415	0.550 671	0.593 430	0.632 121	0.698 806
2	0.155 805	0.191 208	0.227 518	0.264 241	0.337 373
3	0.034 142	0.047 423	0.062 857	0.080 301	0.120 513
4	0.005 753	0.009 080	0.013 459	0.018 988	0.033 769
5	0.000 786	0.001 411	0.002 344	0.003 660	0.007 746
6	0.000 090	0.000 184	0.000 343	0.000 594	0.001 500
7	0.000 009	0.000 021	0.000 043	0.000 083	0.000 251
8	0.000 001	0.000 002	0.000 005	0.000 010	0.000 037
9				0.000 001	0.000 005
10					0.000 001

x	$\lambda=1.4$	$\lambda=1.6$	$\lambda=1.8$
0	1.000 000	1.000 000	1.000 000
1	0.753 403	0.798 103	0.834 701
2	0.408 167	0.475 069	0.537 163
3	0.166 502	0.216 642	0.269 379
4	0.053 725	0.078 313	0.108 708
5	0.014 253	0.023 682	0.036 407
6	0.003 201	0.006 040	0.010 378
7	0.000 622	0.001 336	0.002 569
8	0.000 107	0.000 260	0.000 562
9	0.000 016	0.000 045	0.000 110
10	0.000 002	0.000 007	0.000 019
11		0.000 001	0.000 003

x	$\lambda=2.5$	$\lambda=3.0$	$\lambda=3.5$	$\lambda=4.0$	$\lambda=4.5$	$\lambda=5.0$
0	1.000 000	1.000 000	1.000 000	1.000 000	1.000 000	1.000 000
1	0.917 915	0.950 213	0.969 803	0.981 684	0.988 891	0.993 262
2	0.712 703	0.800 852	0.864 112	0.908 422	0.938 901	0.959 572
3	0.456 187	0.576 810	0.679 153	0.761 897	0.826 422	0.875 348
4	0.242 424	0.352 768	0.463 367	0.566 530	0.657 704	0.734 974
5	0.108 822	0.184 737	0.274 555	0.371 163	0.467 896	0.559 507
6	0.042 021	0.083 918	0.142 386	0.214 870	0.297 070	0.384 039
7	0.014 187	0.033 509	0.065 288	0.110 674	0.168 949	0.237 817
8	0.004 247	0.011 905	0.026 739	0.051 134	0.086 586	0.133 372
9	0.001 140	0.003 803	0.009 874	0.021 363	0.040 257	0.068 094
10	0.000 277	0.001 102	0.003 315	0.008 132	0.017 093	0.031 828
11	0.000 062	0.000 292	0.001 019	0.002 840	0.000 669	0.013 695
12	0.000 013	0.000 071	0.000 289	0.000 915	0.002 404	0.005 453
13	0.000 002	0.000 016	0.000 076	0.000 274	0.000 805	0.002 019
14		0.000 003	0.000 019	0.000 076	0.000 252	0.000 698
15		0.000 001	0.000 004	0.000 020	0.000 074	0.000 226
16			0.000 001	0.000 005	0.000 020	0.000 069
17				0.000 001	0.000 005	0.000 020
18					0.000 001	0.000 005
19						0.000 001

3. χ^2 分布表

$$P\{\chi^2(n) > \chi^2_\alpha(n)\} = \alpha$$

n	$\alpha = 0.995$	0.99	0.975	0.95	0.90	0.75
1	—	—	0.001	0.004	0.016	0.102
2	0.010	0.020	0.051	0.103	0.211	0.575
3	0.072	0.115	0.216	0.352	0.584	1.213
4	0.207	0.297	0.484	0.711	1.064	1.923
5	0.412	0.554	0.831	1.145	1.610	2.675
6	0.676	0.872	1.237	1.635	2.204	3.455
7	0.989	1.239	1.690	2.167	2.833	4.255
8	1.344	1.646	2.180	2.733	3.490	5.071
9	1.735	2.088	2.700	3.325	4.168	5.899
10	2.156	2.558	3.247	3.940	4.865	6.737
11	2.603	3.053	3.816	4.575	5.578	7.584
12	3.074	3.571	4.404	5.226	6.304	8.438
13	3.565	4.107	5.009	5.892	7.042	9.299
14	4.075	4.660	5.629	6.571	7.790	10.165
15	4.601	5.229	6.262	7.261	8.547	11.037
16	5.142	5.812	6.908	7.962	9.312	11.912
17	5.697	6.408	7.564	8.672	10.085	12.792
18	6.265	7.015	8.231	9.390	10.865	13.675
19	6.884	7.633	8.907	10.117	11.651	14.562
20	7.434	8.260	9.591	10.851	12.443	15.452
21	8.034	8.897	10.283	11.591	13.240	16.344
22	8.643	9.542	10.982	12.338	14.042	17.240
23	9.260	10.196	11.689	13.091	14.848	18.137
24	9.886	10.856	12.401	13.848	15.659	19.037
25	10.520	11.524	13.120	14.611	16.473	19.939
26	11.160	12.198	13.844	15.379	17.292	20.843
27	11.808	12.879	14.573	16.151	18.114	21.749
28	12.461	13.565	15.308	16.928	18.939	22.657
29	13.121	14.257	16.047	17.708	19.768	23.567
30	13.787	14.954	16.791	18.493	20.599	24.478
31	14.458	15.655	17.539	19.281	21.431	25.390
32	15.131	16.362	18.291	20.072	22.271	26.304
33	15.815	17.074	19.047	20.867	23.110	27.219
34	16.501	17.789	19.806	21.664	23.952	27.136
35	17.192	18.509	20.569	22.465	24.797	29.054
36	17.887	19.233	21.336	23.269	25.643	29.973
37	18.586	19.960	22.106	24.075	26.492	30.893
38	19.289	20.691	22.878	24.884	27.343	31.815
39	19.996	21.426	23.654	25.695	28.196	32.737
40	20.707	22.164	24.433	26.509	29.051	33.660
41	21.421	22.906	25.215	27.326	29.907	34.585
42	22.138	23.650	25.999	28.144	30.765	35.510
43	22.859	24.398	26.785	28.965	31.625	36.436
44	23.584	25.148	27.575	29.787	32.487	37.363
45	24.311	25.901	28.366	30.612	33.350	38.291

续表

n	$\alpha=0.25$	0.10	0.05	0.025	0.01	0.005
1	1.323	2.706	3.841	5.024	6.635	7.879
2	2.773	4.605	5.991	7.378	9.210	10.597
3	4.108	6.251	7.815	9.348	11.345	12.838
4	5.385	7.779	9.488	11.143	13.277	14.860
5	6.626	9.236	11.071	12.833	15.086	16.750
6	7.841	10.645	12.592	14.449	16.812	18.548
7	9.037	12.017	14.067	16.013	18.475	20.278
8	10.219	13.362	15.507	17.535	20.090	21.995
9	11.389	14.684	16.919	19.023	21.666	23.589
10	12.549	15.987	18.307	20.483	23.209	25.188
11	13.701	17.275	19.675	21.920	24.725	26.757
12	14.845	18.549	21.026	23.337	26.217	28.299
13	15.984	19.812	22.362	24.736	27.688	29.819
14	17.117	21.064	23.685	26.119	29.141	31.319
15	18.245	22.307	24.996	27.488	30.578	32.801
16	19.369	23.542	26.296	28.845	32.000	34.267
17	20.489	24.769	27.587	30.191	33.409	35.718
18	21.605	25.989	28.869	31.526	34.805	37.156
19	22.718	27.204	30.144	32.852	36.191	38.582
20	23.828	28.412	31.410	34.170	37.566	39.997
21	24.935	29.615	32.671	35.479	38.932	41.401
22	26.039	30.813	33.924	36.781	40.289	42.796
23	27.141	32.007	35.172	38.076	41.638	44.181
24	28.241	33.196	36.415	39.364	42.980	45.559
25	29.339	34.382	37.652	40.646	44.314	46.928
26	30.435	35.563	38.885	41.923	45.642	48.290
27	31.528	36.741	40.113	43.194	46.963	49.645
28	32.620	37.916	41.337	44.461	48.273	50.993
29	33.711	39.087	42.557	45.722	49.588	52.336
30	34.800	40.256	43.773	46.979	50.892	53.672
31	35.887	41.422	44.985	48.232	52.191	55.003
32	36.973	42.585	46.194	49.480	53.486	56.328
33	38.058	43.745	47.400	50.725	54.776	57.648
34	39.141	44.903	48.602	51.966	56.061	58.964
35	40.223	46.059	49.802	53.203	57.342	60.275
36	41.304	47.212	50.998	54.437	58.619	61.581
37	42.383	48.363	52.192	55.668	59.892	62.883
38	43.462	49.513	53.384	56.896	61.162	64.181
39	44.539	50.660	54.572	58.120	62.428	65.476
40	45.616	51.805	55.758	59.342	63.691	66.766
41	46.692	52.949	56.942	60.561	64.950	68.053
42	47.766	54.090	58.124	61.777	66.206	69.336
43	48.840	55.230	59.304	62.990	67.459	70.616
44	49.913	56.369	60.481	64.201	68.710	71.393
45	50.985	57.505	61.656	65.410	69.957	73.166

4. t 分布表

$$P\{t(n) > t_\alpha(n)\} = \alpha$$

n	$\alpha=0.25$	0.10	0.05	0.025	0.01	0.005
1	1.000 0	3.077 7	6.313 8	12.706 2	31.820 7	63.657 4
2	0.816 5	1.885 6	2.920 0	4.303 7	6.964 6	9.924 8
3	0.764 9	1.637 7	2.353 4	3.182 4	4.540 7	5.840 9
4	0.740 7	1.533 2	2.131 8	2.776 4	3.746 9	4.604 1
5	0.726 7	1.475 9	2.015 0	2.570 6	3.364 9	4.032 2
6	0.717 6	1.439 8	1.943 2	2.446 9	3.142 7	3.707 4
7	0.711 1	1.414 9	1.894 6	2.364 6	2.998 0	3.499 5
8	0.706 4	1.396 8	1.859 5	2.306 0	2.896 5	3.355 4
9	0.702 7	1.383 0	1.833 1	2.262 2	2.821 4	3.249 8
10	0.699 8	1.372 2	1.812 5	2.228 1	2.763 8	3.169 3
11	0.697 4	1.363 4	1.795 9	2.201 0	2.718 1	3.105 8
12	0.695 5	1.356 2	1.782 3	2.178 8	2.681 0	3.054 5
13	0.693 8	1.350 2	1.770 9	2.160 4	2.650 3	3.012 3
14	0.692 4	1.345 0	1.761 3	2.144 8	2.624 5	2.976 8
15	0.691 2	1.340 6	1.753 1	2.131 5	2.602 5	2.946 7
16	0.690 1	1.336 8	1.745 9	2.119 9	2.583 5	2.920 8
17	0.689 2	1.333 4	1.739 6	2.109 8	2.566 9	2.898 2
18	0.688 4	1.330 4	1.734 1	2.100 9	2.552 4	2.878 4
19	0.687 6	1.327 7	1.729 1	2.093 0	2.539 5	2.860 9
20	0.687 0	1.325 3	1.724 7	2.086 0	2.528 0	2.845 3
21	0.686 4	1.323 2	1.720 7	2.079 6	2.517 7	2.831 4
22	0.685 8	1.321 2	1.717 1	2.073 9	2.508 3	2.818 8
23	0.685 3	1.319 5	1.713 9	2.068 7	2.499 9	2.807 3
24	0.684 8	1.317 8	1.710 9	2.063 9	2.492 2	2.796 9
25	0.684 4	1.316 3	1.710 8	2.059 5	2.485 1	2.787 4
26	0.684 0	1.315 0	1.705 6	2.055 5	2.478 6	2.778 7
27	0.683 7	1.313 7	1.703 3	2.051 8	2.472 7	2.770 7
28	0.683 4	1.312 5	1.701 1	2.048 4	2.467 1	2.763 3
29	0.683 0	1.311 4	1.699 1	2.045 2	2.462 0	2.756 4
30	0.682 8	1.310 4	1.697 3	2.042 3	2.457 3	2.750 0
31	0.682 5	1.309 5	1.695 5	2.039 5	2.452 8	2.744 0
32	0.682 2	1.308 6	1.693 9	2.036 9	2.448 7	2.738 5
33	0.682 0	1.307 7	1.692 4	2.034 5	2.444 8	2.733 3
34	0.681 8	1.307 0	1.690 9	2.032 2	2.441 1	2.728 4
35	0.681 6	1.306 2	1.689 6	2.030 1	2.437 7	2.723 8
36	0.681 4	1.305 5	1.688 3	2.028 1	2.434 5	2.719 5
37	0.681 2	1.304 9	1.687 1	2.026 2	2.431 4	2.715 4
38	0.681 0	1.304 2	1.686 0	2.024 4	2.428 6	2.711 6
39	0.680 8	1.303 6	1.684 9	2.022 7	2.425 8	2.707 9
40	0.680 7	1.303 1	1.683 9	2.021 1	2.423 3	2.704 5
41	0.680 5	1.302 5	1.682 9	2.019 5	2.420 8	2.701 2
42	1.680 4	1.302 0	1.682 0	2.018 1	2.418 5	2.698 1
43	1.680 2	1.301 6	1.681 1	2.016 7	2.416 3	2.695 1
44	1.680 1	1.301 1	1.680 2	2.015 4	2.414 1	2.692 3
45	0.680 0	1.300 6	1.679 4	2.014 1	2.412 1	2.689 6

参考文献

1 朱来义. 微积分 [M]. 北京：高等教育出版社，2002

2 阎章杭. 高等数学与经济数学 [M]. 北京：化学工业出版社，2001

3 阎章杭. 高等数学与工程数学 [M]. 北京：化学工业出版社，2001

4 赵树源. 微积分 [M]. 北京：中国人民大学出版社，2002

5 常伯林. 概率论与数理统计 [M]. 北京：高等教育出版社，1995

6 钱春林. 线性代数 [M]. 北京：高等教育出版社，2000

7 夏建业. 微积分 [M]. 兰州：兰州大学出版社，2002

8 岳晓宁，张彩华，王盛海. 概率论与数理统计 [M]. 沈阳：东北大学出版社，2004

高 等 数 学

下 册

主编 肖胜中

东 北 大 学 出 版 社

·沈 阳·

图书在版编目（CIP）数据

高等数学(下册) / 肖胜中主编. — 沈阳 ：东北大学出版社，2006.8（2017.8 重印）

ISBN 978-7-81102-040-3

Ⅰ. 高…　Ⅱ. 肖…　Ⅲ. 高等数学—高等学校—教材　Ⅳ. O13

中国版本图书馆 CIP 数据核字（2005）第 077625 号

出 版 者：东北大学出版社

地址：沈阳市和平区文化路 3 号巷 11 号

邮编：110004

电话：024—83687331（市场部）　83680267（社务室）

传真：024—83680180（市场部）　83680265（社务室）

E-mail：neuph @ neupress.com

http：//www.neupress.com

印 刷 者：沈阳市第二市政建设工程公司印刷厂

发 行 者：东北大学出版社

幅面尺寸：184mm×260mm

印　　张：9.75

字　　数：243 千字

出版时间：2006 年 8 月第 2 版

印刷时间：2017 年 8 月第 5 次印刷

责任编辑：刘乃义　刘宗玉

责任校对：薛　平

封面设计：唯　美

责任出版：唐敏志

ISBN 978-7-81102-040-3　　定　价：56.00 元（本册 20.00 元）

前　言

高等数学是高职高专院校各专业的公共必修课，是一门重要的基础课；既是学习后续课程必须掌握的基础知识，也是日后开展工作、解决问题应学会的基本方法. 进入 21 世纪以后，我国的高职高专教育发展迅猛，教育改革不断深入，但教材建设却稍显滞后，教材体系改革迫在眉睫. 目前已经出版的一批高职高专数学教材虽然在稳定教学秩序、主导教学方向方面起到了一定的作用，但细看起来，许多教材内容偏难、偏多、偏深，形式单一，与高职高专所要求的“必须、够用”有一定的差距. 为了改变这一现状，我们在总结多年数学教学经验、探索数学教学发展动向的基础上，借鉴了高职院校数学教材改革中一些成功的实践，根据高职高专教育人才培养目标和教育部新修订的《高职高专教育高等数学教学的基本要求》，优选教学内容，编写了这套《高等数学》教材.

在编写过程中，我们以教育部关于三年制高职高专教育的教学大纲为重要依据，以“必须、够用”为原则，以满足专业需要为目标，力争让这套书能在教学水平、科学水平、思想水平上符合人才培养目标及课程教学的基本要求. 这套教材取材合适、深度适宜，题量能够达到巩固数学基本理论和掌握基本方法之目的，教材体系符合认知规律，富有知识性、可读性和趣味性，有利于激发学生学习数学的兴趣和能力的培养.

本书为这套教材的下册，其内容是与上册内容相配套的学习指南，是学习上册内容时的课外辅导书，其目的是释疑解难、强化训练.

经过多年的教学实践，我们感到高职学生数学基础较差，对高等数学的基本概念理解不深，且容易混淆；基本的方法难以熟练掌握，题型变化或灵活性强的题目就无从下手. 为了提高学生理解基本概念的能力，灵活运用所学的知识去分析问题、解决问题的能力，我们编写了本书.

本书共分九章，每章有知识结构图，学习目的及要求，常考题型及解法，强化训练题、复习题、自测题等，其内容和目的是：

知识结构图：对该章进行提炼，帮助学生了解它的知识脉络及概念.

学习目的及要求：帮助学生了解本章的重点、难点，使学生心中有数，把握学习的主动权，达到提高学习效果的目的.

常考题型及解法：根据本章的知识点和常考题型进行分类，总结出每类题型的一般解法及相关注意事项，并通过典型例题给出示范、分析、归纳.

强化训练题、复习题：为了加深对基本概念的理解，提高学生基本的解题能力，每章后配有若干套习题.

自测题：这一部分是为学生检查学习效果和应试能力而设计的，可进一步加深对新学内容的理解，提高解题能力.

由于编者水平所限，书中可能存在不少疏漏，恳请广大读者批评指正.

编　者

2006年8月

目　录

第 1 章　函数、极限与连续

1.1　知识结构图

- 函数
  - 函数的定义
  - 反函数、复合函数的定义
  - 基本初等函数及初等函数的定义
  - 函数的三种表示法
    - 公式法
    - 表格法
    - 图形法
  - 函数的特性
    - 奇偶性
    - 单调性
    - 有界性
    - 周期性

- 极限
  - 数列的极限、函数的极限
  - 极限的运算法则
  - 两个重要极限
    - $\lim\limits_{x\to 0}\dfrac{\sin x}{x}=\lim\limits_{x\to 0}\dfrac{x}{\sin x}=1\Leftrightarrow\lim\limits_{\alpha(x)\to 0}\dfrac{\sin\alpha(x)}{\alpha(x)}=1$
    - $\lim\limits_{x\to\infty}\left(1+\dfrac{1}{x}\right)^{x}=\lim\limits_{x\to 0}(1+x)^{\frac{1}{x}}=\mathrm{e}\Leftrightarrow\lim\limits_{\alpha(x)\to 0}(1+\alpha(x))^{\frac{1}{\alpha(x)}}=\mathrm{e}$
  - 无穷小与无穷大，无穷小的比较

- 函数的连续性
  - 函数连续的三个等价定义
  - 闭区间上连续函数的性质
    - 有界性定理
    - 最值定理
    - 介值定理
  - 函数的间断点
    - 第一类
      - 可去间断点
      - 跳跃间断点
    - 第二类

1.2 学习目的及要求

① 理解函数的定义,掌握函数定义域的求法;

② 了解初等函数的定义,掌握基本初等函数的表达式、定义域、图形及有关性质;

③ 理解复合函数的定义,掌握复合函数的复合步骤的分解方式;

④ 理解极限的概念,掌握极限的运算法则,并应用它求极限;

⑤ 掌握两个重要极限及无穷小的性质,会进行无穷小的比较;

⑥ 理解函数连续的定义,了解闭区间上连续函数的性质.

1.3 常考题型及解法

(1) 确定函数的定义域

函数的定义域是指函数有意义的自变量 x 的取值范围,判断函数有意义的方法通常是:

① 分式的分母不等于 0;

② 偶次根式中,被开方式为非负数;

③ 含有对数的表达式,真数式大于 0,底数式大于 0 不等于 1;

④ 反正弦、反余弦符号内的表达式的绝对值小于等于 1;

⑤ 若已知 $y=f(x)$的定义域是$[a,b]$,求 $y=f(g(x))$的定义域,方法是:$a\leqslant g(x)\leqslant b$;

⑥ 分段函数的定义域是各段函数定义域的并集;

⑦ 由实际问题建立的数学表达式,则要具体问题具体分析.

例 1 求下列函数的定义域:

(1) $y=\sqrt{x^2-5x+6}+\arcsin(2x-17)$; (2) $y=\ln(6x-12)+\sqrt{10-x}$.

解 (1) 要使函数有意义,必须

$$\begin{cases}x^2-5x+6\geqslant 0\\|2x-17|\leqslant 1\end{cases}\Rightarrow\begin{cases}x\leqslant 2\text{ 或 }x\geqslant 3\\8\leqslant x\leqslant 9\end{cases}\Rightarrow\text{所求函数的定义域为}\{x|8\leqslant x\leqslant 9\};$$

(2) 要使函数有意义,必须

$$\begin{cases}6x-12>0\\10-x\geqslant 0\end{cases}\Rightarrow\begin{cases}x>2\\x\leqslant 10\end{cases}\Rightarrow\text{所求函数的定义域为}\{x|2<x\leqslant 10\}.$$

例 2 已知 $f(x)$的定义域为$[-1,1]$,求函数 $y=f(2x-7)$的定义域.

解 由已知得 $-1\leqslant 2x-7\leqslant 1$,即 $3\leqslant x\leqslant 4$ 为所求函数的定义域.

(2) 确定两个函数是否相同

确定函数的两个关键性的要素是:定义域和对应关系.因此,要确定两个函数是否相同,只要考虑这两点即可.

例 3 判断下列两对函数是否相同:

(1) $f(x)=\sin^2x+\cos^2x$ 与 $g(x)=1$; (2) $f(x)=\dfrac{x}{x}$与 $g(x)=1$.

解 (1) $f(x)$与 $g(x)$的定义域都是全体实数.而 $f(x)=\sin^2x+\cos^2x=1$,所以 $f(x)$与

$g(x)$有相同的对应法则. 所以 $f(x)$与 $g(x)$是相同函数.

(2) $f(x)$的定义域是 $x\neq 0$, 而 $g(x)$的定义域是 $x\in\mathbf{R}$. 所以 $f(x)$与 $g(x)$不是相同的函数.

(3) 判断函数的奇偶性

判断函数的奇偶性,主要的方法就是利用定义,其次是利用奇偶的性质,即奇(偶)函数之和仍是奇(偶)函数;两个奇函数之积是偶函数;两个偶函数之积仍是偶函数;一奇一偶函数之积是奇函数.

例 4　判断下列函数的奇偶性:

(1) $f(x)=\dfrac{a^x-1}{a^x+1}$　($a>0$ 且 $a\neq 1$);　　(2) $f(x)=x^3(2x^2+\tan x^2)$.

解

(1) 用定义判断. 因为

$$f(-x)=\frac{a^{-x}-1}{a^{-x}+1}=\frac{1-a^x}{1+a^x}=-\frac{a^x-1}{a^x+1}=-f(x),$$

所以

$$f(x)=\frac{a^x-1}{a^x+1}$$

是奇函数;

(2) 用性质判断. 因为 x^3 是奇函数, $2x^2+\tan x^2$ 是偶函数, 所以 $f(x)=x^3(2x^2+\tan x^2)$ 是奇函数.

(4) 数列极限的求法

利用数列极限的四则运算法则、性质以及已知极限求极限.

① 若数列通项的分子、分母都是关于 n 的多项式, 则用分子分母中 n 的最高次项的幂函数同除分子分母, 然后由四则运算法则求极限.

例 5　求下列数列的极限:

(1) $\lim\limits_{n\to\infty}\dfrac{n^2+2n+5}{n^3+3n^2+5n-3}$;　　(2) $\lim\limits_{n\to\infty}\dfrac{2n^2+n-1}{5n^2+3n-4}$;　　(3) $\lim\limits_{n\to\infty}\dfrac{n+1}{\sqrt{n^2+3n-2}}$.

解　(1) 分子分母同除以 n^3 得

$$原式=\lim_{n\to\infty}\frac{\frac{1}{n}+\frac{2}{n^2}+\frac{5}{n^3}}{1+\frac{3}{n}+\frac{5}{n^2}-\frac{3}{n^3}}=0;$$

(2) 分子分母同除以 n^2 得

$$原式=\lim_{n\to\infty}\frac{2+\frac{1}{n}-\frac{1}{n^2}}{5+\frac{3}{n}-\frac{4}{n^2}}=\frac{2}{5};$$

(3) 分子分母同除以 n 得

$$原式=\lim_{n\to\infty}\frac{1+\frac{1}{n}}{\sqrt{1+\frac{3}{n}-\frac{2}{n^2}}}=1.$$

② 若通项中含有根式，一般采用先分子或分母有理化，再求极限的方法.

例 6　求$\lim\limits_{n\to\infty}(\sqrt{n^2+n}-\sqrt{n^2-1})$.

解　对通项式有理化得

$$\begin{aligned}原式&=\lim_{n\to\infty}\frac{(\sqrt{n^2+n}-\sqrt{n^2-1})(\sqrt{n^2+n}+\sqrt{n^2-1})}{\sqrt{n^2+n}+\sqrt{n^2-1}}\\&=\lim_{n\to\infty}\frac{n+1}{\sqrt{n^2+n}+\sqrt{n^2-1}}\\&=\lim_{n\to\infty}\frac{1+\frac{1}{n}}{\sqrt{1+\frac{1}{n}}+\sqrt{1-\frac{1}{n^2}}}\\&=\frac{1}{2}.\end{aligned}$$

③ 若所求极限是无穷项之和，通常先利用等差或等比数列的前 n 项和的公式求和，再求极限.

例 7　求$\lim\limits_{n\to\infty}\left(1-\frac{1}{2}+\frac{1}{2^2}-\frac{1}{2^3}+\cdots+(-1)^n\frac{1}{2^n}\right)$.

解　先求由 $a_1=1, q=-\frac{1}{2}$所构成的等比数列的前 n 项和，再求极限.

$$\begin{aligned}原式&=\lim_{n\to\infty}\frac{\left[1-\left(-\frac{1}{2}\right)^n\right]}{1-\left(-\frac{1}{2}\right)}\\&=\lim_{n\to\infty}\frac{2}{3}\left[1-(-1)^n\frac{1}{2^n}\right]\\&=\frac{2}{3}.\end{aligned}$$

④ 利用两边夹定理求数列极限，方法是将极限式中的每一项放大或缩小，并使放大或缩小后的数列具有相同的极限.

例 8　求$\lim\limits_{n\to\infty}\left(\frac{n}{n^2+\pi}+\frac{n}{n^2+2\pi}+\cdots+\frac{n}{n^2+n\pi}\right)$.

解　因为

$$\frac{n}{n^2+i\pi}\geqslant\frac{n}{n^2+n\pi}\ (i=1,2,\cdots,n),\ \frac{n}{n^2+i\pi}\leqslant\frac{n}{n^2+\pi}\ (i=1,2,\cdots,n),$$

所以

$$n\,\frac{n}{n^2+n\pi}\leqslant\frac{n}{n^2+\pi}+\frac{n}{n^2+2\pi}+\cdots+\frac{n}{n^2+n\pi}\leqslant n\,\frac{n}{n^2+\pi},$$

而

$$\lim_{n\to\infty}\frac{nn}{n^2+n\pi}=\lim_{n\to\infty}\frac{1}{1+\frac{\pi}{n}}=1,\ \lim_{n\to\infty}\frac{nn}{n^2+\pi}=\lim_{n\to\infty}\frac{1}{1+\frac{\pi}{n^2}}=1,$$

所以

$$\lim_{n\to\infty}\left(\frac{n}{n^2+\pi}+\frac{n}{n^2+2\pi}+\cdots+\frac{n}{n^2+n\pi}\right)=1.$$

⑤ 若通项式为形如 1^{∞} 的不定式形式，一般采用重要极限 $\lim\limits_{n\to\infty}\left(1+\dfrac{1}{n}\right)^n=\mathrm{e}$ 求极限.

例 9　求下列极限：

(1) $\lim\limits_{n\to\infty}\left(1+\dfrac{1}{n+1}\right)^{n+3}$；　　(2) $\lim\limits_{n\to\infty}\left(\dfrac{n+3}{n+1}\right)^{n}$.

解　用重要极限 $\lim\limits_{n\to\infty}\left(1+\dfrac{1}{n}\right)^n=\mathrm{e}$ 求极限.

(1) 原式 $=\lim\limits_{n\to\infty}\left(1+\dfrac{1}{n+1}\right)^{n+1+2}$

$$=\lim_{n\to\infty}\left(1+\frac{1}{n+1}\right)^{n+1}\lim_{n\to\infty}\left(1+\frac{1}{n+1}\right)^{2}$$

$=\mathrm{e}$；

(2) 原式 $=\lim\limits_{n\to\infty}\left(1+\dfrac{2}{n+1}\right)^{n}$

$$=\lim_{n\to\infty}\left[\left(1+\frac{2}{n+1}\right)^{\frac{n+1-1}{2}}\right]^2$$

$$=\lim_{n\to\infty}\left[\left(1+\frac{2}{n+1}\right)^{\frac{n+1}{2}}\left(1+\frac{2}{n+1}\right)^{-\frac{1}{2}}\right]^2$$

$=\mathrm{e}^2$.

(5) 函数极限的求法

函数的极限比数列的极限复杂，原因有两个，一是自变量的变化过程多；二是函数式复杂.因此，求函数的极限首先要观察自变量的变化和函数表达式，然后选择适当方法，一般地，函数极限有以下几种求法：

① 数列极限的求法也适合求函数的极限($x\to\infty$).

② 利用函数的连续性求函数的极限，即若 $f(x)$ 在 $x=x_0$ 处连续，则有 $\lim\limits_{x\to x_0}f(x)=f(x_0)$.

例 10　求 $\lim\limits_{x\to4}\dfrac{x+1}{x^2+5x+4}$.

解　因为函数 $f(x)=\dfrac{x+1}{x^2+5x+4}$ 在 $x=4$ 处连续，所以 $\lim\limits_{x\to4}\dfrac{x+1}{x^2+5x+4}=f(4)=\dfrac{1}{8}$.

③ 若求分段函数在分界点处的极限，则利用极限存在的充要条件求极限.即函数在某一点极限存在的充要条件是函数在该点的左、右极限存在且相等.

例 11　已知

$$f(x)=\begin{cases}x^2+2x-3, & x\leqslant1,\\ x-1, & 1<x<3,\\ \sin x+1, & x\geqslant3,\end{cases}$$

求

$$\lim_{x\to1}f(x),\lim_{x\to3}f(x).$$

解　在 $x=1$ 处，求 $f(x)$ 的左、右极限：

$$\lim_{x\to1^-}f(x)=\lim_{x\to1^-}(x^2+2x-3)=0,\ \lim_{x\to1^+}f(x)=\lim_{x\to1^+}(x-1)=0,$$

所以$\lim\limits_{x\to 1}f(x)=0$;

在 $x=3$ 处,求 $f(x)$的左、右极限:

$$\begin{aligned}\lim_{x\to 3^-}f(x)&=\lim_{x\to 3^-}(x-1)\\&=2,\\\lim_{x\to 3^+}f(x)&=\lim_{x\to 3^+}(\sin x+1)\\&=\sin 3+1.\end{aligned}$$

因为$\lim\limits_{x\to 3^-}f(x)\neq\lim\limits_{x\to 3^+}f(x)$,所以$\lim\limits_{x\to 3}f(x)$不存在.

④ 利用两个重要极限求函数的极限.即若所求极限为形如$\frac{0}{0}$的不定式形式,并且极限式中含有三角函数,一般通过三角函数的恒等变换再利用重要极限$\lim\limits_{x\to 0}\frac{\sin x}{x}=1$求极限;若所求极限为形如$1^{\infty}$的不定式形式,并且所求函数易转化为$(1+u)^{\frac{1}{u}}$或$\left(1+\frac{1}{u}\right)^{u}$的形式,通常采用$\lim\limits_{x\to\infty}\left(1+\frac{1}{x}\right)^{x}=\mathrm{e}$求极限.

例 12 求$\lim\limits_{x\to 0}\frac{\sin 7x}{\arcsin 5x}$.

解 因为已知极限为$\frac{0}{0}$形式的不定式,且含有三角函数,则

$$\begin{aligned}\text{原式}&=\lim_{x\to 0}\frac{\sin 7x}{7x}\cdot\frac{5x}{\arcsin 5x}\cdot\frac{7x}{5x}\\&=\lim_{x\to 0}\frac{\sin 7x}{7x}\cdot\lim_{x\to 0}\frac{\sin(\arcsin 5x)}{\arcsin 5x}\cdot\lim_{x\to 0}\frac{7}{5}\\&=\frac{7}{5}.\end{aligned}$$

例 13 求$\lim\limits_{x\to 0}(\cos x)^{\frac{1}{\cos x-1}}$.

解 因为所求极限为1^{∞}形式的不定式,由$\lim\limits_{x\to 0}(1+x)^{\frac{1}{x}}=\mathrm{e}$得

$$\begin{aligned}\text{原式}&=\lim_{x\to 0}[1+(\cos x-1)]^{\frac{1}{\cos x-1}}\\&=\mathrm{e}.\end{aligned}$$

⑤ 利用无穷小量的特性以及无穷小量与无穷大量的关系求极限.即无穷小量与有界变量之积仍是无穷小量,有限个无穷小量之积仍是无穷小量,有限个无穷小量之代数和仍为无穷小量,无穷小量与无穷大量的关系是互为倒数.

例 14 求下列函数的极限:

(1) $\lim\limits_{x\to 0}x^2\sin x\cos\frac{1}{x}$;　　(2) $\lim\limits_{x\to 2}\frac{x^2+2x-3}{x^2-4}$.

解 (1) 利用无穷小量的性质求该极限,因为当 $x\to 0$ 时,x^2, $\sin x$ 均是无穷小量,而$\cos\frac{1}{x}$为有界变量,所以$\lim\limits_{x\to 0}x^2\sin x\cos\frac{1}{x}=0$;

(2) 利用无穷大量与无穷小量的关系求该极限,因为当 $x\to 2$ 时,$x^2+2x-3\to 5$, $x^2-4\to$

0，所以$\lim\limits_{x\to 2}\dfrac{x^2-4}{x^2+2x-3}=0$，所以$\lim\limits_{x\to 2}\dfrac{x^2+2x-3}{x^2-4}=\infty$，极限不存在.

(6) 判断函数的连续性

利用函数连续性的等价定义，对于分段函数在分界点的连续性，可用函数在某点连续的充要条件，以及初等函数在其定义域内是连续函数的结论等来讨论函数的连续性.

例 15　讨论

$$f(x)=\begin{cases}2-e^{-x}, & x<0,\\ 2x+1, & 0\leqslant x<2,\\ x^2-3x+5, & x\geqslant 2\end{cases}$$

在 $x=0$，$x=2$ 处的连续性.

解　由已知，$x=0$，$x=2$ 均是分界点.

在 $x=0$ 处：

$$\lim_{x\to 0^-}f(x)=\lim_{x\to 0^-}(2-e^{-x})=1,$$

$$\lim_{x\to 0^+}f(x)=\lim_{x\to 0^+}(2x+1)=1,$$

而 $f(0)=1$，所以 $f(x)$在 $x=0$ 处连续；

在 $x=2$ 处：

$$\lim_{x\to 2^-}f(x)=\lim_{x\to 2^-}(2x+1)=5,$$

$$\lim_{x\to 2^+}f(x)=\lim_{x\to 2^+}(x^2-3x+5)=3,$$

所以$\lim\limits_{x\to 2}f(x)$不存在，故 $f(x)$在 $x=2$ 处不连续.

例 16　讨论当 a，b 为何值时，函数

$$f(x)=\begin{cases}\dfrac{1}{x}\sin x, & x<0,\\ a, & x=0,\\ x\sin\dfrac{1}{x}+b, & x>0\end{cases}$$

在 $x=0$ 处连续.

解　在分界点 $x=0$ 处：

$$\lim_{x\to 0^-}f(x)=\lim_{x\to 0^-}\frac{1}{x}\sin x=1,\ \lim_{x\to 0^+}f(x)=\lim_{x\to 0^+}\left(x\sin\frac{1}{x}+b\right)=b,\ f(0)=a,$$

若使 $f(x)$在 $x=0$ 处连续，必须使$\lim\limits_{x\to 0^-}f(x)=\lim\limits_{x\to 0^+}f(x)=f(0)$成立. 即 $b=1=a$，所以当 $a=b=1$ 时，函数在 $x=0$ 处连续.

1.4 强化训练题、复习题、自测题

1.4.1 函数

一、是非题

1. $y=\sqrt{x^2}$与 $y=x$ 相同；（　）
2. $y=(2^x+2^{-x})\ln(x+\sqrt{1+x^2})$是奇函数；（　）
3. 凡是分段表示的函数都不是初等函数；（　）
4. $y=x^2(x>0)$是偶函数；（　）
5. 两个单调增加函数之和仍为单调增加函数；（　）
6. 实数域上的周期函数的周期有无穷多个；（　）
7. 复合函数 $f[g(x)]$的定义域即 $g(x)$的定义域；（　）
8. $y=f(x)$在(a,b)内处处有定义,则 $f(x)$在(a,b)内一定有界.（　）

二、填空题

1. 函数 $y=f(x)$与其反函数 $y=\varphi(x)$的图形关于________对称；
2. 若 $f(x)$的定义域是$[0,1]$,则 $f(x^2+1)$的定义域是________；
3. $y=\dfrac{2^x}{2^x+1}$的反函数为________；
4. 若 $f(x)$是以 2 为周期的周期函数,且在闭区间$[0,2]$上 $f(x)=2x-x^2$,则在闭区间$[2,4]$上,$f(x)=$________；
5. $f(x)=x+1,\varphi(x)=\dfrac{1}{1+x^2}$,则 $f[\varphi(x)+1]=$________,$\varphi[f(x)+1]=$________；
6. $y=\log_2(\sin x+2)$是由简单函数________和________复合而成；
7. $y=x^x$ 是由简单函数________和________复合而成.

三、选择题

1. 下列函数中既是奇函数又是单调增加函数的是(　　)；
(A) $\sin^3 x$　(B) x^3+1　(C) x^3+x　(D) x^3-x
2. 设 $f(x)=4x^2+bx+5$,若 $f(x+1)-f(x)=8x+3$,则 b 应为(　　)；
(A) 1　(B) -1　(C) 2　(D) -2
3. $f(x)=\sin(x^2-x)$是(　　).
(A) 有界函数　(B) 周期函数　(C) 奇函数　(D) 偶函数

四、计算下列各题：

1. 求 $y=\sqrt{3-x}+\arcsin\dfrac{3-2x}{5}$的定义域；

2. 已知 $f[\varphi(x)]=1+\cos x$, $\varphi(x)=\sin\dfrac{x}{2}$，求 $f(x)$；

3. 设 $f(x)=x^2$, $g(x)=e^x$，求 $f[g(x)]$, $g[f(x)]$, $f[f(x)]$, $g[g(x)]$；

4. 设

$$\varphi(x)=\begin{cases}|x|, & |x|<1,\\ 0, & |x|\geqslant 1.\end{cases}$$

求 $\varphi\left(\dfrac{1}{5}\right)$, $\varphi\left(-\dfrac{1}{2}\right)$, $\varphi(-2)$，并作出函数 $y=\varphi(x)$的图形.

五、某运输公司规定每吨货物每公里运价在 a km 以内 k 元，超过 a km 部分八折优惠.求每吨货物运价 m(元)和路程 s(km)之间的函数关系.

1.4.2　常用的经济函数

一、一商家销售某种商品的价格满足关系 $P=7-0.2x$(万元/t)，x 为销售量，商品的成本函数为 $C=3x+1$(万元).若每销售 1t 商品，政府要征税 t(万元)，试将该商家税后利润 L 表示为 x 的函数.

二、某工厂生产某种产品年产量为 x 台，每台售价为 250 元，当年产量在 600 台内时，可全部售出；当年产量超过 600 台时，经广告宣传后又可再多出售 200 台，每台平均广告费为 20 元，生产再多，本年就售不出去了.试建立本年的销售收入 R 与年产量 x 的函数关系.

三、设某商品的供给函数为 $S(x)=x^2+3x-70$，需求函数为 $Q(x)=410-x$，其中 x 为价格.

1. 在同一坐标系中，画出 $S(x)$, $Q(x)$的图形；

2. 求市场均衡价格.

四、某种产品每台售价 90 元，成本为 60 元，厂家为鼓励销售商大量采购，决定凡是订购量超过 100 台以上的，多出的产品实行降价，其中降价比例为每多出 100 台降价 1 元，但最低价为 75 元/台.

1. 试将每台的实际售价 P 表示为订购量 x 的函数；

2. 把利润 L 表示为订购量 x 的函数；

3. 当一商场订购 1 000 台时，厂家可获利润多少？

1.4.3　数列的极限

一、是非题

1. 在数列$\{a_n\}$中任意去掉或增加有限项，不影响$\{a_n\}$的极限；　(　　)

2. 若数列$\{a_nb_n\}$的极限存在，则$\{a_n\}$的极限必存在；　(　　)

3. 若数列$\{x_n\}$和$\{y_n\}$都发散，则数列$\{x_n+y_n\}$也发散；　(　　)

4. 若$\lim\limits_{n\to\infty}(u_n\cdot v_n)=0$，则必有$\lim\limits_{n\to\infty}u_n=0$或$\lim\limits_{n\to\infty}v_n=0$.　(　　)

二、填空题

1. $\lim\limits_{n\to\infty}(\sqrt{n+1}-\sqrt{n})=$________；

2. $\lim\limits_{n\to\infty}\dfrac{\sin\frac{n\pi}{2}}{n}=$ ________;

3. $\lim\limits_{n\to\infty}\left[4+\dfrac{(-1)^n}{n^2}\right]=$ ________;

4. $\lim\limits_{n\to\infty}\dfrac{1}{3^n}=$ ________.

三、选择题

1. 已知下列四数列:

① $x_n=2$; ② $x_n=\dfrac{2}{3n+1}$;

③ $x_n=(-1)^{n+1}\dfrac{2}{3n+1}$; ④ $x_n=(-1)^{n-1}\dfrac{3n-1}{3n+1}$

则其中收敛的数列为(　　);

(A) ①　(B) ①②　(C) ①④　(D) ①②③

2. 已知下列四数列:

① $1,-1,1,-1,\cdots,(-1)^{n+1},\cdots$ ② $0,\dfrac{1}{2},0,\dfrac{1}{2^2},0,\dfrac{1}{2^3},\cdots,0,\dfrac{1}{2^n},\cdots$

③ $\dfrac{1}{2},\dfrac{3}{2},\dfrac{1}{3},\dfrac{4}{3},\cdots,\dfrac{1}{n+1},\dfrac{n+2}{n+1},\cdots$ ④ $1,2,\cdots,n,\cdots$

则其中发散的数列为(　　);

(A) ①　(B) ①④　(C) ①③④　(D) ②④

3. 若 $x_n=\begin{cases}\dfrac{1}{n}, & n\text{ 为奇数},\\ 10^{-7}, & n\text{ 为偶数},\end{cases}$ 则必有(　　).

(A) $\lim\limits_{n\to\infty}x_n=0$　(B) $\lim\limits_{n\to\infty}x_n=10^{-7}$

(C) $\lim\limits_{n\to\infty}x_n=\begin{cases}0, & n\text{ 为奇数},\\ 10^{-7}, & n\text{ 为偶数}\end{cases}$　(D) $\lim\limits_{n\to\infty}x_n$ 不存在

四、将下列数列的各项画在数轴上,并观察其收敛性:

1. $x_n=(-1)^n\dfrac{1}{n},n=1,2,\cdots$;

2. $x_n=\begin{cases}\dfrac{1}{2^n}, n\text{ 为偶数},\\ \dfrac{1}{3^n}, n\text{ 为奇数};\end{cases}$

3. $x_n=1-(-1)^n,n=1,2,\cdots$.

五、设 $x_1=0.9,x_2=0.99,x_3=0.999,\cdots,x_n=0.\underbrace{999\cdots9}_{n个},\cdots$

1. 用 10 的负方幂表示 x_n;

2. 试求 $\lim\limits_{n\to\infty}x_n$ 的值.

1.4.4 函数的极限

一、是非题

1. 若 $\lim\limits_{x \to x_0} f(x) = A$，则 $f(x_0) = A$； ( )

2. 已知 $f(x_0)$不存在，但 $\lim\limits_{x \to x_0} f(x)$有可能存在； ( )

3. 若 $f(x_0+0)$与 $f(x_0-0)$都存在，则 $\lim\limits_{x \to x_0} f(x)$必存在； ( )

4. $\lim\limits_{x \to \infty} \arctan x = \dfrac{\pi}{2}$； ( )

5. $\lim\limits_{x \to -\infty} e^x = 0$. ( )

二、填空题

1. $\lim\limits_{x \to 1}(2x-1) =$ ________；

2. $\lim\limits_{x \to \infty} \dfrac{1}{1+x^2} =$ ________；

3. $\lim\limits_{x \to 0} \cos x =$ ________，$\lim\limits_{x \to \infty} \cos x =$ ________；

4. 设 $f(x) = \begin{cases} e^x, & x \leqslant 0, \\ ax+b, & x > 0, \end{cases}$ 则 $f(0+0) =$ ________，$f(0-0) =$ ________，当 $b =$ ________时，$\lim\limits_{x \to 0} f(x) = 1$.

三、选择题

1. 从 $\lim\limits_{x \to x_0} f(x) = 1$ 不能推出( )；

(A) $\lim\limits_{x \to x_0^-} f(x) = 1$　　(B) $f(x_0+0) = 1$

(C) $f(x_0) = 1$　　(D) $\lim\limits_{x \to x_0}[f(x) - 1] = 0$

2. 设 $f(x) = \begin{cases} |x| + 1, & x \neq 0, \\ 2, & x = 0, \end{cases}$ 则$\lim\limits_{x \to 0} f(x)$的值为( ).

(A) 0　　(B) 1　　(C) 2　　(D) 不存在

四、设函数

$$f(x) = \begin{cases} x, & x < 3, \\ 0, & x = 3, \\ x^2, & x > 3. \end{cases}$$

试画出 $f(x)$的图形，并求单侧极限 $\lim\limits_{x \to 3^-} f(x)$和 $\lim\limits_{x \to 3^+} f(x)$.

五、设 $f(x) = \dfrac{\sqrt{x^2}}{x}$，回答下列问题：

1. 函数 $f(x)$在 $x = 0$ 处的左、右极限是否存在？

2. 函数 $f(x)$在 $x = 0$ 处是否有极限？为什么？

3. 函数 $f(x)$在 $x = 1$ 处是否有极限？为什么？

1.4.5 无穷小与无穷大

一、是非题

1. 非常小的数是无穷小； ( )
2. 零是无穷小； ( )
3. 无限变小的变量称为无穷小； ( )
4. 无限个无穷小的和还是无穷小. ( )

二、填空题

1. 设 $y=\frac{1}{x+1}$，当 $x\to$________时，y 是无穷小量，当 $x\to$________时，y 是无穷大量；
2. 设 $\alpha(x)$是无穷小量，$E(x)$是有界变量，则 $\alpha(x)E(x)$为________；
3. $\lim\limits_{x\to x_0}f(x)=A$ 的充分必要条件是当 $x\to x_0$ 时，$f(x)-A$ 为________；
4. $\lim\limits_{x\to 0}x\sin\frac{1}{x}=$________.

三、选择题

1. 当 $x\to 1$ 时，下列变量中是无穷小的是( )；
   (A) x^3-1 (B) $\sin x$ (C) e^x (D) $\ln(x+1)$
2. 下列变量在自变量给定的变化过程中不是无穷大的是( )；
   (A) $\frac{x^2}{\sqrt{x^3+1}}(x\to+\infty)$ (B) $\ln x(x\to+\infty)$
   (C) $\ln x(x\to 0+0)$ (D) $\frac{1}{x}\cos\frac{nx}{2}(x\to\infty)$
3. 若$\lim\limits_{x\to x_0}f(x)=\infty$，$\lim\limits_{x\to x_0}g(x)=\infty$，则下列极限成立的是( )；
   (A) $\lim\limits_{x\to x_0}[f(x)+g(x)]=\infty$ (B) $\lim\limits_{x\to x_0}[f(x)+g(x)]=0$
   (C) $\lim\limits_{x\to x_0}\frac{1}{f(x)+g(x)}=\infty$ (D) $\lim\limits_{x\to x_0}f(x)g(x)=\infty$
4. 以下命题正确的是( )；
   (A) 无界变量一定是无穷大
   (B) 无穷大一定是无界变量
   (C) 趋于正无穷大的变量一定在充分大时单调增加
   (D) 不趋于无穷大的变量必有界
5. $\lim\limits_{x\to 0}e^{\frac{1}{x}}$( ).
   (A) 等于 0 (B) 等于 $+\infty$ (C) 等于 1 (D) 不存在

四、下列各函数，哪些是无穷小？哪些是无穷大？

1. $\frac{1+x}{x^2}(x\to\infty)$； 2. $\frac{3x-1}{x}(x\to 0)$；
3. $\ln|x|(x\to 0)$； 4. $e^{\frac{1}{x}}(x\to 0)$.

五、当 $x \to +\infty$ 时，下列哪个无穷小与无穷小 $\frac{1}{x}$ 是同阶无穷小？哪个无穷小与无穷小 $\frac{1}{x}$ 是等价无穷小？哪个无穷小是比无穷小 $\frac{1}{x}$ 高阶的无穷小？

1. $\frac{1}{2x}$；　2. $\frac{1}{x^2}$；　3. $\frac{1}{|x|}$.

1.4.6　极限的运算法则

一、是非题

1. 在某过程中，若 $f(x)$ 有极限，$g(x)$ 无极限，则 $f(x)+g(x)$ 无极限；　(　　)
2. 在某过程中，若 $f(x)$，$g(x)$ 均无极限，则 $f(x)+g(x)$ 无极限；　(　　)
3. 在某过程中，若 $f(x)$ 有极限，$g(x)$ 无极限，则 $f(x)g(x)$ 无极限；　(　　)
4. 在某过程中，若 $f(x)$，$g(x)$ 均无极限，则 $f(x)g(x)$ 无极限；　(　　)
5. 若 $\lim\limits_{x\to x_0} f(x)=A$，$\lim\limits_{x\to x_0} g(x)=0$，则 $\lim\limits_{x\to x_0}\frac{f(x)}{g(x)}$ 必不存在；　(　　)
6. $\lim\limits_{n\to\infty}\frac{1+2+3+\cdots+n}{n^2}=\lim\limits_{n\to\infty}\frac{1}{n^2}+\lim\limits_{n\to\infty}\frac{2}{n^2}+\cdots+\lim\limits_{n\to\infty}\frac{n}{n^2}=0$；　(　　)
7. $\lim\limits_{x\to 0} x\sin\frac{1}{x}=\lim\limits_{x\to 0}x\cdot\lim\limits_{x\to 0}\sin\frac{1}{x}=0$；　(　　)
8. $\lim\limits_{x\to\infty}(x^2-3x)=\lim\limits_{x\to\infty}x^2-3\lim\limits_{x\to\infty}x=\infty-\infty=0$；　(　　)
9. 若 $\lim\limits_{x\to x_0}\frac{f(x)}{g(x)}$ 存在，且 $\lim\limits_{x\to x_0} g(x)=0$，则 $\lim\limits_{x\to x_0} f(x)=0$；　(　　)
10. 若 $\lim\limits_{x\to x_0} f(x)$ 与 $\lim\limits_{x\to x_0}[f(x)g(x)]$ 都存在，则 $\lim\limits_{x\to x_0} g(x)$ 必存在.　(　　)

二、计算下列极限：

1. $\lim\limits_{x\to -1}\frac{3x+1}{x^2+1}$；
2. $\lim\limits_{x\to 1}\frac{x^2-1}{2x^2-x-1}$；
3. $\lim\limits_{x\to\infty}\frac{2x^2+x+1}{3x^2+1}$；
4. $\lim\limits_{x\to\infty}\frac{\sqrt{2}x}{1+x^2}$；
5. $\lim\limits_{x\to 2}\frac{x^3+2x^2}{(x-2)^2}$；
6. $\lim\limits_{x\to 1}\left(\frac{1}{1-x}-\frac{3}{1-x^3}\right)$；
7. $\lim\limits_{x\to\infty}(\sqrt{x^2+x+1}-\sqrt{x^2-x+1}$；
8. $\lim\limits_{n\to\infty}\frac{1+2+3+\cdots+(n-1)}{n^2}$；
9. $\lim\limits_{x\to\infty}\frac{(2x-1)^{300}(3x-2)^{200}}{(2x+1)^{500}}$；
10. $\lim\limits_{x\to+\infty}\frac{2x\sin x}{\sqrt{1+x^2}}\arctan\frac{1}{x}$.

三、已知 $\lim\limits_{x\to 1}\frac{x^2+ax+b}{1-x}=1$，求常数 a 与 b 的值.

1.4.7　两个重要极限

一、是非题

1. $\lim\limits_{x\to\infty}\frac{\sin x}{x}=1$；　(　　)

2. $\lim\limits_{x\to\infty}\left(1-\frac{1}{x}\right)^{x}=\mathrm{e}$. ( )

二、计算下列极限:

1. $\lim\limits_{x\to 0}\frac{\sin x+3x}{\tan x+2x}$;
2. $\lim\limits_{x\to 0}(1-3x)^{\frac{2}{x}}$;
3. $\lim\limits_{n\to\infty}2^{n}\sin\frac{x}{2^{n}}(x\neq 0)$;
4. $\lim\limits_{x\to 0}\left(x\sin\frac{1}{x}+\frac{1}{x}\sin x\right)$;
5. $\lim\limits_{x\to 0}\frac{\tan x-\sin x}{x^{3}}$;
6. $\lim\limits_{x\to\infty}\left(\frac{x+1}{x+2}\right)^{x}$.

三、已知$\lim\limits_{x\to\infty}\left(\frac{x}{x-c}\right)^{x}=2$,求 c.

四、证明:当 $x\to 0$ 时,$\tan 2x\sim 2x$,$1-\cos x\sim\frac{1}{2}x^{2}$.

1.4.8 函数的连续性

一、是非题

1. 若 $f(x)$,$g(x)$在点 x_0 处均不连续,则 $f(x)+g(x)$在点 x_0 处亦不连续;( )
2. 若 $f(x)$在点 x_0 处连续,$g(x)$在点 x_0 处不连续,则 $f(x)g(x)$在点 x_0 处必不连续; ( )
3. 若 $f(x)$与 $g(x)$在点 x_0 处均不连续,则积 $f(x)g(x)$在点 x_0 处亦不连续; ( )
4. $y=|x|$在 $x=0$ 处不连续; ( )
5. $f(x)$在 x_0 处连续当且仅当 $f(x)$在 x_0 处既左连续又右连续; ( )
6. 设 $y=f(x)$在(a,b)内连续,则 $f(x)$在(a,b)内必有界; ( )
7. 设 $y=f(x)$在$[a,b]$上连续,且无零点,则 $f(x)$在$[a,b]$上恒为正或恒为负; ( )
8. $\tan\frac{\pi}{4}\cdot\tan\frac{3\pi}{4}=-1<0$,所以 $\tan x=0$ 在$\left(\frac{\pi}{4},\frac{3\pi}{4}\right)$内有根. ( )

二、填空题

1. $x=0$ 是函数$\frac{\sin x}{|x|}$的________类________型间断点;
2. $x=0$ 是函数 $\mathrm{e}^{x+\frac{1}{x}}$的________类________型间断点;
3. 设 $f(x)=\frac{1}{x}\ln(1-x)$,若定义 $f(0)=$________,则 $f(x)$在 $x=0$ 处连续;
4. 若函数 $f(x)=\begin{cases}\frac{\tan ax}{x}, & x\neq 0,\\ 2, & x=0\end{cases}$ 在 $x=0$ 处连续,则 a 等于________;
5. 已知 $f(x)=\mathrm{sgn}x$,则 $f(x)$的定义域为________,连续区间为________;
6. $f(x)=\frac{1}{\ln(x-1)}$的连续区间是________;
7. $\arctan x$ 在$[0,+\infty)$上的最大值为________,最小值为________.

三、选择题

1. 函数 $f(x)=\dfrac{\sin x}{x}+\dfrac{e^{\frac{1}{x}}}{1-x}$ 在 $(-\infty,+\infty)$ 内间断点的个数为(　　);

(A) 0　　(B) 1　　(C) 2　　(D) 3

2. $f(a+0)=f(a-0)$ 是函数 $f(x)$ 在 $x=a$ 处连续的(　　);

(A) 必要条件　　(B) 充分条件　　(C) 充要条件　　(D) 无关条件

3. 方程 $x^3-3x+1=0$ 在区间 $(0,1)$ 内(　　).

(A) 无实根　　(B) 有唯一实根　　(C) 有两个实根　　(D) 有三个实根

四、要使 $f(x)$ 连续，常数 a,b 各应取何值?

$$f(x)=\begin{cases}\dfrac{1}{x}\sin x, & x<0,\\ a, & x=0,\\ x\sin\dfrac{1}{x}+b, & x>0.\end{cases}$$

五、指出下列函数的间断点，并指明是哪一类型间断点.

1. $f(x)=\dfrac{1}{x^2-1}$;　　2. $f(x)=e^{\frac{1}{x}}$;

3. $f(x)=\begin{cases}x, x\neq 1,\\ \dfrac{1}{2}, x=1;\end{cases}$　　4. $f(x)=\begin{cases}\dfrac{1}{x+1}, & x<-1,\\ x, & -1\leqslant x\leqslant 1,\\ (x-1)\sin\dfrac{1}{x-1}, & x>1.\end{cases}$

六、求下列极限:

1. $\lim\limits_{x\to+1}\ln(e^x+|x|)$;　　2. $\lim\limits_{x\to 4}\dfrac{\sqrt{2x+1}-3}{\sqrt{x-2}-\sqrt{2}}$;

3. $\lim\limits_{x\to 0}\dfrac{\log_a(1+3x)}{x}$;　　4. $\lim\limits_{x\to 0^-}\dfrac{2^{\frac{1}{x}}-1}{2^{\frac{1}{x}}+1}$.

七、证明方程 $4x-2^x=0$ 在 $\left(0,\dfrac{1}{2}\right)$ 内至少有一个实根.

1.4.9　复习题

一、填空题

1. 设 $f(x)=\begin{cases}1, |x|\leqslant 1,\\ 0, |x|>1,\end{cases}$ 则 $f[f(x)]=$________;

2. 设 $f(x)=\begin{cases}x+1, & |x|<2,\\ 1, & 2\leqslant x\leqslant 3,\end{cases}$ 则 $f(x+1)$ 的定义域为________;

3. 函数 $f(x)=\sqrt{x}+\ln(3-x)$ 在________连续;

4. $\lim\limits_{x\to 0}\left(x^2\sin\dfrac{1}{x^2}+\dfrac{\sin 3x}{x}\right)=$________;

5. $\lim\limits_{x\to\infty}\left(1+\dfrac{k}{x}\right)^x=$________;

6. 设 $f(x)$在 $x=1$ 处连续,且 $f(1)=3$,则$\lim\limits_{x\to1}f(x)\left(\dfrac{1}{x-1}-\dfrac{2}{x^2-1}\right)=$________;

7. 当 $x\to\infty$时,无穷小量$\dfrac{1}{x^k}$与$\dfrac{1}{x^3}+\dfrac{1}{x^2}$等价,则 $k=$________;

8. $x=0$是函数 $f(x)=x\sin\dfrac{1}{x}$的________间断点.

二、选择题

1. $y=x^2+1,x\in(-\infty,0]$的反函数是(　　);

(A) $y=\sqrt{x}-1,x\in[1,+\infty)$　　(B) $y=-\sqrt{x}-1,x\in[0,+\infty)$

(C) $y=-\sqrt{x-1},x\in[1,+\infty)$　　(D) $y=\sqrt{x-1},x\in[1,+\infty)$

2. 当 $x\to\infty$时,下列函数中有极限的是(　　);

(A) $\sin x$　　(B) $\dfrac{1}{e^x}$　　(C) $\dfrac{x+1}{x^2-1}$　　(D) $\arctan x$

3. $f(x)=\begin{cases}0, & x\leqslant0,\\ \dfrac{1}{x}, & x>0\end{cases}$在点 $x=0$ 处不连续是因为(　　);

(A) $f(0-0)$不存在　　(B) $f(0+0)$不存在

(C) $f(0+0)\neq f(0)$　　(D) $f(0-0)\neq f(0)$

4. 设 $f(x)=x^2+\operatorname{arccot}\dfrac{1}{x-1}$,则 $x=1$ 是 $f(x)$的(　　);

(A) 可去间断点　　(B) 跳跃间断点

(C) 无穷间断点　　(D) 连续点

5. 设 $f(x)=\begin{cases}\cos x-1, & x<0,\\ k, & x>0,\end{cases}$则 $k=0$ 是$\lim\limits_{x\to0}f(x)$存在的(　　);

(A) 充分但非必要条件　　(B) 必要但非充分条件

(C) 充分必要条件　　(D) 无关条件

6. 当 $x\to x_0$ 时,α 和$\beta(\neq0)$都是无穷小.当 $x\to x_0$ 时,下列变量中可能不是无穷小的是(　　);

(A) $\alpha+\beta$　　(B) $\alpha-\beta$　　(C) $\alpha\cdot\beta$　　(D) $\dfrac{\alpha}{\beta}$

7. 当 $n\to\infty$时,若 $\sin^2\dfrac{1}{n}$与$\dfrac{1}{n^k}$是等价无穷小,则 $k=$(　　);

(A) 2　　(B) $\dfrac{1}{2}$　　(C) 1　　(D) 3

8. 当 $x\to0$ 时,下列函数中为 x 的高阶无穷小的是(　　).

(A) $1-\cos x$　　(B) $x+x^2$　　(C) $\sin x$　　(D) $\sqrt{x}$

三、求下列函数的极限:

1. $\lim\limits_{x\to4}\dfrac{\sqrt{2x+1}-3}{\sqrt{x}-2}$;　　2. $\lim\limits_{x\to1}\dfrac{\sin(x-1)}{x^2+x-2}$;

3. $\lim\limits_{x\to+\infty}\left(\dfrac{x^2-1}{x^2+1}\right)^{x^2}$;　　4. $\lim\limits_{x\to0}\dfrac{\sin x^3}{(\sin x)^3}$;

5. $\lim\limits_{x\to0}\dfrac{\sqrt{1+x}-\sqrt{1-x}}{\sin3x}$;　　6. $\lim\limits_{x\to\infty}\dfrac{x+3}{x^2-x}(\sin x+2)$;

7. $\lim\limits_{x\to\infty}\left[\dfrac{2+2^{\frac{1}{x}}}{1+2^{\frac{2}{x}}}+\dfrac{|x|}{x}\right]$；　　8. $\lim\limits_{x\to 0}\dfrac{\ln(1+2x)}{\tan 5x}$；

9. $\lim\limits_{x\to a}\dfrac{\sin x-\sin a}{x-a}$；　　10. $\lim\limits_{x\to 1}\dfrac{\sin\pi x}{4(x-1)}$.

四、设

$$f(x)=\begin{cases}\dfrac{\cos x}{x+2}, & x\geqslant 0,\\ \dfrac{\sqrt{a}-\sqrt{a-x}}{x}, & x<0,\end{cases}$$

其中 $a>0$，当 a 取何值时，$f(x)$ 在 $x=0$ 处连续？

五、已知当 $x\to 0$ 时，$(1+ax^2)^{\frac{1}{3}}-1$ 与 $1-\cos x$ 是等价无穷小，求 a.

六、设 $\lim\limits_{x\to -1}\dfrac{x^3+ax^2-x+4}{x+1}=b$(常数)，求 a,b.

七、求 $f(x)=\dfrac{1}{1-e^{\frac{x}{1-x}}}$ 的间断点，并对间断点分类.

八、证明下列方程在(0,1)之间均有一实根：

1. $x^5+x^3=1$；　　2. $e^{-x}=x$；　　3. $\arctan x=1-x$.

九、设 $f(x)$ 在 $[a,b]$ 上连续，且 $a<f(x)<b$，证明在 (a,b) 内至少有一点 ξ，使得 $f(\xi)=\xi$.

1.4.10　自测题

一、填空题

1. 若 $f(e^x)=x^2-2x$，则 $f(x)=$________；
2. 设 $f(x)$ 单调减少，$f(x)<g(x)$，且 $f(x)$ 与 $g(x)$ 可以相互复合，则 $f[g(x)]$ 与 $g[f(x)]$ 的大小关系是________；
3. $\lim\limits_{x\to 0}(1-\sin x)^{\frac{2}{x}}=$________；
4. 若 $\lim\limits_{x\to 0}\dfrac{x}{f(3x)}=2$，则 $\lim\limits_{x\to 0}\dfrac{f(2x)}{x}=$________；
5. $f(x)=\dfrac{x^2-x}{|x|(x^2-1)}$ 的间断点是________，其中可去间断点是________，跳跃间断点是________.

二、选择题

1. 当 $n\to\infty$ 时，$n\sin\dfrac{1}{n}$ 是(　　)；

(A) 无穷大量　(B) 无穷小量　(C) 无界变量　(D) 有界变量

2. 当 $x\to 1$ 时，函数 $\dfrac{x^2-1}{x-1}e^{\frac{1}{x-1}}$ 的极限为(　　)；

(A) 2　(B) 0　(C) ∞　(D) 不存在但也不为无穷大

3. 方程 $x^3+px+1=0(p>0)$ 的实根个数是(　　)；

(A) 1 个　(B) 2 个　(C) 3 个　(D) 0 个

4. 当 $x\to 0$ 时，$(1-\cos x)^2$ 是 $\sin^2 x$ 的(　　)；

(A) 高阶无穷小　　(B) 同阶无穷小，但不等价

(C) 低阶无穷小　　(D) 等价无穷小

5. 设 $\lim\limits_{x\to\infty}\dfrac{(x+1)^{95}(ax+1)^5}{(x^2+1)^{50}}=8$，则 a 的值为(　　).

(A) 1　　(B) 2　　(C) $\sqrt[5]{8}$　　(D) A，B，C 均不对

三、求下列函数的极限值：

1. $\lim\limits_{x\to\infty}\left(\dfrac{x^3}{2x^2-1}-\dfrac{x^2}{2x+1}\right)$；　　2. $\lim\limits_{x\to 0}\dfrac{x^2\sin\dfrac{1}{x}}{\sin 2x}$；

3. $\lim\limits_{n\to\infty}\dfrac{5^n+(-2)^n}{5^{n+1}+(-2)^{n+1}}$；　　4. $\lim\limits_{x\to 0}(1+x^2)^{\cot^2 x}$；

5. $\lim\limits_{x\to 0}\dfrac{\ln(1+\sin x)}{\sin 5x}$.

四、设

$$f(x)=\begin{cases}3x, & -1<x<1,\\ 2, & x=1,\\ 3x^2, & 1<x<2,\end{cases}$$

求 $\lim\limits_{x\to 0}f(x)$，$\lim\limits_{x\to 1}f(x)$，$\lim\limits_{x\to\sqrt{2}}f(x)$.

五、设

$$f(x)=\begin{cases}\dfrac{\ln(1-x)}{x}, & x>0,\\ -1, & x=0,\\ \dfrac{|\sin x|}{x}, & x<0,\end{cases}$$

讨论 $f(x)$ 在 $x=0$ 处的连续性.

六、证明方程 $x=2\sin x+1$ 至少有一个小于 3 的正根.

七、设 $f(x)$ 在 $[a,b]$ 上连续，且无零点，又存在一点 $x_0\in(a,b)$，使得 $f(x_0)<0$，证明：$f(x)$ 在 $[a,b]$ 上恒为负.

第2章　导数及微分

2.1　知识结构图

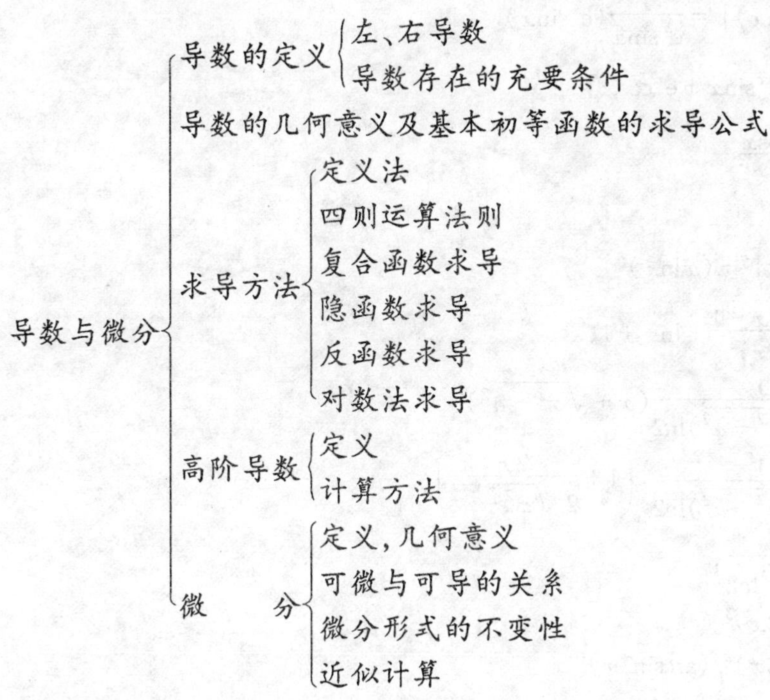

2.2　学习目的及要求

① 掌握导数及微分的概念;
② 了解一元函数的连续、可导、可微之间的关系;
③ 熟记基本初等函数的求导公式及和、差、积、商的求导法则;
④ 熟练掌握复合函数、隐函数、幂指函数、反函数的求导法则;
⑤ 会求高阶导数;
⑥ 掌握微分的求法,能利用微分进行近似计算.

2.3　常考题型及解法

(1) 求显函数的导数

利用基本初等函数的求导公式和导数的四则运算法则以及复合函数的求导法则可以求出一般显函数的导数.

例 1 求下列函数的导数:

(1) $y=x^2+2^x-\log_2^x+\cos 2$; (2) $y=\ln(e^x\sin x)$;

(3) $y=\dfrac{x^2+1}{\arctan x}+x\ln x$; (4) $y=\log_2(x+\sqrt{x^2-a^2})$;

(5) $y=(\arcsin 2x)^3$; (6) $y=e^{\cos x}\cdot\tan x$.

解 (1) $y'=(x^2)'+(2^x)'-(\log_2^x)'+(\cos 2)'$

$$=2x+2^x\ln 2-\frac{1}{x\ln 2};$$

(2) $y'=[\ln(e^x\sin x)]'=\dfrac{1}{e^x\sin x}(e^x\sin x)'$

$$=\frac{1}{e^x\sin x}[e^x\sin x+e^x\cos x]$$

$$=\frac{\sin x+\cos x}{\sin x}$$

$$=1+\cot x;$$

(3) $y'=\left(\dfrac{x^2+1}{\arctan x}\right)'+(x\ln x)'$

$$=\frac{2x\arctan x-1}{(\arctan x)^2}+\ln x+1;$$

(4) $y'=\dfrac{1}{(x+\sqrt{x^2-a^2})\ln 2}(x+\sqrt{x^2-a^2})'$

$$=\frac{1}{(x+\sqrt{x^2-a^2})\ln 2}\cdot\left(1+\frac{2x}{2\sqrt{x^2-a^2}}\right)$$

$$=\frac{1}{\sqrt{x^2-a^2}\ln 2};$$

(5) $y'=[(\arcsin 2x)^3]'$

$$=3(\arcsin 2x)^2\cdot(\arcsin 2x)'$$

$$=3(\arcsin 2x)^2\cdot\frac{1}{\sqrt{1-4x^2}}\cdot(2x)'$$

$$=\frac{6(\arcsin 2x)^2}{\sqrt{1-4x^2}};$$

(6) $y'=(e^{\cos x})'\tan x+(\tan x)'e^{\cos x}$

$$=e^{\cos x}(\cos x)'\tan x+\sec^2 x\,e^{\cos x}$$

$$=-e^{\cos x}\sin x\tan x+\sec^2 x\,e^{\cos x}.$$

(2) 求隐函数的导数

对于由方程 $F(x,y)=0$ 所确定的隐函数 $y=f(x)$,如果能由 $F(x,y)=0$ 求出显式表达式,那么我们可以利用上述方法求出导数.如果不能求出 y 关于 x 的显式表达式,那么我们怎样求出这类函数的导数呢?

方法是方程两边对 x 求导数,值得特别注意的是,遇到 y 时应当视 y 为中间变量,按复合函数的求导法则,最后解关于 y' 的一元一次方程,求出 y'.

例 2 求由方程 $y=x^2\ln y$ 确定的函数 y 的导数.

解 方程两边对 x 求导,得

$$y' = 2x\ln y + x^2 \frac{1}{y}y',$$

解出 y'，得

$$y' = \frac{2xy\ln y}{y - x^2}.$$

注　解题过程中 $\ln y$ 的求导是 $\frac{1}{y}y'$，而不是 $\frac{1}{y}$，$\ln y$ 看成了 x 的复合函数.

(3) 用“取对数求导法”求函数的导数

对于形如

$$y = [u(x)]^{v(x)}$$

和

$$y = \sqrt[k]{\frac{u_1(x)u_2(x)\cdots u_n(x)}{v_1(x)v_2(x)\cdots v_m(x)}}$$

的显函数，可以先对等式两边取对数变为隐函数，然后再根据隐函数的求导方法求导.

例 3　求下列函数的导数：

(1) $y = x^{\cos 2x}$；　　(2) $y = \sqrt[3]{\frac{(x+1)(x^2-2)}{x^3(e^x - x)}}$.

解　(1) 两边取自然对数得

$$\ln y = \ln(x^{\cos 2x}),$$
$$\ln y = (\cos 2x)\ln x,$$

两边对 x 求导，得

$$\frac{1}{y}y' = -2\sin 2x\ln x + (\cos 2x)\frac{1}{x},$$

$$y' = \left[\frac{\cos 2x}{x} - (2\sin 2x)\ln x\right]y$$
$$= \left[\frac{\cos 2x}{x} - (2\sin 2x)\ln x\right]x^{\cos 2x};$$

(2) 两边取自然对数得

$$\ln y = \frac{1}{3}\ln\frac{(x+1)(x^2-2)}{x^3(e^x - x)},$$

$$\ln y = \frac{1}{3}[\ln(x+1) + \ln(x^2-2) - \ln x^3 - \ln(e^x - x)],$$

两边对 x 求导，得

$$\frac{1}{y}y' = \frac{1}{3}\left[\frac{1}{x+1} + \frac{2x}{x^2-2} - \frac{3x^2}{x^3} - \frac{e^x - 1}{e^x - x}\right],$$

因此

$$y' = \frac{1}{3}\left(\frac{1}{x+1} + \frac{2x}{x^2-2} - \frac{3}{x} - \frac{e^x-1}{e^x-x}\right)\sqrt[3]{\frac{(x+1)(x^2-2)}{x^3(e^x-x)}}.$$

(4) 求由参数方程所表示的函数的导数

对于由参数方程 $\begin{cases} x = \varphi(t) \\ y = \psi(t) \end{cases}$ 所表示的函数，如果 $\varphi'(t)$，$\psi'(t)$ 都存在，且 $\varphi'(t) \neq 0$，那么

可以直接由公式 $y'_x==\dfrac{\psi'(t)}{\varphi'(t)}$来求导.

例 4 已知参数方程为$\begin{cases}x=\sin^3 t,\\ y=\cos^3 t,\end{cases}$求$\dfrac{dy}{dx}$.

解 $\dfrac{dy}{dx}=\dfrac{(\cos^3 t)'}{(\sin^3 t)'}=\dfrac{-3\cos^2 t\sin t}{3\sin^2 t\cos t}=-\cot t$.

(5) 求函数的微分

利用微分的定义、一阶微分形式不变性和微分运算法则可以求出函数的微分.

例 5 求函数 $y=x^2\arctan x$ 的微分.

解法一 利用微分的定义 $dy=f'(x)dx$

$$y'=2x\arctan x+x^2\frac{1}{1+x^2},$$

故

$$dy=\left(2x\arctan x+x^2\frac{1}{1+x^2}\right)dx.$$

解法二 利用微分形式不变性和微分运算法则

$$\begin{aligned}dy&=d(x^2\arctan x)\\&=(\arctan x)dx^2+x^2d(\arctan x)\\&=(\arctan x)2x\,dx+x^2\frac{1}{1+x^2}dx\\&=\left(2x\arctan x+x^2\frac{1}{1+x^2}\right)dx.\end{aligned}$$

(6) 求曲线上一点的切线方程

根据导数的几何意义,可以求出函数曲线上某一点处的切线方程和法线方程.

例 6 求曲线 $y=(x+1)\sqrt[3]{3-x}$ 在点 $M(2,3)$处的切线方程和法线方程.

解 $y'=\sqrt[3]{3-x}+(x+1)\times\dfrac{1}{3}(3-x)^{-\frac{2}{3}}(-1)$

$=\sqrt[3]{3-x}-\dfrac{1}{3}(x+1)\times\dfrac{1}{\sqrt[3]{(3-x)^2}}$.

由导数的几何意义可知,函数在点 $M(2,3)$处的导数等于曲线在点 $M(2,3)$处的切线的斜率.即

$$k=y'|_{x=2}=0.$$

因此曲线在点 $M(2,3)$处的切线方程为 $y-3=0\times(x-2)$,即 $y=3$.
所以法线方程为 $x=2$.

注 本例题中曲线在点 $M(2,3)$处的切线斜率等于 0,所以,曲线在该点处的法线斜率不存在,即法线是垂直于 x 轴的,法线方程直接写出为 $x=2$.

(7) 利用微分进行近似计算

当函数 $y=f(x)$在 x_0 处可导,$f'(x_0)\neq0$,且$|\Delta x|\ll1$ 或$\left|\dfrac{\Delta x}{x_0}\right|$很小时,有

$$\Delta y\approx dy=f'(x_0)\Delta x,$$

即

$$f(x_0+\Delta x)\approx f(x_0)+f'(x_0)\Delta x.$$

因此,用它求近似值,关键是确定

$$f(x)=?\quad x_0=?\quad \Delta x=?$$

例7　求$\sqrt[4]{255}$的近似值.

解　取 $f(x)=\sqrt[4]{x}$, $x_0=256$, $\Delta x=-1$,因为$\left|\dfrac{\Delta x}{x_0}\right|$很小,所以

$$\begin{aligned}\sqrt[4]{255}&=f(x_0+\Delta x)\approx f(x_0)+f'(x_0)\Delta x\\&=\sqrt[4]{256}+\frac{1}{4}\cdot 256^{-\frac{3}{4}}\cdot(-1)\\&=4-\frac{1}{256}.\end{aligned}$$

2.4　强化训练题、复习题、自测题

2.4.1　导数的概念

一、是非题

1. $f'(x_0)=[f(x_0)]'$;　(　　)
2. 曲线 $y=f(x)$在点$(x_0,f(x_0))$处有切线,则 $f'(x_0)$一定存在;　(　　)
3. 若 $f'(x)>g'(x)$,则 $f(x)>g(x)$;　(　　)
4. 周期函数的导函数仍为周期函数;　(　　)
5. 偶函数的导数为奇函数,奇函数的导数为偶函数;　(　　)
6. $y=f(x)$在 $x=x_0$ 处连续,则 $f'(x_0)$一定存在.　(　　)

二、填空题

1. 设 $f(x)$在 x_0 处可导,则$\lim\limits_{\Delta x\to 0}\dfrac{f(x_0-\Delta x)-f(x_0)}{\Delta x}=$________,
$\lim\limits_{h\to 0}\dfrac{f(x_0+h)-f(x_0-h)}{h}=$________;
2. 若 $f'(0)$存在且 $f(0)=0$,则$\lim\limits_{x\to 0}\dfrac{f(x)}{x}=$________;
3. 已知 $f(x)=\begin{cases}x^2, & x\geqslant 0,\\ -x^2, & x<0,\end{cases}$则 $f'(0)=$________;
4. 当物体的温度高于周围介质的温度时,物体就不断冷却,若物体的温度 T 与时间 t 的函数关系式为 $T=T(t)$,则该物体在时刻 t 的冷却速度为________;
5. 在曲线 $y=e^x$ 上取横坐标 $x_1=0$ 及 $x_2=1$ 两点,作过这两点的割线,则曲线 $y=e^x$ 在点________处的切线________平行于这条割线;
6. 设某工厂生产 x 单位产品所花费的成本是 $f(x)$(单位:元),则其边际成本为________.

三、选择题

1. 函数 $f(x)$的 $f'(x_0)$存在等价于(　　);

(A) $\lim\limits_{n\to\infty} n\left[f\left(x_0+\frac{1}{n}\right)-f(x_0)\right]$存在

(B) $\lim\limits_{h\to 0}\frac{f(x_0-h)-f(x_0)}{h}$存在

(C) $\lim\limits_{\Delta x\to 0}\frac{f(x_0+\Delta x)-f(x_0-\Delta x)}{\Delta x}$存在

(D) $\lim\limits_{\Delta x\to 0}\frac{f(x_0+3\Delta x)-f(x_0+\Delta x)}{\Delta x}$存在

2. 若函数 $f(x)$在点 x_0 处可导,则$|f(x)|$在点 x_0 处(　　);

(A) 可导　　(B) 不可导　　(C) 连续但未必可导　　(D) 不连续

3. 设 λ 是常数,函数

$$f(x)=\begin{cases}\frac{1}{(x-1)^{\lambda}}\cos\frac{1}{x-1}, & x>1,\\ 0, & x\leqslant 1.\end{cases}$$

若 $f'(1)$存在,则必有(　　).

(A) $\lambda<-1$　　(B) $-1\leqslant\lambda<0$　　(C) $0\leqslant\lambda<1$　　(D) $\lambda\geqslant 1$

四、求 $y=\frac{1}{\sqrt[3]{x}}$的 $y'(x)$及 $y'(1)$.

五、设 $\varphi(x)$在 $x=a$ 处连续,$f(x)=(x-a)\varphi(x)$,求 $f'(a)$.

六、已知

$$f(x)=\begin{cases}x^2, & x\leqslant 1,\\ ax+b, & x>1.\end{cases}$$

1. 确定 a,b,使 $f(x)$在实数域内处处可导;

2. 将上一问中求出的 a,b 值代入 $f(x)$,求 $f(x)$的导数.

七、求曲线 $y=x^4-3$ 在点$(1,-2)$处的切线方程和法线方程.

八、已知函数

$$f(x)=\begin{cases}\frac{\sqrt{1+x}-1}{\sqrt{x}}, & x>0,\\ 0, & x\leqslant 0.\end{cases}$$

证明:

1. $f(x)$在 $x=0$ 处连续;

2. $f(x)$在 $x=0$ 处的左导数存在,而右导数不存在;

3. $f(x)$在 $x=0$ 处不可导.

2.4.2　导数的四则运算、反函数的导数

一、填空题

1. $(\sqrt{2})'=$________;　　2. $(x^{\mu})'=$________,其中 μ 为实常数;

3. $(e^x)'=$________;　　4. $(2^x)'=$________;

5. $(\ln x)' =$ ________;　　6. $(\log_a x)' =$ ________, 其中 $a>0$ 且 $a \neq 1$;

7. $(\sin x)' =$ ________;　　8. $(\cos x)' =$ ________;

9. $(\tan x)' =$ ________;　　10. $(\cot x)' =$ ________;

11. $(\arcsin x)' =$ ________;　　12. $(\arccos x)' =$ ________;

13. $(\arctan x)' =$ ________;　　14. $(\text{arccot} x)' =$ ________.

二、选择题

1. 对于函数 $f(x)$和 $g(x)$,下述说法正确的是(　　);

(A) 若 $f(x), g(x)$中至少一个不可导,则 $f(x)+g(x)$不可导

(B) 若 $f(x), g(x)$均不可导,则 $f(x)+g(x)$不可导

(C) 若 $f(x), g(x)$只有其一不可导,则 $f(x)g(x)$必不可导

(D) 当 $f(x), g(x)$均不可导时, $f(x)g(x)$有可能可导

2. 直线 l 与 x 轴平行且与曲线 $y = x - e^x$ 相切,则切点为(　　).

(A) $(1,1)$　　(B) $(-1,1)$　　(C) $(0,1)$　　(D) $(0,-1)$

三、求下列函数的导数:

1. $y = x^2(\cos x + \sqrt{x})$;　　2. $y = \dfrac{1-\sqrt{x}}{1+\sqrt{x}}$;

3. $y = (x-1)(x-2)(x-3)$;　　4. $y = \sqrt[3]{x}\sin x + a^x e^x$;

5. $y = x\log_2 x + \ln 2$;　　6. $y = \cot x \arctan x$.

四、设 $y = x\ln x + \dfrac{1}{\sqrt{x}}$,求$\dfrac{dy}{dx}$及$\left.\dfrac{dy}{dx}\right|_{x=1}$.

五、以初速 v_0 上抛的物体,其上升高度 s 与时间 t 的关系式为 $s = v_0 t - \dfrac{1}{2}gt^2$,求

1. 该物体的速度 $v(t)$;

2. 该物体到达最高点的时间.

六、设某产品的需求函数为 $P = 20 - \dfrac{Q}{5}$,其中 P 为价格, Q 为销售量.

1. 求收益函数 $R(Q)$对销售量 Q 的变化率;

2. 当销售量分别为 15 和 20 时,哪一点处收益变化得快?

2.4.3　复合函数的求导法则

一、填空题

1. $(\cos 2x^2)' =$ ________;　　2. $(\cos 2x^2)'_{(2x^2)} =$ ________;

3. $(\cos 2x^2)'_{(x^2)} =$ ________.(其中圆括号中的下标表示相对求导变量)

二、求下列函数的导数:

1. $y = \cos\dfrac{1}{x}$;　　2. $y = \ln\left(\dfrac{1}{x} + \ln\dfrac{1}{x}\right)$;

3. $y = \ln(1-x)$;　　4. $y = \ln(x + \sqrt{1+x^2})$;

5. $y = \sqrt{x + \sqrt{x + \sqrt{x}}}$;　　6. $y = \dfrac{\sin 2x}{x^2}$;

7. $y=\dfrac{\arcsin x}{\arccos x}$;　　8. $y=\sin[\cos^2(\tan 3x)]$.

三、在下列各题中,设 $f(u)$为可导函数,求$\dfrac{dy}{dx}$:

1. $y=f(\sin^2 x)+\sin f^2(x)$;　　2. $y=f(e^x)e^{f(x)}$;

3. $y=f\{f[f(x)]\}$.

四、以 $f(u)$为可导函数,且 $f(x+3)=x^5$,求 $f'(x+3)$和 $f'(x)$.

2.4.4 隐函数的导数、由参数方程所确定的函数的导数

一、是非题

1. 若 $y^3-3y+2x=1$ 确定隐函数 $y=y(x)$,则 $3y^2\cdot\dfrac{dy}{dx}-3\times 1+2\times 1=0$,故$\dfrac{dy}{dx}=\dfrac{1}{3y^2}$;　(　　)

2. 设$\begin{cases}x=\cos t,\\ y=\sin t,\end{cases}$则$\dfrac{dy}{dx}=(\sin t)'=\cos t$;　(　　)

3. 由导数公式$(x^\mu)'=\mu x^{\mu-1}$可得$(x^x)'=x\cdot x^{x-1}$.　(　　)

二、设 $y=y(x)$由方程 $e^{xy}+y^3-5x=0$ 所确定,试求$\left.\dfrac{dy}{dx}\right|_{x=0}$.

三、设隐函数 $y=y(x)$由方程 $x=\ln(x+y)$确定,求$\dfrac{dy}{dx}$.

四、利用对数求导法求导数:

1. $y=\sqrt{x\sin x\sqrt{1-e^x}}$;　　2. $y=x^{\ln x}$.

五、求由参数方程所确定的函数的导数:

1. $\begin{cases}x=1-t^2,\\ y=t-t^2,\end{cases}$求$\dfrac{dy}{dx}$;　　2. $\begin{cases}x=\ln t,\\ y=\sin t,\end{cases}$求$\dfrac{dy}{dx}$.

2.4.5 高阶导数

一、填空题

1. 设 $y=2x^2+\ln x$,则 $y''|_{x=1}=$________;　2. 设 $y=\dfrac{1}{1+2x}$,则 $y^{(6)}=$________;

3. 设 $y=10^x$,则 $y^{(n)}(0)=$________;　4. 设 $y=\sin 2x$,则 $y^{(n)}=$________.

二、选择题

1. 已知 $y=x\ln x$,则 $y^{(3)}=($　　$)$;

(A) $\dfrac{1}{x^2}$　(B) $\dfrac{1}{x}$　(C) $-\dfrac{1}{x^2}$　(D) $\dfrac{2}{x^3}$

2. 已知 $y=x^n+e^{ax}$,则 $y^{(n)}=($　　$)$.

(A) $\alpha^n e^{ax}$　(B) $n!$　(C) $n!+e^{ax}$　(D) $n!+\alpha^n e^{ax}$

三、计算下列各题:

1. 已知 $y=3x^2+\cos x$,求 y'';　　2. 已知 $y=\dfrac{\ln x}{x}$,求 $y''(1)$;

3. 已知 $y=xe^x$, 求 $y^{(n)}$, $y^{(n)}(0)$.

四、求由方程 $y\ln y=x+y$ 所确定的隐函数 $y=y(x)$ 的二阶导数 $\frac{d^2y}{dx^2}$ 及 $\left.\frac{d^2y}{dx^2}\right|_{x=0}$.

五、求由参数方程 $\begin{cases}x=1+t^2,\\ y=t-\arctan t\end{cases}$ 所确定的函数 $y=y(x)$ 的二阶导数 $\frac{d^2y}{dx^2}$.

六、已知 $y^{(n-2)}=2\arcsin x+e^{2x^2+1}$, 求 $y^{(n)}$.

2.4.6 函数的微分、微分在近似计算中的应用

一、填空题

1. 设 $y=x^3-x$ 在 $x_0=2$ 处 $\Delta x=0.01$, 则 $\Delta y=$________, $dy=$________;
2. $2x^2dx=d$________;
3. 设 $y=a^x+\operatorname{arccot}x$, 则 $dy=$________dx;
4. d________$=\frac{1}{\sqrt{x}}dx$;
5. 设 $y=e^{\sqrt{\sin 2x}}$, 则 $dy=$________$d(\sin 2x)$;
6. 设 $y=e^x\sin x$, 则 $dy=$________$d(e^x)+$________$d(\sin x)$;
7. 欲使计算圆面积所产生的相对误差不超过1%, 则测量圆半径 R 时允许的相对误差不超过________.

二、选择题

1. 设 $y=\cos x^2$, 则 $dy=($　　$)$;

(A) $-2x\cos x^2dx$　　(B) $2x\cos x^2dx$

(C) $-2x\sin x^2dx$　　(D) $2x\sin x^2dx$

2. 设 $y=f(u)$ 是可微函数, u 是 x 的可微函数, 则 $dy=($　　$)$;

(A) $f'(u)u\,dx$　　(B) $f'(u)du$

(C) $f'(u)dx$　　(D) $f'(u)u'du$

3. 用微分近似计算公式求得 $e^{0.05}$ 的近似值为(　　);

(A) 0.05　　(B) 1.05

(C) 0.95　　(D) 1

*4. 当 $|\Delta|$ 充分小, $f'(x)\neq 0$ 时, 函数 $y=f(x)$ 的改变量 Δy 与微分 dy 的关系是(　　).

(A) $\Delta y=dy$　　(B) $\Delta y<dy$

(C) $\Delta y>dy$　　(D) $\Delta y\approx dy$

三、已知 $y=\cos x^2$, 求 $\frac{dy}{dx}$, $\frac{dy}{dx^2}$, $\frac{dy}{dx^3}$, $\frac{d^2y}{dx^2}$.

四、求下列函数的微分:

1. $y=xe^x$;　　2. $y=x^{2x}$;

3. $x^2+\sin y-ye^x=1$ 确定的隐函数 $y=y(x)$.

---

* 加星号题稍有难度, 学生可选做, 后同。

五、计算 $\sqrt[3]{1.02}$ 的近似值.

六、一个外直径为 10cm 的球,球壳厚度为 $\frac{1}{8}$cm,试求球壳体积的近似值.

2.4.7 复习题

一、填空题

1. 设 $f(x)=\ln 2x+2e^{\frac{1}{2}x}$,则 $f'(2)=$________;

2. 当 $h\to 0$ 时,$f(2+h)-f(2)-2h$ 是 h 的高阶无穷小,则 $f'(2)=$________;

3. 设 $y=e^{x}\ln x$,则 $dy=$________;

4. 设 $f(x)=\ln\cot x$,则 $f'\left(\frac{\pi}{4}\right)=$________;

5. 曲线 $y=\ln x+e^{x}$ 在 $x=1$ 处的切线方程是________;

6. 设 $f(x)=\begin{cases}x, & x\geqslant 0,\\ \tan x, & x<0,\end{cases}$ 则 $f(x)$ 在 $x=0$ 处的导数为________;

7. 设 $y=e^{\cos x}$,则 $y''=$________;

8. 设 $y=f\left(\frac{1}{x}\right)$,其中 $f(u)$ 为二阶可导函数,则 $\frac{d^2y}{dx^2}=$________.

二、选择题

1. 设 $y=x\sin x$,则 $f'\left(\frac{\pi}{2}\right)=(\quad)$;

(A) -1　　(B) 1　　(C) $\frac{\pi}{2}$　　(D) $-\frac{\pi}{2}$

2. 已知 $f'(3)=2$,则 $\lim\limits_{h\to 0}\frac{f(3-h)-f(3)}{2h}=(\quad)$;

(A) $\frac{3}{2}$　　(B) $-\frac{3}{2}$　　(C) 1　　(D) -1

3. 设 $f(x)=\ln(x^2+x)$,则 $f'(x)=(\quad)$;

(A) $\frac{2}{x+1}$　　(B) $\frac{1}{x^2+x}$　　(C) $\frac{2x+1}{x^2+x}$　　(D) $\frac{2x}{x^2+x}$

4. 设 $f(x)$ 为偶函数且在 $x=0$ 处可导,则 $f'(0)=(\quad)$;

(A) 1　　(B) -1　　(C) 0　　(D) A, B, C 三选项均不对

5. 设函数

$$f(x)=\begin{cases}k(k-1)xe^{x}+1, & x>0,\\ k^2, & x=0,\\ x^2+1, & x<0,\end{cases}$$

则下列结论不正确的是(　　).

(A) k 为任意值时,$\lim\limits_{x\to 0}f(x)$ 存在

(B) k 为 -1 或 1 时,$f(x)$ 在 $x=0$ 处连续

(C) k 为 -1 时,$f(x)$ 在 $x=0$ 处可导

(D) k 为 1 时,$f(x)$ 在 $x=0$ 处可导

三、求下列函数的导数：

1. $y=(2x+3)^4$；　　2. $y=\mathrm{e}^{-2x}$；

3. $y=\cos^3 x$；　　4. $y=\ln[\sin(1-x)]$.

四、设 $f(x)=\sqrt{x+\ln^2 x}$，求 $f'(1)$.

五、设 $f(x)=\arctan\sqrt{x^2-1}-\dfrac{\ln x}{\sqrt{x^2-1}}$，求 $\mathrm{d}f(x)$.

六、设由 $x^2y-\mathrm{e}^{2y}=\sin y$ 确定 y 是 x 的函数，求 $\dfrac{\mathrm{d}y}{\mathrm{d}x}$.

七、设 $f(x)=\pi^x+x^\pi+x^x$，求 $f'(1)$.

八、求由参数方程 $\begin{cases}x=\dfrac{1+\ln t}{t^2},\\ y=\dfrac{3+2\ln t}{t}\end{cases}$ 确定的函数 $y=y(x)$ 的 $\dfrac{\mathrm{d}y}{\mathrm{d}x},\dfrac{\mathrm{d}^2y}{\mathrm{d}x^2}$.

九、已知 $y=x^3+\ln\sin x$，求 y''.

十、设 $f(x)=x^2\varphi(x)$ 且 $\varphi(x)$ 有二阶连续导数，求 $f''(0)$.

十一、设函数

$$f(x)=\begin{cases}x^m\sin\dfrac{1}{x}, & x\neq 0,\\ 0, & x=0,\end{cases}$$

其中 m 为自然数，试讨论：

1. m 为何值时，$f(x)$ 在 $x=0$ 处连续；
2. m 为何值时，$f(x)$ 在 $x=0$ 处可导；
3. m 为何值时，$f'(x)$ 在 $x=0$ 处连续.

十二、确定 a 的值，使曲线 $y=ax^2$ 与 $y=\ln x$ 相切.

2.4.8　自测题

一、填空题

1. 设 $y=x^3+\ln(1+x)$，则 $\mathrm{d}y=$________；
2. 设方程 $x^2+y^2-xy=1$ 确定隐函数 $y=y(x)$，则 $y'=$________；
3. 曲线 $y=(x+1)\sqrt[3]{3-x}+\mathrm{e}^{2x}$ 在点 $(-1,\mathrm{e}^{-2})$ 处的切线方程为________；
4. 设 $y=(1-3x)^{100}+3\log_2 x+\sin 2x$，则 $y''=$________；
5. 设 $f(x)=\begin{cases}\dfrac{\sin x^2}{2x}, & x\neq 0,\\ 0, & x=0,\end{cases}$ 则 $f'(0)=$________.

二、选择题

1. 设 $f(x)$ 为可导函数，则 $\lim\limits_{x\to 0}\dfrac{f(1)-f(1-x)}{2x}=$（　　）；

(A) $f'(x)$　　(B) $\dfrac{1}{2}f'(1)$　　(C) $f(1)$　　(D) $f'(1)$

2. 设 $y=x\ln x$，则 $y^{(3)}=$（　　）；

(A) $\ln x$ (B) x (C) $\frac{1}{x^2}$ (D) $-\frac{1}{x^2}$

3. 设 $y=f(-x)$,则 $y'=($ $)$;

(A) $f'(x)$ (B) $-f'(x)$ (C) $f'(-x)$ (D) $-f'(-x)$

4. 若两个函数 $f(x),g(x)$在区间(a,b)内各点的导数均相等,则该二函数在区间(a,b)内( );

(A) $f(x)-g(x)=x$ (B) 相等

(C) 仅相差一个常数 (D) 均为常数

5. 已知一质点作变速直线运动的位移函数为 $s=3t^2+e^{2t}$, t 为时间,则在时刻 $t=2$ 处的速度和加速度分别为( ).

(A) $12+2e^4, 6+4e^4$ (B) $12+2e^4, 12+2e^4$

(C) $6+4e^4, 6+4e^4$ (D) $12+e^4, 6+e^4$

三、计算下列各题:

1. 设 $y=3x^2+\cos 2x$,求 y'; 2. 设 $y=(x^2-2x+5)^{10}$,求 y'';

3. 设 $y=\frac{\ln\sin x}{x-1}$,求 y' 4. 设 $y=10^{6x}+x^{\frac{1}{x}}$,求 y';

5. 已知$\begin{cases} x=2e^t, \\ y=e^{-t}, \end{cases}$ 求$\left.\frac{dy}{dx}\right|_{t=0}$.

四、设

$$f(x)=\begin{cases} 1-e^{2x}, & x\leqslant 0, \\ x^2, & x>0, \end{cases}$$

求 $f'(x)$.

五、若 $x+2y-\cos y=0$,求$\frac{dy}{dx}, \frac{d^2y}{dx^2}$.

六、设函数

$$f(x)=\begin{cases} \sin x+a, & x\leqslant 0, \\ bx+2, & x>0 \end{cases}$$

在 $x=0$ 处可导,求常数 a 与 b 的值.

七、设 $y=e^{-\sqrt{x}}+e^{\sqrt{x}}$,证明:$xy''+\frac{1}{2}y'-\frac{1}{4}y=0$.

第3章　导数的应用

3.1　知识结构图

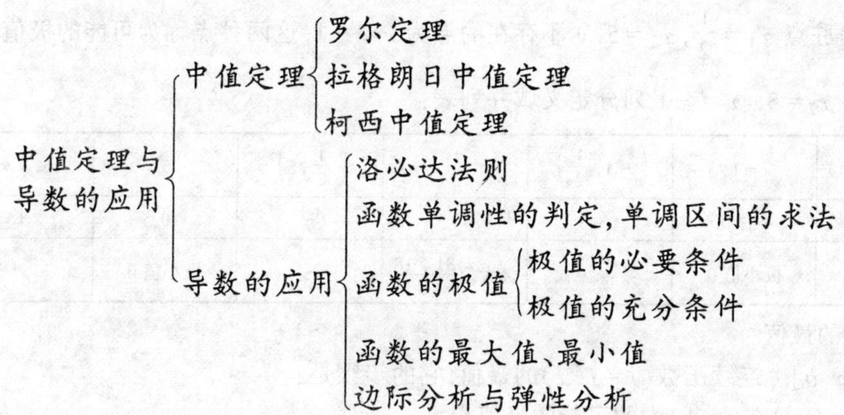

3.2　学习目的及要求

① 掌握中值定理的条件与结论,会用中值定理进行简单的不等式的证明;

② 熟练利用洛必达法则求未定式的极限;

③ 灵活利用导数讨论函数的增减性,确定极值;

④ 对于实际问题,会建立数学模型,利用导数求最值.

3.3　常考题型及解法

(1) 利用导数求函数的单调性、单调区间并求极值

解决这种题型的步骤是:

① 求出所给函数的定义域;

② 求出可能的极值点;

③ 用可能的极值点划分定义域并列表.

例1　求下列函数的单调区间和极值:

① $y=2x^3-9x^2+12x-3$;　　　　② $y=(x+1)^{\frac{2}{3}}(x-5)^2$.

解　① 函数的定义域为$(-\infty,+\infty)$,且

$$y'=6x^2-18x+12.$$

令 $y'=0$ 得 $x_1=1, x_2=2$.

用 $x_1=1, x_2=2$ 划分定义域并列表:

x	$(-\infty,1)$	1	$(1,2)$	2	$(2,+\infty)$
y'	+	0	−	0	+
y	↗	极大值 2	↘	极小值 1	↗

② 函数的定义域为$(-\infty,+\infty)$,且

$$y'=\frac{2}{3}(x+1)^{-\frac{1}{3}}\cdot(x-5)^2+(x+1)^{\frac{2}{3}}\cdot 2(x-5)$$
$$=\frac{4(2x-1)(x-5)}{3\sqrt[3]{x+1}}.$$

令 $y'=0$,得驻点 $x_1=\frac{1}{2}$,$x_2=5$. y'不存在的点为$x=-1$,这两种点称为可能的极值点.

用 $x_1=\frac{1}{2}$, $x_2=5$, $x=-1$ 划分定义域并列表:

x	$(-\infty,-1)$	-1	$\left(-1,\frac{1}{2}\right)$	$\frac{1}{2}$	$\left(\frac{1}{2},5\right)$	5	$(5,+\infty)$
y'	−	不存在	+	0	−	0	+
y	↘	极小值 0	↗	极大值$\frac{81\sqrt[3]{18}}{8}$	↘	极小值 0	↗

(2) 求函数的最值

求闭区间$[a,b]$上连续函数 $y=f(x)$的最值,它的步骤是:

① 求出 $y=f(x)$在(a,b)内的可能的极值点;

② 求出 $f(a)$,$f(b)$以及可能极值点处的函数值;

③ 比较.

对于由实际问题得到的函数的最值问题,则是先确定数学模型以及自变量的范围, 然后采用上述类似的方法求.

例 2 求函数 $y=\sin x+\cos x$ 在$[0,2\pi]$上的最值.

解 $y'=\cos x-\sin x$,令 $y'=0$ 得驻点 $x_1=\frac{\pi}{4}$,$x_2=\frac{5\pi}{4}$,$x_1,x_2\in(0,2\pi)$.

由于

$$y\big|_{x=\frac{\pi}{4}}=\sqrt{2},\quad y\big|_{x=\frac{5\pi}{4}}=-\sqrt{2},\quad y\big|_{x=0}=1,\quad y\big|_{x=2\pi}=1,$$

所以,最大值为 $y=\sqrt{2}$,最小值为 $y=-\sqrt{2}$.

例 3 一窗户的形状由一个半圆加一个矩形构成(见图 3-1),要求窗户所围面积为 5m²,问底宽 x 为多少时才能使窗户的周长最小,即制作的窗户用料最省?

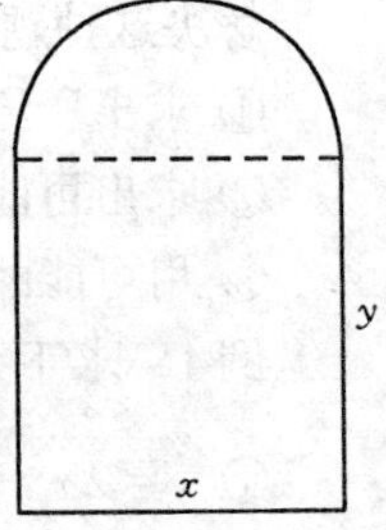

图 3-1

解 设窗户的底宽为 x,窗户矩形部分的高度为 y,由题知

$$5=xy+\frac{1}{2}\pi\left(\frac{x}{2}\right)^2,$$

即
$$y=\frac{1}{x}\left(5-\frac{\pi}{8}x^2\right),$$

于是窗户的周长为

$$l = x + 2y + \pi \cdot \frac{x}{2} = \left(1 + \frac{\pi}{4}\right)x + \frac{10}{x} \quad (x > 0),$$

$$l' = \frac{(4+\pi)x^2 - 40}{4x^2}.$$

令 $l' = 0$,得驻点 $x = \sqrt{\frac{40}{4+\pi}}$(负值不在定义域内,舍去).

由于实际问题的最小值一定存在,且定义域内只有一个可能的极值点,所以,当 $x = \sqrt{\frac{40}{4+\pi}}$时,用料最省.

(3) 利用单调性证明不等式

例 4　证明:$e^x > 1 + x \quad (x \neq 0)$.

证明　设 $f(x) = e^x - x - 1$,则 $f'(x) = e^x - 1$.

当 $x > 0$ 时,$f'(x) > 0$,所以 $f(x) > f(0) = 0$,即 $e^x > x + 1$;

当 $x < 0$ 时,$f'(x) < 0$,所以 $f(x) > f(0) = 0$,即 $e^x > x + 1$.

所以当 $x \neq 0$ 时,$e^x > x + 1$.

(4) 利用洛必达法则求未定式的极限

对于$\frac{0}{0}$型和$\frac{\infty}{\infty}$型的未定式,可以用洛必达则来求解,需注意以下几点:

① 用洛必达法则求极限时,必须每步都要检查是否为$\frac{0}{0}$型或$\frac{\infty}{\infty}$型;

② 对于其他的未定式,需要把它化成$\frac{0}{0}$型或$\frac{\infty}{\infty}$型才能应用洛必达法则;

③ 对某些$\frac{0}{0}$型或$\frac{\infty}{\infty}$型的未定式,不能应用罗必达法则;

④ 注意用等价无穷小,以简化计算过程.

例 5　求极限:

(1) $\lim\limits_{x \to 0} \frac{e^x - e^{-x} - 2x}{x^2}$;　　(2) $\lim\limits_{x \to 0} \frac{\sin x - x\cos x}{\sin^3 x}$;　　(3) $\lim\limits_{x \to 0} \frac{1 + \sin^2 x - \cos x}{\tan x^2}$.

解　(1) $\lim\limits_{x \to 0} \frac{e^x + e^{-x} - 2}{2x} = \lim\limits_{x \to 0} \frac{e^x - e^{-x}}{2} = 0$;

(2)
$$\lim_{x \to 0} \frac{\sin x - x\cos x}{\sin^3 x} = \lim_{x \to 0} \frac{\cos x - [\cos x - x\sin x]}{3\sin^2 x \cdot \cos x} = \lim_{x \to 0} \frac{x}{3\sin x \cdot \cos x} = \frac{1}{3};$$

(3)
$$\lim_{x \to 0} \frac{1 + \sin^2 x - \cos x}{\tan x^2} = \lim_{x \to 0} \frac{1 + \sin^2 x - \cos x}{x^2} = \lim_{x \to 0} \frac{2\sin x\cos x + \sin x}{2x} = \lim_{x \to 0} \frac{\sin x}{x} \cdot \lim_{x \to 0} \frac{2\cos x + 1}{2} = \frac{3}{2}.$$

3.4 强化训练题、复习题、自测题

3.4.1 微分中值定理、洛必达法则

一、填空题

1. 在$[-1,3]$上,函数 $f(x)=1-x^2$ 满足拉格朗日中值定理中的 $\xi=$________;

2. 若 $f(x)=1-x^{\frac{2}{3}}$,则在$(-1,1)$内,$f'(x)$恒不为0,即 $f(x)$在$[-1,1]$上满足罗尔定理的一个条件是________;

3. 函数 $f(x)=e^x$ 及 $F(x)=x^2$ 在$[a,b]$$(b>a>0)$上满足柯西中值定理的条件,即存在一点 $\xi\in(a,b)$,有________;

4. 若 $f(x)=x(x-1)(x-2)(x-3)$,则方程 $f'(x)=0$ 有________个实根,分别位于区间________内.

二、选择题

1. 考察$[-1,1]$上的 $f(x)=|x|$和$\left[-\frac{1}{2},1\right]$上的 $g(x)=x^2$,可得出:罗尔定理的条件是其结论的( );

(A) 必要条件 (B) 充分条件

(C) 充要条件 (D) 既非充分也非必要条件

2. 求$\lim\limits_{x\to\infty}\frac{x-\sin x}{x+\sin x}$,下列解法正确的是( );

(A) 用洛必达法则,原式$=\lim\limits_{x\to\infty}\frac{1-\cos x}{1+\cos x}=\lim\limits_{x\to\infty}\frac{\sin x}{-\sin x}=-1$

(B) 该极限不存在

(C) 不用洛必达法则,原式$=\lim\limits_{x\to\infty}\frac{1-\frac{\sin x}{x}}{1+\frac{\sin x}{x}}=0\left(因为\lim\limits_{x\to\infty}\frac{\sin x}{x}=1\right)$

(D) 不用洛必达法则,原式$=\lim\limits_{x\to\infty}\frac{1-\frac{\sin x}{x}}{1+\frac{\sin x}{x}}=\frac{1-0}{1+0}=1$

3. $\lim\limits_{x\to0}\frac{1-e^x}{\sin x}=$( ).

(A) 1 (B) 0 (C) -1 (D) 不存在

三、证明:$3\arccos x-\arccos(3x-4x^3)=\pi\left(-\frac{1}{2}\leqslant x\leqslant\frac{1}{2}\right)$.

四、证明:

1. $|\sin x_2-\sin x_1|\leqslant|x_2-x_1|$;

2. 当 $x>1$ 时,$e^x>ex$.

五、求下列极限:

1. $\lim\limits_{x\to1}\dfrac{x^3-3x+2}{x^3-x^2-x+1}$;

2. $\lim\limits_{x\to\pi}\dfrac{\sin3x}{\tan5x}$;

3. $\lim\limits_{x\to+\infty}\dfrac{\ln\left(1+\dfrac{1}{x}\right)}{\operatorname{arccot}x}$;

4. $\lim\limits_{x\to a^+}\dfrac{\ln(x-a)}{\ln(e^x-e^a)}$;

5. $\lim\limits_{x\to1}\left(\dfrac{x}{x-1}-\dfrac{1}{\ln x}\right)$;

6. $\lim\limits_{x\to\infty}x(e^{\frac{1}{x}}-1)$;

7. $\lim\limits_{x\to+\infty}(\ln x)^{\frac{1}{x}}$;

8. $\lim\limits_{x\to0}\left(\dfrac{2}{\pi}\arccos x\right)^{\frac{1}{x}}$;

9. $\lim\limits_{x\to0}\dfrac{\sqrt{1+x}-\sqrt{1-x}-2}{x^2}$;

10. $\lim\limits_{x\to0}\dfrac{1}{x^{100}}e^{-\frac{1}{x^2}}$.

3.4.2　函数的单调性与极值

一、填空题

1. 函数 $y=\dfrac{e^x}{x}$ 的单调增加区间是________,单调减少区间是________;

2. $y=(x-1)\cdot\sqrt[3]{x^2}$ 在 $x_1=$________处有极________值,在 $x_2=$________处有极________值;

3. 方程 $x^5+x-1=0$ 在实数范围内有________个实根;

4. 若函数 $f(x)=ax^2+bx$ 在点 $x=1$ 处取极大值 2,则 $a=$________,$b=$________;

5. $f(x)=a\sin x+\dfrac{1}{3}\sin3x$,当 $a=2$ 时,$f\left(\dfrac{\pi}{3}\right)$ 为极________值.

二、选择题

1. 下列函数中不具有极值点的是(　　);

(A) $y=|x|$　　(B) $y=x^2$　　(C) $y=x^3$　　(D) $y=x^{\frac{2}{3}}$

2. 函数 $y=f(x)$ 在点 x_0 处取极大值,则必有(　　);

(A) $f'(x_0)=0$　　(B) $f''(x_0)<0$

(C) $f'(x_0)=0,f''(x_0)<0$　　(D) $f'(x_0)=0$ 或 $f'(x_0)$ 不存在

3. 已知 $f(a)=g(a)$,且当 $x>a$ 时,$f'(x)>g'(x)$,则当 $x\geqslant a$ 时必有(　　).

(A) $f(x)\geqslant g(x)$　　(B) $f(x)\leqslant g(x)$

(C) $f(x)=g(x)$　　(D) 以上结论皆不成立

三、求下列函数的单调区间:

1. $y=2x^3-6x^2-18x-7$;

2. $y=2x^2-\ln x$;

3. $y=2x+\dfrac{8}{x}$;

4. $y=x-2\sin x(0\leqslant x\leqslant2\pi)$.

四、求下列函数的极值:

1. $y=-x^4+2x^2$;

2. $y=2-(x+1)^{\frac{2}{3}}$.

五、当 $x>0$ 时,证明不等式:$1+\dfrac{1}{2}x>\sqrt{1+x}$.

3.4.3 函数的最大值与最小值及其在经济中的应用

一、填空题

1. 函数 $f(x)=\frac{1}{3}x^3-4x+2(-2\leqslant x\leqslant 1)$ 的最大值为________，最小值为________；

2. 函数 $f(x)=\frac{x-1}{x+1}$ 在区间 $[0,4]$ 上的最大值为________，最小值为________；

3. $f(x)=\sin 2x-x\left(|x|\leqslant\frac{\pi}{2}\right)$ 在 $x=$________处有最大值，在 $x=$________处有最小值；

4. 设 $f(x)=ax^3-6ax^2+b$ 在区间 $[-1,2]$ 上的最大值为 3，最小值为 -29，又知 $a>0$，则 $a=$________，$b=$________.

二、求下列函数在给定区间上的最大值和最小值：

1. $y=x^4-2x^2+5,[-2,2]$；

2. $y=\frac{x^2}{1+x},\left[-\frac{1}{2},1\right]$；

3. $y=x+\sqrt{1-x},[-5,1]$.

三、要造一圆柱形油罐，体积为 V，问底半径 r 和高 h 等于多少时，才能使表面积最小？这时底直径与高的比是多少？

四、每批生产 x 单位某种产品的费用为

$$C(x)=200+4x,$$

得到的收益为

$$R(x)=10-\frac{x^2}{100}.$$

问每批生产多少单位产品时才能使利润最大，最大利润是多少？

五、设某厂家打算生产一批商品投放市场，已知该商品的需求函数为

$$P=P(x)=10e^{-\frac{x}{2}},$$

且最大需求量为 6，其中 x 表示需求量，P 表示价格. 求使收益最大时的产量、最大收益和相应的价格.

六、设生产某种产品 x 个单位时的成本函数为 $C(x)=100+6x+\frac{x^2}{4}$（万元/单位），求当产量 x 是多少时，平均成本最小？

*七、某厂生产某种商品，其年销售量为 100 万件，每批生产需要增加准备费 1 000 元，而每件的库存费为 0.05 元，如果年销售率是均匀的，且上批销售完后，立即再生产下一批，问应分几批生产，才能使生产准备费及库存费之和最小？

3.4.4 导数在经济分析中的应用、边际分析与弹性分析

一、填空题

1. 设某产品的产量为 $x$kg 时的总成本函数为 $C=200+2x+6\sqrt{x}$（元），则产量为 100kg 时的总成本是________元，平均成本是________元/kg，边际成本是

________元，这时的边际成本表明，当产量为 100kg 时，若再增产 1kg，其成本将增加________元；

2. 某商品的需求函数为 $Q=10-\frac{P}{2}$，则其需求价格弹性为 $\frac{EQ}{EP}=$________，当 $P=3$ 时的需求弹性为 $\left.\frac{EQ}{EP}\right|_{P=3}=$________，其收入 R 关于价格 P 的函数为 $R(P)=$________，收入对价格的弹性函数是 $\frac{ER}{EP}=$________，$\left.\frac{ER}{EP}\right|_{P=3}=$________，在 $P=3$ 时，若价格 P 上涨 1%，其总收入的变化是________百分之________；

3. 已知函数 $y=7\cdot 2^x-14$，则其边际函数为________，弹性函数为________.

二、选择题

1. 设某产品的需求量是价格 P 的函数，已知函数关系式为 $Q=a-bP(a,b>0)$，则需求量对价格的弹性是(　　)；

(A) $\frac{-b}{a-b}$　(B) $\frac{-b}{a-b}\%$　(C) $-b\%$　(D) $\frac{bP}{a-bP}$

2. 设某商品的需求价格弹性函数为 $\frac{EQ}{EP}=\frac{P}{17-2P}$. 当 $P=5$ 时，若价格上涨 1%，则总收益(　　).

(A) 增加　(B) 减少　(C) 不增不减　(D) 不确定

三、某厂每天生产的利润函数 $L(Q)=250Q-5Q^2$，试确定每天生产 20t, 25t, 35t 的边际利润，并作出经济解释.

四、某商品的需求量 Q 为价格 P 的函数 $Q=150-2P^2$，求

1. 当 $P=6$ 时的边际需求，并说明其经济意义；
2. 当 $P=6$ 时的需求弹性，并说明其经济意义；
3. 当 $P=6$ 时，若价格下降 2%，总收益将变化百分之几？是增加还是减少？

五、某商品的需求函数为 $Q=45-P^2$.

1. 求当 $P=3$ 与 $P=5$ 时的边际需求与需求弹性；
2. 当 $P=3$ 与 $P=5$ 时，若价格上涨 1%，收益将如何变化？
3. P 为多少时，收益最大？

3.4.5　复习题

一、填空题

1. 函数 $y=\ln(x+1)$ 在 $[0,1]$ 上满足拉格朗日中值定理的 $\xi=$________；

2. $\lim\limits_{x\to+\infty}\frac{x^2}{x+e^x}=$________；

3. $\lim\limits_{x\to 0^+}(\cos\sqrt{x})^{\frac{\pi}{x}}=$________；

4. $y=x-\frac{3}{2}x^{\frac{2}{3}}$ 的单调递增区间为________，单调递减区间为________；

5. $f(x)=3-x-\frac{4}{(x+2)^2}$ 在区间 $[-1,2]$ 上的最大值为______，最小值为______；

6. 曲线 $y=\ln(1+x^2)$的凹区间为________,凸区间为________,拐点为________;

7. 曲线 $y=\dfrac{\sin 2x}{x(2x+1)}$的铅直渐近线为________;

8. 函数 $y=ax^3+bx^2+cx+d$ 以 $y(-2)=44$ 为极大值,函数图形以$(1,-10)$为拐点,则 $a=$________, $b=$________, $c=$________, $d=$________.

二、选择题

1. $f(x)=x\sqrt{3-x}$在$[0,3]$上满足罗尔定理的 ξ 是(　　);

(A) 0　　(B) 3　　(C) $\dfrac{3}{2}$　　(D) 2

2. 下列求极限问题中能够使用洛必达法则的是(　　);

(A) $\lim\limits_{x\to 0}\dfrac{x^2\sin\dfrac{1}{x}}{\sin x}$　　(B) $\lim\limits_{x\to 1}\dfrac{1-x}{1-\sin x}$

(C) $\lim\limits_{x\to\infty}\dfrac{x-\sin x}{x\sin x}$　　(D) $\lim\limits_{x\to+\infty}x\left(\dfrac{\pi}{2}-\arctan x\right)$

3. 函数 $y=x-\ln(1+x^2)$在定义域内(　　);

(A) 无极值　　(B) 极大值为 $1-\ln 2$

(C) 极小值为 $1-\ln 2$　　(D) 为非单调函数

4. 设函数 $y=f(x)$在区间$[a,b]$上具有二阶导数,则当(　　)成立时,曲线 $y=f(x)$在(a,b)内是凹的;

(A) $f''(a)>0$

(B) $f''(b)>0$

(C) 在(a,b)内 $f''(x)\neq 0$

(D) $f''(a)>0$ 且 $f''(x)$在(a,b)内单调增加

5. 若 $f(x)$在点 $x=a$ 的邻域内有定义,且除点 $x=a$ 外恒有

$$\frac{f(x)-f(a)}{(x-a)^2}>0,$$

则以下结论正确的是(　　);

(A) $f(x)$在点 a 的邻域内单调增加

(B) $f(x)$在点 a 的邻域内单调减少

(C) $f(a)$为 $f(x)$的极大值

(D) $f(a)$为 $f(x)$的极小值

6. 设函数 $f(x)$在$[1,2]$上可导,且 $f'(x)<0$, $f(1)>0$, $f(2)<0$,则 $f(x)$在$(1,2)$内(　　).

(A) 至少有两个零点　　(B) 有且仅有一个零点

(C) 没有零点　　(D) 零点个数不能确定

三、求下列极限:

1. $\lim\limits_{x\to 0}\dfrac{\tan x-x}{x-\sin x}$;　　2. $\lim\limits_{x\to\infty}\dfrac{\ln(1+3x^2)}{\ln(3+x^4)}$;

3. $\lim\limits_{x\to 0}\dfrac{\sin x-e^x+1}{1-\sqrt{1-x^2}}$;　　4. $\lim\limits_{x\to 0}x\cot 2x$;

5. $\lim\limits_{x\to 1}(\ln x)^{x-1}$;　　6. $\lim\limits_{x\to 0}\left(\sin\dfrac{x}{2}+\cos 2x\right)^{\frac{1}{x}}$.

四、证明下列各题：

1. $\dfrac{x}{1+x}<\ln(1+x)<x, x>0$;

2. $\arcsin\dfrac{2x}{1+x^2}=2\arctan x, |x|\leqslant 1$;

3. $(1+x)^n>1+nx, x>0, n>1$.

五、求下列函数的单调区间：

1. $y=(x-1)(x+1)^3$;　　2. $y=x^n e^{-x}(n>0, x\geqslant 0)$.

六、求下列函数的极值：

1. $f(x)=x^2\ln x$;　　2. $f(x)=\dfrac{1+2x}{\sqrt{1+x^2}}$.

七、求下列函数的最大值与最小值：

1. $y=x^2e^{-x}(-1\leqslant x\leqslant 3)$;　　2. $y=x^2-\dfrac{54}{x}(x<0)$.

八、求函数 $y=\dfrac{x}{1+x^2}$ 的单调区间、凹凸区间、极值并作出其草图.

九、有一汽艇从甲地开往乙地，设汽艇耗油量与行驶速度的立方成正比，汽艇逆流而上，水的流速为 a(单位：km/h)，问汽艇以什么速度行驶，才能使耗油量最少？

*十、某商品的需求量 Q 是单价 P 的函数 $Q=12\,000-80P$，商品的成本 C 是需求量 Q 的函数 $C=25\,000+50Q$，每单位商品需纳税 2 元，试求使销售利润最大的商品价格和最大利润.

*十一、已知某厂生产 x 件产品的成本为 $C=25\,000+200x+\dfrac{1}{40}x^2$(元).

1. 要使平均成本最小，应生产多少件产品？
2. 若产品以每件 500 元售出，要使利润最大，应生产多少件产品？

*十二、某厂全年生产需用 A 种材料 5 170t，每次订购费用为 570 元，每吨 A 种材料单价为 600 元，库存保管费用率为 14.2% .求

1. 最优订购批量；
2. 最优订购批次；
3. 最优进货周期；
4. 最小总费用.

*十三、某商品的需求量 Q 关于价格 P 的函数为 $Q=75-P^2$，求

1. $P=4$ 时的边际需求，并说明其经济意义；
2. $P=4$ 时的需求弹性，并说明其经济意义；
3. 当 $P=4$ 时，若价格 P 提高 1%，总收益将变化百分之几？是增加还是减少？
4. 当 $P=6$ 时，若价格 P 提高 1%，总收益将变化百分之几？是增加还是减少？
5. 当 P 为多少时，总收益最大？

*十四、设某商家销售某种商品的价格满足关系 $P(x)=7-0.2x$(万元/t),商品的成本函数为 $C(x)=3x+1$(万元),其中 x 为销售量.

1. 若每销售 1t,政府要征税 t(万元),求该商家利润最大时的销售量;

2. t 为何值时,政府税收总额最大?

十五、利用拉格朗日中值定理证明:

如果函数 $f(x)$ 在闭区间 $[-1,1]$ 上连续,$f(0)=0$,在开区间 $(-1,1)$ 内可导,且 $|f'(x)|\leqslant M$(M 为正常数),则在 $[-1,1]$ 上,$|f(x)|\leqslant M$.

*十六、设函数 $f(x)$ 在 $x=0$ 处具有二阶导数,且 $f(0)=0, f'(0)=1, f''(0)=3$,求 $\lim\limits_{x\to 0}\dfrac{f(x)-x}{x^2}$.

3.4.6 自测题

一、填空题

1. 在曲线 $y=2x^2-x+1$ 上求一点,使过此点的切线平行于连接曲线上的点 $A(-1,4)$,$B(3,16)$ 所成的弦.该点的坐标是________;

2. $\lim\limits_{x\to 0}\dfrac{e^x+e^{-x}-2}{1-\cos x}=$________;

3. 曲线 $y=2\ln x+x^2-1$ 的拐点是________;

4. 函数 $y=x+2\cos x$ 在区间 $\left[0,\dfrac{\pi}{2}\right]$ 上的最大值为________;

5. 设 $y=f(x)$ 是 x 的三次函数,其图形关于原点对称,且当 $x=\dfrac{1}{2}$ 时,有极小值 -1,则 $f(x)=$________;

*6. 设商品的需求函数 $Q=100-5P$,其中 Q,P 分别表示需求量和价格,如果商品需求弹性的绝对值大于 1,则商品价格的取值范围是________.

二、选择题

1. 设 $f(x)=x^4-2x^2+5$,则 $f(0)$ 为 $f(x)$ 在区间 $[-2,2]$ 上的(　　);

(A) 极小值　　(B) 最小值　　(C) 极大值　　(D) 最大值

2. 已知 $f(x)$ 在 $[0,+\infty)$ 上可导,且 $f(0)<0, f'(x)>0$,则方程 $f(x)=0$ 在 $[0,+\infty)$ 上(　　);

(A) 有唯一根　　(B) 至少存在一个根　　(C) 没有根　　(D) 不能确定有根

3. 若 $f(x)$ 在 (a,b) 内二阶可导,且 $f'(x)>0, f''(x)<0$,则 $y=f(x)$ 在 (a,b) 内(　　);

(A) 单调增加且凸　(B) 单调增加且凹　(C) 单调减少且凸　(D) 单调减少且凹

4. 曲线 $y=\dfrac{4x-1}{(x-2)^2}$(　　);

(A) 只有水平渐近线　　(B) 只有铅直渐近线

(C) 没有渐近线　　(D) 既有水平渐近线也有铅直渐近线

5. 曲线 $y=(x-1)^2(x-2)^2$ 的拐点个数为(　　).

(A) 0　　(B) 1　　(C) 2　　(D) 3

三、求下列极限：

1. $\lim\limits_{x\to 0}\dfrac{2^x-3^x}{\sin x}$；　　2. $\lim\limits_{x\to+\infty}\dfrac{e^x+\sin x}{e^x-\cos x}$；

3. $\lim\limits_{x\to 1^+}\ln x\cdot\ln(x-1)$.

四、已知 $f(x)=2x^3+ax^2+bx+9$ 有两个极值点 $x=1, x=2$，求 $f(x)$的极大值与极小值.

五、证明：当 $x>0$ 时，$\ln(x+\sqrt{1+x^2})>\dfrac{x}{\sqrt{1+x^2}}$.

六、证明方程 $x^5+3x^3+x-3=0$ 只有一个正根.

七、要造一个长方体无盖蓄水池，其容积为 500m^3，底面为正方形.设底面与四壁所使用材料的单位造价相同，问底边和高各为多少时，才能使所用材料费最省?

*八、某厂生产某种产品，年产量为 x(台)，固定成本为 2 万元，每生产一台成本增加 1 万元.销售 x 台产品总收入函数 $R(x)=4x-\dfrac{1}{2}x^2$.求利润函数、边际收入函数、边际成本函数，以及企业获得最大利润时的产量和最大利润.

第4章　不定积分

4.1　知识结构图

不定积分
- 基本概念(原函数、不定积分)及几何意义
- 不定积分的性质
- 积分的基本公式及不定积分的运算法则
- 计算方法
  - 分项积分法
  - 第一类换元法(凑微分法)
  - 第二类换元法(根式代换、三角变换)
  - 分部积分法

4.2　学习目的及要求

① 理解原函数、不定积分的定义,以及两者之间的关系;

② 牢记并能熟练地使用基本积分表;

③ 熟练掌握不定积分的四种计算方法 .

4.3　常考题型及解法

(1) 直接利用公式、法则、分项积分法求不定积分

例 1　求下列不定积分:

(1) $\int \frac{x^2-\sqrt{x}+2}{x}\mathrm{d}x$;　　(2) $\int \frac{\mathrm{d}x}{\sin^2 x\cos^2 x}$;

(3) $\int \frac{1+2x^2}{x^2(1+x^2)}\mathrm{d}x$;　　(4) $\int 2\sin^2\frac{x}{2}\mathrm{d}x$;

(5) $\int \frac{2+\sin^2 x}{\cos^2 x}\mathrm{d}x$;　　(6) $\int \mathrm{e}^x\left(3-\frac{\mathrm{e}^{-x}}{\sqrt{x}}\right)\mathrm{d}x$.

解　(1) $\int \frac{x^2-\sqrt{x}+2}{x}\mathrm{d}x=\int\left(x+\frac{2}{x}-x^{-\frac{1}{2}}\right)\mathrm{d}x$

$$=\frac{1}{2}x^2+2\ln|x|-2\sqrt{x}+C;$$

(2) $\int \frac{\mathrm{d}x}{\sin^2 x\cos^2 x}=\int\frac{\sin^2 x+\cos^2 x}{\sin^2 x\cos^2 x}\mathrm{d}x$

$$=\int\left(\frac{1}{\cos^2 x}+\frac{1}{\sin^2 x}\right)\mathrm{d}x$$

$$= \int (\sec^2 x + \csc^2 x)\mathrm{d}x$$
$$= \tan x - \cot x + C;$$

(3) $\int \frac{1+2x^2}{x^2(1+x^2)}\mathrm{d}x = \int \frac{x^2+1+x^2}{x^2(1+x^2)}\mathrm{d}x$

$$= \int \left(\frac{1}{1+x^2} + \frac{1}{x^2}\right)\mathrm{d}x$$
$$= \arctan x - \frac{1}{x} + C;$$

(4) $\int 2\sin^2 \frac{x}{2}\mathrm{d}x = \int (1-\cos x)\mathrm{d}x$

$$= x - \sin x + C;$$

(5) $\int \frac{2+\sin^2 x}{\cos^2 x}\mathrm{d}x = \int \frac{3-\cos^2 x}{\cos^2 x}\mathrm{d}x$

$$= \int (3\sec^2 x - 1)\mathrm{d}x$$
$$= 3\tan x - x + C;$$

(6) $\int \mathrm{e}^x\left(3 - \frac{\mathrm{e}^{-x}}{\sqrt{x}}\right)\mathrm{d}x = \int \left(3\mathrm{e}^x - \frac{1}{\sqrt{x}}\right)\mathrm{d}x$

$$= 3\mathrm{e}^x - 2\sqrt{x} + C.$$

(2) 利用第一类换元积分法(凑微分法) 求不定积分

在不定积分的计算中,凑微分法就是根据被积函数的特点,把它的一部分连同 $\mathrm{d}x$,"凑"成一个函数的微分,再求出不定积分.凑微分法比较灵活,应该通过较多的训练,才能将凑微分法掌握好.可以看到,许多不定积分的计算用凑微分法,显得比较简单.该方法的一般计算步骤如下:

① 先凑微分,即 $\int f[\varphi(x)]\varphi'(x)\mathrm{d}x \xlongequal{\text{凑微分}} \int f[\varphi(x)]\mathrm{d}[\varphi(x)]$;

② 再进行变量代换后积分,令 $u=\varphi(x)$,即

$$\int f[\varphi(x)]\mathrm{d}[\varphi(x)] \xlongequal{\text{令 } u=\varphi(x)} \int f(u)\mathrm{d}u = F(u) + C;$$

③ 最后回代,即

$$\int f(u)\mathrm{d}u = F(u) + C \xlongequal{\text{回代}} F[\varphi(x)] + C.$$

这种先"凑" 微分式,再进行变量代换的积分方法,称为第一类换元积分法,也称凑微分法.

应用凑微分法时,需注意运用以下几个凑微分思路:

① 形如 $\int f(ax+b)\mathrm{d}x$

$$\int f(ax+b)\mathrm{d}x = \frac{1}{a}\int f(ax+b)\mathrm{d}(ax+b)$$
$$= \frac{1}{a}F(ax+b) + C;$$

② 形如 $\int xf(ax^2+b)\mathrm{d}x$

$$\int xf(ax^2+b)\mathrm{d}x = \frac{1}{2a}\int f(ax^2+b)\mathrm{d}(ax^2+b)$$
$$= \frac{1}{2a}F(ax^2+b)+C;$$

③ 形如$\int f(\sin x)\cos x\mathrm{d}x$

$$\int f(\sin x)\cos x\mathrm{d}x = \int f(\sin x)\mathrm{d}\sin x = F(\sin x)+C;$$

④ 形如$\int \frac{1}{x}f(\ln x)\mathrm{d}x$

$$\int \frac{1}{x}f(\ln x)\mathrm{d}x = \int f(\ln x)\mathrm{d}\ln x = F(\ln x)+C.$$

例 2 求不定积分$\int \frac{\mathrm{d}x}{\sin x\cos x}$.

解 用凑微分法,得

$$\int \frac{\mathrm{d}x}{\sin x\cos x} = \int \frac{\mathrm{d}x}{\tan x\cos^2 x} = \int \frac{\mathrm{d}(\tan x)}{\tan x} = \ln|\tan x|+C.$$

例 3 求下列不定积分:

(1) $\int \sqrt{\frac{a+x}{a-x}}\mathrm{d}x$; (2) $\int \frac{\sin x\cos x}{1+\sin^4 x}\mathrm{d}x$;

(3) $\int \frac{x^3}{9+x^2}\mathrm{d}x$; (4) $\int \frac{\ln\tan x}{\sin x\cos x}\mathrm{d}x$.

解 用凑微分法,得

(1) $$\int \sqrt{\frac{a+x}{a-x}}\mathrm{d}x = \int \frac{a+x}{\sqrt{a^2-x^2}}\mathrm{d}x$$
$$= a\int \frac{\mathrm{d}x}{\sqrt{a^2-x^2}} + \int \frac{\left(-\frac{1}{2}\right)}{\sqrt{a^2-x^2}}\mathrm{d}(a^2-x^2)$$
$$= a\arcsin\frac{x}{a} - (a^2-x^2)^{\frac{1}{2}} + C;$$

(2) $$\int \frac{\sin x\cos x}{1+\sin^4 x}\mathrm{d}x = \int \frac{\sin x}{1+\sin^4 x}\mathrm{d}\sin x$$
$$= \frac{1}{2}\int \frac{\mathrm{d}(\sin^2 x)}{1+(\sin^2 x)^2}$$
$$= \frac{1}{2}\arctan(\sin^2 x)+C;$$

(3) $$\int \frac{x^3}{9+x^2}\mathrm{d}x = \frac{1}{2}\int \frac{x^2}{9+x^2}\mathrm{d}(x^2)$$
$$= \frac{1}{2}\int \frac{x^2+9-9}{9+x^2}\mathrm{d}(x^2)$$
$$= \frac{1}{2}\int \mathrm{d}(x^2) - \frac{9}{2}\int \frac{\mathrm{d}(x^2+9)}{x^2+9}$$
$$= \frac{1}{2}x^2 - \frac{9}{2}\ln(x^2+9)+C;$$

(4) $$\int \frac{\ln\tan x}{\sin x\cos x}\mathrm{d}x = \int \frac{\ln\tan x}{\tan x\cos^2 x}\mathrm{d}x$$

$$= \int \frac{\ln\tan x}{\tan x} \mathrm{d}(\tan x)$$

$$= \int \ln\tan x \,\mathrm{d}(\ln\tan x)$$

$$= \frac{1}{2}\ln^2(\tan x) + C.$$

(3) 利用第二类换元积分法求不定积分

在不定积分的计算中，若被积函数有根式，一般要设法消去根号，再求不定积分．第二类换元积分法基本思想也是消去根号，因此要具体地根据被积函数的情况，选择合适的变换 $x = \varphi(t)$，使得新的被积函数 $f[\varphi(t)]\varphi'(t)$ 具有原函数 $F(t)$，再从 $x = \varphi(t)$ 中得出反函数 $t = \varphi^{-1}(x)$，代入 $F(t)$，即得 $f(x)$ 的原函数．

① 当被积函数中含有被开方因式为一次式的根式 $\sqrt[m]{ax+b}$ 时，令 $\sqrt[m]{ax+b} = t$，可以消去根号，从而求得积分；

② 当被积函数中含有被开方因式为二次式的根式时，一般地说，可进行三角代换：

（ⅰ）若被积函数含有 $\sqrt{a^2 - x^2}$，可进行代换 $x = a\sin t$；

（ⅱ）若被积函数含有 $\sqrt{a^2 + x^2}$，可进行代换 $x = a\tan t$；

（ⅲ）若被积函数含有 $\sqrt{x^2 - a^2}$，可进行代换 $x = a\sec t$．

要注意两变一回代．两变是指：积分变量要改变，被积函数要变．

先换元后积分的具体计算步骤如下：

① 先换元，令 $x = \varphi(t)$，即 $\int f(x)\mathrm{d}x \xlongequal[\text{换元}]{x=\varphi(t)} \int f[\varphi(t)]\varphi'(t)\mathrm{d}t$；

② 再积分，即 $\int f[\varphi(t)]\varphi'(t)\mathrm{d}t \xlongequal{\text{积分}} F(t) + C$；

③ 最后回代，$t = \varphi^{-1}(x)$，即 $F(t) + C \xlongequal[\text{回代}]{t=\varphi^{-1}(x)} F[\varphi^{-1}(x)] + C$．

由以上三步组成的方法称为第二类换元积分方法．

运用第二类换元积分法的关键是选择合适的变换函数 $x = \varphi(t)$．对于 $x = \varphi(t)$，需要单调可微，且 $\varphi'(t) \neq 0$，其中 $t = \varphi^{-1}(x)$ 是 $x = \varphi(t)$ 的反函数．

例 4　求 $\int \frac{1}{\sqrt{x} + \sqrt[3]{x^2}}\mathrm{d}x$．

解　令 $t = \sqrt[6]{x}$，则 $x = t^6$，$\mathrm{d}x = 6t^5\mathrm{d}t$，所以

$$\int \frac{1}{\sqrt{x} + \sqrt[3]{x^2}}\mathrm{d}x = \int \frac{1}{\sqrt{t^6} + \sqrt[3]{t^{12}}}\mathrm{d}t^6$$

$$= 6\int \frac{1}{t^3 + t^4}t^5\mathrm{d}t$$

$$= 6\int \frac{t^2}{1+t}\mathrm{d}t$$

$$= 6\int \frac{t^2 - 1 + 1}{1+t}\mathrm{d}t$$

$$= 6\int \left(t - 1 + \frac{1}{1+t}\right)\mathrm{d}t$$

$$= 6\frac{t^2}{2} - 6t + 6\ln(1+t) + C \quad (\text{回代 } t = \sqrt[6]{x})$$

$$= 3\sqrt[3]{x} - 6\sqrt[6]{x} + 6\ln(1+\sqrt[6]{x}) + C.$$

例 5　求$\int \frac{2+x}{\sqrt[3]{3-x}}\mathrm{d}x$.

解　令 $t=\sqrt[3]{3-x}$,则 $x=3-t^3$,$\mathrm{d}x=-3t^2\mathrm{d}t$.所以

$$\begin{aligned}\int \frac{2+x}{\sqrt[3]{3-x}}\mathrm{d}x &= \int \frac{2+3-t^3}{t}(-3t^2)\mathrm{d}t \\ &= -3\int (5t-t^4)\mathrm{d}t \\ &= -3\left(\frac{5}{2}t^2-\frac{1}{5}t^5\right)+C \quad (\text{回代 } t=\sqrt[3]{3-x}) \\ &= -\frac{15}{2}\sqrt[3]{(3-x)^2}+\frac{3}{5}(3-x)\sqrt[3]{(3-x)^2}+C \\ &= -\frac{3}{5}\left(\frac{19}{2}+x\right)\sqrt[3]{(3-x)^2}+C.\end{aligned}$$

例 6　求$\int \frac{\sqrt{x^2-9}}{x}\mathrm{d}x$.

解　依题意作图(见图 4-1),令 $x=3\sec t$,则 $\mathrm{d}x=3\sec t\tan t\,\mathrm{d}t$.所以

$$\begin{aligned}\int \frac{\sqrt{x^2-9}}{x}\mathrm{d}x &= \int \frac{9\sec t\tan^2 t}{3\sec t}\mathrm{d}t \\ &= 3\int \tan^2 t\,\mathrm{d}t = 3\left(\int \sec^2 t\,\mathrm{d}t-\int \mathrm{d}t\right) \\ &= 3\tan t-3t+C \\ &= \sqrt{x^2-9}-3\arccos\frac{3}{x}+C.\end{aligned}$$

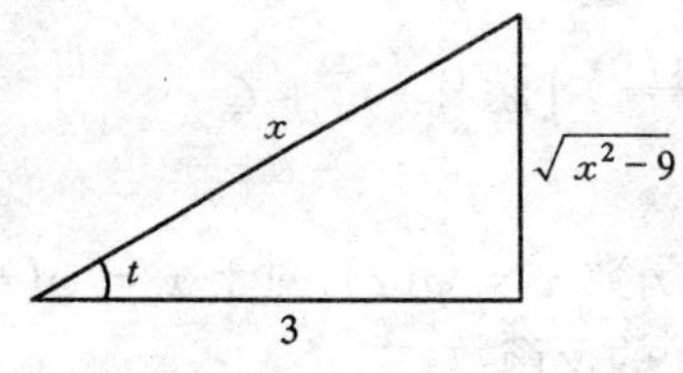

图 4-1

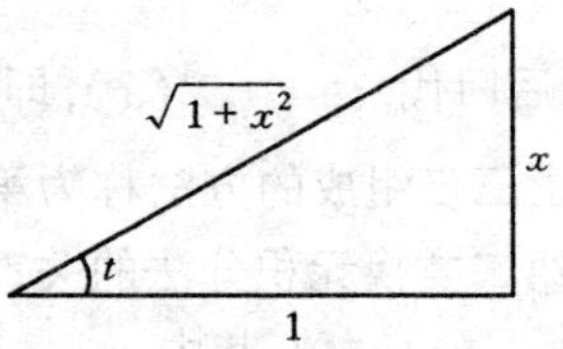

图 4-2

例 7　求$\int \frac{\mathrm{d}x}{x^4\sqrt{1+x^2}}$.

解　依题意作图(见图 4-2),令 $x=\tan t$,则 $\mathrm{d}x=\sec^2 t\,\mathrm{d}t$.所以

$$\begin{aligned}\int \frac{\mathrm{d}x}{x^4\sqrt{1+x^2}} &= \int \frac{\sec^2 t\,\mathrm{d}t}{\sec t\tan^4 t} \\ &= \int \frac{\cos^3 t}{\sin^4 t}\mathrm{d}t \\ &= \int \frac{\mathrm{d}(\sin t)}{\sin^4 t}-\int \frac{\mathrm{d}(\sin t)}{\sin^2 t} \\ &= -\frac{1}{3}\sin^{-3}t+\frac{1}{\sin t}+C \\ &= -\frac{\sqrt{(1+x^2)^3}}{3x^3}+\frac{\sqrt{1+x^2}}{x}+C.\end{aligned}$$

(4) 利用分部积分法求不定积分

在不定积分的计算中，当遇到两个不同类型的函数相乘时，一般用分部积分法. 运用分部积分法的关键是恰当地选择 u 和 dv，一般选择 u 和 dv 的原则是：

① v 要用凑微分法容易求出；

② $\int v du$ 要比 $\int u dv$ 容易积出.

表 4-1 给出了适用分部积分法求不定积分的题型及 u 和 dv 的选取法.

表 4-1　　**分部积分表**

不定积分的题型	u, dv 选取
$\int p(x)e^{ax}dx$	$u = p(x)\quad dv = e^{ax}dx$
$\int p(x)\sin ax dx$	$u = p(x)\quad dv = \sin ax dx$
$\int p(x)\cos ax dx$	$u = p(x)\quad dv = \cos ax dx$
$\int p(x)\ln x dx$	$u = \ln x\quad dv = p(x)dx$
$\int p(x)\arcsin x dx$	$u = \arcsin x\quad dv = p(x)dx$
$\int p(x)\arctan x dx$	$u = \arctan x\quad dv = p(x)dx$
$\int e^{ax}\sin bx dx$	$u = \sin bx\quad dv = e^{ax}dx$ 或 $u = e^{ax}\quad dv = \sin bx dx$
$\int e^{ax}\cos bx dx$	$u = \cos bx\quad dv = e^{ax}dx$ 或 $u = e^{ax}\quad dv = \cos bx dx$

其中 $p(x)$ 表示 x 的多项式，a, b 为常数

如果被积函数是幂函数与指数函数的乘积、幂函数与正(余)弦函数的乘积、幂函数与对数函数或三角函数的乘积以及指数函数与正(余)弦函数的乘积，就可以考虑用分部积分法.

例 8　求下列不定积分：

(1) $\int \sqrt{x}\ln^2 x dx$；　　(2) $\int \cos(\ln x)dx$.

解　(1)
$$\begin{aligned}\int \sqrt{x}\ln^2 x dx &= \frac{2}{3}\int \ln^2 x dx^{\frac{3}{2}}\\ &= \frac{2}{3}x^{\frac{3}{2}}\ln^2 x - \frac{4}{3}\int \sqrt{x}\ln x dx\\ &= \frac{2}{3}x^{\frac{3}{2}}\ln^2 x - \frac{8}{9}\int \ln x dx^{\frac{3}{2}}\\ &= \frac{2}{3}x^{\frac{3}{2}}\ln^2 x - \frac{8}{9}x^{\frac{3}{2}}\ln x + \frac{8}{9}\int \sqrt{x}dx\\ &= \frac{2}{3}x^{\frac{3}{2}}\ln^2 x - \frac{8}{9}x^{\frac{3}{2}}\ln x + \frac{16}{27}x^{\frac{3}{2}} + C\\ &= \frac{2}{3}x^{\frac{3}{2}}\left(\ln^2 x - \frac{4}{3}\ln x + \frac{8}{9}\right) + C;\end{aligned}$$

(2)
$$\begin{aligned}\int \cos(\ln x)dx &= x\cos(\ln x) + \int \sin(\ln x)dx\\ &= x\cos(\ln x) + x\sin(\ln x) - \int \cos(\ln x)dx,\end{aligned}$$

所以

$$\int\cos(\ln x)\mathrm{d}x = \frac{x}{2}[\cos(\ln x)+\sin(\ln x)]+C.$$

例 9 求不定积分$\int\frac{\mathrm{d}x}{x\sqrt{x^2-1}}$.

解 用三角换元法. 令 $x=\sec t$, 则 $\mathrm{d}x=\sec t\tan t\mathrm{d}t$. 所以

$$\int\frac{\mathrm{d}x}{x\sqrt{x^2-1}}=\int\frac{\sec t\tan t\mathrm{d}t}{\sec t\tan t}=\int\mathrm{d}t=t+C=\arccos\frac{1}{x}+C.$$

4.4 强化训练题、复习题、自测题

4.4.1 不定积分的概念与性质

一、填空题

1. $x^2+\sin x$ 的一个原函数是________,而________的原函数是 $x^2+\sin x$;

2. 设 $f(x)$ 是连续函数, 则 $\mathrm{d}\int f(x)\mathrm{d}x=$ ________, $\int\mathrm{d}f(x)=$ ________, $\frac{\mathrm{d}}{\mathrm{d}x}\int f(x)\mathrm{d}x=$ ________, $\int f'(x)\mathrm{d}x=$ ________(其中 $f'(x)$ 连续);

3. 设 $F_1(x)$, $F_2(x)$ 是 $f(x)$ 的两个不同的原函数, 且 $f(x)\neq 0$, 则有 $F_1(x)-F_2(x)=$ ________;

4. 若 $f(x)$ 的导函数是 $\sin x$, 则 $f(x)$ 的所有原函数为________;

5. 通过点$\left(\frac{\pi}{6},1\right)$的积分曲线 $y=\int\sin x\mathrm{d}x$ 的方程是________.

二、选择题

1. 若$\int f(x)\mathrm{d}x=\mathrm{e}^x\cos 2x+C$, 则 $f(x)=$ (　　);

(A) $\mathrm{e}^x(\cos 2x-2\sin 2x)$　　(B) $\mathrm{e}^x(\cos 2x-2\sin 2x)+C$

(C) $\mathrm{e}^x\cos 2x$　　(D) $-\mathrm{e}^x\sin 2x$

2. 若 $F(x)$, $G(x)$ 均为 $f(x)$ 的原函数, 则 $F'(x)-G'(x)=$ (　　);

(A) $f(x)$　　(B) 0　　(C) $F(x)$　　(D) $f'(x)$

3. 函数 $f(x)$ 的(　　)原函数, 称为 $f(x)$ 的不定积分.

(A) 任意一个　　(B) 所有　　(C) 唯一　　(D) 某一个

三、求下列不定积分:

1. $\int(\sqrt{x}-1)\left(x+\frac{1}{\sqrt{x}}\right)\mathrm{d}x$;

2. $\int\left(\frac{1}{\sqrt{x}}-2\sin x+\frac{3}{x}\right)\mathrm{d}x$;

3. $\int\sec x(\sec x-\tan x)\mathrm{d}x$;

4. $\int\frac{x^2+\sin^2 x}{x^2\sin^2 x}\mathrm{d}x$;

5. $\int\frac{1}{\sin^2 x\cos^2 x}\mathrm{d}x$;

6. $\int\frac{2-\sqrt{1-x^2}}{\sqrt{1-x^2}}\mathrm{d}x$;

7. $\int(2^x+3^x)^2\mathrm{d}x$;

8. $\int\left(1-\frac{1}{x^2}\right)\sqrt{x\sqrt{x}}\mathrm{d}x$.

四、一曲线过原点且在曲线上每一点(x,y)处的切线斜率等于x^3,求这曲线的方程.

五、一物体由静止开始移动,t秒末的速度是$3t^2$(m/s).问

1. 在 3s 末物体与出发点之间的距离是多少?
2. 物体移动 360m 需多少时间?

六、证明函数$\sin^2 x$, $-\frac{1}{2}\cos 2x$, $-\cos^2 x$都是$\sin^2 x$的原函数.

*七、设生产某产品Q单位的总成本C是Q的函数$C(Q)$,固定成本(即$C(0)$)为 20 元,边际成本函数为$C'(Q)=2Q+10$(元/单位),求总成本函数$C(Q)$.

4.4.2　换元积分法

一、填空题

1. $dx =$ ______ $d(2-3x)$;
2. $x dx =$ ______ $d(2x^2-1)$;
3. $\frac{1}{x}dx = d$ ______;
4. $\frac{\ln x}{x}dx = \ln x d$ ______ $= d$ ______;
5. $\sin\frac{x}{3}dx =$ ______ $d\left(\cos\frac{x}{3}\right)$;
6. $xe^{-2x^2}dx = d$ ______;
7. $\frac{1}{1+9x^2}dx =$ ______ $d(\arctan 3x)$;
8. $\frac{x dx}{\sqrt{1-x^2}} =$ ______ $d(\sqrt{1-x^2})$.

二、求下列不定积分:

1. $\int \sin 2x dx$;
2. $\int e^{3x} dx$;
3. $\int \sqrt{1-2x}dx$;
4. $\int (x^2-3x+1)^{100}(2x-3)dx$;
5. $\int \frac{x^2}{(x-1)^{100}}dx$;
6. $\int \frac{1}{1+3x}dx$;
7. $\int \frac{1}{x\ln x\ln\ln x}dx$;
8. $\int \frac{x\tan\sqrt{1+x^2}}{\sqrt{1+x^2}}dx$;
9. $\int \frac{\sin x+\cos x}{(\sin x-\cos x)^3}dx$;
10. $\int \sin^3 x\cos^5 x dx$;
11. $\int e^x \sin e^x dx$;
12. $\int \frac{\sin x}{1+\cos x}dx$;
13. $\int \frac{dx}{\sqrt{x}(1+x)}$;
14. $\int \sin 2x\cos 3x dx$;
15. $\int \frac{1}{1-\sqrt{2x+1}}dx$;
16. $\int \frac{x^2}{\sqrt{a^2-x^2}}dx$;
17. $\int \frac{dx}{\sqrt{e^x+1}}$;
18. $\int \frac{x^2}{\sqrt{2-x}}dx$;
19. $\int x(5x-1)^{15}dx$;
20. $\int \frac{dx}{4x^2+4x+5}$;
21. $\int \frac{1}{\sqrt{(x^2+1)^3}}dx$;
22. $\int \frac{1}{\sqrt{x^2-1}}dx$;
23. $\int \frac{dx}{\sqrt{x^2-2x-3}}$
24. $\int \frac{\sqrt{x^2-1}}{x}dx$.

三、用指定的变换计算$\int \frac{dx}{x\sqrt{x^2-1}}(x>1)$:

1. $x = \sec t$; 2. $x = \frac{1}{t}$.

4.4.3 复习题

一、填空题

1. 设 x^3 为 $f(x)$ 的一个原函数,则 $df(x) =$ ________;

2. $\int f'(2x)dx =$ ________;

3. 已知$\int f(x)dx = \sin^2 x + C$,则 $f(x) =$ ________;

4. 设 $f(x)$ 有一原函数$\frac{\sin x}{x}$,则$\int xf'(x)dx =$ ________;

5. $\int x\sin 3x dx =$ ________;

6. $\int \sin^3 x dx =$ ________;

7. $\int \frac{1}{\sqrt{x}}e^{\sqrt{x}}dx =$ ________;

8. $\int \frac{1-\sin x}{x+\cos x}dx =$ ________;

9. 设 $f(x)$ 为连续函数,则$\int f^2(x)df(x) =$ ________;

10. 已知$\int f(x)dx = F(x) + C$,则$\int \frac{f(\ln x)}{x}dx =$ ________.

二、选择题

1. 设 $f(x)$ 是可导函数,则$\left(\int f(x)dx\right)'$ 为( );

(A) $f(x)$ (B) $f(x) + C$ (C) $f'(x)$ (D) $f'(x) + C$

2. 设 $f(x)$ 是连续函数,且$\int f(x)dx = F(x) + C$,则下列各式正确的是( );

(A) $\int f(x^2)dx = F(x^2) + C$ (B) $\int f(3x+2)dx = F(3x+2) + C$

(C) $\int f(e^x)dx = F(e^x) + C$ (D) $\int f(\ln 2x)\frac{1}{x}dx = F(\ln 2x) + C$

3. $\int \left(\frac{1}{1+x^2}\right)'dx =$ ( );

(A) $\frac{1}{1+x^2}$ (B) $\frac{1}{1+x^2} + C$ (C) $\arctan x$ (D) $\arctan x + C$

4. 若 $f'(x) = g'(x)$,则下列式子一定成立的有( );

(A) $f(x) = g(x)$ (B) $\int df(x) = \int dg(x)$

(C) $\left(\int f(x)dx\right)' = \left(\int g(x)dx\right)'$ (D) $f(x) = g(x) + 1$

5. $\int [f(x) + xf'(x)]dx =$ ( ).

(A) $f(x)+C$　　(B) $f'(x)+C$　　(C) $xf(x)+C$　　(D) $f^2(x)+C$

三、计算下列各组中的不定积分：

1. $\int \sin x\,dx$，　$\int \sin^2 x\,dx$，　$\int \sin^3 x\,dx$，　$\int \sin^4 x\,dx$；

2. $\int \ln x\,dx$，　$\int x\ln x\,dx$，　$\int \frac{\ln x}{x}dx$，　$\int \frac{dx}{x\ln x}$；

3. $\int \sqrt{4-x^2}\,dx$，　$\int \sqrt{x^2+4}\,dx$，　$\int \sqrt{x^2-4}\,dx$，　$\int x\sqrt{x^2-4}\,dx$.

四、计算下列不定积分：

1. $\int\left(\frac{1}{x}+4^x\right)dx$；

2. $\int \frac{dx}{e^x-e^{-x}}$；

3. $\int \frac{x}{(1-x)^3}dx$；

4. $\int \frac{2x^2+3}{x^2+1}dx$；

5. $\int x\sqrt{x^2+3}\,dx$；

6. $\int \frac{e^x}{2-3e^x}dx$；

7. $\int \frac{1}{\sqrt{4-9x^2}}dx$；

8. $\int \frac{x}{\sqrt{x+2}}dx$；

9. $\int \frac{1}{x^2\sqrt{x^2+4}}dx$；

10. $\int x^2e^{3x}dx$；

11. $\int\left(\frac{1}{x}+\ln x\right)e^x dx$；

12. $\int \ln(1+x^2)dx$；

13. $\int e^{-x}\sin 2x\,dx$；

14. $\int \frac{\ln x}{\sqrt{x}}dx$.

五、已知 $f'(e^x)=1+x$，求 $f(x)$.

六、已知 $f(x)$ 的原函数为 $\ln^2 x$，求 $\int xf'(x)dx$.

七、某商品的需求量 Q 为价格 P 的函数，该商品的最大需求量为 1 000（即 $P=0$ 时，$Q=1\,000$），已知需求量的变化率为

$$Q'(P)=-1\,000\ln 3\times\left(\frac{1}{3}\right)^P,$$

求该商品的需求函数.

4.4.4　自测题

一、填空题

1. $\int \frac{1+x}{\sqrt{x}}dx=$ ________；

2. 已知 $f'(3x-1)=e^x$，则 $f(x)=$ ________；

3. $\frac{d}{dx}\int f(x)d(\arctan x)=$ ________；

4. 设 e^{-x} 是 $f(x)$ 的一个原函数，则 $\int xf(x)dx=$ ________；

5. 设 $\int f'(x^3)dx=x^4-x+C$，则 $f(x)=$ ________.

二、选择题

1. 若 $\ln|x|$ 是函数 $f(x)$ 的一个原函数,则 $f(x)$ 的另一个原函数是(　　);

(A) $\ln|ax|$　　(B) $\frac{1}{a}\ln|ax|$

(C) $\ln|x+a|$　　(D) $\frac{1}{2}(\ln x)^2$

2. 下列各式中,计算正确的是(　　);

(A) $\int\frac{1}{1-x}dx=\int\frac{1}{1-x}d(1-x)=\ln|1-x|+C$

(B) $\int\cos 2x dx=\sin 2x+C$

(C) $\int\frac{1}{1+e^x}dx=\ln(1+e^x)+C$

(D) $\int\frac{\tan^2 x}{1-\sin^2 x}dx=\int\tan^2 x d\tan x=\frac{1}{3}\tan^3 x+C$

3. $\int\frac{e^{2x}}{\sqrt{4-e^{4x}}}dx=$(　　);

(A) $\arcsin\frac{e^{2x}}{2}+C$　　(B) $\frac{1}{2}\arcsin\frac{e^{2x}}{2}+C$

(C) $\frac{1}{4}\arcsin\frac{e^{2x}}{2}+C$　　(D) $2\arcsin\frac{e^{2x}}{2}+C$

4. $\int\ln\frac{x}{2}dx=$(　　);

(A) $x\ln\frac{x}{2}-2x+C$　　(B) $x\ln\frac{x}{2}-4x+C$

(C) $x\ln\frac{x}{2}-x+C$　　(D) $x\ln\frac{x}{2}+x+C$

5. 若$\int f(x)dx=F(x)+C$,则$\int\sin x f(\cos x)dx=$(　　).

(A) $F(\sin x)+C$　　(B) $-F(\sin x)+C$

(C) $F(\cos x)+C$　　(D) $-F(\cos x)+C$

三、计算下列不定积分:

1. $\int\frac{x}{1+\sqrt{x+1}}dx$;　　2. $\int\frac{4x^2-1}{1+x^2}dx$;

3. $\int\frac{1+\sin 2x}{\cos x+\sin x}dx$;　　4. $\int(x^2+1)\sin(x^3+3x)dx$;

5. $\int\cos\sqrt{x+1}dx$;　　6. $\int\frac{x^4}{1+x^2}dx$;

7. $\int x^3\sqrt{1+x^2}dx$;　　8. $\int\frac{xe^x}{\sqrt{1+e^x}}dx$;

9. $\int\sin(\ln x)dx$;　　10. $\int x^2\arctan x dx$.

四、设 $f(\ln x)=\frac{\ln(1+x)}{x}$,求$\int f(x)dx$.

第5章 定积分

5.1 知识结构图

定积分

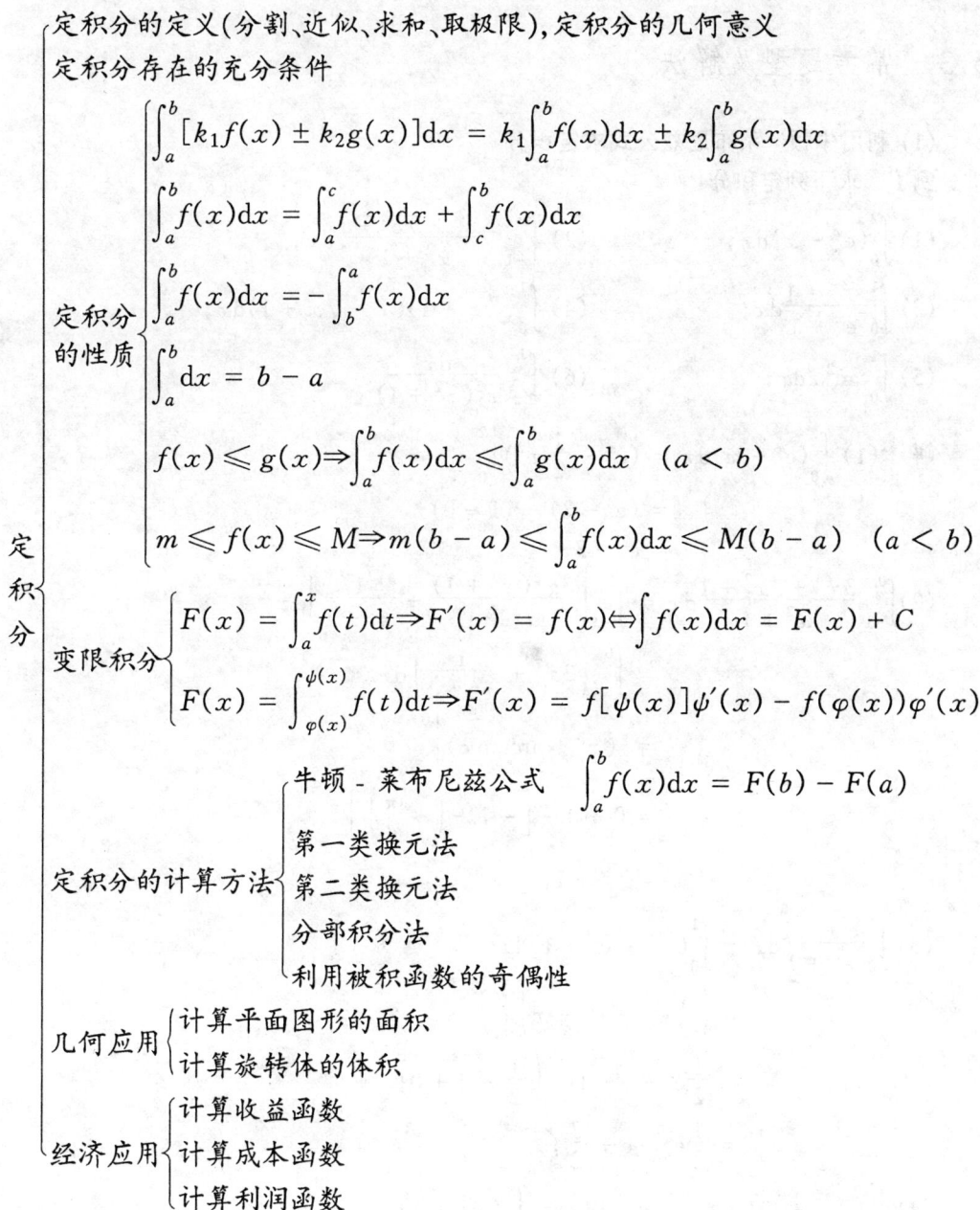

- 定积分的定义(分割、近似、求和、取极限),定积分的几何意义
- 定积分存在的充分条件
- 定积分的性质
  - $\int_a^b [k_1 f(x) \pm k_2 g(x)]\mathrm{d}x = k_1\int_a^b f(x)\mathrm{d}x \pm k_2\int_a^b g(x)\mathrm{d}x$
  - $\int_a^b f(x)\mathrm{d}x = \int_a^c f(x)\mathrm{d}x + \int_c^b f(x)\mathrm{d}x$
  - $\int_a^b f(x)\mathrm{d}x = -\int_b^a f(x)\mathrm{d}x$
  - $\int_a^b \mathrm{d}x = b - a$
  - $f(x) \leqslant g(x) \Rightarrow \int_a^b f(x)\mathrm{d}x \leqslant \int_a^b g(x)\mathrm{d}x \quad (a < b)$
  - $m \leqslant f(x) \leqslant M \Rightarrow m(b-a) \leqslant \int_a^b f(x)\mathrm{d}x \leqslant M(b-a) \quad (a < b)$
- 变限积分
  - $F(x) = \int_a^x f(t)\mathrm{d}t \Rightarrow F'(x) = f(x) \Leftrightarrow \int f(x)\mathrm{d}x = F(x) + C$
  - $F(x) = \int_{\varphi(x)}^{\psi(x)} f(t)\mathrm{d}t \Rightarrow F'(x) = f[\psi(x)]\psi'(x) - f(\varphi(x))\varphi'(x)$
- 定积分的计算方法
  - 牛顿 - 莱布尼兹公式 $\int_a^b f(x)\mathrm{d}x = F(b) - F(a)$
  - 第一类换元法
  - 第二类换元法
  - 分部积分法
  - 利用被积函数的奇偶性
- 几何应用
  - 计算平面图形的面积
  - 计算旋转体的体积
- 经济应用
  - 计算收益函数
  - 计算成本函数
  - 计算利润函数

5.2 学习目的及要求

① 理解定积分的定义及几何意义;
② 了解定积分的性质;
③ 熟练掌握定积分的计算方法;
④ 掌握用定积分计算平面图形的面积及旋转体的体积;
⑤ 能够用定积分研究有关经济问题.

5.3 常考题型及解法

(1) 利用牛顿 - 莱布尼兹公式求定积分

例 1 求下列定积分:

(1) $\int_0^2(e^x - x)dx$; (2) $\int_{-1}^0 \frac{3x^4+3x^2+1}{x^2+1}dx$;

(3) $\int_0^1 \frac{e^{3x}+1}{e^x+1}dx$; (4) $\int_0^1(\sqrt{x}+1)(x-\sqrt{x}+1)dx$;

(5) $\int_0^1 \tan^2 x\,dx$; (6) $\int_{\frac{\sqrt{3}}{3}}^1 \frac{dx}{x^2(x^2+1)}$.

解 (1) $\int_0^2(e^x - x)dx = \left(e^x - \frac{1}{2}x^2\right)\Big|_0^2$

$$= (e^2-2)-(1-0)$$

$$= e^2 - 3;$$

(2) $\int_{-1}^0 \frac{3x^4+3x^2+1}{x^2+1}dx = \int_{-1}^0\left[\frac{3x^2(x^2+1)}{x^2+1}+\frac{1}{x^2+1}\right]dx$

$$= \int_{-1}^0\left(3x^2+\frac{1}{x^2+1}\right)dx$$

$$= (x^3+\arctan x)\Big|_{-1}^0$$

$$= 0+0-\left[-1+\left(-\frac{\pi}{4}\right)\right]$$

$$= \frac{\pi}{4}+1;$$

(3) $\int_0^1 \frac{e^{3x}+1}{e^x+1}dx = \int_0^1(e^{2x}-e^x+1)dx$

$$= \left(\frac{1}{2}e^{2x}-e^x+x\right)\Big|_0^1$$

$$= \frac{1}{2}e^2 - e + 1 - \left(\frac{1}{2}-1+0\right)$$

$$= \frac{1}{2}e^2 - e + \frac{3}{2};$$

(4) $\int_0^1(\sqrt{x}+1)(x-\sqrt{x}+1)dx = \int_0^1(x^{\frac{3}{2}}+1)dx$

$$=\left(\frac{2}{5}x^{\frac{5}{2}}+x\right)\Bigg|_0^1$$

$$=\frac{2}{5}+1-(0+0)$$

$$=\frac{7}{5};$$

(5) $\int_0^1\tan^2x\,dx=\int_0^1(\sec^2x-1)dx$

$$=(\tan x-x)\Big|_0^1$$

$$=\frac{\pi}{4}-1;$$

(6) $\int_{\frac{\sqrt{3}}{3}}^1\frac{dx}{x^2(x^2+1)}=\int_{\frac{\sqrt{3}}{3}}^1\left(\frac{1}{x^2}-\frac{1}{x^2+1}\right)dx$

$$=\left(-\frac{1}{x}-\arctan x\right)\Bigg|_{\frac{\sqrt{3}}{3}}^1$$

$$=-\left[(1+\arctan 1)-\left(\sqrt{3}+\arctan\frac{\sqrt{3}}{3}\right)\right]$$

$$=-\left(1+\frac{\pi}{4}\right)+\left(\sqrt{3}+\frac{\pi}{6}\right)$$

$$=\sqrt{3}-1-\frac{\pi}{12}.$$

(2) 对变上限的定积分的上限的求导

① 如果定积分的上限是 x 的函数,那么利用复合函数求导数公式来对上限求导;

② 如果定积分的下限是 x 的函数,那么将定积分的下限变为可变上限的定积分,利用复合函数求导数公式来对上限求导;

③ 如果定积分的上限、下限都是 x 的函数,那么利用区间可加性将定积分写成两个定积分的和,其中一个定积分的上限是 x 的函数,另一个定积分的下限也是 x 的函数,都可以化为变上限的定积分来对上限求导.

例 2　若 $y=\int_{-x}^1\sin t^2dt$,求$\frac{dy}{dx}$.

解　因为

$$y=-\int_1^{-x}\sin t^2dt,$$

所以

$$\frac{dy}{dx}=-\sin x^2(-x)'=\sin x^2.$$

例 3　设$\int_0^y e^tdt+3\int_0^x\cos t\,dt=0$,求$\frac{dy}{dx}$.

解　方程

$$\int_0^y e^tdt+3\int_0^x\cos t\,dt=0$$

确定了 y 是x 的隐函数,方程两端对 x 求导,得

$$e^y\frac{dy}{dx}+3\cos x=0,$$

所以

$$\frac{\mathrm{d}y}{\mathrm{d}x}=-\frac{3\cos x}{\mathrm{e}^y}.$$

例 4 已知 $F(x)=\int_{x^2}^{x^3}\frac{1}{\sqrt{1+t^4}}\mathrm{d}t$,求 $F'(x)$.

解
$$\begin{aligned}F(x)&=\int_{x^2}^{x^3}\frac{1}{\sqrt{1+t^4}}\mathrm{d}t\\&=\int_{x^2}^{0}\frac{1}{\sqrt{1+t^4}}\mathrm{d}t+\int_{0}^{x^3}\frac{1}{\sqrt{1+t^4}}\mathrm{d}t\\&=-\int_{0}^{x^2}\frac{1}{\sqrt{1+t^4}}\mathrm{d}t+\int_{0}^{x^3}\frac{1}{\sqrt{1+t^4}}\mathrm{d}t,\end{aligned}$$

所以

$$\begin{aligned}F'(x)&=-\frac{1}{\sqrt{1+x^8}}(x^2)'+\frac{1}{\sqrt{1+x^{12}}}(x^3)'\\&=\frac{3x^2}{\sqrt{1+x^{12}}}-\frac{2x}{\sqrt{1+x^8}}.\end{aligned}$$

例 5 求$\lim\limits_{x\to0}\frac{\int_0^{x^2}\sin\sqrt{t}\,\mathrm{d}t}{x^3}$.

解 $\lim\limits_{x\to0}\frac{\int_0^{x^2}\sin\sqrt{t}\,\mathrm{d}t}{x^3}=\lim\limits_{x\to0}\frac{2x\sin x}{3x^2}=\frac{2}{3}$.

(3) 利用换元积分法计算定积分

应用定积分的换元法时,要考虑被积函数的特点,与不定积分换元法类似,定积分的换元法也包括凑微分、简单根式代换、三角函数代换等.

必须指出,换元法中定积分与不定积分不同的是:

① 定积分在换元时,若用新的字母表示积分变量,一定要换积分限;

② 应用换元法计算出不定积分后,要将变量回代,即要代回原来的积分变量.而定积分的最后结果是数值,不需变量回代.

例 6 求$\int_0^{\pi}(1-\sin^3\theta)\mathrm{d}\theta$.

解
$$\begin{aligned}\int_0^{\pi}(1-\sin^3\theta)\mathrm{d}\theta&=\underbrace{\int_0^{\pi}\mathrm{d}\theta}_{=\,\theta\,\big|_0^{\pi}}-\int_0^{\pi}\sin^3\theta\mathrm{d}\theta+\int_0^{\pi}(1-\cos^2\theta)\mathrm{d}\cos\theta\\&=\pi+\left(\cos\theta-\frac{1}{3}\cos^3\theta\right)\Big|_0^{\pi}\\&=\pi-\frac{4}{3}.\end{aligned}$$

例 7 求$\int_{\ln3}^{\ln8}\sqrt{1+\mathrm{e}^x}\mathrm{d}x$.

解 令 $t=\sqrt{1+\mathrm{e}^x}$,则

$$x = \ln(t^2 - 1), \mathrm{d}x = \frac{2t}{t^2 - 1}\mathrm{d}t.$$

当 $x = \ln3$ 时, $t = 2$;当 $x = \ln8$ 时, $t = 3$. 于是

$$\begin{aligned}\int_{\ln3}^{\ln8} \sqrt{1 + \mathrm{e}^x}\,\mathrm{d}x &= \int_2^3 \frac{2t^2}{t^2 - 1}\mathrm{d}t \\ &= \int_2^3\left(2 + \frac{2}{t^2 - 1}\right)\mathrm{d}t \\ &= \left(2t + \ln\left|\frac{t - 1}{t + 1}\right|\right)\Big|_2^3 \\ &= 2 + \ln3 - \ln2.\end{aligned}$$

(4) 利用分部积分法计算定积分

定积分的分部积分法与不定积分的分部积分法类似,已积出部分用上限函数值减下限函数值即可.

例 8　求$\int_0^4 \cos(\sqrt{x} - 1)\mathrm{d}x$.

解　令$\sqrt{x} - 1 = t$,则 $\mathrm{d}x = 2(t + 1)\mathrm{d}t$.

当 $x = 0$ 时, $t = -1$;当 $x = 4$ 时, $t = 1$. 于是

$$\begin{aligned}\int_0^4 \cos(\sqrt{x} - 1)\mathrm{d}x &= 2\int_{-1}^1 (t + 1)\cos t\,\mathrm{d}t \\ &= 2\int_{-1}^1 (t + 1)\mathrm{d}\sin t \\ &= 2(t + 1)\sin t\Big|_{-1}^1 - 2\int_{-1}^1 \sin t\,\mathrm{d}t \\ &= 4\sin1.\end{aligned}$$

例 9　已知 $f(x)$ 的一个原函数是$(\sin x)\ln x$,求$\int_1^\pi xf'(x)\mathrm{d}x$.

解　因为 $f(x)$ 的一个原函数是$(\sin x)\ln x$,所以

$$f(x) = [(\sin x)\ln x]' = \cos x\ln x + \frac{\sin x}{x}.$$

于是

$$\begin{aligned}\int_1^\pi xf'(x)\mathrm{d}x &= \int_1^\pi x\,\mathrm{d}f(x) \\ &= [xf(x)]\Big|_1^\pi - \int_1^\pi f(x)\mathrm{d}x \\ &= [x(\cos x)\ln x + \sin x]\Big|_1^\pi - [(\sin x)\ln x]\Big|_1^\pi \\ &= -\pi\ln\pi - \sin1.\end{aligned}$$

(5) 利用函数的奇偶性计算定积分

例 10　求$\int_0^{10\pi} |\sin x|\,\mathrm{d}x$.

解　由于 $|\sin x|$ 以 π 为周期,据周期函数积分的性质,有

$$\int_0^{10\pi} |\sin x|\,\mathrm{d}x = 10\int_{-\frac{\pi}{2}}^{\frac{\pi}{2}} |\sin x|\,\mathrm{d}x$$

$$= 20\int_0^{\frac{\pi}{2}} \sin x \mathrm{d}x = 20.$$

(6) 求平面图形的面积

由两条曲线 $y = f_1(x), y = f_2(x)$ 及 $x = a, x = b(a < b)$ 所围成的图形(图 5-1) 的面积为

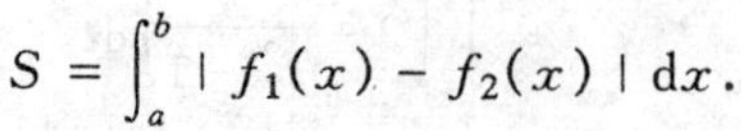

$$S = \int_a^b | f_1(x) - f_2(x) | \mathrm{d}x.$$

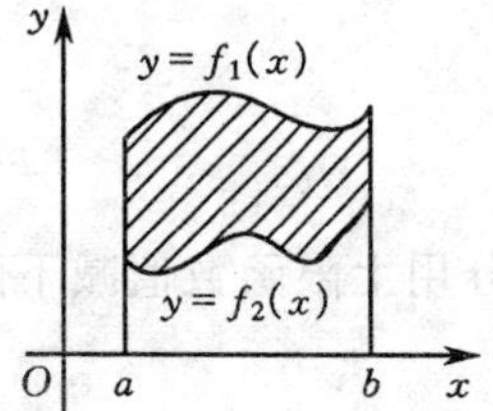

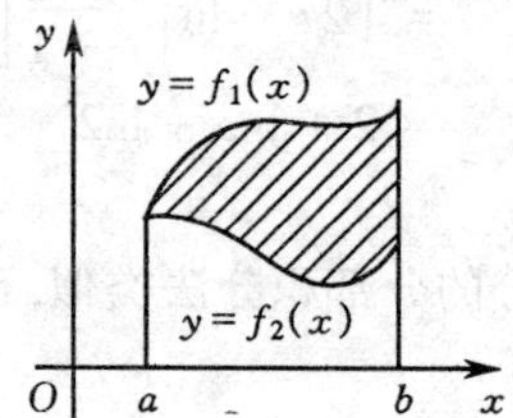

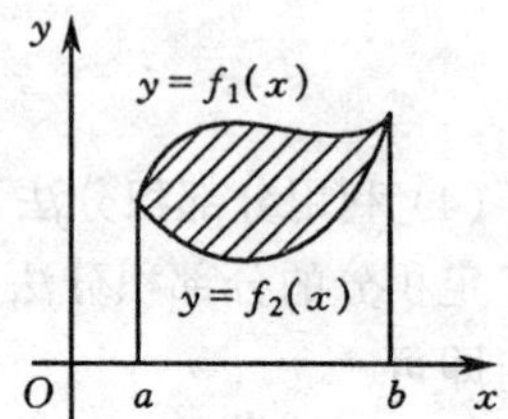

图 5-1

求一个平面图形的面积的步骤是:

① 由已知画出图形,求交点,确定积分区间;

② 判断所围图形是否为图 5-1 中所示的三种情形之一,若是,利用公式计算,否则对 y 积分或者分割图形使之每部分属于图 5-1 中某一类型. 分割一般是通过特殊点作平行于 y 轴的直线.

例 11 求抛物线 $y^2 = 2px$ 与其在点 $\left(\frac{p}{2}, p\right)$ 处法线所围成图形的面积.

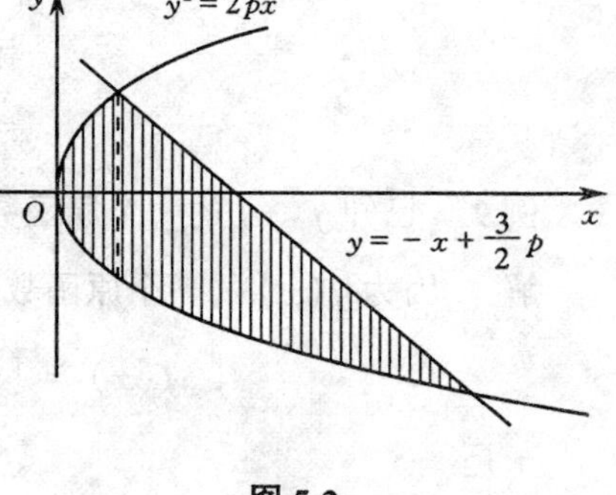

图 5-2

解 因为 $2yy' = 2p$, 所以过点 $\left(\frac{p}{2}, p\right)$ 的切线斜率为 1, 过该点法线斜率为 -1. 法线方程为

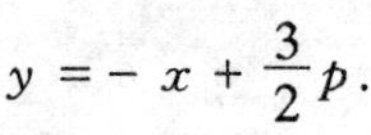

$$y - p = -\left(x - \frac{1}{2}p\right),$$

即

$$y = -x + \frac{3}{2}p.$$

画出图形如图 5-2 所示.

方法一 (对 x 积分)

将图 5-2 分割成左、右两块,分别向 x 轴投影得闭区间 $\left[0, \frac{1}{2}p\right], \left[\frac{1}{2}p, \frac{9}{2}p\right]$.

$$S = \int_0^{\frac{1}{2}p} [\sqrt{2px} - (-\sqrt{2px})]\mathrm{d}x + \int_{\frac{1}{2}p}^{\frac{9}{2}p} \left[\left(-x + \frac{3}{2}p\right) - (-\sqrt{2px})\right]\mathrm{d}x$$

$$= \frac{16}{3}p^2.$$

方法二 (对 y 积分)

对 y 积分求面积, 图 5-2 可看成是属于基本类型. 将图 5-2 向 y 轴投影, 得到闭区间 $[-3p, p]$.

$$S=\int_{-3p}^{p}\left[\left(\frac{3}{2}p-y\right)-\frac{y^2}{2p}\right]\mathrm{d}y$$
$$=\frac{16}{3}p^2.$$

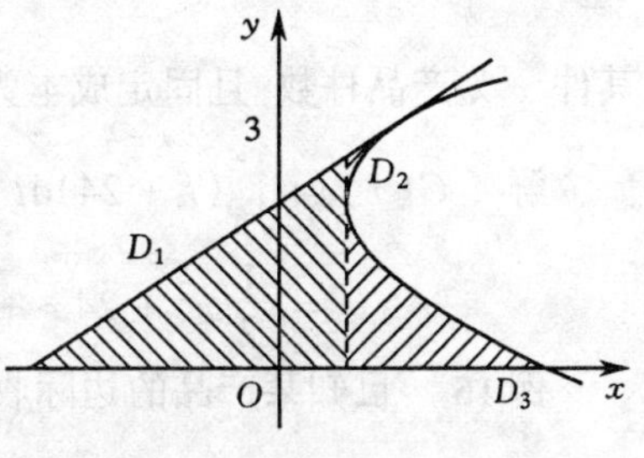

图 5-3

例 12　试求由抛物线$(y-2)^2=x-1$和抛物线相切于纵坐标$y_0=3$处的切线方程以及与x轴所围成图形的面积.

解　因为$2(y-2)y'=1$,所以,当$y=3$时,$y'=\frac{1}{2}$,$x=2$,所以切线方程为

$$y-3=\frac{1}{2}(x-2).$$

画出图形如图 5-3 所示.

方法一　(对y积分)

对y积分求面积,图 5-3 可看成是属于基本类型.将图 5-3 向y轴投影,得到闭区间$[0,3]$.

$$S=\int_0^3[(y-2)^2+1-(2y-4)]\mathrm{d}y=9.$$

方法二　(对x积分)

对x积分求面积,图 5-3 不属于基本类型.因此,如图分割成三部分D_1,D_2,D_3,将它们分别向x轴作投影,得到三个闭区间:$[-4,1]$,$[1,2]$,$[1,5]$.

$$S=\int_{-4}^{1}\left(\frac{1}{2}x+2\right)\mathrm{d}x+\int_1^2\left[\frac{1}{2}x+2-(2+\sqrt{x-1})\right]\mathrm{d}x+\int_1^5(2-\sqrt{x-1})\mathrm{d}x=9.$$

基本上每个问题都有两种方法,可酌情选择.

(7) 关于求经济函数的方法

应熟知以下基本结论:

① 设某产品在时刻t总产量的变化率为$f(t)$,则从$t=a$到$t=b(b>a)$这段时间内的总产量

$$Q=\int_a^b f(t)\mathrm{d}t;$$

② 设生产某产品x单位的边际成本为$C'(x)$,固定成本为C_0,则生产x单位时的总成本

$$C(x)=\int_0^x C'(t)\mathrm{d}t+C_0;$$

③ 设生产某产品x单位时的边际收益为$R'(x)$,则总收益

$$R(x)=\int_0^x R'(t)\mathrm{d}t.$$

例 13　设某厂生产某产品的边际产量为时间t的函数

$$f(t)=200+14t-0.3t^2,$$

求$t=1$到$t=3$这段时间内的总产量.

解　$Q=\int_1^3(200+14t-0.3t^2)\mathrm{d}t$

$=453.4.$

例 14　设某产品的边际成本函数为

$$C'(x) = x + 24,$$

其件 x 为产品件数,且固定成本为 1 000 元,求成本函数.

解 $C(x) = \int_0^x (t + 24)\mathrm{d}t + 1\,000$

$= \frac{1}{2}x^2 + 24x + 1\,000.$

例 15 已知某产品的边际收益为

$$R'(x) = 100 - 0.01x,$$

其中 x 为产量,求收益函数.

解 $R(x) = \int_0^x (100 - 0.01t)\mathrm{d}t$

$= 100x - 0.005x^2.$

例 16 生产某产品的边际费用

$$C'(x) = x^2 - 4x + 50,$$

其中 x 为产量,已知生产 3 年时,总费用为 181 万元,试写出总费用 $C(x)$ 的表达式.

解 $C(x) = \int_0^x C'(t)\mathrm{d}t + C_0$

$= \int_0^x (t^2 - 4t + 50)\mathrm{d}t + C_0$

$= \frac{x^3}{3} - 2x^2 + 50x + C_0.$

因为 $C(3) = 181$,所以 $C_0 = 40$. 于是

$$C(x) = \frac{x^2}{3} - 2x^2 + 50x + 40.$$

5.4 强化训练题、复习题、自测题

5.4.1 定积分的概念和性质

一、填空题

1. $\int_{\frac{1}{2}}^{1} x^2 \ln x \mathrm{d}x$ 的值的符号为________;

2. 放射性物体的分解速度为 $v = v(t)$,用定积分表示放射性物体由时间 T_1 到 T_2 所分解的质量 $m =$ ________;

3. 若 $f(x)$ 在$[a, b]$上连续,且$\int_a^b f(x)\mathrm{d}x = 0$,则$\int_a^b [f(x) + 1]\mathrm{d}x =$ ________.

二、选择题

1. 定积分$\int_a^b f(x)\mathrm{d}x$ 是(　　);

(A) 一个常数　　　　(B) $f(x)$ 的一个原函数

(C) 一个函数族　　　　(D) 一个非负常数

2. 在$[a,b]$上,$f(x)$,$g(x)$均为连续函数,则下列命题中正确的是(　　).

(A) 若$f(x)\neq g(x)$,则$\int_a^b f(x)\mathrm{d}x\neq\int_a^b g(x)\mathrm{d}x$

(B) $\int_a^b f(x)\mathrm{d}x\neq\int_a^b f(t)\mathrm{d}t$

(C) $\mathrm{d}\int_a^b f(x)\mathrm{d}x = f(x)\mathrm{d}x$

(D) 若$f(x)\neq g(x)$,则$\int f(x)\mathrm{d}x\neq\int g(x)\mathrm{d}x$

三、利用定积分的几何意义,填写下列定积分值:

1. $\int_0^1 2x\mathrm{d}x = $ ______;　2. $\int_0^{2\pi}\cos x\mathrm{d}x = $ ______;　3. $\int_0^1\sqrt{1-x^2}\mathrm{d}x = $ ______.

四、比较下列各组两个定积分的大小(填不等号):

1. $\int_0^1 x^2\mathrm{d}x$ ______ $\int_0^1 x^3\mathrm{d}x$;　2. $\int_3^4\ln x\mathrm{d}x$ ______ $\int_3^4(\ln x)^2\mathrm{d}x$;

3. $\int_0^1 \mathrm{e}^x\mathrm{d}x$ ______ $\int_0^1(1+x)\mathrm{d}x$;　4. $\int_0^\pi\sin x\mathrm{d}x$ ______ $\int_0^\pi\cos x\mathrm{d}x$.

五、设质点作变速直线运动,其速度$v(t) = 2t$(单位:cm/s),试用定积分处理问题的 4 个步骤求质点在第 1 秒内经过的路程.

六、估计$\int_2^0\mathrm{e}^{x^2-x}\mathrm{d}x$的值.

七、利用定积分的估值性质证明:

$$\frac{1}{2}\leqslant\int_1^4\frac{\mathrm{d}x}{2+x}\leqslant 1.$$

八、利用积分中值定理证明:

$$0\leqslant\int_{\frac{\pi}{2}}^{\pi}\frac{\sin x}{x}\mathrm{d}x\leqslant 1.$$

5.4.2　微积分的基本公式

一、填空题

1. $\int f(x)\mathrm{d}x-\int_0^x f(t)\mathrm{d}t = $ ________($f(x)$在实数域内连续);

2. $\frac{\mathrm{d}}{\mathrm{d}x}\int_0^x\sin t^2\mathrm{d}t = $ ________, $\frac{\mathrm{d}}{\mathrm{d}x}\int_x^0\sin t^2\mathrm{d}t = $ ________;

3. $\frac{\mathrm{d}}{\mathrm{d}x}\int_0^{x^2}\sin t^2\mathrm{d}t = $ ________, $\frac{\mathrm{d}}{\mathrm{d}x}\int\sin x^2\mathrm{d}x = $ ________;

4. $\frac{\mathrm{d}}{\mathrm{d}x}\int_0^1\sin x^2\mathrm{d}x = $ ________, $\frac{\mathrm{d}}{\mathrm{d}x}\int_x^{\mathrm{e}^x}\sin^2 x\mathrm{d}x = $ ________;

5. 设$f(x)$连续,且$f(x) = x+2\int_0^1 f(x)\mathrm{d}x$,则$f(x) = $ ________.

二、计算下列定积分:

1. $\int_4^9\sqrt{x}(1+\sqrt{x})\mathrm{d}x$;　2. $\int_0^1\frac{\mathrm{d}x}{\sqrt{4-x^2}}$;

3. $\int_{\frac{1}{\sqrt{3}}}^{\sqrt{3}} \frac{1}{1+x^2}dx$；　　4. $\int_{\frac{1}{\pi}}^{\frac{2}{\pi}} \frac{1}{x^2}\sin\frac{1}{x}dx$；

5. $\int_{-2}^{2} |x^2-1|dx$；　　6. 设 $f(x)=\begin{cases} x+1, & x\leqslant 1, \\ \frac{x^2}{2}, & x>1, \end{cases}$ 求 $\int_0^2 f(x)dx$.

三、求下列极限：

1. $\lim\limits_{x\to 0}\frac{\int_0^x \cos t^2 dt}{\int_0^x \frac{\sin t}{t}dt}$；　　2. $\lim\limits_{x\to 0}\frac{\int_0^{2x}\ln(1+t)dt}{x^2}$.

四、设 $f(x)>0$ 且在 $[a,b]$ 上连续，$F(x)=\int_a^x f(t)dt+\int_b^x \frac{dt}{f(t)}$. 求证：

1. $F'(x)\geqslant 2$；

2. 方程 $F(x)=0$ 在 (a,b) 内有且仅有一实根.

5.4.3 定积分的换元法和分部积分法

一、填空题

1. $\int_{-\pi}^{\pi} x^3\sin^2 x dx=$ ________；　　2. $\int_{-\frac{1}{2}}^{\frac{1}{2}} \frac{(\arcsin x)^2}{\sqrt{1-x^2}}dx=$ ________；

3. $\int_{\frac{\pi}{3}}^{\pi} \sin\left(x+\frac{\pi}{3}\right)dx=$ ________；　　4. $\int_0^{\pi} x\sin x dx=$ ________；

5. 设 $f(u)$ 连续，a,b 为常数，且 $a\neq b$，则 $\frac{d}{dx}\int_a^b f(x+t)dt=$ ________.

二、用换元积分法求下列定积分：

1. $\int_{-2}^{1} \frac{dx}{(11+5x)^3}$；　　2. $\int_0^{\frac{\pi}{2}} \sin x\cos^3 x dx$；

3. $\int_0^1 te^{-\frac{t^2}{2}}dt$；　　4. $\int_0^{\pi} \sqrt{\sin x-\sin^3 x}dx$；

5. $\int_0^1 \frac{dx}{\sqrt{4+5x}-1}$；　　6. $\int_0^4 \sqrt{x^2+9}dx$；

7. $\int_1^{e^2} \frac{dx}{x\sqrt{1+\ln x}}$；　　8. $\int_1^{\sqrt{3}} \frac{dx}{x^2\sqrt{1+x^2}}$.

三、用分部积分法求下列定积分：

1. $\int_0^{\frac{\pi}{2}} (x+x\sin x)dx$；　　2. $\int_0^1 xe^{-x}dx$；

3. $\int_1^4 \frac{\ln x}{\sqrt{x}}dx$；　　4. $\int_0^1 \arctan x dx$；

5. $\int_{\frac{1}{e}}^{e} |\ln x|dx$；　　6. $\int_0^1 \arctan\sqrt{x}dx$；

7. $\int_0^{\frac{\pi}{2}} \cos^6 x \mathrm{d}x$.

四、设

$$f(x) = \begin{cases} 1/(1+x), x \geqslant 0, \\ 1/(1+\mathrm{e}^x), x < 0, \end{cases}$$

求$\int_0^2 f(x-1)\mathrm{d}x$.

五、1. 证明：

$$\int_0^{\frac{\pi}{2}} \frac{\sin x}{\sin x + \cos x}\mathrm{d}x = \int_0^{\frac{\pi}{2}} \frac{\cos x}{\sin x + \cos x}\mathrm{d}x;$$

2. 由上面结论求$\int_0^{\frac{\pi}{2}} \frac{\cos x}{\sin x + \cos x}\mathrm{d}x$.

5.4.4　定积分的应用

一、求曲线 $x = y^2$ 与直线 $y = x$ 所围平面图形的面积.

二、求由直线 $y = x, y = 2x$ 及 $y = 2$ 所围平面图形的面积.

三、求由直线 $y = \ln x$ 与直线 $y = \ln a, y = \ln b(b > a > 0), x = 0$ 所围平面图形的面积.

四、求心形线 $\rho = 3(1-\sin\theta)$ 所围图形的面积.

五、求摆线的一拱

$$\begin{cases} x = a(t - \sin t), \\ y = a(1-\cos t) \end{cases} \quad (0 \leqslant t \leqslant 2\pi)$$

与 x 轴所围成的图形的面积.

六、将 $y = x^3, x = 2, y = 0$ 所围成的图形分别绕 x 轴及 y 轴旋转，计算所得的两个旋转体的体积.

*七、设有一截锥体，其高为 h，上、下底均为椭圆，椭圆的轴长分别为 $2a, 2b$ 和 $2A, 2B$，求这截锥体的体积.

*八、计算曲线 $y = \frac{1}{3}\sqrt{x}(3-x)$ 上对应于 $1 \leqslant x \leqslant 3$ 的一段弧长.

*九、试证曲线 $y = \sin x(0 \leqslant x \leqslant 2\pi)$ 的弧长等于椭圆 $x^2 + 2y^2 = 2$ 的周长.

5.4.5　复习题

一、填空题

1. $\int_{-\frac{1}{4}}^{\frac{1}{4}} \ln\frac{1-x}{1+x}\mathrm{d}x =$ ________;

2. $\int_0^1 \frac{x^2}{1+x^2}\mathrm{d}x =$ ________;

3. $\int_{-2}^2 \sqrt{4-x^2}(\sin x + 1)\mathrm{d}x =$ ________;

4. $\frac{\mathrm{d}}{\mathrm{d}x}\left(\int_1^2 \sin x^2 \mathrm{d}x\right) =$ ________;

5. 设 $F(x) = \int_1^x \tan t \mathrm{d}t$,则 $F'(x) =$ ________;

6. 设 $F(x) = \int_0^{x^2} \tan t \mathrm{d}t$,则 $F'(x) =$ ________;

7. $\int_1^{+\infty} \frac{1}{x^4}\mathrm{d}x =$ ________;

8. $\int_0^{+\infty} \frac{x}{1+x^2}\mathrm{d}x =$ ________;

9. $\int_0^4 \frac{\mathrm{d}x}{(x-3)^2} =$ ________;

10. 设 $f(x)$ 为连续函数,则

$$\int_{-a}^{a} x^2[f(x) - f(-x)]\mathrm{d}x = \_\_\_\_\_\_\_\_;$$

11. 若

$$\int_a^b \frac{f(x)}{f(x)+g(x)}\mathrm{d}x = 1,$$

则

$$\int_a^b \frac{g(x)}{f(x)+g(x)}\mathrm{d}x = \_\_\_\_\_\_\_\_;$$

12. 函数 $f(x)$ 在 $[a,b]$ 上有界是 $f(x)$ 在 $[a,b]$ 上可积的________条件,而 $f(x)$ 在 $[a,b]$ 上连续是 $f(x)$ 在 $[a,b]$ 上可积的________条件.

二、选择题

1. $\int_{-1}^{1} \frac{2+\sin x}{\sqrt{4-x^2}}\mathrm{d}x =$ (　　);

(A) $\frac{\pi}{3}$　　(B) $\frac{2\pi}{3}$　　(C) $\frac{4\pi}{3}$　　(D) $\frac{5\pi}{3}$

2. $\int_0^5 |2x-4|\mathrm{d}x =$ (　　);

(A) 11　　(B) 12　　(C) 13　　(D) 14

3. 设 $f'(x)$ 连续,则变上限积分 $\int_a^x f(t)\mathrm{d}t$ 是(　　);

(A) $f'(x)$ 的一个原函数　　(B) $f'(x)$ 的全体原函数

(C) $f(x)$ 的一个原函数　　(D) $f(x)$ 的全体原函数

4. 设函数 $f(x)$ 在 $[a,b]$ 上连续,则由曲线 $y = f(x)$ 与直线 $x = a, x = b, y = 0$ 所围平面图形的面积为(　　);

(A) $\int_a^b f(x)\mathrm{d}x$　　(B) $\left|\int_a^b f(x)\mathrm{d}x\right|$

(C) $\int_a^b |f(x)|\mathrm{d}x$　　(D) $f(\xi)(b-a), a < \xi < b$

5. 下列广义积分收敛的是(　　).

(A) $\int_1^{+\infty} \sin x \mathrm{d}x$　　(B) $\int_1^{+\infty} \frac{1}{\sqrt{x}}\mathrm{d}x$

(C) $\int_1^2 \frac{\mathrm{d}x}{x\ln x}$　　(D) $\int_0^1 \ln x \mathrm{d}x$

三、计算下列定积分：

1. $\int_0^1 \frac{x\mathrm{d}x}{\sqrt{1+x^2}}$；　2. $\int_0^1 \frac{\mathrm{e}^x}{\mathrm{e}^x+1}\mathrm{d}x$；

3. $\int_0^{\frac{\pi}{2}} |\sin x - \cos x| \mathrm{d}x$；　4. $\int_0^3 \frac{x}{1+\sqrt{1+x}}\mathrm{d}x$；

5. $\int_1^{\mathrm{e}} \frac{\mathrm{d}x}{x(2x+1)}$；　6. $\int_0^1 \frac{\mathrm{d}x}{x^2+x+1}$；

7. $\int_1^{\mathrm{e}} x\sqrt[3]{1-x}\mathrm{d}x$；　8. $\int_0^{\frac{3}{4}} \frac{x+1}{\sqrt{x^2+1}}\mathrm{d}x$；

9. $\int_0^{\pi} \sqrt{1+\sin 2x}\mathrm{d}x$；　10. $\int_0^{\frac{\pi}{2}} \mathrm{e}^{2x}\cos x\mathrm{d}x$；

11. $\int_{-1}^1 (2x^4+x)\arcsin x\mathrm{d}x$；　12. $\int_0^1 \frac{\ln(1+x)}{(2-x)^2}\mathrm{d}x$；

13. $\int_1^{+\infty} \frac{\ln x}{x^2}\mathrm{d}x$；　14. $\int_0^1 \frac{\mathrm{d}x}{(2-x)\sqrt{1-x}}$；

15. 若

$$f(x)=\begin{cases}1+x^2, & x\leqslant 0,\\ \mathrm{e}^{-x}, & x>0,\end{cases}$$

求$\int_1^3 f(x-2)\mathrm{d}x$.

四、设 $0<a<b$，证明

$$\int_a^b f(x)\mathrm{d}x = \frac{1}{2}\int_a^b \left[f(x)+\frac{ab}{x^2}+f\left(\frac{ab}{x}\right)\right]\mathrm{d}x.$$

五、已知 $f(x)$ 的原函数为 $(1+\sin x)\ln x$，求$\int_{\frac{\pi}{2}}^{\pi} xf'(x)\mathrm{d}x$.

六、设 $F(x)=\int_0^{x^2}\sin t\mathrm{d}t+\int_x^1 \sin t\mathrm{d}t$，求 $F'(x)$.

七、过抛物线 $y=x^2$ 上一点 $P(a,a^2)$ 作切线，问 a 为何值时所作切线与抛物线 $y=-x^2+4x-1$ 所围图形面积最小？

八、设平面图形 D 由抛物线 $y=1-x^2$ 和 x 轴围成.试求

1. D 的面积；

2. D 绕 x 轴旋转所得旋转体的体积；

3. D 绕 y 轴旋转所得旋转体的体积；

4. 抛物线 $y=1-x^2$ 在 x 轴上方的曲线段的弧长.

九、将半径为 am 的半圆板竖直放入水中，使其直径与水面相齐，求该板一侧所受的压力.

十、半径为 r 的球沉入水中，球的上部与水面相切，球的密度与水的相同，现将球从水中取出，需作多少功？

*十一、已知边际成本为 $C'(x)=100-2x$，求当产量由 $x=20$ 增加到 $x=30$ 时，应追

加的成本数.

*十二、已知某产品的边际收益 $R'(x)=200-0.01x(x\geqslant 0)$,其中 x(件)为产量.

1. 求生产了 50 件时的收益;

2. 若已生产了 50 件,求再生产 50 件的收益.

*十三、某一游乐场要添置一套娱乐设备,这一套设备的保险使用年限为 10 年,到期必须拆除,这套设备可向工厂一次性付款购买,一次性付款数为 50 万元;也可向工厂分期付款,每年必须付款 6 万元,共付 10 年.若资金的年贴现率为 4%,按连续复利计算,问一次性付款与分期付款,哪一种方式省钱?

5.4.6 自测题

一、填空题

1. $\int_a^b[f'(x)+2]\mathrm{d}x=$ ________;

2. 比较大小:$\int_0^1\ln(1+x)\mathrm{d}x$ ________ $\int_0^1\frac{x}{1+x}\mathrm{d}x$;

3. $\int_{-1}^1(1-\sin^3x)\frac{1}{1+x^2}\mathrm{d}x=$ ________;

4. $\int_{-\infty}^0\mathrm{e}^{2x}\mathrm{d}x=$ ________;

5. $\frac{\mathrm{d}}{\mathrm{d}x}\int_{x^2}^b\ln(1+t)\mathrm{d}t=$ ________.

二、选择题

1. $\int_{-\frac{\pi}{2}}^{\frac{\pi}{2}}|\sin x|\mathrm{d}x=($　　$)$;

(A) 0　　(B) π　　(C) $\frac{\pi}{2}$　　(D) 2

2. 已知 $F'(x)=f(x)$,则$\int_a^x f(t+a)\mathrm{d}t=($　　$)$;

(A) $F(x)-F(a)$　　(B) $F(t)-F(a)$

(C) $F(x+a)-F(2a)$　　(D) $F(t+a)-F(2a)$

3. $\lim\limits_{x\to 0}\frac{\int_0^x\sin t^2\mathrm{d}t}{x^3}=($　　$)$;

(A) 1　　(B) 0　　(C) $\frac{1}{2}$　　(D) $\frac{1}{3}$

4. $\int_0^1\frac{\mathrm{d}x}{\arccos x}=($　　$)$;

(A) $\int_{\frac{\pi}{2}}^0\frac{1}{x}\mathrm{d}x$　　(B) $\int_{\frac{\pi}{2}}^0\frac{\sin x}{x}\mathrm{d}x$　　(C) $\int_0^{\frac{\pi}{2}}\frac{\sin x}{x}\mathrm{d}x$　　(D) $\int_0^{\frac{\pi}{2}}\frac{1}{x}\mathrm{d}x$

5. 下列广义积分发散的是(　　).

(A) $\int_0^{+\infty}\frac{\mathrm{d}x}{1+x^2}$　　(B) $\int_0^1\frac{\mathrm{d}x}{\sqrt{1-x^2}}$　　(C) $\int_{\mathrm{e}}^{+\infty}\frac{\ln x}{x}\mathrm{d}x$　　(D) $\int_0^{+\infty}\mathrm{e}^{-x}\mathrm{d}x$

三、计算下列各题：

1. $\int_{-1}^{-2}\frac{x}{x+3}\mathrm{d}x$；　　2. $\int_{1}^{\mathrm{e}}\frac{1+\ln x}{x}\mathrm{d}x$；

3. $\int_{0}^{1}\frac{\mathrm{d}x}{1+\mathrm{e}^{x}}$；　　4. $\int_{1}^{\mathrm{e}}\sqrt{x}\ln x\mathrm{d}x$；

5. $\int_{0}^{\frac{1}{2}}\frac{1+x}{\sqrt{1-x^{2}}}\mathrm{d}x$；　　6. $\int_{-1}^{2}\frac{1}{x^{3}}\mathrm{d}x$；

7. $\int_{-\infty}^{0}\frac{\mathrm{d}x}{(1-2x)^{\frac{3}{2}}}$.

四、设 $f(x)=\begin{cases}x^{2}, & -1\leqslant x<1,\\ \mathrm{e}^{-x}, & 1\leqslant x\leqslant 2,\end{cases}$ 求 $\int_{0}^{\frac{3}{2}}f(x)\mathrm{d}x$.

五、过抛物线 $y=\sqrt{2x}$ 上的一点 $M(2,2)$ 作切线 MT. 求由抛物线 $y=\sqrt{2x}$，切线 MT 及 x 轴所围成图形的面积.

六、求由曲线 $y=\sqrt{2x-x^{2}}$，$y=\sqrt{2x}$ 及 $x=2$ 所围图形绕 x 轴旋转一周所成旋转体的体积.

七、某产品的总成本 C(元) 的边际成本 $C'=100$，总收益 R(元) 的边际收益为生产量 x(台) 的函数

$$R'(x)=500-x.$$

1. 生产量等于多少时，总利润 $L=R-C$ 为最大?

2. 从利润最大的生产量又生产了 100 台，总利润减少了多少?

第6章 行列式

6.1 知识结构图

行列式 $\begin{cases}\text{行列式的概念，行列式的性质}\\ \text{行列式的按行(列)展开定理，行列式的计算}\\ \text{克兰姆法则}\end{cases}$

6.2 学习目的及要求

① 了解行列式的概念，掌握行列式的性质；

② 熟练掌握行列式的性质和行列式按行(列)展开定理，会熟练计算行列式；

③ 会用克兰姆法则求解线性方程组或判断齐次线性方程组的解的问题.

6.3 常考题型及解法

(1) 行列式的计算

① 对于二、三阶行列式，直接采用对角线法：

$$\begin{vmatrix} a_{11} & a_{12} \\ a_{21} & a_{22} \end{vmatrix} = a_{11}a_{22} - a_{12}a_{21};$$

$$\begin{vmatrix} a_{11} & a_{12} & a_{13} \\ a_{21} & a_{22} & a_{23} \\ a_{31} & a_{32} & a_{33} \end{vmatrix} = a_{11}a_{22}a_{33} + a_{12}a_{23}a_{31} + a_{21}a_{32}a_{13} - a_{13}a_{22}a_{31} - a_{12}a_{21}a_{33} - a_{11}a_{23}a_{32}.$$

② 对于三阶及三阶以上的行列式：

(ⅰ) 利用行列式的性质，对行列式引进恒等变形，化为上(下)三角行列式，从而求得其值；

(ⅱ) 利用行列展开定理降阶，但在展开之前常常先对行列式进行恒等变形，使得行列式的某一行(列)有较多的0，再按行(或列)展开，这样做会减少计算量，从而使计算变得简单；

(ⅲ) 对于较复杂的行列式，常用的计算技巧有加边法、递推法、数学归纳法等，这一点对高职高专学生不做要求.

(2) 克兰姆法则

定理 对于 n 个方程 n 个未知数的线性方程组

$$\begin{cases} a_{11}x_1 + a_{12}x_2 + \cdots + a_{1n}x_n = b_1, \\ a_{21}x_1 + a_{22}x_2 + \cdots + a_{2n}x_n = b_2, \\ \cdots\cdots\cdots\cdots \\ a_{n1}x_1 + a_{n2}x_2 + \cdots + a_{nn}x_n = b_n, \end{cases}$$

如果系数行列式 $D = |a_{ij}| \neq 0$，则方程组有唯一解

$$x_1 = \frac{D_1}{D}, \quad x_2 = \frac{D_2}{D}, \cdots, x_n = \frac{D_n}{D}.$$

推论　对于 n 个方程 n 个未知数的齐次线性方程组

$$\begin{cases} a_{11}x_1 + a_{12}x_2 + \cdots + a_{1n}x_n = 0, \\ a_{21}x_1 + a_{22}x_2 + \cdots + a_{2n}x_n = 0, \\ \cdots\cdots\cdots\cdots \\ a_{n1}x_1 + a_{n2}x_2 + \cdots + a_{nn}x_n = 0 \end{cases}$$

有非零解的充要条件是 $D = 0$.

例 1　计算行列式 $\begin{vmatrix} x & a & a & a \\ a & x & a & a \\ a & a & x & a \\ a & a & a & x \end{vmatrix}$.

解　原式 $= \begin{vmatrix} x+3a & x+3a & x+3a & x+3a \\ a & x & a & a \\ a & a & x & a \\ a & a & a & x \end{vmatrix} = (x+3a)\begin{vmatrix} 1 & 1 & 1 & 1 \\ a & x & a & a \\ a & a & x & a \\ a & a & a & x \end{vmatrix}$

$$= (x+3a)\begin{vmatrix} 1 & 1 & 1 & 1 \\ 0 & x-a & 0 & 0 \\ 0 & 0 & x-a & 0 \\ 0 & 0 & 0 & x-a \end{vmatrix} = (x+3a)(x-a)^3.$$

例 2　设 x_1，x_2，x_3 是方程组 $x^3 + px + q = 0$ 的三个根，则 $\begin{vmatrix} x_1 & x_2 & x_3 \\ x_3 & x_1 & x_2 \\ x_2 & x_3 & x_1 \end{vmatrix} = 0$.

证明　因为 x_1，x_2，x_3 是方程组 $x^2 + px + q = 0$ 的三个根，由韦达定理得 $x_1 + x_2 + x_3 = 0$，所以

$$\begin{vmatrix} x_1 & x_2 & x_3 \\ x_3 & x_1 & x_2 \\ x_2 & x_3 & x_1 \end{vmatrix} = \begin{vmatrix} x_1+x_2+x_3 & x_1+x_2+x_3 & x_1+x_2+x_3 \\ x_3 & x_1 & x_2 \\ x_2 & x_3 & x_3 \end{vmatrix} = 0.$$

例 3　已知 $D = \begin{vmatrix} a_1 & a_2 & a_3 & a_4 \\ a_2 & a_2 & a_4 & a_5 \\ a_3 & a_2 & a_5 & a_6 \\ a_4 & a_2 & a_6 & a_7 \end{vmatrix}$ $(a_i \neq 0)$，证明：$A_{13} + A_{23} + A_{33} + A_{43} = 0$.

证明 $A_{13}+A_{23}+A_{33}+A_{43}=\sum_{i=1}^{4}1\cdot A_{i3}=\begin{vmatrix}a_1&a_2&1&a_4\\a_2&a_2&1&a_5\\a_3&a_2&1&a_6\\a_4&a_2&1&a_7\end{vmatrix}=0.$

例 4 求 $D_n=\begin{vmatrix}a_1+b_1&a_2&\cdots&a_n\\a_1&a_2+b_2&\cdots&a_n\\\vdots&\vdots&&\vdots\\a_1&a_2&\cdots&a_n+b_n\end{vmatrix}\quad\left(\prod_{i=1}^{n}b_i\neq 0\right).$

解 对 D_n 加边得

$$D_n=\begin{vmatrix}1&a_1&a_2&\cdots&a_n\\0&a_1+b_1&a_2&\cdots&a_n\\0&a_1&a_2+b_2&\cdots&a_n\\\vdots&\vdots&\vdots&&\vdots\\0&a_1&a_2&\cdots&a_n+b_n\end{vmatrix}$$

$$\xlongequal{\text{第一行乘}(-1)\text{加到每一行}}\begin{vmatrix}1&a_1&a_2&\cdots&a_n\\-1&b_1&0&\cdots&0\\-1&0&b_2&\cdots&0\\\vdots&\vdots&\vdots&&\vdots\\-1&0&0&\cdots&b_n\end{vmatrix}=\begin{vmatrix}1+\sum_{i=1}^{n}\frac{a_i}{b_i}&a_1&a_2&\cdots&a_n\\0&b_1&0&\cdots&0\\0&0&b_2&\cdots&0\\\vdots&\vdots&\vdots&&\vdots\\0&0&0&\cdots&b_n\end{vmatrix}$$

$$=\prod_{i=1}^{n}b_i\left(1+\sum_{i=1}^{n}\frac{a_i}{b_i}\right).$$

例 5 计算 n 阶行列式(三对角行列式)

$$D_n=\begin{vmatrix}2&1&0&\cdots&0&0\\1&2&1&\cdots&0&0\\0&1&2&\cdots&0&0\\\vdots&\vdots&\vdots&&\vdots&\vdots\\0&0&0&\cdots&2&1\\0&0&0&\cdots&1&2\end{vmatrix}.$$

解 $D_n=2D_{n-1}+1\times(-1)^{1+2}D_{n-2}=2D_{n-1}-D_{n-2}.$

把上面的递推公式改写为 $D_n-D_{n-1}=D_{n-1}-D_{n-2},$

这样就有 $D_n-D_{n-1}=D_{n-1}-D_{n-2}=\cdots=D_2-D_1.$

由于 $D_1=2$, $D_2=\begin{vmatrix}2&1\\1&2\end{vmatrix}=3$,故

$$D_n-D_{n-1}=1\Rightarrow D_n=D_{n-1}+1,$$

所以 $D_n=D_{n-1}+1=D_{n-2}+2=\cdots=D_1+n-1=n+1.$

例 6 当 a 取何值时,方程组 $\begin{cases}(a+2)x_1+4x_2+x_3=0,\\-4x_1+(a-3)x_2+4x_3=0,\\-x_1+4x_2+(a+4)x_3=0\end{cases}$ 有非零解?

解　要使方程组有非零解，只需

$$\begin{vmatrix} a+2 & 4 & 1 \\ -4 & a-3 & 4 \\ -1 & 4 & a+4 \end{vmatrix} = 0,$$

即 $(a+3)^2(a-3)=0$，解得 $a=-3$ 或 $a=3$.

例 7　设 $f(x)=\sum\limits_{i=0}^{n} c_i x^i$，若 $f(x)$ 有 $n+1$ 个互不相同的零点，证明 $f(x)\equiv 0$.

证明　设 $x_1, x_2, \cdots, x_{n+1}$ 是 $f(x)$ 的 $n+1$ 互不相同的零点，由此得到

$$\begin{cases} c_0+c_1x_1+c_2x_1^2+\cdots+c_nx_1^n=0, \\ c_0+c_1x_2+c_2x_2^2+\cdots+c_nx_2^n=0, \\ \cdots\cdots\cdots\cdots \\ c_0+c_1x_{n+1}+c_2x_{n+1}^2+\cdots+c_nx_{n+1}^n=0, \end{cases}$$

该方程组的系数行列式是范德蒙行列式的转置，即

$$D=\begin{vmatrix} 1 & x_1 & x_1^2 & \cdots & x_1^n \\ 1 & x_2 & x_2^2 & \cdots & x_2^n \\ \vdots & \vdots & \vdots & & \vdots \\ 1 & x_{n+1} & x_{n+1}^2 & \cdots & x_{n+1}^n \end{vmatrix} = \prod_{n+1\geqslant i>j\geqslant 1}(x_i-x_j)\neq 0,$$

所以，方程组只有零解，即 $c_0=c_1=\cdots=c_n=0$，故 $f(x)\equiv 0$.

6.4　强化训练题、自测题

6.4.1　强化训练题 1

1. 求下列各行列式的值：

(1) $\begin{vmatrix} -3 & 5 \\ 2 & -5 \end{vmatrix}$；　　(2) $\begin{vmatrix} \cos 75° & \sin 75° \\ \sin 75° & -\cos 75° \end{vmatrix}$；

(3) $\begin{vmatrix} 2 & 0 & 1 \\ 4 & 2 & -3 \\ 5 & 3 & 1 \end{vmatrix}$；　　(4) $\begin{vmatrix} 4 & 2 & 3 \\ 2 & 3 & 0 \\ 3 & 0 & 0 \end{vmatrix}$.

2. 用行列式解下列方程组：

(1) $\begin{cases} x+2y-1=0, \\ 3x-y+2=0; \end{cases}$　　(2) $\begin{cases} 2x-y-z=0, \\ 3x+2y-5z=1, \\ x+3y-2z=4. \end{cases}$

3. 利用对角线法计算下列行列式：

(1) $\begin{vmatrix} 1 & 1 & 2 \\ 2 & 1 & 1 \\ 1 & 2 & 1 \end{vmatrix}$；　　(2) $\begin{vmatrix} 3 & 6 & 12 \\ 2 & -3 & 0 \\ 5 & 1 & 2 \end{vmatrix}$.

4. 解下列方程：

(1) $\begin{vmatrix} x^2 & 4 & -9 \\ x & 2 & 3 \\ 1 & 1 & 1 \end{vmatrix} = 0$;　　(2) $\begin{vmatrix} 1-x & 2 & 3 \\ 2 & 1-x & 3 \\ 3 & 3 & 6-x \end{vmatrix} = 0$.

6.4.2　强化训练题 2

1. 计算下列行列式:

(1) $\begin{vmatrix} 4 & 1 & 1 & 1 \\ 1 & 4 & 1 & 1 \\ 1 & 1 & 4 & 1 \\ 1 & 1 & 1 & 4 \end{vmatrix}$;　　(2) $\begin{vmatrix} 2 & 1 & 4 & 1 \\ 3 & -1 & 2 & 1 \\ 1 & 2 & 3 & 2 \\ 3 & 0 & 6 & 2 \end{vmatrix}$;

(3) $\begin{vmatrix} 2 & 1 & 0 & 0 \\ 1 & 2 & 1 & 0 \\ 0 & 1 & 2 & 1 \\ 0 & 0 & 1 & 2 \end{vmatrix}$;　　(4) $\begin{vmatrix} 0 & 1 & 1 & 1 \\ 1 & 0 & x & y \\ 1 & x & 0 & z \\ 1 & y & z & 0 \end{vmatrix}$.

2. 证明:

(1) $\begin{vmatrix} a^2 & (a+1)^2 & (a+2)^2 & (a+3)^2 \\ b^2 & (b+1)^2 & (b+2)^2 & (b+3)^2 \\ c^2 & (c+1)^2 & (c+2)^2 & (c+3)^2 \\ d^2 & (d+1)^2 & (d+2)^2 & (d+3)^2 \end{vmatrix} = 0$;

(2) $\begin{vmatrix} a_1b_1 & a_1b_2 & \cdots & a_1b_n \\ a_2b_1 & a_2b_2 & \cdots & a_2b_n \\ a_3b_1 & a_3b_2 & \cdots & a_3b_n \\ \vdots & \vdots & & \vdots \\ a_nb_1 & a_nb_2 & \cdots & a_nb_n \end{vmatrix} = 0$.

6.4.3　强化训练题 3

1. 利用克莱姆法则解下列方程组:

(1) $\begin{cases} x_1 + x_2 + x_3 + x_4 = 5, \\ x_1 + 2x_2 - x_3 + 4x_4 = -2, \\ 2x_1 - 3x_2 - x_3 - 5x_4 = -2, \\ 3x_1 + x_2 + 2x_3 + 11x_4 = 0; \end{cases}$　　(2) $\begin{cases} 2x_1 + 3x_2 + 11x_3 + 5x_4 = 6, \\ x_1 + x_2 + 5x_3 + 2x_4 = 2, \\ 2x_1 + x_2 + 3x_3 + 4x_4 = 2, \\ x_1 + x_2 + 3x_3 + 4x_4 = 2. \end{cases}$

2. k 取何值时, 下述方程组(1) 有非零解? (2) 只有零解?

$$\begin{cases} kx + y + z = 0, \\ x + ky - z = 0, \\ 2x - y + z = 0. \end{cases}$$

6.4.4　自测题

选择题：

1. $\begin{vmatrix} 0 & 3 & 1 \\ 0 & 4 & 2 \\ 1 & 5 & 0 \end{vmatrix} = ($　　$)$;

(A) 10　　(B) 0　　(C) -2　　(D) 2

2. $\begin{vmatrix} 4 & 5 & 6 \\ 1 & 0 & 0 \\ 1 & 5 & 0 \end{vmatrix} = ($　　$)$;

(A) 13　　(B) -13　　(C) 0　　(D) 23

3. $\begin{vmatrix} 0 & a & 0 & 0 \\ b & c & 0 & 0 \\ 0 & 0 & d & e \\ 0 & 0 & 0 & f \end{vmatrix} = ($　　$)$;

(A) $abcd$　　(B) $-abcd$　　(C) 0　　(D) $abcdef$

4. $\begin{vmatrix} a & b & c \\ a^2 & b^2 & c^2 \\ a^3 & b^3 & c^3 \end{vmatrix} = ($　　$)$;

(A) $abc(b-a)(c-a)(c-b)$　　(B) $abc(b-a)(c-a)(b-c)$

(C) $abc(a-b)(c-a)(c-b)$　　(D) $abc(b-a)(a-c)(c-b)$

5. $\begin{vmatrix} 0 & a_1 & 0 & \cdots & 0 \\ 0 & 0 & a_2 & \cdots & 0 \\ \vdots & \vdots & \vdots & & \vdots \\ 0 & 0 & 0 & \cdots & a_{n-1} \\ a_{n1} & a_{n2} & a_{n3} & \cdots & a_{nn} \end{vmatrix} = ($　　$)$;

(A) $a_1a_2\cdots a_{n-1}a_{n1}$　　(B) $-a_1a_2\cdots a_{n-1}a_{n1}$

(C) $(-1)^{n+1}a_1a_2\cdots a_{n-1}a_{n1}$　　(D) 0

6. $\begin{vmatrix} a & b & 0 & \cdots & 0 & 0 \\ 0 & a & b & \cdots & 0 & 0 \\ 0 & 0 & a & \cdots & 0 & 0 \\ \vdots & \vdots & \vdots & & \vdots & \vdots \\ 0 & 0 & 0 & \cdots & a & b \\ b & 0 & 0 & \cdots & 0 & a \end{vmatrix} = ($　　$)$;

(A) a^n+b^n　　(B) a^n-b^n　　(C) $a^n+(-1)^nb^n$　　(D) $a^n+(-1)^{n+1}b^n$

7. $\begin{vmatrix} x & 0 & 0 & y \\ 0 & x & y & 0 \\ 0 & y & x & 0 \\ y & 0 & 0 & x \end{vmatrix} = ($　　$)$;

(A) x^4+y^4　(B) x^4-y^4　(C) $(x^2+y^2)^2$　(D) $(x^2-y^2)^2$

8. 若行列式 $\begin{vmatrix} 1 & 2 & 5 \\ 1 & 3 & -2 \\ 2 & 5 & x \end{vmatrix}=0$, 则 $x=$(　　);

(A) 2　(B) -2　(C) 3　(D) -3

9. 若方程组 $\begin{cases} \lambda x_1+x_2+x_3=0, \\ x_1+\lambda x_2+x_3=0, \\ x_1+x_2+\lambda x_3=0 \end{cases}$ 有非零解, 则 $\lambda=$(　　);

(A) 2　(B) -2　(C) 0　(D) 3

10. 当 $a=$(　　)时, 方程组 $\begin{cases} (a+2)x_1+4x_2+x_3=0, \\ -4x_1+(a-3)x_2+4x_3=0, \\ -x_1+4x_2+(a+4)x_3=0 \end{cases}$ 有非零解.

(A) 2　(B) -2　(C) 0　(D) 3

第 7 章　矩阵与线性方程组

7.1　知识结构图

矩阵与线性方程组
- 矩阵的概念，矩阵的运算(加、减、数乘、乘法、幂)，矩阵的转置，方阵乘积的行列式
- 逆矩阵的概念及性质，矩阵可逆的充要条件，伴随矩阵
- 初等矩阵，矩阵的初等变换，矩阵的秩
- 向量的线性组合与线性表出
- 向量组的线性相关与线性无关
- 向量组的极大线性无关组，向量组的秩与矩阵的秩之间的关系
- 线性方程组有解与无解的判定
- 齐次线性方程组与非齐次线性方程组的基础解系及通解

7.2　学习目的及要求

① 理解矩阵的概念，了解一些特殊矩阵(单位矩阵、对角矩阵、对称矩阵与反对称矩阵等) 的定义及性质；

② 掌握矩阵的线性运算(加、减、数乘)，乘法，转置以及它们的运算规律，了解方阵的幂及方阵乘积的行列式；

③ 理解逆矩阵的概念，掌握逆矩阵的性质，以及方阵可逆的充要条件，理解伴随矩阵的概念，会用伴随矩阵求矩阵的逆；

④ 掌握矩阵的初等变换，理解矩阵秩的概念，掌握用初等变换求矩阵的秩；

⑤ 理解线性方程组有解的充分必要条件；

⑥ 掌握用初等变换求逆矩阵，以及求线性方程组的通解；

⑦ 理解 n 维向量的概念，向量的线性组合与线性表出；

⑧ 理解向量组线性相关、无关的定义，以及线性相关与线性无关的判别法；

⑨ 了解极大线性无关组与向量组的秩的概念，以及它们的求法；

⑩ 了解向量组的秩与矩阵的秩之间的关系，并会利用它们的关系求秩；

⑪ 理解齐次线性方程组的基础解系的概念，掌握求基础解系的方法；

⑫ 掌握求非齐次线性方程组的通解的方法.

7.3　重要结论与公式

(1) 矩阵运算中的重要性质

① 加法与数乘 $\begin{cases} \boldsymbol{A}+\boldsymbol{B}=\boldsymbol{B}+\boldsymbol{A} \quad (\boldsymbol{A}+\boldsymbol{B})+\boldsymbol{C}=\boldsymbol{A}+(\boldsymbol{B}+\boldsymbol{C}) \\ \boldsymbol{A}+\boldsymbol{O}=\boldsymbol{A} \quad \boldsymbol{A}+(-\boldsymbol{A})=\boldsymbol{O} \quad k(\boldsymbol{A}+\boldsymbol{B})=k\boldsymbol{A}+k\boldsymbol{B} \\ (kl)\boldsymbol{A}=k(l\boldsymbol{A}) \quad (k+l)\boldsymbol{A}=k\boldsymbol{A}+l\boldsymbol{A} \quad 1\boldsymbol{A}=\boldsymbol{A} \quad 0\boldsymbol{A}=\boldsymbol{O} \end{cases}$

② 乘法 $\begin{cases} (\boldsymbol{AB})\boldsymbol{C}=\boldsymbol{A}(\boldsymbol{BC}) \quad \boldsymbol{A}(\boldsymbol{B}+\boldsymbol{C})=\boldsymbol{AB}+\boldsymbol{AC} \quad (\boldsymbol{B}+\boldsymbol{C})\boldsymbol{A}=\boldsymbol{BA}+\boldsymbol{CA} \\ (k\boldsymbol{A})(l\boldsymbol{B})=(kl)\boldsymbol{AB} \quad \boldsymbol{AE}=\boldsymbol{EA}=\boldsymbol{A} \quad \boldsymbol{AO}=\boldsymbol{OA}=\boldsymbol{O} \end{cases}$

③ 转置 $\begin{cases} (\boldsymbol{A}^{\mathrm{T}})^{\mathrm{T}}=\boldsymbol{A} \quad (k\boldsymbol{A})^{\mathrm{T}}=k\boldsymbol{A}^{\mathrm{T}} \\ (\boldsymbol{A}+\boldsymbol{B})^{\mathrm{T}}=\boldsymbol{A}^{\mathrm{T}}+\boldsymbol{B}^{\mathrm{T}} \quad (\boldsymbol{AB})^{\mathrm{T}}=\boldsymbol{B}^{\mathrm{T}}\boldsymbol{A}^{\mathrm{T}} \end{cases}$

④ 逆矩阵 $\begin{cases} (\boldsymbol{A}^{-1})^{-1}=\boldsymbol{A} \quad (k\boldsymbol{A})^{-1}=\dfrac{1}{k}\boldsymbol{A}^{-1}(k\neq 0) \\ (\boldsymbol{AB})^{-1}=\boldsymbol{B}^{-1}\boldsymbol{A}^{-1} \quad (\boldsymbol{A}^{\mathrm{T}})^{-1}=(\boldsymbol{A}^{-1})^{\mathrm{T}} \end{cases}$

⑤ 方阵的幂　$\boldsymbol{A}^k\boldsymbol{A}^l=\boldsymbol{A}^{k+l}$　$(\boldsymbol{A}^k)^l=\boldsymbol{A}^{kl}$　$(\boldsymbol{A}^k)^{\mathrm{T}}=(\boldsymbol{A}^{\mathrm{T}})^k$　$(l\boldsymbol{A})^k=l^k\boldsymbol{A}^k$.

⑥ 伴随矩阵 $\begin{cases} (k\boldsymbol{A})^*=k^{n-1}\boldsymbol{A}^* \quad (\boldsymbol{AB})^*=\boldsymbol{B}^*\boldsymbol{A}^* \quad (\boldsymbol{A}^*)^*=|\boldsymbol{A}|^{n-2}\boldsymbol{A} \\ (\boldsymbol{A}^*)^{-1}=(\boldsymbol{A}^{-1})^* \quad (\boldsymbol{A}^*)^{-1}=\dfrac{1}{|\boldsymbol{A}|}\boldsymbol{A} \end{cases}$

⑦ 方阵的行列式 $\begin{cases} |\boldsymbol{A}^{\mathrm{T}}|=|\boldsymbol{A}| \quad |l\boldsymbol{A}|=l^n|\boldsymbol{A}| \quad |\boldsymbol{AB}|=|\boldsymbol{A}|\cdot|\boldsymbol{B}| \\ |\boldsymbol{A}^k|=|\boldsymbol{A}|^k \quad |\boldsymbol{A}^{-1}|=|\boldsymbol{A}|^{-1} \quad |\boldsymbol{A}^*|=|\boldsymbol{A}|^{n-1} \end{cases}$

(2) 矩阵秩的有关结论

① $R(\boldsymbol{A}_{m\times n})\leqslant \min(m,n)$　　② $R(k\boldsymbol{A})=\begin{cases} R(\boldsymbol{A}), & k\neq 0, \\ 0, & k=0 \end{cases}$

③ $R(\boldsymbol{A}^{\mathrm{T}})=R(\boldsymbol{A})$　　④ $R(\boldsymbol{AB})\leqslant \min(R(\boldsymbol{A}),R(\boldsymbol{B}))$

⑤ $R(\boldsymbol{AB})=\begin{cases} R(\boldsymbol{B}), & \boldsymbol{A}\text{ 可逆}, \\ R(\boldsymbol{A}), & \boldsymbol{B}\text{ 可逆} \end{cases}$

⑥ $R(\boldsymbol{A}+\boldsymbol{B})\leqslant R(\boldsymbol{A})+R(\boldsymbol{B})$

⑦ $R(\boldsymbol{A}^*)=\begin{cases} n, & R(\boldsymbol{A})=n, \\ 1, & R(\boldsymbol{A})=n-1, \\ 0, & R(\boldsymbol{A})<n-1 \end{cases}$　⑧ 若 $\boldsymbol{A}$ 和 $\boldsymbol{B}$ 等价, 则 $R(\boldsymbol{A})=R(\boldsymbol{B})$

(3) 关于矩阵运算应注意以下问题

① $\boldsymbol{AB}\neq\boldsymbol{BA}$(一般来说)

② $(\boldsymbol{A}+\boldsymbol{B})(\boldsymbol{A}-\boldsymbol{B})\neq\boldsymbol{A}^2-\boldsymbol{B}^2$　　$(\boldsymbol{A}+\boldsymbol{B})^k=\boldsymbol{A}^k+\mathrm{C}_k^1\boldsymbol{A}^{k-1}\boldsymbol{B}+\cdots+\boldsymbol{B}^k$

$(\boldsymbol{AB})^k\neq\boldsymbol{A}^k\boldsymbol{B}^k$　(它们成立 $\Leftrightarrow \boldsymbol{AB}=\boldsymbol{BA}$)

③ $\boldsymbol{AB}=\boldsymbol{O}\nRightarrow\boldsymbol{A}=\boldsymbol{O}$ 或 $\boldsymbol{B}=\boldsymbol{O}$ (当且仅当 $\boldsymbol{A}$ 可逆或 $\boldsymbol{B}$ 可逆时才成立)

④ $\boldsymbol{AB}=\boldsymbol{AC}\nRightarrow\boldsymbol{B}=\boldsymbol{C}$ (当且仅当 $\boldsymbol{A}$ 可逆时成立)

$\boldsymbol{BA}=\boldsymbol{CA}\nRightarrow\boldsymbol{B}=\boldsymbol{C}$(当且仅当 $\boldsymbol{A}$ 可逆时成立)

⑤ $\boldsymbol{A}^2=\boldsymbol{A}\nRightarrow\boldsymbol{A}=\boldsymbol{O}$ 或 $\boldsymbol{A}=\boldsymbol{E}$(当且仅当 $\boldsymbol{A}-\boldsymbol{E}$ 可逆时 $\boldsymbol{A}=\boldsymbol{O}$, 当且仅当 $\boldsymbol{A}$ 可逆时 $\boldsymbol{A}=\boldsymbol{E}$)

⑥ $\boldsymbol{A}^2=\boldsymbol{O}\nRightarrow\boldsymbol{A}=\boldsymbol{O}$(当且仅当 $\boldsymbol{A}$ 可逆或 $\boldsymbol{A}$ 为实对称矩阵时才成立)

⑦ $\boldsymbol{A}^2=\boldsymbol{E}\nRightarrow\boldsymbol{A}=\pm\boldsymbol{E}$

⑧ $|\boldsymbol{A}+\boldsymbol{B}|\neq|\boldsymbol{A}|+|\boldsymbol{B}|$　$(\boldsymbol{A}+\boldsymbol{B})^{-1}\neq\boldsymbol{A}^{-1}+\boldsymbol{B}^{-1}$　$(\boldsymbol{A}+\boldsymbol{B})^*\neq\boldsymbol{A}^*+\boldsymbol{B}^*$

(4) 几个充分必要条件

① n 阶方阵 $\boldsymbol{A}$ 可逆的充分必要条件

$$\boldsymbol{A}\text{ 可逆, 即存在 } n \text{ 阶方阵 } \boldsymbol{B}\text{, 使得 } \boldsymbol{AB} = \boldsymbol{BA} = \boldsymbol{E}$$

$$\Leftrightarrow R(\boldsymbol{A}) = n \Leftrightarrow \text{满秩} \Leftrightarrow |\boldsymbol{A}| \neq 0 \Leftrightarrow \boldsymbol{A}\text{ 非奇异} \Leftrightarrow \boldsymbol{A}\text{ 的行列向量组线性无关}$$

② 矩阵等价的充分必要条件

$$\boldsymbol{A}\text{ 与 }\boldsymbol{B}\text{ 等价} \Leftrightarrow \boldsymbol{A}\text{ 经过有限次的初等变换变成 }\boldsymbol{B}$$

$$\Leftrightarrow \boldsymbol{A}\text{ 与 }\boldsymbol{B}\text{ 同型,且 } R(\boldsymbol{A}) = R(\boldsymbol{B}) \Leftrightarrow \text{存在可逆矩阵 } \boldsymbol{P},\boldsymbol{Q}\text{,使得 } \boldsymbol{PAQ} = \boldsymbol{B}$$

(5) 齐次与非齐次线性方程组的有关结果

设 $\boldsymbol{A} = (a_{ij})_{m\times n}$, $R(\boldsymbol{A}) = r(>0)$, $\boldsymbol{x} = (x_1, x_2, \cdots, x_n)^{\mathrm{T}}$, $\boldsymbol{b} = (b_1, b_2, \cdots, b_m)^{\mathrm{T}} \neq \boldsymbol{0}$, 又设 $\boldsymbol{A} = (\boldsymbol{\alpha}_1, \cdots, \boldsymbol{\alpha}_n)$, 其中 $\boldsymbol{\alpha}_j (j = 1,2,\cdots,n)$ 为 $\boldsymbol{A}$ 的第 j 列向量, $\boldsymbol{B} = (\boldsymbol{A}, \boldsymbol{b})$ 为线性方程组 $\boldsymbol{AX} = \boldsymbol{b}$ 的增广矩阵.

		齐次线性方程组 $\boldsymbol{AX} = \boldsymbol{0}$	非齐次线性方程组 $\boldsymbol{AX} = \boldsymbol{b}$
相容性	有解	必有解	$\Leftrightarrow R(\boldsymbol{A}) = R(\boldsymbol{B})$ $\Leftrightarrow \boldsymbol{b}$ 可由 $\boldsymbol{\alpha}_1, \boldsymbol{\alpha}_2, \cdots, \boldsymbol{\alpha}_n$ 线性表出 $\Leftrightarrow \{\boldsymbol{\alpha}_1, \cdots, \boldsymbol{\alpha}_n\}$ 与 $\{\boldsymbol{\alpha}_1, \boldsymbol{\alpha}_2, \cdots, \boldsymbol{\alpha}_n, \boldsymbol{b}\}$ 等价 $\Leftrightarrow R(\boldsymbol{A}) = m$ $\Leftrightarrow m = n$ 时 $\lvert \boldsymbol{A} \rvert \neq 0$
	无解		$\Leftrightarrow R(\boldsymbol{B}) = R(\boldsymbol{A}) + 1$ $\Leftrightarrow \boldsymbol{b}$ 不能由 $\boldsymbol{\alpha}_1, \boldsymbol{\alpha}_2, \cdots, \boldsymbol{\alpha}_n$ 线性表出
解的个数	唯一解	$\Leftrightarrow R(\boldsymbol{A}) = n$ $\Leftrightarrow \boldsymbol{\alpha}_1, \boldsymbol{\alpha}_2, \cdots, \boldsymbol{\alpha}_n$ 线性无关 $\Leftrightarrow \lvert \boldsymbol{A} \rvert \neq 0$(当 $m = n$ 时)	$\Leftrightarrow R(\boldsymbol{A}) = R(\boldsymbol{B}) = n$ $\Leftrightarrow \boldsymbol{\alpha}_1, \boldsymbol{\alpha}_2, \cdots, \boldsymbol{\alpha}_n$ 线性无关 $\Leftrightarrow \lvert \boldsymbol{A} \rvert \neq 0$(当 $m = n$ 时)
	无穷多解	$\Leftrightarrow R(\boldsymbol{A}) < n$ $\Leftrightarrow \boldsymbol{\alpha}_1, \boldsymbol{\alpha}_2, \cdots, \boldsymbol{\alpha}_n$ 线性相关 $\Leftrightarrow \lvert \boldsymbol{A} \rvert = 0$(当 $m = n$ 时) $\Leftrightarrow m < n$	$\Leftrightarrow R(\boldsymbol{A}) = R(\boldsymbol{B}) = n$ $\Leftrightarrow \boldsymbol{\alpha}_1, \boldsymbol{\alpha}_2, \cdots, \boldsymbol{\alpha}_n$ 线性相关(有解时) $\Leftrightarrow \lvert \boldsymbol{A} \rvert = 0$(当 $m = n$,且有解时)
解向量的性质		构成向量空间,其维数为 $n - R(\boldsymbol{A})$	不构成向量空间. (1) 若 $\boldsymbol{\eta}_1, \boldsymbol{\eta}_2$ 是 $\boldsymbol{AX} = \boldsymbol{b}$ 的解, 则 $\boldsymbol{\eta}_1 - \boldsymbol{\eta}_2$ 是 $\boldsymbol{AX} = \boldsymbol{0}$ 的解. (2) 若 $\boldsymbol{\eta}$ 是 $\boldsymbol{AX} = \boldsymbol{b}$ 的解, $\boldsymbol{\xi}$ 是 $\boldsymbol{AX} = \boldsymbol{0}$ 的解, 则 $\boldsymbol{\xi} + \boldsymbol{\eta}$ 是 $\boldsymbol{AX} = \boldsymbol{b}$ 的解.
解的结构		通解为 $\boldsymbol{x} = k_1\boldsymbol{\xi}_1 + k_2\boldsymbol{\xi}_2 + \cdots + k_{n-r}\boldsymbol{\xi}_{n-r}$ $(k_1, k_2, \cdots, k_n \in \mathbf{R})$ 其中 $\boldsymbol{\xi}_1, \boldsymbol{\xi}_2, \cdots, \boldsymbol{\xi}_{n-r}$ 是 $\boldsymbol{AX} = \boldsymbol{0}$ 的基础解系.	通解为 $\boldsymbol{x} = \boldsymbol{\eta}^* + \sum_{i=1}^{n-r} k_i\boldsymbol{\xi}_i$ $(k_1, \cdots, k_{n-r} \in \mathbf{R})$ 其中 $\boldsymbol{\xi}_1, \boldsymbol{\xi}_2, \cdots, \boldsymbol{\xi}_{n-r}$ 是 $\boldsymbol{AX} = \boldsymbol{0}$ 的基础解系, $\boldsymbol{\eta}^*$ 是 $\boldsymbol{AX} = \boldsymbol{b}$ 的特解.

7.4　常考题型及解题方法

(1) 求逆矩阵

方法一　伴随矩阵法: $\boldsymbol{A}^{-1} = \dfrac{1}{\lvert \boldsymbol{A} \rvert}\boldsymbol{A}^*$　$(\lvert \boldsymbol{A} \rvert \neq 0)$.

方法二 初等变换法：$(\boldsymbol{A} \vdots \boldsymbol{E}) \xrightarrow{\text{初等行变换}} (\boldsymbol{E} \vdots \boldsymbol{A}^{-1})$；$\begin{pmatrix} \boldsymbol{A} \\ \boldsymbol{E} \end{pmatrix} \xrightarrow[\text{列变换}]{\text{初等}} \begin{pmatrix} \boldsymbol{E} \\ \boldsymbol{A}^{-1} \end{pmatrix}$；$(\boldsymbol{A} \vdots \boldsymbol{B}) \xrightarrow[\text{行变换}]{\text{初等}} (\boldsymbol{E} \vdots \boldsymbol{A}^{-1}\boldsymbol{B})$；$\begin{pmatrix} \boldsymbol{A} \\ \boldsymbol{C} \end{pmatrix} \xrightarrow[\text{变换}]{\text{初等列}} \begin{pmatrix} \boldsymbol{E} \\ \boldsymbol{C}\boldsymbol{A}^{-1} \end{pmatrix}$.

(2) 求矩阵的秩

方法一 利用秩的定义，若矩阵 $\boldsymbol{A}$ 中有一个 r 阶子式不等于0，而所有的 $r+1$ 阶子式都等于0，则 $R(\boldsymbol{A}) = r$.

方法二 用初等行变换化 $\boldsymbol{A}$ 为阶梯形矩阵 $\boldsymbol{J}$，则 $\boldsymbol{J}$ 中非零行的行数即为矩阵 $\boldsymbol{A}$ 的秩.

(3) 求解线性方程组的消元法

设 $\boldsymbol{A} = (a_{ij})_{m\times n}$，$R(\boldsymbol{A}) = r$，且线性方程组有解. 将增广矩阵 $\boldsymbol{B} = (\boldsymbol{A} \vdots \boldsymbol{b})$ 用初等变换化为行最简形矩阵，不妨设

$$\boldsymbol{B} \xrightarrow[\text{变换}]{\text{初等行}} \left(\begin{array}{ccccccc:c} 1 & 0 & \cdots & 0 & c_{1,r+1} & \cdots & c_{1n} & d_1 \\ 0 & 1 & \cdots & 0 & c_{2,r+1} & \cdots & c_{2n} & d_2 \\ \vdots & \vdots & & \vdots & \vdots & & \vdots & \vdots \\ 0 & 0 & \cdots & 1 & c_{r,r+1} & \cdots & c_{rn} & d_r \\ 0 & 0 & \cdots & 0 & 0 & \cdots & 0 & 0 \\ \vdots & \vdots & & \vdots & \vdots & & \vdots & \vdots \\ 0 & 0 & \cdots & 0 & 0 & \cdots & 0 & 0 \end{array}\right),$$

从而得到同解方程组为

$$\begin{cases} x_1 + c_{1,r+1}x_{r+1} + \cdots + c_{1n}x_n = d_1, \\ x_2 + c_{2,r+1}x_{r+1} + \cdots + c_{2n}x_n = d_2, \\ \cdots\cdots\cdots\cdots \\ x_r + c_{r,r+1}x_{r+1} + \cdots + c_{rn}x_n = d_r, \end{cases}$$

于是 $\boldsymbol{AX} = \boldsymbol{b}$ 的通解为

$$\begin{cases} x_1 = d_1 - \sum\limits_{i=1}^{n-r} c_{1,r+i}k_i, \\ x_2 = d_2 - \sum\limits_{i=1}^{n-r} c_{2,r+i}k_i, \\ \vdots \\ x_r = d_r - \sum\limits_{i=1}^{n-r} c_{r,r+i}k_i, \\ x_{r+1} = k_1, \\ \vdots \\ x_n = k_{n-r}. \end{cases} \xrightarrow{\text{向量形式}} \begin{pmatrix} x_1 \\ x_2 \\ \vdots \\ x_r \\ x_{r+1} \\ x_{r+2} \\ \vdots \\ x_n \end{pmatrix} = \begin{pmatrix} d_1 \\ d_2 \\ \vdots \\ d_r \\ 0 \\ 0 \\ \vdots \\ 0 \end{pmatrix} + k_1 \begin{pmatrix} -c_{1,r+1} \\ -c_{2,r+1} \\ \vdots \\ -c_{r,r+1} \\ 1 \\ 0 \\ \vdots \\ 0 \end{pmatrix} + \cdots + k_{n-r} \begin{pmatrix} -c_{1n} \\ -c_{2n} \\ \vdots \\ -c_{rn} \\ 0 \\ 0 \\ \vdots \\ 1 \end{pmatrix}$$

$(k_1, k_2, \cdots, k_{n-r} \in \mathbf{R})$.

(4) 判断向量组的线性相关性

对于具体给出的向量组 $\boldsymbol{\alpha}_1, \boldsymbol{\alpha}_2, \cdots, \boldsymbol{\alpha}_m$，判断其线性相关与线性无关通常采用以下方法.

方法一 定义法. 先根据定义设出 $\sum\limits_{i=1}^{m} k_i\boldsymbol{\alpha}_i = \mathbf{0}$，然后转化成齐次线性方程组进行讨论.

若方程组有非零解，则向量组 $\boldsymbol{\alpha}_1,\boldsymbol{\alpha}_2,\cdots,\boldsymbol{\alpha}_m$ 线性相关；若该方程组只有零解，则向量组 $\boldsymbol{\alpha}_1,\boldsymbol{\alpha}_2,\cdots,\boldsymbol{\alpha}_m$ 线性无关.

方法二　求秩法. 将向量组 $\boldsymbol{\alpha}_1,\boldsymbol{\alpha}_2,\cdots,\boldsymbol{\alpha}_m$ 排成矩阵 $\boldsymbol{A}$，然后求 $\boldsymbol{A}$ 的秩. 若 $\boldsymbol{A}$ 的秩 $R(\boldsymbol{A}) < m$，则相关；若 $R(\boldsymbol{A}) = m$，则向量组线性无关.

方法三　行列式法. 对于 n 个 n 维向量 $\boldsymbol{\alpha}_1,\boldsymbol{\alpha}_2,\cdots,\boldsymbol{\alpha}_n$，先将它们排成方阵 $\boldsymbol{A}$. 若 $|\boldsymbol{A}| = 0$，则向量组线性相关；若 $|\boldsymbol{A}| \neq 0$，则向量组线性无关.

方法四　利用“部分相关，整体相关”；“整体无关，部分无关”，“$n+k$ 个 n 维向量必线性相关($k \geqslant 1$)”；“无关向量组的加长向量组必无关”等.

(5) 求向量组的秩和极大线性无关组

方法一　设 $\boldsymbol{\alpha}_1,\boldsymbol{\alpha}_2,\cdots,\boldsymbol{\alpha}_n$ 是 m 维向量组，将其排成矩阵

$\boldsymbol{A} = (\boldsymbol{\alpha}_1,\boldsymbol{\alpha}_2,\cdots,\boldsymbol{\alpha}_n)$（当 $\boldsymbol{\alpha}_1,\boldsymbol{\alpha}_2,\cdots,\boldsymbol{\alpha}_n$ 是列向量时），

$\boldsymbol{A} = (\boldsymbol{\alpha}_1,\boldsymbol{\alpha}_2,\cdots,\boldsymbol{\alpha}_n)^{\mathrm{T}}$（当 $\boldsymbol{\alpha}_1,\boldsymbol{\alpha}_2,\cdots,\boldsymbol{\alpha}_n$ 是行向量时），

则 $R(\boldsymbol{A})$ 即为 $(\boldsymbol{\alpha}_1,\boldsymbol{\alpha}_2,\cdots,\boldsymbol{\alpha}_n)$ 的秩，在 $\boldsymbol{A}$ 中求最高阶的非零子式 D_r，则包含 D_r 的(r 列或行)向量就是 $(\boldsymbol{\alpha}_1,\boldsymbol{\alpha}_2,\cdots,\boldsymbol{\alpha}_n)$ 的一个极大线性无关组.

方法二　设 $\boldsymbol{\alpha}_1,\boldsymbol{\alpha}_2,\cdots,\boldsymbol{\alpha}_n$ 是 m 维列向量组，将其排成 $m\times n$ 矩阵 $\boldsymbol{A} = (\boldsymbol{\alpha}_1,\cdots,\boldsymbol{\alpha}_n)$，并用初等行变换化成阶梯形矩阵 $\boldsymbol{J}$，$\boldsymbol{J}$ 中非零行的行数即为向量组的秩. $\boldsymbol{J}$ 中的每个非零行的第一个非零元素所在的列构成的列向量组即为 $\boldsymbol{\alpha}_1,\boldsymbol{\alpha}_2,\cdots,\boldsymbol{\alpha}_n$ 的极大线性无关组.

(6) 齐次线性方程组基础解系的求法

设 $\boldsymbol{A} = (a_{ij})_{m\times n}, R(\boldsymbol{A}) = r < n$，用初等行变换将 $\boldsymbol{A}$ 化成行最简形矩阵.

$$\boldsymbol{A} \xrightarrow{\text{初等行变换}} \begin{pmatrix} 1 & 0 & \cdots & 0 & c_{1,r+1} & \cdots & c_{1n} \\ 0 & 1 & \cdots & 0 & c_{2,r+1} & \cdots & c_{2n} \\ \vdots & \vdots & & \vdots & \vdots & & \vdots \\ 0 & 0 & \cdots & 1 & c_{r,r+1} & \cdots & c_{rn} \\ 0 & 0 & \cdots & 0 & 0 & \cdots & 0 \\ \vdots & \vdots & & \vdots & \vdots & & \vdots \\ 0 & 0 & \cdots & 0 & 0 & \cdots & 0 \end{pmatrix},$$

则得到与齐次线性方程组 $\boldsymbol{AX} = \boldsymbol{0}$ 同解的方程组

$$\begin{cases} x_1 = -c_{1,r+1}x_{r+1} - \cdots - c_{1n}x_n, \\ x_2 = -c_{2,r+1}x_{r+1} - \cdots - c_{2n}x_n, \\ \cdots\cdots\cdots\cdots \\ x_r = -c_{r,r+1}x_{r+1} - \cdots - c_{rn}x_n, \end{cases}$$

其中 $x_{r+1},\cdots,x_n$ 为自由变量. 方法为：对自由变量 $\begin{pmatrix} x_{r+1} \\ x_{r+2} \\ \vdots \\ x_n \end{pmatrix}$ 依次取 $\begin{pmatrix} 1 \\ 0 \\ \vdots \\ 0 \end{pmatrix},\begin{pmatrix} 0 \\ 1 \\ \vdots \\ 0 \end{pmatrix},\cdots,\begin{pmatrix} 0 \\ 0 \\ \vdots \\ 1 \end{pmatrix}$，从而得到 $\boldsymbol{AX} = \boldsymbol{0}$ 的基础解系为

$$\xi_1 = \begin{pmatrix} -c_{1,r+1} \\ -c_{2,r+1} \\ \vdots \\ -c_{r,r+1} \\ 1 \\ 0 \\ \vdots \\ 0 \end{pmatrix}, \quad \xi_2 = \begin{pmatrix} -c_{1,r+2} \\ -c_{2,r+2} \\ \vdots \\ -c_{r,r+2} \\ 0 \\ 1 \\ \vdots \\ 0 \end{pmatrix}, \cdots, \xi_{n-r} = \begin{pmatrix} -c_{1n} \\ -c_{2n} \\ \vdots \\ -c_{rn} \\ 0 \\ 0 \\ \vdots \\ 1 \end{pmatrix}.$$

7.5 强化训练题、自测题

7.5.1 强化训练题 1

1. 已知 $\boldsymbol{A} = \begin{bmatrix} 1 & 3 \\ 2 & -1 \end{bmatrix}$, $\boldsymbol{B} = \begin{bmatrix} 3 & 0 \\ 1 & 2 \end{bmatrix}$, 求 $2\boldsymbol{A}$, $3\boldsymbol{B}$, $2\boldsymbol{A}^{\mathrm{T}} - 3\boldsymbol{B}$, $\boldsymbol{A}^2 + \boldsymbol{B}^2$, $\boldsymbol{AB} - \boldsymbol{BA}$, $\boldsymbol{A}^{\mathrm{T}}\boldsymbol{B}$.

2. 已知 $\boldsymbol{A} = \begin{bmatrix} 3 & 7 & 4 \\ -3 & 4 & 4 \\ -2 & 0 & 3 \end{bmatrix}$, $\boldsymbol{B} = \begin{bmatrix} 3 & x_1 & x_2 \\ x_1 & 4 & x_3 \\ x_2 & x_3 & 3 \end{bmatrix}$, $\boldsymbol{C} = \begin{bmatrix} 0 & y_1 & y_2 \\ -y_1 & 0 & y_3 \\ -y_2 & -y_3 & 0 \end{bmatrix}$,

且 $\boldsymbol{A} = \boldsymbol{B} + \boldsymbol{C}$, 求 $\boldsymbol{B}$ 和 $\boldsymbol{C}$ 中的未知数 x_1, x_2, x_3 和 y_1, y_2, y_3.

3. 计算下列乘积:

(1) $\begin{bmatrix} 0 & 3 & 1 \\ 1 & -2 & 3 \\ 5 & 1 & 0 \end{bmatrix}\begin{bmatrix} 1 \\ 2 \\ 1 \end{bmatrix}$;　　(2) $(1,2,3)\begin{bmatrix} 3 \\ 2 \\ 1 \end{bmatrix}$;

(3) $\begin{bmatrix} -2 \\ -1 \\ 3 \end{bmatrix}(1, -2)$;　　(4) $\begin{bmatrix} 2 & 1 & 1 & 0 \\ 1 & -1 & 3 & 2 \end{bmatrix}\begin{bmatrix} 1 & 2 & 1 \\ 0 & -1 & 2 \\ 1 & -2 & 1 \\ 1 & 0 & -1 \end{bmatrix}$.

7.5.2 强化训练题 2

1. 求下列矩阵的逆矩阵:

(1) $\begin{bmatrix} 1 & 2 \\ 2 & 5 \end{bmatrix}$;　　(2) $\begin{bmatrix} \cos\theta & -\sin\theta \\ \sin\theta & \cos\theta \end{bmatrix}$;

(3) $\begin{bmatrix} 1 & 1 & 1 \\ 2 & -1 & 1 \\ 1 & 2 & 0 \end{bmatrix}$.

2. 证明:

(1) $\boldsymbol{A}$, $\boldsymbol{B}$ 都是 n 阶方阵, 若 $\boldsymbol{AB}$ 可逆, 则 $\boldsymbol{A}$, $\boldsymbol{B}$ 都可逆;

(2) 若 $\boldsymbol{A}$ 满足矩阵方程 $\boldsymbol{A}^2 - \boldsymbol{A} + \boldsymbol{E} = \boldsymbol{O}$, 则 $\boldsymbol{A}$ 与 $\boldsymbol{E} - \boldsymbol{A}$ 都可逆, 并求其逆矩阵.

3. 解矩阵方程:

(1) $\begin{bmatrix}2 & 5\\1 & 3\end{bmatrix}X = \begin{bmatrix}4 & -6\\2 & 1\end{bmatrix}$;　　(2) $X\begin{bmatrix}2 & 1 & -1\\2 & 1 & 0\\1 & -1 & 1\end{bmatrix} = \begin{bmatrix}1 & -1 & 3\\4 & 3 & 2\end{bmatrix}$.

4. 利用逆矩阵解线性方程组：

(1) $\begin{cases} x_1 + 2x_2 + 3x_3 = 1, \\ 2x_1 + 2x_2 + 5x_3 = 2, \\ 3x_1 + 5x_2 + x_3 = 3; \end{cases}$　　(2) $\begin{cases} x_1 - x_2 - x_3 = 2, \\ 2x_1 - x_2 - 3x_3 = 1, \\ 3x_1 + 2x_2 - 5x_3 = 0. \end{cases}$

5. 设 $A = \begin{bmatrix}1 & 1 & 1\\2 & -1 & 1\\1 & 2 & 0\end{bmatrix}$, $B = \begin{bmatrix}1 & 0 & 0\\2 & -1 & 0\\1 & 2 & 1\end{bmatrix}$,求$|AB^{\mathrm{T}}|$, $|2A|$.

7.5.3　强化训练题 3

1. 求下列矩阵的秩：

(1) $A = \begin{bmatrix}2 & 0 & 1 & 3 & -1\\1 & 1 & 0 & -1 & 1\\0 & -2 & 1 & 5 & -3\\1 & -3 & 2 & 9 & -5\end{bmatrix}$;

(2) $B = \begin{bmatrix}1 & 1 & 0 & 0\\1 & 0 & 1 & 0\\1 & 0 & 0 & 1\\1 & 1 & 1 & 1\end{bmatrix}$;

(3) $C = \begin{bmatrix}25 & 31 & 17 & 43\\75 & 94 & 53 & 132\\75 & 94 & 54 & 134\\25 & 32 & 20 & 48\end{bmatrix}$.

2.(1) 一个秩为 r 的矩阵A，它的所有 r 阶子式是否均不为零？举例说明.

(2) 一个秩为 r 的矩阵A，它的$(r-1)$阶子式中，能否有为零的情形？举例说明.

(3) 一个秩为 r 的矩阵A，它的$(r-1)$阶子式是否都可以为零？为什么？

(4) 如果矩阵 B 是由矩阵A 添加一行得到的，试问 A 与B 的秩有什么关系？为什么？

3. 试利用矩阵的初等变换，求下列方阵的逆矩阵：

(1) $\begin{bmatrix}3 & 2 & 1\\3 & 1 & 5\\3 & 2 & 3\end{bmatrix}$;　　(2) $\begin{bmatrix}3 & -2 & 0 & -1\\0 & 2 & 2 & 1\\1 & -2 & -3 & -2\\0 & 1 & 2 & 1\end{bmatrix}$;

(3) $\begin{bmatrix}1 & 2 & -1\\3 & -1 & 0\\2 & -3 & 1\end{bmatrix}$.

4. 解矩阵方程 $AX = B$，其中

$$A=\begin{bmatrix}3&0&8\\3&-1&6\\-2&0&-5\end{bmatrix},\ B=\begin{bmatrix}1&-1&2\\-1&3&4\\-2&0&5\end{bmatrix}.$$

7.5.4 强化训练题 4

1. 确定 m 的值, 使方程组

$$\begin{cases}2x_1-x_2+x_3+x_4=1,\\x_1+2x_2-x_3+x_4=2,\\x_1+7x_2-4x_3+11x_4=m\end{cases}$$

有解, 并求出它的解.

2. 求下列齐次线性方程组的通解:

(1) $\begin{cases}3x_1+x_2-8x_3+2x_4+x_5=0,\\2x_1-2x_2-3x_3-7x_4+2x_5=0,\\x_1+11x_2-12x_3+34x_4-5x_5=0,\\x_1-5x_2+2x_3-16x_4+3x_5=0;\end{cases}$

(2) $\begin{cases}x_1-2x_2+x_3+x_4-x_5=0,\\2x_1+x_2-x_3-x_4+x_5=0,\\x_1+7x_2-5x_3-5x_4+5x_5=0,\\x_1-x_2-2x_3+x_4-x_5=0;\end{cases}$

(3) $\begin{cases}2x_1+3x_2-x_3+5x_4=0,\\3x_1+x_2-2x_3-7x_4=0,\\4x_1+x_2-3x_3+6x_4=0,\\x_1-2x_2+4x_3-7x_4=0.\end{cases}$

3. 证明: 若 $m<n$, 则齐次线性方程组 $AX=0$(A 是 $m\times n$ 矩阵) 必有非零解.

4. 求下列齐次线性方程组的通解:

(1) $\begin{cases}2x_1-x_2+3x_3-x_4=1,\\3x_1-2x_2-3x_3+3x_4=3,\\x_1-x_2-5x_3+4x_4=2,\\7x_1-5x_2-9x_3+10x_4=8;\end{cases}$ (2) $\begin{cases}x_1-4x_2-3x_3=1,\\x_1-5x_2-3x_3=0,\\-x_1+6x_2+4x_3=0;\end{cases}$

(3) $\begin{cases}x_1-2x_2+3x_3-4x_4=4,\\x_2-x_3+x_4=-3,\\x_1+3x_2-3x_4=1,\\-7x_2+3x_3+x_4=-3;\end{cases}$ (4) $\begin{cases}x_1-x_2-x_3=1,\\x_1+x_2-x_3=1,\\x_1-x_2-x_3=-1,\\x_1+x_2-x_3=2.\end{cases}$

7.5.5 自测题 1

一、单项选择题

1. 设 A, B, C 都是 n 阶方阵, 则(　　);

(A) 由 $A \neq O$, 且 $AB = AC$, 得 $B = C$　(B) 由 $|A| \neq 0$, 且 $AB = AC$, 得 $B = C$

(C) 由 $|A| = 0$, $|B| = 0$, 得 $AB = O$　(D) 由 $AB = O$, 得 $|A| = 0$ 且 $|B| = 0$

2. 若 A 是可逆阵, 则 $(A^*)^{-1} = ($　　$)$;

(A) $|A|A$　(B) $|A|^{-1}A^*$　(C) $|A|^{-1}A$　(D) $|A|A^*$

3. 若 A, B, C 都是 n 阶方阵, 则(　　)不成立;

(A) $A(BC) = (AC)B$　(B) $(A + B)C = AC + BC$

(C) $(A + B) + C = A + (B + C)$　(D) $A(BC) = (AB)C$

4. 设 A 是 3 阶方阵, 且 $|A| = -1$, 则 $|-2A| = ($　　$)$;

(A) 2　(B) -2　(C) -8　(D) 8

5. 若 A 是 n 阶方阵, 且 $|A| = 2$, 则 $|(2A^2)^{-1}| = ($　　$)$;

(A) 2^{-n}　(B) 2^{-n-1}　(C) 2^{-n-2}　(D) 2^{n+2}

6. 若 $A = \begin{bmatrix} 1 & 2 \\ 3 & 4 \end{bmatrix}$, 则 A 的伴随阵 $A^* = ($　　$)$;

(A) $\begin{bmatrix} 4 & 2 \\ 3 & 1 \end{bmatrix}$　(B) $\begin{bmatrix} 1 & -2 \\ -3 & 4 \end{bmatrix}$　(C) $\begin{bmatrix} 4 & 3 \\ 2 & 1 \end{bmatrix}$　(D) $\begin{bmatrix} 4 & -2 \\ -3 & 1 \end{bmatrix}$

7. 设 $A = \begin{bmatrix} 1 & 2 \\ 0 & 3 \end{bmatrix}$, $B = \begin{bmatrix} a & b \\ c & d \end{bmatrix}$, 则 $AB = BA$ 的必要条件是 $c = ($　　$)$;

(A) 0　(B) 3　(C) 2　(D) a

8. 若 A, B 为同阶对称阵, 则(　　);

(A) $A + B$ 对称　(B) AB 对称　(C) $A^{\mathrm{T}}B$ 对称　(D) AB^{T} 对称

9. 若 A, B 均为 n 阶方阵, 则(　　).

(A) $(A + B)^3 = A^3 + 3A^2B + 3AB^2 + B^3$　(B) $(A - B)(A + B) = A^2 - B^2$

(C) $A^2 - I = (A - I)(A + I)$　(D) $(AB)^k = A^kB^k$

二、简答题

1. 设 $A = \begin{bmatrix} a_{11} & a_{12} \\ a_{21} & a_{22} \end{bmatrix}$, 问 A 何时可逆? 当 A 可逆时, A 的逆阵是什么?

2. 求 $\begin{bmatrix} 1 & 1 \\ 0 & 1 \end{bmatrix}^n$　(n 为正整数).

3. 设 A, B, C 均为 n 阶可逆阵, 则下列矩阵方程的解是什么?

(1) $AX = B$;　(2) $A + X = B$;　(3) $CX = ABC$.

4. 设 $A = \begin{bmatrix} \frac{1}{\sqrt{2}} & b & 0 \\ 0 & 0 & 1 \\ c & a & 1 \end{bmatrix}$, 求

(1) a, b, c 为何值时, A 为对称阵?

(2) a, b, c 满足什么关系时, A 为可逆阵?

三、计算题

1. 设 $\boldsymbol{A} = \begin{bmatrix} 1 & 0 & 0 & 0 \\ 0 & 1 & 0 & 0 \\ -1 & 2 & 1 & 0 \\ 1 & 1 & 0 & 1 \end{bmatrix}$，求 $\boldsymbol{A}^{-1}$.

2. 求矩阵 $\boldsymbol{A} = \begin{bmatrix} 1 & -2 & -2 \\ 2 & -1 & 2 \\ 2 & 2 & -1 \end{bmatrix}$ 的逆矩阵.

3. 解下列矩阵方程：

(1) $\begin{bmatrix} 1 & -5 \\ -1 & 4 \end{bmatrix}\boldsymbol{X} = \begin{bmatrix} 3 & 2 \\ 1 & 4 \end{bmatrix}$；　(2) $\boldsymbol{X}\begin{bmatrix} 1 & -3 & 2 \\ -3 & 0 & 1 \\ 1 & 1 & -1 \end{bmatrix} = \begin{bmatrix} 1 & -1 & 3 \\ 4 & 3 & 0 \\ 0 & -2 & 1 \end{bmatrix}$.

4. 解下列矩阵方程：

(1) 设 $\boldsymbol{A} = \begin{bmatrix} 1 & -1 & 1 \\ 2 & 3 & -1 \\ -1 & 0 & 4 \end{bmatrix}$，且 $\boldsymbol{AX} - \boldsymbol{A} = 3\boldsymbol{X}$，求 $\boldsymbol{X}$；

(2) 设 $\boldsymbol{A} = \begin{bmatrix} 1 & -1 & 0 \\ -1 & 2 & 3 \\ 4 & 2 & -3 \end{bmatrix}$，且 $\boldsymbol{XA} = \boldsymbol{A} + 2\boldsymbol{X}$，求 $\boldsymbol{X}$.

四、证明题

1. 试证一个对称阵的逆阵也是对称阵.

2. 设方阵 $\boldsymbol{A}$ 满足 $\boldsymbol{A}^2 - 2\boldsymbol{A} - 4\boldsymbol{I} = \boldsymbol{O}$，试证 $\boldsymbol{A} + \boldsymbol{I}$ 可逆，并求 $\boldsymbol{A} + \boldsymbol{I}$ 的逆阵.

7.5.6 自测题 2

一、单项选择题

1. 若 $\boldsymbol{A}$，$\boldsymbol{B}$ 为 n 阶方阵，$\boldsymbol{A}$ 为可逆阵，且 $\boldsymbol{AB} = \boldsymbol{O}$，则(　　)；

(A) $\boldsymbol{B} = \boldsymbol{O}$　　(B) $\boldsymbol{B} \neq \boldsymbol{O}$，但 $R(\boldsymbol{B}) < n$

(C) $\boldsymbol{B} \neq \boldsymbol{O}$，但 $R(\boldsymbol{A}) < n$ 且 $R(\boldsymbol{B}) < n$　(D) $\boldsymbol{B} \neq \boldsymbol{O}$，但 $R(\boldsymbol{A}) < n$

2. $\begin{cases} x_1 - 3x_2 + 2x_3 = 0, \\ -2x_1 + 6x_2 - 4x_3 = 0 \end{cases}$ 的一组基础解系由(　　)个解向量组成；

(A) 0　　(B) 1　　(C) 2　　(D) 3

3. 设 $\boldsymbol{\xi}_1$，$\boldsymbol{\xi}_2$ 为方程组 $\boldsymbol{AX} = \boldsymbol{0}$ 的解，$\boldsymbol{\eta}_1$，$\boldsymbol{\eta}_2$ 为方程组 $\boldsymbol{AX} = \boldsymbol{b}$ 的解，则(　　)；

(A) $2\boldsymbol{\xi}_1 + \boldsymbol{\eta}_1$ 为 $\boldsymbol{AX} = \boldsymbol{0}$ 的解　　(B) $\boldsymbol{\eta}_1 + \boldsymbol{\eta}_2$ 为 $\boldsymbol{AX} = \boldsymbol{b}$ 的解

(C) $\boldsymbol{\xi}_1 + \boldsymbol{\xi}_2$ 为 $\boldsymbol{AX} = \boldsymbol{0}$ 的解　　(D) $\boldsymbol{\eta}_1 - \boldsymbol{\eta}_2$ 为 $\boldsymbol{AX} = \boldsymbol{b}$ 的解

4. 向量组 $\boldsymbol{\alpha}_1 = (0,0,1)$，$\boldsymbol{\alpha}_2 = (0,1,1)$，$\boldsymbol{\alpha}_3 = (1,1,1)$，$\boldsymbol{\alpha}_4 = (1,0,0)$ 的秩是(　　)；

(A) 1　　(B) 2　　(C) 3　　(D) 4

5. 设向量组 $\boldsymbol{\alpha}_1,\cdots,\boldsymbol{\alpha}_m$ 有两个极大无关组 $\boldsymbol{\alpha}_{i1},\cdots,\boldsymbol{\alpha}_{ir}$(1) 和 $\boldsymbol{\alpha}_{j1},\cdots,\alpha_{js}$(2)，则(　　)；

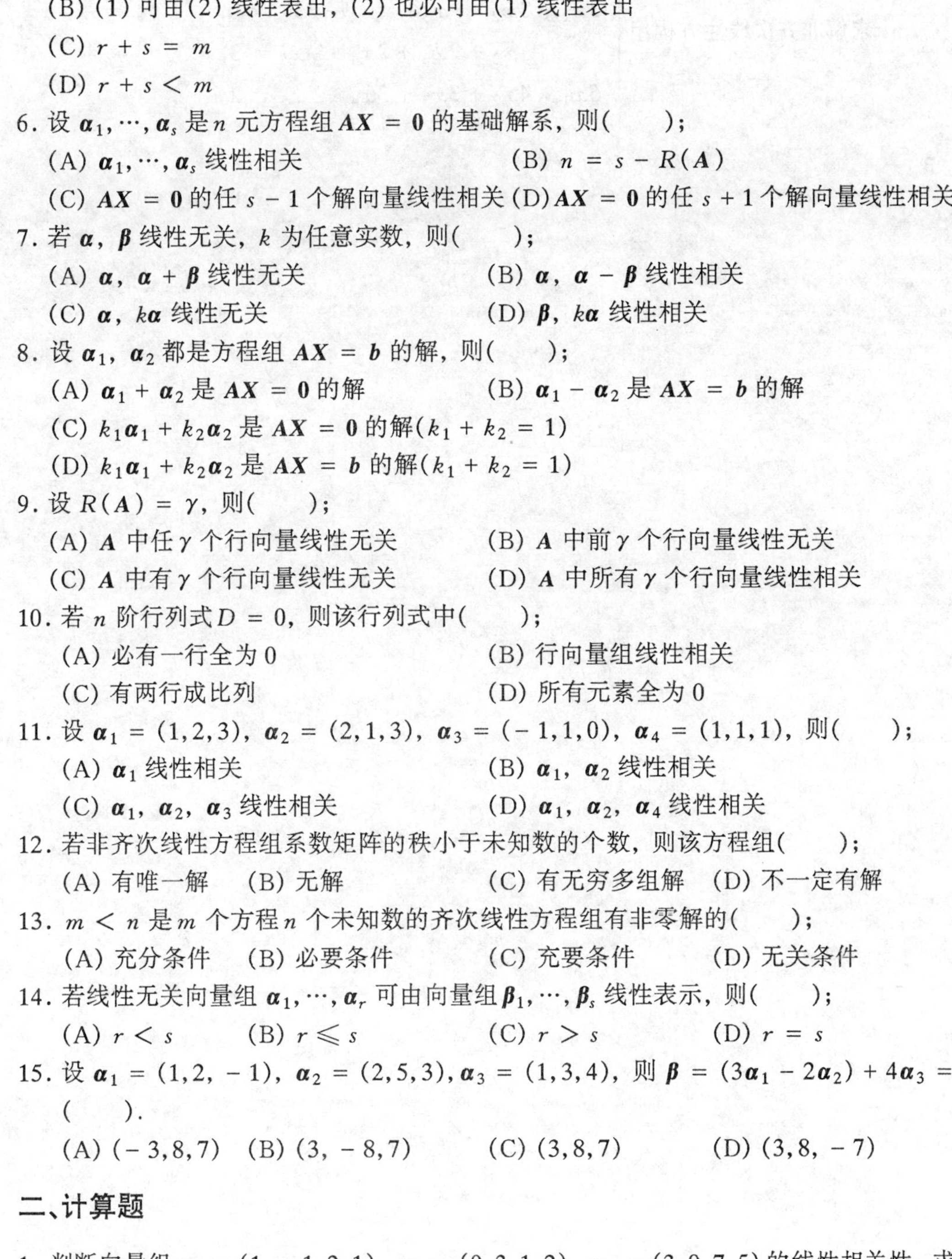

(A) r,s 不一定相等

(B) (1) 可由(2) 线性表出，(2) 也必可由(1) 线性表出

(C) $r+s=m$

(D) $r+s<m$

6. 设 $\boldsymbol{\alpha}_1,\cdots,\boldsymbol{\alpha}_s$ 是 n 元方程组 $\boldsymbol{AX}=\boldsymbol{0}$ 的基础解系，则(　　)；

(A) $\boldsymbol{\alpha}_1,\cdots,\boldsymbol{\alpha}_s$ 线性相关　(B) $n=s-R(\boldsymbol{A})$

(C) $\boldsymbol{AX}=\boldsymbol{0}$ 的任 $s-1$ 个解向量线性相关 (D) $\boldsymbol{AX}=\boldsymbol{0}$ 的任 $s+1$ 个解向量线性相关

7. 若 $\boldsymbol{\alpha}$，$\boldsymbol{\beta}$ 线性无关，k 为任意实数，则(　　)；

(A) $\boldsymbol{\alpha}$，$\boldsymbol{\alpha}+\boldsymbol{\beta}$ 线性无关　(B) $\boldsymbol{\alpha}$，$\boldsymbol{\alpha}-\boldsymbol{\beta}$ 线性相关

(C) $\boldsymbol{\alpha}$，$k\boldsymbol{\alpha}$ 线性无关　(D) $\boldsymbol{\beta}$，$k\boldsymbol{\alpha}$ 线性相关

8. 设 $\boldsymbol{\alpha}_1$，$\boldsymbol{\alpha}_2$ 都是方程组 $\boldsymbol{AX}=\boldsymbol{b}$ 的解，则(　　)；

(A) $\boldsymbol{\alpha}_1+\boldsymbol{\alpha}_2$ 是 $\boldsymbol{AX}=\boldsymbol{0}$ 的解　(B) $\boldsymbol{\alpha}_1-\boldsymbol{\alpha}_2$ 是 $\boldsymbol{AX}=\boldsymbol{b}$ 的解

(C) $k_1\boldsymbol{\alpha}_1+k_2\boldsymbol{\alpha}_2$ 是 $\boldsymbol{AX}=\boldsymbol{0}$ 的解$(k_1+k_2=1)$

(D) $k_1\boldsymbol{\alpha}_1+k_2\boldsymbol{\alpha}_2$ 是 $\boldsymbol{AX}=\boldsymbol{b}$ 的解$(k_1+k_2=1)$

9. 设 $R(\boldsymbol{A})=\gamma$，则(　　)；

(A) $\boldsymbol{A}$ 中任 γ 个行向量线性无关　(B) $\boldsymbol{A}$ 中前 γ 个行向量线性无关

(C) $\boldsymbol{A}$ 中有 γ 个行向量线性无关　(D) $\boldsymbol{A}$ 中所有 γ 个行向量线性相关

10. 若 n 阶行列式 $D=0$，则该行列式中(　　)；

(A) 必有一行全为 0　(B) 行向量组线性相关

(C) 有两行成比列　(D) 所有元素全为 0

11. 设 $\boldsymbol{\alpha}_1=(1,2,3)$，$\boldsymbol{\alpha}_2=(2,1,3)$，$\boldsymbol{\alpha}_3=(-1,1,0)$，$\boldsymbol{\alpha}_4=(1,1,1)$，则(　　)；

(A) $\boldsymbol{\alpha}_1$ 线性相关　(B) $\boldsymbol{\alpha}_1$，$\boldsymbol{\alpha}_2$ 线性相关

(C) $\boldsymbol{\alpha}_1$，$\boldsymbol{\alpha}_2$，$\boldsymbol{\alpha}_3$ 线性相关　(D) $\boldsymbol{\alpha}_1$，$\boldsymbol{\alpha}_2$，$\boldsymbol{\alpha}_4$ 线性相关

12. 若非齐次线性方程组系数矩阵的秩小于未知数的个数，则该方程组(　　)；

(A) 有唯一解　(B) 无解　(C) 有无穷多组解　(D) 不一定有解

13. $m<n$ 是 m 个方程 n 个未知数的齐次线性方程组有非零解的(　　)；

(A) 充分条件　(B) 必要条件　(C) 充要条件　(D) 无关条件

14. 若线性无关向量组 $\boldsymbol{\alpha}_1,\cdots,\boldsymbol{\alpha}_r$ 可由向量组 $\boldsymbol{\beta}_1,\cdots,\boldsymbol{\beta}_s$ 线性表示，则(　　)；

(A) $r<s$　(B) $r\leqslant s$　(C) $r>s$　(D) $r=s$

15. 设 $\boldsymbol{\alpha}_1=(1,2,-1)$，$\boldsymbol{\alpha}_2=(2,5,3)$，$\boldsymbol{\alpha}_3=(1,3,4)$，则 $\boldsymbol{\beta}=(3\boldsymbol{\alpha}_1-2\boldsymbol{\alpha}_2)+4\boldsymbol{\alpha}_3=$ (　　).

(A) $(-3,8,7)$　(B) $(3,-8,7)$　(C) $(3,8,7)$　(D) $(3,8,-7)$

二、计算题

1. 判断向量组 $\boldsymbol{\alpha}_1=(1,-1,2,1)$，$\boldsymbol{\alpha}_2=(0,3,1,2)$，$\boldsymbol{\alpha}_3=(3,0,7,5)$ 的线性相关性，求其一个极大无关组和该向量组的秩，并将其余向量用该极大无关组线性表出.

2. 求解齐次线性方程组 $\begin{cases} 2x_1-x_2+3x_3=0, \\ x_1-3x_2+4x_3=0, \\ -x_1+2x_2+\lambda x_3=0. \end{cases}$

3. 求解非齐次线性方程组
$$\begin{cases} x_1+x_2+x_3+x_4+x_5=1, \\ 3x_1+2x_2+x_3+x_4-3x_5=0, \\ x_2+2x_3+2x_4+\lambda x_5=3, \\ 5x_1+4x_2+3x_3+3x_4-x_5=\lambda. \end{cases}$$

第8章　概率论初步

8.1　知识结构图

- 概率论初步
  - 随机试验与随机事件
    - 样本空间
    - 事件间关系
      - $A \subseteq B, A = B$
      - $\overline{A}, AB = \varnothing$
    - 事件间运算
      - $A + B, AB$
      - $A - B$
  - 概率
    - 古典概率：随机事件 A 发生的概率 $P(A) = \dfrac{m}{n}$
    - 加法公式
      - 若 $A_1, A_2, \cdots, A_n$ 互不相容，则 $P\left(\sum\limits_{i=1}^{n} A_i\right) = \sum\limits_{i=1}^{n} P(A_i)$
      - 若 $A \subseteq B$，则 $P(A - B) = P(A) - P(B)$
      - 若 A，B 是任意事件，则 $P(A + B) = P(A) + P(B) - P(AB)$
    - 条件概率
      - 定义 $P(B \mid A) = \dfrac{P(AB)}{P(A)}$，其中 $P(A) > 0$
      - 乘法公式 $P(AB) = P(A)P(B \mid A) = P(B)P(A \mid B)$
      - 全概率公式 $P(A) = \sum\limits_{i=1}^{n} P(B_i)P(A \mid B_i)$
      - *贝叶斯公式 $P(B_i \mid A) = \dfrac{P(B_i)P(A \mid B_i)}{\sum\limits_{j=1}^{n} P(B_j)P(A \mid B_j)}$
    - 独立性
      - 两事件独立，多事件独立
      - 伯努利概型
  - 一元随机变量及其分布
    - 随机变量
      - 离散型
      - 连续型
    - 随机变量的分布
      - 离散型
        - 两点分布
        - 二项分布
        - 泊松分布
      - 连续型
        - 均匀分布
        - 指数分布
        - 正态分布
    - 密度函数与分布函数
  - 数字特征
    - 期望
      - 定义
      - 性质
    - 方差
      - 定义
      - 性质

8.2 学习目的及要求

① 理解随机事件的概念，掌握事件间的关系与运算；
② 了解概率与条件概率的定义，掌握概率的基本性质，会计算古典概率；
③ 掌握概率的加法、减法、乘法公式，会应用全概率公式；
④ 理解事件独立性的概念，掌握应用事件独立性进行概率的计算；
⑤ 理解独立重复试验的概率，掌握计算有关事件概率的方法；
⑥ 理解随机变量及概率分布的概念，掌握几个常见的随机变量的概率密度及分布函数；
⑦ 掌握概率密度及分布函数的关系与它们的性质；
⑧ 理解期望与方差的性质、概念、公式，掌握期望与方差的求法.

8.3 常考题型及解法

(1) 与事件关系有关的问题

方法是利用事件的定义、事件的关系和运算律.

例 1 设 A，B，C 表示三个随机事件，试表示下列各事件：

① A 出现，B，C 都不出现； ② 三个事件中至少有一个出现；
③ 只有一个事件出现； ④ 恰有两个事件出现.

解 ① $A\overline{B}\overline{C}$； ② $A\cup B\cup C$； ③ $A\overline{B}\overline{C}+\overline{A}B\overline{C}+\overline{A}\overline{B}C$； ④ $AB\overline{C}+\overline{A}BC+A\overline{B}C$.

例 2 设 A,B,C 是任意三个随机事件，试证明：

$$ABC+AB\overline{C}+A\overline{B}C+\overline{A}BC=AB+BC+AC.$$

证明
$$\begin{aligned}\text{左边}&=(ABC+AB\overline{C})+(ABC+A\overline{B}C)+(ABC+\overline{A}BC)\\&=AB+AC+BC\\&=\text{右边}.\end{aligned}$$

例 3 设 A，B 是任意两个随机事件，则与 $A\cup B=B$ 不等价的是(　　).

(A) $A\subset B$ (B) $\overline{B}\subset\overline{A}$ (C) $A\overline{B}=\varnothing$ (D) $\overline{A}B=\varnothing$

解 $A\cup B=B\Leftrightarrow A\subset B\Leftrightarrow\overline{B}\subset\overline{A}\Leftrightarrow A\overline{B}=\varnothing$，因此(D) 正确.

(2) 与古典概型有关的问题

方法是准确计算 Ω 和有利事件中的基本事件数.

基本题型 Ⅰ：整除、非整除问题.

例 4 在1,2,3,4,5中，任取三个数(互不相等)，组成三位数，这个数是奇数的概率是多少?

解 设该事件为 A，该试验的基本事件总数是 P_5^3，事件 A 含的基本事件数为 $3P_4^2$. 因此

$$P(A)=\frac{3P_4^2}{P_5^3}=\frac{3}{5}.$$

基本题型 Ⅱ：分房问题.

例 5 设有 n 个房间，分给 n 个人，每个人都以 $\frac{1}{n}$ 的概率进入每一个房间，而且每个房

里的人数无限制，试求不出现空房的概率.

解　由题设可知，基本事件总数为 n^n(可以重复分配). 不出现空房，可能排列的种数为 $n!$，所以概率 $P=\dfrac{n!}{n^n}$.

基本题型 Ⅲ：配对问题.

例 6　从 6 双不同的鞋子中任取 4 只，问其中恰有一双配对的概率是多少?

解　易见基本事件总数是 C_{12}^4，有利事件中的基本事件数是，先从 6 双鞋子中取出一双，再从剩余的鞋子中任取 2 双，并从 2 双中各取出一只，即 $C_6^1C_5^2C_2^1C_2^1$，从而所求的概率为

$$P=\frac{C_6^1C_5^2C_2^1C_2^1}{C_{12}^4}=\frac{16}{33}.$$

基本题型 Ⅳ：摸球问题.

例 7　假设某袋中共有 9 个球，其中 4 个白球，5 个黑球，现从中任取 2 个，试求下列事件发生的概率：

① 两个均为白球；　② 一个是黑球，一个是白球；　③ 至少有一个是黑球.

解　① $P(A)=\dfrac{C_4^2}{C_9^2}=\dfrac{1}{6}$；　② $P(A)=\dfrac{C_4^1C_5^1}{C_9^2}=\dfrac{5}{9}$；　③ $P(A)=\dfrac{C_4^1C_5^1+C_5^2}{C_9^2}=\dfrac{5}{6}$.

例 8　设一个袋中装有 $n-1$ 个黑球与 1 个白球，每次从袋中随机地摸出一个球，并且换入一个黑球，如此继续，试问第 k 次摸到黑球的概率是多少?

解　用 A 表示事件“第 k 次摸出黑球”，那么 $\bar{A}$ 表示“第 k 次摸到白球”. 先来计算 $P(\bar{A})$. 每次随机地摸出一球，并换入一黑球，依次进行到第 k 次时，基本事件总数为 n^k，而 $\bar{A}$ 的基本事件数为第 k 次摸到白球，前面的 $k-1$ 次摸到黑球，即 $(n-1)^{k-1}\cdot 1$，因此

$$P(\bar{A})=\frac{(n-1)^{k-1}\cdot 1}{n^k},$$

所以
$$P(A)=1-P(\bar{A})=1-\frac{(n-1)^{k-1}}{n^k}.$$

基本题型 Ⅴ：抽签问题.

例 9　某普通话考试中有 7 份试卷，其中有 3 份较简单，有 7 位考生抽签决定自己的试卷，甲考生先抽，乙随后抽，请问甲、乙分别抽到较简单试卷的概率是否相等.

解　设 A，B 分别表示事件“甲第一个抽到简单卷”和“乙第二个抽到简单卷”，则

$$P(A)=\frac{C_3^1\cdot 6!}{P_7^7},\qquad P(B)=\frac{C_3^1\cdot 6!}{7!}.$$

基本题型 Ⅵ：其他形式的问题.

例 10　从 0,1,2,…,9 等 10 个数字中任意选取 3 个不同的数字，试求下列事件的概率：

$A_1=\{$三个数字中不含 0 与 5$\}$，　$A_2=\{$三个数字不含 0 或 5$\}$.

解　基本事件总数为 C_{10}^3，有利于 A_1 的基本事件数为 C_8^3，有利于 A_2 的基本事件数为 $2C_9^3-C_8^3$，所以

$$P(A_1)=\frac{C_8^3}{C_{10}^3}=\frac{7}{15},\quad P(A_2)=\frac{2C_9^3-C_8^3}{C_{10}^3}=\frac{14}{15}.$$

(3) 与概率基本性质、加法有关的问题

方法是充分利用加法公式的各种变形.

例 11 设随机事件 A, B 及其和事件 $A\cup B$ 的概率分别是 0.4, 0.3, 0.6. 若 $\bar{B}$ 表示 B 的对立事件, 那么 $P(A\bar{B})$ 是多少?

解 因为 $A\bar{B}=A(\Omega-B)=A-AB=A\cup B-B$, 所以

$$P(A\bar{B})=P(A-AB)\xlongequal{AB\subseteq A}P(A)-P(AB)$$
$$=P(A\cup B-B)\xlongequal{B\subset A\cup B}P(A\cup B)-P(B)=0.6-0.3=0.3.$$

例 12 已知 $P(A)=P(B)=P(C)=\dfrac{1}{4}$, $P(AB)=0$, $P(AC)=P(BC)=\dfrac{1}{16}$, 求 $P(\bar{A}\bar{B}\bar{C})$.

解
$$\begin{aligned}P(\bar{A}\bar{B}\bar{C})&=P(\overline{A\cup B\cup C})=1-P(A\cup B\cup C)\\&=1-[P(A)+P(B)+P(C)-P(AB)-P(BC)-P(AC)+P(ABC)]\\&=1-\left(\frac{1}{4}+\frac{1}{4}+\frac{1}{4}-0-\frac{1}{16}-\frac{1}{16}-0\right)=\frac{7}{12}.\end{aligned}$$

(因为 $P(AB)=0$, 所以 $P(ABC)=0$)

例 13 已知 $P(A)=P(B)=P(C)=\dfrac{1}{4}$, $P(AB)=P(BC)=0$, $P(AC)=\dfrac{1}{8}$, 求 $P(A\cup B\cup C)$.

解
$$\begin{aligned}P(A\cup B\cup C)&=P(A)+P(B)+P(C)-P(AB)-P(BC)-P(AC)+P(ABC)\\&=\frac{3}{4}-\frac{1}{8}=\frac{5}{8}.\end{aligned}$$

例 14 已知 A, B 是任意两个随机事件, 则

$$P\{(\bar{A}+B)(A+B)(\bar{A}+\bar{B})(A+\bar{B})\}=\underline{\qquad}.$$

解 因为$(\bar{A}+\bar{B})(A+B)=A(\bar{A}+\bar{B})+B(\bar{A}+\bar{B})=A\bar{B}+\bar{A}B$,

$$(\bar{A}+B)(A+\bar{B})=\bar{A}(A+\bar{B})+B(A+\bar{B})=\bar{A}\bar{B}+AB,$$

而$(A\bar{B}+\bar{A}B)(\bar{A}\bar{B}+AB)=\varnothing$, 所以

$$P\{(\bar{A}+B)(A+B)(\bar{A}+\bar{B})(A+\bar{B})\}=P(\varnothing)=0.$$

例 15 设 A, B 是任意两个随机事件, 求 $P(AB)+P(A\bar{B})+P(\bar{A}B)+P(\bar{A}\bar{B})$.

解 因为 $AB+A\bar{B}=A$, $\bar{A}B+\bar{A}\bar{B}=\bar{A}$, 且 AB, $A\bar{B}$, $\bar{A}B$, $\bar{A}\bar{B}$ 互为对立事件, 所以

$$P(AB)+P(A\bar{B})+P(\bar{A}B)+P(\bar{A}\bar{B})=P(A)+P(\bar{A})=P(\Omega)=1.$$

(4) 与条件概率、乘法公式有关的问题

例 16 假定10个产品中有 3 件是次品, 现逐个进行检查, 则检查完 9 个零件时正好查出 3 个次品的概率是多少?

解 设A 表示事件"查完 9 个零件时正好查出 3 个次品";

B 表示事件"前 8 次检查, 查出 2 个次品";

C 表示事件"第 9 次检查, 查出的产品是次品".

易见 $A=BC$, 那么

$$P(A)=P(BC)=P(B)P(C\mid B)=\frac{C_3^2\cdot C_7^6}{C_{10}^8}\cdot\frac{1}{C_2^1}=\frac{7}{30}.$$

例 17 甲袋中有 9 个乒乓球, 其中 3 个白球, 6 个黄球, 乙袋中有 9 个乒乓球, 5 个白球, 4 个黄球. 首先从甲袋中任取一个放入乙袋中, 再从乙袋中任取一个放入甲袋, 求甲袋中白球

数目不会发生变化的概率.

解　设 A 表示事件"经过两次交换球后, 甲袋中白球数目不变";

B 表示事件"从甲袋中取出并放入乙袋的是白球";

C 表示事件"从乙袋中取出并放入甲袋的是白球".

易见 $A = BC + \overline{B}\overline{C}$, 所以

$$P(A) = P(BC + \overline{B}\overline{C}) = P(BC) + P(\overline{B}\overline{C}) = P(B) \cdot P(C \mid B) + P(\overline{B})P(\overline{C} \mid \overline{B})$$
$$= \frac{C_3^1}{C_9^1} \cdot \frac{C_6^1}{C_{10}^1} + \frac{C_6^1}{C_9^1} \cdot \frac{C_5^1}{C_{10}^1} = \frac{8}{15}.$$

例 18　在一个有三个孩子的家庭中,已知有一个女孩, 试计算至少有一个男孩的概率.

解　设 A 表示事件"三个孩子中有一女孩", B 表示事件"至少有一男孩". 易知:

$\Omega = \{$(男,男,男), (男,男,女), (男,女,男), (女,男,男), (女,女,男), (女,男,女), (男,女,女), (女,女,女)$\}$,

$$P(A) = \frac{7}{8},\ P(AB) = \frac{6}{8},$$

则

$$P(B \mid A) = \frac{P(AB)}{P(A)} = \frac{\frac{6}{8}}{\frac{7}{8}} = \frac{6}{7}.$$

(5) 关于全概率公式和贝叶斯公式的应用

例19　某车间生产了同样规格的6箱产品, 其中甲、乙、丙3个车床分别生产3箱, 2箱, 1箱, 且3个车床的次品率依次是$\frac{1}{10}$, $\frac{1}{15}$, $\frac{1}{20}$, 先从6箱中任选一箱, 再从选出的一箱中任取一件, 计算:

① 取出的一件是次品的概率;

② 若已知取的一件是次品, 试求所取得的产品是由丙厂生产的概率.

解　令 A 表示"取得的一件是次品", B_1 表示"取得的一件是甲车床生产的",

B_2 表示"取得的一件是乙车床生产的", B_3 表示"取得的一件是丙车床生产的",

则

$$P(A \mid B_1) = \frac{1}{10},\quad P(A \mid B_2) = \frac{1}{15},\quad P(A \mid B_3) = \frac{1}{20},$$
$$P(B_1) = \frac{3}{6},\quad P(B_2) = \frac{2}{6},\quad P(B_3) = \frac{1}{6}.$$

① $P(A) = \sum_{i=1}^{3} P(B_i)P(A \mid B_i) = \frac{3}{6} \times \frac{1}{10} + \frac{2}{6} \times \frac{1}{15} + \frac{1}{20} \times \frac{1}{6} = \frac{29}{360}$.

② $P(B_3 \mid A) = \frac{P(B_3) \cdot P(A \mid B_3)}{P(A)} = \frac{\frac{1}{6} \times \frac{1}{20}}{\frac{29}{360}} = \frac{3}{29}$.

(6) 关于事件独立性的问题

例 20　设 A, B 是两个相互独立的事件, $P(A + B) = 0.7$, $P(A) = 0.3$. 求 $P(B)$.

解　因为

$$P(A + B) = P(A) + P(B) - P(AB) = P(A) + P(B) - P(A) \cdot P(B),$$

所以

$$0.7 = 0.3 + P(B) \cdot (1 - 0.3) \Rightarrow P(B) = \frac{4}{7}.$$

例 21 今有甲、乙两人独立地射击同一目标, 其命中率分别为 0.6, 0.5. 现已知目标被击中, 则它是乙击中的概率是多少?

解 令 A 表示"甲击中目标", B 表示"乙击中目标", 则

$$\begin{aligned} P(A+B) &= P(A) + P(B) - P(AB) = P(A) + P(B) - P(A) \cdot P(B) \\ &= 0.6 + 0.5 - 0.6 \times 0.5 = 0.8, \end{aligned}$$

因此
$$\begin{aligned} P(B \mid A+B) &= \frac{P[B(A+B)]}{P(A+B)} = \frac{P(B)}{P(A+B)} \\ &= \frac{0.5}{0.8} = \frac{5}{8}. \end{aligned}$$

例 22 设 $0 < P(A) < 1$, $0 < P(B) < 1$, $P(A \mid B) + P(\bar{A} \mid \bar{B}) = 1$, 那么下列正确的是(   ).

(A) A 与 B 相互独立 (B) A 与 B 相互对立

(C) A 与 B 互不相容 (D) A 与 B 互不独立

解 因为 $P(A \mid B) = \dfrac{P(AB)}{P(B)}$,

$$P(\bar{A} \mid \bar{B}) = \frac{P(\bar{A}\bar{B})}{P(\bar{B})} = \frac{P(\overline{A \cup B})}{P(\bar{B})} = \frac{1 - P(A+B)}{P(\bar{B})} = \frac{1 - P(A+B)}{1 - P(B)},$$

由已知, 得

$$\begin{aligned} 1 &= \frac{P(AB)}{P(B)} + \frac{1 - P(A+B)}{1 - P(B)} \\ &\Rightarrow P(AB)[1 - P(B)] = P(B)[P(A) - P(AB)] \\ &\Rightarrow P(AB) = P(B)P(A), \end{aligned}$$

因此 A 与 B 是相互独立的.

(7) 求随机变量的分布函数

例 23 将一枚硬币连续抛三次, 用随机变量描述试验结果, 并写出这个随机变量的分布律和分布函数.

解 以 ξ 表示将一枚硬币连抛三次出现正面的次数, 那么 ξ 所有可能的取值为 0,1,2,3. 对此, 随机变量 ξ 的分布律为

ξ	0	1	2	3
P	$\frac{1}{8}$	$\frac{3}{8}$	$\frac{3}{8}$	$\frac{1}{8}$

所以 ξ 的分布函数为

$$F(x)=\begin{cases}0, & x<0,\\ \dfrac{1}{8}, & 0\leqslant x<1,\\ \dfrac{1}{2}, & 1\leqslant x<2,\\ \dfrac{7}{8}, & 2\leqslant x<3,\\ 1, & x\geqslant 3.\end{cases}$$

例 24　已知随机变量 x 的概率密度函数是

$$f(x)=\frac{1}{2}\mathrm{e}^{-|x|},\ x\in(-\infty,+\infty),$$

求 x 的概率分布函数.

解　$$F(x)=\int_{-\infty}^{x}f(x)\mathrm{d}x=\begin{cases}\displaystyle\int_{-\infty}^{x}\frac{1}{2}\mathrm{e}^{x}\mathrm{d}x=\frac{1}{2}\mathrm{e}^{x}, & x<0,\\ \displaystyle\int_{-\infty}^{0}\frac{1}{2}\mathrm{e}^{x}\mathrm{d}x+\int_{0}^{x}\frac{1}{2}\mathrm{e}^{-x}\mathrm{d}x=1-\frac{1}{2}\mathrm{e}^{-x}, & x\geqslant 0.\end{cases}$$

(8) 求解离散型随机变量概率分布的问题

例 25　设有一个盒子内有 5 个球, 2 白 3 黑, 如果从中任取 2 个, 那么取到黑球的分布函数是多少?

解　令 ξ 表示取到黑球的个数, 因为 ξ 是离散型随机变量, 其全部可能取值为 0,1,2, 所以其概率函数为

$$P\{\xi=k\}=\frac{\mathrm{C}_3^k\mathrm{C}_2^{2-k}}{\mathrm{C}_5^2},\ k=0,1,2,$$

$$P\{\xi=0\}=0.1,\ P\{\xi=1\}=0.6,\ P\{\xi=2\}=0.3.$$

由 ξ 的分布函数为 $P\{\xi\leqslant x\}=F(x)=\sum\limits_{k\leqslant x}P_k$ 得

$$F(x)=\begin{cases}0, & x<0,\\ 0.1, & 0\leqslant x<1,\\ 0.7, & 1\leqslant x<2,\\ 1, & x\geqslant 2.\end{cases}$$

例 26　已知随机变量的分布函数为

$$F(x)=P\{X\leqslant x\}=\begin{cases}0, & x<-1,\\ 0.4, & -1\leqslant x<1,\\ 0.8, & 1\leqslant x<3,\\ 1, & x\geqslant 3,\end{cases}$$

求 X 的概率分布.

解　由于 $P\{X=x\}=P\{X\leqslant x\}-P\{X<x\}=F(x)-F(x-0)$,

则　$P\{X=-1\}=F(-1)-(-1-0)=0.4$,

$P\{X=1\}=F(1)-F(1-0)=0.8-0.4=0.4$,

$P\{X=3\}=F(3)-F(3-0)=0.2$.

例 27　一辆汽车沿一街道行驶, 需要通过三个均没有红绿信号灯的路口, 每个信号灯为

红或绿与其他信号灯为红或绿相互独立，且红绿两种信号显示时间相等，以 X 表示该汽车首次遇到红灯前已通过的路口数，求 X 的概率分布.

解 设 A_i 表示汽车在第 i 个路口首次遇到红灯，$i=1,2,3$，因 A_1,A_2,A_3 相互独立，

所以 $P\{X=0\}=P(A_1)=\dfrac{1}{2}$,

$$P\{X=1\}=P(\bar{A}\,A_2)=P(\bar{A}_1)P(A_2)=\frac{1}{2}\times\frac{1}{2}=\frac{1}{4},$$

$$P\{X=2\}=P(\bar{A}_1\bar{A}_2A_3)=\frac{1}{8},$$

$$P\{X=3\}=P(\bar{A}_1\bar{A}_2\bar{A}_3)=\frac{1}{8}.$$

(9) 求连续型随机变量的概率密度与分布函数问题

例 28 设随机变量 ξ 的概率密度为

$$f(x)=\begin{cases}kx+1, & 0\leqslant x<2,\\ 0, & \text{其他},\end{cases}$$

求 ①k 的值； ②ξ 的分布函数； ③ $P\{1<\xi<2\}$.

解 ① 因为 $\int_{-\infty}^{\infty}f(x)\mathrm{d}x=1\Rightarrow\int_0^2(kx+1)\mathrm{d}x=1\Rightarrow k=-\dfrac{1}{2}$.

② 因为 $F(x)=\int_{-\infty}^{x}f(t)\mathrm{d}t$，所以

$$F(x)=\begin{cases}\int_{-\infty}^{x}0\mathrm{d}t=0, & x<0,\\ \int_{-\infty}^{0}f(t)\mathrm{d}t+\int_0^x\left(-\frac{1}{2}t+1\right)\mathrm{d}t=-\frac{x^2}{4}+x, & 0\leqslant x<2,\\ \int_{-\infty}^{0}f(t)\mathrm{d}t+\int_0^2f(t)\mathrm{d}t+\int_2^xf(t)\mathrm{d}t=1, & x\geqslant 2.\end{cases}$$

③ $P\{1<\xi<2\}=\int_1^2f(t)\mathrm{d}t=\int_1^2\left(-\dfrac{1}{2}t+1\right)\mathrm{d}t=\dfrac{1}{4}$.

例 29 设连续型随机变量 X 的分布函数为

$$F(x)=\begin{cases}0, & x<0,\\ Ax^2, & x\in[0,1),\\ 1, & x\geqslant 1,\end{cases}$$

求 ① A；② X 落在 $\left(-1,\dfrac{1}{2}\right)$，$\left(\dfrac{1}{3},2\right)$ 内的概率；③ X 的分布密度.

解 ① 由 $F(x)$ 的连续性可知

$$\lim_{x\to 1^-}F(x)=F(1)=1\Rightarrow A=1,$$

所以分布函数

$$F(x)=\begin{cases}0, & x<0,\\ x^2, & 0\leqslant x<1,\\ 1, & x\geqslant 1.\end{cases}$$

② 由于 X 落在 $\left(-1,\dfrac{1}{2}\right)$ 内，则

$$P\left\{-1 < X < \frac{1}{2}\right\} = F\left(\frac{1}{2}\right) - F(-1) = \frac{1}{4} - 0 = \frac{1}{4}.$$

同理　$$P\left\{\frac{1}{3} < X < 2\right\} = F(2) - F\left(\frac{1}{3}\right) = 1 - \left(\frac{1}{3}\right)^2 = \frac{8}{9}.$$

③ 因为 $F'(x) = \varphi(x)$, 所以

$$\varphi(x) = \begin{cases} 2x, & 0 \leqslant x < 1, \\ 0, & \text{其他}. \end{cases}$$

例 30　设随机变量 ξ 的概率密度为

$$f(x) = \begin{cases} k(1-x)^2, & -1 < x < 1, \\ 0, & \text{其他}, \end{cases}$$

求 k 的值, 以及随机变量分别在 $\frac{1}{2}$, $(0,2]$, $[0,2)$ 上的概率.

解　由 $\int_{-\infty}^{+\infty} f(x)\mathrm{d}x = 1 \Rightarrow \int_{-1}^{1} k(1-x)^2 \mathrm{d}x = 1 \Rightarrow k = \frac{3}{8}$.

$P\left\{\xi = \frac{1}{2}\right\} = 0$.

由于 $P\{a < \xi < b\} = P\{a \leqslant \xi < b\} = P\{a < \xi \leqslant b\} = P\{a \leqslant \xi \leqslant b\}$, 所以

$$P\{0 < \xi \leqslant 2\} = P\{0 \leqslant \xi < 2\} = \int_0^1 \frac{3}{8}(1-x)^2 \mathrm{d}x = \frac{3}{8}.$$

(10) 求离散型随机变量的数学期望及应用

例 31　假设随机变量 X 服从二项分布 $B(n,p)$, 求 $Y = a^X - 1$ 的 $E(Y)$ $(a > 0)$.

解　由 X 的分布律为

$$P\{X = k\} = \mathrm{C}_n^k p^k (1-p)^{n-k}, k = 0,1,\cdots,n,$$

得

$$\begin{aligned} E(Y) = E(a^X - 1) &= \sum_{k=0}^{n} (a^k - 1)\mathrm{C}_n^k p^k (1-p)^{n-k} \\ &= \sum_{k=0}^{n} \mathrm{C}_n^k (ap)^k (1-p)^k - \sum_{k=0}^{n} \mathrm{C}_n^k p^k (1-p)^{n-k} \\ &= [ap + (1-p)]^n - [p + (1-p)]^n = [1 + (a-1)p]^n - 1. \end{aligned}$$

例 32　已知甲、乙两箱中装有同种产品, 其中甲箱中装有 3 件合格品, 3 件次品, 乙箱中只装有 3 件合格品. 从甲箱中任取 3 件放入乙箱, 求

① 乙箱中次品数 X 的数学期望; ② 从乙箱中任取一件产品是次品的概率.

解　① 由题设知, X 取值可能是 0,1,2,3, 则 X 的概率分布为

$$P\{X = k\} = \frac{\mathrm{C}_3^k \cdot \mathrm{C}_3^{3-k}}{\mathrm{C}_6^3},$$

列表如下:

X	0	1	2	3
$P\{X = k\}$	$\frac{1}{20}$	$\frac{9}{20}$	$\frac{9}{20}$	$\frac{1}{20}$

所以　$$E(X) = 0 \times \frac{1}{20} + 1 \times \frac{9}{20} + 2 \times \frac{9}{20} + 3 \times \frac{1}{20} = \frac{3}{2}.$$

② 设 A 表示事件“从乙箱中取出的一件是次品”，它与“从甲箱中抽出 3 件放入乙箱”这一事件有关.

$$P(A)=\sum_{k=0}^{3}P\{X=k\}P\{A\mid X=k\}$$

$$=\frac{1}{20}\times 0+\frac{9}{20}\times\frac{1}{6}+\frac{9}{20}\times\frac{C_2^1}{C_6^1}+\frac{1}{20}\times\frac{C_3^1}{C_6^1}=\frac{1}{4}.$$

(11) 求连续型随机变量的数学期望

例 33 设连续型随机变量 ξ 的概率密度为

$$f(x)=\begin{cases}A\cos x & x\in\left[-\frac{\pi}{2},\frac{\pi}{2}\right],\\ 0, & \text{其他},\end{cases}$$

求 A 及 ξ 的数学期望.

解
$$\int_{-\infty}^{+\infty}f(x)=1\Rightarrow\int_{-\frac{\pi}{2}}^{\frac{\pi}{2}}A\cos x\mathrm{d}x=1\Rightarrow A=\frac{1}{2},$$

$$E(\xi)=\int_{-\infty}^{\infty}xf(x)\mathrm{d}x=\frac{1}{2}\int_{-\frac{\pi}{2}}^{\frac{\pi}{2}}x\cos x\mathrm{d}x=0.$$

例 34 设连续型随机变量的分布函数为

$$F(x)=\begin{cases}1-\dfrac{4}{x^2}, & x\geqslant 2,\\ 0, & x<2,\end{cases}$$

求 $E(\xi)$.

解 $E(\xi)=\int_{-\infty}^{\infty}xF'(x)\mathrm{d}x=\int_{2}^{+\infty}x\cdot\frac{8}{x^3}\mathrm{d}x=\int_{2}^{+\infty}\frac{8}{x^2}\mathrm{d}x=4.$

例 35 设连续型随机变量 ξ 的概率密度为

$$\varphi(x)=\begin{cases}kx^a, & 0<x<1,\\ 0, & \text{其他},\end{cases}\quad(k,a>0)$$

又知 $E(\xi)=0.75$，求 k 和 a 的值.

解 由 $\int_{-\infty}^{+\infty}\varphi(x)\mathrm{d}x=1\Rightarrow\int_0^1 kx^a\mathrm{d}x=1\Rightarrow\frac{k}{a+1}=1.$

又因为
$$E(\xi)=\int_{-\infty}^{+\infty}x\varphi(x)\mathrm{d}x=\int_0^1 kx^{a+1}\mathrm{d}x=\frac{k}{a+2}=0.75,$$

故 $a=1$，$k=3$.

(12) 求随机变量或随机变量函数的方差及应用

例 36 设随机变量 ξ 的期望 $E(\xi)$ 存在，且 $E(\xi)=a$，$E(\xi^2)=b$，若 c 为常数，求 $\eta=c\xi$ 的方差.

解 $D(c\xi)=c^2D(\xi)=c^2[E(\xi^2)-(E\xi)^2]=c^2(b-a^2).$

例 37 设随机变量 ξ，若已知 $E(\xi)=2$，$D\left(\frac{\xi}{2}\right)=1$，求 $E(\xi-2)^2$.

解 因为 $E(\xi)=2$，所以

$$E(\xi-2)^2=E(\xi-E\xi)^2=D(\xi),$$

$$D\left(\frac{\xi}{2}\right) = 1 \Rightarrow \frac{1}{4}D(\xi) = 1 \Rightarrow D(\xi) = 4.$$

例 38　设一物体的形状是一圆截面，测量其直径，设其直径 X 服从[0, 3] 上的均匀分布，求截面积 Y 的数学期望与方差.

解　由题意可知，直径 X 的密度函数为

$$f(x) = \begin{cases} \frac{1}{3}, & x \in [0,3], \\ 0, & \text{其他}, \end{cases}$$

所以
$$E(X) = \int_0^3 x \cdot \frac{1}{3}\mathrm{d}x = \frac{3}{2},$$

$$D(X) = E\left(X - \frac{3}{2}\right)^2 = \int_0^3 \left(x - \frac{3}{2}\right)^2 \times \frac{1}{3}\mathrm{d}x = \frac{3}{4}.$$

由横截面积 $Y = \frac{\pi}{4}X^2$ 得

$$E(Y) = \frac{\pi}{4}E(X^2) = \frac{\pi}{4}[D(X) + (EX)^2] = \frac{\pi}{4}\left(\frac{3}{4} + \frac{9}{4}\right) = \frac{3}{4}\pi,$$

$$D(Y) = E(Y^2)[E(Y)]^2 = \frac{\pi^2}{16}E(X^4) - \frac{9}{16}\pi^2 = \frac{\pi^2}{16}\int_0^3 \frac{1}{3}x^4\mathrm{d}x - \frac{9}{16}\pi^2 = \frac{9\pi^2}{20}.$$

例 39　已知随机变量 X 服从二项分布，且 $E(X) = 2.4$，$D(X) = 1.44$，求二项分布的参数 n，p.

解　因为 X 服从二项分布，参数为 n, p，所以 $E(X) = np$，$D(X) = npq$，且

$$\begin{cases} np = 2.4, \\ np(1-p) = 1.44, \end{cases} \Rightarrow n = 6,\ p = 0.4.$$

例 40　设 X 表示 10 次独立重复射击命中目标的次数，每次射中目标的概率为 0.4，则 X^2 的数学期望等于多少?

解　由于 X 服从二项分布 $B(10, 0.4)$，所以

$$E(X) = np = 10 \times 0.4 = 4,\ D(X) = 2.4,$$

故
$$E(X^2) = D(X) + (EX)^2 = 2.4 + 4^2 = 18.4.$$

(13) 与几种重要分布有关的问题

例 41　设随机变量 ξ 服从二项分布，其分布律为

$$P\{\xi = k\} = \mathrm{C}_n^k p^k (1-p)^{n-k} \quad (k = 0, \cdots, n),$$

若 $(n+p)p$ 不是整数，求 k 取何值时，$P\{\xi = k\}$ 最大.

解　由题设有

$$P\{\xi = k_0\} \geqslant P\{\xi = k_0 + 1\};\ P\{\xi = k_0\} \geqslant P\{\xi = k_0 - 1\}.$$

化简不等式组得

$$k_0 = (n+1)p.$$

例 42　设随机变量 X 在[2,5]上服从均匀分布，现对 X 进行三次独立观测，试求至少两次观测值大于 3 的概率.

分析　设 Y 表示“三次独立观测中观测值大于 3 的次数”，先计算 $P = P\{X > 3\}$，那么 $Y \sim B(3, p)$，然后计算 $P\{Y \geqslant 2\}$.

解　X 的概率密度为

$$f(x)=\begin{cases}\dfrac{1}{3}, & 2\leqslant x\leqslant 5,\\ 0, & \text{其他},\end{cases}$$

因此

$$P=P\{X>3\}=\int_3^5\frac{1}{3}\mathrm{d}x=\frac{2}{3}.$$

那么 $Y\sim B\left(3,\dfrac{2}{3}\right)$，从而所求概率为

$$P\{Y\geqslant 2\}=\mathrm{C}_3^2\left(\frac{2}{3}\right)^2\cdot\left(\frac{1}{3}\right)^1+\mathrm{C}_3^3\left(\frac{2}{3}\right)^3\cdot\left(\frac{1}{3}\right)^0=\frac{20}{27}.$$

例 43 甲地需要与乙地的 10 个电话用户联系，每一个用户在一分钟内平均占线 12s，并且各用户是否使用电话是相互独立的，为了在任意时刻使得电话用户在用电话时能够接通的概率为 0.99，问应该有多少条电话线路？

解 设 X 表示“任意时刻 10 个用户中使用电话的户数”，每个用户使用电话的概率为

$$P=\frac{12}{60}=\frac{1}{5},$$

由于各用户使用电话是相互独立的，所以 $X\sim B\left(10,\dfrac{1}{5}\right)$. 设有 k 条线路，可使得电话用户在用电话时能够接通的概率为 0.99，那么

$$P\{X\leqslant k\}=0.99,$$

即

$$\sum_{i=0}^{k}\mathrm{C}_{10}^{i}\left(\frac{1}{5}\right)^i\left(1-\frac{1}{5}\right)^{10-i}=0.99,$$

解之得 $k=5$.

例 44 设 100 件产品中有 95 件合格品、5 件次品，现从中随机抽出 10 件，每次取一件，令 ξ 表示所取的 10 件产品中的次品数.

① 若有放回地抽取，求 ξ 的分布律；

② 若无放回地抽取，求 ξ 的分布律.

解 ① 设 $A=\{$抽得的一件是次品$\}$,

$$P(A)=\frac{5}{100},\ P(\bar{A})=0.95,$$

那么 $\xi\sim B(10,0.05)$，从而 ξ 的分布律为

$$P\{\xi=k\}=\mathrm{C}_{10}^{k}(0.05)^k(0.95)^{10-k},\ k=0,1,2,\cdots,10.$$

② 无放回地抽取，ξ 的可能取值为 0,1,2,3,4,5，所以 ξ 服从超几何分布，分布律为

$$P\{\xi=k\}=\mathrm{C}_5^k\frac{\mathrm{C}_{95}^{10-k}}{\mathrm{C}_{100}^{10}},\quad k=0,1,2,\cdots,5.$$

例 45 设某班车起始站上客人数 X 服从参数为 $\lambda(\lambda>0)$ 的泊松分布，每位乘客在中途下车的概率为 $p(0<p<1)$，且中途下车与否相互独立，以 Y 表示中途下车的人数，求

① 在发车时有 n 个乘客的条件下，中途有 m 人下车的概率；

② 二维随机变量 (X,Y) 的概率分布.

解 ① 由题意，每位乘客下车的概率为 $p(0<p<1)$，且中途下车与否相互独立，所以 $Y\sim B(n,\ p)$，那么所求的概率为

$$P\{Y=m \mid X=n\} = C_n^m p^m (1-p)^{n-m},\ m=0,\cdots,n-1;n=1,2,\cdots.$$

② $P\{X=n,Y=m\} = P\{X=n\}P\{Y=m \mid X=n\} = \dfrac{\lambda^n}{n!}e^{-\lambda}C_n^m p^m(1-p)^{n-m}$.

例 46　设随机变量 X 服从参数为 λ 的泊松分布，且已知 $E[(X-1)(X-2)]=1$，求 λ.

解　因为

$$\begin{aligned} E[(X-1)(X-2)] &= E(X^2)-3E(X)+2 \\ &= D(X)+(EX)^2-3E(X)+2 \\ &= \lambda+\lambda^2-3\lambda+2=\lambda^2-2\lambda+2=1 \Rightarrow \lambda=1. \end{aligned}$$

例 47　某仪器有三只独立工作的同型号电子元件，其寿命(单位：h)都服从同一指数分布，分布密度为

$$f(x)=\begin{cases} \dfrac{e^{-\frac{x}{600}}}{600}, & x>0, \\ 0, & x\leqslant 0. \end{cases}$$

试求：在仪器使用的最初 200h 内，至少有一只电子元件损坏的概率.

解　设 $A_i=\{$在仪器使用的最初 200h 内，第 i 个元件损坏$\}$，

$\xi_i=\{$第 i 个元件的使用寿命$\}$，$i=1,2,3$.

由于 A_1，A_2，A_3 相互独立，ξ_1，ξ_2，ξ_3 服从同一指数分布，那么

$$P(\bar{A}_i)=P\{\xi_i>200\}=\int_{200}^{+\infty}\frac{1}{600}e^{-\frac{x}{600}}dx=e^{-\frac{1}{3}}.$$

所求事件的概率

$$\alpha=P(A_1+A_2+A_3)=P(\Omega-\overline{A_1\cup A_2\cup A_3})=1-P(\bar{A}_1\bar{A}_2\bar{A}_3)$$

$$=1-(e^{-\frac{1}{3}})^3=1-e^{-1}.$$

例 48　设一台设备开机后无故障工作的时间 X 服从指数分布，平均无故障工作的时间 $(E(X))$ 为 5h，设备定时开机，出现故障时自动关机，而在无故障的情况下工作 2h 便关机. 试求该设备每次开机无故障工作的时间 Y 的分布函数 $F(y)$.

分析　先确定出 X 服从指数分布的参数 λ，再计算 $Y=\min(2,X)$ 服从的分布.

解　依题意得 $E(X)=\dfrac{1}{\lambda}=5$，则 $\lambda=5^{-1}$.

当 $y<0$ 时，$F(y)=P\{Y\leqslant y\}=0$；

当 $y\geqslant 2$ 时，$F(y)=P\{Y\leqslant y\}=1$；

当 $0\leqslant y<2$ 时，$F(y)=P\{Y\leqslant y\}=P\{\min(2,X)\leqslant y\}=P\{X\leqslant y\}=1-e^{\frac{1}{5}y}$.

所以，Y 的分布函数

$$F(y)=\begin{cases} 0, & y<0, \\ 1-e^{\frac{y}{5}}, & y\in[0,2), \\ 1, & y\geqslant 2. \end{cases}$$

注　① 如果随机变量 ξ 的概率密度为

$$f(x)=\begin{cases} \lambda e^{-\lambda x}, & x>0, \\ 0, & \text{其他}, \end{cases}$$

其中 $\lambda>0$，则称 ξ 服从参数为 λ 的指数分布，其分布函数为

$$F(x)=\begin{cases}0, & x\leqslant 0,\\ 1-\mathrm{e}^{-\lambda x}, & x>0.\end{cases}$$

② 参数为 λ 的指数分布的期望与方差分别为

$$E(\xi)=\frac{1}{\lambda},\ D(\xi)=\frac{1}{\lambda^2}.$$

例 49 设随机变量 X 服从均值为 2, 方差为 σ^2 的正态分布, 且 $P\{2<X<4\}=0.3$. 求 $P\{X<0\}$.

解 因为 $P\{2<X<4\}=P\left\{\frac{2-2}{\sigma}<\frac{X-2}{\sigma}<\frac{4-2}{\sigma}\right\}=\Phi\left(\frac{2}{\sigma}\right)-\Phi(0)=0.3$,

$$\Phi\left(\frac{2}{\sigma}\right)=\Phi(0)+0.3=0.5+0.3=0.8,$$

那么

$$P\{X<0\}=P\left\{\frac{X-2}{\sigma}<\frac{0-2}{\sigma}\right\}=\Phi\left(-\frac{2}{\sigma}\right)=1-\Phi\left(\frac{2}{\sigma}\right)=0.2.$$

例 50 已知 $\Phi(2)=0.977\ 25$, $\xi\sim N(\mu,\sigma^2)$, 为什么说 $|\xi-\mu|<2\sigma$ 在一次试验中几乎必然出现?

解 $P\{|\xi-\mu|<2\sigma\}=P\left\{\left|\frac{\xi-\mu}{\sigma}\right|<2\right\}=P\left\{-2<\frac{\xi-\mu}{\sigma}<2\right\}$

$$=\Phi_0(2)-\Phi_0(-2)=2\Phi_0(2)-1=0.954\ 5.$$

这说明,事件 $|\xi-\mu|<2\sigma$ 的概率为 0.954 5, 是一个大概率事件, 所以该事件在一次试验中几乎必然出现.

例 51 已知 $\Phi_0(1.5)=0.933\ 19$, $\Phi_0(1)=0.841\ 3$, $\xi\sim N(10,4)$, 求 $P\{10<\xi<13\}$, $P\{\xi>13\}$, $P\{|\xi-10|<2\}$.

解 $P\{10<\xi<13\}=P\left\{\frac{10-10}{2}<\frac{\xi-10}{2}<\frac{13-10}{2}\right\}$

$$=\Phi_0(1.5)-\Phi_0(0)=0.933\ 19-0.5=0.433\ 19,$$

$$P\{\xi>13\}=1-P\{\xi\leqslant 13\}=1-P\left\{\frac{\xi-10}{2}\leqslant\frac{13-10}{2}\right\}$$

$$=1-\Phi_0(1.5)=1-0.933\ 19=0.066\ 81,$$

$$P\{|\xi-10|<2\}=P\left\{\left|\frac{\xi-10}{2}\right|<1\right\}=\Phi_0(1)-\Phi_0(-1)$$

$$=2\Phi_0(1)-1=2\times 0.841\ 3-1=0.682\ 6.$$

8.4 强化训练题、自测题

8.4.1 强化训练题 1

1. 指出下列事件哪些是随机事件, 哪些是必然事件, 哪些是不可能事件:

(1) 今天我家买了一台新电视机, 它可以连续使用 5 年而不出任何故障;

(2) 10 件产品中有一件次品, 从这 10 件产品中任取 2 件, 至少有一件是正品;

(3) 从某班学生中任选 1 人, 身高在 1.5m 以上;

(4) 地球绕太阳旋转一周需要 360d;

(5) 一副扑克牌中随机抽取一张是黑桃；

(6) 一副扑克牌中随机抽取 14 张，至少有两种花色.

2. 从某班学生中任选一人，事件 A 表示"选出的是男生"，事件 B 表示"选出的是身高 1.70m 以上的学生"，试问(1)$A+B$；(2)AB；(3)$\bar{A}$，$\bar{B}$；(4)$A\bar{B}$ 各表示什么意思？

3. 对飞机进行两次射击，每次射击一弹，设 $A=\{$第 i 次击中飞机$\}(i=1,2)$，试用 A_i 及 $\bar{A}_i$ 表示下列事件：

(1) 两弹都击中飞机；

(2) 两弹都没有击中飞机；

(3) 恰有一弹击中飞机；

(4) 至少有一弹击中飞机；

(5) 至多有一弹击中飞机.

4. 从 0，1，2 三个数字中有放回地抽两次，每次取一个，用(x,y)表示"第一次取到数字 x，第二次取到数字 y" 这一事件.

(1) 求该随机试验中基本事件的个数；

(2) "第一次取出的数字是 0" 这一事件，由哪几个基本事件组成？

(3) "第二次取出的数字是 1" 这一事件由哪几个基本事件组成？

(4) "至少有一个数字 2" 这一事件由哪几个基本事件组成？

8.4.2　强化训练题 2

1. 在掷骰子的试验中，抛掷一次，求

(1) 出现 3 点的概率；(2) 出现小于 3 点的概率；(3) 出现偶数点的概率.

2. 从一副扑克的 52 张牌(不包括大小王) 中任取两张，求

(1) 都是红桃的概率；(2) 恰有一张黑桃，一张红桃的概率.

3. 从 1，2，3，4，5 这五个数中任取两个构成一个两位数，求这个两位数是偶数的概率.

4. 盒中有 5 个红球与 2 个黑球，从中每次任取一球，接连取两次，求

(1) 无放回抽取，抽得两球都是红球的概率；

(2) 有放回抽取，抽得两球都是红球的概率.

5. 一批产品，正品分为一级品和二级品，若一级品率为 0.7，二级品率为 0.2，求正品率与废品率.

6. 两人各向目标射击一次，击中目标的概率都是 0.7，两人都击中目标的概率为 0.49. 求

(1) 至少有一人击中目标的概率；(2) 两人都未击中目标的概率.

7. 某种电冰箱在保修期内，压缩机损坏的概率为 0.74，冷却管损坏的概率为 0.82，压缩机与冷却管都损坏的概率为 0.62，求在保修期内二者至少有一个损坏的概率.

8.4.3　强化训练题 3

1. 已知 $P(A)=0.20$，$P(B)=0.45$，$P(AB)=0.15$，求

(1) $P(A\mid B)$，$P(\overline{AB})$，$P(\bar{A}\mid\bar{B})$；(2) $P(A\bar{B})$，$P(\bar{A}\mid B)$，$P(\bar{A}B)$.

2. 一批种子的发芽率为 0.9，出芽后的幼苗成活率为 0.8，求任取一粒种子使其长成活苗的概率.

3. 已知 100 件产品中有 10 件次品，无放回地抽 3 次，每次取 1 件，求全是次品的概率.

4. 某气象台根据历年资料，得到某地某月份刮大风的概率为$\frac{11}{30}$，在刮大风的条件下，下雨的概率为$\frac{7}{8}$，求既刮风又下雨的概率.

5. 某商店出售甲乙丙三种不同型号的热水器，共有 100 台，其中甲、乙、丙分别为 25 台、35 台、40 台，而它们的次品率分别为 5%，4%，2%，求从 100 台中任取一台是次品的概率.

6. 根据以往经验，当机器调整良好时，产品的合格率为 90%，而当机器某一部位出现故障时，其合格率为 30%，每日早上机器开动时，机器调整良好的概率为 75%，求某日早上第一件产品是合格品的概率.

8.4.4 强化训练题 4

1. 设 A，B 相互独立，$P(A+B)=0.6$，$P(A)=0.4$，求 $P(B)$.

2. 三人独立地破译一个密码，他们译出的概率分别为$\frac{1}{5}$，$\frac{1}{3}$，$\frac{1}{4}$，求能将此密码译出的概率.

3. 对同一目标进行三次独立射击，各次命中率分别为 0.4，0.5，0.7，求在三次射击中至少有一次命中的概率.

4. 在一个由两个分路组成的并联电路中，每一个分路都有一个电子元件，两个元件出故障的概率分别为 0.3，0.2，求此并联电路正常工作的概率.

5. 某运输公司有 10 辆汽车，每天每辆车需检修的概率为$\frac{1}{5}$，设各辆车是否需检修是相互独立的，求一天内恰有 2 辆车需要检修的概率.

6. 从一大批正品率为 0.95 的产品中，取出 4 件，求下列事件的概率：

(1) 恰好有 3 件是次品；

(2) 至少有 1 件是次品.

7. 电灯泡使用 1 000h 以上的概率为 0.2，求下列事件的概率：

(1) 3 个灯泡使用 1 000h 后，仅有一个坏了；

(2) 3 个灯泡使用 1 000h 后，至少有一个损坏.

8.4.5 强化训练题 5

1. 指出下列随机变量，哪些是离散的，哪些是连续的：

(1) 某人打靶命中的枪数；

(2) 测量某种电子管的寿命；

(3) 某纱厂里纱锭的纱线被扯断的根数；

(4) 某单位在一天之内的用水量.

2. 设随机变量 X 的分布律为

$$P\{X=k\}=\frac{k}{15}\quad(k=1,2,3,4,5),$$

求 $P\{X=1\},P\{X>1\},P\{X\leqslant 3\},P\{2<X\leqslant 4\}$.

3. 设随机变量 X 的分布律为

$$P\{X = k\} = A(2 + k)^{-1} \quad (k = 0,1,2,3).$$

(1) 确定系数 A；

(2) 用表格的形式表示 X 的分布律.

4. 一批零件中有9个正品与3个次品，安装机器时，从这批零件中任取一个，如果每次取出的废品不再放回，而再取一个零件，直到取得正品为止，求在取得正品前已取出次品数的概率分布.

5. 汽车要通过有 4 盏红、绿灯的路口才能到达目的地，假定汽车在每盏红、绿灯前通过的概率为 0.6，求汽车首次停车已通过信号灯数的概率分布.

6. 确定下列函数中的常数 k，使之成为密度函数：

(1) $f(x) = \begin{cases} \dfrac{k}{\sqrt{1 - x^2}}, & |x| < 1, \\ 0, & \text{其他}; \end{cases}$　　(2) $f(x) = k\mathrm{e}^{-|x|}, \quad x \in \mathbf{R}$；

(3) $f(x) = \dfrac{k}{1 + x^2}, \quad x \in \mathbf{R}$；　　(4) $f(x) = \begin{cases} kx^2, & 1 \leqslant x < 2, \\ kx, & 2 \leqslant x < 3, \\ 0, & \text{其他}. \end{cases}$

7. 设随机变量 X 的概率密度为

$$f(x) = \begin{cases} cx, & 0 \leqslant x < 1, \\ 0, & \text{其他}, \end{cases}$$

求　(1) 常数 c；(2) $P\{0.3 < X < 0.7\}$；(3) $P\{X = 0.5\}$.

8. 某城市每天耗电量不超过 10^6kW · h，该城市每天的耗电率(即每天耗电量/10^6kW · h)是一个随机变量 X，它服从下列概率密度所定的分布

$$f(x) = \begin{cases} 12x(1 - x)^2, & 0 < x < 1, \\ 0, & \text{其他}. \end{cases}$$

如果该城市发电厂每天供电量为 80 万 kW · h，那么任一天供电量不够需要的概率是多少？如果发电厂供电量增加到 90 万 kW · h，这一概率又将是多少？

9. 设 X 在$[-a, a]$上服从均匀分布，其中 $a > 1$，试分别确定满足下列条件的常数 a：

(1) $P\{X > 1\} = \dfrac{1}{3}$；　(2) $P\{|X| < 1\} = P\{|X| > 1\}$.

10. 已知 X 的分布律为

X	-2	-1	0	1
P	0.1	0.3	0.4	0.2

求　(1) 分布函数 $F(x)$；(2) $P\left\{X - \dfrac{3}{2} < X \leqslant \dfrac{1}{2}\right\}$；(3) $P\{-1.5 < X \leqslant 1\}$.

11. 已知随机变量 X 的概率密度为

$$f(x) = \begin{cases} x, & 0 < x \leqslant 1, \\ 2 - x, & 1 < x \leqslant 2, \\ 0, & \text{其他}, \end{cases}$$

求　(1) 相应的分布函数 $F(x)$；(2) $P\{X < 0.5\}$，$P\{X > 1.3\}$，$P\{0.2 < X < 1.2\}$.

12. 设随机变量 X 的分布函数为

$$F(x)=\begin{cases}1-e^{-x}, & x>0,\\ 0, & x\leqslant 0,\end{cases}$$

求 $P\{X>3\}$, $P\{X\leqslant 2\}$.

13. 设 X 的概率密度为

$$f(x)=Ae^{-|x|}\quad (x\in\mathbf{R}).$$

(1) 求常数 A; (2) 求 X 的分布函数.

14. 设晶体管的寿命 X(h) 的概率密度为

$$f(x)=\begin{cases}\dfrac{100}{x^2}, & x>100,\\ 0, & x\leqslant 100.\end{cases}$$

问在 150h 内

(1) 三只晶体管一只也没坏的概率;

(2) 三只晶体管全坏的概率.

15. 每年袭击某地的台风次数近似服从 $\lambda=8$ 的泊松分布, 求

(1) 该地一年中受台风袭击次数小于 3 的概率;

(2) 一年中该地受到台风袭击次数为 7 ~ 9 的概率.

16. 某批产品中有 20% 的次品, 现任取 5 件, 求

(1) 恰有 k 件次品的概率; (2) 至少有 3 件次品的概率.

17. 设 $X\sim N(0,1)$, 求下列事件的概率:

(1) $P\{X=0\}$, $P\{X\leqslant 0\}$, $P\{X\geqslant 0\}$;

(2) $P\{X<1\}$, $P\{-1\leqslant X\leqslant 1.5\}$, $P\{X>1.5\}$;

(3) $P\{|X|>2\}$, $P\{|X|<2\}$, $P\{|2X+3|<1.2\}$.

18. 设 $X\sim N(0,1)$, 求满足下式的 x 值:

(1) $P\{|X|<x\}=0.90$; (2) $P\{X+1>x\}=0.2148$; (3) $P\{X<x\}=0.8907$.

19. 设 $X\sim N(70,10^2)$, 求 $P\{X<62\}$, $P\{58<X<74\}$, $P\{|X-70|<20\}$.

20. 已知某种型号钢的屈服点 $X(\text{kg/mm}^2)$ 服从 $N(25,5^2)$, 求 $P\{30<X<32.5\}$, $P\{20<X\leqslant 21\}$.

21. 据统计, 某大学男生体重 X 服从 $\mu=58$kg, $\sigma=1$kg 的正态分布, 求某男生体重在 56kg 至 60kg 之间的概率.

8.4.6 强化训练题 6

1. 设随机变量 X 的概率分布律为 $P\{X=k\}(k=1,2,\cdots,5)$, 求 $E(X)$, $E(X^2)$, $E(X+2)^2$.

2. 已知 X 的分布律为

X	−2	−1	0	1	2
P	0.1	0.2	0.1	0.3	0.3

求 $E(X)$, $E(2X+3)$, $E(X^2)$.

3. 设 X 的概率密度

$$f(x)=\begin{cases}\mathrm{e}^{-x}, & x>0,\\ 0, & x\leqslant 0,\end{cases}$$

求　(1) $Y=2X+1$；　(2) $Y=\mathrm{e}^{-2X}$ 的数学期望.

4. 设随机变量 X 的概率密度为

$$f(x)=\begin{cases}x, & 0<x\leqslant 1,\\ 2-x, & 1<x<2,\\ 0, & \text{其他},\end{cases}$$

求 $E(X)$ 及 $D(X)$.

5. 已知 $X\sim U[0,1]$，试求(1) $Y=\ln\dfrac{1}{X}$；(2) $E(\sin^2\pi X)$；(3) $E(\mathrm{e}^X)$.

6. 设 X 的概率密度为

$$f(x)=\begin{cases}a+bx^2, & 0\leqslant x\leqslant 1,\\ 0, & \text{其他},\end{cases}$$

$E(X)=\dfrac{3}{5}$，试确定系数 a，b，并求 $D(X)$.

7. (1) 设在某一规定时间内，电气设备用于最大负荷的时间(单位：min) 是一连续型随机变量，其密度函数为

$$f(x)=\begin{cases}\dfrac{1}{1\,500^2}x, & 0\leqslant x\leqslant 1\,500,\\ \dfrac{1}{1\,500^2}(3\,000-x), & 1\,500<x\leqslant 3\,000,\\ 0, & x>3\,000,\end{cases}$$

求 $E(X)$.

(2) 在相同条件下，用两种方法测量某零件的长度(单位:mm)，由大量测量结果得到它们的分布如下：

X	4.8	4.9	5.0	5.1	5.2
P	0.1	0.1	0.6	0.1	0.1

(第一种)

X	4.8	4.9	5.0	5.1	5.2
P	0.2	0.2	0.2	0.2	0.2

(第二种)

试比较哪种方法的精度较高.

8. 设 X 的概率密度为

$$f(x)=\begin{cases}2x, & 0\leqslant x\leqslant 1,\\ 0, & \text{其他},\end{cases}$$

求 $D(X)$，$D(-4X)$.

9. 设 X 的分布函数为

$$F(x)=\begin{cases}0, & x<a,\\ 1-\dfrac{a^3}{x^3}, & x\geqslant a,\end{cases}\quad (a>0)$$

求 $E(X)$, $D(X)$, $E\left(\dfrac{2}{3}X-a\right)$, $D\left(\dfrac{2}{3}X-a\right)$.

10. 盒中有 5 个球, 其中 3 个白球, 2 个黑球.

(1) 有放回地抽两次, 每次取一个, 求取到的白球数 X 的均值和方差;

(2) 若改为无放回抽取, 结果如何?

11. 箱内有 5 个零件, 其中 2 个是次品, 假设每次从箱中任意取出一个检验, 检验后不放回, 直到查出全部废品为止, 求所需检验次数的期望是多少.

12. 地下铁道列车的运行时间为 5min, 一旅客在任意时刻进站台, 求候车时间的数学期望与方差.

第 9 章　数理统计初步

9.1　知识结构图

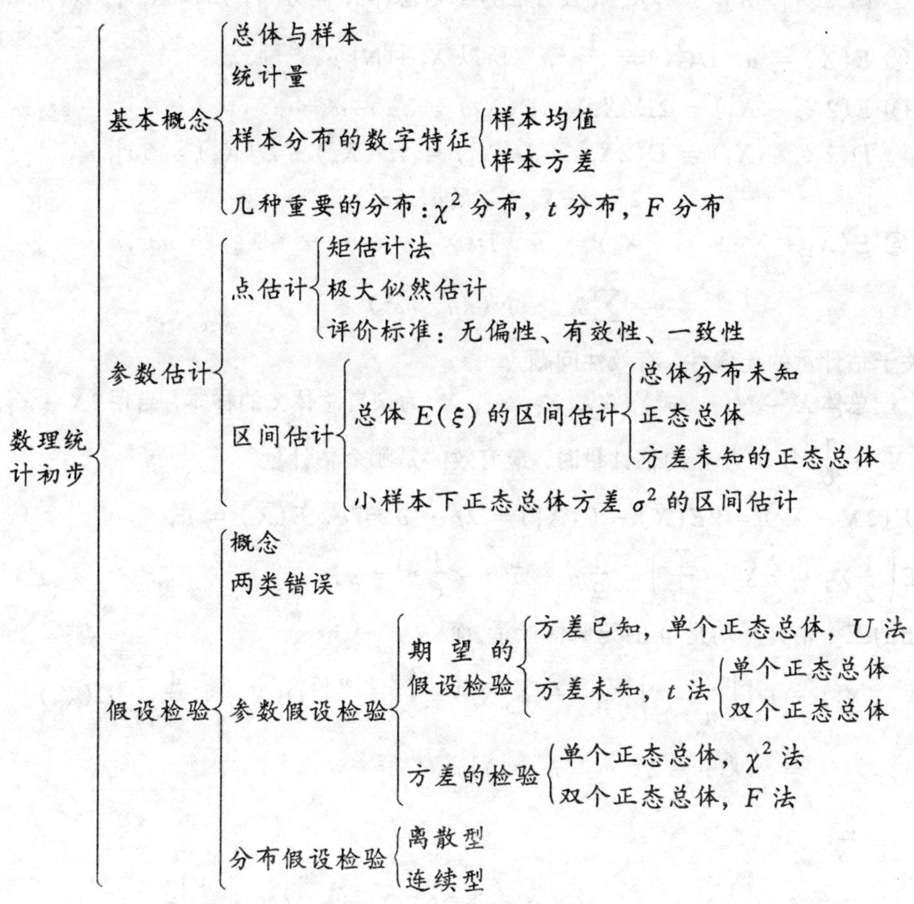

9.2　学习目的及要求

① 理解总体、简单随机样本和统计量的概念，会查分布表；

② 理解和掌握估计值、估计量和点估计的概念，并会解一些简单的实际问题；

③ 理解估计量的无偏性、有效性和一致性，掌握验证估计量的无偏性、有效性和一致性的方法；

④ 理解区间估计的概念，掌握正态总体区间估计的方法；

⑤ 理解假设检验的基本思想，了解它可能产生的两类错误，掌握假设检验的基本步骤；

⑥ 掌握单个正态总体的均值与方差的假设检验.

9.3 常考题型及解法

(1) 与样本均值、方差、样本分布有关的问题

例 1 设总体 X 服从正态分布 $N(\mu, \sigma^2)$, $X_1, X_2, \cdots, X_n(n>1)$ 是来自 X 的一个样本, $\overline{X}$ 为样本均值, 求 ① X_n 服从何分布; ② $\overline{X}$ 服从何分布; ③ $2X_n - X_1$ 服从何分布; ④ $X_1 + X_2 + \cdots + X_n$ 服从何分布.

解 ① 因为 $X_1, X_2, \cdots, X_n$ 相互独立且都与总体 X 同分布, 所以 $X_n \sim N(\mu, \sigma^2)$.

② $E(\overline{X}) = \mu$, $D(\overline{X}) = \frac{1}{n}\sigma^2$, 所以 $\overline{X} \sim N\left(\mu, \frac{\sigma^2}{n}\right)$.

③ $E(2X_n - X_1) = 2E(X_n) - E(X_1) = 2\mu - \mu = \mu$,

$D(2X_n - X_1) = D(2X_n) + D(X_1) = 4D(X_n) + D(X_1) = 5\sigma^2$,

所以
$$2X_n - X_1 \sim N(\mu, 5\sigma^2).$$

④ $E(X_1 + X_2 + \cdots + X_n) = n\mu$, $D(X_1 + X_2 + \cdots + X_n) = n\sigma^2$,

所以
$$\sum_{i=1}^{n} X_i \sim N(n\mu, n\sigma^2).$$

(2) 关于估计量的无偏性、有效性问题

例 2 设总体 $X \sim N(\mu, \sigma^2)$, $X_1, X_2, \cdots, X_n$ 为来自总体 X 的样本, 当用 $2\overline{X} - X_1$, $\overline{X}$, $\frac{1}{2}X_1 + \frac{2}{3}X_2 - \frac{1}{6}X_3$ 作为 μ 的估计量时, 最有效的是哪个估计量?

解 $E(2\overline{X} - X_1) = 2E(\overline{X}) - E(X_1) = 2\mu - \mu = \mu$, $E(\overline{X}) = \mu$,

$$E\left(\frac{1}{2}X_1 + \frac{2}{3}X_2 - \frac{X_3}{6}\right) = \frac{1}{2}\mu + \frac{2}{3}\mu - \frac{1}{6}\mu = \mu,$$

可见, 给出的三个估计量均是 μ 的无偏估计量. 而

$$D(2\overline{X} - X_1) = D\left[\left(\frac{2}{n} - 1\right)X_1 + \frac{2}{n}\sum_{i=2}^{n} X_i\right] = \left(\frac{2-n}{n}\right)^2 D(X_1) + \frac{4}{n^2}\sum_{i=2}^{n} D(X_i)$$
$$= \frac{1}{n^2}[(n-2)^2 + 4(n-1)]\sigma^2 = \sigma^2,$$

$$D(\overline{X}) = \frac{\sigma^2}{n},$$

$$D\left(\frac{1}{2}X_1 + \frac{2}{3}X_2 - \frac{1}{6}X_3\right) = \frac{1}{4}D(X_1) + \frac{4}{9}D(X_2) + \frac{1}{36}D(X_3) = \frac{13}{18}\sigma^2,$$

经过比较, $D(\overline{X})$ 最小, 因此, $\overline{X}$ 是最有效的估计量.

例 3 设总体 X 的样本是 $X_1, X_2, \cdots, X_n$, 试证明

① $\sum_{i=1}^{n} a_i X_i (a_i > 0,\ i = 1, 2, \cdots, n,\ \sum_{i=1}^{n} a_i = 1)$ 是 $E(X)$ 的无偏估计量;

② 在 $E(X)$ 的所有无偏估计量中, X 为最有效的估计.

证明

① 根据无偏性估计的定义有

$$E(\sum a_i X_i) = a_1 E(X_1) + \cdots + a_n E(X_n) = \sum_{i=1}^{n} a_i \cdot E(X) = E(X),$$

故 $\sum_{i=1}^{n} a_i X_i$ 是 $E(X)$ 的无偏估计量.

② $E(\overline{X}) = E(X)$, 所以 $\overline{X}$ 为 $E(X)$ 的无偏估计量. 又由 Cauchy-Schwarz 不等式

$$\Big(\sum_{i=1}^{n} x_i y_i\Big)^2 \leqslant \sum x_i^2 \cdot \sum y_i^2,$$

令 $a_i = x_i$, $y_i = 1$, 则

$$\Big(\sum_{i=1}^{n} a_i\Big)^2 = 1 \leqslant n \sum_{i=1}^{n} a_i^2,$$

故
$$D(\overline{X}) = \frac{1}{n} D(X) = \frac{1}{n} D(X) \cdot \Big(\sum_{i=1}^{n} a_i\Big)^2 \leqslant D(X) \sum_{i=1}^{n} a_i^2 = D\Big(\sum_{i=1}^{n} a_i X_i\Big),$$

所以, $\overline{X}$ 为最有效的估计.

例 4　设 $X_1, X_2, \cdots, X_n$ 和 $Y_1, Y_2, \cdots, Y_m$, 是分别来自总体 $X \sim N(\mu, 1)$, $Y \sim N(\mu, 2^2)$ 的两个样本, μ 的一个无偏估计有形式

$$T = a \sum_{i=1}^{n} X_i + b \sum_{i=1}^{m} Y_i.$$

试求

① a, b 应该满足什么条件?

② a, b 分别为何值时, T 最有效?

解　① 若 T 为 μ 的无偏估计, 则 $E(T) = \mu$.

又
$$E(T) = a \sum_{i=1}^{n} E(X_i) + b \sum_{i=1}^{m} E(Y_i) = an\mu + bm\mu,$$

所以当 $an + bm = 1$ 时, T 为 μ 的一个无偏估计.

② 因 $D(T) = a^2 \sum_{i=1}^{n} D(X_i) + b^2 \sum_{i=1}^{m} D(Y_i) = na^2 + 4mb^2$

$$\xlongequal{T\text{是无偏的}} n \cdot \left(\frac{1 - bm}{n}\right)^2 + 4mb^2,$$

$D(T)$ 对 b 求导, 并令之等于 0 得　$b = \dfrac{1}{4n + m}$.

因此 $a = \dfrac{4}{4n + m}$, $b = \dfrac{1}{4n + m}$ 时, $D(T)$ 取得最小值.

(3) 求解矩估计的问题

例 5　设总体 X 的概率密度函数为

$$\varphi(x;\ \theta) = \begin{cases} \theta x^{\theta - 1}, & 0 < x < 1, \\ 0, & \text{其他}, \end{cases} \quad (\theta > 0)$$

求未知参数 θ 的矩估计量.

分析　这种题型的步骤是先求 X 的期望与参数 θ 的关系, 然后用样本矩代替总体矩的思想去解决.

解　因为　$E(X) = \int_{-\infty}^{+\infty} x \cdot \varphi(x;\ \theta) \mathrm{d}x = \int_0^1 x \cdot \theta x^{\theta - 1} \mathrm{d}x = \dfrac{\theta}{\theta + 1} \Rightarrow \theta = \dfrac{E(X)}{1 - E(X)}$,

所以 $\hat{\theta} = \dfrac{\overline{X}}{1 - \overline{X}}$ 为 θ 的矩估计量, 其中 $\overline{X}$ 为样本均值.

例 6　设总体 X 的分布律为

$$P\{X=x\}=(1-p)^{x-1}\cdot p,\ x=1,2,\cdots,$$

$(X_1, X_2, \cdots, X_n)$ 是来自总体 X 的样本，试求 p 的矩估计量.

解　$E(X)=\sum xP\{X=x\}=\sum\limits_{i=1}^{\infty}x(1-p)^{x-1}\cdot p=\dfrac{1}{p}\Rightarrow p=\dfrac{1}{E(X)}$,

因此，p 的矩估计量 $\hat{p}=\dfrac{1}{\overline{X}}$.

例 7　设总体 X 的概率密度为

$$f(x;\theta)=\begin{cases}0, & x<\theta,\\ e^{-(x-\theta)} & x\geqslant\theta,\end{cases}$$

而 $X_1, X_2, \cdots, X_n$ 是来自总体 X 的简单随机样本，求未知参数 θ 的矩估计量.

解　$E(X)=\int_{-\infty}^{+\infty}xf(x;\theta)dx=\int_{\theta}^{+\infty}xe^{-(x-\theta)}dx=\theta+1\Rightarrow\theta=E(X)-1$,

因此 $\hat{\theta}=\overline{X}-1$ 为 θ 的矩估计量.

(4) 求解极大似然估计问题

例 8　设总体 X 的概率密度为

$$p(x;\alpha)=\begin{cases}0, & x\leqslant 0,\\ \lambda\alpha x^{\alpha-1}e^{-\lambda x^{\alpha}}, & x>0,\end{cases}$$

其中 $\lambda>0$ 是未知参数，$\alpha>0$ 是已知常数，$X_1, X_2, \cdots, X_n$ 是来自总体 X 的简单随机样本，求 λ 的极大似然估计量.

解　取似然函数

$$L(X_1, X_2, \cdots, X_n, \lambda)=(\lambda\alpha)^n\prod_{i=1}^{n}X_i^{\alpha-1}\cdot e^{-\lambda\sum\limits_{i=1}^{n}X_i^{\alpha}}.$$

当 $x>0$ 时，$L>0$，两边取对数得

$$\ln L=n\ln(\lambda\alpha)+\ln\prod_{i=1}^{n}X_i^{\alpha-1}-\lambda\sum_{i=1}^{n}X_i^{\alpha}.$$

对 λ 求偏导得

$$\frac{\partial\ln L}{\partial\lambda}=0\Rightarrow\frac{n}{\lambda}-\sum_{i=1}^{n}X_i^{\alpha}=0\Rightarrow\hat{\lambda}=\frac{n}{\sum\limits_{i=1}^{n}X_i^{\alpha}}$$

为 λ 的极大似然估计量.

例 9　设总体 X 的分布函数为

$$F(x;\beta)=\begin{cases}1-\dfrac{1}{x^{\beta}}, & x>1,\\ 0, & x\leqslant 1,\end{cases}$$

其中未知参数 $\beta>1$，$X_1, X_2, \cdots, X_n$ 为来自总体 X 的简单随机样本，求

① β 的矩估计量；② β 的极大似然估计量.

解　① $E(X)=\int_{-\infty}^{\infty}xF'(x;\beta)dx=\int_{1}^{+\infty}x\cdot\dfrac{\beta}{x^{\beta+1}}dx=\dfrac{\beta}{\beta-1}\Rightarrow\beta=\dfrac{E(X)}{E(X)-1}$,

故 β 的矩估计量为 $\hat{\beta}=\dfrac{\overline{X}}{\overline{X}-1}$，其中 $\overline{X}=\dfrac{1}{n}\sum\limits_{i=1}^{n}X_i$.

② $F'(x;\beta)=\dfrac{\beta}{x^{\beta+1}}$，取似然函数为

$$L(\beta)=\begin{cases}\dfrac{\beta^n}{(x_1x_2\cdots x_n)^{\beta+1}}, & x_i>1,\ i=1,2,\cdots,n,\\ 0, & \text{其他},\end{cases}$$

$$\ln L(\beta)=n\ln\beta-(\beta+1)\sum_{i=1}^{n}\ln x_i,$$

对 β 求导数并令之等于 0 得

$$\frac{n}{\beta}-\sum_{i=1}^{n}\ln x_i=0\Rightarrow\beta=\frac{n}{\sum\limits_{i=1}^{n}\ln x_i},$$

所以 β 的极大似然估计量 $\hat{\beta}=\dfrac{n}{\sum\limits_{i=1}^{n}\ln x_i}$.

(5) 正态总体的区间估计问题

题型Ⅰ　正态总体期望的区间估计. 设 $x_1, x_2, \cdots, x_n$ 为来自 $N(\mu,\sigma^2)$ 的样本，则当 σ^2 已知时：

① 构造统计量 $U=\dfrac{\bar{X}-\mu}{\frac{\sigma}{\sqrt{n}}}\sim N(0,1)$；

② 根据 $P\left\{|u|\leqslant u_{\frac{\alpha}{2}}\right\}=1-\alpha$，查标准正态分布表，确定 $u_{\frac{\alpha}{2}}$；

③ 参数 μ 的置信度为 $1-\alpha$ 的置信区间为

$$\left[\bar{X}-\frac{\sigma}{\sqrt{n}}u_{\frac{\alpha}{2}},\ \bar{X}+\frac{\sigma}{\sqrt{n}}u_{\frac{\alpha}{2}}\right].$$

当 σ^2 未知时：

① 构造统计量 $T=\dfrac{\bar{X}-\mu}{S_n}\cdot\sqrt{n}\sim t(n-1)$；

② 根据 $P\left\{|t|\leqslant t_{\frac{\alpha}{2}}\right|=1-\alpha$，查自由度为 $n-1$ 的 t 分布表，确定 $t_{\frac{\alpha}{2}}(n-1)$；

③ 参数 μ 的置信度为 $1-\alpha$ 的置信区间为

$$\left[\bar{X}-\frac{S_n}{\sqrt{n}}t_{\frac{\alpha}{2}}(n-1),\ \bar{X}+\frac{S_n}{\sqrt{n}}t_{\frac{\alpha}{2}}(n-1)\right].$$

题型Ⅱ　正态总体方差的区间估计

当 μ 已知时：

① 构造统计量 $\chi^2=\dfrac{1}{\sigma^2}\sum\limits_{i=1}^{n}(x_i-\mu)^2\sim\chi^2(n)$；

② 根据 $P\left\{\chi^2>\chi^2_{\frac{\alpha}{2}}(n)\right\}=P\left\{\chi^2<\chi^2_{1-\frac{\alpha}{2}}(n)\right\}=\dfrac{\alpha}{2}$，查 χ^2 分布表，确定 $\chi^2_{1-\frac{\alpha}{2}}(n)$ 和 $\chi^2_{\frac{\alpha}{2}}(n)$；

③ 参数 σ^2 的置信度为 $1-\alpha$ 的置信区间为

$$\left[\frac{\sum_{i=1}^{n}(x_i-\mu)^2}{\chi_{\frac{\alpha}{2}}^2(n)},\ \frac{\sum_{i=1}^{n}(x_i-\mu)^2}{\chi_{1-\frac{\alpha}{2}}^2(n)}\right].$$

当 μ 未知时：

① 构造统计量 $\chi^2=\dfrac{(n-1)S_n^2}{\sigma^2}\sim\chi^2(n-1)$；

② 根据 $P\left\{\chi^2>\chi_{\frac{\alpha}{2}}^2(n-1)\right\}=P\left\{\chi^2<\chi_{1-\frac{\alpha}{2}}^2(n-1)\right\}=\dfrac{\alpha}{2}$，查 χ^2 分布表，确定 $\chi_{1-\frac{\alpha}{2}}^2(n-1)$ 和 $\chi_{\frac{\alpha}{2}}^2(n-1)$；

③ 参数 σ^2 的置信度为 $1-\alpha$ 的置信区间为

$$\left[\frac{(n-1)S_n^2}{\chi_{\frac{\alpha}{2}}^2(n-1)},\ \frac{(n-1)S_n^2}{\chi_{1-\frac{\alpha}{2}}^2(n-1)}\right].$$

(6) 一个正态总体的假设检验问题

设总体 $\xi\sim N(\mu,\sigma^2)$，关于总体期望 μ 与方差 σ^2 的假设检验问题有下列情况.

题型 Ⅰ σ^2 已知，检验 H_0：$\mu=\mu_0$. 其步骤是：

① 提出待检假设 $H_0:\mu=\mu_0$(已知)；

② 选择样本$(\xi_1,\xi_2,\cdots,\xi_n)$的统计量 $U=\dfrac{(\bar{\xi}-\mu)}{\dfrac{\sigma_0}{\sqrt{n}}}$($\sigma_0$ 已知)，在 H_0 成立时 $U\sim N(0,1)$；

③ 对给定的显著性水平 α，查表确定临界值 u_α，使得 $P\{|U|>u_\alpha\}=\alpha$，计算检验统计量 U 的观察值并与临界值 u_α 比较；

④ 作判断，若 $|u|>u_{\frac{\alpha}{2}}$，则拒绝 H_0；若 $|u|<u_{\frac{\alpha}{2}}$，则接受 H_0；若 $|u|=u_{\frac{\alpha}{2}}$ 或 $|u|$ 与 $u_{\frac{\alpha}{2}}$ 很接近，慎重起见，应再进行一次抽样检验，然后再下结论.

题型 Ⅱ σ^2 未知，检验假设 H_0：$\mu=\mu_0$. 其步骤是：

① 同上；

② 选取统计量 $T=\dfrac{\bar{\xi}-\mu}{\dfrac{S}{\sqrt{n}}}$，$S=\dfrac{1}{n-1}\sum_{i=1}^{n}(\xi_i-\bar{\xi})^2$，当 H_0 为真时，$T\sim t(n-1)$；

③ 对显著性水平 α，查表确定临界值 t_α，使 $P\{|T|>t_\alpha\}=\alpha$，并依据样本记录 T 的观测值，然后与 t_α 比较；

④ 作判断，若 $|t|\geqslant t_{\frac{\alpha}{2}}$，则拒绝 H_0，否则接受 H_0；若相等或近似相等，则应再进行一次检验.

题型 Ⅲ μ 未知，检验假设 H_0：$\sigma^2=\sigma_0^2$. 其步骤是：

① 提出待检假设 H_0：$\sigma^2=\sigma_0^2$(σ_0^2 已知)；

② 选取样本$(\xi_1,\xi_2,\cdots,\xi_n)$的统计量 $\chi^2=\dfrac{(n-1)S^2}{\sigma_0^2}$，当 H_0 为真时，$\chi^2\sim\chi^2(n-1)$；

③ 对于给定的显著性水平 α，查表确定临界值 $\chi^2_{1-\frac{\alpha}{2}}$ 和 $\chi^2_{\frac{\alpha}{2}}$，使满足 $P\left\{\frac{(n-1)S^2}{\sigma_0^2} > \chi^2_{\frac{\alpha}{2}}\right\} = P\left\{\frac{(n-1)S^2}{\sigma_0^2} < \chi^2_{1-\frac{\alpha}{2}}\right\} = \frac{\alpha}{2}$，并根据样本计算 χ^2 的观察值.

④ 作判断，若 $\chi^2_{1-\frac{\alpha}{2}} < \frac{(n-1)S^2}{\sigma_0^2} < \chi^2_{\frac{\alpha}{2}}$，则接受 H_0，否则拒绝 H_0.

题型 Ⅳ　μ 未知，检验假设 H_0：$\sigma^2 \leqslant \sigma_0^2$($\sigma_0^2$ 已知). 其步骤是：

① 提出待检假设 H_0：$\sigma^2 \leqslant \sigma_0^2$；

② 选取样本(ξ_1, ξ_2, …, ξ_n) 的统计量 $\chi^2 = \frac{(n-1)S^2}{\sigma_0^2}$，当 H_0 为真时，$\chi^2 \sim \chi^2(n-1)$；

③ 对于给定的显著性水平 α，查表确定临界值 $\chi^2_\alpha(n-1)$，并根据样本计算 χ^2 的值；

④ 作判断，若$\frac{(n-1)S^2}{\sigma_0^2} \geqslant \chi^2_\alpha(n-1)$，则拒绝 H_0，否则接受 H_0.

对于(5),(6) 两类问题，特给出如下典型例题.

9.4　典型例题分析

例 1　设总体 $X \sim N(\mu, \sigma^2)$，其中 μ 未知，σ^2 已知，X_1, X_2, …, X_n 为样本，记 $\overline{X} = \frac{1}{n}\sum_{i=1}^{n} X_i$，则$\left(\overline{X} - Z_{0.95}\frac{\sigma}{\sqrt{n}}, \overline{X} + Z_{0.95}\frac{\sigma}{\sqrt{n}}\right)$作为 μ 的置信区间，其置信水平为(　　).

(A) 0.95　　(B) 0.90　　(C) 0.975　　(D) 0.05

解　选(B).

例 2　设总体 $X \sim N(\mu_1, \sigma^2)$ 与总体 $Y \sim N(\mu_2, \sigma^2)$ 相互独立，μ_1, μ_2, σ^2 均为未知参数，X_1, X_2, …, X_{n_1} 与 Y_1, Y_2, …, Y_{n_2} 为分别来自总体 X, Y 的样本，若 $\overline{X} = \frac{1}{n_1}\sum_{i=1}^{n_1} X_i$，$\overline{Y} = \frac{1}{n_2}\sum_{i=1}^{n_2} Y_i$，则可用

$$Z = \frac{(\overline{X} - \overline{Y}) - (\mu_1 - \mu_2)}{\sqrt{\frac{\sigma^2}{n_1} + \frac{\sigma^2}{n_2}}}$$

对均值差($\mu_1 - \mu_2$) 作区间估计，对不对?

解　不正确，因 σ^2 未知，应用 t 分布导出其置信区间.

例 3　设正态总体 $X \sim N(\mu, \sigma^2)$，σ^2 已知，X_1, X_2, …, X_n 为样本，$\overline{X} = \frac{1}{n}\sum_{i=1}^{n} X_i$，在给定 n, σ^2 的条件下，μ 的置信水平为 $1-\alpha$ 的置信区间$\left(\overline{X} - Z_{1-\frac{\alpha}{2}}\frac{\sigma}{\sqrt{n}}, \overline{X} + Z_{1-\frac{\alpha}{2}}\frac{\sigma}{\sqrt{n}}\right)$的长度与 α 的大小成反比,对吗?

解　正确，因为置信区间的长度 $d = 2Z_{1-\frac{\alpha}{2}}\frac{\sigma}{\sqrt{n}}$，$\alpha$ 越大 $\Leftrightarrow Z_{1-\frac{\alpha}{2}}$ 越小 $\Leftrightarrow$ 长度 d 越小.

例 4　随机地从一批钉子中抽取 16 枚，测得其长度(单位:cm) 为

2.14 2.10 2.13 2.15 2.12 2.13 2.10 2.15
2.12 2.14 2.10 2.13 2.11 2.14 2.11 2.13

设钉长服从正态分布，试求总体均值 μ 的置信区间(置信概率为 0.90)：

① 若已知 $\sigma = 0.01(\text{cm})$；

② 若 σ^2 未知.

(附表：$\Phi(1.28) = 0.90$，$\Phi(1.65) = 0.95$，$t_{0.975}(15) = 2.131$，$t_{0.95}(15) = 1.753$)

解 计算可得

$$\bar{X} = \frac{1}{16}(2.14 + 2.10 + \cdots + 2.13) = \frac{1}{16} \times 34 = 2.125.$$

① $\sigma^2 = 0.01^2$ 已知，$\alpha = 0.1$.

置信概率为 0.90 的 μ 的置信区间为

$$\left(\bar{X} - Z_{1-\frac{\alpha}{2}}\frac{\sigma}{\sqrt{n}},\ \bar{X} + Z_{1-\frac{\alpha}{2}}\frac{\sigma}{\sqrt{n}}\right) = \left(2.125 - 1.65 \cdot \sqrt{\frac{0.01^2}{16}},\ 2.125 + 1.65 \cdot \sqrt{\frac{0.01^2}{16}}\right)$$
$$= (2.125 - 0.004,\ 2.125 + 0.004)$$
$$= (2.121,\ 2.129).$$

② σ^2 未知.

$$S^2 = \frac{1}{n-1}\sum_{i=1}^{n}(X_i - \bar{X})^2 = \frac{1}{n-1}\left[\sum_{i=1}^{n}X_i^2 - n\bar{X}^2\right]$$
$$= \frac{1}{15} \times 0.004\ 4 = 0.000\ 29.$$

置信概率为 0.90 的 μ 的置信区间为

$$\left(\bar{X} - t_{1-\frac{\alpha}{2}}(n-1)\frac{S}{\sqrt{n}},\ \bar{X} + t_{1-\frac{\alpha}{2}}(n-1)\frac{S}{\sqrt{n}}\right)$$
$$= \left(2.125 - 1.753 \cdot \sqrt{\frac{0.004\ 4}{16 \times 15}},\ 2.125 + 1.753 \cdot \sqrt{\frac{0.004\ 4}{16 \times 15}}\right)$$
$$= (2.125 - 0.007\ 5,\ 2.125 + 0.007\ 5)$$
$$= (2.117\ 5,\ 2.132\ 5).$$

例 5 某厂用自动包装机包装葡萄糖，每袋净重 $X \sim N(\mu, \sigma^2)$，现随机抽取 10 袋，测得各袋净重 $x_i(\text{g})$，$i = 1,2,\cdots,10$，计算得

$$\sum_{i=1}^{10} x_i = 5\ 020,\ \sum_{i=1}^{10} x_i^2 = 2\ 520\ 420.$$

① 已知 $\sigma = 5\text{g}$，求 μ 的置信度为 95% 的置信区间；

② σ 未知，求 μ 的置信度为 95% 的置信区间；

③ 已知 $\mu = 500$，求 σ^2 的置信度为 95% 的置信区间；

④ μ 未知，求 σ^2 的置信度为 95% 的置信区间.

(附表：$Z_{0.975} = 1.96$，$t_{0.975}(9) = 2.262\ 2$，$\chi^2_{0.025} = 2.700$，$\chi^2_{0.025} = 3.247$，$\chi^2_{0.975}(9) = 19.023$，$\chi^2_{0.975}(10) = 20.483$)

解 $\bar{X} = \frac{1}{10}\sum_{i=1}^{10} x_i = 502,$

$$S_n^2 = \frac{1}{10}\sum_{i=1}^{10}(x_i - \bar{X})^2 = \frac{1}{10}\left[\sum_{i=1}^{10} x_i^2 - 10\bar{X}^2\right] = 38,$$

$S_n = 6.164\,4$.

① 已知 $\sigma = 5$，μ 的置信度为 95% 的置信区间为

$$\left(\overline{X} - Z_{0.975}\frac{\sigma}{\sqrt{n}},\ \overline{X} + Z_{0.975}\frac{\sigma}{\sqrt{n}}\right) = (498.910,\ 505.099).$$

② σ 未知，μ 的置信度为 95% 的置信区间为

$$\left(\overline{X} - \frac{S_n}{\sqrt{n-1}}t_{1-\frac{\alpha}{2}}(n-1),\ \overline{X} + \frac{S_n}{\sqrt{n-1}}t_{1-\frac{\alpha}{2}}(n-1)\right)$$

$$= \left(502 - \frac{6.164\,4}{\sqrt{9}} \times 2.262\,2,\ 502 + \frac{6.164\,4}{\sqrt{9}} \times 2.262\,2\right)$$

$$= (497.352,\ 506.648).$$

③ 已知 $\mu = 500$，σ^2 的置信区间(置信度 $1-\alpha = 95\%$)为

$$\left(\frac{\sum\limits_{i=1}^{10}(x_i - 500)^2}{\chi^2_{1-\frac{\alpha}{2}}(n)},\ \frac{\sum\limits_{i=1}^{10}(x_i - 500)^2}{\chi^2_{\frac{\alpha}{2}}(n)}\right)$$

$$= \left(\frac{420}{20.483},\ \frac{420}{3.24}\right) = (20.505,\ 129.350).$$

④ μ 未知，σ^2 的置信度为 95% 的置信区间为

$$\left(\frac{\sum\limits_{i=1}^{10}(x_i - \overline{X})^2}{\chi^2_{1-\frac{\alpha}{2}}(n-1)},\ \frac{\sum\limits_{i=1}^{10}(x_i - \overline{X})^2}{\chi^2_{\frac{\alpha}{2}}(n-1)}\right) = \left(\frac{nS_n^2}{\chi^2_{1-\frac{\alpha}{2}}(n-1)},\ \frac{nS_n^2}{\chi^2_{\frac{\alpha}{2}}(n-1)}\right)$$

$$= \left(\frac{380}{19.023},\ \frac{380}{2.700}\right) = (19.976,\ 140.741).$$

例 6　已知某产品的使用寿命 X 服从正态分布，要求平均使用寿命不低于 1 000h，现从一批这种产品中随机抽出 25 只，测得平均使用寿命为 950h，样本方差为 100h，则可用(　　)检验这批产品是否合格．

(A) t 检验法　(B) χ^2 检验法　(C) Z 检验法　(D) F 检验法

解　选(A)．

例 7　假设检验时，只减少样本容量，犯两类错误的概率(　　)．

(A) 都增大　(B) 都减少

(C) 不变　(D) 一个增大，一个减少

解　选(A)．

例 8　正态总体 $X \sim N(\mu, \sigma^2)$，$X_1, X_2, \cdots, X_n$ 为样本，$\overline{X} = \frac{1}{n}\sum\limits_{i=1}^{n}X_i$，假设检验 H_0：$\sigma^2 \leqslant \sigma_0^2$（$\sigma_0$ 为已知数），在显著性水平 α 下，则当 $\chi^2 = \dfrac{\sum\limits_{i=1}^{n}(X_i - \overline{X})^2}{\sigma_0^2}$(　　)时，拒绝 H_0．

(A) $\geqslant \chi^2_{1-\frac{\alpha}{2}}(n-1)$　(B) $\leqslant \chi^2_{\frac{\alpha}{2}}(n-1)$

(C) $\leqslant \chi^2_{1-\alpha}(n-1)$　(D) $\geqslant \chi^2_{1-\alpha}(n-1)$

解　选(D)．

注意 单尾检验与双尾检验的临界域(即拒绝域)不同，应熟练掌握教材 P225 的表 6.4“正态及二项总体参数检验表”.

(1) 已知方差 σ^2，检验 H_0: $\mu = \mu_0$

例 9 规定有强烈作用的药片，平均质量为 0.5mg，抽取 121 片来检验，测得平均质量为 0.53mg. 根据制药厂提供的药片质量，经反复试验，确信药片质量服从标准为 0.11mg 的正态分布，试在 $\alpha = 0.01$ 下检验 H_0: $\mu = 0.5$ 对 H_1: $\mu \neq 0.5$.

(附表：$Z_{0.99} = 2.32$，$Z_{0.995} = 2.58$)

解 ① 检验假设 H_0: $\mu = 0.5$ 对 H_1: $\mu \neq 0.5$;

② 选取统计量 $Z = \dfrac{\overline{X} - \mu_0}{\sigma_0}\sqrt{n}$，$Z \sim N(0,1)$;

③ 对显著性水平 $\alpha = 0.01$ 确定拒绝域.

例 10 设总体 $X \sim N(\mu, 16)$，统计假设为 H_0: $\mu = 4$ 对 H_1: $\mu \neq 4$. 若使用 Z 检验法进行检验，则在显著性水平 α 下，接受域为(　　).

(A) $|Z| \geqslant Z_{1-\frac{\alpha}{2}}$　　(B) $|Z| < Z_{1-\frac{\alpha}{2}}$

(C) $Z \leqslant -Z_{1-\alpha}$　　(D) $Z > -Z_{1-\alpha}$

解 选(B). $|Z|_{1-\frac{\alpha}{2}} = Z_{0.995} = 2.58$.

由样本观察值，这里

$$|Z| = \frac{|0.53 - 0.5|}{0.11} \cdot \sqrt{121} = 3 > Z_{0.995},$$

故拒绝 H_0，接受 H_1.

(2) 未知方差，检验 H_0: $\mu = \mu_0$

例 11 某厂生产乐器用合金弦线，其抗拉强度服从均值为 10 560(kg/cm^2) 的正态分布. 现从一批产品中抽取 10 根测得其抗拉强度(单位：kg/cm^2) 为

10 512　10 623　10 668　10 554　10 776

10 707　10 557　10 581　10 666　10 670

① 对显著性水平 $\alpha = 0.05$，问这批产品的抗拉强度有无显著变化?

② 对显著性水平 $\alpha = 0.01$，结果又如何?

(已知：$t_{0.95}(9) = 1.833$，$t_{0.975}(9) = 2.262$，$t_{0.99}(9) = 2.821$，$t_{0.995}(9) = 3.250$)

解 ① 检验假设 H_0: $\mu = 10\,560$ 对 H_1: $\mu \neq 10\,560$;

方差未知时，检验数学期望选用统计量 $T = \dfrac{\overline{X} - \mu_0}{s}\sqrt{n}$，在 H_0 成立时，$T \sim t(n-1)$，其中 $s^2 = \dfrac{1}{n-1}\sum\limits_{i=1}^{n}(x_i - \bar{x})^2$;

对给定样本值，计算得

$$\bar{x} = \frac{1}{n}\sum_{i=1}^{n} x_i = \frac{1}{10}(10\,152 + 10\,623 + \cdots + 10\,670) = 10\,631.4,$$

$$s^2 = \frac{1}{n-1}\Big(\sum_{i=1}^{n} x_i^2 - n\bar{x}^2\Big) = \frac{1}{9}(10\,512^2 + \cdots + 10\,670^2 - 10 \times 110\,631.4^2) = \frac{59\,044}{9},$$

所以，统计量的样本值

$$t = \frac{\bar{x} - \mu_0}{\frac{s}{\sqrt{n}}} = \frac{10\,631.4 - 10\,560}{\sqrt{\frac{59\,044}{9 \times 10}}} = 2.788;$$

当显著性水平 $\alpha = 0.05$ 时，拒绝域为

$$|T| \geqslant t_{0.975}(9) = 2.262,$$

这里 $|t| = 2.788 > 2.262$，落入拒绝域，所以在 $\alpha = 0.05$ 下应拒绝 H_0，即认为抗拉强度有显著性变化.

② 当显著性水平 $\alpha = 0.01$ 时，拒绝域为 $|T| \geqslant t_{0.995}(9) = 3.250$，这里 $|t| = 2.788 < 3.250$，没有落入拒绝域，即在接受域中，所以在 $\alpha = 0.01$ 下应接受 H_0，即认为这批产品的抗拉强度无显著性变化.

例 12　已知某种元件的寿命服从正态分布，要求该元件的平均寿命不低于 1 000h，现从这批元件中随机抽取 25 只，测得平均寿命 $\bar{X} = 980$h，标准差 $s = 65$h，试在显著性水平 $\alpha = 0.05$ 下，确定这批元件是否合格？

（附表：$t_{0.90}(24) = 1.318$，$t_{0.95}(24) = 1.711$，$t_{0.975}(24) = 2.064$）

分析　元件是否合格，应通过寿命低于 1 000h 来判断（$\geqslant$ 1 000h 都合格），这是对总体均值的单侧检验，σ^2 未知，用 t 检验法.

解　① 提出检验假设 H_0：$\mu = \mu_0 = 1\,000$，H_1：$\mu < \mu_0 = 1\,000$.

② 选取统计量 $T = \dfrac{\bar{x} - \mu_0}{\frac{s}{\sqrt{n}}}$，当 H_0 成立时 $T \sim t(n-1)$；

③ 由样本观察值，计算统计量所取的值，这里 $\bar{X} = 980$，$S = 65$，得

$$t = \frac{980 - 1\,000}{\frac{65}{\sqrt{25}}} = -1.538;$$

④ 对显著性水平 $\alpha = 0.05$，拒绝域（临界域）$t \leqslant -t_{1-\alpha}(n-1) = -t_{0.95}(24) = -1.711$，因为 $t > -t_{0.95}(24) = -1.711$，未落入拒绝域，应接受 H_0，否定 H_1，即认为这批元件合格.

(3) 未知均值，检验 H_0：$\sigma^2 = \sigma_0$

例 13　某种导线，要求其电阻的标准差不得超过 0.005(Ω). 今在生产的一批导线中取样品 9 根，测得 $s = 0.007(\Omega)$，设总体为正态分布，问在显著性水平 $\alpha = 0.05$ 下能认为这批导线的标准差显著地偏大吗？（$\chi^2_{0.95}(8) = 15.507$，$\chi^2_{0.975}(8) = 17.5$）

分析　凡方差“大于”、“小于”、“不低于”、“偏大”、“偏小”等问题，均属于方差的单侧检验问题，其假设的提出有两种方式：有的书提出原假设 H_0：$\sigma^2 = \sigma_0^2$ 和备择假设 H_1：$\sigma^2 > \sigma_0^2$（或 $\sigma^2 < \sigma_0^2$）（H_0 和 H_1 是对立假设），有的书只提出原假设 H_0：$\sigma^2 \geqslant \sigma_0^2$（或 $\sigma^2 \leqslant \sigma_0^2$）（注意原假设含有等号），本书按前者讲述.

解　用 χ^2 检验法.

① 检验假设 H_0：$\sigma^2 = \sigma_0^2 = 0.005^2$，$H_1$：$\sigma^2 > \sigma_0^2 = 0.005^2$；

② 选用统计量 $\chi^2 = \dfrac{(n-1)s^2}{\sigma^2}$，当 H_0 成立时，$\chi^2 \sim \chi^2(n-1)$；

③ 由样本观察值，计算统计量所取的值为

$$\chi^2 = \frac{(9-1)\times 0.007^2}{0.005^2} = 15.68;$$

④ 对 $\alpha = 0.05$，由已知 $\chi^2_{0.95}(8) = 15.07$，拒绝域

$$\chi^2 \geqslant \chi^2_{1-\alpha}(n-1) = \chi^2_{0.95}(8) = 15.507,$$

这里 $\chi^2 = 15.68 > 15.507$，故拒绝 H_0，接受 H_1，即认为这批导线的标准差显著地偏大.

9.5 强化训练题、自测题

9.5.1 强化训练题 1

1. 对以下几组样本值，计算样本均值与样本方差：

(1) 54, 67, 68, 70, 66, 67, 70, 65, 69;

(2) 111.20, 113.4, 111.2, 112.0, 114.5, 112.9, 113.6.

2. 从一批零件的毛坯中，抽取 20 个，称得质量(单位:kg) 如下：

21.5 22.7 21.6 19.2 20.7 20.7 21.4 21.8 20.5 20.0

18.7 18.5 20.2 21.8 19.5 21.5 20.6 20.2 20.8 21.0

试估计该批毛坯的均值和方差.

3. 在总体 $N(52, 6.3^2)$ 中，随机抽取一个样本容量为 36 的样本，求样本均值落在 50.8 到 53.8 之间的概率.

4. 已知某种细纱的强力 X 呈正态分布，并知 $\mu = 1.56$kg，$\sigma = 0.22$kg，今从中抽取 $n = 50$ 的样本，求 $\bar{X}$ 小于 1.45kg 的概率. ($\Phi(3.533\,5) = 0.999\,84$)

9.5.2 强化训练题 2

1. 设总体的一组样本观测值为

0.3 0.8 0.27 0.35 0.62 0.55

试用样本数字特征法求出总体均值 μ 和均方差 σ 的估计值.

2. 已知某种白炽灯泡的使用寿命服从正态分布. 在某星期所生产的该种灯泡中随机抽取 10 只，测得其寿命(单位：h) 为

1 067 919 1 196 785 1 126 936 918 1 156 920 948

试用数字特征法求出寿命总体的均值 μ 和方差 σ^2 的估计值，并估计这种灯泡的寿命大于 1 300h 的概率.

3. 某车间生产的螺杆直径服从正态分布，今随机地抽取 5 只，测得直径(单位：mm) 为

22.5 21.5 22.0 21.8 21.4

(1) 已知 $\sigma = 0.3$，求 μ 的置信度为 0.95 的置信区间;

(2) σ 未知，求 μ 的置信度为 0.95 的置信区间.

4. 从正态总体中抽取容量为 5 的样本，其观测值为

1.86 3.22 1.46 4.01 2.64

试求 σ^2 的置信度为 0.95 的置信区间.

5. 测得铝的相对密度 16 次，得 $\bar{x} = 2.705$，$s = 0.029$，试求铝的相对密度均值 μ 的置信

度为 0.95 的置信区间(设 16 次测量结果可以看做一个正态总体的样本).

6. 设 n, $\bar{x}$, s 是分别来自正态总体的样本容量、样本均值和样本均方差，试求总体均值 μ 的置信度为 $1-\alpha$ 的置信上限.

7. 从某种自动机床加工的同类零件中抽取 16 件，测得零件直径长的标准差 $s = 0.071$(cm). 设零件的直径长服从正态分布，试求均方差 σ 的置信度为 0.95 的置信上限.

9.5.3　强化训练题 3

1. 从方差为 25 的正态总体中随机抽取容量为 25 的样本，算得 $\bar{x} = 46$，要求检验假设 H_0: $\mu = 50$. ($\alpha = 0.01$)

2. 由经验知某零件质量 $X \sim N(\mu, \sigma^2)$，$\mu = 15$，$\sigma = 0.05$. 技术革新后，抽出 6 个零件，测得质量(单位：g) 为

14.7　15.1　14.8　15.0　15.2　14.6

已知方差不变，问平均质量是否仍为 15g? ($\alpha = 0.05$)

3. 根据长期经验和资料分析，某砖厂生产的砖的抗断强度 X 服从正态分布，方差 $\sigma^2 = 1.21$. 今从该厂所产的一批砖中，随机抽取 6 块，测得抗断强度(单位：MPa) 如下：

3.256　2.996　3.164　3.00　3.187　3.103

试问这批砖的平均抗断强度是否为 3.250? ($\alpha = 0.05$)

4. 化肥厂用自动包装机包装化肥，每包的质量服从正态分布，其额定质量为 100kg，标准差为 1.2kg. 某日开工后，为了确定这天包装机工作是否正常，随机抽取 9 袋化肥，称得质量如下：

99.3　98.7　100.5　101.2　98.3　99.7　99.5　102.1　100.5

设方差稳定不变，问这一天包装机工作是否正常? ($\alpha = 0.10$)

5. 从某批矿砂中，抽取容量为 5 的一个样本，测得其含镍量(单位：%) 为

3.25　3.27　3.24　3.26　3.24

设测量值服从正态分布，问在 $\alpha = 0.01$ 下，能否认为这批矿砂的含镍量为 3.25%?

6. 已知健康人的红血球直径服从均值为 7.20μm 的正态分布，今在一患者血液中随机测得 9 个红血球的直径如下：

7.8　9.0　7.1　7.6　8.5　7.7　7.3　8.1　8.0

问该患者红血球平均直径与健康人有无显著差异? ($\alpha = 0.05$)

7. 从正态总体中随机抽取容量为 8 的一个样本，得 $s^2 = 93.26$，试以 $\alpha = 0.05$ 的水平检验假设 H_0: $\sigma^2 = 8^2$.

8. 甲、乙两地段分别取了 10 块与 11 块岩心进行磁化率测定，算出样本方差值为 $s_1^2 = 0.0193$, $s_2^2 = 0.0053$，若测量值服从正态分布，且相互独立，问甲、乙两地段岩心磁化率的方差是否有显著差异? ($\alpha = 0.10$)

9.5.4　自测题 1

1. 如果 X 服从 0—1 分布，又知 X 取 1 的概率为它取 0 的概率的两倍，写出 X 的分布律和分布函数.

2. 已知随机变量 X 取值只能取 $-1, 0, 1, 2$ 四个值，相应的概率依次为$\frac{1}{2c}$，$\frac{3}{4c}$，$\frac{5}{8c}$，$\frac{7}{16c}$，确定常数 c，并计算 $P\{X<1\}$，$P\{X\neq 0\}$，$P\{X<1 \mid X\neq 0\}$.

3. 已知 $X\sim f(x)=\begin{cases}\dfrac{1}{2\sqrt{x}}, & 0<x<1,\\ 0, & \text{其他},\end{cases}$ 求 X 的分布函数 $F(x)$，并画出 $F(x)$ 的图形.

4. 已知 $X\sim f(x)=\begin{cases}2x, & 0<x<1,\\ 0, & \text{其他},\end{cases}$ 求 $P\{X\leqslant 0.5\}$，$P\{X=0.5\}$，$F(x)$.

5. 服从柯西分布的随机变量 X 的分布函数是

$$F(x)=A+B\arctan x,$$

求常数 A，B 和 $P\{|X|<1\}$ 以及概率密度 $f(x)$.

6. 已知 $X\sim f(x)=\begin{cases}c\lambda \mathrm{e}^{-\lambda x}, & x>a,\\ 0, & \text{其他},\end{cases}$ $\lambda>0$，求常数 c 及 $P\{a-1<X\leqslant a+1\}$.

7. 某车间有 20 部同型号机床，每部机床开动的概率为 0.8，若假定各机床是否开动彼此独立，每部机床开动时所消耗的电能为 15 个单位，求这个车间消耗电能不少于 270 个单位的概率.

8. 若 $X\sim N(10, 2^2)$，求 $P\{10<X<13\}$，$P\{X>13\}$，$P\{|X-10|<2\}$.

9. 若某批产品的长度按 $N(50, 0.25^2)$ 分布，求产品长度在 49.5 ~ 50.5cm 之间的概率，以及长度小于 49.2cm 的概率.

10. 连续型随机变量 X 的概率密度为

$$f(x)=\begin{cases}kx^a, & 0<x<1,\\ 0, & \text{其他},\end{cases}\quad (k,\ a>0)$$

又知 $E(X)=0.75$，求 k 和 a 的值.

11. 一个螺丝钉的质量是随机变量，期望值为 10g，标准差为 1g. 100g 一盒的同型号螺丝钉质量的期望值和标准差各为多少?(假定每个螺丝钉的质量都不受其他螺丝钉质量的影响)

12. 一批零件中有 9 个合格品与 3 个废品，在安装机器时，从这批零件中任取 1 个，如果取出的废品不再放回去. 求在取得合格品以前，已经取得废品数的数学期望和方差.

13. X 的分布函数 $F(x)=\begin{cases}1-\mathrm{e}^{-\lambda x}, & x>0,\\ 0, & \text{其他},\end{cases}$ 求 $E(X)$，$D(X)$.

14. 已知 $X\sim f(x)=\begin{cases}\dfrac{1}{n\sqrt{1-x^2}}, & |x|<1,\\ 0, & \text{其他},\end{cases}$ 求 $E(X)$，$D(X)$.

9.5.5 自测题 2

1. 对以下几组样本，计算其样本均值和方差：

(1) 27, 28, 30, 26, 27;

(2) 9.1, 9.3, 8.7, 8.0, 8.9, 9.0.

2. 正常人的脉搏平均为 72 次 / 分，现医生测得 10 例慢性铅中毒患者的脉搏(次 / 分) 如下：

$$54,\ 67,\ 68,\ 78,\ 66,\ 70,\ 67,\ 70,\ 65,\ 69.$$

问患者和正常人的脉搏有无显著差异?(患者的脉搏可视为服从正态分布，$\alpha = 0.05$)

3. 某厂生产的某种钢索的断裂强度服从 $N(\mu,\ \sigma^2)$ 分布，其中 $\sigma = 40(\mathrm{kgf/cm^2})$，现从这批钢索中抽取一个容量为 9 的样本，测得断裂强度 $\bar{x}$ 与以往的正常生产时相比，较 μ 大 $20(\mathrm{kgf/cm^2})$，设总体方差不变，问在 $\alpha = 0.01$ 下能否认为这批钢索质量有显著提高?

参考答案或提示

1.4.1

一、1. 非; 2. 是; 3. 非; 4. 非; 5. 是; 6. 是; 7. 非; 8. 非.

二、1. y 轴; 2. $\{0\}$;

3. $\log_2 \dfrac{x}{1-x}(0 < x < 1)$; 4. $2(x-2)-(x-2)^2$;

5. $\dfrac{3+2x^2}{1+x^2}$ 与 $\dfrac{1}{x^2+4x+5}$; 6. $y=\log_2 u, u=\sin x+2$;

7. $y=\mathrm{e}^u, u=x\ln x$.

三、1. C; 2. B; 3. A.

四、1. $[-1,3]$; 2. $2(1-x^2)$;

3. $f[g(x)]=\mathrm{e}^{2x}, g[f(x)]=\mathrm{e}^{x^2}, f[f(x)]=x^4, g[g(x)]=\exp(\mathrm{e}^x)$;

4. $\dfrac{1}{5},\dfrac{1}{2},0$.

五、$m=\begin{cases} ks, & 0 < s \leqslant a; \\ 0.2ka+0.8ks, & s > a. \end{cases}$

1.4.2

一、$L=-0.2x^2+(4-t)x-1$.

二、$R=\begin{cases} 250x, & 0 < x < 600, \\ 230x+1.2\times 10^4, & 600 < x \leqslant 800, \\ 1.96\times 10^5, & x > 800. \end{cases}$

三、2. 20 元.

四、1. $P=\begin{cases} 90, & 0 < x \leqslant 100, \\ 90x-(x-100)\times 0.01, & 100 < x \leqslant 1\,600, \\ 75, & x > 1\,600; \end{cases}$

2. $L=\begin{cases} 30x, & 0 < x \leqslant 100, \\ 30x-(x-100)^2\times 0.01, & 100 < x \leqslant 1\,600, \\ 15x+1\,500, & x > 1\,600; \end{cases}$

3. $L=21\,900$ 元.

1.4.3

一、1. 是; 2. 非; 3. 非; 4. 非.

二、1. 0; 2. 0; 3. 4; 4. 0.

三、1. D; 2. C; 3. D.

四、1. 收敛于 0; 2. 收敛于 0; 3. 发散.

五、1. $x_n=1-10^{-n}$; 2. 1.

1.4.4

一、1. 非; 2. 是; 3. 非; 4. 非; 5. 是.

二、1. 1; 2. 0; 3. 1,不存在; 4. b,1,1.

三、1. C； 2. B.

四、3,9.

五、1. $f(0-0)=-1, f(0+0)=1$；

2. 无极限,因 $f(0-0)\neq f(0+0)$；

3. $\lim\limits_{x\to 1}f(x)=1$.

1.4.5

一、1. 非； 2. 是； 3. 非； 4. 非.

二、1. ∞, -1； 2. 无穷小； 3. 无穷小； 4. 0.

三、1. A； 2. D； 3. D； 4. B； 5. D.

四、1. 无穷小；

2. 无穷大；

3. 无穷大($-\infty$)；

4. 既不是无穷小也不是无穷大.

五、1. 同阶无穷小；

2. 高阶无穷小；

3. 等价无穷小.

1.4.6

一、1. 是； 2. 非； 3. 非； 4. 非； 5. 非；

6. 非； 7. 非； 8. 非； 9. 是； 10. 非.

二、1. -1； 2. $\frac{2}{3}$； 3. $\frac{2}{3}$； 4. 0； 5. $+\infty$；

6. -1； 7. 1； 8. $\frac{1}{2}$； 9. $\left(\frac{3}{2}\right)^{200}$； 10. 0.

三、提示：由极限乘法运算法则及由分母极限为0,可得分子极限必为0,且分子、分母同时有 $x-1$ 的公因子, $a=-3, b=2$.

1.4.7

一、1. 非； 2. 非.

二、1. $\frac{4}{3}$； 2. e^{-6}； 3. x； 4. 1； 5. $\frac{1}{2}$； 6. e^{-1}.

三、$c=\ln 2$.

1.4.8

一、1. 非； 2. 非； 3. 非； 4. 非； 5. 是； 6. 非； 7. 是； 8. 非.

二、1. 第一类,跳跃型；

2. 第二类,无穷型；

3. -1；

4. 2；

5. $(-\infty,+\infty)$, $(-\infty,0)\cup(0,+\infty)$；

6. $(1,2)\cup(2,+\infty)$；

7. 无,0.

三、1. C； 2. A； 3. B.

四、$a=1,b=1$.

五、1. $x=\pm 1$是第二类间断点中的无穷间断点;

2. $x=0$是第二类间断点中的无穷间断点;

3. $x=1$为第一类间断点中的可去间断点;

4. $x=-1$为第二类间断点中的无穷间断点,$x=1$为第一类间断点中的跳跃间断点.

六、1. $\ln(e+1)$; 2. $\frac{2}{3}\sqrt{2}$; 3. $3\log_a e$; 4. -1.

1.4.9

一、1. 1; 2. $[-4,2]$; 3. $[0,3)$; 4. 3; 5. e^k; 6. $\frac{3}{2}$; 7. 2;

8. 第一类型间断点且是可去间断点.

二、1. C; 2. C; 3. B; 4. B; 5. C;

6. D; 7. A; 8. A.

三、1. $3-\sqrt{3}$; 2. $\frac{1}{3}$; 3. e^{-2}; 4. 1; 5. $\frac{1}{3}$;

6. 0; 7. 1; 8. $\frac{2}{5}$; 9. $\cos a$; 10. $-\frac{\pi}{4}$.

四、$a=1$.

五、$a=\frac{3}{2}$.

六、$a=-4,b=10$.

七、$x_1=0$是第二类型无穷间断点,$x_2=1$是第一类型跳跃间断点.

1.4.10

一、1. $\ln^2 x-2\ln x$; 2. $f[g(x)]<g[f(x)]$; 3. e^{-2}; 4. $\frac{1}{3}$;

5. $x=\pm 1,0,x=1,x=0,-1$.

二、1. D; 2. D; 3. A; 4. A; 5. C.

三、1. $\frac{1}{4}$; 2. 0; 3. $\frac{1}{5}$; 4. e; 5. $\frac{1}{5}$.

四、$\lim\limits_{x\to 0}f(x)=0,\lim\limits_{x\to 1}f(x)=3,\lim\limits_{x\to\sqrt{2}}f(x)=6$.

五、$f(0+0)=f(0-0)=f(0)=-1$,故$f(x)$在$x=0$处连续.

七、提示:用反证法和零点定理.

2.4.1

一、1. 非; 2. 非; 3. 非; 4. 是; 5. 是; 6. 非.

二、1. $-f'(x_0),2f'(x_0)$; 2. $f'(0)$; 3. 0; 4. $\frac{dT}{dt}$;

5. 切点$(\ln(e-1),(e-1))$,$y=(e-1)[x-\ln(e-1)]+e-1$;

6. $f'(x)$.

三、1. B; 2. C; 3. A.

四、$y'(x)=-\frac{1}{3}x^{-\frac{4}{3}},-\frac{1}{3}$.

五、$\varphi(a)$.

六、1. $a=2, b=-1$； 2. $f'(x)=\begin{cases}2x, & x<1,\\ 2, & x=1,\\ 2, & x>1.\end{cases}$

七、$y=4x-6, y=-\frac{1}{4}x-\frac{7}{4}$.

2.4.2

一、1. 0； 2. $\mu x^{\mu-1}$； 3. e^x； 4. $2^x\ln 2$； 5. $\frac{1}{x}$；

6. $\frac{1}{x\ln a}$； 7. $\cos x$； 8. $-\sin x$； 9. $\sec^2 x$； 10. $-\csc^2 x$；

11. $\frac{1}{\sqrt{1-x^2}}$； 12. $-\frac{1}{\sqrt{1-x^2}}$； 13. $\frac{1}{1+x^2}$； 14. $-\frac{1}{1+x^2}$.

二、1. D； 2. D.

三、1. $2x\cos x-x^2\sin x+\frac{5}{2}x^{\frac{3}{2}}$； 2. $-\frac{1}{\sqrt{x}(1+\sqrt{x})^2}$； 3. $3x^2-12x+11$；

4. $\frac{1}{3}x^{-\frac{2}{3}}\cdot\sin x+x^{\frac{1}{3}}\cos x-a^x e^x\ln(ae)$； 5. $\log_2 x+\frac{1}{\ln 2}$；

6. $-\csc^2 x\arctan x+\frac{\cot x}{1+x^2}$.

四、$\frac{dy}{dx}=\ln x+1-\frac{1}{2}x^{-\frac{3}{2}}, \left.\frac{dy}{dx}\right|_{x=1}=\frac{1}{2}$.

五、1. v_0-gt； 2. $\frac{v_0}{g}$.

六、1. $20-\frac{2}{5}Q$； 2. $Q=15$ 处收益变化得快.

2.4.3

一、1. $-4x\sin 2x^2$； 2. $-\sin 2x^2$； 3. $-2\sin 2x^2$.

二、1. $\frac{1}{x^2}\sin\frac{1}{x}$；

2. $\frac{1+x}{x(x\ln x-1)}$；

3. $\frac{1}{x-1}$；

4. $\frac{1}{\sqrt{1+x^2}}$；

5. $\frac{1}{2\sqrt{x+\sqrt{x+\sqrt{x}}}}\cdot\left[1+\frac{1}{2\sqrt{x+\sqrt{x}}}\left(1+\frac{1}{2\sqrt{x}}\right)\right]$；

6. $\frac{2x\cos 2x-2\sin x}{x^3}$；

7. $\frac{\pi}{2\sqrt{1-x^2}(\arccos x)^2}$；

8. $-3\cos[\cos^2(\tan^3 x)]\sin(2\tan 3x)\sec^2 3x$.

三、1. $f'(\sin^2 x)\sin 2x+2f(x)f'(x)\cos f^2(x)$；

2. $[e^x f'(e^x)+f'(x)f(e^x)]e^{f(x)}$；

3. $f'(x)f'[f(x)]f'\{f[f(x)]\}$.

四、$f'(x+3)=5x^4, f'(x)=5(x-3)^4$.

2.4.4

一、1. 非；2. 非；3. 非.

二、2.

三、$x+y-1$.

四、1. $\sqrt{x\sin x\sqrt{1-e^x}}\cdot\frac{1}{2}\left[\frac{1}{x}+\cot x-\frac{e^x}{2(1-e^x)}\right]$;

2. $2x^{\ln x-1}\ln x$.

五、1. $\frac{2t-1}{2t}$; 2. $t\cos t$.

2.4.5

一、1. 3；2. $\frac{6!2^6}{(1+2x)^7}$; 3. $(\ln 10)^n$; 4. $2^n\sin\left(2x+\frac{n\pi}{2}\right)$.

二、1. C；2. D.

三、1. $6-\cos x$; 2. -3; 3. $e^x(x+n), n$.

四、$\frac{d^2y}{dx^2}=-\frac{1}{y\ln^3 y}, \left.\frac{d^2y}{dx^2}\right|_{x=0}=-\frac{1}{e}$.

五、$\frac{1-t^2}{4t(1+t^2)^2}$.

六、$\frac{2x}{\sqrt{(1-x^2)^3}}+4(1+4x^2)e^{2x^2+1}$.

2.4.6

一、1. 0.110 6, 0.11; 2. $\frac{2}{3}x^3$; 3. $a^x\ln a-\frac{1}{1+x^2}$;

4. $2\sqrt{x}+C$; 5. $\frac{e^{\sqrt{\sin 2x}}}{2\sqrt{\sin 2x}}$; 6. $\sin x, e^x$;

7. 0.5%.

二、1. C；2. B；3. B；*4. D.

三、$\frac{dy}{dx}=-2x\sin x^2, \frac{dy}{dx^2}=-\sin x^2, \frac{dy}{dx^3}=-\frac{2\sin x^2}{3x}, \frac{d^2y}{dx^2}=-2\sin x^2-4x^2\cos x^2$.

四、1. $(e^x+xe^x)dx$; 2. $2(\ln x+1)x^{2x}dx$; 3. $\frac{ye^x-2x}{\cos y-e^x}dx$.

五、1.006 6.

六、39.27cm³.

2.4.7

一、1. $\frac{1}{2}+e$; 2. 2; 3. $\left(e^x\ln x+\frac{1}{x}e^x\right)dx$; 4. -2;

5. $y=(1+e)x-1$; 6. 1; 7. $(\sin^2 x-\cos x)e^{\cos x}$;

8. $-\frac{1}{x^2}f'\left(\frac{1}{x}\right)+\frac{2}{x^3}f'\left(\frac{1}{x}\right)$.

二、1. B；2. D；3. C；4. C；5. C.

三、1. $8(2x+3)^3$； 2. $-2e^{-2x}$； 3. $-3\cos^2 x\sin x$； 4. $\dfrac{-\cos(1-x)}{\sin(1-x)}$.

四、$\dfrac{1}{2}$.

五、$\dfrac{x\ln x}{(x^2-1)^{\frac{3}{2}}}\mathrm{d}x$.

六、$\dfrac{2xy}{\cos y+2e^{2y}-x^2}$.

七、$\pi^x\ln\pi+\pi x^{\pi-1}+x^x(1+\ln x)$.

八、t，$-\dfrac{t^3}{1+2\ln t}$.

九、$6x-\csc^2 x$.

十、$2\varphi(0)+\varphi'(0)$.

十一、1. $m\geqslant 1$； 2. $m\geqslant 2, f'(0)=0$； 3. $m\geqslant 3$.

十二、$a=\dfrac{1}{2}$.

2.4.8

一、1. $\left(3x^2+\dfrac{1}{1+x}\right)\mathrm{d}x$；

2. $\dfrac{y-2x}{2y-x}$；

3. $y=(\sqrt[3]{4}+2e^{-2})(x+1)+e^{-2}$；

4. $900(1-3x)^{98}-\dfrac{3}{x^2\ln 2}-4\sin 2x$；

5. $\dfrac{1}{2}$.

二、1. B； 2. D； 3. D； 4. C； 5. A.

三、1. $6x-2\sin 2x$；

2. $10(38x^2-76x+46)(x^2-2x+5)^8$；

3. $\dfrac{(x-1)\cot x-\ln\sin x}{(x-1)^2}$；

4. $6\times 10^{6x}\ln 10+\dfrac{1}{x^2}(1-\ln x)x^{\frac{1}{x}}$；

5. $-\dfrac{1}{2}$.

四、$f'(x)=\begin{cases}-2e^{2x}, & x<0,\\ 2x, & x>0,\\ \text{不存在}, & x=0.\end{cases}$

五、$\dfrac{\mathrm{d}y}{\mathrm{d}x}=\dfrac{-1}{2+\sin y}, \dfrac{\mathrm{d}^2y}{\mathrm{d}x^2}=\dfrac{-\cos y}{(2+\sin y)^2}$.

六、$a=2, b=1$.

3.4.1

一、1. 1;　　2. $f(x)$ 在 $(-1,1)$ 内不可导;

3. $\frac{e^b - e^a}{b^2 - a^2} = \frac{e^\xi}{2^\xi}$; 4. 3, (0,1), (1,2), (2,3).

二、1. B;　2. D;　3. A.

三、提示:令 $f(x) = 3\arccos x - \arccos(3x - 4x^3)$,则 $f'(x) \equiv 0\left(-\frac{1}{2} \leqslant x \leqslant \frac{1}{2}\right)$,则 $f(x)$ 恒为常数,再取 $x = 0$ 便得 $f(x) = \pi$.

五、1. $\frac{3}{2}$;　2. $-\frac{3}{5}$;　3. 1;　4. 1;　5. $\frac{1}{2}$;

6. 1;　7. 1;　8. $e^{-\frac{2}{\pi}}$;　9. $-\frac{1}{4}$;　10. 0$\left(\text{提示:令 } t = \frac{1}{x^2}\right)$.

3.4.2

一、1. $[1, +\infty)$ 和 $(-\infty, 0) \cup (0, 1]$;　2. 0,小,$\frac{2}{5}$,大;　3. 1;　4. -2,4;　5. 大.

二、1. C;　2. D;　3. A.

三、1. 在 $(-\infty, -1]$, $[3, +\infty)$ 内单调增加,在 $[-1, 3]$ 上单调减少;

2. 在 $\left(\frac{1}{2}, +\infty\right)$ 内单调增加,在 $\left(0, \frac{1}{2}\right)$ 内单调减少;

3. 在 $(0,2]$ 内单调减少,在 $[2, +\infty)$ 内单调增加;

4. 在 $\left(\frac{\pi}{3}, \frac{5}{3}\pi\right)$ 内单调增加,在 $\left(0, \frac{\pi}{3}\right) \cup \left(\frac{5}{3}\pi, 2\pi\right)$ 内单调减少.

四、1. 极大值 $y(\pm 1) = 1$,极小值 $y(0) = 0$;　2. 极大值 $f(-1) = 2$.

五、提示:设 $f(x) = 1 + \frac{1}{2}x - \sqrt{1 + x}$, $f'(x) > 0$,故 $f(x)$ 单调增加,又 $f(0) = 0$,所以 $f(x) > f(0) = 0$.

3.4.3

一、1. $\frac{22}{3}, -\frac{5}{3}$;　2. $\frac{3}{5}, -1$;　3. $-\frac{\pi}{2}, \frac{\pi}{2}$;　4. 2,3.

二、1. 最大值 $y(\pm 2) = 13$,最小值 $y(\pm 1) = 4$;

2. 最大值 $y\left(-\frac{1}{2}\right) = y(1) = \frac{1}{2}$,最小值 $y(0) = 0$;

3. 最大值 $y\left(\frac{3}{4}\right) = 1.25$,最小值 $y(-5) = -5 + \sqrt{6}$.

三、$r = \sqrt[3]{\frac{V}{2\pi}}, h = 2\sqrt[3]{\frac{V}{2\pi}}, d : h = 1 : 1$.

四、300 单位,最大利润 700.

五、2,最大收益为 $20e^{-1}$, $P = 10 \cdot e^{-1}$.

六、20.　* 七、5 批.

3.4.4

一、1. 460, 4.6, 2.3(近似), 2.3;

2. $\frac{P}{20 - P}, \frac{3}{17}, 10P - \frac{P^2}{2}, \frac{2(10 - P)}{20 - P}, \frac{14}{17} \approx 0.82$,增加,0.82;

3. $7 \cdot 2^x \ln 2, (7x 2^x \ln 2)/y$.

二、1. D； 2. A.

三、$L'(20)=50, L'(25)=0, L'(35)=-100$，当每天产量为20t时，再增加1t，利润将增加50元；当产量为25t时，再增加1t，利润不变；当产量为35t时，再增加1t，利润将减少100元.

四、1. -24，当 $P=6$ 时，再提高(下降)一个单位价格，需求将减少(增加)24个单位；

2. $\frac{24}{13}\approx 1.85$，当 $P=6$ 时，若价格上升(下降)1%，则需求减少(增加)1.85%，因总收益减少(增加)；

3. 当 $P=6$ 时，若价格下降2%，总收益将增加1.692%.

五、1. $-6, -10, 0.5, 2.5$； 2. 增加0.5%，减少1.5%； 3. $\sqrt{15}$.

3.4.5

一、1. $\frac{1}{\ln 2}-1$；

2. 0； 3. $e^{-\frac{\pi}{2}}$；

4. $(-\infty,0)\cup(1,+\infty),(0,1)$；

5. $f(0)=2, f(-1)=0$；

6. 凹区间为$(-1,1)$，凸区间为$(-\infty,-1)$和$(1,+\infty)$，拐点为$(-1,\ln 2)$和$(1,\ln 2)$；

7. $x=-\frac{1}{2}$；

8. 1, -3, -24, 16.

二、1. D； 2. D； 3. A； 4. D； 5. D； 6. B.

三、1. 2； 2. $\frac{1}{2}$； 3. -1； 4. $\frac{1}{2}$； 5. 1； 6. $e^{\frac{1}{2}}$.

五、1. 在$\left(-\infty,\frac{1}{2}\right]$内单调减少，在$\left[\frac{1}{2},+\infty\right)$内单调增加；

2. 在$[0,n]$上单调增加，在$[n,\infty)$内单调减少.

六、1. 极小值 $f\left(\frac{1}{\sqrt{e}}\right)=-\frac{1}{2e}$； 2. 极大值 $f(2)=\sqrt{5}$.

七、1. 最大值 $y=(-1)=e$，最小值 $y(0)=0$；

2. 最小值 $y(-3)=27$，没有最大值.

八、单调增加区间为$(0,1)$，单调减少区间为$(1,\sqrt{3}),(\sqrt{3},+\infty)$；凹区间为$(\sqrt{3},+\infty)$，凸区间为$(0,1),(1,\sqrt{3})$；极大值$\frac{1}{2}$；当 $x<0$ 时，$y<0$，当 $x>0$ 时，$y>0$；$y=0$ 为曲线的水平渐近线.

九、$\frac{3}{2}a$ (km/h).

*十、$P=101$，最大利润为167 080.

*十一、1. 1 000； 2. 6 000.

*十二、1. 263.1t； 2. 19.66批/年； 3. 18.31天； 4. 22 408.74元.

*十三、1. -8； 2. 大约0.54； 3. 增加0.46%； 4. 减少0.85%； 5. $P=5$.

*十四、1. $\frac{5}{2}(4-t)$； 2. 2.

*十六、$\frac{3}{2}$(提示:先用洛必达法则,再用二阶导数的定义).

3.4.6

一、1. (1,2); 2. 2; 3. (1,0);

4. $\sqrt{3}+\frac{\pi}{6}$;

5. $4x^3-3x$(提示:因 $f(x)$ 是奇函数,故设 $f(x)=ax^3+cx$,再由 $f'\left(\frac{1}{2}\right)=0$, $f\left(\frac{1}{2}\right)=-1$ 可解得 $a=4,c=-3$);

*6. (10,20].

二、1. C; 2. D; 3. A; 4. D; 5. C.

三、1. ln2 − ln3; 2. 1; 3. 0.

四、极大值 $f(1)=5$,极小值 $f(2)=-3$.

六、提示:令 $f(x)=x^5+3x^3+x-3$,注意 $f(0)=-3$, $\lim\limits_{x\to+\infty}f(x)=+\infty$, $f'(x)=5x^4+9x^2+1>0, x\in(-\infty,+\infty)$.

七、底边为 10m,高为 5m.

*八、总成本函数 $C(x)=2+x$,利润函数 $L(x)=3x-\frac{1}{2}x^2-2$,边际收入函数 $R'(x)=4-x$,边际成本函数 $C'(x)=1$,每年生产 300 台产量时总利润最大,最大利润为 2.5 万元.

4.4.1

一、1. $\frac{1}{3}x^3-\cos x, 2x+\cos x$; 2. $f(x)\mathrm{d}x, f(x)+C, f(x), f(x)+C$; 3. C;

4. $-\sin x+C_1x+C_2$;

5. $y=1+\frac{\sqrt{3}}{2}-\cos x$.

二、1. A; 2. B; 3. B.

三、1. $\frac{2}{5}x^{\frac{5}{2}}+x-\frac{1}{2}x^2-2\sqrt{x}+C$; 2. $2x^{\frac{1}{2}}+2\cos x+3\ln|x|+C$;

3. $\tan x-\sec x+C$; 4. $-\cot x-\frac{1}{x}+C$;

5. $\tan x-\cot x+C$; 6. $2\arcsin x-x+C$;

7. $\frac{4^x}{\ln 4}+\frac{9^x}{\ln 9}+\frac{2\cdot 6^x}{\ln 6}+C$; 8. $\frac{4}{7}\frac{x^2+7}{\sqrt[4]{x}}+C$.

四、$y=x^4$.

五、1. 27m; 2. $\sqrt[3]{360}$s.

*七、$C(Q)=Q^2+10Q+20$.

4.4.2

一、1. $-\frac{1}{3}$; 2. $\frac{1}{4}$; 3. $\ln x$; 4. $\ln x, \frac{1}{2}\ln^2 x$;

5. −3; 6. $-\frac{1}{4}e^{-2x^2}$; 7. $\frac{1}{3}$; 8. −1.

二、1. $-\frac{1}{2}\cos 2x + C$;

2. $\frac{1}{3}e^{3x} + C$;

3. $-\frac{1}{3}(1-2x)^{\frac{3}{2}} + C$;

4. $\frac{1}{101}(x^2 - 3x + 1)^{101} + C$;

5. $-\frac{1}{97}(x-1)^{-97} - \frac{1}{98}(x-1)^{-98} - \frac{1}{99}(x-1)^{-99} + C$;

6. $\frac{1}{3}\ln|1+3x| + C$;

7. $\ln\ln\ln x + C$;

8. $\ln(\sec\sqrt{1+x^2}) + C$;

9. $-\frac{1}{2}(\sin x - \cos x)^{-2} + C$;

10. $\frac{1}{8}\cos^8 x - \frac{1}{6}\cos^6 x + C$;

11. $\sin e^x + C$;

12. $-\ln(1+\cos x) + C$;

13. $2\arctan\sqrt{x} + C$;

14. $\frac{1}{2}\cos x - \frac{1}{10}\cos 5x + C$;

15. $-\sqrt{2x+1} - \ln|\sqrt{2x+1} - 1| + C$;

16. $\frac{a^2}{2}\arcsin\frac{x}{a} - \frac{x}{2}\sqrt{a^2 - x^2} + C$;

17. $\ln\frac{\sqrt{1+e^x} - 1}{\sqrt{1+e^x} + 1} + C$;

18. $-\frac{2}{15}(32 + 8x + 3x^2)\sqrt{2-x} + C$;

19. $\frac{1}{25\times 16\times 17}(5x-1)^{16}(80x+1) + C$;

20. $\frac{1}{4}\arctan\frac{2x+1}{2} + C$;

21. $\frac{x}{\sqrt{x^2+1}} + C$;

22. $\ln|x + \sqrt{x^2 - 1}| + C$;

23. $\ln(x - 1 + \sqrt{x^2 - 2x - 3}) + C$;

24. $\sqrt{x^2 - 1} - \arccos\frac{1}{x} + C$.

三、$\arccos\frac{1}{x} + C$.

4.4.3

一、1. $6x\,dx$;

2. $\frac{1}{2}f(2x)+C$;

3. $2\sin x\cos x$;

4. $\cos x-\frac{2\sin x}{x}+C$;

5. $-\frac{x}{3}\cos 3x+\frac{1}{9}\sin 3x+C$;

6. $\frac{1}{3}\cos^3 x-\cos x+C$;

7. $2e^{\sqrt{x}}+C$;

8. $\ln|x+\cos x|+C$;

9. $\frac{1}{3}f^3(x)+C$;

10. $F(\ln x)+C$.

二、1. A;　2. D;　3. B;　4. B;　5. C.

四、1. $\ln|x|+4^x(\ln 4)^{-1}+C$;

2. $\frac{1}{2}\ln\frac{|e^x-1|}{e^x+1}+C$;

3. $\frac{1}{2(1-x)^2}-\frac{1}{1-x}+C$;

4. $2x+\arctan x+C$;

5. $\frac{1}{3}(x^2+3)^{\frac{3}{2}}+C$;

6. $-\frac{1}{3}\ln|2-3e^x|+C$;

7. $\frac{1}{3}\arcsin\frac{3}{2}x+C$;

8. $\frac{2}{3}(x+2)^{\frac{3}{2}}-4(x+2)^{\frac{1}{2}}+C$;

9. $-\frac{1}{4\sin\theta}+C$;

10. $\frac{1}{3}e^{3x}(3\cos 2x+2\sin 2x)+C$;

11. $e^x\ln x+C$;

12. $x\ln(x^2+1)+2\arctan x-2x+C$;

13. $-\frac{1}{5}e^{-x}(\sin 2x+2\cos 2x)+C$;

14. $2\sqrt{x}\ln x-4\sqrt{x}+C$.

五、$x\ln|x|+C$.

六、$\ln x(2-\ln x)+C$.

七、$Q(P)=-1\,000\times\left(\frac{1}{3}\right)^P+2\,000$.

4.4.4

一、1. $2\sqrt{x}+\frac{2}{3}(\sqrt{x})^3+C$;

2. $3e^{\frac{1}{3}(x+1)} + C$;

3. $\dfrac{f(x)}{1+x^2}$;

4. $xe^{-x} + e^{-x} + C$;

5. $2x^2 - x + C$.

二、1. A; 2. D; 3. B; 4. C; 5. D.

三、1. $\dfrac{2}{3}(x+1)^{\frac{3}{2}} - x + C$;

2. $4x - 5\arctan x + C$;

3. $\sin x - \cos x + C$;

4. $-\dfrac{1}{3}\cos(x^3+3x) + C$;

5. $2\sqrt{x+1}\sin\sqrt{x+1} + 2\cos\sqrt{x+1} + C$;

6. $\dfrac{1}{3}x^3 - x + \arctan x + C$;

7. $\dfrac{1}{5}\sqrt{(1+x^2)^5} - \dfrac{1}{3}\sqrt{(1+x^2)^3} + C$;

8. $2x\sqrt{1+e^x} - 4\sqrt{1+e^x} - 2\ln(\sqrt{1+e^x}-1) + 2\ln(\sqrt{1+e^x}+1) + C$;

9. $\dfrac{1}{2}x(\sin\ln x - \cos\ln x) + C$;

10. $\dfrac{1}{3}x^3\arctan x - \dfrac{x^2}{6} + \dfrac{1}{6}\ln(1+x^2) + C$.

四、$e^{-x}\ln(1+e^x) + \ln e^x - \ln(1+e^x) + C$.

5.4.1

一、1. 负的; 2. $\int_{T_1}^{T_2} v(t)\mathrm{d}t$; 3. $b-a$.

二、1. A; 2. D.

三、1. 1; 2. 0; 3. $\dfrac{\pi}{4}$.

四、1. $\geqslant$; 2. $\leqslant$; 3. $\geqslant$; 4. $\geqslant$.

五、1cm.

六、$-2e^2 \leqslant \int_2^0 e^{x^2-x}\mathrm{d}x \leqslant -2e^{-\frac{1}{4}}$.

七、求$\dfrac{1}{2+x}$在[1,4]上的最大值与最小值.

5.4.2

一、1. C(任意常数); 2. $\sin x^2, -\sin x^2$; 3. $2x\sin x^2, \sin x^2$;

4. $0, e^x\sin^2 e^x - \sin^2 x$; 5. $x-1$.

二、1. $45\dfrac{1}{6}$; 2. $\dfrac{\pi}{6}$; 3. $\dfrac{\pi}{6}$; 4. 1; 5. $\dfrac{8}{3}$; 6. $\dfrac{8}{3}$.

三、1. 1; 2. 2.

5.4.3

一、1. 0;　2. $\frac{\pi^3}{324}$;　3. 0;　4. π;　5. $f(x+b)-f(x+a)$.

二、1. $\frac{51}{512}$;　2. $\frac{1}{4}$;　3. $1-e^{-\frac{1}{2}}$;

4. $\frac{4}{3}$;　5. $\frac{2}{5}(1+\ln 2)$; 6. $10+\frac{9}{2}\ln 3$;

7. $2(\sqrt{3}-1)$;　8. $\sqrt{2}-\frac{2\sqrt{3}}{3}$$\left(\text{提示:令 } x=\frac{1}{t}\right)$.

三、1. $\frac{\pi^2}{8}+1$;　2. $1-2e^{-1}$;　3. $4(2\ln 2-1)$;

4. $\frac{1}{2}\left(\frac{\pi}{2}-1\right)$;　5. $2-\frac{2}{e}$;　6. $\frac{\pi}{2}-1$;

7. $\frac{5\pi}{32}$.

四、$\ln(1+e)$.

五、1. 提示:令 $t=\frac{\pi}{2}-x$;　2. $\frac{\pi}{2}$.

5.4.4

一、$\frac{1}{6}$.

二、1.

三、$b-a$.

四、$\frac{27}{2}\pi$.

五、$3\pi a^2$.

六、$\frac{128}{7}\pi$, $\frac{64}{7}\pi$.

*七、$\frac{\pi}{6}h[2ab+2AB+aB+bA]$.

*八、$2\sqrt{3}-\frac{4}{3}$.

5.4.5

一、1. 0;　2. $1-\frac{\pi}{4}$;　3. 2π;　4. 0;

5. $\tan x$;　6. $2x\tan x$;　7. $\frac{1}{3}$;　8. 发散;

9. 发散;　10. 0;　11. $b-a-1$;

12. 必要,充分.

二、1. B;　2. C;　3. C;　4. C;　5. D.

三、1. $\sqrt{2}-1$;　2. $\ln(1+e)-\ln 2$;　3. $2(\sqrt{2}-1)$;　4. $\frac{5}{3}$;

5. $1-\ln(2e+1)+\ln 3$; 6. $\frac{\pi}{3\sqrt{3}}$;　7. $-66\frac{6}{7}$;　8. $\frac{1}{4}+\ln 2$;

9. $2\sqrt{2}$;　10. $\frac{1}{5}(e^{\pi}-2)$;　11. $\frac{\pi}{4}$;　12. $\frac{1}{3}\ln 2$;

13. 1; 14. 发散; 15. $\frac{7}{3}-\frac{1}{e}$.

五、$(1-\pi)\ln\pi-2\ln 2-1$.

六、$2x\sin x^2-\sin x$.

七、$a=1$ 时，$S=\frac{4}{3}$ 为最小值.

八、1. $\frac{4}{3}$; 2. $\frac{16}{15}\pi$; 3. $\frac{\pi}{2}$; 4. $\sqrt{5}+\frac{1}{2}\ln(2+\sqrt{5})$.

九、$\frac{2}{3}\gamma a^3$.

十、$\frac{4}{3}\pi r^4 g$（g 为重力加速度）.

*十一、500.

*十二、1. 9 987.5; 2. 10 062.5.

*十三、分 10 年付款购买为好（提示：$\int_0^{10}6e^{-0.04t}dt=49.4550$ 万元<50 万元）.

5.4.6

一、1. $f(b)-f(a)+2(b-a)$; 2. $>$; 3. $\frac{\pi}{2}$; 4. $\frac{1}{2}$; 5. $-2x\ln(1+x^2)$.

二、1. D; 2. C; 3. D; 4. C; 5. C.

三、1. $3\ln 2-1$; 2. $\frac{3}{2}$;

3. $\ln 2e-\ln(1+e)$; 4. $\frac{2}{9}e^{\frac{3}{2}}+\frac{4}{9}$;

5. $\frac{\pi}{6}-\frac{\sqrt{3}}{2}+1$; 6. 发散;

7. 1

四、$\frac{1}{3}-e^{-1}-e^{-\frac{3}{2}}$.

五、$\frac{4}{3}$.

六、$\frac{8\pi}{3}$.

七、1. 400 台; 2. 5 000 元.

6.4.1

1.(1) 5; (2) -1; (3) 24; (4) -27.

2.(1) $\begin{cases}x=-\frac{3}{7},\\ y=\frac{5}{7};\end{cases}$ (2) $\begin{cases}x=\frac{23}{14},\\ y=\frac{25}{14},\\ z=\frac{3}{2}.\end{cases}$

3. (1) 4; (2) 162.

4. (1) $x_1=-15$, $x_2=2$; (2) $x_1=0$, $x_2=9$, $x_3=-1$.

6.4.2

1. (1) 189; (2) 20; (3) 5; (4) $(z-x-y)^2-4xy$.

2. 略.

6.4.3

1. (1) $\begin{cases} x_1 = 1, \\ x_2 = 2, \\ x_3 = 3, \\ x_4 = -1; \end{cases}$ (2) $\begin{cases} x_1 = 0, \\ x_2 = 2, \\ x_3 = 0, \\ x_4 = 0. \end{cases}$

2. (1) $k = -1$ 或 $k = 4$; (2) $k = -1$ 且 $k \neq 4$.

6.4.4

1.D; 2. A; 3. B; 4. A; 5. C; 6. D; 7. D; 8. C; 9. B; 10. D.

7.5.1

1. $2\boldsymbol{A} = \begin{bmatrix} 2 & 6 \\ 4 & -2 \end{bmatrix}$, $3\boldsymbol{B} = \begin{bmatrix} 9 & 0 \\ 3 & 6 \end{bmatrix}$, $2\boldsymbol{A}^{\mathrm{T}} - 3\boldsymbol{B} = \begin{bmatrix} -7 & 4 \\ 3 & -8 \end{bmatrix}$,

$\boldsymbol{A}^2 + \boldsymbol{B}^2 = \begin{bmatrix} 16 & 0 \\ 5 & 11 \end{bmatrix}$, $\boldsymbol{AB} - \boldsymbol{BA} = \begin{bmatrix} 3 & -3 \\ 0 & -3 \end{bmatrix}$, $\boldsymbol{A}^{\mathrm{T}}\boldsymbol{B} = \begin{bmatrix} 5 & -2 \\ 8 & -2 \end{bmatrix}$,

2. $x_1 = 2$, $x_2 = 1$, $x_3 = 2$, $y_1 = 5$, $y_2 = 3$, $y_3 = 2$.

3. (1) $\begin{bmatrix} 7 \\ 0 \\ 7 \end{bmatrix}$; (2) (10); (3) $\begin{bmatrix} -2 & 4 \\ -1 & 2 \\ 3 & -6 \end{bmatrix}$; (4) $\begin{bmatrix} 3 & 0 & 5 \\ 6 & -3 & 0 \end{bmatrix}$.

7.5.2

1. (1) $\begin{bmatrix} 5 & -2 \\ -2 & 1 \end{bmatrix}$; (2) $\begin{bmatrix} \cos\theta & \sin\theta \\ -\sin\theta & \cos\theta \end{bmatrix}$; (3) $\begin{bmatrix} -\frac{1}{2} & \frac{1}{2} & \frac{3}{4} \\ \frac{1}{4} & -\frac{1}{4} & \frac{1}{4} \\ \frac{5}{4} & -\frac{1}{4} & -\frac{3}{4} \end{bmatrix}$.

2. 略.

3. (1) $\begin{bmatrix} 2 & -23 \\ 0 & 8 \end{bmatrix}$; (2) $\begin{bmatrix} -2 & 2 & 1 \\ -\frac{8}{3} & 5 & -\frac{2}{3} \end{bmatrix}$.

4. (1) $\begin{cases} x_1 = 1, \\ x_2 = 0, \\ x_3 = 0; \end{cases}$ (2) $\begin{cases} x_1 = 5, \\ x_2 = 0, \\ x_3 = 3. \end{cases}$

5. $|\boldsymbol{AB}^{\mathrm{T}}| = -4$; $|2\boldsymbol{A}| = 32$.

7.5.3

1. (1) $R(\boldsymbol{A}) = 2$; (2) $R(\boldsymbol{B}) = 4$; (3) $R(\boldsymbol{C}) = 3$.

2. 略.

3. (1) $\begin{bmatrix} \frac{7}{6} & \frac{2}{3} & -\frac{3}{2} \\ -1 & -1 & 2 \\ -\frac{1}{2} & 0 & \frac{1}{2} \end{bmatrix}$; (2) $\begin{bmatrix} 1 & 1 & -2 & -4 \\ 0 & 1 & 0 & -1 \\ -1 & -1 & 3 & 6 \\ 2 & 1 & -6 & -10 \end{bmatrix}$;

(3) 不可逆.

4. $\begin{bmatrix} 11 & 5 & -50 \\ 10 & 0 & -40 \\ -4 & -2 & 19 \end{bmatrix}$.

7.5.4

1. $m \neq -5$ 时, 无解;

$m = 5$ 时, 有无穷多解, $\begin{cases} x_1 = 1 - \frac{1}{3}C_1 - \frac{5}{3}C_2, \\ x_2 = C_1, \\ x_2 = -1 + \frac{5}{3}C_1 + \frac{7}{3}C_2, \\ x_4 = C_2. \end{cases}$ $(C_1, C_2 \in \mathbf{R})$

2. (1) $\begin{cases} x_1 = \frac{19}{8}C_1 + \frac{3}{8}C_2 - \frac{1}{2}C_3, \\ x_2 = \frac{7}{8}C_1 - \frac{25}{8}C_2 + \frac{1}{2}C_3, \\ x_3 = C_3, \\ x_4 = C_2, \\ x_5 = C_1; \end{cases}$ $(C_1, C_2, C_3 \in \mathbf{R})$

(2) $\begin{cases} x_1 = 0, \\ x_2 = 0, \\ x_3 = 0, \\ x_4 = C, \\ x_5 = C; \end{cases}$ $(C \in \mathbf{R})$ (3) $\begin{cases} x_1 = 0, \\ x_2 = 0, \\ x_3 = 0, \\ x_4 = 0. \end{cases}$

3. 略.

4. (1) $\begin{cases} x_1 = -1 + 5k, \\ x_2 = -3 + 9k, \\ x_3 = 0, \\ x_4 = k; \end{cases}$ $(k \in \mathbf{R})$ (2) $\begin{cases} x_1 = 2, \\ x_2 = 1, \\ x_3 = -1; \end{cases}$

(3) $\begin{cases} x_1 = -8, \\ x_2 = k + 3, \\ x_3 = 2k + 6 \\ x_4 = k; \end{cases}$ $(k \in \mathbf{R})$ (4) 无解.

7.5.5

一、单项选择题

1. B 2. C 3. A 4. D 5. C 6. D 7. A 8. A 9. C

二、简答题

1. 答: 当 $|\mathbf{A}| = a_{11}a_{22} - a_{12}a_{21} \neq 0$ 时, $\mathbf{A}$ 可逆.

$$A^{-1} = \frac{1}{a_{11}a_{22} - a_{12}a_{21}}\begin{bmatrix} a_{22} & -a_{12} \\ -a_{21} & a_{11} \end{bmatrix}.$$

2. 解：$A^2 = \begin{bmatrix} 1 & 2 \\ 0 & 1 \end{bmatrix}$, $A^3 = \begin{bmatrix} 1 & 3 \\ 0 & 1 \end{bmatrix}$, …, $A^n = \begin{bmatrix} 1 & n \\ 0 & 1 \end{bmatrix}$.

当 $n = 1$ 时，$A = \begin{bmatrix} 1 & 1 \\ 0 & 1 \end{bmatrix}$;

当 $n = k$ 时，$A^k = \begin{bmatrix} 1 & k \\ 0 & 1 \end{bmatrix}$;

当 $n = k + 1$ 时，$A^{k+1} = AA^k = \begin{bmatrix} 1 & 1 \\ 0 & 1 \end{bmatrix}\begin{bmatrix} 1 & k \\ 0 & 1 \end{bmatrix} = \begin{bmatrix} 1 & k+1 \\ 0 & 1 \end{bmatrix}$.

故 $A^n = \begin{bmatrix} 1 & n \\ 0 & 1 \end{bmatrix}$.

3. 答：(1) $X = A^{-1}B$；(2) $X = B - A$；(3) $X = C^{-1}ABC$.

4. 答：(1) 当 $a = 1$, $b = 0$, $c = 0$ 时，A 为对称阵；

(2) 当 $|A| \neq 0$，即 $a \neq \sqrt{2}bc$ 时，A 为可逆阵.

三、计算题

1. 解：$A = \begin{bmatrix} I_2 & O \\ A_1 & I_2 \end{bmatrix}$，其中 $A_1 = \begin{bmatrix} -1 & 2 \\ 1 & 1 \end{bmatrix}$,

$$A^{-1} = |A|^{-1}A^* = \begin{bmatrix} I_2 & O \\ -A_1 & I_2 \end{bmatrix} = \begin{bmatrix} 1 & 0 & 0 & 0 \\ 0 & 1 & 0 & 0 \\ 1 & -2 & 1 & 0 \\ -1 & -1 & 0 & 1 \end{bmatrix}.$$

2. 解：$(A, I) = \left[\begin{array}{ccc|ccc} 1 & -2 & -2 & 1 & 0 & 0 \\ 2 & -1 & 2 & 0 & 1 & 0 \\ 2 & 2 & -1 & 0 & 0 & 1 \end{array}\right]$

$$\longrightarrow \begin{bmatrix} 1 & -2 & -2 & 1 & 0 & 0 \\ 0 & 3 & 6 & -2 & 1 & 0 \\ 0 & 6 & 3 & -2 & 0 & 1 \end{bmatrix} \longrightarrow \begin{bmatrix} 1 & -2 & -2 & 1 & 0 & 0 \\ 0 & 1 & 2 & -\frac{2}{3} & \frac{1}{3} & 0 \\ 0 & 2 & 1 & -\frac{2}{3} & 0 & \frac{1}{3} \end{bmatrix}$$

$$\longrightarrow \begin{bmatrix} 1 & 0 & 2 & -\frac{1}{3} & \frac{2}{3} & 0 \\ 0 & 1 & 2 & -\frac{2}{3} & \frac{1}{3} & 0 \\ 0 & 0 & -3 & \frac{2}{3} & -\frac{2}{3} & \frac{1}{3} \end{bmatrix} \longrightarrow \begin{bmatrix} 1 & 0 & 2 & -\frac{1}{3} & \frac{2}{3} & 0 \\ 0 & 1 & 2 & -\frac{2}{3} & \frac{1}{3} & 0 \\ 0 & 0 & 1 & -\frac{2}{9} & \frac{2}{9} & -\frac{1}{9} \end{bmatrix}$$

$$\longrightarrow \left[\begin{array}{ccc|ccc} 1 & 0 & 0 & \frac{1}{9} & \frac{2}{9} & \frac{2}{9} \\ 0 & 1 & 0 & -\frac{2}{9} & -\frac{1}{9} & \frac{2}{9} \\ 0 & 0 & 1 & -\frac{2}{9} & \frac{2}{9} & -\frac{1}{9} \end{array}\right] = (I, A^{-1}).$$

3.(1) 解：$X=\begin{bmatrix}1&-5\\-1&4\end{bmatrix}^{-1}\begin{bmatrix}3&2\\1&4\end{bmatrix}=-\begin{bmatrix}4&5\\1&1\end{bmatrix}\begin{bmatrix}3&2\\1&4\end{bmatrix}=-\begin{bmatrix}17&28\\4&6\end{bmatrix}=\begin{bmatrix}-17&-28\\-4&-6\end{bmatrix}$.

(2) 解：$\left[\begin{array}{ccc:ccc}1&-3&2&1&0&0\\-3&0&1&0&1&0\\1&1&-1&0&0&1\end{array}\right]\longrightarrow\begin{bmatrix}1&-3&2&1&0&0\\0&-9&7&3&1&0\\0&4&-3&-1&0&1\end{bmatrix}$

$\longrightarrow\begin{bmatrix}1&-3&2&1&0&0\\0&-1&1&1&1&2\\0&4&-3&-1&0&1\end{bmatrix}\longrightarrow\begin{bmatrix}1&0&-1&-2&-3&-6\\0&-1&1&1&1&2\\0&0&1&3&4&9\end{bmatrix}$

$\longrightarrow\begin{bmatrix}1&0&0&1&1&3\\0&-1&0&-2&-3&-7\\0&0&1&3&4&9\end{bmatrix}\longrightarrow\left[\begin{array}{ccc:ccc}1&0&0&1&1&3\\0&1&0&2&3&7\\0&0&1&3&4&9\end{array}\right]$,

$X=\begin{bmatrix}1&-1&3\\4&3&0\\0&-2&1\end{bmatrix}\begin{bmatrix}1&1&3\\2&3&7\\3&4&9\end{bmatrix}=\begin{bmatrix}8&10&23\\10&13&33\\-1&-2&-5\end{bmatrix}$.

4.(1) 解：$X=(A-3I)^{-1}A$,

$((A-3I),\ I)=\left[\begin{array}{ccc:ccc}-2&-1&1&1&0&0\\2&0&-1&0&1&0\\-1&0&1&0&0&1\end{array}\right]\longrightarrow\begin{bmatrix}1&0&-1&0&0&-1\\2&0&-1&0&1&0\\-2&-1&1&1&0&0\end{bmatrix}$

$\longrightarrow\begin{bmatrix}1&0&-1&0&0&-1\\0&0&1&0&1&2\\0&-1&-1&1&0&-2\end{bmatrix}\longrightarrow\begin{bmatrix}1&0&-1&0&0&-1\\0&1&1&-1&0&2\\0&0&1&0&1&2\end{bmatrix}$

$\longrightarrow\left[\begin{array}{ccc:ccc}1&0&0&0&1&1\\0&1&0&-1&1&0\\0&0&1&0&1&2\end{array}\right]=(I,\ (A-3I)^{-1})$,

$X=\begin{bmatrix}0&1&1\\-1&1&0\\0&1&2\end{bmatrix}\begin{bmatrix}1&-1&1\\2&3&-1\\-1&0&4\end{bmatrix}=\begin{bmatrix}1&3&3\\1&4&-2\\0&3&7\end{bmatrix}$.

(2) 解：$X(A-2I)=A$，$X=A(A-2I)^{-1}$,

$((A-2I),\ I)=\left[\begin{array}{ccc:ccc}-1&-1&0&1&0&0\\-1&0&3&0&1&0\\4&2&-5&0&0&1\end{array}\right]\longrightarrow\begin{bmatrix}-1&-1&0&1&0&0\\0&1&3&-1&1&0\\0&-2&-5&4&0&1\end{bmatrix}$

$\longrightarrow\begin{bmatrix}1&1&0&-1&0&0\\0&1&3&-1&1&0\\0&-2&-5&4&0&1\end{bmatrix}\longrightarrow\begin{bmatrix}1&0&-3&0&-1&0\\0&1&3&-1&1&0\\0&0&1&2&2&1\end{bmatrix}$

$\longrightarrow\left[\begin{array}{ccc:ccc}1&0&0&6&5&3\\0&1&0&-7&-5&-3\\0&0&1&2&2&1\end{array}\right]=(I,\ (A-2I)^{-1})$,

$X=\begin{bmatrix}1&-1&0\\-1&2&3\\4&2&-3\end{bmatrix}\begin{bmatrix}6&5&3\\-7&-5&-3\\2&2&1\end{bmatrix}=\begin{bmatrix}13&10&6\\-14&-9&-6\\4&4&3\end{bmatrix}$.

四、证明题

1. 证明：设 $\boldsymbol{A}$ 为对称阵，则 $\boldsymbol{A}^{\mathrm{T}}=\boldsymbol{A}$，故 $(\boldsymbol{A}^{-1})^{\mathrm{T}}=(\boldsymbol{A}^{\mathrm{T}})^{-1}=\boldsymbol{A}^{-1}$，即 $\boldsymbol{A}^{-1}$ 也是对称阵.

2. 证明：因 $(\boldsymbol{A}+\boldsymbol{I})(\boldsymbol{A}-3\boldsymbol{I})=\boldsymbol{A}^2-2\boldsymbol{A}-3\boldsymbol{I}=4\boldsymbol{I}-3\boldsymbol{I}=\boldsymbol{I}$，故 $(\boldsymbol{A}+\boldsymbol{I})^{-1}=\boldsymbol{A}-3\boldsymbol{I}$.

7.5.6

一、单项选择题

1. A　2. C　3. C　4. C　5. B　6. D　7. A　8. D

9. C　10. B　11. C　12. D　13. A　14. B　15. C

二、计算题

1. 解：$\boldsymbol{A}=\begin{matrix}\boldsymbol{\alpha}_1\\ \boldsymbol{\alpha}_2\\ \boldsymbol{\alpha}_3\end{matrix}\begin{bmatrix}1&-1&2&1\\0&3&1&2\\3&0&7&5\end{bmatrix}\longrightarrow\begin{bmatrix}1&-1&2&1\\0&3&1&2\\0&3&1&2\end{bmatrix}$，

$R(\boldsymbol{A})=2<3$，$\boldsymbol{\alpha}_1,\ \boldsymbol{\alpha}_2,\ \boldsymbol{\alpha}_3$ 线性相关；$\boldsymbol{\alpha}_1,\ \boldsymbol{\alpha}_2$ 为极大无关组.

$$\boldsymbol{A}^{\mathrm{T}}=\begin{bmatrix}1&0&3\\-1&3&0\\2&1&7\\1&2&5\end{bmatrix}\longrightarrow\begin{bmatrix}1&0&3\\0&3&3\\0&1&1\\0&2&2\end{bmatrix}\longrightarrow\left[\begin{array}{cc:c}1&0&3\\0&1&1\\0&0&0\\0&0&0\end{array}\right],$$

则 $\boldsymbol{\alpha}_3=3\boldsymbol{\alpha}_1+\boldsymbol{\alpha}_2$.

2. 解：$\boldsymbol{A}=\begin{bmatrix}1&-3&4\\2&-1&3\\-1&2&\lambda\end{bmatrix}\longrightarrow\begin{bmatrix}1&-3&4\\0&5&-5\\0&-1&\lambda+4\end{bmatrix}$

$$\longrightarrow\begin{bmatrix}1&-3&4\\0&1&-1\\0&-1&\lambda+4\end{bmatrix}\longrightarrow\begin{bmatrix}1&0&1\\0&1&-1\\0&0&\lambda+3\end{bmatrix}.$$

当 $\lambda\neq-3$ 时，$R(\boldsymbol{A})=3$，原方程组只有零解.

当 $\lambda=-3$ 时，$\begin{cases}x_1=-x_3,\\x_2=x_3,\end{cases}$ 取 $x_3=1$，得基础解系：

$\boldsymbol{\eta}=(-1,1,1)^{\mathrm{T}}$，任意解为：$k\boldsymbol{\eta}$，其中 k 为任何数.

3. 解：$\widetilde{\boldsymbol{A}}=\left[\begin{array}{ccccc:c}1&1&1&1&1&1\\3&2&1&1&-3&0\\0&1&2&2&\lambda&3\\5&4&3&3&-1&\lambda\end{array}\right]$

$$\longrightarrow\begin{bmatrix}1&1&1&1&1&1\\0&-1&-2&-2&-6&-3\\0&1&2&2&\lambda&3\\0&-1&-2&-2&-6&\lambda-5\end{bmatrix}\longrightarrow\begin{bmatrix}1&0&-1&-1&-5&-2\\0&-1&-2&-2&-6&-3\\0&0&0&0&\lambda-6&0\\0&0&0&0&0&\lambda-2\end{bmatrix}$$

$$\longrightarrow\begin{bmatrix}1&0&-1&-1&-5&-2\\0&1&2&2&6&3\\0&0&0&0&1&0\\0&0&0&0&0&\lambda-2\end{bmatrix}\longrightarrow\begin{bmatrix}1&0&-1&-1&0&-2\\0&1&2&2&0&3\\0&0&0&0&1&0\\0&0&0&0&0&\lambda-2\end{bmatrix}$$

$$\longrightarrow\left[\begin{array}{ccccc:c}1&0&0&-1&-1&-2\\0&1&0&2&2&3\\0&0&1&0&0&0\\0&0&0&0&0&\lambda-2\end{array}\right].$$

当 $\lambda\neq2$ 时，$R(\boldsymbol{A})\neq R(\widetilde{\boldsymbol{A}})$，原方程组无解.

当 $\lambda\neq2$ 时，$R(\boldsymbol{A})=R(\widetilde{\boldsymbol{A}})=3$，相伴齐次方程组：

$$\begin{cases}x_1=x_3+x_4,\\x_2=-2x_3-2x_4,\\x_5=0.\end{cases}$$

取 $\begin{bmatrix}x_3\\x_4\end{bmatrix}=\begin{bmatrix}1\\0\end{bmatrix}$和$\begin{bmatrix}0\\1\end{bmatrix}$，得基础解系：

$$\boldsymbol{\eta}_1=(1,\ -2,\ 1,\ 0,\ 0)^{\mathrm{T}},\ \boldsymbol{\eta}_2=(1,\ -2,\ 0,\ 1,\ 0)^{\mathrm{T}};$$

取 $x_3=x_4=0$，得原方程组的一个特解：

$$\boldsymbol{\gamma}=(-2,\ 3,\ 0,\ 0,\ 0).$$

原方程组的任意解为：$\lambda_1\boldsymbol{\eta}_1+\lambda_2\boldsymbol{\eta}_2+\boldsymbol{\gamma}$，其中 λ_1，λ_2 为任何数.

8.4.1

1.(1) 随机事件； (2) 随机事件； (3) 随机事件； (4) 必然事件；
(5) 随机事件； (6) 随机事件.

2.(1) 选出的是男生或 1.70m 以上；
(2) 1.70m 以上的男生；
(3) $\overline{A}$：选出的是女生，$\overline{B}$：选出的是不超过 1.70m 的学生；
(4) 选出的是不超过 1.70m 的男生.

3.(1) A_1A_2； (2) $\overline{A}_1\overline{A}_2$； (3) $A_1\overline{A}_2+\overline{A}_1A_2$； (4) A_1+A_2； (5) $\overline{A}_1+\overline{A}_2$.

4. (1) $C_3^1C_3^1=9$； (2) (0, 0)，(0, 1)，(0, 2)； (3) (0, 1)，(1, 1)，(2, 1)；
(4) (2, 2)，(2, 1)，(2, 0)，(0, 2)，(1, 2).

8.4.2

1. (1) $\frac{1}{6}$； (2) $\frac{1}{3}$； (3) $\frac{1}{2}$.

2. (1) $\frac{1}{17}$； (2) $\frac{13}{102}$.

3. $\frac{2}{5}$.

4. (1) $\frac{10}{21}$； (2) $\frac{25}{49}$.

5. 正品率为 0.9，废品率为 0.1.

6.(1) 0.91； (2) 0.09.

7. 0.94.

8.4.3

1. (1) $P(A\mid B)=\frac{1}{3}$，$P(\overline{AB})=0.85$，$P(\overline{A}\mid\overline{B})=\frac{10}{11}$；

(2) $P(A\bar{B}) = 0.05$, $P(\bar{A} \mid B) = \dfrac{2}{3}$, $P(\bar{A}B) = 0.3$.

2. 0.72.

3. $A_i = \{$第 i 次抽到的是次品$\}(i = 1, 2, 3)$,

$$P(A_1A_2A_3) = P(A_1)P(A_2 \mid A_1)P(A_3 \mid A_1A_2) = \frac{2}{2\,695}.$$

4. $A = \{$刮下风$\}$, $B = \{$下雨$\}$, $P(AB) = P(A)P(B) = \dfrac{77}{240}$.

5. A_1, A_2, A_3 分别表示甲、乙、丙三种型号的热水器, B 表示次品, 则

$$P(B) = P(BA_1 + BA_2 + BA_3) = \sum_{i=1}^{3} P(A_i)P(B \mid A_i) = 0.034\,5.$$

6. $A_1 = \{$机器良好$\}$, $A_2 = \{$机器有故障$\}$, $B = \{$合格$\}$, 则

$P(B) = P(BA_1 + BA_2) = P(A_1)P(B \mid A_1) + P(A_2)P(B \mid A_2) = 0.75$.

8.4.4

1. $\dfrac{1}{3}$.

2. $\dfrac{3}{5}$.

3. 0.91.

4. 0.94.

5. $A = \{$需要检修$\}$, $P(A) = \dfrac{1}{5}$, $P_{10}(2) = C_{10}^{2} \times \dfrac{1}{5} \times \left(1 - \dfrac{1}{5}\right)^8 \approx 0.302$.

6. $A = \{$正品$\}$, $\bar{B} = \{$没有次品$\}$, $P(A) = 0.95$,

(1) $B(4,3) = C_4^3 \times 0.05^3 \times 0.95^1$;

(2) $P(B) = 1 - P(\bar{B}) = 1 - B(4, 0) = 1 - C_4^0 \cdot 0.05^0 \cdot 0.85^4$.

7. (1) 0.048; (2) 0.992.

8.4.5

1. (1) 离散; (2) 连续; (3) 离散; (4) 连续.

2. $P\{X = 1\} = \dfrac{1}{15}$, $P\{X > 1\} = \dfrac{14}{15}$, $P\{X \leqslant 3\} = \dfrac{2}{5}$, $P\{2 < X \leqslant 4\} = \dfrac{7}{15}$.

3. (1) $\dfrac{60}{77}$;

(2)

X	0	1	2	3
P	$\dfrac{30}{77}$	$\dfrac{20}{77}$	$\dfrac{15}{77}$	$\dfrac{12}{77}$

4.

X	0	1	2	3
P	$\frac{3}{4}$	$\frac{9}{44}$	$\frac{9}{220}$	$\frac{1}{220}$

5.

X	0	1	2	3	4
P	0.4	0.24	0.144	0.086 4	0.129 6

6. (1) $k=\frac{1}{\pi}$； (2) $k=\frac{1}{2}$； (3) $k=\frac{1}{\pi}$； (4) $k=\frac{6}{29}$.

7. (1) 2； (2) 0.4； (3) 0.

8. $P\{0.8<X\leqslant 1\}=\int_{0.8}^{1}f(x)\mathrm{d}x=0.027\ 2$,

$P\{0.9<X\leqslant 1\}=\int_{0.9}^{1}f(x)\mathrm{d}x=0.003\ 7$.

9. (1) 3； (2) 2.

10. (1) $F(x)=\begin{cases}0, & x<-2,\\ 0.1, & -2\leqslant x<-1,\\ 0.4, & -1\leqslant x<0,\\ 0.8, & 0\leqslant x<1,\\ 1, & x\geqslant 1;\end{cases}$ (2) 0.7； (3) 0.9.

11. (1) $F(x)=\begin{cases}0, & x\leqslant 0,\\ \frac{1}{2}x^2, & 0<x\leqslant 1,\\ -\frac{1}{2}x^2+2x-1, & 1<x\leqslant 2,\\ 1, & x>2;\end{cases}$ (2) $\frac{1}{8}$, 0.245, 0.66.

12. 0.049 79, 0.864 7.

13. (1) $\frac{1}{2}$； (2) $F(x)=\begin{cases}\frac{1}{2}\mathrm{e}^{x}, & x<0,\\ 1-\frac{1}{2}\mathrm{e}^{-x}, & x\geqslant 0.\end{cases}$

14. (1) $\frac{8}{27}$； (2) $\frac{1}{27}$.

15. $P\{X=k\}=\frac{8^k\cdot \mathrm{e}^{-8}}{k!}\quad (k=0,1,2,\cdots)$.

(1) $P\{X<3\}=41\mathrm{e}^{-8}$；

(2) $P\{7\leqslant X\leqslant 9\}=\left(\frac{8^7}{7!}+\frac{8^8}{8!}+\frac{8^9}{9!}\right)\mathrm{e}^{-8}$.

16. (1) $P\{X=k\}=\mathrm{C}_5^k\cdot 0.2^k\cdot(1-0.2)^{5-k}\quad (k=0,1,\cdots,5)$；

(2) $P\{X \geqslant 3\} = 1 - P\{X = 2\} - P\{X = 1\} - P\{X = 0\} = 0.0579$.

17. (1) 0, 0.5, 0.5; (2) 0.841 3, 0.774 5, 0.066 8;

(3) 0.045 6, 0.955 4, 0.166 2.

18. (1) 1.645; (2) 1.79; (3) 1.23.

19. $P\{X < 62\} = 0.2119$, $P\{58 < X < 74\} = 0.5403$, $P\{|X - 70| < 20\} = 0.9544$.

20. $P\{30 < X < 32.5\} = 0.0919$, $P\{20 < X \leqslant 21\} = 0.0532$.

21. $P\{56 < X < 60\} = \Phi\left(\frac{60 - 58}{1}\right) - \Phi\left(\frac{56 - 58}{1}\right) = \Phi(2) - \Phi(-2) = 0.9544$.

8.4.6

1. $E(X) = 3$, $E(X^2) = 11$, $E(X + 2)^2 = 27$.
2. $E(X) = 0.5$, $E(2X + 3) = 4$, $E(X^2) = 2.1$.
3. (1) 3; (2) $\frac{1}{3}$.
4. $E(X) = 1$, $D(X) = \frac{1}{6}$.
5. (1) 1; (2) $\frac{1}{2}$; (3) $\mathrm{e} - 1$.
6. $a = \frac{3}{5}$, $b = \frac{6}{5}$, $D(X) = \frac{2}{25}$.
7. (1) 1 500; (2) 第一种方法精度高.
8. $D(X) = \frac{1}{18}$, $D(-4X) = \frac{8}{9}$.
9. $E(X) = \frac{3}{2}a$, $D(X) = \frac{3}{4}a^2$,

   $E\left(\frac{2}{3}X - a\right) = 0$, $D\left(\frac{2}{3}X - a\right) = \frac{1}{3}a^2$.
10. (1) $E(X) = 1.2$, $D(X) = \frac{18}{25}$; (2) $E(X) = 1.2$, $D(X) = 0.6$.
11. $E(X) = 3.5$.
12. $E(X) = \frac{5}{2}$, $D(X) = \frac{25}{12}$.

9.5.1

1. (1) $\overline{X} = 66.2$, $S^2 = 35.2$; (2) $\overline{X} = 112.8$, $S^2 = 1.29$.
2. $\overline{X} = 20.6$, $S^2 = 1.15$.
3. $\overline{X} \sim N\left(52, \frac{6.3^2}{36}\right)$, $P\{50.8 < \overline{X} < 53.8\} = 0.8293$.
4. $\overline{X} \sim N\left(1.56, \frac{0.22^2}{50}\right)$, $P\{\overline{X} < 1.45\} = \Phi\left(\frac{1.45 - 1.56}{\frac{0.22}{\sqrt{50}}}\right) = 0.00016$.

9.5.2

1. $\mu = \overline{X} = 0.48$, $\sigma = 0.21$.
2. $\mu = 997$, $\sigma^2 = s^2 = 17\,305$.
3. (1) [21.58, 22.1]; (2) [21.28, 22.4].
4. [0.38, 8.68].

5. [2.69, 2.72].

6. $\left(-\infty, \bar{x}+\dfrac{\lambda s}{\sqrt{n}}\right]$.

7. 0.104 1.

9.5.3

1. 拒绝接受 H_0.
2. 平均质量不为 15g.
3. 接受 H_0, 即平均抗断强度为 3.250.
4. 正常.
5. 能认为这批矿砂的含镍量为 3.25%.
6. 有显著差异.
7. 拒绝接受 H_0.
8. 有显著差异.

9.5.4

1. 分布律为

X	0	1
$P\{X=k\}$	$\frac{1}{3}$	$\frac{2}{3}$

分布函数为 $F(x)=\begin{cases}0, & x<0,\\ \dfrac{1}{3}, & 0\leqslant x<1,\\ 1, & x\geqslant 1.\end{cases}$

2. $c=\dfrac{37}{16}$, $P\{X<1\}=\dfrac{20}{37}$, $P\{X\neq 0\}=\dfrac{25}{37}$, $P\{X<1 \mid X\neq 0\}=\dfrac{8}{37}$.

3. 分布函数为 $F(x)=\begin{cases}0, & x<0,\\ \sqrt{x}, & 0\leqslant x\leqslant 1,\\ 1, & x>1,\end{cases}$ 图略.

4. $P\{X\leqslant 0.5\}=\dfrac{1}{4}$, $P\{X=0.5\}=0$,

$$F(x)=\begin{cases}0, & x\leqslant 0\\ x^2, & 0<x<1,\\ 1, & x\geqslant 1.\end{cases}$$

5. $A=0.5$, $B=\dfrac{1}{\pi}$, $P\{|X|<1\}=0.5$, $f(x)=\dfrac{1}{\pi(1+x^2)}$.

6. $c=\mathrm{e}^{\lambda a}$, $P\{a-1<X\leqslant a+1\}=1-\mathrm{e}^{-\lambda}$.

7. 18 辆, $P\{X\geqslant 18\}=0.206$.

8. $P\{10<X<13\}=0.433\,2$, $P\{X>13\}=0.066\,8$, $P\{|X-10|<2\}=0.682\,6$.

9. $P\{49.5<X<50.5\}=0.945\,6$, $P\{X<49.2\}=0.007$.

10. $k=3$, $a=2$.

11. $E(X)=10$, $\sqrt{D(X)}=\dfrac{\sqrt{10}}{10}$.

12. $P\{X=0\}=\dfrac{3}{4}$, $P\{X=1\}=\dfrac{27}{132}$, $P\{X=2\}=\dfrac{54}{1\,320}$,

$P\{X=3\}=\dfrac{6}{1\,320}$, $E(X)=0.3$, $D(X)=0.32$.

13. $f(x)=\begin{cases}\lambda e^{-\lambda x}, & x>0,\\ 0, & x\leqslant 0,\end{cases}$ $E(X)=\dfrac{1}{\lambda}$, $D(X)=\dfrac{1}{\lambda^2}$.

14. $E(X)=0$, $E(X^2)=\dfrac{1}{2}$, $D(X)=\dfrac{1}{2}$.

9.5.5

1. (1) $\bar{X}=27.6$, $S^2=2.3$; (2) $\bar{X}=8.8$, $S^2=0.208$.
2. 原假设 H_0: $\mu=72$, 拒绝原假设.
3. 假设 H_0: $\mu=\mu_0$, 接受原假设, 即这批钢索的质量比原来有显著提高.